W. N. WAPNIK · A. J. TSCHERWONENKIS

THEORIE DER ZEICHENERKENNUNG

ELEKTRONISCHES RECHNEN UND REGELN

Herausgegeben von

Prof. Dr. HANS FRÜHAUF · Prof. Dr. WILHELM KÄMMERER
Prof. Dr. HELMUT THIELE · Prof. Dr. HORST VÖLZ

Sonderband 28

THEORIE DER ZEICHENERKENNUNG

von

W. N. WAPNIK · A. J. TSCHERWONENKIS

W. N. WAPNIK · A. J. TSCHERWONENKIS

THEORIE DER ZEICHENERKENNUNG

In deutscher Sprache herausgegeben

von

Dr. SIEGFRIED UNGER und

Dr. sc. KLAUS FRITZSCH, Berlin

Mit 33 Abbildungen und 7 Tabellen

AKADEMIE-VERLAG · BERLIN

1979

В. Н. Вапник · А. Я. Червоненкис
Теория распознавания образов
© Наука, Москва 1974

Deutsche Übersetzung: Klaus-Günter Stöckel, Barbara Schneider

Erschienen im Akademie-Verlag, DDR — 108 Berlin, Leipziger Straße 3—4

Lizenznummer: 202 · 100/414/79
Satz und Druck: VEB Druckhaus Köthen
Buchbinderische Verarbeitung: VEB Druckhaus „Maxim Gorki“, 74 Altenburg
Bestellnummer: 762 355 5 (6371) · LSV 1095
Printed in GDR
DDR 48,– M

VORWORT DER HERAUSGEBER

Im Rahmen einer Behandlung des Lernproblems der Erkennung als eines Problems der Minimierung der statistischen Kostenerwartung leiten die Autoren strenge Konfidenzaussagen über die Beziehungen zwischen den praktisch wichtigen Größen „Länge der Lernfolge", „Fehlerwahrscheinlichkeit" sowie einer statistischen Charakteristik (der „Kapazität") des konkret eingesetzten Belehrungsalgorithmus zur Konstruktion eines Klassifikators bzw. einer Entscheidungsregel ab. Die Aussagen werden in Gestalt geschlossener Schätzformeln gewonnen. Die darüber in Kapitel V enthaltenen allgemeinverständlichen Ausführungen sind durch die mathematisch-strengen Ableitungen der Kapitel X—XIII fundiert.

Vor allem diese Resultate der bekannten sowjetischen Autoren führten zu dem Wunsch, das Werk durch Herausgabe einer Übersetzung einem größeren Leserkreis zugänglich zu machen. Die Autoren gehen in diesem Buch über das soeben Gesagte hinaus, indem sie die theoretisch abgeleiteten Abschätzungen selbst in die Belehrungsalgorithmen implementieren mit dem Ziel, eine Verschärfung der Konfidenzaussagen wie überhaupt eine Resultatverbesserung zu erreichen (vgl. die Methode der geordneten Kostenminimierung, Kapitel VI). Außer Güteschätzungen in Gestalt geschlossener Ausdrücke werden auch die universell einsetzbaren algorithmischen Prozeduren (U-Methode) vgl. Kapitel XV) mit in die Belehrung integriert.

Als besonders wichtig und interessant erachten wir auch die Abgrenzung zweier Aufgabenstellungen voneinander: der Konstruktion einer Entscheidungsregel schlechthin einerseits und der lernfähigen Entscheidung der Klassenzugehörigkeit für die Elemente einer konkret vorgegebenen Objektmenge andererseits.

Diesen unterschiedlichen Fragestellungen entsprechend werden zwei verschiedene Kostenbegriffe verwendet: die sog. „mittleren" und die „summarischen" Kosten. Dem zweiten Problem ist die Ergänzung zu dieser Ausgabe gewidmet (Kapitel XVII). Die hier erhaltenen Resultate eröffnen zugleich interessante Möglichkeiten für die Anpassung einer einmal gewonnenen Entscheidungsregel an neue Bedingungen (Gesamtheiten) mit veränderten statistischen Parametern.

Wir danken dem Verlag für die aufgewandte Sorgfalt und hoffen, daß das Buch dem Leser dienlich sein wird.

Die Herausgeber

VORWORT ZUR DEUTSCHEN AUSGABE

Für die Herausgabe der deutschen Übersetzung des vorliegenden Buches möchten wir dem Akademie-Verlag unseren tiefempfundenen Dank aussprechen. Dr. S. Unger und Dr. K. Fritzsch bereiteten die deutsche Ausgabe vor. Es ist für uns ein großer Erfolg, daß die fachliche Bearbeitung in den Händen dieser hochqualifizierten Spezialisten lag.

Wir geben unserer Hoffnung Ausdruck, daß die theoretischen Kapitel des Buches das Interesse des anspruchsvollen deutschen Lesers finden werden und sich die hier dargebotenen Algorithmen bei der Lösung praktischer Aufgaben nutzbringend anwenden lassen.

Wir haben der deutschen Ausgabe neue Ergebnisse hinzugefügt, die wir erst nach dem Erscheinen der sowjetischen Ausgabe erzielten. Diese Ergebnisse entstanden bei der Untersuchung eines neuen Problems, das aus der praktischen Anwendung der Methoden zur Zeichenerkennung hervorging. Es zeigte sich nämlich, daß es bei der Schätzung von Abhängigkeiten auf der Grundlage empirischer Daten sinnvoll sein kann, zwei Aufgabenstellungen – die Schätzung des gesamten „Verlaufs" einer Funktion, und die Schätzung nur endlich vieler Funktionswerte in vorgegebenen Punkten – zu unterscheiden. Eine Unterscheidung dieser Aufgabenstellungen ist aus folgendem Grund zweckmäßig:

Bei beschränktem Umfang der Daten kann es vorkommen, daß die vorhandenen Informationen u. U. nicht ausreichen, eine Funktion in ihrem Gesamtverlauf befriedigend zu schätzen, wohl aber durchaus zur Schätzung von n Werten dieser Funktion in vorgegebenen Punkten.

Wir hoffen, daß auch diese Ergebnisse für den deutschen Leser von Interesse sind.

W. N. Wapnik · A. J. Tscherwonenkis

VORWORT

Das Problem der Belehrung von Maschinen zur Zeichenerkennung wird schon seit mehr als fünfzehn Jahren untersucht. In dieser Zeit formten sich manche Ideen zu einer selbständigen wissenschaftlichen Richtung. Das Problem der lernfähigen Erkennung auf eine formale Aufgabenstellung zu reduzieren, die alle Forscher befriedigen konnte, gelang aber nicht, obwohl dieser Frage viel Aufmerksamkeit gewidmet wurde.

Eine Präzisierung der intuitiven Problemstellung war Ende der fünfziger Jahre erreicht. Sie bestand darin, eine Maschine zu konstruieren, die die Fähigkeit besitzt, bestimmte Klassifikationen von Situationen [d.h. von rezeptorisch empfangenen Reizkonstellationen] wie Lebewesen zu erlernen. Diese weite Fassung des Problems führte zur Ausbildung unterschiedlicher Forschungsrichtungen auf diesem Gebiet. Einige Wissenschaftler hielten die Aufstellung eines Modells des Wahrnehmungsprozesses für das Wichtigste, andere sahen den Hauptinhalt des Problems in seinem utilitaristischen Aspekt, d.h. in der Schaffung von Lernalgorithmen zur Lösung praktischer Erkennungsprobleme; dritte suchten in diesem Problemgebiet nach neuen mathematischen Fragestellungen.

Die Untersuchungen auf dem Gebiet der lernfähigen Erkennung verliefen anfangs auffallend erfolgreich. In allen Richtungen gelang es sofort, bedeutende Fortschritte zu erzielen: Es wurden Modelle entwickelt, die die Wissenschaftler in der ersten Zeit völlig zufriedenstellten; es wurden einige praktische Aufgaben gelöst, deren Lösung mit anderen Methoden nicht gelang, und schließlich wurden die ersten Theoreme über Belehrungsalgorithmen bewiesen.

Der Beginn der sechziger Jahre schien überaus hoffnungsvoll. Doch die Zeit verging, und der zweite Schritt wurde nicht getan: Die weitere Komplizierung der entwickelten Modelle führte nicht zur Erklärung feinerer Effekte der Wahrnehmung, und es gelang nicht, effektivere Erkennungsalgorithmen aufzustellen. Zu diesem Zeitpunkt begann sich vielleicht zum ersten Mal ein ernsthaftes Interesse an der Theorie zu entwickeln. Die Theorie war dazu berufen, zu klären, ob allgemeine Prinzipien der Belehrung existieren, die von einem beliebigen Algorithmus oder von einem beliebigen Modell des Wahrnehmungsprozesses befolgt werden müßten. Mit einem Wort: So wie immer wandte man sich der Theorie erst dann zu, als sich herausstellte, daß die existierenden Algorithmen durch keinerlei Erfindungen verbessert werden konnten. Von der Theorie erwartete man neue Prinzipien, mit deren Hilfe es gelänge, effektivere Belehrungsalgorithmen zu entwickeln. Zur Aufstellung einer Theorie ist vor allem ein formales Schema zu finden, in das sich das Problem der lernfähigen Erkennung einfügen läßt. Und gerade das erweist sich als schwer realisierbar.

Einige sahen das Problem darin, unter Verwendung von A-priori-Kenntnissen über die

Eigenschaften von Mustern eine Beschreibung zu finden, in der die Suche nach dem Prinzip einer Klassenbildung leicht wäre. Andere dagegen betrachteten die Wahl des Beschreibungssystems als ein äußeres Moment einer Aufgabenstellung und sahen das Grundproblem in der Suche nach einer Klassifikationsregel innerhalb der Menge der in Betracht kommenden Regeln.

Diese zwei Gesichtspunkte sind diametral. Im ersten Fall soll die Fragestellung auf die Entwicklung allgemeiner Prinzipien zur Nutzung von A-priori-Informationen bei der Aufstellung adäquater Beschreibungen für Klassen gerichtet sein. Dabei ist wichtig, daß das Prinzip der Belehrung auch bei u.U. notwendigerweise unterschiedlichen A-priori-Kenntnissen über Klassen unterschiedlicher Natur das gleiche bleibt.

Im zweiten Fall überschreitet das Problem, eine Beschreibung zu ermitteln, den Rahmen der allgemeinen Fragestellung und führt zum Problem der Kostenminimierung in einer speziellen Klasse von Entscheidungsregeln.

Die verschiedenen Auffassungen der Problemstellung bestimmen sich wesentlich durch die Beantwortung der Frage, ob bei der Aufstellung adäquater Beschreibungen von Klassen verschiedener Natur einheitliche Prinzipien möglich sind oder ob die Beschreibungssprache jedesmal von den Experten konkreter Wissensgebiete entwickelt werden muß.

Wenn es allgemeine Prinzipien gäbe, sollte die Grundrichtung der Erforschung des Erkennungsproblems durch die Bemühungen zur Auffindung jener Prinzipien bestimmt sein. Die Grundrichtung deshalb, weil solche Untersuchungen allgemein und prinzipiell neu wären.

Ist das jedoch nicht der Fall, dann führt das Problem der lernfähigen Erkennung zum Problem der Kostenminimierung in einer speziellen Klasse von Entscheidungsregeln und kann als ein Zweig der angewandten Statistik betrachtet werden.

Antworten auf diese Frage gibt es bis jetzt noch keine, schon deshalb nicht, weil die allgemeine Problemstellung vorerst noch rein intuitiv ist. Die Mehrheit der Forscher allerdings vertritt den zweiten Standpunkt, so daß es jetzt üblich ist, unter der Theorie der Zeichenerkennung die Theorie der Kostenminimierung in einer speziellen Klasse von Entscheidungsregeln zu verstehen.

In diesem Buch werden wir uns auch darauf stützen, daß die Theorie der Belehrung von Maschinen zur Zeichenerkennung zum Problem der Minimierung mittlerer Kosten führt.[1])

Das Problem bestand darin, statistische Lösungsmethoden auf die betreffende Klasse von Entscheidungsfunktionen anzuwenden. Dabei traten die bekannten Schwierigkeiten auf, aber es gelang relativ schnell, sie zu überwinden, so daß Mitte der sechziger Jahre eine allgemeine Theorie der lernfähigen Erkennung zur Verfügung stand. Diese Theorie brachte gleichzeitig mit der Befriedigung auch eine gewisse Enttäuschung. Das allgemeine Prinzip zur Aufstellung von Algorithmen war übermäßig weit: ihm genügten sehr viele Belehrungsalgorithmen; nach den Regeln dieser Theorie konnte man (und es wurde gezeigt wie) eine gewaltige Menge konkreter Algorithmen der lernfähigen Erkennung ableiten, die sich in der Praxis keineswegs als besser erwiesen als die bereits bekannten.

---

[1]) Um dieses zu unterstreichen, haben wir dem Buch den zweiten Titel „Statistische Probleme der Belehrung“ gegeben und die entsprechende Theorie „Statistische Theorie“ genannt.

Es kam so zu einer Krisensituation, da es schien, als erschöpfte sich das Problem der lernfähigen Erkennung in der statistischen Fragestellung selbst.

Dies könnte man sicher mit gutem Recht behaupten, wenn nicht eine Tatsache dagegen spräche, nämlich die, daß die im Rahmen der statistischen Theorie ausgearbeiteten, konstruktiven Methoden zur Minimierung mittlerer Kosten vornehmlich nur *asymptotischen* Kriterien genügen. Das heißt also, daß eine statistische Methode zur Minimierung der mittleren Kosten auf der Grundlage einer gegebenen Stichprobe genau dann als legitim gilt, wenn man der optimalen Lösung mit wachsendem Stichprobenumfang beliebig nahe kommt. Und gerade jene [statistischen] asymptotisch-optimalen Methoden der Kostenminimierung wurden zur Lösung des Problems der lernfähigen Erkennung eingesetzt. In der Praxis liegen jedoch immer Stichproben *beschränkten* Umfangs vor, die niemals von einer Größenordnung sind, welche die Anwendung von Methoden nur rein asymptotischen Charakters rechtfertigen könnte. So entstand die Hoffnung, eine inhaltsreichere Theorie zur Lösung unserer speziellen Aufgabe der Suche des Minimums der mittleren Kosten — die ein statistisches Problem der lernfähigen Erkennung darstellt — zu entwickeln, nämlich eine Theorie der Kostenminimierung in *endlichen* Stichproben, d.h., es kam darauf an, nicht eine *asymptotisch*-optimale Theorie der Belehrungsalgorithmen, sondern eine *endlich*-optimale Theorie aufzustellen. Aber es zeigte sich, daß in der statistischen Theorie ausreichend allgemeine, konstruktive *endlich*-optimale Methoden zur Kostenminimierung *nicht* existieren. Dies nicht deshalb, weil die Mathematiker von der Existenz eines solchen Problems nichts wußten; im Gegenteil, die Notwendigkeit, konstruktive endlich-optimale Algorithmen aufzustellen, war längst erkannt, aber alle Versuche, die Theorie in dieser Richtung zu entwickeln, stießen auf beträchtliche Schwierigkeiten.

Die Untersuchung des Problems der lernfähigen Erkennung führte somit auf ein ungelöstes Problem. Dieses Problem besteht gegenwärtig nicht mehr in vollem Umfang, sondern nur für eine spezielle Aufgabenklasse. Die endlich-optimale Theorie der Algorithmen der lernfähigen Erkennung liegt noch nicht vor. Ungeachtet dessen, wie erfolgreich sich neue Versuche zur Aufstellung einer solchen Theorie erweisen werden, trug jedoch die Idee, endlich-optimale Methoden der Kostenminimierung zu entwickeln, für eine spezielle Klasse von Entscheidungsregeln bereits ihre Früchte, indem neue, hinreichend allgemeine Verfahren zur Suche optimaler Lösungen aufgefunden wurden. Was jetzt den Gegenstand der statistischen Theorie der lernfähigen Erkennung betrifft, so kann man vielleicht innerhalb dieses Problemkreises drei Entwicklungslinien sehen.

Die erste Linie ist mit der Problemstellung selbst verbunden. In ihr kann man verfolgen, wie aus dem physiologischen Wahrnehmungsmodell die Erkennungsalgorithmen entstanden, wie das Belehrungsproblem mit strengen mathematischen Termini formalisiert wurde, wie es sich in der traditionellen mathematischen Statistik darstellt, welche neuen Ideen es hervorbringt und wie es die Lösung praktischer Probleme fördert.

Die zweite Entwicklungslinie spiegelt den Einfluß der Problemstellung der lernfähigen Erkennung auf die Entwicklung des mathematisch-statistischen Apparates wider. Man kann hier verfolgen, wie zuerst die bekannten Methoden der Statistik angewandt wurden, später neue Begriffe entstanden, und schließlich kann man den Einfluß der neuen Ideen auf die Weiterentwicklung traditioneller Forschungsrichtungen in der mathematischen Statistik erkennen.

Die dritte Linie betrifft die Entwicklung konstruktiver Ideen zur Aufstellung von Algorithmen. Anfangs waren das einige heuristische Prozeduren, deren einzige Grundlage die Analogie mit physiologischen Wahrnehmungsmodellen war, später waren es verschiedene Methoden zur Konstruktion von Trennflächen und schließlich Methoden zur Auswahl extremaler Teilräume in Verbindung mit der Aufstellung von Entscheidungsregeln in denselben.

In der vorliegenden Monografie fanden alle diese drei Entwicklungslinien der Theorie ihren Niederschlag. Die erste Entwicklungslinie ist im ersten Teil des Buches, „Elementare Theorie", dargestellt, die zweite im zweiten Teil, „Statistische Grundlagen der Theorie" und die dritte im dritten Teil des Buches, „Methoden zur Konstruktion von Trennflächen".

Der erste Teil des Buches ist von verhältnismäßig elementarem Charakter. In ihm werden die Grundgedanken der statistischen Theorie der lernfähigen Erkennung dargelegt. Für das Studium dieses Teils des Buches werden Mathematikkenntnisse vom Niveau einer Ingenieurfachschule ausreichend sein.

Das Studium des zweiten Teils des Buches verlangt Grundkenntnisse in der Wahrscheinlichkeitstheorie und den dafür notwendigen mathematischen Apparat im Umfang eines Universitätskurses.

Der dritte Teil des Buches ist der Darlegung einer Gruppe von Algorithmen gewidmet, die auf der Methode des generalisierten Porträts beruhen. Dieser Teil ist so abgefaßt, daß der Leser den von ihm benötigten Belehrungsalgorithmus auswählen und programmieren kann.

Das Buch stellt in keiner Weise eine Übersicht über die Theorie der lernfähigen Erkennung dar, sondern bringt die wissenschaftlichen Interessen der Autoren zum Ausdruck. Nichtsdestoweniger hoffen wir, daß das Buch den Leser interessieren und ihm nützlich sein wird.

Die Autoren

INHALTSVERZEICHNIS

TEIL 1

Elementare Theorie

TEIL 3

Methoden zur Konstruktion von Trennflächen

TEIL 1

Elementare Theorie

Im ersten Teil des Buches wird die lernfähige Erkennung als Problem der Kostenminimierung — für spezielle Klassen von Entscheidungsfunktionen — betrachtet.

In der mathematischen Statistik sind gegenwärtig drei Verfahrensweisen zur Minimierung mittlerer Kosten bekannt. Die erste beruht wesentlich auf einer Schätzung der Wahrscheinlichkeitsverteilungsfunktionen, die zweite bedient sich eines iterativen Lösungsverfahrens, und die dritte besteht in der Anwendung von Methoden zur Minimierung des empirischen Risikos.

Es wird gezeigt, inwieweit durch Weiterentwicklung bekannter Methoden effektive Prozeduren zur Lösung des Problems der lernabhängigen Erkennung — insbesondere zur Aufstellung konstruktiver Algorithmen — gewonnen werden können.

Schließlich wird noch eine weitere Methode der Kostenminimierung erläutert, die sog. geordnete Minimierung, die zu entsprechenden Erkennungsalgorithmen führt.

Zum Schluß werden in diesem Teil praktische Anwendungsbeispiele für die verschiedenen Lernmethoden angegeben.

KAPITEL I

DAS PERZEPTRON

§ 1. Das Phänomen der Wahrnehmung

Es ist bekannt, daß der Mensch Gegenstände oder Situationen, denen er erstmalig begegnet, sofort erkennt, sie also dem jeweiligen zutreffenden Begriff zuordnen kann. Beliebige Pferde oder Hunde sind einem Menschen bereits bekannte Tiere, auch wenn ihm z.B. ihre Rasse unbekannt ist. Er vermag die Handschriften von Menschen zu lesen, wobei jede spezifische Merkmale besitzt. Jeder von uns erkennt eine ihm bekannte Person trotz Veränderung ihrer Frisur oder Kleidung wieder. Diese so umrissene Fähigkeit des Menschen bezeichnen wir als das Phänomen *Wahrnehmung*.

Dieses Phänomen ist in allen Sphären menschlicher Tätigkeit anzutreffen. So ist die Ausübung zahlreicher Berufe ausschließlich an die Fähigkeit gebunden, bestimmte Situationen richtig klassifizieren zu können. Ärzte können Krankheiten diagnostizieren, Kriminalisten identifizieren einander „ähnliche“ Handschriften, Archäologen vermögen es, Funde aus dem Altertum zeitlich einzuordnen, und Geologen treffen anhand indirekter Daten Voraussagen über die Beschaffenheit von Fundstätten.

In all diesen Fällen nutzt der Mensch seine Fähigkeit, das beobachtete Objekt einem bestimmten Begriff zuzuordnen. Der Mensch kann auch neue Begriffe bilden bzw. ein neues System zur Klassifizierung erlernen.

Es gibt zwei verschiedene Lehrmethoden: Belehrung durch Erklären und die weitaus interessantere Methode — Belehrung anhand von Beispielen. Die erste Methode setzt voraus, daß sich das dem Schüler durch Belehrung zu Vermittelnde in Form hinreichend einfacher Regeln beschreiben läßt, bei deren Anwendung und genauen Befolgung stets das geforderte Ergebnis erhalten wird.

In vielen Fällen kann ein Lehrer, der die Belehrung vornimmt, die zu vermittelnde — und von ihm selbst angewandte — Vorschrift weder sprachlich noch in anderer Weise formulieren. Hier kann die erste Lehrmethode nicht angewendet werden; die Belehrung erfolgt anhand von Beispielen. Für die Unterscheidung handschriftlicher Zeichen — einer, wie es den Anschein hat, einfachen Aufgabe — ist es zum Beispiel nicht möglich, exakte Vorschriften aufzuzeigen, nach denen eine Differenzierung erfolgt. Hier kommt nur die zweite Methode in Betracht: Man zeigt dem Lernenden handschriftliche Zeichen und sagt ihm ihre Bedeutungen, d.h., man teilt ihm mit, welchen Klassen die gegebenen Zeichen angehören. Auf dieser Grundlage erarbeitet sich der Schüler die erforderlichen Begriffe und erlangt damit die Fähigkeit, jedes neue, noch nicht vorgezeigte Schriftzeichen der richtigen Klasse zuzuordnen. In gleicher Weise lernen Medizinstudenten, Diagnosen zu stellen.

Der Vorgang der zweiten Lehrmethode setzt im Menschen einen inneren Mechanismus in Gang, der die Regeln konstruiert, nach denen die Erkennung, d.h. die Zuordnung der betreffenden Objekte (Zeichen) zu Begriffen (Klassen) erfolgen kann.

§ 2. Das physiologische Modell der Wahrnehmung

Im Jahre 1957 gelang es dem US-amerikanischen Physiologen F. ROSENBLATT, ein physiologisches Modell zur Wahrnehmung technisch zu realisieren. Er ging dabei von der Voraussetzung aus, daß die Wahrnehmung in einem Neuronennetz vor sich geht.

In Übereinstimmung mit dem allgemein akzeptierten und zugleich einfachsten aller bis dahin entwickelten Neuronenmodelle, dem Modell von MCCULLOCH-PITTS, ist das Neuron eine Nervenzelle, die einige Eingänge — die Dendriten — und einen Ausgang — das Axon — besitzt. Die Eingänge verhalten sich entweder erregend oder hemmend. Sobald die Anzahl der an die erregenden Eingänge gelangenden Signale die Anzahl der an die hemmenden Eingänge gelangenden Signale überschreitet, wird das Neuron erregt, d.h., es sendet Impulse aus. Bestandteile des Wahrnehmungsmodells sind die Rezeptorenschicht S, die Schicht A der sog. Transformationsneuronen und eine Schicht R der sog. Reaktionsneuronen (Abb. 1). Die einfallenden Signale werden von den Rezeptoren in adäquate Impulse umgewandelt. Jeder Rezeptor ist mit einem oder mehreren Transformationsneuronen verbunden, und umgekehrt kann jedes Transformationsneuron mit mehr als einem Rezeptor verbunden sein.

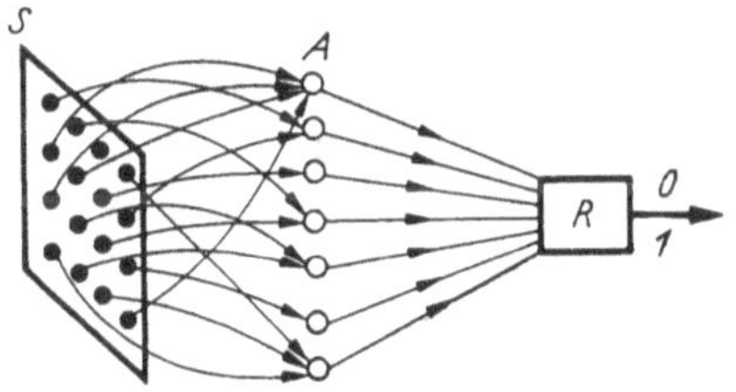

Abb. 1.
Schema eines Wahrnehmungsmodells

Die Ausgänge der Transformationsneuronen (assoziativen Neuronen) liegen an den Eingängen der Neuronen der dritten Schicht. Ein Neuron dieser Schicht hat ebenfalls einige Eingänge (Dendriten) und einen Ausgang (Axon) und wird erregt, sobald die Summe der Eingangssignale einen Schwellenwert (die sog. Erregungsschwelle) überschreitet. Im Unterschied zu den Neuronen der zweiten Schicht, in denen die Eingangssignale mit Gewichtskoeffizienten, die dem Betrag nach gleich sind und sich nur im Vorzeichen unterscheiden können, multipliziert und dann aufsummiert werden, sind bei den Neuronen der dritten Schicht die Gewichtskoeffizienten i.a. auch dem Betrag nach verschieden.

Jeder Rezeptor kann sich in einem von zwei alternativen Zuständen, im erregten Zustand oder im Ruhezustand, befinden. Je nach der Art der äußeren Erregung bildet sich ein bestimmtes Erregungsmuster (Impulsmuster) aus und erreicht über die Nervenwege die Schicht der Transformationsneuronen. Hier entsteht in Abhängigkeit von dem ankommenden Muster ein Erregungsmuster der zweiten Schicht, das seinerseits an die Eingänge der Reaktionsneuronen der dritten Schicht gelangt.

Die Wahrnehmung eines realen Objektes besteht [im Rahmen dieses Modells] in der Erregung eines dem Objekt zugeordneten Neurons der dritten Schicht, wobei unterschiedliche Impulsmuster der Rezeptorenschicht ein- und dasselbe Reaktionsneuron erregen können. Die Hypothese besteht nun darin, daß die Gewichtskoeffizienten der Reaktionsneuronen so gewählt werden können, daß die Impulsmuster aller derselben Klasse angehörenden Objekte zur Erregung genau ein- und desselben Neurons der dritten Schicht führen.

Ein Mensch, der einen beliebigen Gegenstand aus verschiedenen Entfernungen beobachtet, setzt das Gesehene gleich, weil auf die verschiedenen zugeordneten Impulsmuster stets dasselbe Neuron reagiert, nämlich genau dasjenige, das der Erkennung dieses Gegenstandes entspricht.

Von der sehr großen Anzahl Neuronen (in der Größenordnung 10^{10}), die beim Menschen den Prozeß der Wahrnehmung realisieren, dient nur ein bestimmter Teil der Zuordnung von Objekten zu bereits erlernten Begriffen (Klassen), der andere dient der Bildung neuer Begriffe.

Im Modell ist die Bildung eines neuen Begriffs im wesentlichen mit der Bestimmung der Gewichtskoeffizienten des diesem Begriff zugeordneten Neurons der dritten Schicht identisch. Der Prozeß zur Festlegung der Gewichtskoeffizienten der Reaktionsneuronen wird nach einem Schema von F. Rosenblatt mit Hilfe der Termini „Bekräftigung" und „Bestrafung" beschrieben. Dabei wird vorausgesetzt, daß wenigstens ein Impulsmuster dem neu zu bildenden Begriff angehört.

Tritt nun der fragliche Begriff auf, und gelangt das dem Begriff zugeordnete Neuron nicht in den erregten Zustand S — wird also das ankommende Signal nicht als eine Realisierung des gegebenen Begriffes erkannt — dann wird das betreffende Neuron „bestraft", d.h., die Gewichtskoeffizienten der Eingänge, an denen Impulse eingegangen sind, werden um Eins erhöht. Reagiert jedoch das Neuron richtig auf die ankommenden Impulse, dann bleiben die Gewichtskoeffizienten unverändert. Wird ein Eingangssignal (Impulsmuster) einem gegebenen Begriff fälschlich zugeordnet, so wird das Neuron ebenfalls „bestraft": in diesem Fall werden die Gewichtskoeffizienten derjenigen Eingänge, über die der Impuls ankommt, um Eins erniedrigt. Ein solches Wahrnehmungsmodell ist einfach und kann aus einer Menge gleichartiger Elemente — den sog. Schwellenwertelementen — aufgebaut werden.

§ 3. Das technische Modell (Perzeptron)

Unter einem Schwellenwertelement versteht man ein Element, das n Eingangssignale $x^1, \ldots, x^n$ empfängt und ein Ausgangssignal y ausgibt, das nur die zwei Werte 0 und 1 annehmen kann. Der Wert für y folgt aus den Werten $x^1, \ldots, x^n$ nach der Beziehung

$$y = \begin{cases} 1, \text{ falls } \sum_{i=1}^{n} \lambda_i x^i \geqq \lambda_0, \\ 0, \text{ falls } \sum_{i=1}^{n} \lambda_i x^i < \lambda_0, \end{cases} \tag{1.1}$$

wobei $\lambda_1, \ldots, \lambda_n$ die Gewichtskoeffizienten der Signale $x^1, \ldots, x^n$ und λ_0 den Schwellenwert selbst bedeuten.

Ein Schwellenwertelement mit $\lambda_i = \pm 1$ kann als Modell eines Transformationsneurons dienen, während ein Schwellenwertelement, bei dem der Koeffizientenvektor $\boldsymbol{\lambda}$ ein beliebiges n-Tupel reeller Zahlen ist, als Modell des Reaktionsneurons dient.

Das technische Modell eines visuellen Systems wurde von ROSENBLATT als Perzeptron bezeichnet (Perzeption: Wahrnehmung). Die erste Rezeptorschicht S des ROSENBLATTschen Modells bestand aus 400 Photoelementen, die ein Rezeptorenfeld (20×20) bildeten. Das Signal gelangte über die Photoelemente an die Eingänge der Schwellenwertelemente, welche die Transformationsneuronen (A-Elemente) bildeten.

Das Modell von ROSENBLATT bestand aus insgesamt 512 Elementen. Jedes A-Element hatte 10 Eingänge, die in zufällig gewählter Zuordnung mit Rezeptor-Photoelementen verbunden waren. Die Hälfte der Eingänge war hemmend, mit dem Gewichtskoeffizienten -1, die andere Hälfte erregend, mit dem Gewichtskoeffizienten $+1$. Die Erregungsschwelle des Neurons war gleich Null. Am Ende ihres Weges gelangten die Signale von den Ausgängen der A-Elemente an die Eingänge des Reaktionsneurons – des R-Elements R (s. Abb. 1).

Es werden zwei Phasen der Funktionsweise des Perzeptrons unterschieden: die Lernphase und die Kannphase. In der Lernphase werden am Perzeptron nach dem oben beschriebenen Prinzip die Werte der Koeffizienten $\lambda_1, \ldots, \lambda_n$ der Reaktionsneuronen erlernt (eingestellt). Im Verlauf der Kannphase klassifiziert das Perzeptron die ihm vorgelegten Muster: wird das p-te Reaktionselement erregt und bleiben die übrigen R-Elemente nicht erregt, dann gilt das Muster der p-ten Klasse zugewiesen.

Ein so definiertes System – mit der Bezeichnung „Mark-1" – wurde konstruiert, um experimentell zu überprüfen, inwieweit das Perzeptron in der Lage ist, Begriffe zu bilden.

§ 4. Das mathematische Modell

Die Existenz eines künstlichen Systems, das die Fähigkeit besitzt, neue Begriffe zu bilden, erwies sich nicht nur für Physiologen, sondern auch für Vertreter anderer Wissensgebiete, wie in erster Linie Mathematiker, als außerordentlich interessant. Als klar wurde, wie eine Anordnung zur Realisierung des Perzeptrons aufgebaut sein mußte, war das Perzeptron nicht mehr nur technisches Analogon eines physiologischen Modells, sondern wurde zum mathematischen Modell des Wahrnehmungsprozesses selbst.

Die Idee des Perzeptrons wurde technisch in dem System „Mark-1" realisiert. Zur Modellierung des Wahrnehmungsprozesses ist es jedoch an sich nicht erforderlich, ein spezielles technisches System zu konstruieren, sondern es genügt, die zugrundeliegende mathematische Verfahrensweise als Programm auf einem Rechner zu realisieren.

In der Folge wurde das Wahrnehmungsphänomen durch Simulation von Lernautomaten auf Großrechnern, d.h. durch Entwicklung lernender Programme, studiert.

Wir wenden uns nun dem mathematischen Modell des Perzeptrons zu:

1. Vom Rezeptorfeld wird ein Signal erzeugt, das dem äußeren Reiz entspricht, und durch den Vektor $\boldsymbol{x}$ dargestellt wird. ROSENBLATT stellte fest, daß an jedem Nervenende ein einfaches Signal auftritt, Erregung (Impuls) oder Ruhe. Daraus folgt, daß der Vektor $\boldsymbol{x}$ binär sein muß, d.h. seine Koordinaten nur die zwei Werte 0 oder 1 annehmen können.

2. Ein Impulsmuster pflanzt sich fort, bis es durch die Neuronen der zweiten Schicht in ein neues Impulsmuster umgewandelt worden ist (der binäre Vektor $\boldsymbol{x}$ wird dabei in den binären Vektor $\boldsymbol{y}$ transformiert). ROSENBLATT präzisierte den Charakter dieser

Transformation $\boldsymbol{y} = f(\boldsymbol{x})$ durch die Aussage:

a) diese Transformation wird durch Schwellenwertelemente realisiert,

b) die Eingänge der die Transformation ausführenden Schwellenwertelemente sind mit den Rezeptoren in zufällig gewählter Zuordnung verbunden.

3. Es wird definiert: Der Eingangsvektor des Perzeptrons gilt als dem p-ten Begriff (der p-ten Klasse) zugeordnet, wenn das p-te Reaktionsneuron erregt wird, die anderen Reaktionsneuronen jedoch in Ruhe verbleiben. In diesem Falle muß also der Vektor $\boldsymbol{y} = (y^1, \ldots, y^m)$ das folgende System von Ungleichungen erfüllen:

$$\sum_{i=1}^{m} \lambda_i^p y^i \geqq 0, \qquad \sum_{i=1}^{m} \lambda_i^t y^i < 0 \quad \text{für alle} \quad t \neq p.$$

In diesen Ungleichungen sind $\lambda_1^t, \ldots, \lambda_m^t$ die Gewichtskoeffizienten des t-ten Reaktionsneurons.

4. Das Erlernen von Begriffen wird im ROSENBLATTschen System auf die Einstellung (Berechnung) der Koeffizienten (Gewichte) der R-Elemente zurückgeführt. Das Verfahren zur Bestimmung dieser Gewichte wird nun wie folgt beschrieben:

Es existieren zu einem gegebenen Zeitpunkt bestimmte Anfangswerte für die Gewichte der R-Elemente, wobei $\lambda_1^p, \ldots, \lambda_m^p$ die Gewichte des p-ten Elements R_p sind. Zum Zeitpunkt τ gelange das durch den Vektor $\boldsymbol{x}_\tau$ beschriebene Signal zur Klassifizierung an den Eingang des Perzeptrons. Nun kann der Vektor $\boldsymbol{x}_\tau$ entweder der Klasse (dem Begriff) p angehören oder nicht. Wir betrachten die folgenden beiden Fälle.

Erster Fall: Der Vektor $\boldsymbol{x}$ gehört der Klasse p an.

Die korrekte Reaktion des Elements R_p auf das Signal $\boldsymbol{x}$ hat dann der Ungleichung

$$\sum_{i=1}^{m} \lambda_i^p y^i \geqq 0$$

zu genügen. Wenn das der Fall ist, bleiben die Gewichte λ_i ungeändert, sonst jedoch — d.h., wenn

$$\sum_{i=1}^{m} \lambda_i^p y^i < 0$$

gilt — werden die Gewichte des Elements R_p nach der Regel

$$\lambda_i^p \text{ (neu)} = \lambda_i^p \text{ (alt)} + y^i \quad (i = 1, 2, \ldots, m)$$

verändert.

Zweiter Fall: Der Vektor $\boldsymbol{x}$ gehört nicht der Klasse p an.

Das Element R_p muß also in Ruhe verbleiben, d.h., es muß die Ungleichung

$$\sum_{i=1}^{m} \lambda_i^p y^i < 0$$

gelten. Ist das erfüllt, bleiben die Gewichte λ_i^p unverändert. Andernfalls, wenn also

$$\sum_{i=1}^{m} \lambda_i^p y^i \geqq 0$$

gilt, werden die Gewichte $\lambda_1^p, \ldots, \lambda_m^p$ nach der Regel

$$\lambda_i^p \text{ (neu)} = \lambda_i^p \text{ (alt)} - y^i \quad (i = 1, 2, \ldots, m)$$

abgeändert.

Dies gilt analog für alle R-Elemente des Perzeptrons.

§ 5. Verallgemeinertes mathematisches Modell

F. ROSENBLATT hoffte, daß sein Perzeptron die wesentlichen Züge der menschlichen Wahrnehmung modellierte, insbesondere die Wahrnehmung visueller Objekte. Er nahm an, daß das Perzeptron die Erkennung von visuellen Mustern — unabhängig von deren Größe und Lage im Rezeptorfeld sowie von anderen Transformationen, die die Erkennbarkeit durch den Menschen nicht beeinträchtigen — leicht erlernen würde.

Mit anderen Worten, es wurde angenommen, daß das Perzeptron eine gegen bestimmte Transformationsgruppen invariante Erkennung von Gegenständen leisten könnte. Theoretische und experimentelle Untersuchungen ergaben jedoch, daß das Perzeptron von F. ROSENBLATT eine derartige Verallgemeinerung nicht zuläßt.

Alle Schaltungsvarianten, die für ein Perzeptron möglich sind, wurden bereits untersucht. Auch konstruierte man Modelle mit einer großen Anzahl von Neuronenschichten, bei denen die Änderung der Gewichtskoeffizienten nicht nur in der letzten oberen Schicht, sondern auch in den Zwischenebenen, zugelassen war. Des weiteren wurden Querverbindungen und Rückführungen vorgesehen.

Die theoretische Untersuchung solcher komplizierten Perzeptronschaltungen ist äußerst schwierig. Für die Erkennung visueller Formen erwiesen sich solche Schaltungen in der Praxis als wenig effektiv. So mußte man neue Wege suchen.

Der Grundgedanke der neuen Richtung besteht darin, unter Berücksichtigung der bereits bekannten Eigenschaften visueller Formen ein Merkmalsystem oder — etwas allgemeiner — eine Beschreibungssprache für ein visuelles Objekt zu finden, die gegenüber den geforderten Transformationen von sich aus invariant ist. Auf diese Weise werden die „Objekte", über denen ein Lernsystem operiert, so gewählt, daß zwangsläufig Invarianz gegen die betreffenden Transformationen besteht.

Unter der Voraussetzung, daß das physiologische Modell der menschlichen Wahrnehmung tatsächlich dem Perzeptron analog ist, kommt man zu dem Schluß, daß die Verschaltung der A-Elemente mit den Rezeptoren keineswegs zufällig gewählt werden darf. Diese ist vielmehr so zu strukturieren, daß eine neue Beschreibung der Objekte erzeugt wird, die bereits die geforderten Invarianten enthält. Mathematisch heißt das, daß in der Transformation

$$\boldsymbol{y} = f(\boldsymbol{x})$$

unter den Koordinaten des Vektors $\boldsymbol{y}$ solche sind, die sich bei bestimmten Transformationen des Vektors $\boldsymbol{x}$ nicht verändern.

Es ist denkbar, daß der Mensch es überhaupt nicht lernt, diese Invarianten aufzufinden. Die Fähigkeit, sie zu benutzen, wäre ihm dann von Geburt an mitgegeben und im „System" des visuellen Analysators verankert, der im Evolutionsprozeß entstanden ist. Jedenfalls zeigten alle Experimente mit Lernprozessen, bei denen solch eine geeignete Darstellung $\boldsymbol{y} = f(\boldsymbol{x})$ nicht gewählt worden war, die Unfähigkeit des Perzeptrons, jene Invarianten selbst zu finden.

Dabei erhebt sich die Frage, wie eine solche Objektbeschreibung zu konstruieren sei. Wir müssen dazu von einem Perzeptron verallgemeinerter Struktur ausgehen und annehmen, daß eine bestimmte Transformation $\boldsymbol{y} = f(\boldsymbol{x})$ in der Komponentenform

$$y^1 = \varphi_1(\boldsymbol{x}), \ldots, y^m = \varphi_m(\boldsymbol{x})$$

vorgegeben ist.

Hierin ist $\boldsymbol{x}$ der Eingangsvektor, der der Primärbeschreibung des Objekts entspricht. Die Transformation $f(\boldsymbol{x})$ ordnet ihm eine bestimmte neue Beschreibung $\boldsymbol{y}$ zu. Diese Transformation wird vor Beginn des Lernprozesses aufgrund bereits vorliegenden Wissens über das Wesen der zu lösenden Erkennungsaufgabe festgelegt.

Die Koordinaten des Vektors $\boldsymbol{y}$ sind in diesem verallgemeinerten Falle reelle Zahlen, d.h. nicht unbedingt auf die Zahlenwerte 0 oder 1 beschränkt. Wir werden zur Vereinfachung annehmen, daß nur zwei Klassen zu unterscheiden sind. Das Perzeptron ordnet einen Vektor $\boldsymbol{x}$ der ersten Klasse zu, wenn

$$\sum_{i=1}^{m} \lambda_i \varphi_i(\boldsymbol{x}) \geqq 0 \tag{1.2}$$

ist, und sonst der zweiten Klasse. Ein System dieser Art läßt die folgende einfache geometrische Interpretation zu: Die Hyperfläche

$$\sum_{i=1}^{m} \lambda_i \varphi_i(\boldsymbol{x}) = 0 \tag{1.3}$$

zerlegt den Raum X in zwei Halbräume. Liegt der Vektor $\boldsymbol{x}$ im positiven Halbraum (d.h., ist die Ungleichung (1.2) erfüllt), wird er der ersten Klasse zugeordnet. Liegt er jedoch auf der anderen Seite der Hyperfläche, wird er der zweiten Klasse zugeordnet. Solche Hyperflächen heißen Trennflächen (Abb. 2).

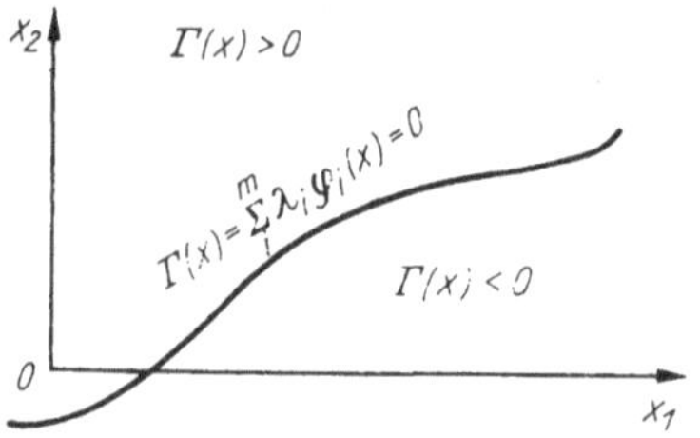

Abb. 2. Trennfläche zwischen zwei Klassen im Merkmalsraum

Beim Erlernen eines neuen Begriffs wird eine entsprechende Trennhyperfläche konstruiert. Jede Hyperfläche (1.3) des X-Raumes geht durch die Transformation $y^1 = \varphi_1(\boldsymbol{x}), \ldots, y^m = \varphi_m(\boldsymbol{x})$ in die Hyperebene

$$\sum_{i=1}^{m} \lambda_i y^i = 0 \tag{1.4}$$

des $\boldsymbol{y}$-Raumes Y über.

Die Einführung des Raumes Y erlaubt es, anstelle der Trennhyperfläche (1.3) die Trennhyperebene (1.4) zu betrachten. Der Vektorraum Y erhielt die Bezeichnung Merkmalsraum. Im Merkmalsraum liegt folgende Situation vor. Jedem Objekt wird ein Vektor $\boldsymbol{y} = (y^1, \ldots, y^m)$ zugeordnet. Dieser Vektor gehört der ersten Klasse an, wenn er im positiven Halbraum der Trennhyperebene

$$\sum_{i=1}^{m} \lambda_i y^i = 0$$

liegt, und der zweiten Klasse, wenn er im negativen Halbraum liegt.

§ 6. Das Novikoffsche Theorem

Naturgemäß erhebt sich bei der Untersuchung des Perzeptrons zuerst die Frage, inwieweit der von Rosenblatt vorgeschlagene Algorithmus für die Konstruktion einer Trennhyperebene effektiv ist, d.h., ob mit diesem Algorithmus stets eine Hyperebene konstruiert werden kann, die zwei Vektormengen $\boldsymbol{y}_1, \ldots, \boldsymbol{y}_a$ und $\bar{\boldsymbol{y}}_1, \ldots, \bar{\boldsymbol{y}}_b$ voneinander trennt (natürlich nur, wenn die Trennung durch eine Hyperebene prinzipiell möglich ist).

Im Jahre 1960 zeigte der US-amerikanische Wissenschaftler A. Novikoff, daß das Perzeptron eine Folge, die alle Elemente der Mengen $\boldsymbol{y}_1, \ldots, \boldsymbol{y}_a$ und $\bar{\boldsymbol{y}}_1, \ldots, \bar{\boldsymbol{y}}_b$ enthält und genügend oft angeboten wird, im Endeffekt stets zu trennen vermag (wiederum natürlich nur, wenn eine Trennung durch eine Hyperebene im Prinzip möglich ist).

Dieser Beweis war für die Entwicklung der Theorie von Lernprogrammen außerordentlich wichtig und erwies sich auch bei der Herausarbeitung feinerer Eigenschaften von Lernalgorithmen als sehr wesentlich. Wir wenden uns nun einer ausführlicheren Betrachtung zu.

Die Behauptung von Novikoff gilt für den Fall, daß im Raum Y eine Hyperebene durch den Koordinatensprung existiert, welche die zwei Vektormengen $\boldsymbol{y}_1, \ldots, \boldsymbol{y}_a$ und $\bar{\boldsymbol{y}}_1, \ldots, \bar{\boldsymbol{y}}_b$ trennt; d.h., es existiert ein Vektor $\boldsymbol{\Lambda}$, der die Ungleichungen

$$\begin{aligned} (\boldsymbol{y}_i, \boldsymbol{\Lambda}) &> 0, \quad i = 1, 2, \ldots, a, \\ (\bar{\boldsymbol{y}}_j, \boldsymbol{\Lambda}) &< 0, \quad j = 1, 2, \ldots, b \end{aligned} \tag{1.5}$$

mit

$$(\boldsymbol{y}, \boldsymbol{\Lambda}) = \sum_{i=1}^{m} y^i \lambda_i$$

erfüllt.

Wir betrachten die Menge W der Vektoren $\boldsymbol{y}_1, \ldots, \boldsymbol{y}_a, -\bar{\boldsymbol{y}}_1, \ldots, -\bar{\boldsymbol{y}}_b$. Das Ungleichungssystem (1.5) nimmt dann die Form

$$(\boldsymbol{y}, \boldsymbol{\Lambda}) > 0 \text{ für alle } \boldsymbol{y} \in W$$

an. Mit

$$\varrho(\boldsymbol{\Lambda}) = \min_{\boldsymbol{y}_i \in W} \frac{(\boldsymbol{y}_i, \boldsymbol{\Lambda})}{|\boldsymbol{\Lambda}|}$$

und

$$\varrho_0 = \sup_{\boldsymbol{\Lambda} \neq 0} \varrho(\boldsymbol{\Lambda})$$

kann die Bedingung für die Trennbarkeit der Vektoren $\boldsymbol{y}_1, \ldots, \boldsymbol{y}_a$ von $\bar{\boldsymbol{y}}_1, \ldots, \bar{\boldsymbol{y}}_b$ formal durch $\varrho_0 > 0$ ausgedrückt werden.

Die Größe ϱ_0 läßt sich folgendermaßen geometrisch interpretieren: Die Vektoren der Menge $\{\boldsymbol{y}\}$ werden durch Kreuzchen, die Vektoren der Menge $\{\bar{\boldsymbol{y}}\}$ durch Kreise bezeichnet (s. Abb. 3). Die Aussage, daß zwei Vektormengen durch eine Hyperebene trennbar seien, die durch den Koordinatenursprung verläuft, ist äquivalent der Aussage, daß die konvexe Hülle der Vektoren $\boldsymbol{y}_1, \ldots, \boldsymbol{y}_a, -\bar{\boldsymbol{y}}_1, \ldots, -\bar{\boldsymbol{y}}_b$ den Nullpunkt nicht enthalte — und also der Abstand des Koordinatenursprungs von der konvexen Hülle der Menge W größer als Null sei.[1]) Dieser Abstand ist gleich ϱ_0.

---

[1]) *Konvexe Hülle* einer Menge A heißt eine minimale konvexe Menge, die die Elemente von A *enthält*. Des weiteren bezeichnet man eine Menge B als *konvex*, wenn zu zwei beliebigen, ihr angehörenden Punkten auch das sie verbindende Geradenstück dieser Menge angehört.

Die Besonderheit des Algorithmus, die darin besteht, daß die Trennhyperebene durch den Koordinatenursprung verläuft, stellt keine ernste Einschränkung für die Konstruktion einer beliebigen Trennhyperebene — die i.a. nicht durch den Koordinatenursprung verlaufen wird — dar. Wenn für die Trennung von Klassen eine Hyperebene erforderlich ist, die nicht durch den Koordinatenursprung verläuft, genügt es, den Raum Y zu erweitern, indem man den Vektoren $\boldsymbol{y}_1, \ldots, \boldsymbol{y}_a, \bar{\boldsymbol{y}}_1, \ldots, \bar{\boldsymbol{y}}_b$ noch eine Koordinate hinzufügt, die man gleich 1 setzt. Man sieht, daß dann in dem neuen Raum diese Mengen durch eine Hyperebene, die durch den Koordinatenursprung verläuft, trennbar sind. Folglich ist in diesem Falle der Abstand des Koordinatenursprungs von der konvexen Hülle der Menge W von Null verschieden und gleich ϱ_0; der maximale Abstand der Vektoren aus W vom Koordinatenursprung werde mit D bezeichnet.

Wie Novikoff zeigte, werden auch bei mehrfacher Darbietung einer Lernfolge, die aus Elementen der Mengen $\{\boldsymbol{y}\}$ und $\{\bar{\boldsymbol{y}}\}$ besteht, nicht mehr als $k = \left[\frac{D^2}{\varrho_0^2}\right]$ Korrekturen der Koeffizienten tatsächlich ausgeführt („$[a]$" bedeutet den ganzen Teil der Zahl a).

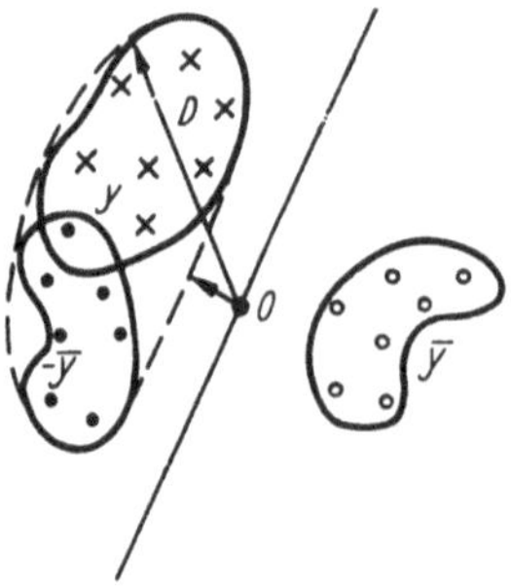

Abb. 3. Zur linearen Separierbarkeit zweier Punktmengen

§ 7. Beweis des Novikoffschen Theorems

Wir beweisen das Novikoffsche Theorem in etwas verallgemeinerter Formulierung.

Theorem 1.1. *Gegeben sei eine beliebige unendliche, dem Betrag nach beschränkte Folge von Vektoren* $\boldsymbol{y}_1, \ldots, \boldsymbol{y}_i, \ldots$, *die den Mengen* $\{\boldsymbol{y}\}$ *oder* $\{\bar{\boldsymbol{y}}\}$ *angehören. Zu diesen Mengen existiere eine Hyperfläche, die durch den Koordinatenursprung verläuft und die Mengen* $\{\boldsymbol{y}\}$ *und* $\{\bar{\boldsymbol{y}}\}$ *optimal trennt, d.h., es existiere ein Einheitsvektor* Λ^*, *derart daß* $\varrho(\Lambda^*) = \varrho_0$ *und*

$$(\boldsymbol{y}_i, \Lambda^*) > \varrho_0 \textit{ für alle } \boldsymbol{y}_i \in \{\boldsymbol{y}\},$$

$$(\boldsymbol{y}_j, \Lambda^*) < -\varrho_0 \textit{ für alle } \boldsymbol{y}_j \in \{\bar{\boldsymbol{y}}\}$$

sowie

$$\sup_{\boldsymbol{y}=\{\boldsymbol{y}\}\cup\{\bar{\boldsymbol{y}}\}} |\boldsymbol{y}| = D < \infty$$

erfüllt sind. Dann gilt, daß bei Durchführung des Verfahrens zur Konstruktion der Trennhyperebene eines R-Elements mit den Anfangsgewichten Null die Anzahl der Fehlerkorrekturen

$$k = \left[\frac{D^2}{\varrho_0^2}\right]$$

nicht überschreitet.

Dieses Theorem zeigt, daß das Perzeptron nach einer endlichen Anzahl von Fehlerkorrekturen eine Hyperebene findet, die die Mengen $\{y\}$ und $\{\bar{y}\}$ (und damit auch unendliche Teilfolgen aus $\{y\}$ und $\{\bar{y}\}$) fehlerlos voneinander trennt, falls eine Hyperebene mit diesen Eigenschaften existiert.

Beweis: Wir betrachten die neue Folge $\tilde{y}_1, \ldots, \tilde{y}_i, \ldots$, die sich von der Ausgangsfolge nur dadurch unterscheiden soll, daß die Vektoren $y_i \in \{\bar{y}\}$ durch $-y_i$ ersetzt werden. Dann kann die Wirkungsweise des Perzeptrons wie folgt beschrieben werden:

Sei $\Lambda_1, \ldots, \Lambda_i, \ldots$ die den $y_1, \ldots, y_i, \ldots$, zugeordnete Folge der Gewichtsvektoren des R-Elements, wobei Λ_0 den Anfangsgewichtsvektor bedeutet, dann gilt $\Lambda_{i+1} = \Lambda_i$, falls der (Spalten-)Vektor Λ_i richtig war $((y_{i+1}, \Lambda_i) > 0)$, d.h., es findet keine Veränderung (Verstellung) von Λ_i statt:

$$\Lambda_{i+1} = \Lambda_i .$$

Trat jedoch ein Fehler auf, war also

$$(\tilde{y}_{i+1}, \Lambda_i) \leqq 0, \tag{1.6}$$

wird eine Korrektur nach der Gleichung

$$\Lambda_{i+1} = \Lambda_i + \tilde{y}_{i+1}$$

vorgenommen.

Der Anfangsvektor Λ_0 wird gleich Null gesetzt. Wir schätzen den Betrag des Vektors Λ_i nach k Korrekturen ab. Wird zum Zeitpunkt $i+1$ eine Korrektur durchgeführt, dann gilt

$$|\Lambda_{i+1}|^2 = |\Lambda_i|^2 + 2(\tilde{y}_{i+1}, \Lambda_i) + |\tilde{y}_{i+1}|^2 .$$

Unter Berücksichtigung von (1.6) und der vorausgesetzten Betragsbeschränkung

$$|\tilde{y}_{i+1}| \leqq D$$

erhalten wir

$$|\Lambda_{i+1}|^2 \leqq |\Lambda_i|^2 + D^2 .$$

War die Anzahl der bis zum Zeitpunkt t vorgenommenen Korrekturen gleich k, so gilt also

$$|\Lambda_t|^2 \leqq kD^2, \tag{1.7}$$

falls — wie vorausgesetzt — $\Lambda_0 = 0$ war.

Nach Voraussetzung des Theorems existiert ein Einheitsvektor Λ^*, so daß für alle i

$$(\tilde{y}_i, \Lambda^*) \geqq \varrho_0$$

gilt.

Wir schätzen zunächst (Λ_i, Λ^*) ab. Zum Anfangszeitpunkt ist $(\Lambda_0, \Lambda^*) = 0$. Wird zum Zeitpunkt $i+1$ eine Korrektur durchgeführt, dann gilt

$$(\Lambda_{i+1}, \Lambda^*) = (\Lambda_i, \Lambda^*) + (\tilde{y}_{i+1}, \Lambda^*) \geqq (\Lambda_i, \Lambda^*) + \varrho_0 .$$

Andernfalls ist $(\Lambda_{i+1}, \Lambda^*) = (\Lambda_i, \Lambda^*)$. Werden bis zum Zeitpunkt t k Korrekturen durchgeführt, folgt

$$(\Lambda_t, \Lambda^*) \geqq k\varrho_0 . \tag{1.8}$$

und daraus mit der Ungleichung von CAUCHY

$$(\Lambda_t, \Lambda^*) \leqq |\Lambda_t| \cdot |\Lambda^*| = |\Lambda_t|$$

die Ungleichung

$$|\Lambda_t| \geqq k\varrho_0 . \tag{1.9}$$

Die Gegenüberstellung von (1.7) und (1.9) zeigt, daß beide Ungleichungen nur für

$$k \leqq \frac{D^2}{\varrho_0^2}$$

gleichzeitig erfüllt werden können. Die Zahl der Korrekturen überschreitet folglich nicht $\left[\frac{D^2}{\varrho_0^2}\right]$, worauf alle übrigen Glieder der Folge richtig klassifiziert werden. Damit ist das Theorem bewiesen.

Das Theorem von NOVIKOFF war das erste Theorem in der Theorie der Belehrung von Erkennungssystemen. Es fand anscheinend zu Beginn der sechziger Jahre außerordentliches Interesse und ist von vielen Autoren benutzt worden. Der diesem Theorem zugrunde liegende Algorithmus, der der Natur abgelauscht und ursprünglich in den unter Physiologen gebräuchlichen Termini „Bekräftigung" und „Bestrafung" formuliert worden ist, fand eine einfache geometrische Interpretation.

Interessant war auch eine Abschätzung, die sich aus diesem Theorem ableiten ließ: Wenn der Merkmalsraum des Perzeptrons binär ist, überschreitet natürlich D^2 nicht die Dimension n des Raumes. In diesem Fall gilt die Abschätzung

$$k < \left[\frac{n}{\varrho_0^2}\right].$$

Interessant an dieser Abschätzung ist auch, daß die Anzahl der Korrekturen mit der Raumdimension nicht schneller als linear zunimmt. Ein derartig langsames Anwachsen der Zahl der Korrekturen läßt hoffen, daß es gelingen wird, Algorithmen zu konstruieren, die diese Aufgaben sehr effektiv lösen können.

§ 8. Ein zweistufiges Erkennungssystem

Die Untersuchung des Perzeptrons führt zur Betrachtung eines zweischichtigen Modells. Die erste Schicht realisiert die Abbildung eines Ausgangsraumes mit der Beschreibung X in einen neuen Raum Y. In der zweiten Schicht wird der Lernalgorithmus ausgeführt, d.h., es wird im neuen Raum Y auf der Grundlage der Lernfolge eine Trennhyperebene konstruiert.

Um den zweiten Teil der Aufgabe lösen zu können, mußten die Mengen von Vektoren $\boldsymbol{y} = \boldsymbol{f}(\boldsymbol{x})$, die verschiedenen Klassen angehören, durch je eine Hyperebene voneinander trennbar sein. Inwieweit das Perzeptron universal ist, hängt naturgemäß von der Beantwortung der Frage ab, ob es eine Abbildung gibt, durch die zwei beliebige, im Originalraum disjunkte Mengen im neuen Raum linear separierbar werden.

Das Perzeptron ist universal. Ohne allzu große Einschränkungen ist es — z.B., wenn man den Ausgangsraum als binär zugrunde legt — tatsächlich möglich, eine solche Abbildung zu konstruieren. W. A. JAKOBOWITSCH zeigte sogar, daß die Transformation

$$y^1 = \varphi_1(x), \ldots, y^m = \varphi_m(x)$$

mit Schwellenfunktionen realisiert werden kann, d. h., daß es möglich ist, ein universales Perzeptron zu konstruieren.

Der Nachteil des Perzeptrons liegt allein darin, daß

a) sich die Dimension des Merkmalsraumes als sehr groß erweist;

b) für fast alle Paare der disjunkten Mengen im Ausgangsraum der Quotient D^2/ϱ^2 um Größenordnungen zu hoch liegt.

Wie wir noch zeigen werden, führt das zu einer katastrophal großen Länge der erforderlichen Lernfolge.

Jedes reale System muß deshalb mit einer speziellen (problemspezifischen) Abbildung $y = f(x)$ arbeiten, bei der nur relativ wenige Paare im Ausgangsraum disjunkter Mengen die lineare Separierbarkeit verletzen.

Die Wahl einer solchen Abbildung ist mit der Spezifik der gegebenen Lernaufgabe eng verbunden und muß in unserem System zu Beginn der Belehrung erfolgen, d. h., die Abbildung muß a priori aus natürlichen Erkennungssystemen übetragen werden.

Bei der Bilderkennung z. B. werden Funktionen $\varphi_i(x)$ gewählt, die über die durch x beschriebenen Helligkeiten in den einzelnen Punkten des Rezeptorfeldes neue Beschreibungen in Termini wie „Kurve", „Schnittpunkte", „Krümmung" usw. ableiten.

Völlig andere Transformationen werden bei der Mustererkennung in Medizin oder Geologie erforderlich sein. In jedem konkreten Anwendungsfall ist die Auswahl solcher Abbildungen wesentlich von den konkreten Besonderheiten des jeweiligen Wissensgebietes abhängig.[1])

Im Grenzfall ist diejenige Abbildung $\varphi(x)$ die beste, durch die alle Punkte des Ausgangsraums, die derselben Klasse angehören, in einen einzigen Punkt übergehen (und natürlich Punkte verschiedener Klassen in verschiedene Punkte). Bei einer solchen Abbildung entartet das Problem der Belehrung völlig, weil es genügt, je einen Repräsentanten der Klassen aufzuzeigen.

Wie die Praxis zeigt, ist die Erzeugung eines „guten" Merkmalsraumes selbst eine äußerst komplizierte Aufgabe; es ist daher oft zweckmäßig, die Trennung nicht mit Hilfe einer einzigen Hyperebene vorzunehmen, sondern mit einer komplizierteren Trennfläche. Streng genommen ist ein System dieser Art bereits kein Perzeptron mehr. Dadurch ändert sich jedoch kaum das Grundprinzip der Konstruktion eines Automaten für die Belehrung von Erkennungssystemen: Der Automat realisiert ein zweistufiges Erkennungssystem in dem Sinne, daß auf der ersten Stufe eine Klasse möglicher Entscheidungsregeln aufgrund eines A-priori-Wissens vorgegeben wird und auf der zweiten Stufe aus dieser vorgegebenen Menge von Entscheidungsregeln die benötigte ausgewählt wird.

Von diesem Standpunkt aus betrachtet, realisiert das Rosenblattsche Perzeptron bestimmte stückweise lineare Entscheidungsregeln: Die Vorgabe der Abbildung definiert die von einem gegebenen Perzeptron realisierbaren, stückweise linearen Entscheidungsregeln, und der Algorithmus der Gewichtsverstellung gestattet es, aus den Entscheidungsregeln der vorgegebenen Menge die erforderliche auszuwählen.

Folglich führen die [angestellten] Betrachtungen über das Problem der Belehrung von Erkennungssystemen zu einer zweistufigen Struktur. Eine solche besitzen durchaus nicht nur die dem Perzeptron ähnlichen Erkennungssysteme. Vielmehr wird jedes Er-

---

[1]) In dieser Beziehung ist die Erkennung visueller Objekte nicht frei von Illusionen zu erwarten, da ein Experte auf dem Gebiet der Erkennung in der Regel auch ein „Experte" auf dem Gebiet der Geometrie der Ebene sein wird (und also dazu neigen wird, „geometrisch" zu interpretieren, was nicht unbedingt dem jeweiligen optisch dargestellten Sachverhalt adäquat sein muß).

kennungssystem a priori mit einem bestimmten Vorrat an Entscheidungsregeln ausgestattet, die aus gewissen Überlegungen heraus gewählt worden sind (z.B. eine Klasse BOOLEscher Funktionen, eine Menge Schwellenwertfunktionen oder gegen bestimmte Transformationen invariante Funktionen, wobei man von dem jeweils zugrunde gelegten Vorrat an Entscheidungsregeln annimmt, daß in ihm die benötigte Entscheidungsregel enthalten ist). Mit Hilfe einer Lernfolge wird nun aus diesem Vorrat die benötigte Regel ausgewählt.

In den folgenden Kapiteln dieses Buches beschränken wir uns auf die Untersuchung der zweiten Stufe des Erkennungssystems. In der Tat wurde dieser Teil der Aufgabe zum Gegenstand der meisten (wenn auch nicht aller) auf dem Gebiet der Erkennung durchgeführten theoretischen Arbeiten, die von den konkreten Anwendungen abstrahieren.

Die Probleme, die hierbei entstehen, sind eng mit den Fragestellungen der mathematischen Statistik verflochten. Vom Standpunkt der mathematischen Statistik ist es unwesentlich, welcher Natur die Entscheidungsregeln sind. Wie wir noch zeigen werden, spielen hierbei einige allgemeine statistische Charakteristiken der benutzten Klasse von Entscheidungsregeln eine grundlegende Rolle.

KAPITEL II

DAS PROBLEM DER BELEHRUNG VON ERKENNUNGSSYSTEMEN

§ 1. Das Simulationsproblem

Welche Aufgabe löst ein Programm, das den Prozeß der Begriffsbildung modelliert? Wir wollen versuchen, eine solche Aufgabenstellung zu formulieren.

Jemand, den wir als Lehrer bezeichnen werden, zeigt einer Maschine Objekte und teilt zu jedem Objekt mit, welcher von k Klassen es angehört. Der Einfachheit halber wird $k = 2$ gesetzt, weil man ein beliebiges Klassifizierungsproblem durch sukzessive Separierung in eine endliche Folge von 2-Klassen-Problemen zerlegen kann. Dazu werden k Separierungen nach folgendem Prinzip durchgeführt: Die erste separiert die Objekte der ersten Klasse von allen anderen, die j-te die Objekte der j-ten Klasse von allen anderen.

Nehmen wir an, daß ein Objekt durch einen Vektor $\boldsymbol{x}$ beschrieben wird. Die Koordinaten dieses Vektors können als Bildpunkthelligkeiten bei der Erkennung visueller Zeichen, als Energien oder Amplituden der Spektralbereiche eines akustischen Signals, als Ausprägungsgrade von Symptomen bei Aufgaben der medizinischen Diagnostik, als bestimmte Parameterwerte in technischen Erkennungssystemen usw. definiert sein.

Eine Folge klassifizierter Objekte — d.i. eine Folge von Objekt-Klasse-Paaren — heißt Lernfolge.

Die Aufgabe besteht nun darin, ein Programm zu erarbeiten, das eine Regel zur Klassifizierung eingegebener „unbekannter" (d.h. allgemein anderer als in der Lernfolge enthaltener) Objekte[1]) unter Verwendung der Lernfolge erstellt und diese z.B. ebenso wie der Lehrer klassifiziert. Anders ausgedrückt, das Programm soll einen Lehrer simulieren.

Der Begriff „Lehrer" ist in diesem Zusammenhang ziemlich weit gefaßt. Im besonderen kann der Lehrer ein Mensch sein (z.B. im Belehrungsprozeß zur Erkennung handschriftlicher Zeichen). In diesem Fall besteht das Ziel der Belehrung im Erlernen derjenigen Klassifikation handschriftlicher Zeichen, die der Mensch benutzt. Unter dem Begriff Lehrer kann man auch die Natur selbst verstehen. So ist eine der wichtigsten Aufgaben der medizinischen Diagnostik die Unterscheidung des Lungenkrebses von einer Lungenentzündung auf der Grundlage von Röntgenaufnahmen und klinischen Befunden. Als Belehrungsmaterial dienen Fälle mit genau gestellter Diagnose. Das Ziel der Belehrung ist in diesem Fall die Erarbeitung einer Vorschrift, die auf der Basis klinischer Befunde eine Differenzierung der Patienten nach Krankheiten gestattet, die mit dem Ergebnis einer [gedachten] nachträglichen Verifikation bestmöglich übereinstimmt.

---

[1]) Anmerkung d. Hrsg.: natürlich auch zur Klassifizierung „bekannter", d.h. in der Lernfolge enthaltener Objekte.

§ 2. Güte der Belehrung

Welche Forderungen werden an ein lernendes System gestellt? Versuchen wir, den Begriff „gute Entscheidungsregel" zu definieren. Dazu wird die Behauptung „eine Entscheidungsregel klassifiziert Situationen ebenso wie ein Lehrer" zu analysieren sein.

Offensichtlich kann ein Unterschied zwischen der vom Lehrer vorgegebenen Klassifikation und ihrer Nachbildung durch die Maschine nur bei wenigen Prozent der zu klassifizierenden Objekte in Kauf genommen werden. Existiert auch nur ein einziges Objekt, das die Maschine anders als der „Lehrer" klassifiziert, so hängt die prozentuale Ungenauigkeit der Entscheidungsregel von der [konkreten] Lernfolge ab, für die sie berechnet wurde. Kommt z.B. bei gegebener Objektfolge mehrere Male ein bestimmtes Objekt vor, das von der Maschine anders als vom Lehrer klassifiziert wird, so ist die prozentuale Ungenauigkeit groß. Bei einer anderen Objektfolge kann sich dagegen eine wesentlich kleinere Ungenauigkeit ergeben. Deshalb ist es nötig, von vornherein festzulegen, wie die Güte der Entscheidungsregel ermittelt werden soll, d.h. aufgrund welcher Objektfolge die prozentuale Ungenauigkeit zu berechnen ist. So kann man diese z.B. als das Verhältnis der Anzahl falsch klassifizierter Objekte zur Gesamtzahl aller möglichen [voneinander verschiedenen] Objekte definieren.

Allerdings ist diese Definition der Güte einer Entscheidungsregel noch nicht ausreichend: In der Praxis ist es zwar erwünscht, möglichst viele Objekte zu erkennen, jedoch nicht alle möglichen. Der Unterschied liegt darin, daß es als wichtiger gilt, die häufiger vorkommenden Objekte richtig zu klassifizieren. Für andere Objekte, die zwar möglich sind, aber verhältnismäßig selten auftreten, ist der Fehler (so wird im weiteren die prozentuale Ungenauigkeit bei der Klassifizierung von Objekten durch Mensch und Maschine bezeichnet) weniger folgenschwer.

Diese These wird durch die Annahme, daß für die Menge X aller möglichen Objekte eine Wahrscheinlichkeitsverteilungsfunktion $P(\mathbf{x})$ gegeben ist, verallgemeinert und idealisiert. Mit anderen Worten: Jedem möglichen Objekt wird die Wahrscheinlichkeit seines Auftretens als Element der zur Klassifikation kommenden Objektgesamtheit zugeordnet.

Dann kann der durch Falschklassifikation des betreffenden Objekts $\mathbf{x}$ verursachte „Verlust" durch eine Zahl, der die Auftrittswahrscheinlichkeit dieses Objektes $\mathbf{x}$ proportional ist, ausgedrückt und für jede Entscheidungsregel der diesen so definierten Verlusten entsprechende mittlere Klassifizierungsfehler berechnet werden. Einer „guten" Entscheidungsregel wird somit ein minimaler mittlerer Verlust entsprechen, d.h., sie wird bei ihrer Anwendung zur Klassifikation eine minimale Fehlerwahrscheinlichkeit garantieren.[1])

Die Hypothese über die Existenz einer Wahrscheinlichkeitsverteilungsfunktion $P(\mathbf{x})$ bedeutet keineswegs, daß uns diese bekannt ist. Wichtig ist lediglich, daß diese Funktion existiert und daß die zur Klassifikation eingegebenen Objekte Zufallsvariablen sind, deren Verteilungsgesetz dieser Funktion entspricht. Die Funktion $P(\mathbf{x})$ ist gewissermaßen eine Beschreibung der Situation, in der das lernende System funktioniert. Die Güte einer Entscheidungsregel ist als die Fehlerwahrscheinlichkeit definiert, die mit der Anwendung dieser Entscheidungsregel in der gegebenen Situation verbunden ist. Ob-

[1]) Manchmal werden unterschiedliche Wertigkeiten (für Fehler erster und zweiter Art) berücksichtigt. Doch ändert das nichts am Wesentlichen der Betrachtungen.

wohl $P(x)$ unbekannt ist, läßt sich die Güte der Entscheidungsregel empirisch ermitteln. Dazu wird zufällig und unabhängig eine Anzahl von Beispielen ausgewählt und festgestellt, welcher Klasse sie vom Lehrer zugeordnet werden. Eine solche Beispielfolge wird als Prüffolge bezeichnet. Auf der Grundlage der Prüffolge wird die prozentuale Ungenauigkeit der Klassifikationsleistung des Systems gegenüber dem Lehrer ermittelt. Dieser empirische Zahlenwert charakterisiert die wahre Güte der Entscheidungsregel in gleicher Weise, wie die Häufigkeit eines Ereignisses [in einer endlichen Stichprobe] dessen Wahrscheinlichkeit charakterisiert.

§ 3. Allgemeingültigkeit des Lernergebnisses

Das nächste Problem besteht darin, zu untersuchen, an welchen Beispielen das Lernen erfolgen soll, d.h. zu ermitteln, wie die Elemente einer Lernfolge auszuwählen sind. Vom Belehrungsmaterial hängt ab, wie verläßlich die Entscheidungsregel im weiteren Verlauf funktioniert, also welche Güte sie hat. Um der Entscheidungsregel eine hohe Güte zu sichern, müßte die Situation, in der die Anlage nach der Belehrung funktionieren soll, im voraus bekannt sein (d.h., es müßte $P(x)$ gegeben sein). Die Wahrscheinlichkeit $P(x)$ ist jedoch unbekannt. So bleibt nur die einzige Möglichkeit, die Belehrungsbeispiele zufällig und unabhängig aus der den zukünftigen Arbeitsbedingungen des Systems entsprechenden Verteilung auszuwählen.

Ein solches Herangehen ist außerdem noch aus folgendem Grund zweckmäßig: Bei den meisten Belehrungsaufgaben ist man nicht in der Lage, Beispiele zu konstruieren, man muß sich also mit den bereits existierenden Beispielen begnügen, d.h. mit einer Zufalls-Stichprobe aus der Menge der möglichen Beispiele auskommen.

So ist bei vielen Aufgaben der medizinischen Diagnostik die Gesamtheit der zur Belehrung verwendeten verifizierten Fälle oft eine Stichprobe aus der Menge aller Erkrankungsfälle.

In der lernabhängigen Objekterkennung besteht die Lernfolge aus Elementen, die zufällig und unabhängig der Objektgesamtheit entnommen sind. An eben derselben Objektfolge wird auch die Güte der Entscheidungsregel abgeschätzt.

Bei rein zufälliger Auswahl der Elemente der Lernfolge kann allerdings nicht erwartet werden, daß die Belehrung unbedingt erfolgreich verläuft; ist doch die Wahrscheinlichkeit, daß eine Lernfolge nur „untypische" Fälle enthält, nicht zu vernachlässigen. Aus diesem Grund kann der Belehrungserfolg nicht mit absoluter Gewißheit, sondern nur mit einer gewissen Wahrscheinlichkeit garantiert werden. Mit anderen Worten: da die Elemente der Lernfolge zufällig sind, ist die Lernfähigkeit eines Systems als die Häufigkeit zu definieren, mit der es eine Entscheidungsregel bestimmter vorgegebener Güte realisiert oder auch als die Gewißheit (Konfidenz) eine Entscheidungsregel vor gegebener Güte zu erhalten.

Die Lernfähigkeit ist demzufolge durch folgende zwei Begriffe charakterisiert:

1. durch die Güte der resultierenden Entscheidungsregel (d.h. durch die Wahrscheinlichkeit einer falschen Antwort — je kleiner diese Wahrscheinlichkeit ist, desto höher ist die Güte);
2. durch die Gewißheit, eine Entscheidungsregel mit vorgegebener Güte zu erhalten (d.i. die Wahrscheinlichkeit, eine bestimmte Güte zu realisieren; dieser Wahrscheinlichkeit ist die Gewißheit des Lernerfolges proportional).

Diese Überlegungen führen zur Erstellung eines lernenden Systems, das auf der Grundlage einer Lernfolge eine Entscheidungsregel konstruiert, deren Güte mit vorgegebener Gewißheit einen bestimmten, geforderten Zahlenwert nicht unterschreitet.

§ 4. Die Belehrung — ein Auswahlproblem

In dieser Formulierung ist noch offen geblieben, was es bedeutet, eine Entscheidungsregel nach einer Lernfolge zu konstruieren.

„Eine Entscheidungsregel konstruieren" heißt folgendes: Gegeben sei eine Menge von Entscheidungsregeln (entsprechend der Systemkonzeption). Aus dieser Menge wird eine Regel ausgewählt, die den gestellten Forderungen genügt. Die Bedingungen, denen die ausgewählte Regel genügen soll, sind damit in ihrer Gesamtheit auch gleichzeitig eine vollständige Bestimmung des Belehrungsalgorithmus selbst.

Diese Betrachtungsweise der Belehrung geht davon aus, daß die Menge der möglichen Entscheidungsregeln von vornherein festgelegt ist und das Belehrungsproblem nur darin besteht, daraus die benötigte auszuwählen. Zum Beispiel ist im Falle des Perzeptrons die Menge aller möglichen Regeln durch die Perzeptronstruktur selbst gegeben. Mit Hilfe der A-Elemente wird eine Abbildung

$$y^i = \varphi_i(\boldsymbol{x}) \quad (i = 1, 2, \ldots, m)$$

realisiert.

Eine Entscheidungsregel des Perzeptrons ist eine Funktion $f(\boldsymbol{x}, \boldsymbol{\lambda})$ der Gestalt

$$f(\boldsymbol{x}, \boldsymbol{\lambda}) = \theta\left(\sum_{i=1}^{m} \lambda_i \varphi_i(\boldsymbol{x})\right) \tag{2.1}$$

mit

$$\theta(z) = \begin{cases} 1, & z \geqq 0, \\ 0, & z < 0. \end{cases}$$ [1]

Die konkrete Form einer Entscheidungsregel nach (2.1) wird allein durch die Parameterwerte λ_i definiert.

§ 5. Zwei Teilprobleme der Konstruktion lernfähiger Systeme

Nach dem Vorangegangenen stehen vor dem Konstrukteur eines lernenden Systems folgende zwei Aufgaben:

— welche Menge von Entscheidungsregeln wird dem lernenden System eingegeben;

— wie wird aus dieser Menge die benötigte Regel ausgewählt.

Die Schwierigkeiten, die bei der Lösung der angegebenen Aufgaben auftreten, können unterschiedlicher Natur sein. So ist die erste Aufgabe nicht formal lösbar: Der Konstrukteur definiert eine Funktionenklasse auf der Basis des ihm zur Verfügung stehenden Wissens über die von dem lernenden System zu lösenden Probleme.

Das zweite Problem dagegen läßt sich formalisieren, und es gibt dafür mathematisch strenge Lösungsverfahren. Das, was gegenwärtig als Theorie der Zeichenerkennung

---

[1]) Anm. d. Hrsg.: $\theta(x)$ wird auch als HEAVISIDE-Funktion bezeichnet.

bezeichnet wird, ist seinem Wesen nach ein Komplex theoretischer Fragen, die mit der Lösung des zweiten Problems verbunden sind.

Leider ist noch kein allgemeines Prinzip für die Wahl einer Klasse von Entscheidungsregeln bekannt. Gelegentlich gelingt es, eine Vorstellung davon zu gewinnen, mit welcher Klasse von Entscheidungsregeln die Natur bestimmte Lebewesen ausgerüstet hat. So wurden zum Beispiel beim Studium des visuellen Systems des Frosches Neuronen entdeckt, die durch bestimmte geometrische Konfigurationen wie „Gerade" oder „Winkel" angeregt werden.

Im Rahmen des ROSENBLATT-Schemas bedeutet das, daß A-Elemente existieren, die auf elementare geometrische Objekte reagieren. Solche „Neuronen" können dann auch in künstliche visuelle Systeme implementiert werden.

Aber wie kann man herausfinden, welche Entscheidungsregeln bei der Klassifikation abstrakter Zeichen, z.B. bei der Diagnosestellung, benötigt werden?

Während die Methode zur Ermittlung einer für die Klassifikation visueller oder akustischer Informationen geigneten Funktionenklasse in der Erforschung der von Lebewesen [zum gleichen Zweck] angewandten Funktionenklasse besteht, ist ein solcher Weg für die Klassifikation abstrakter Informationen offenbar nicht gangbar. Hat sich doch die Fähigkeit zum Klassifizieren visueller und akustischer Signale im Evolutionsprozeß vom Augenblick des Auftretens der ersten Lebewesen an entwickelt und formierten sich die dafür erforderlichen Funktionenklassen in vielen Millionen Jahren.

Das Bedürfnis, Objekte abstrakten Klassen (Begriffen) zuzuordnen, entstand erst vor einigen tausend Jahren, und es ist schwerlich anzunehmen, daß sich beim Menschen in diesem kurzen Zeitraum schon Evolutionsveränderungen eingestellt haben. Aus diesem Grund ist es unnötig, zur Ermittlung einer für die Klassifikation abstrakter Zeichen geeigneten Klasse von Entscheidungsregeln klären zu wollen, welche der Mensch anwendet.

Etwas vorgreifend muß festgestellt werden, daß dem Menschen die Klassifikation abstrakter Zeichen, wie Experimente beweisen, noch Schwierigkeiten bereitet. Dagegen kann sich bei der Lösung spezifisch „menschlicher" Aufgaben, wie z.B. der Klassifikation geometrischer Figuren oder von Melodien, keines der zur Zeit existierenden Erkennungssysteme mit den Sinnesorganen des Menschen messen. Bei der Klassifikation abstrakter Zeichen dagegen ist die menschliche Intuition der Maschine unterlegen.

Andere analoge Beispiele werden später noch angeführt.

Die Ermittlung einer Klasse von Entscheidungsregeln überschreitet die Kompetenz des statistischen Aspektes der Zeichenerkennungstheorie. Im weiteren wird deshalb vorausgesetzt, daß die Klasse der Entscheidungsfunktionen bereits gefunden ist. Das eigentliche Problem besteht dann [wie schon ausgeführt] darin, in dieser Klasse gerade die benötigte Funktion auf der Basis einer Lernfolge gegebener Länge zu suchen.

§ 6. Mathematische Formulierung des Belehrungsproblems

Diese Aufgabenstellung läßt sich leicht mathematisch formalisieren. Es wird angenommen, daß sich die Objekte x nach Maßgabe einer Wahrscheinlichkeitsverteilung $P(x)$ wie voneinander unabhängige Zufallsereignisse realisieren. Dazu existiert ein die Objekte x klassifizierender „Lehrer"; er ordnet jedes Objekt einer von k Klassen zu (der Einfachheit halber sei $k = 2$). Dies möge in Übereinstimmung mit der bedingten Wahrscheinlichkeit $P(\omega \mid \boldsymbol{x})$ erfolgt sein, wobei $\omega = 1$ bedeutet, daß der Vektor $\boldsymbol{x}$ der ersten Klasse zugeordnet wurde; $\omega = 0$ bedeutet Zuordnung zur zweiten Klasse.

Bekannt seien weder die Wahrscheinlichkeitsdichte $P(\boldsymbol{x})$ noch die „Klassifikationsregel" $P(\omega \mid \boldsymbol{x})$. Bekannt sei aber, daß beide Funktionen existieren, d.h., daß eine gemeinsame Wahrscheinlichkeit

$$P(\omega, \boldsymbol{x}) = P(\boldsymbol{x}) \cdot P(\omega \mid \boldsymbol{x})$$

als Funktion von ω und $\boldsymbol{x}$ existiert.

Sei jetzt eine Menge Ω von Entscheidungsregeln $F(\boldsymbol{x}, \boldsymbol{\alpha})$ ermittelt. In dieser Menge ist jede Regel durch einen bestimmten Wert des Parameters $\boldsymbol{\alpha}$ gekennzeichnet (i.a. wird $\boldsymbol{\alpha}$ ein Parametervektor sein). Alle Regeln $F(\boldsymbol{x}, \boldsymbol{\alpha})$ sind Indikatorfunktionen, d.h., sie können nur einen der zwei Werte Null oder Eins annehmen (wir ergänzen: Null bedeutet eine Zuordnung zur ersten und Eins eine Zuordnung zur zweiten Klasse). Für jede Funktion $F(\boldsymbol{x}, \boldsymbol{\alpha})$ kann mit Hilfe der „Klassifikationsregel" $P(\omega \mid \boldsymbol{x})$ die Fehlerwahrscheinlichkeit $P(\boldsymbol{\alpha})$ bestimmt werden.

Formal wird $P(\boldsymbol{\alpha})$ wie folgt beschrieben:

a) für den Fall eines diskreten, aus den Punkten $\boldsymbol{x}_1, \ldots, \boldsymbol{x}_N$ bestehenden X-Raumes durch

$$P(\boldsymbol{\alpha}) = \sum_{\omega=0}^{1} \sum_{i=1}^{N} (\omega - F(\boldsymbol{x}_i, \boldsymbol{\alpha}))^2 \, P(\boldsymbol{x}_i) \, P(\omega \mid \boldsymbol{x}_i), \tag{2.1'}$$

wobei $P(\boldsymbol{x}_i)$ die Auftrittswahrscheinlichkeit eines Objektes $\boldsymbol{x}_i$ aus einem diskreten Objektraum X bedeutet;

b) für den Fall eines kontinuierlichen X-Raumes ($P(\boldsymbol{x})$ ist Verteilungsdichte) durch

$$P(\boldsymbol{\alpha}) = \sum_{\omega=0}^{1} \int (\omega - F(\boldsymbol{x}, \boldsymbol{\alpha}))^2 \, P(\boldsymbol{x}) \, P(\omega \mid \boldsymbol{x}) \, \mathrm{d}\boldsymbol{x}. \tag{2.1''}$$

c) Die Fälle a) und b) lassen sich in der folgenden maßtheoretischen Formulierung, die davon ausgeht, daß im Raum X, ω ein Wahrscheinlichkeitsmaß $P(\boldsymbol{x}, \omega)$ gegeben ist, vereinigen. In diesem Fall erhält man für $P(\boldsymbol{\alpha})$

$$P(\boldsymbol{\alpha}) = \int_{x,\omega} (\omega - F(\boldsymbol{x}, \boldsymbol{\alpha}))^2 \, \mathrm{d}P(\boldsymbol{x}, \omega). \tag{2.1'''}$$

Unter allen Funktionen $F(\boldsymbol{x}, \boldsymbol{\alpha})$ gibt es eine die Fehlerwahrscheinlichkeit minimierende Funktion $F(\boldsymbol{x}, \boldsymbol{\alpha}_0)$. Genau diese ist die beste in der Funktionenklasse (oder kommt ihr nahe), d.h., es ist eine Funktion, deren Fehlerrate um nicht mehr als einen kleinen Wert ε größer als $P(\boldsymbol{\alpha}_0)$ ist, und diese ist zu finden. Da die gemeinsame Wahrscheinlichkeit $P(\boldsymbol{x}, \omega)$ unbekannt ist, erfolgt die Suche unter Verwendung der Lernfolge

$$\boldsymbol{x}_1\omega_1, \ldots, \boldsymbol{x}_l\omega_l,$$

also mit Hilfe einer Stichprobe unabhängiger, zufälliger Objekt-Klasse-Paare (Beispielfolge) fester Länge l. Es gibt jedoch keinen Algorithmus, der für eine endliche Stichprobe den Erfolg mit absoluter Gewißheit garantiert — worauf schon früher hingewiesen wurde. Der Erfolg kann nur mit einer Wahrscheinlichkeit $1 - \eta$ garantiert werden.

Also besteht das Problem darin, für eine beliebige Funktion $P(\boldsymbol{x}, \omega)$ mit Hilfe einer Lernfolge vorgegebener Länge l eine Funktion $F(x, \boldsymbol{\alpha})$ zu finden, von der mit einer Wahrscheinlichkeit größer als $1 - \eta$ behauptet werden kann, daß ihre Güte von der Güte der besten Funktion $F(\boldsymbol{x}, \boldsymbol{\alpha}_0)$ um weniger als ε abweicht.

Aus (2.1) ergibt sich für die Fehlerwahrscheinlichkeit der Entscheidungsregel des Perzeptrons

$$P(\boldsymbol{\lambda}) = \int \left(\omega - \theta\left(\sum_{i=1}^{m} \lambda_i \varphi_i(\boldsymbol{x})\right)\right)^2 \mathrm{d}P(\boldsymbol{x}, \omega).$$

Mit Hilfe der Lernfolge ist also diejenige Entscheidungsregel aufzufinden, deren $P(\boldsymbol{\lambda})$ entweder das Minimum oder einen dem Minimum nahen Wert erreicht. Mathematisch handelt es sich dabei um die Minimierung eines Funktionals der Form

$$R(\boldsymbol{\alpha}) = \int Q(z, \boldsymbol{\alpha})\, \mathrm{d}P(z) \tag{2.2}$$

in bezug auf den Parametervektor $\boldsymbol{\alpha}$, wobei hier anstelle der Verteilungsfunktion $P(z)$ nur eine Stichprobe unabhängiger zufälliger Ereignisse $z_1, \ldots, z_l$ gegeben ist [wo mit z_i das Paar x_i, ω_i bezeichnet ist]. Die Minimierung eines Funktionals der Form (2.2) ist eine Suche des Minimums des mittleren Verlustes, wobei die Funktion $Q(z, \boldsymbol{\alpha})$ den Verlust bedeutet, der mit dem Signal z bei gegebenem Parameterwert $\boldsymbol{\alpha}$ verbunden ist und der mittlere Verlust selbst bei gegebenem $\boldsymbol{\alpha}$ durch (2.2) definiert ist.

Die Aufgabe ist dann, solche Parameterwerte $\boldsymbol{\alpha}$ aufzufinden, bei denen der mittlere Verlust (oft auch als mittleres Kostenrisiko bezeichnet) minimal ist.

Das Problem der lernabhängigen Erkennung erweist sich somit als ein Spezialfall der statistischen Kostenminimierung; seine Besonderheit besteht darin, daß die Funktion $Q(z, \boldsymbol{\alpha})$ (diese Funktion zweier Veränderlicher wird oft als Verlustfunktion bezeichnet) stärkeren Einschränkungen als in der allgemeinen Aufgabenstellung und bei der Suche des Kostenminimums unterliegt. Der Funktion $Q(z, \boldsymbol{\alpha})$ sind folgende Beschränkungen auferlegt: der Vektor z ist durch $n + 1$ Komponenten gegeben, nämlich die Variable ω und die Koordinaten $x^1, \ldots, x^n$.

Die Verlustfunktion $Q(z, \boldsymbol{\alpha})$ hat die Form $(\omega - F(\boldsymbol{x}, \boldsymbol{\alpha}))^2$, wobei die Indikatorfunktion $F(\boldsymbol{x}, \boldsymbol{\alpha})$ die Entscheidungsregel beschreibt.

§ 7. Wege zur Lösung des Problems der Minimierung mittlerer Kosten

Es gibt drei traditionelle Lösungswege zur Minimierung mittlerer Kosten. Dem ersten Weg liegt der Gedanke der Schätzung der Verteilungsfunktion zugrunde. Wir nehmen an, daß die gemeinsame Wahrscheinlichkeit $P(\boldsymbol{x}, \omega)$ als Funktion von $\boldsymbol{x}$ und ω gegeben ist und damit auch die bedingten Verteilungsdichten $P(\boldsymbol{x} \mid \omega = 0)$, $P(\boldsymbol{x} \mid \omega = 1)$ und die Wahrscheinlichkeiten $P(\omega = 0)$, $P(\omega = 1)$ bekannt sind.

$P(\boldsymbol{x} \mid \omega = 1)$ ist die Wahrscheinlichkeitsdichte der Vektoren $\boldsymbol{x}$, wenn die erste Klasse vorliegt und $P(\boldsymbol{x} \mid \omega = 0)$ die der Vektoren $\boldsymbol{x}$, wenn die zweite Klasse realisiert ist. $P(\omega = 1)$ bzw. $P(\omega = 0)$ sind die Auftrittswahrscheinlichkeiten für die erste bzw. zweite Klasse schlechthin.

Sind diese Funktionen bekannt, dann kann mit Hilfe der Bayes-Formel die Wahrscheinlichkeit für die Zugehörigkeit des Vektors $\boldsymbol{x}$ zur ersten oder zweiten Klasse berechnet werden:

$$\begin{aligned} P(\omega = 1 \mid \boldsymbol{x}) &= cP(\boldsymbol{x} \mid \omega = 1)\, P(\omega = 1), \\ P(\omega = 0 \mid \boldsymbol{x}) &= cP(\boldsymbol{x} \mid \omega = 0)\, P(\omega = 0). \end{aligned} \tag{2.3}$$

In (2.3) ist c der Normierungsfaktor

$$c = \frac{1}{P(\boldsymbol{x} \mid \omega = 0)\, P(\omega = 0) + P(\boldsymbol{x} \mid \omega = 1)\, P(\omega = 1)}\,.$$

Es ist leicht ersichtlich, daß bei einer Entscheidung, die einen vorgelegten Vektor $\boldsymbol{x}$ der ersten Klasse zuordnet, der minimale Verlust genau dann eintritt, wenn

$$P(\omega = 0 \mid \boldsymbol{x}) < P(\omega = 1 \mid \boldsymbol{x})$$

ist (d.h., wenn es wahrscheinlicher ist, daß der Vektor $\boldsymbol{x}$ der ersten Klasse angehört). Andernfalls wird $\boldsymbol{x}$ der zweiten Klasse zugeordnet.

Anders formuliert gilt, daß der Vektor $\boldsymbol{x}$ unter Berücksichtigung von (2.3) der ersten Klasse zugeordnet wird, wenn die Ungleichung

$$\frac{P(\boldsymbol{x} \mid \omega = 0)}{P(\boldsymbol{x} \mid \omega = 1)} < \frac{P(\omega = 1)}{P(\omega = 0)}$$

erfüllt ist, oder, was das gleiche bedeutet: Eine optimale Vektorklassifikation erfolgt mit Hilfe der Indikatorfunktion

$$F(\boldsymbol{x}) = \theta\left[\ln P(\boldsymbol{x} \mid \omega = 1) - \ln P(\boldsymbol{x} \mid \omega = 0) + \ln \frac{P(\omega = 1)}{P(\omega = 0)}\right] \tag{2.4}$$

(vgl. die Def. von θ auf S. 18). Manchmal wird eine solche Funktion auch als Diskriminantenfunktion bezeichnet. Die Kenntnis der bedingten Verteilungsdichten $P(\boldsymbol{x} \mid \omega = 0)$, $P(\boldsymbol{x} \mid \omega = 1)$ und der Wahrscheinlichkeiten $P(\omega = 1)$, $P(\omega = 0)$ garantiert so die Konstruktion einer optimalen Entscheidungsregel.

Der erste Lösungsweg besteht demzufolge darin, zunächst auf der Grundlage von Stichproben die unbekannten Verteilungsfunktionen der Vektoren für die erste und die zweite Klasse zu schätzen und dann mit den geschätzten Verteilungsfunktionen die Diskriminantenfunktionen zu ermitteln.

Allerdings muß festgestellt werden, daß in diesem Fall die Lösung einer verhältnismäßig einfachen Aufgabe — der Konstruktion der Diskriminantenfunktionen — auf die Lösung eines entschieden komplizierteren Problems — der Schätzung der Verteilungsfunktionen — verlagert wird. Geben doch die geschätzten Wahrscheinlichkeitsverteilungen eine erschöpfende Beschreibung der betreffenden Objektklassen, während die benötigten Diskriminantenfunktionen nur eine für die *Unterscheidung* von Vektoren (Objekten) unterschiedlicher Klassen nötige Beschreibung liefern müssen.

Deshalb ist allgemein die Lösung des Problems der lernfähigen Erkennung durch Schätzung unbekannter Wahrscheinlichkeitsverteilungsfunktionen uneffektiv. Ausnahmen bilden solche Fälle, bei denen die Schätzung mehrdimensionaler Verteilungsfunktionen entartet ist, wie zum Beispiel, wenn im voraus bekannt ist, daß die Vektorkoordinaten $x^1, \ldots, x^n$ voneinander unabhängig verteilt sind, d.h., daß

$$P(\boldsymbol{x} \mid \omega) = P(x^1 \mid \omega) \ldots P(x^n \mid \omega)$$

gilt. In diesem Fall entartet die Aufgabe, zwei n-dimensionale Wahrscheinlichkeitsverteilungsfunktionen zu schätzen, zu einem Schätzproblem für $2n$ eindimensionale Funktionen

$$P(x^i \mid \omega = 0), \quad P(x^i \mid \omega = 1) \quad (i = 1, 2, \ldots, n).$$

Der zweite Lösungsweg beruht auf der iterativen Suche nach einem Parametervektor, der das Funktional (2.2) minimiert. Wäre die Verteilungsfunktion $P(z)$ bekannt, so könnte die iterative Prozedur der Minimumermittlung unter definierten Bedingungen mit Hilfe des Gradientenabstiegs der Funktion $R(\alpha)$ organisiert werden. In diesem Fall ließe sich der Gradient aus der Gleichung

$$\operatorname{grad}_\alpha R(\alpha) = \int \operatorname{grad}_\alpha Q(z, \alpha)\, \mathrm{d}P(z)$$

ermitteln. Der Abstieg selbst ist durch folgende Regel definiert:

$$\alpha(i + 1) = \alpha(i) - \gamma(i + 1) \operatorname{grad} R(\alpha(i)), \tag{2.5}$$

wobei $\gamma(i)$ die i-te Schrittweite bezeichnet.

Die Prozedur der stochastischen Approximation ist die direkte Generalisierung der Gradientenmethode zur Minimierung des Funktionals $R(\alpha)$ für den Fall, daß die Wahrscheinlichkeitsverteilung $P(z)$ unbekannt ist. Sie ist durch

$$\alpha(i + 1) = \alpha(i) - \gamma(i + 1)\, q(\alpha(i), z_{i+1}) \tag{2.6}$$

gegeben. Die Vektorfunktion $q(\alpha, z)$ ist der Gradient der Funktion $Q(z, \alpha)$ nach α im Punkt z_{i+1}, $\alpha(i)$; sie definiert die Bewegungsrichtung.

Im Unterschied zu (2.5) hängt die Richtungsänderung des Vektors α nicht nur von dem vorherigen Wert α_i, sondern auch von der Zufallsgröße z_{i+1} ab. Der Vektor $q(\alpha, z)$ wird deshalb als stochastischer Gradient bezeichnet — seine Richtung enthält noch den zufälligen Einfluß der Veränderlichen z.

Die Konvergenz gegen das Minimum[1]) wird bei dieser Prozedur durch eine Folge von Schrittweiten $\gamma(i) > 0$ erreicht, die

$$\sum_{i=1}^{\infty} \gamma(i) = \infty, \quad \sum \gamma^2(i) < \infty$$

erfüllt (durch diese Bedingungen ist erstens die Möglichkeit gegeben, den Minimumpunkt von einem beliebigen, weit entfernten Raumpunkt α aus zu erreichen, und zweitens, sich ihm beliebig anzunähern).

Die Theorie dieser Iterationsmethoden der Minimierung soll klären, welche Bedingungen die Funktion $Q(z, \alpha)$ [der zwei Gruppen von Veränderlichen z und α], die Vektorfunktion $q(\alpha, z)$ sowie die Konstanten $\gamma(i)$ erfüllen müssen, um die Konvergenz der mit Hilfe von (2.6) erzeugten Folge $\alpha(i)$ gegen α_0 zu garantieren; das ist gleichzeitig die Konvergenz des Funktionals $R(\alpha)$ gegen sein Minimum. Bei Anwendung dieser Theorie kann man für bestimmte (nicht für beliebige!) Verlustfunktionen $Q(z, \alpha)$ eine Iterationsprozedur zur Ermittlung des benötigten Vektorparameters α konstruieren. Die Erstellung einer Iterationsprozedur (2.6) dieser Art ist damit das Prinzip des zweiten Lösungsweges.

Der dritte Lösungsweg schließlich ergibt sich, wenn man versucht, das unbekannte Funktional

$$R(\alpha) = \int Q(z, \alpha)\, \mathrm{d}P(z)$$

durch die Funktion

$$R_{\text{emp}}(\alpha) = \frac{1}{l} \sum_{i=1}^{l} Q(z_i, \alpha)$$

---

[1]) Anmerkung d. Hrsg.: Die Formulierung „Konvergenz gegen *das* Minimum" ist nach Untersuchungen von Zypkin u.a. nur dann richtig, wenn es neben dem globalen Minimum keine weiteren lokalen Minima gibt (vgl. auch S. 42 u. Kap. IX).

zu approximieren (bzw. abzuschätzen), die man mit Hilfe einer „Stichprobe" unabhängiger Zufallsereignisse $z_1, \ldots, z_l$ gewinnt. Die Funktion $R_{\text{emp}}(\alpha)$ erhielt die Bezeichnung „empirische Kostenfunktion". Für jeden fest vorgegebenen Parameterwert α wird durch sie der mittlere Verlust, gemittelt über die Objekte der Stichprobe $z_1, \ldots, z_l$, definiert.

Die Intention dieser Methode ist es, einen Parameterwert $\alpha = \alpha_e^*$ zu finden, bei dem die Kostenfunktion ihr Minimum annimmt, so daß als Lösung des Problems der Minimierung der mittleren Kosten eine Funktion $Q(z, \alpha_e^*)$ der Parameterwerte α_e^* erhalten wird.

Diese Methode wird als Suche des empirischen Kostenminimums bezeichnet. Ihre Theorie gibt Antwort auf die Frage, unter welchen Voraussetzungen (d.h. für welche Funktionen $Q(z, \alpha)$) ein solches Vorgehen möglich ist, und welcher Fehler dabei auftritt.

Bei der Entwicklung von Methoden zur lernfähigen Zeichenerkennung wurden alle drei Wege der Minimierung der mittleren Kosten beschritten.

§ 8. Methoden zur Minimierung der mittleren Kosten in der lernabhängigen Erkennung

Das Problem der Zeichenerkennung besteht somit in der Suche des Minimums der mittleren Kosten.

Dabei hat es den Anschein, als ob es zur Konstruktion entsprechender Zeichenerkennungsalgorithmen allein genügte, schon bekannte, hinreichend allgemeine Methoden der Kostenminimierung anzuwenden.

Das allerdings läßt sich in der Praxis nicht ohne weiteres durchführen, da die Methoden der Kostenminimierung noch unzulänglich entwickelt sind.

Der erste Lösungsweg setzt Verfahren zur Schätzung mehrdimensionaler Funktionen voraus. Effektive Schätzmethoden sind nur für den Fall ausgearbeitet, daß die zu schätzende Funktion bis auf die Werte einer nicht zu großen Anzahl von Parametern definit vorgegeben ist. Die beiden anderen Methoden zur Suche des Kostenminimums sind nicht auf beliebige Verlustfunktionen $Q(z, \alpha)$ anwendbar.

Theoretische Untersuchungen zu diesen Minimierungsmethoden sind darauf gerichtet, Klassen von Funktionen $Q(z, \alpha)$ aufzufinden, auf die diese Methoden anwendbar sind. Spezifisch für die lernabhängige Zeichenerkennung ist nun die Tatsache, daß die Funktionen $F(x, \alpha)$ Indikatorfunktionen sind. Für diese Funktionen kann allerdings die Theorie der Kostenminimierung den Erfolg nicht garantieren.

Die Theorie der Zeichenerkennung ist somit wesentlich eine Theorie der Minimierung der mittleren Kosten für eine spezielle Art von Verlustfunktionen. In den Kapiteln III, IV und V wird die Anwendung aller drei genannten Lösungsverfahren der Kostenminimumsuche auf das Problem der Belehrung von Erkennungssystemen untersucht.

KAPITEL III

BELEHRUNG DURCH SCHÄTZUNG DER WAHRSCHEINLICHKEITSVERTEILUNGEN

§ 1. Allgemeines zur Schätzung der Wahrscheinlichkeitsverteilung

In der mathematischen Statistik kommt der Schätzung von Wahrscheinlichkeitsverteilungsfunktionen, die ihrer Form nach bis auf zu bestimmende Parameterwerte vorgegeben sind, besondere Bedeutung zu. Die Schätzung der Wahrscheinlichkeitsverteilungen, d.h. hier die Ermittlung der Parameterwerte, erfolgt auf der Grundlage vorliegender Stichproben. Einschlägige Verfahren bezeichnet man als „parametrische" Schätzmethoden.

Wie im vorangegangenen Kapitel ausgeführt, kann das Problem der Zeichenerkennung durch Konstruktion von Diskriminantenfunktionen auf der Grundlage der für die verschiedenen Objektklassen geschätzten Verteilungsfunktionen im Prinzip gelöst werden. In diesem Kapitel liegt der Schwerpunkt auf der Betrachtung dafür geeigneter parametrischer Lösungsmethoden.

Wie schon bemerkt, erscheint es wenig attraktiv, das Zeichenerkennungsproblem durch Schätzung von Wahrscheinlichkeitsverteilungen zu lösen, und man kann reale Erfolge auf diesem Wege nur in Sonderfällen erwarten.

Die parametrischen Lösungsmethoden der lernabhängigen Erkennung konzentrieren sich auf zwei Kategorien von Verteilungsfunktionen.

Erste Kategorie: Die vom Parametervektor $\boldsymbol{p}$ abhängigen Wahrscheinlichkeitsverteilungen $P(\boldsymbol{x}, \boldsymbol{p})$ der Vektoren $\boldsymbol{x}$ sind in jeder der beiden Zeichenklassen so beschaffen, daß die Koordinaten $x^1, \ldots, x^n$ des Vektors $\boldsymbol{x}$ voneinander statistisch unabhängig sind, d.h., es gilt

$$P(\boldsymbol{x}, \boldsymbol{p}) = P(x^1, p^1) \times \cdots \times P(x^n, p^n). \tag{3.1}$$

In (3.1) ist vorausgesetzt, daß jede Koordinate x^i des Vektors $\boldsymbol{x}$ nur eine beschränkte (endliche) Anzahl von Wertstufen annehmen kann. Diese seien mit $c^i(1), \ldots, c^i(\tau_i)$ bezeichnet.

Die Wahrscheinlichkeitsverteilung jeder Objektklasse kann dann allgemein durch (3.1) beschrieben werden, wobei $P(x^i, p^i)$ durch

$$P(x^i, p^i) = \begin{cases} p^i(1) \text{ für } x^i = c^i(1), \\ \dots\dots\dots\dots\dots\dots \\ p^i(\tau_i) \text{ für } x^i = c^i(\tau_i), \end{cases} \tag{3.1'}$$

$$\sum_{j=1}^{\tau_i} p^i(j) = 1,$$

gegeben ist. $p^i(k)$ bedeutet hier die Wahrscheinlichkeit, daß x^i den Wert $c^i(k)$ annimmt. Die Schätzung der Wahrscheinlichkeitsverteilung (3.1') reduziert sich dann auf die Schätzung der Parameterwerte $p^i(k)$ $(k = 1, 2, \ldots, \tau_i)$.

Zweite Kategorie: Die Wahrscheinlichkeitsdichte jeder Objektklasse wird als Normalverteilung

$$P(\boldsymbol{x}, \boldsymbol{\mu}, \boldsymbol{\Delta}) = \frac{1}{(2\pi)^{n/2} \, |\boldsymbol{\Delta}|^{1/2}} \exp\left[-\frac{1}{2} (\boldsymbol{x} - \boldsymbol{\mu})^T \boldsymbol{\Delta}^{-1} (\boldsymbol{x} - \boldsymbol{\mu})\right] \tag{3.2}$$

vorausgesetzt.

Die Wahrscheinlichkeitsdichten schätzen heißt in diesem Fall, für jede Objektklasse den Mittelvektor $\boldsymbol{\mu}$ und die Kovarianzmatrix $\boldsymbol{\Delta}$ ermitteln. Die Lösung eines solchen Problems, auf der Grundlage einer Stichprobe vorgegebenen, endlichen Umfangs, erweist sich allerdings oft als zu ungenau.

Deshalb werden noch weiter eingeschränkte Aufgabenstellungen behandelt, wobei den Freiheitsgraden der Kovarianzmatrizen bestimmte Beschränkungen auferlegt werden (z.B. wird angenommen, daß die Matrizen unterschiedlicher Klassen miteinander übereinstimmen, bzw. Diagonal- oder sogar Einheitsmatrizen sind). Mit der Kenntnis der Wahrscheinlichkeitsdichten der Vektoren der verschiedenen Objektklassen sowie der Auftrittswahrscheinlichkeiten der Klassen kann dann die optimale Entscheidungsregel sofort nach Gl. (2.4) angegeben werden.

Ein n-dimensionaler Vektor $\boldsymbol{x}$, dessen einzelne Koordinaten nur τ_i Werte annehmen können, läßt sich als binärer Vektor $\bar{\boldsymbol{x}} = (\bar{x}^1, \ldots, \bar{x}^\tau)$ der Ordnung $\tau = \sum_{i=1}^{n} \tau_i$ darstellen. Diese Transformation wird in der Theorie der lernabhängigen Zeichenerkennung oft angewandt. Man verfährt dabei wie folgt: Jeder Koordinate x^i wird ein τ_i-dimensionaler Vektor $\hat{\boldsymbol{x}}_i$ zugeordnet, dessen Koordinaten $\hat{x}_i^1, \ldots, \hat{x}_i^{\tau_i}$ die Werte

$$\hat{x}_i^k = \begin{cases} 0 \text{ für } x^i \neq c^i(k), \\ 1 \text{ für } x^i = c^i(k) \end{cases}$$

haben. Wenn z.B. die Koordinate x_i vier Werte annehmen kann und den Wert $c^i(3)$ besitzt, ergibt sich der entsprechende Vektor $\hat{\boldsymbol{x}}_i$ zu (0, 0, 1, 0).

Die Komponenten der Vektoren $\hat{\boldsymbol{x}}_i$ ($i = 1, 2, \ldots, n$) werden hintereinander geschrieben und bilden so einen neuen Vektor $\bar{\boldsymbol{x}} = (\bar{x}^1, \ldots, \bar{x}^\tau)$, dessen erste τ_1 Komponenten mit den Komponenten von $\hat{\boldsymbol{x}}_1$ übereinstimmen, während die nächsten τ_2 Koordinaten den Vektor $\hat{\boldsymbol{x}}_2$ bilden usw.

Durch Anwendung der Gl. (2.4) auf die erste Funktionenklasse zeigt sich, daß die optimale Entscheidungsregel durch die lineare[1]) Diskriminantenfunktion

$$F(\bar{\boldsymbol{x}}) = \theta\left(\sum_{k=1}^{\tau} \bar{x}^k \ln \frac{p_{\mathrm{I}}^k}{p_2^k} + \ln \frac{p_{\mathrm{I}}}{p_{\mathrm{II}}}\right)$$

dargestellt werden kann. Es bedeuten

$p_{\mathrm{I}}, p_{\mathrm{II}}$: Auftrittswahrscheinlichkeiten der Vektoren der ersten und zweiten Klasse,

p_{I}^k: Wahrscheinlichkeit, daß für die Vektoren (Objekte) der ersten Klasse $\bar{x}^k = 1$ gilt,

p_2^k: Wahrscheinlichkeit, daß für die Vektoren (Objekte) der zweiten Klasse $\bar{x}^k = 1$ gilt.

---

[1]) Anm. d. Hrsg.: Die Bezeichnung „lineare Diskriminantenfunktion" bezieht sich hier nur auf das Argument der Funktion θ, das eine lineare Funktion des Objektvektors $\bar{\boldsymbol{x}}$ ist.

Für die Normalverteilung ergibt sich durch Anwendung von Gl. (2.4) als optimale Entscheidungsregel eine quadratische Diskriminantenfunktion der Gestalt

$$F(\boldsymbol{x}) = \theta\left((\boldsymbol{x} - \boldsymbol{\mu}_2)^T \boldsymbol{\Delta}_2^{-1}(\boldsymbol{x} - \boldsymbol{\mu}_2) - (\boldsymbol{x} - \boldsymbol{\mu}_1)^T \boldsymbol{\Delta}_1^{-1}(\boldsymbol{x} - \boldsymbol{\mu}_1) - \ln\frac{|\boldsymbol{\Delta}_1|}{|\boldsymbol{\Delta}_2|} + \ln\frac{p_{\rm I}}{p_{\rm II}}\right),$$

wobei

$\boldsymbol{\mu}_1, \boldsymbol{\Delta}_1$ die Parameter der Wahrscheinlichkeitsdichte der Vektoren der ersten Klasse

und

$\boldsymbol{\mu}_2, \boldsymbol{\Delta}_2$ die Parameter der Wahrscheinlichkeitsdichte der Vektoren der zweiten Klasse

bedeuten. Die Konstruktion einer Entscheidungsregel geschieht also durch Ermittlung bestimmter Parameter der Wahrscheinlichkeitsdichte.

Unter den parametrischen Schätzmethoden für die Wahrscheinlichkeitsdichte erweisen sich die Maximum-Likelihood-Methode und die auf der BAYES-Schätzung basierenden Verfahren am effektivsten. Die Anwendung dieser beiden Methoden zur Schätzung der Wahrscheinlichkeitsdichte in den obengenannten Kategorien parametrischer Verteilungsgesetze bildet auch den Inhalt der Theorie der parametrischen Methoden in der lernfähigen Zeichenerkennung. Bevor wir nun zur Darlegung dieser Theorie übergehen, werden wir zuerst einige Grundbegriffe der statistischen Schätztheorie wiederholen.

§ 2. Klassifikation der Schätzungen

Das Problem besteht darin, den Parametervektor $\boldsymbol{\alpha}_0$ auf der Grundlage der entsprechend der Wahrscheinlichkeitsdichte $P(\boldsymbol{x}, \boldsymbol{\alpha}_0)$ realisierten Stichprobe unabhängiger zufälliger Ereignisse $x_1, \ldots, x_l$ vorgegebener Anzahl l zu konstruieren. Mit anderen Worten, die Aufgabe besteht darin, eine [Vektor-]Funktion aufzustellen, die für jede Stichprobe $\boldsymbol{x}_1, \ldots, \boldsymbol{x}_l$ den Vektor $\boldsymbol{\alpha}(x_1, \ldots, x_l)$ bestimmt, der dann als Näherung des gewünschten Vektorparameters $\boldsymbol{\alpha}_0$ erhalten wird, d.h. die Funktion

$$\boldsymbol{\alpha} = \boldsymbol{\alpha}(\boldsymbol{x}_1, \ldots, \boldsymbol{x}_l) \tag{3.3}$$

zu bestimmen.

Die Funktion (3.3) wird als Schätzung des Parameters $\boldsymbol{\alpha}_0$ bezeichnet. Da $\boldsymbol{x}_1, \ldots, \boldsymbol{x}_l$ Zufallsvektoren sind, ist die Schätzung $\boldsymbol{\alpha}(\boldsymbol{x}_1, \ldots, \boldsymbol{x}_l)$ ebenfalls eine Zufallsgröße und hat eine Verteilungsdichte $h(\boldsymbol{\alpha})$ und somit auch eine mathematische Erwartung

$$\bar{\boldsymbol{\alpha}} = \int \boldsymbol{\alpha} h(\boldsymbol{\alpha})\, d\boldsymbol{\alpha}$$

und eine Dispersion (Kovarianzmatrix)

$$D(\boldsymbol{\alpha}) = \int (\boldsymbol{\alpha} - \bar{\boldsymbol{\alpha}})^2 h(\boldsymbol{\alpha})\, d\boldsymbol{\alpha}.$$

In der mathematischen Statistik sind folgende Eigenschaften von Schätzfunktionen relevant.

Erwartungstreu ist eine Schätzung, wenn ihre mathematische Erwartung der zu schätzenden Größe gleich ist.

Als *effizient* wird eine erwartungstreue Schätzung mit minimaler Dispersion, d.h. die [in diesem Sinne] genaueste der erwartungstreuen Schätzungen, bezeichnet.

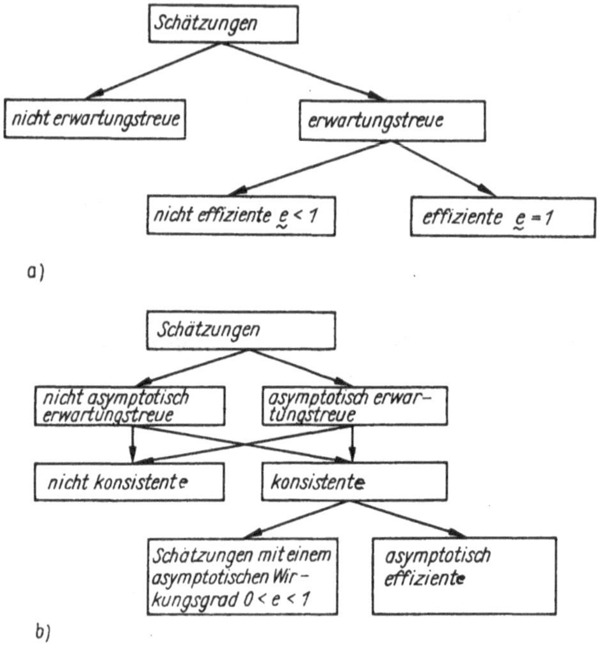

Abb. 4. Klassifikation statistischer Schätzmethoden

Für alle übrigen [nichteffizienten] Schätzungen wird ein quantitatives Genauigkeitsmaß $e < 1$ eingeführt, welches als Wirkungsgrad der Schätzung bezeichnet wird; es ist als das Verhältnis der Dispersion der effizienten Schätzung zur Dispersion der betrachteten [nichteffizienten] Schätzung definiert. Der Wirkungsgrad einer effizienten Schätzung ist demzufolge gleich 1, und alle anderen Schätzungen haben einen Wirkungsgrad $e < 1$.

Auf der Basis dieser Definitionen kann die fundamentale Klassifikation der Schätzungen nach Abb. 4a eingeführt werden. Diese Klassifikation ist bei kleinem Stichprobenumfang sinnvoll. Für Probleme mit großem Stichprobenumfang ist das Klassifikationssystem nach Abb. 4b zweckmäßiger. In diesem System werden die Begriffe der asymptotisch erwartungstreuen, der asymptotisch [schwach] konsistenten und effizienten Schätzungen eingeführt.

Als *asymptotisch erwartungstreu* bezeichnet man eine Schätzung, für die

$$\bar{\alpha}(x_1, \ldots, x_l) \to \alpha_0 \text{ für } l \to \infty$$

gilt. Eine Schätzung nennt man [schwach] konsistent, wenn $P(|\alpha - \alpha_0| > \varepsilon) \to 0$ mit $l \to \infty$ geht für alle $\varepsilon > 0$.

Asymptotisch effizient schließlich heißt eine Schätzung, für die $e \to 1$ mit $l \to \infty$ geht.

§ 3. Die Maximum-Likelihood-Methode

Zur Schätzung der Parameter einer Wahrscheinlichkeitsdichtefunktion innerhalb einer Klasse von Funktionen $P(x, \alpha)$ ist die sog. FISHERsche Likelihood-Funktion in Verbindung mit der Maximum-Likelihood-Methode geeignet. Die Argumente dieser Funktion sind die Elemente der Stichprobe $\boldsymbol{x}_1, \ldots, \boldsymbol{x}_l$; die Funktion selbst lautet

$$L(\boldsymbol{x}_1, \ldots, \boldsymbol{x}_l \mid \boldsymbol{\alpha}) = \prod_{i=1}^{l} P(\boldsymbol{x}_i, \boldsymbol{\alpha}). \tag{3.4}$$

Sind die Komponenten der Vektoren $\boldsymbol{x}$ diskret, dann ist die Funktion $L(\boldsymbol{x}_1, \ldots, \boldsymbol{x}_l \mid \boldsymbol{\alpha})$ gerade die Wahrscheinlichkeit, daß die Stichprobe $\boldsymbol{x}_1, \ldots, \boldsymbol{x}_l$ realisiert wird. Sind aber $\boldsymbol{x}_1, \ldots, \boldsymbol{x}_l$ stetige Größen, dann kann $L(\boldsymbol{x}_1, \ldots, \boldsymbol{x}_l \mid \boldsymbol{\alpha})$ als gemeinsame Dichte der Größen $\boldsymbol{x}_1, \ldots, \boldsymbol{x}_l$ gedeutet werden.

Somit ist jeder Stichprobe eine Likelihood-Funktion zugeordnet (Abb. 5). Die Maximum-Likelihood-Methode bestimmt dann den zu schätzenden Parameter $\boldsymbol{\alpha}$ durch Maximierung dieser Likelihood-Funktion.

Es ist üblich, neben $L(\boldsymbol{x}_1, \ldots, \boldsymbol{x}_l \mid \boldsymbol{\alpha})$ die Funktion

$$\ln L(\boldsymbol{x}_1, \ldots, \boldsymbol{x}_l \mid \boldsymbol{\alpha}) = \sum_{i=1}^{l} \ln P(\boldsymbol{x}_i, \boldsymbol{\alpha}) \tag{3.4'}$$

zu verwenden.

Da die Maxima der Funktionen (3.4) und (3.4′) zusammenfallen, werden die dem Maximum der Likelihood-Funktion entsprechenden Schätzwerte sowohl durch Auflösen der Gleichung

$$\frac{\partial L(\boldsymbol{x}_1, \ldots, \boldsymbol{x}_l \mid \boldsymbol{\alpha})}{\partial \alpha^j} = 0 \quad (j = 1, 2, \ldots, m)$$

wie auch der Gleichung

$$\frac{\partial \ln L(\boldsymbol{x}_1, \ldots, \boldsymbol{x}_l \mid \boldsymbol{\alpha})}{\partial \alpha^j} = 0$$

erhalten.

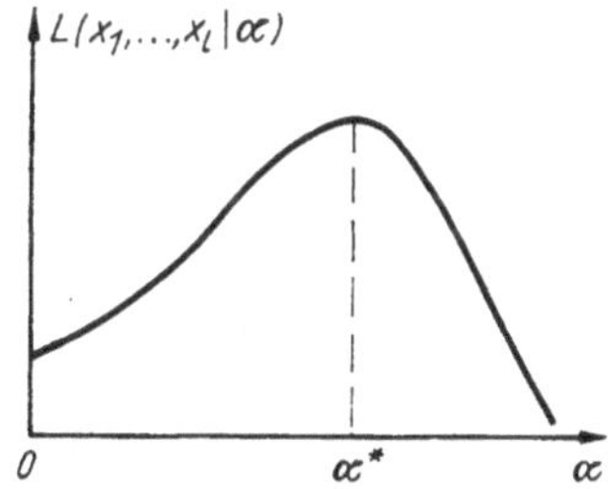

Abb. 5. Zur Maximum-Likelihood-Schätzung eines Parameters α

Die Theorie der Maximum-Likelihood-Methode ist sehr weit entwickelt.

Eine ausführliche Untersuchung der Eigenschaften von Maximum-Likelihood-Schätzungen ist in den Arbeiten [4] und [93] zu finden.

Das Grundanliegen dieser Theorie besteht darin, die mit Hilfe der Maximum-Likelihood-Methode zu einer vorgebenen Funktion $P(\boldsymbol{x}, \boldsymbol{\alpha})$ [die einer der beiden, oben betrachteten Klassen von Wahrscheinlichkeitsverteilungen angehören kann] konstruierten Schätzfunktionen auf ihre asymptotische Erwartungstreue oder ihre asymptotische Effizienz zu untersuchen.

§ 4. Das Bayes-Schätzverfahren

Das BAYES-Verfahren der Wahrscheinlichkeitsdichteschätzung beruht auf der Anwendung der BAYES-Formel

$$P(\boldsymbol{\alpha} \mid \boldsymbol{x}) = \frac{P(\boldsymbol{x} \mid \boldsymbol{\alpha})\, P(\boldsymbol{\alpha})}{P(\boldsymbol{x})}.$$

Die sog. A-priori-Wahrscheinlichkeit[sdichte] $P(\boldsymbol{\alpha})$ des Vektorparameters $\boldsymbol{\alpha}$ wird als gegeben vorausgesetzt. Sie beschreibt die mutmaßlichen Möglichkeiten zur Realisierung der verschiedenen $\boldsymbol{\alpha}$-Werte vor Durchführung des Experiments, das in der zufälligen Erzeugung unserer Stichprobe besteht.

Die A-posteriori-Wahrscheinlichkeit $P(\boldsymbol{\alpha} \mid \boldsymbol{x}_1, \ldots, \boldsymbol{x}_l)$ charakterisiert die Realisierungsmöglichkeiten der verschiedenen $\boldsymbol{\alpha}$-Werte, nachdem die A-priori-Kenntnisse durch das aus dem Experiment gewonnene neue Wissen in Gestalt der $x_1, \ldots, x_l$ ergänzt worden sind. Wie die BAYES-Formel lehrt, wird die A-posteriori-Wahrscheinlichkeit des Parameters $\boldsymbol{\alpha}$ durch Multiplikation der A-priori-Wahrscheinlichkeit mit der Likelihood-Funktion

$$L(\boldsymbol{x}_1, \ldots, \boldsymbol{x}_l \mid \boldsymbol{\alpha}) = \prod_{i=1}^{l} P(\boldsymbol{x}_i \mid \boldsymbol{\alpha})$$

und Division durch die Wahrscheinlichkeit

$$P(\boldsymbol{x}_1, \ldots, \boldsymbol{x}_l)$$

für das Auftreten der gegebenen Stichprobe berechnet. Dies führt zu der Formel

$$P(\boldsymbol{\alpha} \mid \boldsymbol{x}_1, \ldots, \boldsymbol{x}_l) = \frac{L(\boldsymbol{x}_1, \ldots, \boldsymbol{x}_l \mid \boldsymbol{\alpha})\, P(\boldsymbol{\alpha})}{P(\boldsymbol{x}_1, \ldots, \boldsymbol{x}_l)}$$

mit

$$P(\boldsymbol{x}_1, \ldots, \boldsymbol{x}_l) = \int L(\boldsymbol{x}_1, \ldots, \boldsymbol{x}_l \mid \boldsymbol{\alpha})\, P(\boldsymbol{\alpha})\, \mathrm{d}\boldsymbol{\alpha},$$

falls die Komponenten von $\boldsymbol{\alpha}$ stetig sind, und zu

$$P(\boldsymbol{x}_1, \ldots, \boldsymbol{x}_l) = \sum_k L(\boldsymbol{x}_1, \ldots, \boldsymbol{x}_l \mid \boldsymbol{\alpha}_k)\, P(\boldsymbol{\alpha}_k),$$

wenn sie diskret sind.

So kann mit Hilfe der BAYES-Formel aus der A-priori-Wahrscheinlichkeitsverteilung des Parameters $\boldsymbol{\alpha}$ und den experimentellen Resultaten die A-posteriori-Wahrscheinlichkeitsdichte $P(\boldsymbol{\alpha} \mid \boldsymbol{x}_1, \ldots, \boldsymbol{x}_l)$ ermittelt werden.

Das Problem besteht also darin, den gesuchten Parameter $\boldsymbol{\alpha}$ bei bekannter Dichte $P(\boldsymbol{\alpha} \mid \boldsymbol{x}_1, \ldots, \boldsymbol{x}_l)$ unter Ausnutzung der angegebenen Beziehungen zu berechnen. Hierbei wird von verschiedenen Zieldefinitionen für den zu ermittelnden Vektorparameter $\boldsymbol{\alpha}$ ausgegangen:

1. Es wird derjenige Wert des Vektorparameters $\boldsymbol{\alpha}$ genommen, bei dem die Funktion $P(\boldsymbol{\alpha} \mid \boldsymbol{x}_1, \ldots, \boldsymbol{x}_l)$ ein Maximum annimmt.

2. Der gesuchte Wert des Vektorparameters $\boldsymbol{\alpha}$ wird durch seine mathematische Erwartung definiert, d.h.

$$\bar{\boldsymbol{\alpha}} = \int \boldsymbol{\alpha} P(\boldsymbol{\alpha} \mid \boldsymbol{x}_1, \ldots, \boldsymbol{x}_l)\, \mathrm{d}\boldsymbol{\alpha}.$$

3. Gebräuchlich ist auch eine Definition, wonach als Schätzwert die mathematische Erwartung $\hat{P}(\boldsymbol{x})$ der Dichte $P(\boldsymbol{\alpha} \mid \boldsymbol{x}_1, \ldots, \boldsymbol{x}_l)$ gewählt wird:

$$\hat{P}(\boldsymbol{x}) = \int P(\boldsymbol{x} \mid \boldsymbol{\alpha})\, P(\boldsymbol{\alpha} \mid \boldsymbol{x}_1, \ldots, \boldsymbol{x}_l)\, d\boldsymbol{\alpha} = \frac{\int P(\boldsymbol{x} \mid \boldsymbol{\alpha})\, P(\boldsymbol{x}_1, \ldots, \boldsymbol{x}_l \mid \boldsymbol{\alpha})\, d\boldsymbol{\alpha}}{\int P(\boldsymbol{x}_1, \ldots, \boldsymbol{x}_l \mid \boldsymbol{\alpha})\, P(\boldsymbol{\alpha})\, d\boldsymbol{\alpha}}. \tag{3.5}$$

Die aus (3.5) resultierende Dichte $\hat{P}(\boldsymbol{x})$ muß im allgemeinen nicht wieder der betrachteten parametrischen Schar $P(\boldsymbol{x}, \boldsymbol{\alpha})$ angehören. Die so definierte Dichte $\hat{P}(\boldsymbol{x})$ dürfte deshalb eigentlich [streng genommen] nicht als Schätzfunktion aus einer Klasse $P(\boldsymbol{x}, \boldsymbol{\alpha})$ bezeichnet werden; trotzdem wird ein derartiges Verfahren als BAYES-Schätzstrategie für die Funktion $P(\boldsymbol{x})$ bezeichnet.

Die BAYES-Schätzung der Wahrscheinlichkeitsdichte findet wegen einiger bemerkenswerter Besonderheiten beachtliches Interesse. So kann sie in dem folgenden „Spiel mit der Natur" eine Optimalstrategie bilden. Dieses Spiel soll darin bestehen, Voraussagen über die „Züge" der Natur zu gewinnen. Dabei gibt die Funktion $P(\boldsymbol{\alpha})$ die Wahrscheinlichkeit an, mit der die Natur den Vektor $\boldsymbol{\alpha} = \boldsymbol{\alpha}_0$ als Parameter der Wahrscheinlichkeitsdichte $P(x, \boldsymbol{\alpha})$ wählt. Danach wird aus der Grundgesamtheit — die jetzte also die Dichte $P(\boldsymbol{x}, \boldsymbol{\alpha})$ hat — eine Stichprobe mit der Länge l gezogen. Die Spielstrategie besteht nun darin, eine Funktion $\pi(\boldsymbol{x}; \boldsymbol{x}_1, \ldots, \boldsymbol{x}_l)$ anzugeben, die möglichst „gut" mit $P(\boldsymbol{x}, \boldsymbol{\alpha}_0)$ übereinstimmt. Die „Partie" in diesem Spiel wird durch die Strategie der Natur, d.i. die Wahl $\boldsymbol{\alpha} = \boldsymbol{\alpha}_0$, die Spielstrategie $\pi(\boldsymbol{x}; \boldsymbol{x}_1, \ldots, \boldsymbol{x}_l)$ und die Stichprobe $\boldsymbol{x}_1, \ldots, \boldsymbol{x}_l$ selbst bestimmt. Dabei ist als Verlustgröße

$$D(\boldsymbol{\alpha}; \boldsymbol{x}_1, \ldots, \boldsymbol{x}_l) = \int (P(\boldsymbol{x} \mid \boldsymbol{\alpha}) - \pi(\boldsymbol{x}; \boldsymbol{x}_1, \ldots, \boldsymbol{x}_l))^2\, d\boldsymbol{x} \tag{3.6}$$

anzusehen.

Der mittlere Spielverlust im Spiel wird also durch den Ausdruck

$$I = \int \ldots \int D(\boldsymbol{\alpha}; \boldsymbol{x}_1, \ldots, \boldsymbol{x}_l)\, P(\boldsymbol{\alpha})\, P(\boldsymbol{x}_1, \ldots, \boldsymbol{x}_l \mid \boldsymbol{\alpha})\, d\boldsymbol{x}_1 \ldots d\boldsymbol{x}_l\, d\boldsymbol{\alpha} \tag{3.7}$$

gegeben sein, d.h., man erhält ihn durch Mittelung von (3.6) über die Strategie ($\boldsymbol{\alpha}$) der Natur und alle möglichen Stichprobenrealisierungen.

Eine bemerkenswerte Eigenschaft der BAYES-Schätzung besteht darin, daß sie den mittleren Verlust desjenigen Spielers minimiert, der eine gemischte Strategie nach Art von $P(\boldsymbol{\alpha})$ kennt. Die optimale Spielstrategie läßt sich auch durch

$$\pi(\boldsymbol{x}; \boldsymbol{x}_1, \ldots, \boldsymbol{x}_l) = \frac{\int P(\boldsymbol{x} \mid \boldsymbol{\alpha})\, P(\boldsymbol{x}_1, \ldots, \boldsymbol{x}_l \mid \boldsymbol{\alpha})\, P(\boldsymbol{\alpha})\, d\boldsymbol{\alpha}}{\int P(\boldsymbol{x}_1, \ldots, \boldsymbol{x}_l \mid \boldsymbol{\alpha})\, P(\boldsymbol{\alpha})\, d\boldsymbol{\alpha}}$$

definieren. Beweisen wir diese für das Verständnis und die Bedeutung der BAYES-Schätzung wichtige Behauptung.

Es ist also eine Funktion $\pi(\boldsymbol{x}; \boldsymbol{x}_1, \ldots, \boldsymbol{x}_l)$ zu finden, die das Funktional

$$I = \int\int \ldots \int (P(\boldsymbol{x} \mid \boldsymbol{\alpha}) - \pi(\boldsymbol{x}; \boldsymbol{x}_1, \ldots, \boldsymbol{x}_l))^2\, P(\boldsymbol{x}_1, \ldots, \boldsymbol{x}_l \mid \boldsymbol{\alpha})\, P(\boldsymbol{\alpha})\, d\boldsymbol{\alpha}\, d\boldsymbol{x}\, d\boldsymbol{x}_1 \ldots d\boldsymbol{x}_l \tag{3.8}$$

minimiert.

Mit der Bezeichnung

$$\Phi(\boldsymbol{x}; \boldsymbol{x}_1, \ldots, \boldsymbol{x}_l) = \int (P(\boldsymbol{x} \mid \boldsymbol{\alpha}) - \pi(\boldsymbol{x}; \boldsymbol{x}_1, \ldots, \boldsymbol{x}_l))^2\, P(\boldsymbol{x}_1, \ldots, \boldsymbol{x}_l \mid \boldsymbol{\alpha})\, P(\boldsymbol{\alpha})\, d\boldsymbol{\alpha}$$

nimmt (3.8) nach Änderung der Integrationsfolge folgende Gestalt an:

$$I = \int \ldots \int \Phi(\boldsymbol{x}; \boldsymbol{x}_1, \ldots, \boldsymbol{x}_l)\, d\boldsymbol{x}\, d\boldsymbol{x}_1\, d\boldsymbol{x}_2 \ldots d\boldsymbol{x}_l.$$

Die Funktion $\Phi(x; x_1, \ldots, x_l)$ läßt sich in

$$\Phi(x; x_1, \ldots, x_l) = \int P^2(x \mid \alpha) P(x_1, \ldots, x_l \mid \alpha) P(\alpha) \, d\alpha$$
$$-2\pi (x; x_1, \ldots, x_l) \int P(x \mid \alpha) P(x_1, \ldots, x_l \mid \alpha) P(\alpha) \, d\alpha$$
$$+ \pi^2(x; x_1, \ldots, x_l) \int P(x_1, \ldots, x_l \mid \alpha) P(\alpha) \, d\alpha$$

umformen. Mit den weiteren Bezeichnungen

$$c(x_1, \ldots, x_l) = \int P(x_1, \ldots, x_l \mid \alpha) P(\alpha) \, d\alpha,$$
$$\hat{P}(x) = \frac{1}{c(x_1, \ldots, x_l)} \int P(x \mid \alpha) P(x_1, \ldots, x_l \mid \alpha) P(\alpha) \, d\alpha$$

kann man diese Gleichung in die Form

$$\Phi(x; x_1, \ldots, x_l) = \int P^2(x \mid \alpha) P(x_1, \ldots, x_l \mid \alpha) P(\alpha) \, d\alpha$$
$$- \hat{P}^2(x) \, c(x_1, \ldots, x_l) + [\hat{P}(x) - \pi(x; x_1, \ldots, x_l)]^2 \, c(x_1, \ldots, x_l)$$

bringen. Somit läßt sich das Funktional I in zwei Summanden

$$I = I_1 + I_2,$$

mit

$$I_1 = \int \ldots \int \left[\int P^2(x \mid \alpha) P(x_1, \ldots, x_l \mid \alpha) P(\alpha) \, d\alpha - c(x_1, \ldots, x_l) \hat{P}^2(x)\right] dx \, dx_1 \ldots dx_l,$$
$$I_2 = \int \ldots \int [\hat{P}(x) - \pi(x; x_1, \ldots, x_l]^2 \, c(x_1, \ldots, x_l) \, dx \, dx_1 \ldots dx_l$$

zerlegen.

Der erste Summand hängt nicht von der Funktion $\pi(x; x_1, \ldots, x_l)$ ab. Folglich reduziert sich die Minimierung von I auf die Minimierung des zweiten Summanden I_2.

Das Minimum dieses Summanden ist aber Null und wird erreicht, wenn

$$\pi(x; x_1, \ldots, x_l) \equiv \hat{P}(x)$$

gilt.

§ 5. Gegenüberstellung der Bayes- und der Maximum-Likelihood-Schätzmethode

Die betrachteten Schätzmethoden unterscheiden sich sowohl hinsichtlich der Kompliziertheit ihrer Durchführung als auch in der Qualität des erhaltenen Ergebnisses. Das eigentliche Problem der Realisierung von Maximum-Likelihood-Methoden besteht in der Lösung des Gleichungssystems

$$\frac{\partial L(x_1, \ldots, x_l \mid \alpha)}{\partial \alpha^i} = 0, \; i = 1, 2, \ldots \tag{3.9}$$

Obwohl dieses Gleichungssystem im allgemeinen nicht linear sein wird, bereitet seine numerische Lösung keine prinzipiellen Schwierigkeiten, um so mehr, da (3.9) für eine große Klasse von Funktionen eine eindeutige Lösung besitzt. Die Anwendung der

BAYES-Methode ist dagegen komplizierter. In der Regel ist sie nur dann einsetzbar, wenn das Integral in dem Ausdruck

$$\hat{P}(\boldsymbol{x}) = \int \frac{L(\boldsymbol{x}_1, \ldots, \boldsymbol{x}_l \mid \boldsymbol{\alpha}) \, P(\boldsymbol{x} \mid \boldsymbol{\alpha}) \, P(\boldsymbol{\alpha})}{c(\boldsymbol{x}_1, \ldots, \boldsymbol{x}_l)} \, \mathrm{d}\boldsymbol{\alpha} \tag{3.10}$$

analytisch lösbar ist.

Die numerische Lösung von (3.10) wird durch die hohe Vielfachheit des Integrals (der Vektor $\boldsymbol{\alpha}$ ist i.a. hochdimensional) ein außergewöhnlich schwieriges Problem.

Die Maximum-Likelihood-Methode ist prinzipiell weniger attraktiv als die BAYES-Methode, da ihre Theorie nur die asymptotische Effizienz der Schätzungen garantiert. Die BAYES-Prozedur dagegen läßt sich als optimale Spielstrategie bei bekannter gemischter Strategie des Gegners interpretieren. Ihre Anwendung setzt jedoch die [nicht immer verfügbare] Kenntnis der A-priori-Wahrscheinlichkeitsdichte des Parameters $\boldsymbol{\alpha}$ voraus.

Bekannt ist jedoch (Theorem von S. N. BERNSCHTEIN), daß der Einfluß der A-priori-Verteilung auf die A-posteriori-Wahrscheinlichkeitsdichte mit wachsendem Stichprobenumfang kleiner wird. Wenn keine anderen Informationen zur Verfügung stehen, so wird in einem solchen Fall als A-priori-Verteilung des Parameters $\boldsymbol{\alpha}$ die Gleichverteilung eingesetzt.

Die Situation ist somit folgende: Die oft nur schwer erhältliche BAYES-Schätzung bleibt die bevorzugte Methode zur Schätzung der Wahrscheinlichkeitsdichte. Die Maximum-Likelihood-Methode wird dann angewandt, wenn die BAYES-Schätzung [praktisch] undurchführbar ist.

Später werden für die erste Kategorie (vgl. S. 25) von Wahrscheinlichkeitsverteilungen Parameterschätzungen sowohl nach der Maximum-Likelihood-Methode als auch nach der BAYES-Methode, für die zweite Klasse von Verteilungen jedoch nur solche nach der Maximum-Likelihood-Methode, angeführt. Es wird aufgezeigt werden, wodurch die Schwierigkeiten der Realisierung von BAYES-Schätzungen im einzelnen begründet sind. Zum Schluß werden die BAYES-Schätzungen für einige spezielle Kovarianzmatrizen $\boldsymbol{\Delta}$ ermittelt.

§ 6. Schätzung der Parameter der Verteilungsfunktionen für diskrete, unabhängige Merkmale

Unter der Voraussetzung, daß die Koordinaten des Vektors $\boldsymbol{x}$ unabhängig verteilt sind und jede Koordinate x^i des Vektors $\boldsymbol{x}$ τ_i Werte annehmen kann, gilt (vgl. S. 25ff.)

$$P(\boldsymbol{x}, \boldsymbol{p}) = \prod_{i=1}^{n} P(x^i, \boldsymbol{p}^i),$$

wobei

$$P(x^i, \boldsymbol{p}^i) = \begin{cases} p^i(1) \text{ für } x^i = c^i(1), \\ \dots\dots\dots\dots\dots\dots\dots \\ p^i(\tau_i) \text{ für } x^i = c^i(\tau_i), \end{cases} \tag{3.11}$$

$$\sum_{j=1}^{\tau_i} p^i(j) = 1$$

sind. Die Likelihood-Funktion lautet

$$L(\boldsymbol{x}_1, \ldots, \boldsymbol{x}_l, \boldsymbol{p}) = \prod_{k=1}^{l} \prod_{i=1}^{n} P(x_k^i, p^i);$$

x_k^i bezeichnet hier den Wert der i-ten Koordinate des k-ten Vektors der Lernfolge.

Die Änderung der Reihenfolge der Multiplikanden führt auf

$$L(\boldsymbol{x}_1, \ldots, \boldsymbol{x}_l, \boldsymbol{p}) = \prod_{i=1}^{n} \prod_{k=1}^{l} P(x_k^i, p^i).$$

Durch Logarithmen wird daraus

$$\ln L(\boldsymbol{x}_1, \ldots, \boldsymbol{x}_l, \boldsymbol{p}) = \sum_{i=1}^{n} \sum_{k=1}^{l} \ln P(x_k^i, p^i).$$

Hierin kann die Summe

$$\sum_{k=1}^{l} \ln P(x_k^i, p^i)$$

wegen (3.11) in der Form

$$\sum_{k=1}^{l} \ln P(x_k^i, p^i) = \sum_{j=1}^{\tau_i} m_i(j) \ln p^i(j)$$

geschrieben werden, wobei $m_i(j)$ die Anzahl Vektoren in der Stichprobe bedeutet, deren Koordinate x^i gleich $c^i(j)$ ist; l ist der Stichprobenumfang, $\left(\sum_j m_i(j) = l\right)$.

Der Logarithmus der Likelihood-Funktion ist damit durch

$$\ln L(\boldsymbol{x}_1, \ldots, \boldsymbol{x}_l, \boldsymbol{p}) = \sum_{i=1}^{n} \sum_{j=1}^{\tau_i} m_i(j) \ln p^i(j) \tag{3.12}$$

gegeben. Zur Extremalwertbestimmung der Funktion $\ln L(\boldsymbol{x}_1, \ldots, \boldsymbol{x}_l, \boldsymbol{p})$ bezüglich der Variablen $p^i(j)$ unter der Nebenbedingung $\sum_j p^i(j) = 1$ bedient man sich der LAGRANGEschen Multiplikatorenmethode.

Die LAGRANGE-Funktion $\Phi(\boldsymbol{p}, \boldsymbol{\lambda})$ hat die Gestalt

$$\Phi(\boldsymbol{p}, \boldsymbol{\lambda}) = \sum_{i=1}^{n} \sum_{j=1}^{\tau_i} (m_i(j) \ln p^i(j) - \lambda_i p^i(j)),$$

wobei λ_i die LAGRANGEschen Multiplikatoren sind.

Der Vektor $\boldsymbol{p}$, bei dem die Funktion $\Phi(\boldsymbol{p}, \boldsymbol{\lambda})$ ihr Maximum annimmt, ist die Lösung des Gleichungssystems

$$\frac{\partial \Phi(\boldsymbol{p}, \boldsymbol{\lambda})}{\partial p^i(j)} = \frac{m_i(j)}{p^i(j)} - \lambda_i = 0. \tag{3.13}$$

Unter Berücksichtigung der Normierungsbedingung

$$\sum_{j=1}^{\tau_i} p^i(j) = 1$$

erhält man aus (3.13)

$$p^i(j) = \frac{m_i(j)}{l}.$$

Es zeigt sich, daß die durch die Maximum-Likelihood-Methode definierte Schätzfunktion einer Verteilungsfunktion mit der sogenannten empirischen Schätzung dieser Verteilungsfunktion identisch ist. Wir erhalten somit das Ergebnis

$$P(x^i, p^i) = \begin{cases} p^i(1) = \dfrac{m_i(1)}{l}, \text{ wenn } x^i = c^i(1), \\ \dots\dots\dots\dots\dots\dots\dots \\ p^i(\tau_i) = \dfrac{m_i(\tau_i)}{l}, \text{ wenn } x^i = c^i(\tau_i). \end{cases} \tag{3.14}$$

§ 7. Die Bayes-Schätzung der Verteilungsparameter diskreter, unabhängiger Merkmale

Später wird gezeigt, daß die BAYES-Schätzung der Verteilung $P(x^i, p^i)$ bei geringsten A-priori-Kenntnissen über die „Verteilung" des Parametervektors $\boldsymbol{p}^i\,[= (p^i(1), \dots, p^i(\tau_i))]$ (d. h., die Dichte von $\boldsymbol{p}^i$ auf dem Simplex $\sum_{j=1}^{\tau_i} p^i(j) = 1$, $p^i(j) \geqq 0$, wird als homogen angenommen) folgende Form besitzt:

$$P(x^i, p^i) = \begin{cases} p^i(1) = \dfrac{m_i(1) + 1}{l + \tau_i}, \\ \dots\dots\dots\dots\dots\dots \\ p^i(\tau_i) = \dfrac{m_i(\tau_i) + 1}{l + \tau_i}. \end{cases} \tag{3.15}$$

Nach § 5 ist die BAYES-Schätzung die genaueste Schätzung. Für den Fall, daß der Stichprobenumfang l — im Vergleich zur Anzahl τ_i der diskreten Wertstufen — klein ist, können sich diese Schätzungen bedeutend von den Maximum-Likelihood-Schätzungen (3.14) unterscheiden.

Deshalb ist es besser, zur Konstruktion der Diskriminantenfunktion auf der Basis weniger Objekte statt der Schätzung nach (3.14) die nach (3.15) anzuwenden.

Die BAYES-Schätzung einer Verteilung wird folgendermaßen ermittelt.
Wir berechnen zuerst die Normierungskonstante

$$c(\boldsymbol{x}_1, \dots, \boldsymbol{x}_l) = \int L(\boldsymbol{x}_1, \dots, \boldsymbol{x}_l, \boldsymbol{p})\, P(\boldsymbol{p})\, d\boldsymbol{p},$$

wobei $L(\boldsymbol{x}_1, \dots, \boldsymbol{x}_l, \boldsymbol{p})$ die Likelihood-Funktion und $P(\boldsymbol{p})$ die A-priori-Dichte des Vektorparameters $\boldsymbol{p}$ bedeuten.

Nach Einsetzen der Likelihood-Funktion (vgl. die Formel nach (3.11)) erhält man, wenn man annimmt, daß die Parameter $p^i(j)$ gleichmäßig verteilt sind,

$$c(\boldsymbol{x}_1, \dots, \boldsymbol{x}_l) = a \prod_{i=1}^{n} c^i(\boldsymbol{x}_1, \dots, \boldsymbol{x}_l).$$

Hierin sind $a = P(\boldsymbol{p}) = \text{const}$ und

$$c^i(\boldsymbol{x}_1, \dots, \boldsymbol{x}_l) = \underset{\substack{\sum_{j=1}^{\tau_i - 1} p^i(j) \leq 1 \\ p^i(j) \geq 0}}{\int \dots \int} \prod_{j=1}^{\tau_i - 1} (p^i(j))^{m_i(j)} \left(1 - \sum_{j=1}^{\tau_i - 1} p^i(j)\right)^{m_i(\tau_i)} dp^i(1) \dots dp^i(\tau_i - 1). \tag{3.16}$$

Die Lösung des bestimmten Integrals in (3.16) lautet (vgl. [63])

$$I^i = \frac{\Gamma(m_i(1)+1)\ldots\Gamma(m_i(\tau_i)+1)}{\Gamma(m_i(1)+\ldots+m_i(\tau_i)+\tau_i)},$$

wobei $\Gamma(n)$ die Gammafunktion bezeichnet.

Für ganzzahlige n gilt $\Gamma(n) = (n-1)!$.

Die Normierungskonstante ist demzufolge durch den Ausdruck

$$c^i(\boldsymbol{x}_1,\ldots,\boldsymbol{x}_l) = \frac{\Gamma(m_i(1)+1)\ldots\Gamma(m_i(\tau_i)+1)}{\Gamma(m_i(1)+\ldots+m_i(\tau_i)+\tau_i)}$$

gegeben. Die Bayes-Schätzung nach (3.5) der Wahrscheinlichkeitsverteilung hat dann die Gestalt

$$\hat{P}(\boldsymbol{x}) = \prod_{i=1}^{n} \int\int\ldots\int P(\boldsymbol{x}_i \mid p^i) \frac{\prod_{j=1}^{\tau_i-1} [p^i(j)]^{m_i(j)} \left[1-\sum_{j=1}^{\tau_i-1} p^i(j)\right]^{m_i(\tau_i)} \mathrm{d}p^i(1)\ldots\mathrm{d}p^i(\tau_i-1)}{c^i(\boldsymbol{x}_1,\ldots,\boldsymbol{x}_l)}.$$

Der erste Faktor des Produkts werde mit $\hat{P}(x_i)$ bezeichnet. Berücksichtigt man, daß die Funktion $P(x^i, \boldsymbol{p})$ in der Form (3.11) dargestellt werden kann, dann ist leicht zu sehen, daß $\hat{P}(x^i)$ für $x^i = c^i(x)$ — analog zum Integral (3.16) — durch den Ausdruck

$$\hat{P}(c^i(k)) = \frac{\int\int\int\ldots\int \prod_{j=1}^{\tau_i-1} [p^i(j)]^{m_i(j)} \left[1-\sum_{j=1}^{\tau_i-1} p^i(j)\right]^{m_i(\tau_i)} p^i(k)\,\mathrm{d}p^i(1)\ldots\mathrm{d}p^i(\tau_i-1)}{c^i(\boldsymbol{x}_1,\ldots,\boldsymbol{x}_l)}$$

$$= \frac{\Gamma(m_i(k)+2)\,\Gamma(l+\tau_i)}{\Gamma(m_i(k)+1)\,\Gamma(l+\tau_i+1)} = \frac{m_i(k)+1}{l+\tau_i}$$

gegeben ist.

Man erhält also

$$\hat{P}(x^i) = \begin{cases} p^i(1) = \dfrac{m_i(1)+1}{l+\tau_i}, & \text{wenn } x^i = c^i(1), \\ \ldots\ldots\ldots\ldots\ldots\ldots & \\ p^i(\tau_i) = \dfrac{m_i(\tau_i)+1}{l+\tau_i}, & \text{wenn } x^i = c^i(\tau_i). \end{cases} \tag{3.17}$$

Man erkennt, daß sich die Bayes-Schätzung nach (3.17) von der Maximum-Likelihood-Schätzung nach (3.14) unterscheidet.

Der Unterschied zwischen beiden Schätzungen ist um so größer, je kleiner der Stichprobenumfang und je größer die Anzahl τ_i diskreter Wertstufen ist, die die Koordinaten des Vektors $\hat{\boldsymbol{x}}_i$ annehmen können.

§ 8. Schätzung der Parameter der Normalverteilung nach der Maximum-Likelihood-Methode

Wenn die Wahrscheinlichkeitsdichtefunktion eine Normalverteilung

$$P(\boldsymbol{x}, \boldsymbol{\mu}, \boldsymbol{\Delta}) = \frac{1}{(2\pi)^{n/2}\,|\boldsymbol{\Delta}|^{1/2}} \exp\left[-\frac{1}{2}(\boldsymbol{x}-\boldsymbol{\mu})^T \boldsymbol{\Delta}^{-1}(\boldsymbol{x}-\boldsymbol{\mu})\right]$$

ist, wobei $\boldsymbol{\mu} = (\mu^1, \ldots, \mu^n)$ einen n-dimensionalen Parametervektor und $\boldsymbol{\Delta}$ eine Matrix von $n \times n$ Parametern bedeuten, folgt die Likelihood-Funktion in der Form

$$L(\boldsymbol{x}_1, \ldots, \boldsymbol{x}_l, \boldsymbol{\mu}, \boldsymbol{\Delta}) = \frac{1}{(2\pi)^{nl/2} \, |\boldsymbol{\Delta}|^{l/2}} \exp\left[-\frac{1}{2} \sum_{i=1}^{l} (\boldsymbol{x}_i - \boldsymbol{\mu})^T \boldsymbol{\Delta}^{-1} (\boldsymbol{x}_i - \boldsymbol{\mu})\right]. \quad (3.18)$$

Der Logarithmus dieser Likelihood-Funktion ist dann gleich

$$\ln L(\boldsymbol{x}_1, \ldots, \boldsymbol{x}_l, \boldsymbol{\mu}, \boldsymbol{\Delta}) = -nl \frac{\ln 2\pi}{2} - \frac{l}{2} |\boldsymbol{\Delta}| - \frac{1}{2} \sum_{i=1}^{l} (\boldsymbol{x}_i - \boldsymbol{\mu}) \, \boldsymbol{\Delta}^{-1} (\boldsymbol{x}_i - \boldsymbol{\mu}). \quad (3.19)$$

Es zeigt sich, daß das Maximum von (3.18), und folglich auch das von (3.19), dann erreicht wird, wenn der Parametervektor $\boldsymbol{\mu}$ mit dem Stichprobenmittel [d.h. mit seiner empirischen Schätzung] und die Matrix $\boldsymbol{\Delta}$ mit der empirischen Schätzung der Kovarianzmatrix übereinstimmen, d.h., wenn

$$\boldsymbol{\mu} = \boldsymbol{x}_e = \frac{1}{l} \sum_{i=1}^{l} \boldsymbol{x}_i,$$

und

$$\boldsymbol{\Delta} = \left\| \frac{1}{l} \sum_{k} (x_k^i - x_e^i)\,(x_k^j - x_e^j) \right\| = \|K_{ij}\| \quad (3.20)$$

gelten. Der Beweis dafür findet sich in allen Handbüchern der multivariaten (mehrdimensionalen) statistischen Analysis [4]. Dieser Beweis ist die genaue vektorielle Verallgemeinerung der im eindimensionalen Fall offensichtlich gültigen Beziehung, wonach das Maximum der Funktion

$$\ln L(\boldsymbol{x}_1, \ldots, \boldsymbol{x}_l, \boldsymbol{\mu}, \sigma) = -l \frac{\ln 2\pi}{2} - l \ln \sigma - \frac{1}{2} \frac{\sum_{i=1}^{l} (\boldsymbol{x}_i - \boldsymbol{\mu})^2}{\sigma^2}$$

bei

$$\boldsymbol{x}_e = \frac{1}{l} \sum_{i=1}^{l} \boldsymbol{x}_i, \quad \sigma_e = \sqrt{\frac{1}{l} \sum_{i=1}^{l} (\boldsymbol{x}_i - \boldsymbol{x}_e)^2}$$

erreicht wird.

Wie schon gezeigt, läßt sich auf der Grundlage der geschätzten Parameter $\boldsymbol{\mu}_1$, $\boldsymbol{\Delta}_1$ und $\boldsymbol{\mu}_2$, $\boldsymbol{\Delta}_2$ der Verteilungen der beiden Klassen sofort die Entscheidungsregel für die Klassifizierung ermitteln. Diese lautet (vgl. hierzu Def. (2.4))

$$F(\boldsymbol{x}) = \theta\left(\frac{1}{2} (\boldsymbol{x} - \boldsymbol{\mu}_2)^T \boldsymbol{\Delta}_2^{-1} (\boldsymbol{x} - \boldsymbol{\mu}_2) - \frac{1}{2} (\boldsymbol{x} - \boldsymbol{\mu}_1)^T \boldsymbol{\Delta}_1^{-1} (\boldsymbol{x} - \boldsymbol{\mu}_1) - \ln \frac{|\boldsymbol{\Delta}_1|}{|\boldsymbol{\Delta}_2|} + \ln \frac{p_{\mathrm{I}}}{p_{\mathrm{II}}}\right).$$

Die Besonderheit dieser Regel besteht darin, daß man sie offenbar mit Hilfe von Transformationen der Form

$$Y = \boldsymbol{\Delta}^{-1} Z$$

erhalten kann.

Bekanntlich ist bei der Anwendung der Matrixinversion Vorsicht geboten. So kann ein kleiner Fehler in der Matrix $\boldsymbol{\Delta}$ einen beträchtlichen Fehler in Y hervorrufen. Wenn in unserem Fall an die Stelle der Matrix $\boldsymbol{\Delta}$ die empirische Schätzung der Kovarianzmatrix gesetzt wird, sind solche [durch schlechte Konditionierung der Kovarianzmatrix bedingten] Fehler um so wahrscheinlicher, je kleiner der Umfang der Stichprobe ist, auf deren Grundlage die Schätzung erfolgt. Es kann sogar vorkommen, daß zur

Gewährleistung einer hinreichend verläßlichen Entscheidungsregel von der Schätzung der Kovarianzmatrix eine größere Genauigkeit zu fordern ist, als bei dem gegebenen Stichprobenumfang garantiert werden kann. In der Praxis werden deshalb verschiedene, für Kovarianzmatrizen spezifische Nebenbedingungen eingeführt.

Fünf daraus resultierende Problemstellungen werden untersucht.

1. Variante: Die Matrizen $\boldsymbol{\Delta}_1$ und $\boldsymbol{\Delta}_2$ unterliegen keinen zusätzlichen A-priori-Beschränkungen.
In diesem Fall wird die Entscheidungsregel allgemein durch quadratische Diskriminantenfunktionen dargestellt.

2. Variante: Es wird vorausgesetzt, daß die Kovarianzmatrizen der Objektvektoren der beiden Klassen gleich sind, d.h., daß $\boldsymbol{\Delta}_1 = \boldsymbol{\Delta}_2 = \boldsymbol{\Delta}$ gilt. In diesem Falle wird die Schätzung der Matrix $\boldsymbol{\Delta}$ als arithmetisches Mittel der ohne Beschränkungen gewonnenen Schätzungen der Matrizen der ersten bzw. zweiten Klasse erklärt, d.h., es wird

$$\boldsymbol{\Delta} = \frac{\boldsymbol{\Delta}_1 + \boldsymbol{\Delta}_2}{2}$$

sein. In diesem Fall läßt sich die Entscheidungsregel allgemein durch lineare Diskriminantenfunktionen (Diskriminatorische Funktion von FISHER) darstellen. Die Indikatorfunktion ist hier durch

$$F(\boldsymbol{x}) = \theta\left((\boldsymbol{\mu}_1 - \boldsymbol{\mu}_2)^T \boldsymbol{\Delta}^{-1} \boldsymbol{x} + \frac{1}{2} (\boldsymbol{\mu}_2 \boldsymbol{\Delta}^{-1} \boldsymbol{\mu}_2 - \boldsymbol{\mu}_1 \boldsymbol{\Delta}^{-1} \boldsymbol{\mu}_1) + \ln \frac{p_{\mathrm{I}}}{p_{\mathrm{II}}}\right)$$

gegeben.

3. Variante: Es wird vorausgesetzt, daß die Kovarianzmatrizen der Objektvektoren der einzelnen Klassen verschieden, aber diagonal sind:

$$\boldsymbol{\Delta} = \begin{vmatrix} \sigma_{11} & 0 \ldots & 0 \\ 0 & \sigma_{22} \ldots & 0 \\ \ldots & \ldots & \ldots \\ 0 & 0 \ldots & \sigma_{nn} \end{vmatrix}.$$

Diese Variante entspricht der Annahme, daß die Koordinaten des Vektors $\boldsymbol{x}$ voneinander statistisch unabhängig mit der Dispersion σ_{ii}^2 normalverteilt sind. Die Entscheidungsregel wird durch eine quadratische Diskriminantenfunktion erzeugt.

4. Variante: Es wird angenommen, daß die Kovarianzmatrix der einzelnen Objektklassen einander gleich und diagonal sind. Die Diskriminantenfunktionen sind linear.

5. Variante: Es wird angenommen, daß die Kovarianzmatrizen der beiden Klassen Einheitsmatrizen sind. Hier wird ebenso wie im Fall bekannter gleicher Kovarianzmatrizen verfahren. Die Diskriminantenfunktionen sind linear.

Es ist offensichtlich, daß die Empfindlichkeit der einzelnen Varianten gegenüber Schätzfehlern in der Reihenfolge, in der sie hier aufgeführt sind, kleiner werden.

§ 9. Die Bayes-Methode zur Schätzung von Normalverteilungen

Leider gelingt es mit der BAYES-Methode nicht, mehrdimensionale Wahrscheinlichkeitsverteilungen zu schätzen. Wie schon ausgeführt, liegt der Grund darin, daß es nicht gelingt, die entsprechenden Teilintegrale analytisch zu lösen. Die BAYES-Schätzung kann nicht einmal für einen zweidimensionalen Vektor ermittelt werden.

Am Schluß dieses Paragraphen wird gezeigt, daß die BAYES-Schätzung unter der oben gewählten Voraussetzung für eine normalverteilte Zufallsgröße x folgendes Ergebnis liefert:

$$\hat{P}_e(\boldsymbol{x}) = \frac{1}{E(l)\,\sigma_e} \frac{1}{\left[1 + \frac{(\boldsymbol{x} - \boldsymbol{x}_e)^2}{(l+1)\,\sigma_e^2}\right]^{\frac{l-1}{2}}},$$

$$E(l) = \frac{\sqrt{\pi}\sqrt{l+1}\,\Gamma\left(\frac{l}{2} - 1\right)}{\Gamma\left(\frac{l-1}{2}\right)}, \quad \boldsymbol{x}_e = \frac{1}{l}\sum_{i=1}^{l} \boldsymbol{x}_i, \quad \sigma_e^2 = \frac{1}{l}\sum_{i=1}^{l} (\boldsymbol{x}_i - \boldsymbol{x}_e)^2.$$

Interessant ist, daß diese Schätzungsfunktion der Verteilungsdichte nicht mehr der Klasse der Normalverteilungen angehört. Der Leser kann sich jedoch leicht davon überzeugen, daß im Grenzfall $l \to \infty$ die Normalverteilung

$$\hat{P}_e(\boldsymbol{x}) = \frac{1}{\sqrt{2\pi}\sigma_e} e^{-\frac{(\boldsymbol{x} - \boldsymbol{x}_e)^2}{2\sigma_e^2}}$$

erhalten wird.

Die Anwendung der genaueren BAYES-Dichteschätzungen zur Ermittlung der Diskriminantenfunktionen zeigt, daß diese nicht quadratisch sind, sondern eine kompliziertere Form haben.

Die Diskriminantenfunktionen der 3. Variante [ermittelt sowohl mit Hilfe der BAYES-Schätzmethode als auch auf der Grundlage der Maximum-Likelihood-Schätzung] lauten

$$F_B(\boldsymbol{x}) = \theta\left(\sum_{i=1}^{n} \frac{(l_2 - 1)}{2} \ln\left[1 + \frac{(x^i - x_{e2}^i)^2}{(l_2+1)\,(\sigma_{e2}^i)^2}\right] - \sum_{i=1}^{n} \frac{(l_1 - 1)}{2} \ln\left[1 + \frac{(x^i - x_{e1}^i)^2}{(l_1+1)\,(\sigma_{e1}^i)^2}\right] + \sum_{i=1}^{n} \ln \frac{E(l_2)\,\sigma_e^i(2)}{E(l_1)\,\sigma_e^i(1)} + \ln \frac{p_{\mathrm{I}}}{p_{\mathrm{II}}}\right);$$

$$F_m(\boldsymbol{x}) = \theta\left(\sum_{i=1}^{n} \frac{(x^i - x_{e2}^i)^2}{2(\sigma_{e2}^i)^2} - \sum_{i=1}^{n} \frac{(x^i - x_{e1}^i)^2}{2(\sigma_{e1}^i)^2} - \sum_{i=1}^{n} \ln \frac{\sigma_{e2}^i}{\sigma_{e1}^i} - \ln \frac{p_{\mathrm{I}}}{p_{\mathrm{II}}}\right),$$

wobei x_{e1}^i, x_{e2}^i die zugehörigen empirischen Schätzungen der mathematischen Erwartungen der i-ten Koordinate des Objektvektors für die erste bzw. die zweite Klasse, σ_{e1}^i, σ_{e2}^i die zugehörigen empirischen Schätzungen der Dispersionen der i-ten Koordinate des Objektvektors für die erste bzw. zweite Klasse bedeuten.

Der Unterschied zwischen den beiden Schätzfunktionen ist um so größer, je kleiner der Stichprobenumfang ist. Im Grenzfall $l \to \infty$ verschwindet der Unterschied völlig, und zwar gilt $F_B(\boldsymbol{x}) \to F_m(\boldsymbol{x})$.

Für die Schätzung der Wahrscheinlichkeitsdichte einer normalverteilten skalaren Zufallsgröße x mit dem Verteilungsgesetz

$$P(x, \mu, \sigma) = \frac{1}{\sqrt{2\pi}\,\sigma} \exp\left[-\frac{(x-\mu)^2}{2\sigma^2}\right]$$

nach der BAYES-Methode wird die A-priori-Verteilung der Parameter μ und σ im Intervall $-T \leqq \mu \leqq +T$, $0 \leqq \sigma \leqq N$ als gleichförmig angenommen.

Die LikelihoodFunktion lautet in diesem Fall

$$L(x_1, \ldots, x_l, \mu, \sigma) = \frac{1}{(2\pi)^{l/2}\,\sigma^l} \exp\left[-\frac{\sum_{i=1}^{l} (x_i - \mu)^2}{2\sigma^2}\right].$$

Die BAYES-Schätzung der Wahrscheinlichkeitsdichte hat dann die allgemeine Form

$$\hat{P}(x) = \frac{\frac{1}{\sqrt{2\pi}} \int\limits_{-T}^{T} \int\limits_{0}^{N} \frac{1}{\sigma} L(x_1, \ldots, x_l, \mu, \sigma)\, e^{-\frac{(x-\mu)^2}{2\sigma^2}}\, d\mu\, d\sigma}{\int\limits_{-T}^{T} \int\limits_{0}^{N} L(x_1, \ldots, x_l, \mu, \sigma)\, d\mu\, d\sigma}. \tag{3.21}$$

T und N werden als unendlich groß angenommen, so daß die Integrationsintervalle in (3.21) auf $[-\infty, \infty]$ und $[0, \infty]$ erweitert werden können. Eine solche Annahme ist nur für $l > 2$ sinnvoll (weil für $l > 2$ die Integrale im Ausdruck (3.21) konvergieren).

Für die Berechnung des Integrals

$$I = \frac{1}{\sqrt{2\pi}} \int\limits_{-\infty}^{\infty} \int\limits_{0}^{\infty} \frac{1}{\sigma} L(x_1, \ldots, x_l, \mu, \sigma) \exp\left[-\frac{(x-\mu)^2}{2\sigma^2}\right] d\mu\, d\sigma$$

$$= \frac{1}{(2\pi)^{\frac{l+1}{2}}} \int\limits_{-\infty}^{\infty} \int\limits_{0}^{\infty} \frac{1}{\sigma^{l+1}} \exp\left[-\frac{1}{2\sigma^2}\left(\sum_{i=1}^{l} (x_i - \mu)^2 + (x-\mu)^2\right)\right] d\mu\, d\sigma \tag{3.22}$$

führen wir die Bezeichnung

$$T(\mu) = \sum_{i=1}^{l} (x_i - \mu)^2 + (x - \mu)^2, \qquad \frac{\sqrt{T(\mu)}}{\sigma} = y$$

ein. Das Integral (3.22) läßt sich damit in die Form

$$I = \frac{1}{(2\pi)^{\frac{l+1}{2}}} \int\limits_{-\infty}^{\infty} \int\limits_{0}^{\infty} \frac{y^{l-1}}{T^{l/2}(\mu)} \exp\left[-\frac{1}{2} y^2\right] dy\, d\mu = \frac{1}{(2\pi)^{\frac{l+1}{2}}} \int\limits_{\infty-}^{\infty} \frac{d\mu}{T^{l/2}(\mu)} \int\limits_{0}^{\infty} e^{-\frac{y^2}{2}} y^{l-1}\, dy$$

bringen. Wir bezeichnen weiter

$$c(l) = \frac{1}{(2\pi)^{\frac{l+1}{2}}} \int\limits_{0}^{\infty} e^{-\frac{y^2}{2}} y^{l-1}\, dy$$

— eine Größe, die weder von μ noch von σ abhängt — und erhalten das Integral in der Form

$$I = c(l) \int\limits_{-\infty}^{\infty} \frac{d\mu}{T^{l/2}(\mu)}. \tag{3.23}$$

Bei der jetzt folgenden Umformung des Ausdruckes $T(\mu)$ wird die Identität

$$\sum_{i=1}^{l} (x_i - \mu)^2 = l\sigma_e^2 + l(\mu - x_e^*)^2$$

benutzt, wobei $x_e = \frac{1}{l} \sum_{i=1}^{l} x_i$, $\sigma_e^2 = \frac{1}{l} \sum_{i=1}^{l} (x_i - x_e)^2$ ist. Damit erhält man

$$T(\mu) = l\sigma_e^2 + l(\mu - x_e)^2 + (x - \mu)^2.$$

Mit der Bezeichnung

$$\bar{x} = \frac{x_e l + x}{l + 1}$$

folgt jetzt für $T(\mu)$

$$T(\mu) = l\sigma_e^2 + \frac{l}{l+1} (x - x_e)^2 + (\bar{x} - \mu)^2 (l + 1).$$

Das Integral I können wir jetzt in der Form

$$I(x) = c(l) \int_{-\infty}^{\infty} \frac{d\mu}{\left[l\sigma_e^2 + \frac{l}{l+1} (x - x_e)^2 + (\bar{x} - \mu)^2 (l+1)\right]^{\frac{l}{2}}}$$

$$= \frac{c'(l)}{\left[\frac{l}{l+1}\sigma_e^2 + \frac{l(x - x_e)^2}{(l+1)^2}\right]^{\frac{l-1}{2}}} \int_{-\infty}^{\infty} \frac{dz}{(1 + z^2)^{\frac{l}{2}}}$$

schreiben. Durch Integration ergibt sich

$$I(x) = \frac{c''(l)}{\left[\frac{l\sigma_e^2}{l+1} + \frac{l(x - x_e)^2}{(l+1)^2}\right]^{\frac{l-1}{2}}} = \frac{c''(l, \sigma_e)}{\left[1 + \frac{(x - x_e)^2}{(l+1)\,\sigma_e^2}\right]^{\frac{l-1}{2}}}. \qquad (3.24)$$

Gl. (3.21) kann mit $I(x)$ in der Form

$$\hat{P}(x) = \frac{I(x)}{\int_{-\infty}^{\infty} I(x)\,dx} \qquad (3.25)$$

geschrieben werden.

Hierin läßt sich das Integral im Nenner [von (3.25)] wie folgt weiter auswerten [63]:

$$\int_{-\infty}^{\infty} I(x)\,dx = \int_{-\infty}^{\infty} \frac{c''(l, \sigma_e)\,dx}{\left[1 + \frac{(x - x_e)^2}{(l+1)\,\sigma_e^2}\right]^{\frac{l-1}{2}}} = \frac{c''(l, \sigma_e)\sqrt{l+1}\,\sigma_e \Gamma\left(\frac{1}{2}\right)\Gamma\left(\frac{l}{2} - 1\right)}{\Gamma\left(\frac{l-1}{2}\right)}.$$

Mit der Bezeichnung

$$E(l) = \frac{\sqrt{l+1}\,\Gamma\left(\frac{1}{2}\right)\Gamma\left(\frac{l}{2} - 1\right)}{\Gamma\left(\frac{l-1}{2}\right)} = \frac{\sqrt{\pi}\sqrt{l+1}\,\Gamma\left(\frac{l}{2} - 1\right)}{\Gamma\left(\frac{l-1}{2}\right)}$$

finden wir somit schließlich

$$\hat{P}(x) = \frac{1}{E(l)\,\sigma_e} \cdot \frac{1}{\left[1 + \frac{(x - x_e)^2}{(l+1)\,\sigma_e^2}\right]^{\frac{l-1}{2}}}.$$

KAPITEL IV

ITERATIVE BELEHRUNGSALGORITHMEN FÜR ERKENNUNGSSYSTEME

§ 1. Die Methode der stochastischen Approximation

Entsprechend der Methode der stochastischen Approximation wird der Vektorparameter $\boldsymbol{\alpha}$, bei dem die mittleren Kosten

$$R(\boldsymbol{\alpha}) = \int Q(z, \boldsymbol{\alpha}) \, \mathrm{d}P(z)$$

minimal sind, mit Hilfe des Iterationsverfahrens

$$\boldsymbol{\alpha}(i) = \boldsymbol{\alpha}(i-1) - \gamma(i) \, \boldsymbol{q}(z_i, \boldsymbol{\alpha}(i-1)) \tag{4.1}$$

bestimmt.

Die Theorie dieser Methode gibt darüber Auskunft, ob das Iterationsverfahren für gegebene Funktionen $Q(z, \boldsymbol{\alpha})$, $q(z, \boldsymbol{\alpha})$, $\gamma(i)$ zum Erfolg führt. Es kann gezeigt werden (s. Kapitel IX), daß der Iterationsprozeß (4.1) erfolgreich verläuft, wenn:

— die Vektorfunktion $q(z, \boldsymbol{\alpha})$ der Gradient einer Funktion $Q(z, \boldsymbol{\alpha})$ nach $\boldsymbol{\alpha}$ [bei festgehaltenem z] (bzw. der verallgemeinerte Gradient[1]) dieser Funktion) ist

— und die Folge der positiven Zahlen $\gamma(1), \ldots, \gamma(i), \ldots$

$$\sum_{i=1}^{\infty} \gamma(i) = \infty, \quad \sum_{i=1}^{\infty} \gamma^2(i) < \infty$$

erfüllt $\left(\text{ein Beispiel für eine derartige Folge ist die harmonische Reihe } \frac{1}{2}, \frac{1}{3}, \ldots, \frac{1}{n}, \ldots\right)$.

Wenn die Funktion $Q(z, \boldsymbol{\alpha})$ bei beliebigem festgehaltenem z in bezug auf $\boldsymbol{\alpha}$ nur ein einziges Extremum besitzt, dann wird das Minimum des Funktionals $R(\boldsymbol{\alpha})$ mit Hilfe des Vefahrens (4.1) (asymptotisch) erreicht. Hat die Funktion jedoch mehrere (lokale) Extrema, dann kann nur das Erreichen eines lokalen Minimums garantiert werden (wir gehen darauf ausführlicher im Kapitel IX ein).

Der Versuch, die Methode der stochastischen Approximation unmittelbar zur Lösung des Belehrungsproblems [entsprechend seiner bisher geg. Definition] anzuwenden, führt nicht zum Erfolg. Die [naturgemäße] Verlustfunktion

$$\Phi = (\omega - F(\boldsymbol{x}, \boldsymbol{\alpha}))^2 \tag{4.2}$$

des Belehrungsproblems hat Eigenschaften, die die Anwendung dieser Methode zur Bestimmung des gewünschten Parametervektors $\boldsymbol{\alpha}$ nicht zulassen.

---

[1]) Als verallgemeinerter Gradient der Funktion $F(\boldsymbol{x})$ wird eine Vektorfunktion $f(\boldsymbol{x})$ bezeichnet, die in allen Punkten $\boldsymbol{x}$, in denen der Gradient der Funktion $F(\boldsymbol{x})$ existiert, mit diesem übereinstimmt und in allen übrigen Punkten [in denen der Gradient von $F(\boldsymbol{x})$ nicht existiert] in bestimmter Weise speziell definiert ist. Der verallgemeinerte Gradient läßt sich nicht für alle Funktionen $F(\boldsymbol{x})$ definieren. Eine genaue Definition desselben wird im Kapitel IX gegeben.

Abb. 6 zeigt die Verlustfunktion für feste Werte ω und x. In allen Punkten der Geraden, außer in dem Punkt $\alpha = \alpha^*$, ist der Gradient dieser Funktion gleich Null, und im Punkt $\alpha = \alpha^*$ existiert er nicht. Versucht man nun das Verfahren (4.1) mit einer solchen Verlustfunktion durchzuführen, dann stellt man fest, daß der Vektor $q(z, \alpha)$ entweder verschwindet oder nicht definiert ist. Somit erweist sich das Verfahren als nicht realisierbar.

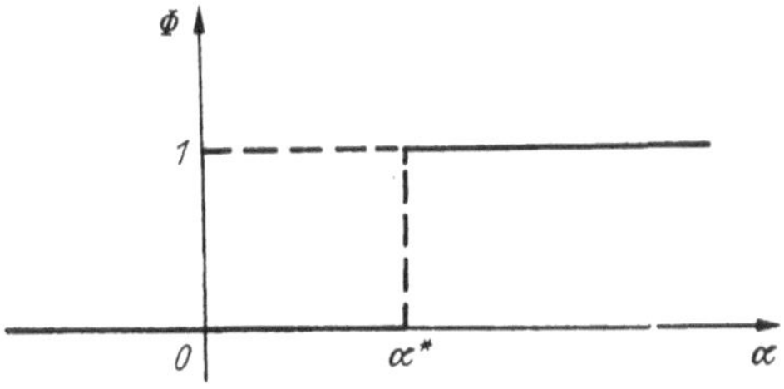

Abb. 6. Abhängigkeit der Verlustfunktion Φ von α für $\omega = 1$ (oberer Kurvenast) bzw. $\omega = 0$ (unterer Kurvenast)

§ 2. Deterministische und stochastische Problemstellung der Belehrung von Erkennungssystemen

Um die Methode der stochastischen Approximation trotzdem zur Belehrung von Erkennungssystemen anwenden zu können, wurde die Verlustfunktion (4.2) durch eine andere Funktion ersetzt. Diese Funktion sollte in gleicher Weise ein Iterationsverfahren ermöglichen.

Der Austausch der Verlustfunktion bedeutet im Grunde die Ersetzung der Aufgabe, Erkennungssysteme zu belehren, durch eine bestimmte andere Aufgabe. Es gibt Fälle, in denen ein solcher Austausch zulässig ist, während in anderen Fällen Ergebnisse erhalten werden, die man nicht als optimal bezeichnen kann. Um jene Fälle voneinander zu trennen, wurden zwei Aufgabenstellungen der Belehrung von Erkennungssystemen betrachtet: die *deterministische* und die *stochastische.*[1])

Die deterministische Aufgabenstellung setzt voraus, daß es unter den Indikatorfunktionen $F(x, \alpha)$ eine Funktion gibt, die das Klassifizierungsproblem ideal löst, d.h., daß ein $\alpha = \alpha_0$ existiert, so daß $P(\alpha_0) = 0$ gilt. Die stochastische Aufgabenstellung geht davon aus, daß eine ideale Lösung des Problems nicht möglich ist.

Wenn die Voraussetzungen der deterministischen Aufgabenstellung zutreffen, gelingt es, eine Verlustfunktion zu konstruieren, für die der Minimumpunkt des zugeordneten Funktionals mit dem Minimumpunkt von $F(x, \alpha_0)$ zusammenfällt, und somit eine fehlerfreie Trennung der Klassen erreicht wird; zugleich kann dafür ein iteratives Minimierungsverfahren angegeben werden.

Um ein Beispiel zu geben, wenden wir uns abermals der Klasse der Entscheidungsregeln des Perzeptrons zu. Wir erinnern uns daran, daß für das ROSENBLATTsche Perzeptron ein Funktional ($P(\lambda)$: vgl. S. 21) angegeben werden konnte, dessen Minimierung den wesentlichen Inhalt des Belehrungsproblems darstellt. In den Koordinaten des

[1]) Diese Termini sind nicht ganz sinnvoll gewählt worden, weil es sich sowohl bei der einen als auch bei der anderen Aufgabenstellung um ein statistisches Problem handelt. Die Termini sind jedoch weit verbreitet, und wir werden deshalb die durch sie bezeichneten Begriffe näher untersuchen.

Merkmalsraums ($\boldsymbol{y}$: vgl. S. 18) nimmt dieses Funktional die Form

$$P(\boldsymbol{\lambda}) = \int \left(\omega - \theta\left(\sum_{i=1}^{m} \lambda_i y^i\right)\right)^2 \mathrm{d}P(\omega, \boldsymbol{y})$$

an.

Für das Folgende sei vorausgesetzt, daß es eine exakte Lösung des Erkennungsproblems gibt, d.h., daß ein $\boldsymbol{\lambda} = \boldsymbol{\lambda}^0$ existiert, so daß $P(\boldsymbol{\lambda}^0) = 0$ gilt und außerdem für alle Vektoren $\boldsymbol{y}$ der ersten Klasse

$$(\boldsymbol{\lambda}^0, \boldsymbol{y}) \geqq \delta > 0$$

und für die Vektoren der zweiten Klasse

$$(\boldsymbol{\lambda}^0, \boldsymbol{y}) \leqq -\delta$$

erfüllt ist.

Wir konstruieren nun ein neues Funktional, z.B. mit der Verlustfunktion

$$\Phi(\omega, \boldsymbol{y}, \boldsymbol{\lambda}) = \begin{cases} |(\boldsymbol{\lambda}, \boldsymbol{y}) + \delta| + (\boldsymbol{\lambda}, \boldsymbol{y}) + \delta, & \text{falls } \omega = 0, \\ |(\boldsymbol{\lambda}, \boldsymbol{y}) - \delta| - (\boldsymbol{\lambda}, \boldsymbol{y}) - \delta, & \text{falls } \omega = 1. \end{cases} \tag{4.3}$$

Abb. 7 zeigt diese Verlustfunktion für festgehaltene Werte ω und y. Die eingeführte Verlustfunktion hat einen sehr einfachen Verlauf: Der durch sie definierte Verlust hängt für jeden Vektor $\boldsymbol{\lambda}$ nur von dem Wert des Skalarprodukts $(\boldsymbol{\lambda}, \boldsymbol{y})$ ab, der angibt, wie der Vektor $\boldsymbol{y}$ zur Trennhyperebene $(\boldsymbol{\lambda}, \boldsymbol{y}) = 0$ liegt.

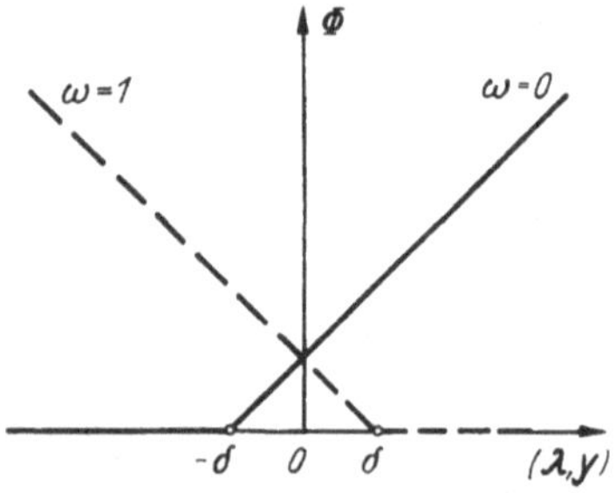

Abb. 7. Verlauf der stetigen Verlustfunktion nach Gl. (4.3)

Wenn der Vektor $\boldsymbol{y}$ mit Hilfe der Trennhyperebene richtig klassifiziert ist, dann ist der Verlust (die Strafe) gleich Null, wird die Klassifizierung jedoch fehlerhaft durchgeführt, dann wird der Verlust (die Strafe) durch die Verlustfunktion nach Abb. 7 proportional zum Abstand des Objektvektors von der Trennhyperebene festgesetzt. Gehört der Objektvektor also z.B. der ersten Klasse an und ist

$$(\boldsymbol{\lambda}, \boldsymbol{y}) - \delta = c < 0,$$

dann ist der Verlust gleich $2c$; gehört jedoch der Vektor $\boldsymbol{y}$ der zweiten Klasse an und ist

$$(\boldsymbol{\lambda}, \boldsymbol{y}) + \delta = c > 0,$$

so ist die Strafe ebenfalls gleich $2c$. (Zum Vergleich hiermit belegt die Verlustfunktion des Perzeptrons jeden Fehler [unabhängig von seiner Lage zur Trennebene] mit der gleichen Strafe vom Wert Eins.)

Verwendet man diese Verlustfunktion, so wird also die Minimierung des Funktionals $P(\boldsymbol{\lambda})$ durch die Minimierung eines anderen Funktionals, nämlich durch die von

$$P_1(\boldsymbol{\lambda}) = \int \Phi(\omega, \boldsymbol{y}, \boldsymbol{\lambda})\, \mathrm{d}P(\omega, \boldsymbol{y})$$

ersetzt. Das geschieht mit der Begründung, daß durch Minimierung des neuen Funktionals auch das Ausgangsfunktional sein Minimum erreicht.

Für die Verlustfunktion $\Phi(\omega, \boldsymbol{y}, \boldsymbol{\lambda})$ kann ein generalisierter (verallgemeinerter) Gradient gefunden und demzufolge ein Iterationsverfahren aufgestellt werden. Der generalisierte Gradient ist

$$\Pi(\omega, \boldsymbol{y}, \boldsymbol{\lambda}) = \begin{cases} 0, & \text{falls } \omega = 1 \text{ und } (\boldsymbol{\lambda}, \boldsymbol{y}) \geqq \delta, \\ 0, & \text{falls } \omega = 0 \text{ und } (\boldsymbol{\lambda}, \boldsymbol{y}) < -\delta, \\ \boldsymbol{y}, & \text{falls } \omega = 1 \text{ und } (\boldsymbol{\lambda}, \boldsymbol{y}) < \delta, \\ -\boldsymbol{y}, & \text{falls } \omega = 0 \text{ und } (\boldsymbol{\lambda}, \boldsymbol{y}) \geqq -\delta. \end{cases}$$

Das zugehörige Iterationsverfahren

$$\boldsymbol{\lambda}(i) = \boldsymbol{\lambda}(i-1) + \gamma(i)\, \Pi(\omega_i, \boldsymbol{y}_i, \boldsymbol{\lambda}(i-1))$$

läßt den Koeffizientenvektor $\boldsymbol{\lambda}(i-1)$ unverändert, falls der Vektor $\boldsymbol{y}$ durch die zur Zeit (im Takt) $i-1$ konstruierte Trennhyperebene richtig klassifiziert wird.

Tritt jedoch ein homogener Fehler 1. Art auf (der Vektor gehört der ersten Klasse an, wird durch die Entscheidung jedoch der zweiten Klasse zugewiesen), dann wird zu dem Koeffizientenvektor $\boldsymbol{\lambda}(i-1)$ der Vektor $\gamma(i)\, y_i$ addiert. Tritt ein Fehler 2. Art auf[1]) (der Vektor y_i der zweiten Klasse wird der ersten Klasse zugeordnet), dann wird vom Vektor $\boldsymbol{\lambda}(i-1)$ der Vektor $\gamma(i)\, y_i$ subtrahiert.

Der abgeleitete Iterationsalgorithmus zur Konstruktion der Indikatorfunktion der optimalen Entscheidung erinnert an den Algorithmus, den wir zur Bestimmung der Koeffizienten des R-Elements im ROSENBLATTschen Perzeptron benutzten. Die Algorithmen unterscheiden sich nur darin, daß beim Perzeptron $\gamma(i) \equiv 1$ und $\delta = 0$ galten.

Schließlich ist $P_1(\boldsymbol{\lambda})$ nicht das einzige Funktional, durch das man das Funktional $P(\boldsymbol{\lambda})$ ersetzen kann. Wir betrachten beispielsweise ein Funktional, das durch die Verlustfunktion

$$\Phi(\omega, \boldsymbol{y}, \boldsymbol{\lambda}) = \begin{cases} (|(\boldsymbol{\lambda}, \boldsymbol{y}) + \delta| + (\boldsymbol{\lambda}, \boldsymbol{y}) + \delta)^2, & \text{falls } \omega = 0, \\ (|(\boldsymbol{\lambda}, \boldsymbol{y}) - \delta| - (\boldsymbol{\lambda}, \boldsymbol{y}) - \delta)^2, & \text{falls } \omega = 1, \end{cases} \tag{4.4}$$

bestimmt wird. Diese Verlustfunktion ist für festgehaltene Werte ω, $\boldsymbol{y}$ in Abb. 8 dargestellt.

Für ein Funktional dieser Art leitet man das Iterationsverfahren

$$\boldsymbol{\lambda}(i) = \boldsymbol{\lambda}(i-1) + \gamma(i)\, \hat{\Pi}(\omega_i, \boldsymbol{y}_i, \boldsymbol{\lambda}(i-1))$$

---

[1]) Anmerkung d. Hrsg.: Was als Fehler erster oder zweiter Art (bei m Klassen gibt es allgemein $m(m-1)/2$ Fehlertypen) bezeichnet wird, ist bei Klassifizierungsproblemen gleichgültig, solange keine der Klassen vor anderen ausgezeichnet ist. Beim Hypothesentesten besitzen dagegen die beiden Klassen unterschiedliche Wertigkeiten (Null-Hypothese und Alternativhypothese). Im russischen Original wird an Stelle von Fehlern *erster* und *zweiter* Art von „*homogenen*" und „*inhomogenen*" Fehlern gesprochen.

ab, wobei die Funktion $\hat{\Pi}(\omega, \boldsymbol{y}, \boldsymbol{\lambda})$ wie folgt erklärt ist

$$\hat{\Pi}(\omega, \boldsymbol{y}, \boldsymbol{\lambda}) = \begin{cases} 0, & \text{wenn } \omega = 1 \quad \text{und} \quad (\boldsymbol{\lambda}, \boldsymbol{y}) \geqq \delta, \\ 0, & \text{wenn } \omega = 0 \quad \text{und} \quad (\boldsymbol{\lambda}, \boldsymbol{y}) < -\delta, \\ ((\boldsymbol{\lambda}, \boldsymbol{y}) + \delta) \cdot \boldsymbol{y}, & \text{wenn } \omega = 1 \quad \text{und} \quad (\boldsymbol{\lambda}, \boldsymbol{y}) < \delta, \\ -((\boldsymbol{\lambda}, \boldsymbol{y}) - \delta) \cdot \boldsymbol{y}, & \text{wenn } \omega = 0 \quad \text{und} \quad (\boldsymbol{\lambda}, \boldsymbol{y}) \geqq -\delta. \end{cases}$$

Der US-amerikanische Wissenschaftler WIDROW stellte diesen Algorithmus für die Gewichtsverstellung der von ihm konstruierten Schwellenelemente (ADALINE) auf, wobei $\gamma(i) = \frac{1}{|\boldsymbol{y}_i|^2}$ und $\delta = 0$ gesetzt waren. Es sind viele verschiedene Funktionale denkbar, die man durch ihre Verlustfunktionen unterscheiden kann. Für jedes von ihnen erzeugt das Verfahren (4.1) einen iterativen Algorithmus zur Belehrung des Erkennungssystems.

Entstanden sind die Lernalgorithmen jedoch auf andere Weise. Aufgrund verschiedener Überlegungen untersuchten die Autoren die gesetzmäßige Konstruktion von Trennhyperebenen. Sofort nach Bekanntwerden des ROSENBLATTschen Perzeptrons wurde eine Reihe von Algorithmen veröffentlicht, die mit Trennhyperebenen operieren. Erst in den sechziger Jahren stellte dann J. S. ZYPKIN fest, daß alle diese Algorithmen nach ein und demselben Schema gebildet werden können. Diese Algorithmen unterscheiden sich voneinander, da ihre Funktionale unterschiedlich sind. Ihre Extrema nehmen sie jedoch für ein und dieselbe Entscheidungsfunktion an.

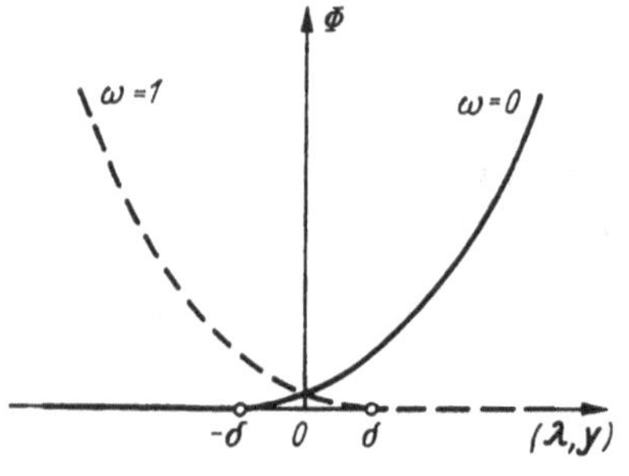

Abb. 8. Verlauf der stetigen Verlustfunktion nach Gl. (4.4)

§ 3. Die in endlicher Schrittzahl konvergierenden Iterationsverfahren

Es gibt somit ein universelles Verfahren (4.1), das verschiedene iterative Algorithmen zur Konstruktion der Trennhyperebene erzeugt. Mit diesen Algorithmen wird die Lösung nur bei einer unendlich langen Stichprobe (Lernfolge) mit Gewißheit erreicht. Das hängt damit zusammen, daß das Verfahren (4.1) sehr allgemein ist und die Suche des gewünschten Koeffizientenvektors $\boldsymbol{\lambda}$ äußerst vorsichtig vornimmt: Wir erinnern daran, daß die Schrittweite $\gamma(i)$ mit wachsender Schrittzahl i schnell abfällt (für die Folge $\gamma(1), \ldots, \gamma(i), \ldots$ muß $\sum_{i=1}^{\infty} \gamma^2(i) < \infty$ sein).

Diese Vorsicht ist mitunter übertrieben; so z.B., wenn die Klasse der Entscheidungsregeln durch

$$F(y, \lambda) = \theta((\lambda, y))$$

vorgegeben ist.

In diesem Falle wird das Problem vom Standpunkt der deterministischen Aufgabenstellung aus angegangen; das bedeutet geometrisch, daß die Mengen $\{y\}$ und $\{\bar{y}\}$ der Objektvektoren der beiden Klassen durch die Hyperebene

$$(\lambda, y) = 0$$

voneinander getrennt werden (mit anderen Worten: die konvexen Hüllen dieser Mengen sind durchschnittsfremd). Dabei schließen wir solche Klassenbildungen aus, bei denen der Abstand ϱ_0 zwischen den konvexen Hüllen der Mengen $\{y\}$ und $\{\bar{y}\}$ gleich Null ist und beschränken uns auf Probleme mit positivem ϱ_0. Wir nehmen außerdem an, daß der Durchmesser der Vereinigung der Mengen $\{y\}$ und $\{\bar{y}\}$ beschränkt und gleich D ist.

Unter diesen Bedingungen kann man die Prozedur zur Ermittlung einer das Funktional $P(\lambda)$ minimierenden Funktion etwas effektiver gestalten. So kann für das Iterationsverfahren (4.1) die Schrittweite $\gamma(i)$ von i unabhängig konstant, z.B. $\gamma(t) \equiv 1$ gewählt werden; nur so ist gewährleistet, daß das Minimum eines Funktionals nach höchstens M Korrekturschritten gefunden wird (wo M eine endliche Zahl ist), d.h., bis zum Erreichen des Minimums erfolgt in höchstens M Schritten eine Verstellung (Veränderung) der Größen λ_i. M ist bekanntlich nach dem Theorem von Novikoff durch D^2/ϱ_0^2 nach oben beschränkt.

Die Algorithmen, mit deren Hilfe man mit einer endlichen Anzahl von Korrekturen die gewünschte Entscheidungsregel finden kann, werden *endlich konvergent*[1]) genannt. Gleichzeitig ist garantiert, daß mit einem solchen Algorithmus die Länge der gesamten Lernfolge, die zur Minimierung eines Funktionals benötigt wird, endlich bleibt. Die Abschätzung dieser Länge selbst ist jedoch im allgemeinen nicht möglich.

Eine Lernfolge kann so zusammengestellt werden, daß jedes Element derselben eine Korrektur des Koeffizientenvektors λ der Trennhyperebene auslöst (so zeichnet auch die Fähigkeit, das Lehrmaterial passend zusammenzustellen, einen guten Pädagogen aus). In diesem Falle ist natürlich die Länge der benötigten Lernfolge gleich der Anzahl der ausgeführten Korrekturen.

Ebenso ist es möglich, eine Lernfolge zusammenzustellen, in der zu je zwei Elementen, die Korrekturen auslösen, auch eine bestimmte Anzahl von Elementen auftritt, die nicht zur Veränderung der Koeffizienten führen. In diesem Fall wird die Lernfolge, in der alle erforderlichen Korrekturen enthalten sind, bedeutend länger sein. Nach Belehrung mit einer Lernfolge, die alle erforderlichen Korrekturen enthält, ergibt natürlich [im deterministischen Falle, per. def] die Einsetzung der Lösungshyperebenen λ in das Funktional $P(\lambda)$ den Wert Null.

Entsprechend unserer Aufgabenstellung ist eine (nicht notwendig absolut-optimale[2]), aber) möglichst optimale Hyperebene zu suchen. Die Suche nach einer solchen Hyperebene soll nicht unbedingt, sondern nur mit einer vorgegebenen Wahrscheinlichkeit $1 - \eta$ (vgl. S. 20) erfolgreich sein.

---

[1]) Anmerkung d. Hrsg.: von „finite convergent".

[2]) Anmerkung d. Hrsg.: da eine solche, d.h. eine Hyperebene λ, für die $P(\lambda)$ den Wert Null hätte, bei nicht linear separierbaren Klassen überhaupt nicht existiert.

Entsprechende Aussagen über die Lösungscharakteristik eines Belehrungsalgorithmus müssen dann die Länge l der Lernfolge enthalten. Nachfolgend wird gezeigt, daß dann, wenn der Algorithmus endlich-konvergent ist, für beliebige Werte ε und η stets eine Anzahl $l = N(\varepsilon, \eta, M)$ von Belehrungsschritten existiert, nach denen eine Entscheidungsregel der gewünschten Güte wenigstens einmal erhalten wird.

Deshalb besteht die Aufgabe festzustellen, zu welchem Zeitpunkt (d.h. nach welcher Anzahl von Schritten des Iterationsverfahrens) die gewünschte Entscheidungsregel mit einer Wahrscheinlichkeit $1 - \eta$ konstruiert worden ist. Die Theoreme, die diesen Zeitpunkt bestimmen, d.h. den Zeitpunkt, in dem der Lernprozeß (in diesem Sinne) beendet ist, heißen „Abbruchtheoreme“ (Abbruch der iterativen Algorithmen).

§ 4. Das Abbruchtheorem

Gleichzeitig mit der Konstruktion der Trennhyperebene wird [im Lernprozeß] laufend die Güte der [dieser Trennhyperebene] zugeordneten Entscheidungsregel bestimmt. Ist die Güte der Entscheidungsregel groß, wird die Belehrung abgebrochen, andernfalls fortgesetzt. Somit gibt es außer dem Algorithmus zur Konstruktion der Trennhyperebene noch einen Algorithmus für die Bestimmung der Güte der jeweils erstellten Hyperebene.

Hierbei wird folgendes Kriterium angewandt: Ein Lernprozeß gilt als beendet, wenn nach einer bestimmten (k-ten) Korrektur der Entscheidungsregel [bzw. der Trennhyperebene] die darauffolgenden $m(k)$ Elemente der Lernfolge keine weitere Veränderung der Entscheidungsregel mehr herbeiführen. Theoretisch untersucht man in diesem Zusammenhang im wesentlichen zwei Fragen:

1. Welche Funktion $m(k)$ muß benutzt werden, damit die Güte der Entscheidungsregel bei Abbruch mit einer bestimmten, vorgegebenen Wahrscheinlichkeit nicht schlechter als die gewünschte sein wird?
2. Wie lang ist die Lernfolge bei Abbruch?

Antwort auf diese zwei Fragen geben folgende Theoreme:

Theorem 4.1. *Wenn der Lernprozeß in Übereinstimmung mit dem Abbruchkriterium*

$$m(k) = \frac{\ln \eta - \ln \zeta(n) - n \ln k}{\ln (1 - \varepsilon)}$$

zu Ende ist, dann gilt mit einer Wahrscheinlichkeit größer als $1 - \eta$, *daß die konstruierte Entscheidungsregel eine Fehlerwahrscheinlichkeit kleiner als* ε *besitzt, wobei* $0 < \eta < 1$ *sein muß und* n *eine beliebige Konstante größer als* 1 *sowie* $\zeta(n) = \sum_{i=1}^{\infty} \frac{1}{i^n}$ *ist.*

Beweis: Im Lernprozeß werden sequentiell die Entscheidungsregeln

$$F(x, \alpha_1), \ldots, F(x, \alpha_k),^{1)}$$

erzeugt.

Wir schätzen die Wahrscheinlichkeit ab, mit der der Abbruch zu einem Zeitpunkt stattfindet, zu dem eine Entscheidungsregel $F(x, \alpha)$ mit einer Fehlerwahrscheinlichkeit $P(\alpha) > \varepsilon$ vorliegt.

---

[1]) Anm. d. Hrsg.: Im folgenden sind α_i und $\alpha(i)$ gleichbedeutend.

Nehmen wir an, daß nach der k-ten Korrektur eine Entscheidungsregel $F(\mathfrak{x}, \alpha_k)$ mit einer Fehlerwahrscheinlichkeit $P(\alpha) > \varepsilon$ vorliegt. Unter dieser Voraussetzung ist die Wahrscheinlichkeit P_k, daß zwischen der k-ten und der $(k + 1)$-ten Korrektur abgebrochen wird, gleich der Wahrscheinlichkeit, daß der k-ten Korrektur $m(k)$ fehlerfreie Erkennungen folgen, d. h.

$$P_k = (1 - P(\alpha_k))^{m(k)} < (1 - \varepsilon)^{m(k)}$$

gilt.

Für die Wahrscheinlichkeit P, daß der Abbruch unter der Voraussetzung, daß für alle $k, k = 1, 2, \ldots, P(\alpha_k) > \varepsilon$ gilt, überhaupt ein Abbruch [nach einer der Korrekturen] erfolgt, findet man somit die Abschätzung

$$P < \sum_{k=1}^{\infty} P_k < \sum_{k=1}^{\infty} (1 - \varepsilon)^{m(k)}.$$ [1]

Daraus folgt

$$P < \sum_{k=1}^{\infty} (1 - \varepsilon)^{m(k)}.$$

Die Funktion $m(k)$ werde nun so gewählt, daß

$$(1 - \varepsilon)^{m(k)} = \frac{a}{k^n} \tag{4.5}$$

gilt. Daraus ergibt sich dann

$$m(k) = \frac{\ln a - n \ln k}{\ln (1 - \varepsilon)}. \tag{4.6}$$

Wir führen die Bezeichnung

$$\zeta(n) = \sum_{k=1}^{\infty} \frac{1}{k^n}, \quad n > 1,$$

ein und setzen

$$\eta = \sum_{k=1}^{\infty} (1 - \varepsilon)^{m(k)} > P.$$

Damit folgt nach (4.5)

$$\eta = \zeta(n) \cdot a = \sum_{k=1}^{\infty} \frac{a}{k^n}.$$

Aus diesen Gleichungen folgt

$$\ln a = \ln \eta - \ln \zeta(n). \tag{4.7}$$

---

[1]) Anmerkung der Hrsg.: Mit den hier eingeführten Wahrscheinlichkeiten P_k und mit der Wahrscheinlichkeit P_0 dafür, daß ein Abbruch stattfindet, bevor überhaupt eine Korrektur ausgeführt wurde, gilt folgendes:

Die totale Wahrscheinlichkeit eines Abbruchs vor Erreichen der 1. Korrektur ist P_0 und folglich $1 - P_0$ die totale Wahrscheinlichkeit dafür, daß die erste Korrektur erreicht wird. In diesem Fall ist dann per def. die Wahrscheinlichkeit dafür, daß der Abbruch bis zum Erreichen der 2. Korrektur erfolgt, gleich P_1. Also ist die totale Wahrscheinlichkeit, mit der der Abbruch zwischen der 1. und 2. Korrektur stattfindet, gleich $(1 - P_0) \cdot P_1$. Allgemein ergibt sich für die totale Wahrscheinlichkeit, daß der Abbruch zwischen der k-ten und der $k + 1$-ten Korrektur stattfindet, der Ausdruck $b_k = \left(\prod_{i=1}^{k-1} (1 - P_i)\right) \cdot P_k$, wobei $b_0 = P_0$ gilt. Daraus folgt als Wahrscheinlichkeit für das Ereignis, das in der Vereinigung aller [sich gegenseitig ausschließenden] Ereignisse „Abbruch zwischen k- und $k + 1$-ter Korrektur" von $k = 0$ bis $k = \infty$ besteht, $P = \prod_{i=0}^{\infty} b_i$. Da stets $b_i \leqq P_i$, ist somit die Richtigkeit der hier angegebenen Abschätzung gezeigt. Im folgenden ist — wie aus dem Ansatz (4.6) für $m(k)$ abgeleitet werden kann — $P_0 = 0$ gesetzt.

Aus (4.6) und (4.7) erhalten wir, daß für

$$m(k) = \frac{\ln \eta - \ln \zeta(n) - n \ln k}{\ln (1 - \varepsilon)} \tag{4.8}$$

die Wahrscheinlichkeit P wie gewünscht kleiner als η ist.

Die Abschätzung (4.8) ist für beliebige $n > 1$ richtig. Insbesondere gilt für $n = 2$ $\zeta(2) = \frac{\pi^2}{6}$, woraus

$$m(k) = \frac{\ln \eta - 2 \ln k - \ln \frac{\pi^2}{6}}{\ln (1 - \varepsilon)}$$

folgt. Damit ist das Theorem bewiesen.

Theorem 4.2. *Gegeben sei ein endlich-konvergenter Algorithmus, wobei die Anzahl der Korrekturen eine Zahl M nicht überschreite, und für $m(k)$ eine Funktion nach Theorem 4.1 gewählt werde. Unter diesen Voraussetzungen tritt der Abbruch nach höchstens*

$$l = \frac{\ln \eta - \ln \zeta - n \ln M}{\ln (1 - \varepsilon)} M$$

Lernschritten ein.

Der Beweis des Theorems ist evident.

Für das ROSENBLATTsche Perzeptron gilt auf Grund des NOVIKOFFschen Theorems $M < \frac{D^2}{\varrho}$, die Belehrung bricht daher nach

$$l = \frac{\ln \eta - \ln \zeta(n) - 2n \ln \frac{D}{\varrho}}{\ln (1 - \varepsilon)} \left(\frac{D^2}{\varrho^2}\right)$$

Schritten ab.

Das Verständnis der angeführten Abbruchtheoreme verlangt eine gewisse Subtilität der Betrachtung. Diese Theoreme garantieren in keiner Weise, daß die nach l Lernschritten vorliegende Trennhyperebene die verlangte Güte besitzt. Sie garantieren nur, daß bis zum l-ten Schritt zwangsläufig ein Abbruch stattfindet und die zum Zeitpunkt des Abbruchs konstruierte Hyperebene die vorgegebene Güte erreicht.

Bricht jedoch der Algorithmus nicht ab[1]), kann es u.U. sogar vorkommen, daß die nachfolgenden Korrekturen wieder zu einer Gütesenkung der Entscheidungsregel führen, so daß die Güte im l-ten Schritt unter der verlangten liegt.

§ 5. Methode des zyklischen Angebots einer Lernfolge

Nach dem Vorangegangenen sind die endlich-konvergenten Algorithmen lernfähig; dabei wird eine Beispielfolge fester Länge vorausgesetzt. Durch Abschätzung der erforderlichen Länge einer solchen Lernfolge gewinnt man eine genäherte Aussage darüber, ob man den Algorithmus praktisch einsetzen kann. In der Praxis gibt es selten Aufgaben, bei denen für die Belehrung mehr als einige Hundert Beispiele zur Verfügung stehen.

---

[1]) Anm. d. Hrsg.: Gemeint ist, daß das Abbruchkriterium ignoriert wird.

Insbesondere erhebt sich die Frage, welche Länge der Beispielfolge für die Belehrung des ROSENBLATTschen Perzeptrons ausreichend ist.

Wir stellten bereits fest, daß die Länge einer Lernfolge der erforderlichen Anzahl von Korrekturen der Koeffizienten λ proportional ist und durch $\left(\frac{D^2}{\varrho^2}\right)$ nach oben beschränkt wird. Für das Perzeptron von ROSENBLATT läßt sich abschätzen, daß $D^2 \leqq m$ bleibt, wenn man berücksichtigt, daß die Vektoren $\boldsymbol{y}$ binär sind, d.h., die Größe D überschreitet nicht die Dimension m des Raumes. Für ϱ_0 — den Abstand zwischen den disjunkten, konvexen Hüllen der zwei Mengen binärer Vektoren — gibt es eine Abschätzung nach unten. Diese untere Grenze für ϱ_0 kann ziemlich klein ($\approx 2^{-m}$) sein. Mit dieser Abschätzung für ϱ_0 ergibt sich die geschätzte Anzahl der Korrekturen mit $\approx 2^m$ also ziemlich groß.

Diese Abschätzung ist natürlich pessimistisch. Es gibt auch Vektorenmengen, deren konvexe Hüllen voneinander [paarweise] große Abstände haben, z.B. von der Ordnung $1/m$. Solche Paare von Vektorenmengen sind jedoch eine Ausnahme [und nicht die Regel].

In der gegebenen Situation scheint es nur in Ausnahmefällen möglich zu sein, für die Belehrung mit einer realisierbaren Anzahl von Beispielen (einigen Hundert) auszukommen. Wir erinnern uns jedoch daran, daß uns bisher nur die Gesamtzahl der Korrekturen interessierte, unabhängig davon, aufgrund welches Belehrungsmaterials sie durchgeführt wurden. So garantierte allein die Ausführung der erforderlichen Anzahl von Korrekturen, daß die gewünschte Entscheidungsregel gefunden wurde.

Hier entsteht der Gedanke, ein und dieselbe Lernfolge einigemal zu benutzen; sie ist dem Lernautomaten so lange einzugeben, bis eine erneute Abarbeitung derselben keine einzige Koeffizientenkorrektur mehr ergibt, die Lernfolge also richtig getrennt wird. Das aber ist nichts anderes als die Anwendung einer Methode zur Minimierung der empirischen Kosten.

Auf diese Weise führt der Versuch, die Lernfolge zu verkürzen, zur Ersetzung des Iterationsverfahrens durch ein komplizierteres, bei dem die Lernfolge zyklisch angeboten wird. Das Verfahren setzt jedoch voraus, daß die gesamte Lernfolge gespeichert wird. Hierdurch geht dem Iterationsverfahren natürlich ein wesentlicher Vorteil verloren.

Die Möglichkeiten eines Lernsystems ändern sich grundlegend, wenn ein Speicher vorhanden ist. Es kommen dann zwei Momente ins Spiel. Erstens: Wieviele Elemente sind zu speichern, damit garantiert ist, daß die gewünschte Entscheidungsregel erhalten werden kann? Zweitens: Wie oft muß die Lernfolge angeboten werden, um die gewünschte Entscheidungsregel tatsächlich zu finden?

Bei der Konstruktion eines Lernautomaten mit Speichereinrichtung müssen daher zwei Fragen beantwortet werden: Welcher Informationsgehalt muß in der Lernfolge vorliegen, damit die gewünschte Lösung erreicht wird, und wie oft wird dieser Informationsgehalt abgearbeitet?

Im ROSENBLATTschen Perzeptron wurde in jedem Schritt des Rechenverfahrens genau ein Element der Lernfolge angeboten; daher ist hier dieser Informationsgehalt[1]) durch die Anzahl der Schritte, die für die Auswahl der erforderlichen Regel beansprucht werden, gegeben. Damit ist für das Perzeptron die Abschätzung der hinreichenden Länge der Lernfolge mit der Abschätzung der hinreichenden Länge der Schrittzahl für die iterative Ermittlung der Entscheidungsregel identisch.

---

[1]) Anm. d. Hrsg.: Als Maß des „Informationsgehalts" dient hier einfach die Länge der Lernfolge.

Modifiziert man das ROSENBLATTsche Perzeptron, indem man es mit einem Speicher versieht und bei der Belehrung die Elemente der Lernfolge zyklisch so lange wiederholt, bis sich die Koeffizienten λ_i nicht mehr ändern, dann ist der für die Belehrung des Perzeptrons hinreichende Informationsgehalt (wir gehen im Kapitel V noch darauf ein) der Dimension m des Merkmalsraumes proportional, und die Anzahl der Schritte, die für die Auswahl der gewünschten Entscheidungsregel notwendig sind, ist $\frac{1}{\varrho^2}$ proportional.

Dabei ist wichtig, daß der Informationsgehalt (die Länge der Lernfolge) mit $\varrho \to 0$ nicht vergrößert werden muß, sondern nur der Rechenaufwand. Bei Einsatz der modernen Rechentechnik ist die Erweiterung des Rechenumfangs nicht mit prinzipiellen Schwierigkeiten verbunden; wohl aber die Vergrößerung des Informationsgehalts, weil sie die Beschaffung neuer Information erfordert.

§ 6. Die Methode der Potentialfunktionen

In den sechziger Jahren stellten M. A. AISERMAN, E. M. BRAWERMAN und L. I. ROSONOER die von ihnen ausgearbeitete Methode der Potentialfunktionen vor, die sie zur Lösung des Problems der lernabhängigen Erkennung einsetzten [3]. Diese Methode realisiert die Idee, das Minimum der mittleren Kosten mit Hilfe eines Iterationsverfahrens aufzufinden. Das Grundprinzip dieser Methode besteht in Folgendem. Eine über dem Raum der Eingabevektoren (Objektvektoren) $\boldsymbol{x}$ erklärte, als „Potential" bezeichnete Funktion wird vorgegeben. Das Potential ist ein Maß für die [räumliche] Nähe zweier Punkte, $\boldsymbol{x}$ und $\boldsymbol{x}_0$, und es ist üblich, das Potential als Funktion des Abstands dieser Punkte anzusetzen. Die Potentialfunktion nimmt in der Regel bei Vergrößerung des Abstands monoton ab.

Als Beispiele für Potentialfunktionen führen wir an:

$$K(\boldsymbol{x}, \boldsymbol{x}_0) = \frac{1}{1 + r^2\alpha}, \quad K(\boldsymbol{x}, \boldsymbol{x}_0) = \mathrm{e}^{-r^2\alpha},$$

wobei $r = \sqrt{\sum_{i=1}^{m} (x^i - x_0^i)^2}$ den Abstand der Punkte $\boldsymbol{x} = (x^1, \ldots, x^n)$ und $\boldsymbol{x}_0 = (x_0^1, \ldots, x_0^n)$ voneinander bezeichnet; α ist eine Konstante.

Mit Hilfe einer Menge von Funktionen dieser Form wird im Raum X das Potentialfeld erzeugt. Ein Vektor $\boldsymbol{x}$ wird der ersten Klasse zugerechnet, wenn das Potentialfeld im Punkt $\boldsymbol{x}$ positiv ist; andernfalls der zweiten Klasse. Der Lernprozeß besteht also in der Konstruktion des Potentialfeldes mit Hilfe der Lernfolge.

Diese Methode zur Konstruktion eines Potentialfeldes ist sehr anschaulich in Abb. 9 dargestellt.

Für die Belehrung des Automaten sei die Lernfolge $\omega_1\boldsymbol{x}_1, \ldots, \omega_l\boldsymbol{x}_l$ gegeben. Bei Auftreten des ersten Elements x der Lernfolge wird ein [Elementar-]Potential K mit dem Zentrum im Punkt $\boldsymbol{x}_1$ „freigegeben". Das Vorzeichen des Potentials wird durch die Klassenzugehörigkeit des dargebotenen Beispiels bestimmt: Wenn es der ersten Klasse angehört, dann wird das Vorzeichen des Potentials positiv gesetzt, wenn es der zweiten angehört, negativ.

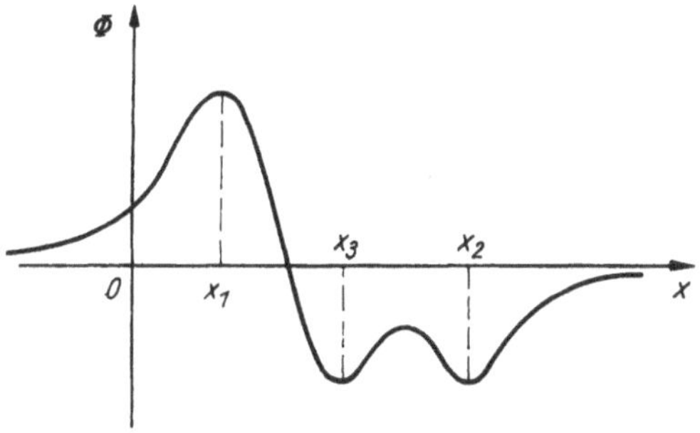

Abb. 9. Verlauf eines Potentialfeldes, das durch Überlagerung dreier Elementarpotentiale mit den Zentren in x_1 (Klasse 1) und x_2 bzw. x_3 (Klasse 2) entsteht

Im Raum X besteht jetzt ein bestimmtes Potential. Für das zweite Element der Lernfolge wird dann der Wert dieses Potentials im Punkt $\boldsymbol{x} = \boldsymbol{x}_2$, d.h. $K(\boldsymbol{x}_2, \boldsymbol{x}_1)$, berechnet. Ist es positiv und gehört das Element der Lernfolge der ersten Klasse an, dann wird das Potentialfeld im Raum X unverändert belassen, ist jedoch $K(\boldsymbol{x}, \boldsymbol{x}_1)$ im Punkt $\boldsymbol{x} = \boldsymbol{x}_2$ positiv und gehört der Vektor $\boldsymbol{x}_2$ der zweiten Klasse an, dann wird ein neues [Elementar-] Potential mit dem Zentrum in $\boldsymbol{x}_2$ freigegeben, jedoch mit negativem Vorzeichen. Das neue Potentialfeld im Raum X wird durch Summation entsprechend der Gleichung

$$\Phi(\boldsymbol{x}) = K(\boldsymbol{x}, \boldsymbol{x}_1) - K(\boldsymbol{x}, \boldsymbol{x}_2)$$

gebildet. Ist also die Klassifizierung des angebotenen Elements der Lernfolge mit Hilfe des [durch Summation entstandenen] Potentials falsch, wird dieses Potential in Richtung auf eine Korrektur des Fehlers hin abgeändert.

Das Ergebnis der Belehrung nach der Methode der Potentialfunktionen ist somit die Konstruktion des Potentialfeldes im Raum X. Es ist durch

$$\Phi(\boldsymbol{x}) = \sum_i{}' (-1)^{1-\omega_i} K(\boldsymbol{x}, \boldsymbol{x}_i)$$

gegeben (der Strich bedeutet, daß nicht über alle Elemente der Lernfolge summiert wird, sondern nur über die falsch klassifizierten).

Das Potentialfeld zerlegt den gesamten Raum in zwei Segmente (Teilräume). Im ersten ist das Potentialfeld positiv (alle Punkte dieses Raumsegments werden der ersten Klasse zugeordnet), im zweiten ist das Potentialfeld negativ (die Punkte in diesem Segment werden der zweiten Klasse zugeordnet). Die Fläche, auf der das Potential den Wert Null annimmt, ist die Trennfläche.

Es zeigt sich, daß es für jede Form des [Elementar-]Potentials ein System von Funktionen $\varphi_1(\boldsymbol{x}), \ldots, \varphi_k(\boldsymbol{x}), \ldots$ (im allgemeinen ein unendliches!) gibt, so daß alle durch Potentialfunktionen beschreibbaren Trennflächen auch mit dem Rosenblattschen Perzeptron dargestellt werden können; der zugehörige Merkmalsraum ist hierfür durch die Transformationen $\varphi_1(\boldsymbol{x}), \ldots, \varphi_m(\boldsymbol{x})$ zu definieren. Andererseits ist es unschwer, zu jedem Perzeptron die entsprechende Potentialfunktion zu finden.

Zwischen der Methode der Potentialfunktionen und den Methoden des Rosenblattschen Perzeptrons besteht also eine enge Beziehung. Die Methode der Potentialfunktionen läßt sich in gleicher Weise modifizieren wie das Perzeptron von Rosenblatt.

KAPITEL V

ALGORITHMEN ZUR MINIMIERUNG DER EMPIRISCHEN KOSTEN

§ 1. Methode der Minimierung der empirischen Kosten[1])

Wie oben angeführt, sind iterative Lernalgorithmen mit Erfolg dort anwendbar, wo eine genügend große Lernfolge zur Verfügung steht. Die Lernfolge kann verkürzt werden, wenn das Lernsystem über einen Speicher verfügt und somit die gesamte Lernfolge abspeichern kann. Die gespeicherte Lernfolge muß dann so oft angeboten werden, bis sich die Koeffizienten der Trennebene nicht mehr ändern, d.h. bis die Elemente der Lernfolge durch die Hyperebene fehlerlos getrennt werden. Eine fehlerlose Trennung der Lernfolge bedeutet, daß eine Entscheidungsregel ausgewählt wurde, bei der die empirischen Kosten minimal sind.

Es zeigt sich also, daß der Versuch, die Länge einer zur Belehrung ausreichenden Lernfolge zu verkürzen, auf die Minimierung der empirischen Kosten führt. Es erhebt sich nun die Frage, ob diese Verfahrensweise der Belehrung von Erkennungssystemen stets zum Erfolg führt.

Das ist nicht der Fall. Als Beispiel werde ein System angeführt, das zwar die empirischen Kosten minimiert, aber nicht lernen kann: Das System speichert die Elemente der Lernfolge ab und vergleicht jedes zur Erkennung vorgewiesene Objekt mit den im Speicher stehenden Beispielen. Stimmt das vorgewiesene Objekt mit einem der gespeicherten Beispiele überein, wird dieses Objekt derselben Klasse zugeordnet (d.h. als der gleichen Klasse angehörend betrachtet], der auch das Beispiel angehört.

Ist aber im Speicher kein gleiches [mit dem angebotenen voll übereinstimmendes] Beispiel enthalten, wird das Objekt zufällig klassifiziert (z.B. durch Werfen einer Münze). Daraus wird deutlich, daß dieses System praktisch nicht belehrt werden kann, da in die Lernfolge i.a. nur ein geringfügiger Teil der Objektgesamtheit (Population) eingeht, die im Einsatzfall (in der Kannphase) auftreten kann. Die Elemente der Lernfolge aber klassifiziert ein solches System natürlich fehlerlos.

Wie aber läßt sich nun entscheiden, ob die Methode der Minimierung der empirischen Kosten zur Lösung eines Problems der lernabhängigen Erkennung erfolgreich eingesetzt werden kann oder nicht? Die Beantwortung dieser Frage bildet den Inhalt der Theorie derjenigen lernfähigen Zeichenerkennungsalgorithmen, die nach dieser Methode arbeiten.

---

1) Anm. d. Hrsg.: Die über die Elemente der Lernstichprobe gemittelten Entscheidungskosten des Klassifikators werden als empirische Kosten bezeichnet.

§ 2. Gleichmäßige Konvergenz der Häufigkeiten von Ereignissen gegen ihre Wahrscheinlichkeiten

Wir betrachten erneut das Funktional, dessen Minimierung in der von uns gewählten Formulierung der Aufgabenstellung das Wesen des Problems der lernabhängigen Erkennung darstellt:

$$P(\alpha) = \int (\omega - F(x, \alpha))^2 \, \mathrm{d}P(\omega, x).$$

Wie schon gezeigt, gibt der Wert dieses Funktionals für jede Entscheidungsregel $F(x,\alpha)$ die Wahrscheinlichkeit dafür an, daß ein Objekt falsch klassifiziert wird. Der aus der Lernfolge für jede Entscheidungsregel $F(x, \alpha)$ berechnete empirische Schätzwert

$$P_{\text{emp}}(\alpha) = \nu(\alpha) = \frac{1}{l} \sum_{i=1}^{l} (\omega_i - F(x, \alpha))^2$$

dieses Funktionals ist die Häufigkeit, mit der eine falsche Klassifikation in der Lernfolge auftritt.

Die klassischen Theoreme der Wahrscheinlichkeitstheorie sagen aus, daß die Ereignis*häufigkeit* eines beliebigen Ereignisses bei unbeschränkter Vergrößerung der Versuchsanzahl gegen die *Wahrscheinlichkeit* dieses Ereignisses konvergiert. Allerdings kann man aus diesen Theoremen nicht ableiten, ob eine Entscheidungsregel $F(x, \alpha^*)$ mit der Eigenschaft, daß sie die Fehlerhäufigkeit $\nu(\alpha)$ minimiert, auch zu einer minimalen oder einer der minimalen nahen Fehlerwahrscheinlichkeit führt. Dieser Zweifel erweist sich als berechtigt und soll deshalb genauer analysiert werden.

Zur besseren Veranschaulichung der Zusammenhänge nehmen wir an, daß jede der Entscheidungsregeln $F(x, \alpha)$ durch genau eine Zahl α, die nur Werte aus dem Intervall [0, 1] annehmen kann, bestimmt sei. Jedem Wert α wird also eine Entscheidungsregel zugeordnet, deren Fehler*wahrscheinlichkeit* $P(\alpha)$ existiert. Auf diese Weise wird jedem Wert α eine Zahl $P(\alpha)$ zugeordnet. Eine derartige Funktion $P(\alpha)$ ist in Abb. 10 dargestellt.

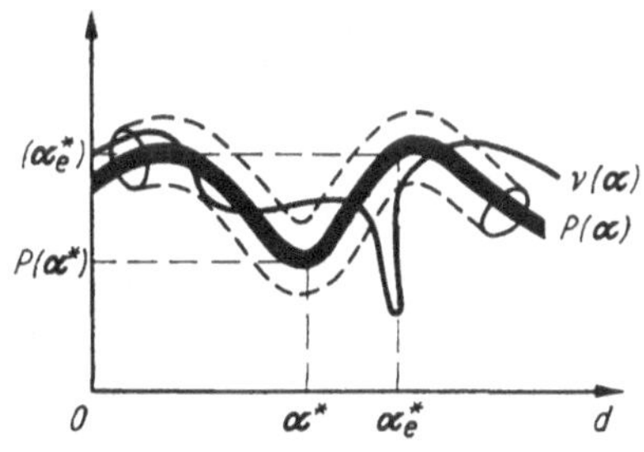

Abb. 10. Kurven der Fehlerhäufigkeit und der Fehlerwahrscheinlichkeit mit ihrem ε-Schlauch in Abhängigkeit vom Parameter α der Entscheidungsregel

Neben dieser Funktion kann auch die Funktion $\nu(\alpha)$ eingetragen werden, die für die Regel $F(x, \alpha)$ jene [auf der Basis der Lernfolge für jedes α ermittelte] *Häufigkeit* einer fehlerhaften Klassifikation darstellt. Die Methode der Minimierung der empirischen Kosten versucht, vom Minimum der Funktion $\nu(\alpha)$ ausgehend eine Aussage über das Minimum der Funktion $P(\alpha)$ zu gewinnen.

Um aus der Kenntnis des Minimumpunktes und des Minimumwertes der Funktion $\nu(\alpha)$ ein Urteil über den Minimumpunkt der Funktion $P(\alpha)$ und ihren Minimumwert ableiten zu können, ist es ausreichend, daß die Kurve $\nu(\alpha)$ innerhalb des ε-Schlauches der

Kurve $P(\alpha)$ verläuft. Ein Heraustreten auch nur in einem Punkt (wie in Abb. 10) kann dazu führen, daß als Minimumwert für $P(\alpha)$ der Punkt des Übertretens gewählt wird. In diesem Fall charakterisiert das Minimum von $\nu(\alpha)$ in keiner Weise das Minimum der Funktion $P(\alpha)$. Stimmt jedoch die Funktion $\nu(\alpha)$ mit der Funktion $P(\alpha)$ für alle α mit der Genauigkeit ε überein, dann kann die Güte der wahren Entscheidungsregel von der Güte der empirisch-optimalen um nicht mehr als 2ε abweichen.

Formal bedeutet das, daß uns nicht das klassische Konvergenzkriterium

$$P\{|\nu(\alpha) - P(\alpha)| > \varepsilon\} \underset{l\to\infty}{\to} 0,$$

sondern das strengere

$$P\{\sup |\nu(\alpha) - P(\alpha)| > \varepsilon\} \underset{l\to\infty}{\to} 0 \tag{5.1}$$

interessiert, die beide für beliebige Werte ε (und das erste außerdem noch für beliebige Werte α) erfüllt sein müssen.

Wenn (5.1) erfüllt ist, sagt man, die Häufigkeiten der Ereignisse $A(\alpha)$ innerhalb einer Klasse S von Ereignissen konvergierten gleichmäßig gegen die Wahrscheinlichkeiten der Ereignisse $A(\alpha)$. Jedes Ereignis $A(\alpha)$ der Klasse S ist durch die Entscheidungsregel $F(x, \alpha)$ als diejenige Menge von Objekten x erklärt, deren Elemente durch diese Regel fehlerhaft klassifiziert werden.[1])

So ergibt sich also ein Zusammenhang zwischen der Effektivität einer Lösung des Lernproblems in der Zeichenerkennung durch Minimierung der empirischen Kosten und der Existenz einer gleichmäßigen Konvergenz der Häufigkeiten gegen die Wahrscheinlichkeiten zur Ereignisklasse S.

§ 3. Das Glivenko-Theorem

Das Problem der gleichmäßigen Konvergenz wird schon in der klassischen mathematischen Statistik behandelt. Hierzu bewies der bekannte sowjetische Mathematiker W. I. Glivenko in den dreißiger Jahren ein Theorem, demzufolge mit wachsendem Stichprobenumfang die empirische Verteilungskurve gleichmäßig gegen die Verteilungsfunktion konvergiert.

Das Glivenko-Theorem kann auch folgendermaßen formuliert werden: Auf der reellen Zahlengeraden (R^1) ist ein System von Entscheidungsregeln $F(x, \alpha)$ gegeben. Die Regel $F(x, \alpha)$ ordne den Punkt x der ersten Klasse zu, wenn $x \leqq \alpha$ ist; für $x > \alpha$ erfolgt Zuordnung zur zweiten Klasse. Entsprechend dieser Regel werde das Ereignis $A(\alpha)$ wie folgt definiert: Das Ereignis $A(\alpha)$ tritt ein, sobald ein Punkt (Objekt) x angeboten wird, den die Entscheidungsregel $F(x, \alpha)$ der ersten Klasse zuordnet. Das Theorem behauptet dann, daß die Häufigkeiten gleichmäßig für alle Ereignisse $A(\alpha) \in S_1$[2]) gegen die betreffenden Wahrscheinlichkeiten konvergieren.

---

[1]) Anm. d. Hrsg.: Unter der „Klasse S von Ereignissen" ist die Menge $\{A(\alpha): \alpha \in [0, 1]\}$ zu verstehen.

Ein Paar ω, x ist definitionsgemäß genau dann Element von $A(\alpha)$ [oder, anders ausgedrückt, das Ereignis $A(\alpha)$ wird durch ω, α erfüllt], wenn, bei $\omega = 1$, $F(x, \alpha) = 1$ und, bei $\omega = 0$, $F(x, \alpha) = 0$ gilt, andernfalls ist ω, x nicht Element von $A(\alpha)$.

[2]) Anm. d. Hrsg.: S_1 ist die Menge der Ereignisse $A(\alpha)$ für alle $\alpha \in [-\infty, +\infty]$.

Offenbar kann man mit Hilfe dieses Theorems die Berechtigung dafür, daß die erwarteten Kosten $P(\alpha)$ durch die empirischen Kosten geschätzt werden, nur in dem Falle begründen, daß die Lösung nur unter den oben definierten primitiven Entscheidungsregeln gesucht wird, d.h. unter Entscheidungsregeln, die nur ein Klassifizieren eindimensionaler Vektoren nach dem Prinzip „der Vektor x wird der ersten Klasse zugeordnet, falls $x \leqq \alpha^*$, und der zweiten, falls $x > \alpha^*$" erlauben.

Um einen Erfolg bei der Anwendung der Methode der Minimierung der empirischen Kosten in der Klasse linearer Entscheidungsregeln garantieren zu können, muß die gleichmäßige Konvergenz der Häufigkeiten gegen die Wahrscheinlichkeiten für eine kompliziertere Ereignisklasse S_m definiert werden.

Analog zur Ereignisklasse S_1 des GLIVENKO-Theorems, die durch die Menge aller Halbgeraden gegeben war, werde die Ereignisklasse S_m als die Menge aller Halbräume des m-dimensionalen Vektorraumes X definiert. Hier ist analog zum eindimensionalen Fall jedes Ereignis durch eine Ungleichung

$$\sum_{i=1}^{m} \lambda_i x^i \leqq \lambda_0$$

gegeben.

Entsprechend erweist sich das Theorem, durch das die gleichmäßige Konvergenz der Häufigkeiten gegen die Wahrscheinlichkeiten für die Ereignisklasse S_m gezeigt wird, als direkte Verallgemeinerung des GLIVENKO-Theorems auf den mehrdimensionalen Fall.

Die Begründung für die Anwendbarkeit der Methode der Minimierung der empirischen Kosten zur Lösung des Problems der lernfähigen Erkennung muß unbedingt die Untersuchung der Bedingungen, unter denen eine gleichmäßige Konvergenz der Häufigkeiten gegen die Wahrscheinlichkeiten für die interessierenden Ereignisklassen (für lineare und nichtlineare Entscheidungsregeln!) garantiert ist, einschließen.

§ 4. Ein Sonderfall

Betrachten wir folgenden einfachen Fall: Die Menge S sei endlich und bestehe aus den Ereignissen $A_1, \ldots, A_N$. Für jedes feste Ereignis gilt das Gesetz der großen Zahlen (d.h., die Häufigkeit konvergiert gegen die Wahrscheinlichkeit, wenn die Anzahl der Versuche unbegrenzt vergrößert wird). Dieser Sachverhalt wird durch

$$P\{|\nu(A) - P(A)| > \varepsilon\} \leqq e^{-2\varepsilon^2 l} \tag{5.2}$$

zum Ausdruck gebracht.

Uns interessiert der Fall der gleichmäßigen Konvergenz, d.h. die Wahrscheinlichkeit, mit der alle Ungleichungen $|\nu(A_i) - P(A_i)| \leqq \varepsilon$ $(i = 1, 2, \ldots, N)$ gleichzeitig erfüllt sind. Diese Wahrscheinlichkeit kann — falls eine Schätzung für die Wahrscheinlichkeit der Erfüllung jeder einzelnen der Ungleichungen (5.2) vorliegt — durch

$$P\{\sup_i |\nu(A_i) - P(A_i)| > \varepsilon\} \leqq \sum_{i=1}^{N} P\{|\nu(A_i) - P(A_i)| > \varepsilon\}$$

abgeschätzt werden. Unter Berücksichtigung von (5.2) erhalten wir daraus

$$P\{\sup |\nu(A_i) - P(A_i)| > \varepsilon\} \leqq N e^{-2\varepsilon^2 l}. \tag{5.3}$$

Aus der Ungleichung (5.3) folgt, daß das Kriterium

$$P\{\sup_i |\nu(A_i) - P(A_i)| > \varepsilon\} \underset{l\to\infty}{\to} 0$$

der gleichmäßigen Konvergenz erfüllt ist.

Wir fordern nun, daß die Wahrscheinlichkeit

$$P\{\sup_i |\nu(A_i) - P(A_i)| > \varepsilon\}$$

die Zahl η nicht überschreite, d.h., daß

$$P\{\sup_i |\nu(A_i) - P(A_i)| > \varepsilon\} \leqq \eta \tag{5.4}$$

gilt. Wie später[1]) gezeigt wird, gilt die Ungleichung (5.4), sobald die Größen N, ε, η, l untereinander in der Beziehung

$$N e^{-2\varepsilon^2 l} = \eta \tag{5.5}$$

stehen.

Wird die Gl. (5.5) nach ε aufgelöst, dann finden wir für die vorgegebenen Werte N, l, η und für die betrachtete Ereignisklasse die Schätzung

$$\varepsilon = \sqrt{\frac{\ln N - \ln \eta}{2l}}$$

der maximalen Abweichung der Häufigkeit von der Wahrscheinlichkeit.

Durch Auflösen von Gl. (5.5) nach l erhalten wir den folgenden Ausdruck für die Länge, die eine Lernfolge haben muß, wenn sich das Minimum der Wahrscheinlichkeiten für das Eintreten der Ereignisse der Ereignisklasse S vom Minimum der entsprechenden Häufigkeiten mit einer Wahrscheinlichkeit größer als $(1 - \eta)$ um höchstens ε unterscheiden soll:

$$l = \frac{\ln N - \ln \eta}{2\varepsilon^2}.$$

Diese Zusammenhänge werden durch das folgende Theorem präzisiert.

Theorem 5.1. *Wenn aus einer Menge von N Entscheidungsregeln eine Entscheidungsregel ausgewählt wird, deren Fehlerhäufigkeit in der Lernfolge gleich ν ist, dann ist mit einer Wahrscheinlichkeit $1 - \eta$ die Wahrscheinlichkeit, daß mit dieser ausgewählten Regel ein Objekt fehlerhaft klassifiziert wird, kleier als $\nu + \varepsilon$, vorausgesetzt, die Länge der Lernfolge ist größer oder gleich*

$$l = \frac{\ln N - \ln \eta}{2\varepsilon^2}. \tag{5.6}$$

An diesem Theorem ist bemerkenswert, daß die hinreichende Länge der Lernfolge von der Anzahl der Ereignisse in der Klasse N nur logarithmisch abhängt.

Die Anzahl der Elemente ist nur eine grobe Charakteristik einer Mannigfaltigkeit von Entscheidungsregeln, die in einer Klasse vereinigt sind (diese Charakteristik berücksichtigt z.B. nicht, ob die Klasse aus einander gleichen oder „benachbarten“ Elementen besteht oder ob sie ausschließlich sich wesentlich unterscheidende Funktionen enthält.

---

[1]) Anm. d. Hrsg.: vgl. Kapitel X, Gl. (10.7).

Die aus der oben gewonnenen Abschätzung ableitbaren qualitativen Schlußfolgerungen spiegeln allerdings das Wesen der Sache gut wieder, so folgt z.B., daß die Lernfolge um so kürzer sein kann, je kleiner die Kapazität der Klasse ist. Umgekehrt sind zur Belehrung um so mehr Informationen erforderlich, je universeller das Lernsystem ist.

Durch Anwendung der Formel (5.6) kann man für verschiedene, die Methode der Kostenminimierung realisierende Algorithmen ausreichende Schätzwerte für die erforderliche Länge der Lernfolge erhalten. Man gewinnt so insbesondere einen Schätzwert der erforderlichen Länge der Lernfolge für das Perzeptron mit Speicher (Lernmethode mit zyklischem Wiederangebot der Lernfolge). Dafür genügt es, die Anzahl N der verschiedenen Entscheidungsregeln, die mit Hilfe des Perzeptrons realisiert werden können, abzuschätzen. Sind die Merkmale binär, dann ist die Anzahl der verschiedenen möglichen Vektoren [bzw. Objekte] nicht größer als 2^m. Folglich kann diese Objektmenge auf höchstens 2^{2^m} Arten in zwei Klassen zerlegt werden.

Das Perzeptron allerdings realisiert nicht alle diese Zerlegungen (Dichotomien), sondern nur die Teilmenge der linear separierbaren [das sind die mit Hilfe linearer Diskriminantenfunktionen beschreibbaren].

Die Anzahl N der verschiedenen linear separierbaren Dichotomien ist viel kleiner als 2^{2^m}.

Weiter unten wird gezeigt, daß $N < 2^{m^2}$ bleibt. Aufgrund des Theorems 5.1 ist somit eine Abschätzung der hinreichenden Länge der Lernfolge durch

$$l = \frac{m^2 - \ln \eta}{2\varepsilon^2}$$

gegeben, d.h., diese Länge ist m^2 proportional (an dieser Stelle muß bemerkt werden, daß diese Abschätzung zu große Werte liefert — wie später bewiesen wird, ist auch $l \sim m$ eine zutreffende Schätzung).

§ 5. Abschätzung der Anzahl linear separierbarer Dichotomien

Wir schätzen die Anzahl der Möglichkeiten, eine aus l Punkten [bzw. Vektoren] $\boldsymbol{x}_1, \ldots, \boldsymbol{x}_l$ eines m-dimensionalen Raumes bestehende Objektmenge mit Hilfe einer Hyperebene in zwei Klassen zu zerlegen.

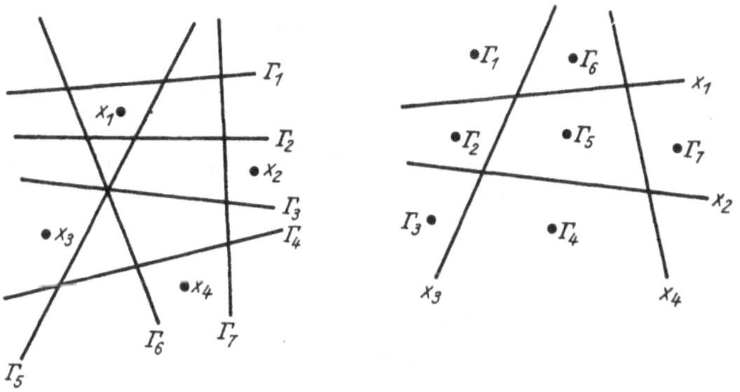

Abb. 11. Zur Schätzung der Anzahl linear separierbarer Dichotomien einer Punktmenge des R^m

Jedem Vektor $\boldsymbol{x} = (x^1, \ldots, x^m)$ des Raumes X ist eine Hyperebene

$$\sum_{i=1}^{m} \lambda_i x^i = 0$$

im Raum Λ der Vektoren $\boldsymbol{\lambda} = (\lambda_1, \ldots, \lambda_m)$ zugeordnet, die [in diesem Raum] durch den Nullpunkt verläuft, und umgekehrt ist jedem Vektor $\boldsymbol{\lambda}$ im Raum X eine Hyperebene

$$\sum_{i=1}^{m} \lambda_i x^i = 0$$

zugeordnet, die dort ebenfalls durch den Koordinatenursprung verläuft. So werden also den l Vektoren $\boldsymbol{x}_1, \ldots, \boldsymbol{x}_l$ l Hyperebenen im Raum Λ zugeordnet (Abb. 11).

Unsere Behauptung besteht nun darin, daß die Gesamtanzahl linear separierbarer Dichotomien gleich der Anzahl der Segmente ist, in die der m-dimensionale Raum Λ durch diese l Hyperebenen zerlegt wird.

Zum Beweis dieser Behauptung ordnen wir zunächst jeder Hyperebene des Raumes X im Raum Λ einen Vektor $\boldsymbol{\lambda}$ zu, der mit der Normalen (dem Richtungsvektor) der Hyperebene nach Betrag und Richtung übereinstimmt. Einer stetigen Drehung der Trennhyperebene in X, bei der die Punkte $\boldsymbol{x}_1, \ldots, \boldsymbol{x}_l$ ihre Segmente nicht verlassen, entspricht dann im Raum Λ eine Bewegung des Punktes $\boldsymbol{\lambda}$ längs einer stetigen, innerhalb ein und desselben Segments verlaufenden Bahnkurve.

Jetzt wird abgeschätzt, in wie viele Segmente der m-dimensionale Raum durch [ein Büschel von] l Hyperebenen, die den Koordinatenursprung enthalten, zerlegt werden kann. Die maximale Anzahl von Segmenten, in die der m-dimensionale Raum durch [ein Büschel von] l Hyperebenen zerlegt werden kann, bezeichnen wir mit $\Phi(m, l)$ und leiten eine Iterationsprozedur ab, mit der diese Anzahl der Segmente gefunden wird.

Zunächst ist offensichtlich, daß im eindimensionalen Fall

$$\Phi(1, l) = 2$$

ist. Andererseits zerlegt eine Hyperebene den m-dimensionalen Raum in genau zwei Teile, d.h., es gilt

$$\Phi(m, 1) = 2.$$

Definitionsgemäß zerlegen die $(l-1)$ Hyperebenen $\Gamma_1, \ldots, \Gamma_{l-1}$ den m-dimensionalen Raum in höchstens $\Phi(m, l-1)$ Segmente. Es werde nun eine neue Hyperebene Γ_l hinzugefügt. Verläuft diese neue Hyperebene durch eines der „alten" Segmente, zerlegt sie dasselbe in zwei Teile. Andernfalls bleibt dieses Segment erhalten. So vergrößert sich beim Hinzufügen der neuen Hyperebene Γ_l die Anzahl der Segmente um die Anzahl der von Γ_l *geschnittenen* Segmente. Umgekehrt *schneidet* jedes Segment K_i die Hypereben Γ_l in der *Spur* $K_i \cap \Gamma_l$. Die Anzahl solcher Spuren ist genau gleich der Anzahl der Segmente, in die die Hyperebenen $\Gamma_1, \ldots, \Gamma_{l-1}$ die neue Hyperebene Γ_l zerlegen. Da Γ_l eine $(m-1)$-dimensionale Mannigfaltigkeit ist, gibt es folglich höchstens $\Phi(m-1, l-1)$ Spuren.

So erhalten wir das Iterationsschema:

$$\begin{aligned} \Phi(m, l) &= \Phi(m, l-1) + \Phi(m-1, l-1), \\ \Phi(m, 1) &= 2, \\ \Phi(1, l) &= 2. \end{aligned} \tag{5.7}$$

Die Lösung der Gln. (5.7) ist

$$\Phi(m, l) = \begin{cases} 2 \sum_{i=0}^{m-1} \binom{l-1}{i}, & \text{falls} \quad m \leqq l, \\ 2^l, & \text{falls} \quad m > l. \end{cases}$$

Für die folgenden Ableitungen ist es günstiger, nicht diese Formel, sondern die folgende Abschätzung derselben nach oben (siehe Kapitel X)

$$\Phi(m, l) \leqq 3 \frac{l^{m-1}}{(m-1)!}$$

oder sogar die grobe Schätzung

$$\Phi(m, l) \leqq l^m$$

zu benutzen.

Da, wie oben ausgeführt, die Anzahl der verschiedenen möglichen Binärvektoren kleiner als 2^m bleibt, ist sogar die noch gröbere Abschätzung

$$N < \Phi(m, 2^m) < 2^{m^2}$$

der Anzahl linear separierbarer Dichotomien richtig.

Diese Formel wird auch zur Ermittlung eines Schätzwertes der hinreichenden Länge einer Lernfolge verwendet.

Durch Einsetzen dieser Schätzung der Zahl N in die Gl. (5.6) erhält man

$$l = \frac{m^2 - \ln \eta}{2\varepsilon^2},$$

d.h., die Länge der Lernfolge ergibt sich proportional m^2.

Wie schon festgestellt wurde, ist die Anzahl der verschiedenen Entscheidungsregeln eine zu grobe Charakteristik der Klasse. Schon die einfachsten Klassen von Entscheidungsregeln umfassen unendlich viele Elemente. Wenn, wie z.B. im Falle des Perzeptrons, der Merkmalsraum nicht binär (sondern kontinuierlich) ist, ist die Anzahl der verschiedenen möglichen Hyperebenen, durch die eine Punktmenge dieses Raumes [in Teilmengen] zerlegt werden kann, unendlich groß.

Für eine solche Klasse von Entscheidungsregeln bleibt die Frage, ob die Minimierung des Erwartungswertes der Kosten durch die Minimierung der empirischen Kosten ersetzt werden darf, noch offen und führt, wie schon bemerkt, zur Untersuchung des allgemeinen GLIVENKO-Theorems.

§ 6. Bedingungen für die gleichmäßige Konvergenz der Ereignishäufigkeiten gegen ihre Wahrscheinlichkeiten

Die Verallgemeinerung des GLIVENKO-Theorems und die Entwicklung einer Theorie der gleichmäßigen Konvergenz von Ereignishäufigkeiten gegen ihre Wahrscheinlichkeiten wurden durch Einführung eines genaueren Maßes für die Mächtigkeit von Funktionenklassen, als es die Anzahl der Funktionen in dieser Klasse ist, ermöglicht.

Dabei geht man folgendermaßen vor: Gegeben sei ein System Ω von Entscheidungsfunktionen $F(\boldsymbol{x}, \boldsymbol{\alpha})$. Wir betrachten die zugeordnete Klasse S von Ereignissen

$$A(\boldsymbol{\alpha}) = \{\boldsymbol{x} : F(\boldsymbol{x}, \boldsymbol{\alpha}) = 1\}$$

sowie die Stichprobe $x_1, \ldots, x_l$. Diese Stichprobe läßt sich bekanntlich auf 2^l Arten in zwei Klassen zerlegen. Uns interessieren allerdings nur diejenigen Zerlegungen, die mit Entscheidungsregeln $F(x, \alpha)$ realisiert werden können. Die Anzahl dieser Zerlegungen hängt sowohl von der (betrachteten) Klasse von Entscheidungsregeln als auch von der Zusammensetzung der Stichprobe ab. Diese Anzahl bezeichnen wir mit

$$\Delta^S(x_1, \ldots, x_l).$$

Da $x_1, \ldots, x_l$ eine unabhängige zufällige Stichprobe ist, ist auch die Anzahl ihrer Zerlegungen, d.h. $\Delta^S(x_1, \ldots, x_l)$ eine Zufallsgröße.

Die Mächtigkeit der Klasse von Entscheidungsregeln ersetzen wir durch die mathematische Erwartung der Zufallsgröße $\lg_2 \Delta^S(x_1, \ldots, x_l)$. Diese bezeichnen wir als Entropie der Klasse S von Entscheidungsregeln für die Stichprobe der Länge l und haben also

$$H^S(l) = \mathsf{E} \lg_2 \Delta^S(x_1, \ldots, x_l). \tag{5.8}$$

Für die gleichmäßige Konvergenz der Ereignishäufigkeiten $\nu(\alpha)$ gegen ihre Wahrscheinlichkeiten $P(\alpha)$ innerhalb der Ereignisklasse S erweist es sich als notwendig und hinreichend, daß die Folge

$$\frac{H^S(1)}{1}, \quad \frac{H^S(2)}{2}, \ldots, \frac{H^S(l)}{l}, \ldots$$

bei unbegrenzter Vergrößerung der Stichprobenlänge l gegen Null strebt. Wenn der Quotient $H^S(l)/l$ gegen Null strebt, dann bedeutet dies, daß die Klasse von Entscheidungsregeln eine „nicht sehr mächtige Funktionenmenge" darstellt.

Der Beweis dieser Behauptung wird in den Kapiteln X und XI geführt.

Die genannten notwendigen und hinreichenden Bedingungen für die gleichmäßige Konvergenz der Ereignishäufigkeiten gegen ihre Wahrscheinlichkeiten enthalten, wie alle erschöpfenden Bedingungen, weitgehend detailreiche Begriffe. Die Überprüfung dieser Bedingungen in der Praxis bereitet deshalb erhebliche Schwierigkeiten. In unserem Fall beruhen diese Schwierigkeiten darauf, daß der Typ der Wahrscheinlichkeitsverteilung $P(x)$, von der ja der Zahlenwert der Entropie bestimmt wird, unbekannt ist, während die Eigenschaften dieser Entropie einer Überprüfung unterzogen werden sollen.

Bei der praktischen Anwendung von Bedingungen, unter denen die gleichmäßige Konvergenz gegeben ist, ist es deshalb zweckmäßig, aus den aufgefundenen Bedingungen gröbere, bereits hinreichende Bedingungen zu ermitteln, die von den Eigenschaften der Verteilung $P(x)$ *unabhängig* sind.

Solche Bedingungen gewinnt man, indem man von den Eigenschaften der Verteilung abstrahiert. Mit anderen Worten interessieren uns also Bedingungen, unter denen eine Klasse von Entscheidungsregeln die gleichmäßige Konvergenz bei beliebiger Verteilungsfunktion garantiert.

Die Abschwächung der notwendigen und hinreichenden Bedingungen besteht darin, daß man anstelle der Entropie der Funktion $F(x, \alpha)$ den Logarithmus der Funktion

$$m^S(l) = \max_{x_1, \ldots, x_l} \Delta^S(x_1, \ldots, x_l)$$

verwendet, wobei das Maximum bezüglich aller möglichen Stichproben der Länge l gemeint ist. Die Funktion $m^S(l)$ nennt man Wachstumsfunktion der Klasse $F(x, \alpha)$.

Die Wachstumsfunktion ist offensichtlich so definiert, daß sie nicht von der Verteilung $P(x)$ abhängt. Außerdem ist stets die Ungleichung

$$\log_2 m^S(l) \geqq H^S(l)$$

erfüllt. Wenn nun der Ausdruck

$$\frac{\log_2 m^S(l)}{l}$$

mit wachsendem l gegen Null strebt, dann jedenfalls strebt auch der Quotient

$$\frac{H^S(l)}{l}$$

gegen Null.

Deshalb ist auch

$$\lim_{l\to\infty} \frac{\log_2 m^S(l)}{l} = 0$$

eine hinreichende Bedingung für die gleichmäßige Konvergenz. Diese Bedingung läßt sich für verschiedene Klassen von Entscheidungsregeln leicht überprüfen.

§ 7. Eigenschaften der Wachstumsfunktion

Die Wachstumsfunktion einer Klasse von Entscheidungsregeln hat eine einfache Deutung, und zwar ist sie gleich der maximalen Anzahl der mit Hilfe der Entscheidungsregeln $F(x, \alpha)$ realisierbaren Dichotomien von l Punkten.

Im Kapitel X wird gezeigt, daß die Wachstumsfunktion ein bemerkenswertes Verhalten hat, das eine einfache Abschätzung ermöglicht: Sie ist entweder gleich 2^l oder gleich $1{,}5\frac{l^{n-1}}{(n-1)!}$, wobei n die kleinste natürliche Zahl bedeutet, bei der die Gleichung $m^S(l) = 2^l$ nicht gilt. Im ersten Fall ($m^S(l) = 2^l$) läßt sich für beliebiges l eine Punktekombination $x_1, \ldots, x_l$ finden, so daß mit Hilfe der Entscheidungsregeln $F(x, \alpha)$ alle Dichotomien dieser Punkte [d. h. alle Zerlegungen der Punktmenge $x_1, \ldots, x_l$ in zwei Klassen] realisiert werden können.

Im zweiten Fall ist das nicht immer möglich. Es existiert eine maximale Anzahl $n - 1$ von Punkten, für die sich noch mit Hilfe der Entscheidungsregeln $F(x, \alpha)$ alle Zerlegungen in zwei Teilmengen realisieren lassen, aber n Punkte haben diese Eigenschaft schon nicht mehr. Wie sich zeigt, ist die Wachstumsfunktion in diesem Fall durch eine Potenzfunktion mit dem Wachstumsexponenten $(n - 1)$ gegeben.

Die Zahl $n - 1$ kann somit als Maß für die Mächtigkeit der in der Klasse Ω vereinigten Menge von Entscheidungsregeln dienen. Sie wird als Kapazität der Klasse Ω bezeichnet (bei $m^S(l) = 2^l$ ist diese Kapazität unendlich groß).

Für den Fall, daß die Kapazität der Klasse unendlich groß ist, läßt sich der Beweis dafür, daß die Häufigkeiten gleichmäßig gegen die Wahrscheinlichkeiten konvergieren, leicht erbringen. Tatsächlich ist in diesem Fall

$$\lim_{l\to\infty} \frac{\lg m^S(l)}{l} \leq \lim_{l\to\infty} \frac{(n-1)\lg l + \lg 1{,}5}{l} = 0,$$

und die hinreichende Bedingung wird erfüllt.

Zur Bestimmung der Wachstumsfunktion der Klasse der linearen Entscheidungsfunktionen ist es hinreichend, die maximale Anzahl von Punkten im m-dimensionalen Raum zu ermitteln, bei der noch alle Dichotomien der Punktmenge linear separierbar sind. Diese Anzahl ist bekanntlich gleich $m - 1$. Daher gilt

$$m^S(l) \leqq 1{,}5 \frac{l^{m+1}}{(m+1)!}.$$

Die Tatsache, daß die Kapazität der Klasse der linearen Regeln endlich (gleich $m + 1$) ist, wird durch das verallgemeinerte GLIVENKO-Theorem bewiesen. Wir bemerken hier, daß für Hyperebenen, die durch den Koordinatennullpunkt verlaufen, eine genauere Schätzung der Wachstumsfunktion praktisch schon im vorigen Paragraphen gegeben wurde.

§ 8. Schätzung der Abweichung der empirisch-optimalen Entscheidungsregel von der [absolut-]optimalen

Im Kapitel X wird die Geschwindigkeit der gleichmäßigen Konvergenz geschätzt. Dabei wird sich zeigen, daß

$$P\{\sup_\alpha |P(\alpha) - \nu(\alpha)| > \varepsilon\} < 3m^S(2l)\, \mathrm{e}^{-\frac{\varepsilon^2(l-1)}{4}} \tag{5.9}$$

gilt. Diese Schätzung hat die gleiche Form wie die für ein endliches Ereignissystem, nur ist im rechten Teil der Ungleichung die Anzahl N der Ereignisse durch die Wachstumsfunktion ersetzt. Somit ist offensichtlich, daß hier die Wachstumsfunktion an die Stelle der Mächtigkeit der Ereignisklasse tritt.

Bei unendlich großer Kapazität der Klasse ($m^S(l) \equiv 2^l$) ist die Abschätzung (5.9) trivial, weil die rechte Seite der Ungleichung für alle l größer als Eins ist.

Ist die Kapazität r aber endlich, so erhält man die Abschätzung

$$P\{\sup_\alpha |P(\alpha) - \nu(\alpha)| > \varepsilon\} < 4{,}5 \frac{(2l)^r}{r!} \mathrm{e}^{-\frac{\varepsilon^2(l-1)}{4}}. \tag{5.10}$$

Die rechte Seite dieser Ungleichung strebt mit $l \to \infty$ gegen Null, und zwar um so schneller, je kleiner r ist. Man kann jetzt fordern, daß $P\left(\sup_\alpha |P(\alpha) - \nu(\alpha)| > \varepsilon\right)$ einen vorgegebenen Wert η nicht überschreitet.

Diese Forderung wird jedenfalls erfüllt sein, wenn

$$4{,}5 \frac{(2l)^r}{r!} \mathrm{e}^{-\frac{\varepsilon^2(l-1)}{4}} = \eta$$

ist. Diese Gleichung kann nach ε aufgelöst und somit folgende Behauptung aufgestellt werden: Mit einer Wahrscheinlichkeit größer oder gleich $1 - \eta$ überschreitet die maximale Abweichung der Fehlerhäufigkeit in der Klasse S von der Wahrscheinlichkeit nicht die Größe

$$\varepsilon = 2 \sqrt{\frac{r\left(\ln \frac{2l}{r} + 1\right) - \ln \frac{\eta}{5}}{l-1}}. \tag{5.11}$$

Daraus folgt, entsprechend den Ausführungen des § 2 unmittelbar, daß sich mit einer Wahrscheinlichkeit größer als $1 - \eta$ die Güte der empirisch-optimalen Entscheidungsregel von der Güte der wahren optimalen um nicht mehr als $\Delta = 2\varepsilon$ unterscheidet, wo Δ durch

$$\Delta = 4 \sqrt{\frac{r\left(\ln \frac{2l}{r} + 1\right) - \ln \frac{\eta}{5}}{l - 1}}$$

gegeben ist. l ist die Länge der Lernstichprobe, r die Kapazität der Klasse von Entscheidungsregeln, aus der die Auswahl der optimalen erfolgt.

Speziell gilt für lineare Entscheidungsregeln im m-dimensionalen Raum

$$\Delta = 4 \sqrt{\frac{(m + 1)\left(\ln \frac{2l}{m + 1} + 1\right) - \ln \frac{\eta}{5}}{l - 1}}.$$

Damit unterscheidet sich also bei vorgegebener Länge der Lernstichprobe die Güte der durch den Algorithmus ausgewählten Entscheidungsregel von der Güte der besten Entscheidungsregel umso weniger, je kleiner die Kapazität der Klasse Ω ist. Man sollte sich aber auch daran erinnern, daß andererseits die Güte der besten Entscheidungsregel in einer Klasse Ω umso größer ist, je umfangreicher diese Klasse ist.

Durch Auflösen der Gl. (5.11) nach l kann man für vorgegebene Werte der Genauigkeit und Verläßlichkeit die [jene Anforderungen erfüllende] Länge der Lernstichprobe abschätzen (siehe Kapitel XIII). Dabei zeigt sich, daß die Güte der empirisch-optimalen Entscheidungsregel mit einer Wahrscheinlichkeit größer als $1 - \eta$ von der besten Entscheidungsregel der Klasse Ω um nicht mehr als ε abweicht, wenn nur die Lernstichprobe mindestens

$$l_{\text{hinr}} \approx c \frac{r - \ln \eta}{\varepsilon^2} \tag{5.12}$$

lang ist.

Folglich ist die erforderliche Länge der Lernstichprobe der Kapazität der betrachteten Klasse von Entscheidungsfunktionen proportional. Sind speziell die betrachteten Entscheidungsfunktionen im m-dimensionalen Merkmalsraum linear, dann ist die erforderliche Länge außerdem noch der Dimension m proportional.

§ 9. Methode der Minimierung der empirischen Kosten im Fall der deterministischen Problemstellung

Bis jetzt war es bei der Untersuchung von Methoden zur Minimierung der empirischen Kosten [im Rahmen der lernfähigen Erkennung] noch nicht erforderlich, die deterministische und die stochastische Problemstellung — so wie das bei den Betrachtungen zur stochastischen Approximation der Fall war — zu unterscheiden.

Allgemein kann man feststellen, daß die Methoden zur Minimierung der Kosten bei der Lösung der deterministischen Variante des Problems der lernabhängigen Erkennung effektiver sind. Zumindest weist die Abschätzung der Geschwindigkeit der gleichmäßigen Konvergenz auf eine schnellere Konvergenz hin. Zur näheren Erörterung kehren wir zuerst einmal zu dem im § 4 behandelten Sonderfall zurück.

Die Klasse der Entscheidungsregeln bestehe aus einer endlichen Anzahl N von Elementen $F(x, \alpha_i)$ $(i = 1, 2, \ldots, N)$. Die Besonderheit der deterministischen Aufgabenstellung liegt in der Tatsache, daß sich [voraussetzungsgemäß] unter diesen Entscheidungsregeln eine befindet, die das Problem ideal löst. Diese oder eine ihr nahekommende Regel gilt es unter Verwendung der Stichprobe $x_1, \ldots, x_l$ aufzufinden.

Diese Entscheidungsregel soll jetzt mit Hilfe der Methode der Minimierung der empirischen Kosten ermittelt werden. Da sich unter den Funktionen $F(x, \alpha_i)$ eine befindet, die das Problem ideal löst, hat offensichtlich für jede beliebige Stichprobe $x_1, \ldots, x_l$ das Minimum der empirischen Kosten den Wert Null.

Dieser Wert des Kostenminimums läßt sich allerdings auch mit vielen anderen Funktionen realisieren. Deshalb ist es erforderlich, die Wahrscheinlichkeit dafür abzuschätzen, daß bei der Auswahl einer beliebigen Entscheidungsfunktion mit verschwindenden Kosten garantiert werden kann, daß eine Funktion ausgewählt wurde, deren Fehlerwahrscheinlichkeit nicht größer als ein vorgegebener Wert ε ist.

Hierzu führen wir die folgende Funktion

$$\bar{\theta}(z) = \begin{cases} 1, & \text{falls} \quad z = 0, \\ 0, & \text{falls} \quad z > 0 \end{cases}$$

ein. Die Schätzung der Geschwindigkeit der gleichmäßigen Konvergenz von Häufigkeiten gegen Wahrscheinlichkeiten für diejenige Menge von Entscheidungsregeln, deren Fehlerhäufigkeit verschwindet, hängt dann eng mit der Schätzung der Wahrscheinlichkeit des Ereignisses

$$\left\{\sup_i |\nu_i - P_i| \cdot \bar{\theta}(\nu_i) > \varepsilon\right\}$$

zusammen. Da die Anzahl der Funktionen, bei denen die empirischen Kosten verschwinden, nicht größer als N sein kann — wobei N die Zahl aller Elemente der betrachteten Klasse bedeutet — gilt die Ungleichung

$$P\left\{\sup_i |\nu_i - P_i| \cdot \bar{\theta}(\nu_i) > \varepsilon\right\} < N P_\varepsilon^l. \tag{5.13}$$

Hier ist P_ε^l die Wahrscheinlichkeit, mit der eine Entscheidungsregel, die eine Fehlerwahrscheinlichkeit größer als ε besitzt, [dennoch] alle Vektoren der Lernfolge richtig klassifiziert. Diese Wahrscheinlichkeit läßt sich leicht zu

$$P_\varepsilon^l < (1 - \varepsilon)^l$$

abschätzen. Wird diese Abschätzung in (5.13) eingesetzt, so erhält man

$$P\left\{\sup_i |\nu_i - P_i| \cdot \bar{\theta}(\nu_i) > \varepsilon\right\} < N(1 - \varepsilon)^l.$$

Daraus folgt, daß die Wahrscheinlichkeit $P\left(\sup_i |\nu_i - P_i| \cdot \bar{\theta}(\nu_i) > \varepsilon\right)$ den Wert η nicht überschreitet, falls die Bedingung

$$N(1 - \varepsilon)^l = \eta \tag{5.14}$$

erfüllt ist. Wird diese Gleichung nach l aufgelöst, so erhält man

$$l = \frac{\ln N - \ln \eta}{-\ln (1 - \varepsilon)}. \tag{5.15}$$

Da für kleine $\varepsilon - \ln(1-\varepsilon) \approx \varepsilon$ gilt, läßt sich (5.15) in der Form

$$l = \frac{\ln N - \ln \eta}{\varepsilon} \tag{5.16}$$

darstellen. Im Unterschied zur Abschätzung (5.6) ist der Nenner hier nicht ε^2 sondern ε. Also ergibt die Auflösung von (5.15) nach ε jetzt

$$\varepsilon = \frac{\ln N - \ln \eta}{l}. \tag{5.17}$$

Es läßt sich die Gültigkeit des folgenden Theorems nachweisen:

Theorem 5.2. *Wird aus einer Menge von N Entscheidungsregeln eine Regel ausgewählt, die die Lernfolge korrekt klassifiziert, dann gilt mit einer Wahrscheinlichkeit* $1 - \eta$, *daß die Fehlerrate der ausgewählten Regel kleiner als* ε *bleibt, wenn nur die Länge der Lernfolge nicht kleiner als*

$$l = \frac{\ln N - \ln \eta}{-\ln(1-\varepsilon)}$$

ist.

Wenn — wie es im allgemeinen der Fall sein wird — die Anzahl der in der Klasse S vereinigten Entscheidungsregeln unendlich groß ist, führt eine analoge Schätzung der Geschwindigkeit der gleichmäßigen Konvergenz für diejenigen Entscheidungsregeln, deren Fehlerhäufigkeit verschwindet, zu dem Ausdruck

$$P\left\{\sup_{\alpha} |P(\alpha) - \nu(\alpha)| \cdot \bar{\theta}(\nu(\alpha)) > \varepsilon\right\} < m^S(2l) \cdot e^{-\frac{\varepsilon l}{2}}, \tag{5.18}$$

dessen Struktur mit der von (5.6) übereinstimmt (siehe Kapitel XIII). Hierin ist $m^S(l)$ die oben eingeführte Wachstumsfunktion der Klasse S von Entscheidungsregeln.

Die Größe $m^S(l)$ spielt in (5.18) wieder die Rolle der „Elementenzahl" (Umfang) der Klasse. Bei beschränktem Umfang der Klasse ergibt sich

$$m^S(l) < 1{,}5\,\frac{l^r}{r!},$$

d.h., daß die für das Vorliegen der gleichmäßigen Konvergenz hinreichenden Bedingungen erfüllt sind und man erwarten kann, daß die Wahrscheinlichkeit

$$P\left(\sup_{i} |P(\alpha) - \nu(\alpha)| \cdot \bar{\theta}(\nu(\alpha)) > \varepsilon\right)$$

den vorgegebenen Wert η nicht überschreitet.

Dies ist offenbar der Fall, wenn die Größen l, ε, η, r die Gleichung

$$1{,}5\,\frac{(2l)^r}{(r)!}\,e^{-\frac{\varepsilon l}{2}} = \eta$$

erfüllen. Durch Auflösung dieser Gleichung nach l ergibt sich (siehe Kapitel XIII)

$$l_{\text{hinr}} \simeq c\,\frac{r - \ln \eta}{\varepsilon} \tag{5.19}$$

(im Unterschied zu (5.12) steht hier im Nenner wieder nicht ε^2 sondern ε).

Löst man diese Gleichung nach ε auf und ersetzt $r!$ nach der STIRLINGschen Formel, so erhält man

$$\varepsilon = 2\,\frac{r\left(\ln\frac{2l}{r}+1\right)-\ln\frac{\eta}{2}}{l}. \tag{5.19'}$$

So zeigt sich, daß die vorgenommenen Abschätzungen in der deterministischen Variante der Problemstellung besser sind als im allgemeinen Fall.

§ 10. Bemerkung zur Schätzung der Geschwindigkeit der gleichmäßigen Konvergenz von Ereignishäufigkeiten gegen ihre Wahrscheinlichkeiten

Es erhebt sich die Frage, warum ein so großer Unterschied zwischen den Schätzungen im deterministischen und stochastischen Fall besteht.

Eine Teilerklärung dafür ist bereits im vorigen Paragraphen gegeben worden, wo die Formeln (5.3), (5.10) sowie (5.13), (5.18) die Geschwindigkeit der gleichmäßigen Konvergenz der Ereignishäufigkeiten gegen ihre Wahrscheinlichkeiten für verschiedene Ereignisklassen S beschreiben.

Im deterministischen Fall werden nur diejenigen Ereignisse der urprünglichen Ereignismenge S berücksichtigt, deren Häufigkeit gleich Null ist. Wir bezeichnen diese Unterklasse mit S_0.

In der stochastischen Problemvariante wurde die Abweichung der Güteschätzung von der wahren Güte für alle Ereignisse der Ausgangsereignisklasse S abgeschätzt.

Diese Tatsache findet in der Struktur der Formeln (5.10), (5.18), die die Abschätzung der gleichmäßigen Konvergenz zum Ausdruck bringen, ihren Niederschlag. Die rechte Seite der Ungleichungen (5.10) und (5.18) ist das Produkt von zwei Faktoren. Der erste charakterisiert die Kapazität der Ereignisklasse (und ist in (5.10) und (5.18) derselbe), der zweite ist eine Schätzung der Wahrscheinlichkeit, mit der die Häufigkeiten beliebiger Ereignisse der gegebenen Klasse (in der deterministischen Aufgabenstellung ist diese die Klasse S_0, in der stochastischen deckt sich diese Klasse mit der ursprünglichen Klassse S) eine vorgegebene Abweichung ε von den Wahrscheinlichkeiten nicht überschreiten. Es zeigt sich, daß man diesen zweiten Faktor auf sehr verschiedene Weisen abschätzen kann. Da bei der stochastischen Variante der Aufgabenstellung keinerlei A-priori-Kenntnisse über die Wahrscheinlichkeiten der Ereignisse der Klasse S vorliegen, wird die Schätzung der Abweichung der Häufigkeit von der Wahrscheinlichkeit eines beliebigen Ereignisses aus S für den ungünstigsten Fall, d.h. für $P(A) = 1/2$, vorgenommen. Deshalb ist nur die Schätzung (5.10) möglich.

In der deterministischen Variante ist das ungünstigste Ereignis in der Klasse S dasjenige mit $P(A) = \varepsilon$. Zur Schätzung der Abweichung der Häufigkeit von der Wahrscheinlichkeit dieses Ereignisses ist deshalb die genauere Formel (5.14) möglich.

Die Schätzungen in der deterministischen und stochastischen Variante der Aufgabenstellung unterscheiden sich also voneinander in derselben Weise wie sich die Schätzungen der Abweichung der Häufigkeiten von den Wahrscheinlichkeiten zweier Ereignisse A und A' voneinander unterscheiden, wenn $P(A)$ nahe Null ist und $P(A')$ in der Nähe von $1/2$ liegt.

Dies führt uns dazu, die an die zulässige Abweichung der Häufigkeiten von den Wahrscheinlichkeiten zu stellenden Forderungen genauer zu betrachten.

In der lernabhängigen Erkennung können die an den Charakter der Konvergenz zu stellenden Anforderungen abgeschwächt werden. So erscheint es sinnvoller, nicht für alle Ereignisse die gleiche Abweichung der Häufigkeiten von den Wahrscheinlichkeiten zu verlangen, sondern eine größere Abweichung für solche Ereignisse zuzulassen, deren Wahrscheinlichkeit nahe 1/2 ist, eine kleinere Abweichung dagegen für Ereignisse mit Wahrscheinlichkeiten nahe Null zu fordern.

Betrachten wir nochmals die Funktionen $P(\alpha)$ und $\nu(\alpha)$ (Abb. 12), wobei $P(\alpha)$ die Fehlerwahrscheinlichkeit für die Entscheidungsregel $F(x, \alpha)$ und $\nu(\alpha)$ die Fehlerhäufigkeit dieser Regel, berechnet unter Zugrundelegung der Stichprobe $x_1, \ldots, x_l$, bedeuten.

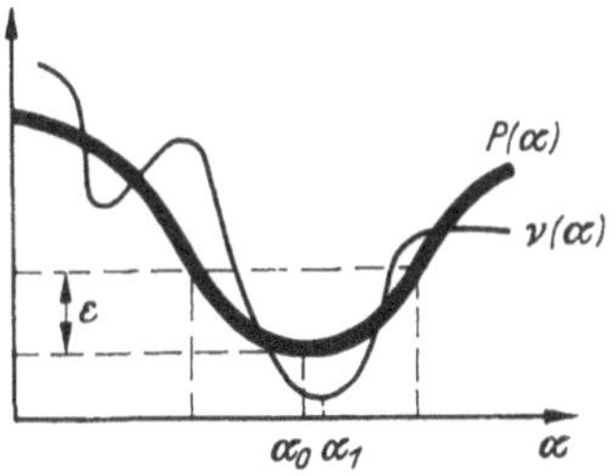

Abb. 12. Fehlerhäufigkeits- und fehlerwahrscheinlichkeits- optimale Parameterwerte α_1, α_0 der Entscheidungsregel

Nehmen wir an, daß die Regel $F(x, \alpha_0)$ optimal ist, d.h., daß bei $\alpha = \alpha_0$ das Minimum der Funktion $P(\alpha)$ erreicht wird. Um nun garantieren zu können, daß sich die Güte der Entscheidungsregel $F(x, \alpha_1)$, bei der das Minimum der Fehleranzahl erreicht wird, von der optimalen Güte um nicht mehr als ε unterscheidet, ist es notwendig und hinreichend, daß dieses Minimum in einem Bereich liegt, in dem $P(\alpha_1) \leqq P(\alpha_0) + \varepsilon$ ist. Weiterhin berücksichtigen wir, daß bei einem festen α die Häufigkeiten wesentlich schneller gegen die Wahrscheinlichkeiten konvergieren, als das unter den Bedingungen der gleichmäßigen Konvergenz der Fall ist.

Man kann deshalb schon bei verhältnismäßig kleiner Stichprobenlänge annehmen, daß $P(\alpha_0) \approx \nu(\alpha_0)$ gilt. Um die „ε-Nähe" der Güten der Entscheidungsregeln $F(x, \alpha_1)$ und $F(x, \alpha_0)$ zu garantieren, ist dann nur zu fordern, daß die Häufigkeit $\nu(\alpha)$ für alle α, mit $P(\alpha) < P(\alpha_0) + \varepsilon$, größer als $\nu(\alpha_0) \approx P(\alpha_0)$ bleibt.

Wir schätzen die dafür erforderliche Länge der Stichprobe ab. Im Kapitel XII wird gezeigt, daß die einseitige Schätzung

$$P\left\{\sup_{\alpha} \frac{P(\alpha) - \nu(\alpha)}{\sqrt{P(\alpha)}} > \delta\right\} < 16 m^S(2l)\, e^{-\frac{\delta^2 l}{4}} \tag{5.20}$$

gilt. Mit

$$\delta = \frac{\varepsilon}{\sqrt{P(\alpha_0) + \varepsilon}}$$

gewinnen wir unter Berücksichtigung der Bedingung

$$\sup_{\alpha} \frac{P(\alpha) - \nu(\alpha)}{\sqrt{P(\alpha)}} \leqq \delta \tag{5.21}$$

die Abschätzung

$$\nu(\alpha) \geqq P(\alpha) - \frac{\varepsilon}{\sqrt{P(\alpha_0) + \varepsilon}} \sqrt{P(\alpha)}.$$

Für $P(\alpha) > P(\alpha_0) + \varepsilon$ erhalten wir daraus

$$\nu(\alpha) > P(\alpha_0) \approx \nu(\alpha_0).$$

(5.21) ist also eine hinreichende Bedingung dafür, daß die Güte der empirisch-optimalen Entscheidungsregel innerhalb einer ε-Umgebung der gesuchten optimalen Entscheidungsregel liegt. Durch Einsetzen des Ausdruckes δ in die Abschätzung (5.20) folgt

$$P\{P(\alpha_1) - P(\alpha_0) > \varepsilon\} < 16 m^S(2l)\, \mathrm{e}^{-\frac{\varepsilon^2 l}{4(P(\alpha_0)+\varepsilon)}}. \tag{5.22}$$

Im deterministischen Fall $P(\alpha_0) = 0$ ergibt sich eine Abschätzung, die (5.18) nahekommt, und für $P(\alpha) \approx 1/2$ eine Abschätzung analog (5.10).

Die Resultate des Kapitels XII erlauben es, noch eine andere Schätzung für die Güte der Entscheidungsregel abzuleiten: Unter der Voraussetzung, daß (5.21) erfüllt ist, wird durch Auflösung der Ungleichung (5.21) nach $P(\alpha)$

$$P(\alpha) < \frac{\delta^2}{2}\left(1 + \sqrt{1 + \frac{4\nu(\alpha)}{\delta^2}}\right) + \nu(\alpha) \tag{5.22'}$$

erhalten. Wir fordern jetzt, daß (5.21) für alle α mit einer Wahrscheinlichkeit größer $1 - \eta$ erfüllt sei. Dazu ist es dann hinreichend, die rechte Seite von (5.20) gleich η zu setzen. So wird

$$16 m^S(2l)\, \mathrm{e}^{-\frac{\delta^2 l}{4}} = \eta.$$

Wird diese Gleichung nach δ aufgelöst und der gefundene Wert in (5.22') eingesetzt, so ergibt sich schließlich

$$P(\alpha) < 2\frac{\ln m^S(2l) - \ln\frac{\eta}{16}}{l}\left(1 + \sqrt{1 + \frac{4\nu(\alpha)\, l}{\ln m^S(2l) - \ln\frac{\eta}{16}}}\right) + \nu(\alpha).$$

Für $m(2 \cdot l) < 1{,}5\, \frac{l^r}{r!}$ folgt daraus

$$P(\alpha) < 2\frac{r\left(\ln\frac{2l}{r} + 1\right) - \ln\frac{\eta}{24}}{l}\left(1 + \sqrt{1 + \frac{4\nu(\alpha)\, l}{r\left(\ln\frac{2l}{r} + 1\right) - \ln\frac{\eta}{24}}}\right) + \nu(\alpha). \tag{5.23}$$

Wie oben ausgeführt, nehmen wir wieder an, daß im Punkt α_0

$$\nu(\alpha_0) \approx P(\alpha_0)$$

gilt. Dann erfüllt definitionsgemäß ein empirisch-optimaler Parametervektor α_1 die Ungleichung

$$\nu(\alpha_1) < \nu(\alpha_0) = P(\alpha_0),$$

und es gilt mit der Wahrscheinlichkeit $1 - \eta$ die Ungleichung

$$P(\alpha_1) - P(\alpha_0) < 2\,\frac{r\left(\ln\frac{2l}{r}+1\right) - \ln\frac{\eta}{24}}{l}\left(1+\sqrt{1+\frac{4\nu^2(\alpha_1)\,l}{r\left(\ln\frac{2l}{r}+1\right)-\ln\frac{\eta}{24}}}\right). \tag{5.23'}$$

Mit Hilfe von (5.22) kann man eine Schätzung der erforderlichen Länge der Lernfolge ableiten, die in dem Grenzfall $P(\alpha_0) = 0$ mit der Schätzung (5.19) und in dem anderen Grenzfall $P(\alpha_0) \approx 1/2$ mit der Schätzung (5.12) zusammenfällt. Dazu ist die rechte Seite der Ungleichung (5.22) gleich η zu setzen und nach l aufzulösen. Man erhält so

$$l \approx c\,\frac{(r - \ln\eta)\,(P(\alpha_0) + \varepsilon)}{\varepsilon^2}.$$

In diesem Kapitel wurden qualitative Schätzungen für die erforderliche Länge einer Lernfolge angegeben. Genauere Schätzfunktionen werden im Kapitel XIII aufgestellt. Bei der Auswertung dieser Schätzfunktionen ist weniger ihr konkreter Ausdruck als vielmehr die funktionale Verknüpfung der grundlegenden Parameter von Bedeutung (sind doch diese Abschätzungen unter Voraussetzungen erhalten worden, die den ungünstigsten Bedingungen entsprechen).

§ 11. Bemerkungen zur Minimierung der empirischen Kosten

Eine charakteristische Besonderheit der hier dargelegten Theorie der Kostenminimierung ist das Fehlen eines jeglichen Hinweises auf Möglichkeiten zur konstruktiven Gewinnung von Algorithmen. Daraus ergeben sich sowohl Nachteile als auch Vorteile. Ein Nachteil besteht darin, daß die vorgestellte Theorie, im Unterschied zur Theorie der Iterationsalgorithmen, nicht zu einer regulären Prozedur führt, wie sie von einem Belehrungsprogramm realisiert werden könnte. Der Forscher muß in jedem Falle Algorithmen erfinden, die den formulierten allgemeinen Regeln genügen.

Der Vorteil dieser Theorie liegt in ihrer Allgemeinheit. So entfällt bei der Anwendung der Theorie auf das Problem der lernfähigen Erkennung die Notwendigkeit, die deterministischen und die stochastischen Aufgabenstellungen voneinander zu unterscheiden. Auch wenn im wesentlichen alle existierenden Iterationsalgorithmen der lernabhängigen Erkennung im Merkmalsraum nur eine Trennhyperebene errichten, so ist doch der Fonds konstruktiver Ideen für Algorithmen der lernfähigen Erkennung, die nach der Methode der empirischen Kostenminimumsuche arbeiten, bedeutend reicher. Insbesondere kann die Methode der empirischen Kostenminimumsuche innerhalb der Klasse der stückweisen linearen Funktionen, der logischen Funktionen definierter Form u.a. angewandt werden.

Alle diese Vorteile ergeben sich daraus, daß die Methode der Kostenminimierung nur auf die Frage antwortet, was getan werden muß, und die Frage, wie es getan werden soll, offen läßt. Deshalb ist die Minimierung der empirischen Kosten bei verschiedenen Klassifizierungsansätzen, darunter auch bei heuristischen, anwendbar. Die Anwendung der heuristischen Methoden erlangt in diesem Falle eine theoretische Rechtfertigung, sofern eine Regel aus einer Klasse von Entscheidungsregeln mit kleiner Kapazität ausgewählt werden soll, die, wenn sie die empirischen Kosten nicht absolut minimiert, so doch eine hinreichend kleine Fehlerhäufigkeit ergibt; so besitzt dann diese ausgewählte Regel nach dem Gesetz der gleichmäßigen Konvergenz eine ausreichend hohe Güte. Ein Algorithmus ist also zur Belehrung geeignet, wenn

1. die Kapazität der Klasse von Entscheidungsregeln des Algorithmus nicht groß ist,
2. die ausgewählte Regel einen kleinen Wert der empirischen Kosten realisiert.

Entsprechende konstruktive Algorithmen lassen sich geometrisch außerordentlich anschaulich interpretieren: Im Raum ist eine Hyperfläche, die einer vorgegebenen Klasse von Hyperflächen angehört (die Charakteristik der betreffenden Klasse von Hyperflächen bestimmt im wesentlichen die Spezifik des jeweiligen Algorithmus), zu konstruieren (auszuwählen), die nach Möglichkeit die Vektoren der Lernfolge einer ersten Klasse von den Vektoren der Lernfolge einer zweiten Klasse mit minimaler Fehlerzahl trennt. Dabei ist es üblich, zwei Klassen von Algorithmen zu unterscheiden. Erstens Algorithmen, die „ebene" Trennhyperflächen und zweitens Algorithmen, die „nicht ebene" Trennhyperflächen konstruieren. Die Konstruktionsmethoden für ebene Trennflächen erstellen eine einzige Trennhyperebene im jeweiligen Merkmalsraum. Eine solche Methode, die Methode des „generalisierten Porträts", wird im dritten Teil dieses Buches genauer beschrieben. Die Konstruktionsmethoden für *nicht ebene* Trennhyperflächen nahmen mit den Arbeiten von M. M. Bongard und M. N. Wainzwaig ihren Anfang, von denen einer der populärsten Algorithmen der Belehrung dieses Typs, der Algorithmus KORA[1]) [6, 8] vorgeschlagen wurde.

§ 12. Algorithmen der Methode des generalisierten Porträts

Die Algorithmen der Methode des generalisierten Porträts verwirklichen den Gedanken der Kostenminimierung innerhalb der Klasse der linearen und stückweise linearen Funktionen.

Die eigentliche Methode des generalisierten Porträts ist eine spezielle Konstruktionsweise für die Trennhyperebene. Wenn die Lernfolge linear separierbar ist, existiert i.a. eine ganze Schar von Trennhyperebenen. Die Besonderheit dieser Methode besteht darin, daß mit ihrer Hilfe genau die optimale Trennhyperebene erstellt wird (d.h. diejenige Hyperebene aus der Gesamtheit aller Trennhyperebenen, die von dem ihr am nächsten gelegenen Element der Lernfolge am weitesten entfernt ist). Eine wichtige Besonderheit der Methode des generalisierten Porträts besteht darin, daß es mit ihr möglich ist, Trennhyperebenen auch in solchen Fällen zu konstruieren, in denen eine „fehlerfreie" lineare Separierung der Elemente der Lernfolge nicht existiert.

Die verschiedenen Algorithmen zur Realisierung des Konstruktionsprinzips des generalisierten Porträts sind zur Errichtung von Trennhyperebenen gerade in dem Falle vorgesehen, daß eine fehlerfreie Vektortrennung nicht möglich ist. Man verwendet Algorithmen, die die empirischen Kosten innerhalb der Klasse der linearen oder stückweise linearen Entscheidungsregeln minimieren. Als Beispiel wird hier das Prinzip zweier solcher Algorithmen erläutert (das Algorithmensystem der Methode des generalisierten Porträts wird im dritten Teil dieses Buches genauer betrachtet).

---

[1]) Anm. d. Hrsg.: der Ausdruck bedeutet „Randpunkte-Algorithmus", vgl. § 13 dieses Kapitels.

Wenn also die Lernfolge nicht fehlerfrei in zwei Klassen separiert werden kann, wird derjenige Vektor der Lernfolge ermittelt, der die Trennung am meisten „behindert". Dieser Vektor wird aus der Lernfolge ausgeschlossen, und für die verbleibenden Vektoren wird erneut eine Hyperebene bestimmt. Ist die Trennung immer noch nicht möglich, so schaltet man noch einen weiteren Vektor aus und so weiter, bis sich die Menge der verbleibenden Vektoren trennen läßt. Damit wird erreicht, daß die Anzahl der ausgesonderten Vektoren minimal ist (bzw. der minimalen Anzahl nahe kommt). Die Regel für das Aussondern wird mit Hilfe des heuristischen Begriffs „Vektor, der die Trennung am meisten behindert", definiert. Die aus der Lernfolge eliminierten Vektoren bilden die Menge der falsch klassifizierten Vektoren. Den Zahlenwert der empirischen Kosten definiert man als den Quotienten aus der Anzahl dieser Vektoren und der Gesamtanzahl aller Vektoren der Lernfolge für die so ausgewählte Entscheidungsregel [des generalisierten Porträts]. Die wahren Kosten, die bei Anwendung der gefundenen Regel entstehen, unterscheiden sich jedoch mit der Wahrscheinlichkeit $1 - \eta$ von den empirischen Kosten um nicht mehr als ε, wobei ε nach (5.11) zu ermitteln ist.

Wenn mit Hilfe des angeführten Algorithmus eine Trennhyperebene konstruiert worden ist, die zu viele Vektoren der Lernfolge falsch klassifiziert, wird angenommen, daß es in der Klasse der linearen Entscheidungsregeln keine befriedigende Entscheidungsregel [für das betreffende Problem] gibt, und es wird der Versuch unternommen, eine geeignete Regel in der Klasse der stückweise linearen Regeln zu finden. Dazu wird zuerst eine die Fehleranzahl minimierende Trennhyperebene konstruiert, danach an diese noch eine zweite Hyperebene „angefügt", um mit Hilfe einer aus zwei Stücken von Hyperebenen bestehenden Hyperfläche die Fehleranzahl bei der Trennung der Lernfolge zu senken. Sind dann immer noch zu viele Fehler vorhanden, wird noch eine weitere Hyperebene angefügt usw.

Mit Vergrößerung der Anzahl k der Stücke von Hyperebenen werden weniger Vektoren falsch klassifiziert, d.h., daß sich die Kosten verringern. Die Abweichung ε_k der wahren Kosten von den empirischen vergrößert sich jedoch bei zunehmender Anzahl von Ebenenstücken entsprechend dem linearen Gesetz

$$\varepsilon_k = k\varepsilon .$$

Hieraus folgt, daß es wünschenswert ist, die Lernfolge mit Hilfe einer minimalen Anzahl von Ebenenstücken zu trennen.

Die verschiedenen Algorithmen realisieren unterschiedliche Prinzipien der Konstruktion einer solchen stückweise linearen Entscheidungsregel, welche die Summe aus den empirischen Kosten und der Abweichung der wahren Kosten von den empirischen minimiert.

§ 13. Algorithmus KORA

Alle bisher betrachteten Ansätze zur Konstruktion von Algorithmen der lernabhängigen Erkennung führten zur Erstellung von Trennhyperebenen im Merkmalsraum. Der Algorithmus KORA der lernabhängigen Erkennung geht von anderen Konstruktionsideen aus.

Die Lernfolge lasse sich wieder in zwei Vektormengen zerlegen, in die Vektormenge der ersten Klasse $\{x\}$ und die Vektormenge der zweiten Klasse $\{\bar{x}\}$. Eine Menge charakteristischer Funktionen $\psi(x, \tau)$, die als Merkmale bezeichnet werden, sei vorgegeben. Aus dieser

Merkmalsmenge sucht der Algorithmus die sogenannten hinreichenden[1]) Merkmale aus. Ein Merkmal $\psi(\boldsymbol{x}, \tau^*)$ wird als ein hinreichendes Merkmal für die Vektormenge der ersten Klasse bezeichnet, falls es für *alle* Vektoren der zweiten Klasse den Wert 0, jedoch für *einige* Vektoren der ersten Klasse den Wert 1 annimmt.

Analog dazu werden die hinreichenden Merkmale der zweiten Klasse definiert. Der Algorithmus wählt dann t hinreichende Merkmale der ersten Klasse und t hinreichende Merkmale der zweiten Klasse so aus, daß für jeden Vektor der Lernfolge wenigstens ein hinreichendes Merkmal existiert, das für diesen Vektor den Wert 1 annimmt. Mit anderen Worten, die Merkmale sollen die gesamte Lernfolge (Menge der Beispiele) „überdecken".

Die Klassifizierung eines nicht in der Lernmenge enthaltenen [d.h. nicht an der Belehrung beteiligten] Vektors erfolgt folgendermaßen: Man ermittelt zunächst für beide Klassen die Menge der hinreichenden Merkmale, die für diesen Vektor den Wert 1 annehmen. Der Vektor wird dann derjenigen Klasse zugeordnet, in der die Anzahl der so ausgewählten hinreichenden Merkmale am größten ist.

Die Besonderheit des Algorithmus KORA besteht darin, daß der X-Raum [Objektraum] als binär vorausgesetzt wird.[2]) Die Klasse der charakteristischen Funktionen $\psi(\boldsymbol{x}, \tau)$ wird aus allen kombinatorisch möglichen Konjunktionen von zwei, drei usw. Veränderlichen gebildet.[3])

Die Konjunktionen (Merkmale) einer jeden Klasse werden nach folgenden Regeln ausgewählt.

1. Aus der Gesamtheit aller möglichen Konjunktionen dreier Veränderlicher werden die hinreichenden Merkmale extrahiert. Sodann werden dieselben nach ihrer Güte, die wie folgt definiert ist, geordnet:

Für ein Merkmal $\psi(\boldsymbol{x}, \tau_1)$ gilt, daß seine Güte größer ist als die eines Merkmals $\psi(\boldsymbol{x}, \tau_2)$, wenn die Anzahl der Vektoren der Lernfolge, die dieses Merkmal aufweisen (d.h. die Anzahl derjenigen Vektoren, für die $\psi(\boldsymbol{x}, \tau_1) = 1$ ist), größer als die Anzahl derjenigen Vektoren ist, die das Merkmal $\psi(\boldsymbol{x}, \tau_2)$ besitzen.

2. Aus der so ermittelten Menge der hinreichenden Merkmale werden die sog. *untergeordneten* ausgeschlossen. Das Merkmal $\psi(\boldsymbol{x}, \tau_2)$ gilt als dem Merkmal $\psi(\boldsymbol{x}, \tau_1)$ untergeordnet, wenn die Menge $\{\boldsymbol{x}:\psi(x, \tau_2) = 1\}$ von Vektoren der Lernfolge Teilmenge der Menge $\{x:\psi(\boldsymbol{x}, \tau_1) = 1\}$ ist.

Das Bestehen der Unterordnungsrelation zwischen den Merkmalen läßt sich leicht in der oben definierten Ausgangs-Reihenfolge der Merkmale überprüfen.

3. Aus der Menge der verbleibenden hinreichenden Merkmale wird eine Menge von t Merkmalen endgültig ausgewählt. Das Auswahlprinzip ist derart, daß in die endgültige Auswahl diejenigen Merkmale eingehen, die die gesamte zur Belehrung vorgegebene Beispielmenge „überdecken", und daß nach Möglichkeit allen Beispielen eine Merkmalsmenge ungefähr gleichen Umfangs [im oben genannten Sinne] zugeordnet ist — die Merkmale sollen also die Beispielsmenge „gleichmäßig überdecken".

---

[1]) Anm. d. Hrsg.: an Stelle von „hinreichend" könnte auch „signifikant" oder „relevant" stehen die genaue Definition dieser Bezeichnung folgt unmittelbar im Text.

[2]) Anm. d. Hrsg.: gemeint ist der m-dimensionale Booleսche Raum.

[3]) Anm. d. Hrsg.: Unter „Veränderlichen" sind hier die einzelnen Koordinaten des Booleschen Vektors zu verstehen. Die „Konjunktionen" sind damit Konjunktionen im Sinne der Booleschen Algebra.

Charakteristische Besonderheiten des Algorithmus KORA sind die geringe Kapazität seiner Klasse von Entscheidungsregeln und die außerordentlich einfache (wenn auch heuristische) Methode zur Auswahl einer die empirischen Kosten minimierenden Entscheidungsregel. Hierzu ist jedoch festzustellen, daß es bedeutend schwieriger sein dürfte, eine Funktionenklasse geringer Kapazität, in der sich eine hinreichend gute Entscheidungsregel befindet, aufzuzeigen, als eine geeignete Funktionenklasse großer Kapazität mit dieser Eigenschaft zu finden.

Zur Abschätzung der Anzahl der nach dem Algorithmus KORA möglichen Entscheidungsregeln wird von einem binären Raum X der Dimension n ausgegangen. Die Anzahl der möglichen Koordinatentripel beträgt dann $\binom{n}{3}$. Mit jedem Tripel können durch konjunktive Verknüpfungen acht Funktionen dieser „Logik-Algebra" gebildet werden. Es sind also insgesamt $T = 8 \cdot \binom{n}{3}$ verschiedene Merkmale möglich. Aus der Gesamtheit dieser Merkmale sollen t hinreichende Merkmale der ersten Klasse und t hinreichende Merkmale der zweiten Klasse ausgewählt werden.

Da nicht mehr als $\binom{T}{t}$ Möglichkeiten für die Auswahl der Merkmale aus einer Menge, die T Elemente umfaßt, existieren, so ist die Anzahl N verschiedener Entscheidungsregeln durch $N < \binom{T}{t}^2$ beschränkt. Demzufolge ist $N < n^{6t}$, und nach (5.17) weicht für den Fall, daß die empirischen Kosten nahe Null sind, die Wahrscheinlichkeit einer falschen Klassifikation [mit Hilfe der gefundenen Regel] von der empirischen Schätzung um nicht mehr als die Größe

$$\varepsilon = \frac{6t \ln n - \ln \eta}{l}$$

ab.

Wir stellen also fest, daß die Abweichung nur dem Logarithmus der Dimension proportional ist. Darin besteht auch die bemerkenswerte Besonderheit der betrachteten Klasse „nicht glatter" Entscheidungsfunktionen.

KAPITEL VI

DIE METHODE DER GEORDNETEN KOSTENMINIMIERUNG

§ 1. Die Kriterien der Güteschätzung für Algorithmen

Bis jetzt interessierten wir uns nur für die Anforderungen, die an einen Algorithmus zu stellen sind, der einer Maschine die Fähigkeit des Lernens verleihen soll. Es wurden Iterationsalgorithmen betrachtet und dabei zeigte sich, daß für diese Algorithmen eine ziemlich große Lernfolge benötigt wird.

Deshalb wurde eine Weiterentwicklung betrachtet, die in der Speicherung der Lernfolge und ihrer wiederholten Anwendung besteht. Das Wesentliche dabei ist, daß das Problem nach der Methode der Minimierung der empirischen Kosten gelöst wurde.

Die Bedingungen, unter denen die Algorithmen der Kostenminimierung zum Erfolg führen, wurden aufgefunden, und man erhielt somit die Möglichkeit, verschiedene, effektive lernfähige Algorithmen zu entwickeln. Es erhebt sich die Frage, welcher Algorithmus zur Lösung eines vorgelegten konkreten Problems gewählt werden soll, d.h. die Frage, welcher Algorithmus der lernabhängigen Erkennung auf der Grundlage einer Stichprobe fest vorgegebener Länge l besser arbeitet.

Um für Stichproben solcher Art die besten Algorithmen konstruieren zu können (die sog. endlich-optimalen Algorithmen), muß zuerst vereinbart werden, was unter der Güte eines Algorithmus zu verstehen sei (d.h., welches die Optimierungskriterien sind).

Die Güte des Belehrungsalgorithmus, der ein konkretes Problem löst, ist natürlich durch die Güte der Entscheidungsregel zu definieren, die von dem Algorithmus auf der Grundlage der Lernfolge ausgewählt (erstellt) wurde.

Die Güte einer Entscheidungsregel $F(\boldsymbol{x}, \boldsymbol{\alpha}^*)$ in einem konkreten Klassifizierungsproblem, das durch die Verteilung $P(\boldsymbol{x}, \omega)$ gekennzeichnet ist, wurde bereits weiter oben durch

$$P(\boldsymbol{\alpha}^*) = \int (\omega - F(\boldsymbol{x}, \boldsymbol{\alpha}^*))^2 \, dP(\boldsymbol{x}, \omega)$$

definiert.

Da aber die Auswahl einer Entscheidungsregel von der zufällig vorliegenden Lernfolge $\boldsymbol{x}_1, \omega_1; \ldots; \boldsymbol{x}_l, \omega_l$ abhängt, wird $P(\boldsymbol{\alpha}^*)$ selbst eine Zufallsgröße sein, die von der jeweiligen Realisierung der Lernfolge abhängt.

Eine Zufallsgröße wird am genauesten durch ihre Verteilungsfunktion charakterisiert. In unserem Fall ist also die Güte eines Algorithmus, der ein Klassifizierungsproblem bei fest vorgegebener Stichprobenlänge löst, durch die Verteilungsfunktion $\mu(P(\boldsymbol{\alpha}))$ der Güte definiert.

Die Güte zweier Algorithmen miteinander vergleichen heißt somit, zwei Verteilungsfunktionen vergleichen. Wenn eine der Funktionen unterhalb der anderen liegt (so wie in Abb. 13), kann die Auswahl eindeutig erfolgen. In diesem Falle liegt der Schnittpunkt einer beliebigen Abszisse (horizontale Gerade) mit der ersten Kurve weiter links als der Schnittpunkt derselben Abszisse mit der zweiten Kurve.

Das bedeutet, daß der erste Algorithmus für ein beliebiges Konfidenzniveau einen kleineren Wert des Funktionals garantiert und damit besser ist als der zweite. Es sind aber auch solche Beziehungen zwischen den Verteilungsfunktionen der Güte zweier Algorithmen möglich, wie sie in Abb. 14 gezeigt sind.

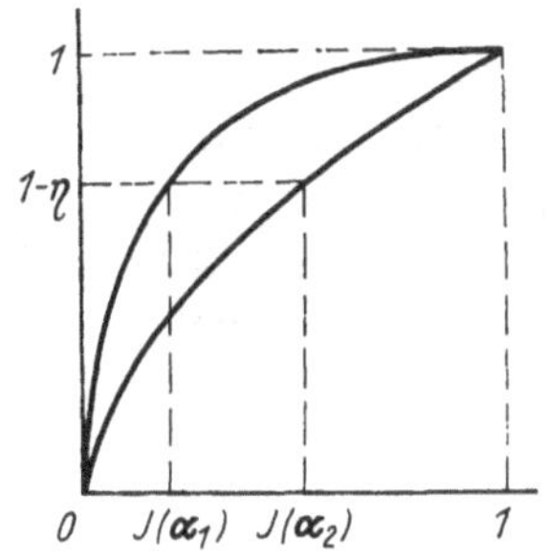

Abb. 13.

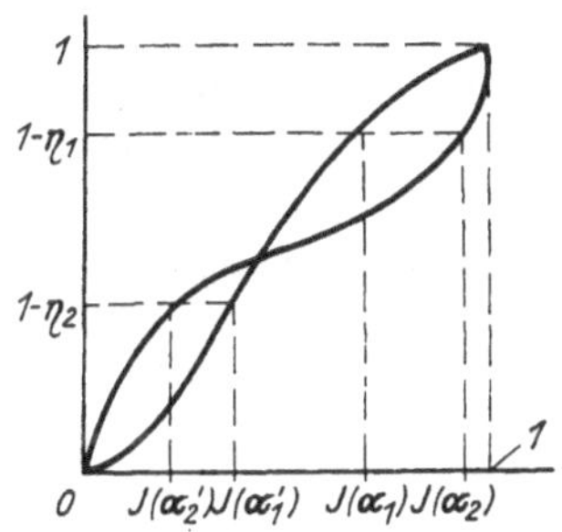

Abb. 14.

In diesem Fall erweist sich für ein Konfidenzniveau ($p = 1 - \eta_1$) der erste Algorithmus als günstiger, während für das andere ($p = 1 - \eta_2$) dem zweiten Algorithmus der Vorzug gegeben werden sollte. Somit können Verteilungsfunktionen der Güte von Algorithmen, die ein Problem $P(x, \omega)$ für die Stichprobenlänge l lösen, nur bei vorgegebenem, festen Konfidenzniveau miteinander verglichen werden.

Da sich daraus einige Unbequemlichkeiten ergeben, werden wir manchmal die Güte des Algorithmus nicht durch die Verteilungsfunktion $\mu(P(\alpha))$, sondern durch die mathematische Erwartung der Fehlerwahrscheinlichkeit

$$R = \int P(\alpha)\, \mathrm{d}\mu(P(\alpha))$$

charakterisieren.

Bei der Lösung des soeben formulierten Problems für Stichproben der Länge l bewerten wir jetzt denjenigen Algorithmus als den besseren, für den die mathematische Erwartung R den kleineren Wert hat.

Wir bezeichnen den Belehrungsalgorithmus mit A und das konkrete Problem mit T; dann kann die Güte des Algorithmus A, der das Problem der lernfähigen Erkennung T für die Stichprobenlänge l löst, als zweistellige Funktion $R_l(A, T)$ geschrieben werden.

Damit ist definiert, wie die Güte $R_l(A, T)$ für ein beliebiges vorgegebenes Problem T gemessen werden soll. Weiterhin muß vereinbart werden, wie die Güte eines für die Lösung der Problemklasse $\{T\}$ vorgesehenen Algorithmus zu definieren ist. Die Lösung dieses

Problems kann mit den Mitteln der statistischen Entscheidungstheorie angegangen werden. In dieser Theorie werden für den Vergleich verschiedener Algorithmen folgende drei Kriterien angewandt:

a) das BAYES-Kriterium,

b) das Minimax-Kriterium,

c) das Minimax-Verlust-Kriterium.

Entsprechend dem BAYES-Kriterium wird für jeden Algorithmus eine mittlere Güte durch Mittelung über die Menge aller Probleme berechnet. Dazu muß die Wahrscheinlichkeit, mit der die einzelnen Probleme gelöst werden müssen, d. h. die Verteilungsfunktion $P(T)$ bekannt sein. Damit wird das BAYES-Kriterium durch

$$R_{\mathrm{BAYES}}(A) = \int R_l(A, T)\,\mathrm{d}P(T)$$

definiert.

Das Minimax-Kriterium ist am vorsichtigsten. Es definiert die Güte eines Algorithmus als Güte der Lösung des für den gegebenen Algorithmus ungünstigsten Problems. Bei diesem Kriterium bleibt im Gegensatz zum vorigen überhaupt unberücksichtigt, mit welcher Wahrscheinlichkeit dieses ungünstigste Problem in der Praxis tatsächlich auftritt. Somit kann es vorkommen, daß die Güte eines Algorithmus durch ein Problem definiert wird, das in der Praxis niemals vorkommt. Dementsprechend lautet das Kriterium

$$R_{\mathrm{MM}}(A) = \max_T R_l(A, T).$$

Durch das Minimax-Verlust-Kriterium wird der maximale Güteverlust minimiert. Unter dem Güteverlust, der bei Anwendung eines bestimmten Algorithmus zur Lösung eines gegebenen Klassifizierungsproblems entsteht, wird die Differenz zwischen der Güte des für dieses Problem optimalen Algorithmus und der Güte des betrachteten Algorithmus verstanden. Die mathematische Form des Minimax-Verlust-Kriteriums ist

$$R_{\mathrm{MV}}(A) = \max_T \left(R_l(A, T) - \min_A R_l(A, T)\right).$$

Dieses Kapitel ist dem Vergleich verschiedener Algorithmen der lernabhängigen Erkennung gewidmet. Die unter den einzelnen Kriterien optimalen Algorithmen werden betrachtet und [unter Beschränkung auf das Minimax- und Minimax-Verlust-Kriterium] mit den nach der Methode der Minimierung der empirischen Kosten arbeitenden Algorithmen verglichen.

Jedoch sind die nach diesen beiden Kriterien optimalen Algorithmen nicht so interessant wie die nach dem BAYES-Kriterium optimierten Algorithmen. Die Erstellung der nach dem BAYES-Kriterium optimalen Algorithmen ist jedoch wegen der damit verbundenen außerordentlich aufwendigen Berechnungen praktisch nicht realisierbar. Deshalb sind die Quasi-BAYES-Prozeduren von Interesse, die wertvolle Eigenschaften mit den BAYES-Verfahren teilen, aber nicht so aufwendig sind. In diesem Kapitel werden die Algorithmen der sog. „geordneten Kostenminimierung" betrachtet, die solche Prozeduren realisieren.

Wir beginnen die Betrachtung der optimalen Algorithmen mit der Untersuchung von Algorithmen, die nach dem Minimax-Kriterium optimal sind.

§ 2. Minimax-Kriterium

Wie oben schon dargelegt, werden in diesem Fall die Algorithmen danach beurteilt, wie gut sie das für sie ungünstigste Problem lösen. Bei der Anwendung dieses Kriteriums zur Auswahl eines optimalen Algorithmus ist zu beachten, daß das Kriterium nur sinnvoll ist, wenn die Gesamtheit der zu lösenden Probleme zuvor eingeschränkt wurde. Das ist durch den Umstand bedingt, daß stets Klassifizierungsprobleme existieren, die kein Algorithmus belehren kann (z.B. wenn für alle $\boldsymbol{x}$ $P(\omega \mid \boldsymbol{x})$ für $\omega = 1$ ebenso wie für $\omega = 0$ den Wert 0,5 hat), und eben diese Probleme stellen für jeden Belehrungsalgorithmus die ungünstigsten dar, so daß ohne diese Einschränkung alle Algorithmen von gleicher Güte wären. Wird jedoch der Kreis der Probleme von vornherein eingeschränkt, kann das Minimax-Kriterium von Interesse sein.

So sei z.B. im voraus bekannt, daß alle Probleme von der Art sind, daß für jedes von ihnen in der Klasse S der zur Auswahl stehenden Entscheidungsregeln eine fehlerfreie Diskriminationsregel existiert (deterministischer Fall). Dann konstruiert — wie im vorangegangenen Kapitel gezeigt wurde — ein auf der Minimierung der empirischen Kosten beruhender Algorithmus A auf der Grundlage einer Lernfolge der Länge l [für ein beliebiges Klassifizierungsproblem] mit einer Wahrscheinlichkeit größer als $1 - \eta$ eine Entscheidungsregel, deren Fehlerrate nicht größer als

$$\varepsilon = 2\,\frac{n\left(\ln \dfrac{2l}{n} + 1\right) - \ln \dfrac{\eta}{2}}{l}$$

ist. Hierin bedeutet n den Exponenten der Wachstumsfunktion der Klasse S. Setzt man $\eta = 1/l$ an und geht zur mathematischen Erwartung über, erhält man für ein beliebiges Problem T des betrachteten Typs

$$\min_A R_l(A, T) \leqq 2\,\frac{n(\ln 2l - \ln n + 1) + 1 + \ln 2l}{l}.$$

Damit wird

$$\min_A \max_T R_l(A, T) \leqq 2\,\frac{n(\ln 2l - \ln n + 1) + 1 + \ln 2l}{l}.$$

Wie im Anhang gezeigt ist, existiert andererseits auch die folgende Abschätzung nach unten:

$$\min_A \max_T R_l(A, T) \geqq \begin{cases} 0{,}5\left(1 - \dfrac{1}{n+1}\right)^l & \text{für } l \leqq n, \\ 0{,}5\,\dfrac{n-1}{l+1}\left(1 - \dfrac{1}{l+1}\right)^l \approx 0{,}2\,\dfrac{n-1}{l+1} & \text{für } l > n. \end{cases}$$

Somit genügt in diesem Fall ein beliebiger auf der Minimierung der empirischen Kosten beruhender Algorithmus ausreichend gut dem Minimax-Kriterium. Außerdem strebt bei endlichem n das Minimum der Maxima (Minimax) mit $l \to \infty$ nach Null, jedoch um so langsamer, je größer n ist.

Allgemein kann man feststellen, daß die Konstruktion eines unter dem Minimax-Kriterium streng optimalen Belehrungsalgorithmus für eine gegebene Problemklasse eine außerordentlich komplizierte und wahrscheinlich auch sehr undankbare Aufgabe darstellt.

§ 3. Minimax-Verlust-Kriterium

Das im vorigen Paragraphen betrachtete Kriterium setzt voraus, daß vor seiner Anwendung bereits eindeutig eine bestimmte Problemklasse definiert ausgewählt worden ist. Das ist nicht immer bequem. Oft ist die Situation so, daß [nur] eine definierte Klasse von Entscheidungsregeln S vorgegeben ist und damit gerechnet wird, daß für die zu lösenden Probleme in dieser Klasse „hinreichend gute" Diskriminationsregeln enthalten sind.

Das Minimax-Verlust-Kriterium erlaubt dagegen eine explizite Definition dessen, was unter einer „hinreichend guten" Regel zu verstehen ist. Der Grundgedanke dieses Kriteriums besteht in folgendem. Für eine vorgegebene Menge Q von Algorithmen ist der Verlust π als Differenz zwischen der Güte des gegebenen Algorithmus für das Erlernen eines bestimmten Klassifizierungsproblems und der Güte des für dieses Problem in der Menge Q enthaltenen besten Algorithmus erklärt:

$$\pi(A, T) = R_l(A, T) - \min_{\alpha \in Q} R_l(A, T).$$

Für das Folgende nehmen wir an, daß Q alle Belehrungsalgorithmen umfaßt, die Entscheidungsregeln aus einer Klasse S auswählen. Dann ist

$$\pi(A, T) = R_l(A, T) - \min_{\alpha \in S} P(\alpha, T),$$

wobei $P(\alpha, T)$ die Güte der Entscheidungsregel $F(x, \alpha)$ für das Klassifizierungsproblem T und folglich

$$\min_{\alpha \in S} P(\alpha, T)$$

die Güte der für das entsprechende Problem besten Entscheidungsregel aus der Klasse S sind.

Somit ist der hier definierte Verlust ein Maß für den Grad der „Nichtbelehrbarkeit", während $\min_{\alpha \in S} P(\alpha, T)$ die Fehlerrate ist, die selbst bei idealer Belehrung noch unvermeidlich bleibt.

Das Verlustmaximum ist also mit dem [hier definierten] Verlust, der bei dem ungünstigsten Problem zu verzeichnen ist, identisch. Dazu ist zu bemerken, daß bei Anwendung des Minimax-Kriteriums ein Klassifizierungsproblem als ein „schlechtes" Problem bewertet wird, wenn der entsprechend dem Kriterium ausgewählte Algorithmus für dieses Einzelproblem eine große Fehleranzahl ergibt, unabhängig davon, ob überhaupt ein Algorithmus in der vorgegebenen Menge von Algorithmen existiert, der das Problem gut löst. Vom Minimax-Verlust-Kriterium jedoch wird ein Klassifizierungsproblem dann als „schlecht" bewertet, wenn der durch das Kriterium selbst definierte (ausgewählte) Algorithmus für dieses Problem schlecht ist, während in der vorgegebenen Menge von Algorithmen noch ein anderer Algorithmus existiert, der dieses Problem gut löst.

Die Ergebnisse des vorangegangenen Kapitels können für die mit der Minimierung der empirischen Kosten arbeitenden Algorithmen zur Abschätzung des Minimax-Verlustes noch oben herangezogen werden. Entsprechend der Schätzung (5.11) wählt der nach der Methode der Minimierung der empirischen Kosten arbeitende Algorithmus A für ein beliebiges Erkennungsproblem mit der Wahrscheinlichkeit $1 - \eta$ eine Entscheidungsregel aus, die sich von der Güte des für dieses Problem in der Klasse enthaltenen besten Algorithmus um nicht mehr als

$$\varepsilon = 2\sqrt{\frac{n\,(\ln 2l - \ln n + 1) - \ln \eta/5}{l-1}}$$

unterscheidet.

Setzt man wieder $\eta = 1/l$ und geht zur mathematischen Erwartung über, so erhält man, wenn man berücksichtigt, daß $P(\alpha) \leqq 1$ ist,

$$\pi(A, T) \leqq 2\sqrt{\frac{n(\ln 2l - \ln n + 1) + \ln 5l}{l}} + \frac{1}{l}.$$

Daraus folgt

$$\min_A \max_T \pi(A, T) \leqq 2\sqrt{\frac{n(\ln 2l - \ln n + 1) + \ln 5l}{l}} + \frac{1}{l}.$$

Andererseits gilt für Algorithmen A, die aus der Klasse S eine Entscheidungsregel auswählen, und für beliebige Erkennungsprobleme die folgende Abschätzung nach unten (siehe Anhang)

$$\min_A \max_T \pi(A, T) \geqq \begin{cases} 0{,}5\,\mathrm{e}^{-\frac{l}{n}} & \text{für } l \leqq n, \\ \left(0{,}25 + \dfrac{l}{8n}\right)\mathrm{e}^{-l/n} & \text{für } n < l < 2l, \\ \sqrt{\dfrac{n}{l}}\,(1 - \operatorname{erf}(1)) & \text{für } l \geqq 2n. \end{cases}$$

Es zeigt sich, daß die Algorithmen der Kostenminimierung den nach dem Minimax-Verlust-Kriterium optimalen Algorithmen in ihrer Güte ausreichend nahekommen. Es ist offensichtlich, daß bei endlichem n das Minimum des Verlustmaximums (Verlustminimax) mit $l \to \infty$ gegen Null strebt. Wenn jedoch die Wachstumsfunktion $m^s(l) \equiv 2^l$ ist, dann verringern sich die maximalen Verluste mit wachsendem l nicht, sondern bleiben bei dem Wert 0,5 stehen; d.h., es erfolgt keine Belehrung.

Wie im Kapitel V gezeigt, stellt die Größe n, die sowohl in die Ausdrücke für die Abschätzungen des Verlustminimax nach oben wie auch nach unten eingeht, ein Maß für die Mächtigkeit der Klasse S dar. Somit ist also das Verlustminimax um so größer, je umfangreicher die Klasse der Entscheidungsregeln ist, aus der ausgewählt wurde.

Diese etwas paradox scheinende Schlußfolgerung ist leicht zu verstehen, wenn man berücksichtigt, daß praktisch nur solche Klassifizierungsprobleme in Betracht gezogen werden, für die in der Klasse S eine befriedigende Entscheidungsregel existiert. Das bedeutet, daß sich mit der Vergrößerung der Klasse S auch der Kreis der Klassifizierungsprobleme, aus dem das für den gegebenen Algorithmus schwierigste ausgewählt wird, erweitert.

Im allgemeinen setzen sich die mittleren Entscheidungskosten, die mit der Anwendung eines vorgegebenen Algorithmus A auf ein Klassifizierungsproblem T verbunden sind, aus den drei Anteilen

$$R(A, T) = \pi(A, T) + \Delta_1(T, S) + \Delta_2(T)$$

zusammen. Dabei ist Δ_2 der unvermeidbare Kostenanteil, der sogar bei Anwendung der für dieses Klassifizierungsproblem besten Entscheidungsregel [aus der Gesamtheit aller

Entscheidungsregeln] bestehen bleibt. Die Größe $\Delta_1 + \Delta_2$ ist mit der Güte der besten Entscheidungsregel in der Klasse S identisch, somit ist Δ_1 derjenige Verlustanteil, der aus der Einschränkung heraus resultiert, daß die gesuchte Regel der Klasse S angehören muß (in der deterministischen Aufgabenstellung ist $\Delta_2 + \Delta_1 = 0$). Und schließlich ist π der Verlust in dem oben definierten Sinne; dieser Verlustanteil ist ein Maß für das Gütedefizit der im Laufe der Belehrung von einem bestimmten Algorithmus A konstruierten (ausgewählten) Entscheidungsregel gegenüber der jeweils optimalen Entscheidungsregel in derselben Klasse.

$\Delta_2(T)$ ist nur vom Erkennungsproblem abhängig, während $\Delta_1(T, S)$ zwar von der Spezifik der Klasse S, jedoch nicht vom Belehrungsalgorithmus abhängt. Der Verlust $\pi(A, T)$ ist dann von dem vorgelegten Klassifizierungsproblem, von der Klasse S und dem jeweiligen zur Belehrung verwendeten Algorithmus abhängig.

§ 4. Das Bayes-Kriterium

Wir nehmen an, daß das A-priori-Wissen über die Natur der (in der Praxis zu erwartenden) Klassifizierungsprobleme, auf dessen Grundlage der Lernalgorithmus berechnet wird, in der Form von A-priori-Wahrscheinlichkeiten für das Auftreten der einzelnen Klassifizierungsprobleme gegeben ist. In diesem Fall begründet die statistische Entscheidungstheorie eine Konstruktionsmethode für einen optimalen Belehrungsalgorithmus auf der Grundlage eines Gütemaßes, das durch Mittelung über eine Gesamtheit von Klassifizierungsproblemen definiert ist. Es handelt sich dabei um die Methode, bei der das sog. Bayes-Kriterium

$$R_{\text{Bayes}}(A) = \sum_T P_{\text{a priori}}(T) \cdot R_l(A, T)$$

minimiert wird. Das folgende Schema formalisiert das entsprechend dem Bayes-Kriterium optimale Belehrungsverfahren.

1. Es sei die Lernfolge $\boldsymbol{x}_1, \omega_1; \ldots; \boldsymbol{x}_l, \omega_l$ gegeben. Auf Grund dieser Folge wird für jedes Klassifizierungsproblem die A-posteriori-Wahrscheinlichkeit

$$P_{\text{a posteriori}}(T) = \frac{P_{\text{a priori}}(T) \prod_{i=1}^{l} P_T(\boldsymbol{x}_i, \omega_i)}{\sum_T P_{\text{a priori}}(T) \prod_{i=1}^{l} P_T(\boldsymbol{x}_i, \omega_i)}$$

ermittelt, wobei $P_{\text{a priori}}(T)$ die A-priori-Wahrscheinlichkeit des Problems T bezeichnet; $P_T(x, \omega)$ ist hier die dem Klassifizierungsproblem T entsprechende Verteilung.

2. Für jedes Objekt $\boldsymbol{x}$ wird die A-posteriori-Wahrscheinlichkeit, mit der das betreffende Objekt [von einem Lehrer] der Klasse ω zugeordnet wird, berechnet.

$$P_{\text{a posteriori}}(\omega \mid \boldsymbol{x}) = \sum_T P_T(\omega \mid \boldsymbol{x}) \, P_{\text{a posteriori}}(T)$$

3. Anschließend wird die Entscheidungsregel $F(x)$ aufgestellt, die folgendermaßen erklärt ist:

$$F(\boldsymbol{x}) = \begin{cases} 1 & \text{für} \quad P_{\text{a posteriori}}(1 \mid \boldsymbol{x}) \geqq 0{,}5\,, \\ 0 & \text{für} \quad P_{\text{a posteriori}}(1 \mid \boldsymbol{x}) < 0{,}5\,. \end{cases}$$

Trotz aller Vorzüge der BAYES-Strategie erweist sie sich praktisch als undurchführbar, da sie, von einigen einfachen Fällen abgesehen, außerordentlich aufwendige Berechnungen verlangt. Zudem sind die Kenntnisse über die A-priori-Wahrscheinlichkeiten der Klassifizierungsprobleme sehr verschwommen, weshalb sich die genaue Ermittlung des optimalen Entscheidungsverfahrens nach BAYES als unzweckmäßig erweisen kann. Von Interesse sind die Quasi-BAYES-Verfahren, die die wertvollen Eigenschaften des Originalverfahrens bewahren, jedoch nicht so aufwendig sind.

Es muß erwähnt werden, daß bei Erkennungsproblemen im Unterschied zu anderen Anwendungen des BAYES-Verfahrens die A-priori-Kenntnisse über die zu lösenden Probleme sehr wesentlich sind und daß die Auswahl der Entscheidungsregel von diesen Kenntnissen abhängt. Im einzelnen kann gezeigt werden, daß nur diejenigen Algorithmen effektiv sind, die für eine im Vergleich zur Gesamtheit aller Klassifizierungsprobleme hinreichend eingeschränkte Problemklasse optimal sind. Deshalb muß für eine effektive BAYES-Strategie eine Verteilung der A-priori-Wahrscheinlichkeiten auf die einzelnen Probleme vorliegen, durch die fast alle Probleme in der Gesamtheit wenig wahrscheinlich sind, während für nur eine geringfügige Teilmenge dieser Gesamtheit die Wahrscheinlichkeit nahezu gleich Eins ist.

§ 5. Verein von Klassen von Entscheidungsregeln (halbgeordnetes Mengensystem)

Die letzte Bemerkung des vorigen Paragraphen läßt sich folgendermaßen interpretieren: Sei Q die Menge aller Klassifizierungsprobleme, dann kann aus dieser Menge ein Teilmengen-Verein

$$Q_1 \subset Q_2 \subset \cdots \subset Q_N \subset Q \tag{6.1}$$

so ausgewählt werden, daß die Wahrscheinlichkeiten $P(Q_i)$, mit denen Probleme aus Q_i auftreten, das System

$$P(Q_1) < P(Q_2) < \cdots < P(Q_N) < 1 \tag{6.2}$$

von Ungleichungen erfüllen. Das Wesentliche an dieser Bemerkung ist, daß sich beim Übergang von Q_i zu Q_{i+1} die Anzahl der Probleme stark erhöht, während die Beträge

$$\Delta P_i = P(Q_{i+1}) - P(Q_i)$$

monoton abnehmen.

Ein vorgegebener Teilmengen-Verein (6.1) soll hier zusammen mit den Wahrscheinlichkeiten (6.2) die A-priori-Kenntnis über die zu lösenden Probleme darstellen.

Die sog. abgeschwächte BAYES-Belehrungsstrategie benutzt eine A-priori-Information, die nicht durch die zwei Bedingungen (6.1) und (6.2), sondern nur durch die eine Bedingung (6.1) gegeben ist, wobei angenommen wird, daß die ΔP_i mit wachsendem i abnehmen. Es ist nun die Besonderheit der BAYES-Strategie, daß die verschiedenen Hypothesen mit dem durch ihre A-priori-Wahrscheinlichkeit gegebenen Gewicht in Betracht gezogen werden. Die folgende Strategie kann deshalb — unter Berücksichtigung des Umstandes, daß die ΔP_i mit wachsendem i monton abnehmen — als eine Quasi-BAYES-Strategie angesehen werden.

Auf die Lernfolge wird zuerst ein Algorithmus angewandt, der für die Probleme einer Klasse Q_1 optimal ist. Erbringt er unbefriedigende Resultate, wird ein für die Probleme der Klasse Q_2 optimaler Algorithmus angewandt.

Diese Strategie bezeichnen wir als die Methode der geordneten Kostenminimierung.

Das Realisierungsschema dieser Methode ist wie folgt. Zuerst wird die vorgegebene Klasse von Entscheidungsregeln S geordnet, d. h. ein Verein von Teilmengen dieser Klasse hergestellt:

$$S_1 \subset S_2 \subset \ldots \subset S_N = S.$$

Danach wird in der Klasse S_1 eine Regel gesucht, die die empirischen Kosten minimiert. Kann die gefundene Entscheidungsregel nicht befriedigen, sucht man jetzt weiter diejenige Regel, die in der Klasse S_2 die empirischen Kosten minimiert usw. Die Suchprozedur ist insgesamt erst nach Auffinden einer befriedigenden Regel beendet. Es muß bemerkt werden, daß sich die Lösungen, die nach dieser Methode der geordneten Kostenminimierung erhalten werden, i.a. von den Lösungen, die nach der Methode der Minimierung der empirischen Kosten erhalten werden, unterscheiden.

Im zweiten Falle wird nämlich eine Regel ausgewählt, die die empirischen Kosten nur in einer Funktionenklasse $S_i \subset S$ minimiert, während im ersten Fall die empirischen Kosten in S selbst minimiert werden.

Die Methode der geordneten Kostenminimierungen kann als zweistufiges Belehrungsverfahren aufgefaßt werden. In der ersten Stufe werden auf die Lernfolge N Algorithmen $A_1, \ldots, A_N$ angewandt, von denen jeder eine Entscheidungsregel auswählt, die die empirischen Kosten in der betreffenden Klasse S_i minimiert. In der zweiten Stufe wird von den so gefundenen N Entscheidungsregeln eine ausgewählt, die das gegebene Kriterium minimiert.[1])

Zur konstruktiven Vorgabe von Algorithmenklassen im Rahmen der Methode der geordneten Kostenminimierung werden unbedingt

1. Kriterien für die Auswahl einer Entscheidungsregel in der zweiten Stufe (d.h., der Algorithmus der zweiten Stufe ist vorzugeben) benötigt, und es bleibt
2. festzulegen, wie eine vorgegebene Klasse S von Entscheidungsregeln zu ordnen ist.

Die Theorie der Methode der geordneten Kostenminimierung soll die Frage beantworten, wie die Effektivität dieser Methode z.B. im Vergleich zur Methode der [einfachen] Minimierung der empirischen Kosten zu beurteilen ist.

§ 6. Die Auswahlkriterien

Es sind zwei Verfahren der zweiten Stufe bekannt. Beide nutzen im wesentlichen die Tatsache aus, daß in der zweiten Stufe die Auswahl der Entscheidungsregel aus einer Menge erfolgt, die nur wenige Entscheidungsregeln umfaßt (in der Größenordnung von zehn bis zu einigen Hundert), und deshalb sind hier die Forderungen der gleichmäßigen Konvergenz unkritisch. Der folgende erste Ansatz steht in engem Zusammenhang mit der im Kapitel V dargelegten Güteschätzung (5.11):

$$P(i) \leqq P_{\text{emp}}(i) + 2\sqrt{\frac{n_i(\ln 2l - \ln n_i + 1) - \ln \eta/5}{l-1}}. \tag{6.3}$$

[1]) Diese beiden Phasen der Methode der geordneten Kostenminimierung können naturgemäß bei ihrer praktischen Durchführung ineinander übergehen, was jedoch am Prinzip des Verfahrens nichts ändert.

Hierin bedeuten $P_{emp}(i)$ das Minimum der empirischen Kosten in der Klasse S_i, n_i den Exponenten der Kapazität der Klasse S_i.

Der Ausdruck

$$\varepsilon(i) = 2\sqrt{\frac{n_i(\ln 2l - \ln n_i + 1) - \ln \eta/5}{l - 1}}$$

gibt das Konfidenzintervall für die Klasse S_i an und wächst monoton mit i. Dagegen nimmt $P_{emp}(i)$ mit wachsendem i nicht zu, da ja die empirisch-optimale Regel der Klasse S_i auch in allen anderen Klassen S_j $(j > i)$ enthalten ist. Als geeignetes Auswahlkriterium hierfür kann die rechte Seite dieser Ungleichung dienen, d.h. also

$$K(\alpha) = P_{emp}(\alpha) + 2\sqrt{\frac{n(\ln 2l - \ln n + 1) - \ln \eta/5}{l - 1}}. \tag{6.4}$$

Die das Kriterium (6.4) minimierende Entscheidungsregel gewährleistet eine minimale Fehlerwahrscheinlichkeit.

Das zweite Verfahren zur Auswahl einer Entscheidungsregel beruht auf dem folgenden Schätzungsverfahren, das als gleitende Güteberechnung bezeichnet wird.[1])

Der Grundgedanke dieses Verfahrens ist folgender: Die Güte eines Algorithmus der ersten Stufe wird mit Hilfe eines in der zweiten Stufe realisierbaren Verfahrens definiert und ermittelt. Dazu wird ein Objekt aus der Lernfolge ausgewählt und jeder der Algorithmen mit dem Rest der Lernfolge belehrt und danach das ausgewählte Element klassifiziert. Dann wird dieses Objekt wieder in die Lernfolge eingegliedert und ein anderes ausgewählt. Die Belehrung und Prüfung für dieses zweite Objekt wird von neuem vorgenommen; so werden alle Objekte der Lernfolge der Reihe nach behandelt. Am Schluß wird ermittelt, wie oft sich jeder Algorithmus bei der Klassifizierung der ausgewählten Objekte „geirrt" hat. Die Bruchteile fehlerhaft klassifizierter Objekte an der Gesamtanzahl der für die Belehrung zur Verfügung gestellten Objekte sind jeweils gleichzeitig auch Schätzwerte für die Güte der Entscheidungsregeln, die von den einzelnen der N Algorithmen ausgewählt worden sind.

§ 7. Erwartungstreue der U-Methode

Wir werden zeigen, daß die Schätzungen nach der U-Methode erwartungstreu sind, d.h., daß die mathematische Erwartung des Resultats der Güteberechnung den wahren Wert der Güte angibt.

Zur Vereinfachung bezeichnen wir mit

$$F(x; x_1, \omega_1; \ldots; x_l, \omega_l)$$

---

1) Die Prozedur der gleitenden Güteberechnung ist wahrscheinlich zuerst von M. N. Wainzwaig vorgeschlagen worden.

Anm. d. Hrsg. hierzu: Die hier als „gleitende Güteberechnung" bezeichnete Prozedur wird in der Literatur auch als „U-Methode der Fehler- bzw. Güteschätzung" bezeichnet (vgl. [39a]); wir schließen uns diesem Sprachgebrauch an.

Die U-Methode ist hier in gewissem Sinne auf den Fall einer Menge von N Algorithmen erweitert, während sie ursprünglich nur für einen einzelnen Algorithmus ($N = 1$) formuliert wurde.

die Entscheidungsregel, für die eine Stichprobe der Länge l gefunden wurde. Mit

$$P(\boldsymbol{x}_1, \omega_1; \ldots; \boldsymbol{x}_l, \omega_l) = \int (\omega - F(\boldsymbol{x}; \boldsymbol{x}_1, \omega_1; \ldots; \boldsymbol{x}_l, \omega_l))^2 \, dP(\boldsymbol{x}, \omega)$$

bezeichnen wir die Güte der Entscheidungsregel, die für die Stichprobe $\boldsymbol{x}_1, \omega_1; \ldots; \boldsymbol{x}_l, \omega_l$ gewonnen wurde.

Außerdem führen wir die Bezeichnungen

$$\bar{p}_l = \int\int \ldots \int P(\boldsymbol{x}_1, \omega_1; \ldots; \boldsymbol{x}_l, \omega_l) \, dP(\boldsymbol{x}_1, \omega_1) \ldots dP(\boldsymbol{x}_l, \omega_l),$$

$$\hat{p} = \frac{1}{l} \sum_{i=1}^{l} (\omega_i - F(\boldsymbol{x}_i; \boldsymbol{x}_1, \omega_1; \ldots; \hat{\boldsymbol{x}}_i, \hat{\omega}_i; \ldots; \boldsymbol{x}_l, \omega_l))^2$$

ein. Hierin bedeutet die aus $\boldsymbol{x}_1, \omega_1; \ldots; \hat{\boldsymbol{x}}_i, \hat{\omega}_l; \boldsymbol{x}_l, \omega_i$ die durch Ausschluß des Elementes $\boldsymbol{x}_i, \omega_i$ erhaltene Stichprobe.

Es muß nun bewiesen werden, daß

$$\mathsf{E}\hat{p} = \bar{p}_{l-1},$$

wobei E den Operator der mathematischen Erwartung bedeutet.

Der Beweis dieser Behauptung wird durch folgende mathematische Umformungen erbracht:

$$\begin{aligned}
\mathsf{E}\hat{p} &= \int\int \cdots \int \frac{1}{l} \sum_{i=1}^{l} (\omega_i - F(\boldsymbol{x}_i; \boldsymbol{x}_1\ \omega_1; \ldots; \hat{\boldsymbol{x}}_i, \hat{\omega}_i; \ldots; \boldsymbol{x}_l, \omega_l))^2 \, dP(\boldsymbol{x}_1, \omega_1) \ldots dP(\boldsymbol{x}_l, \omega_l) \\
&= \int \cdots \int \frac{1}{l} \sum_{i=1}^{l} \int (\omega_i - F(\boldsymbol{x}_i; \boldsymbol{x}_1, \omega_1; \ldots; \hat{\boldsymbol{x}}_i, \hat{\omega}_i; \ldots; \boldsymbol{x}_l, \omega_l))^2 \\
&\qquad \times dP(\boldsymbol{x}_i, \omega_i) \, dP(\boldsymbol{x}_1, \omega_1) \ldots dP(\boldsymbol{x}_l, \omega_l) \\
&= \int\int \cdots \int \frac{1}{l} \sum_{i=1}^{l} P(\boldsymbol{x}_1, \omega_1; \ldots; \hat{\boldsymbol{x}}_i, \hat{\omega}_i; \ldots; \boldsymbol{x}_l, \omega_l) \, dP(\boldsymbol{x}_1, \omega_1) \ldots \\
&\ldots dP(\boldsymbol{x}_{i-1}, \omega_{i-1}) \, dP(\boldsymbol{x}_{i+1}, \omega_{i+1}) \ldots dP(\boldsymbol{x}_l, \omega_l) = \frac{1}{l} \sum_{i=1}^{l} \bar{p}_{l-1} = \bar{p}_{l-1}.
\end{aligned}$$

Die Erwartungstreue allein charakterisiert jedoch eine Schätzung nicht vollständig. Man muß noch die Dispersion der Schätzung p kennen. Aus der Dispersion des nach der U-Methode erhaltenen Gütemaßes läßt sich ein Schätzwert für die Güte p der von dem betreffenden Algorithmus ausgewählten Entscheidungsregel ableiten:

$$p < \nu_c + \varepsilon(\eta), \tag{6.5}$$

wobei ν_c das nach der U-Methode erhaltene Gütemaß,

$$\varepsilon(\eta) = \gamma(\eta) \sqrt{D},$$

D die Dispersion von ν_c und $\gamma(\eta)$ eine Konstante, die von dem Vertrauensgrad, mit dem (6.5) erfüllt sein soll, abhängig ist, bedeuten.

Es gibt gute Gründe — und eine Vielzahl von Experimenten bestätigt das — für die Annahme, daß in der Mehrzahl der praktisch wichtigen Fälle die Dispersion des nach der U-Methode erhaltenen Gütemaßes ungefähr ebenso schnell wie die Dispersion der durch

Selbstklassifizierung der Lernfolge erhaltenen Güteschätzung[1]) mit wachsendem l gegen Null strebt, aber ein exakter Beweis dieser Behauptung ist nicht bekannt. Interessant ist, daß es Beispiele für Belehrungsalgorithmen gibt, für die diese Behauptung nicht stimmt [45], wenn dieselbe auch offensichtlich auf alle „vernünftigen" Belehrungsalgorithmen [bzw. Belehrungsprobleme] zutrifft.

Somit müssen gegenwärtig alle diejenigen Algorithmen, die eine beste Entscheidungsregel nach dem Kriterium der U-Methode[2]) auswählen, als heuristische Verfahren angesehen werden, und zwar so lange, als es noch nicht gelungen ist, eine Schätzfunktion für die Dispersion des nach der U-Methode bestimmten Gütemaßes zu ermitteln. Das Auffinden der Dispersion der als U-Methode bezeichneten Schätzmethode für die Güte eines Klassifizierungsalgorithmus erweist sich so als eines der aktuellsten Probleme nicht nur in der Theorie der Erkennung/Klassifizierung, sondern auch in der theoretischen Statistik. Bei Verfügbarkeit dieser Schätzung wäre es möglich, die wahre Regel auszuwählen, welche die Eigenschaft hätte, daß für sie eine Abschätzung nach oben existierte, die die Größe p minimiert und gleichzeitig eine bestimmte Güte der ausgewählten Entscheidungsregel garantiert. Im folgenden werden Algorithmen der zweiten Stufe betrachtet, die auf Abschätzungen des Typs (6.4) beruhen.

Um die Algorithmen der geordneten Suche des Kostenminimums aufzustellen, sind noch allgemeine Möglichkeiten der Anordnung von Klassen von Entscheidungsregeln aufzuzeigen. Wir beschränken uns dabei auf die Untersuchung von Rangordnungsprinzipien bei linearen Entscheidungsregeln (Prinzipien für die Anordnung bestimmter Klassen linearer Entscheidungsregeln).

§ 8. Rangordnung nach Merkmalen (Aufbauverfahren)

Als einfachstes Prinzip der Anordnung von Klassen linearer Entscheidungsregeln kann man das Prinzip der Anordnung nach Merkmalen ansehen.

Wir betrachten die Klasse

$$F(\boldsymbol{x}, \boldsymbol{\lambda}) = \theta\left(\sum_{i=1}^{m} \lambda_i \varphi_i(\boldsymbol{x})\right)$$

der linearen Entscheidungsregeln. Die Merkmale $\varphi_i(\boldsymbol{x})$ werden nach abnehmender A-priori-Wahrscheinlichkeit, mit der das Merkmal bei der Klassifikation benötigt wird, angeordnet. Das geordnete System

$$S_1 \subset S_2 \subset \cdots \subset S_n \subset S$$

linearer Entscheidungsregeln wird dann folgendermaßen aufgestellt: In die Klasse S_1 kommen diejenigen Entscheidungsregeln, bei denen alle λ_i, mit Ausnahme von λ_1, gleich Null sind. Der Klasse S_2 werden diejenigen Entscheidungsregeln zugeordnet, bei denen nur λ_1 und $\lambda_2 \neq 0$ sein können usw.

---

[1]) Anm. d. Hrsg.: „Durch Selbstklassifizierung der Lernfolge erhaltene Güteschätzung" (im Original steht „Prüfung") und „empirische Kosten" sind hier synonym gebraucht.

[2]) Anm. d. Hrsg.: Ein „Algorithmus", der eine beste Entscheidungsregel nach der U-Methode auswählt", ist an sich selbst wieder ein Belehrungsalgorithmus, für den eine erwartungstreue Güteschätzung wieder z.B. nach der U-Methode erhalten wird. Im ersten Fall ist die U-Methode als algorithmische Prozedur Bestandteil eines Belehrungsalgorithmus, im zweiten ist sie eine Güteschätzmethode.

Diese Rangordnung hat folgenden Sinn. Der ersten Klasse gehören die Entscheidungsregeln an, die zur Erkennung nur das erste Merkmal verwenden, der zweiten Klasse diejenigen, die das erste und das zweite Merkmal benutzen usw. Wie im vorangegangenen Kapitel dargestellt, ist der Exponent im Ausdruck für die Kapazität jeder dieser Klassen gleich $m + 1$, wobei m die Anzahl der verwendeten Merkmale ist.

Die auf dem Niveau der zweiten Stufe im Algorithmus der geordneten Minimumsuche vorgesehene Prozedur wählt jeweils diejenige Entscheidungsregel aus, die das Kriterium

$$K(m) = P_{\text{emp}}(\alpha_m) + 2\sqrt{\frac{(m+1)(\ln 2l - \ln(m+1) + 1) - \ln \eta/5}{l-1}} \tag{6.6}$$

minimiert.

Die soeben betrachtete Anordnungsmöglichkeit von Klassen linearer Entscheidungsregeln hat einen Nachteil — sie setzt voraus, daß eine Rangordnung der Merkmale nach ihrer Wichtigkeit von vornherein (a priori) bekannt ist.

Falls eine solche Rangordnung nicht verfügbar ist, kann ein anderes Prinzip für die Anordnung (der Klassen linearer Entscheidungsregeln) [nach Dimensionen] angewandt werden. Hierzu wird generell von linearen Entscheidungsregeln ausgegangen, die nicht mehr als m Merkmale echt enthalten.

Man kann sich leicht davon überzeugen, daß die Wachstumsfunktion einer solchen Klasse von Entscheidungsregeln durch den Ausdruck

$$m^{S_m}(l) \leqq 1{,}5 \binom{n}{m} \frac{l^{(m+1)}}{(m+1)!}$$

geschätzt wird, wobei n die Dimension des Ausgangsraums bedeutet. Hieraus folgt, daß das Verfahren der höheren Stufe das Kriterium

$$K(m) = P_{\text{emp}}(\alpha_m) + 2\sqrt{\frac{(m+1)(\ln 2l - \ln(m+1) + 1) - \ln \eta/5 + \binom{n}{m}}{l}} \tag{6.7}$$

minimieren soll.

Bei der Realisierung eines derartigen Algorithmus ergibt sich die Schwierigkeit, daß für große m keine effektiven Methoden der Kostenminimierung in S_m bekannt sind.

Wie schon im Kapitel V gezeigt, ist der Ausdruck (5.11) für das Vertrauensintervall eine pessimistische Schätzung, die nur in dem Fall erreicht wird, daß die Fehlerwahrscheinlichkeit gleich oder nahezu gleich 1/2 ist. Für diejenigen Entscheidungsregeln, für die die Schätzung der Fehlerwahrscheinlichkeit kleinere Werte, wie z.B. 0,1 oder 0,2 ergibt, ist es vorteilhaft, anstelle von (6.6) das genauere Kriterium (vgl. (5.23))

$$K(m) = 2 \cdot \frac{(m+1)\left(\ln \dfrac{2l}{m+1} + 1\right) - \ln \dfrac{\eta}{24}}{l}$$
$$\times \left(1 + \sqrt{1 + \frac{4P_{\text{emp}}(\alpha_m)\, l}{(m+1)\left(\ln \dfrac{2l}{m+1} + 1\right) - \ln \dfrac{\eta}{24}}}\right) + P_{\text{emp}}(\alpha_m)$$

und anstelle von (6.7) das analoge Kriterium

$$K(m) = 2\,\frac{(m+1)\left(\ln\frac{2l}{m+1}+1\right)-\ln\frac{\eta}{24}+\ln\binom{n}{m}}{l}$$

$$\times\left(1+\sqrt{1+\frac{4P_{\text{emp}}(\alpha_m)\,l}{(m+1)\left(\ln\frac{2l}{m+1}+1\right)-\ln\frac{\eta}{24}+\ln\binom{n}{m}}}\right)+P_{\text{emp}}(\alpha_m)$$

zu verwenden. Diese Kriterien sind zwar nicht sehr anschaulich, dafür aber genauer.

§ 9. Rangordnung nach relativen Abständen

Die oben angeführte Methode der Rangordnung nach Merkmalen und die daraus resultierende Methodik für die Aufstellung eines optimalen Algorithmus erweisen sich als ziemlich grob: Sie berücksichtigt nur die äußere Charakteristik des Problems, d.h. die Einzelmerkmale, und beachtet in keiner Weise die feineren Charakteristika des Problems, wie z.B. die geometrische Anordnung der zu trennenden Objektmengen.

Daß andere und vielleicht sogar effektivere Rangordnungsmethoden existieren, ergibt sich auch daraus, daß Güteschätzungen für die Entscheidungsregel eines Perzeptrons, das eine Lernfolge mehrmals anwendet, gewonnen werden können. Wenden wir uns diesen Güteschätzungen zu.

Im Kapitel I wurde das Novikoff-Theorem bewiesen, das folgendes behauptet: Sind zwei Vektorenmengen im Merkmalsraum durch eine Hyperebene trennbar und gilt für den Abstand ϱ der konvexen Hülle der Mengen $\{\boldsymbol{x}\}$, $\{-\bar{\boldsymbol{x}}\}$ vom Koordinatenursprung $\varrho = \varrho_0 > 0$, und überschreitet das Betragsmaximum der Objektvektoren nicht die Schranke D, dann trennt das Perzeptron eine zyklisch angebotene Lernfolge nach nicht mehr als $(D/\varrho)^2$ Korrekturen. Dabei realisiert es einen der Algorithmen der Minimierung der empirischen Kosten.

Eine Schätzung der Güte des Perzeptron-Algorithmus mit Wiederholung des Angebots der Lernfolge bis zur vollständigen Trennung für Probleme, bei denen die Größen ϱ und D bekannt sind, erhalten wir wie folgt: Die Güte $R(A, T)$ eines Algorithmus A für ein gegebenes Klassifizierungsproblem T wurde als die mathematische Erwartung der relativen Fehlerzahl bei Selbstklassifizierung definiert — wobei die Selbstklassifizierung [der Lernfolge der Länge l] am Ende der Belehrung erfolgt. Hierfür ist das folgende Theorem von Bedeutung.

Theorem 6.1. *Eine Schätzung der Güte des Perzeptrons-Algorithmus A, der mit mehrfach-zyklischem Angebot der Lernfolge eines Problems T arbeitet, dessen Parameter D und ϱ_0 fest vorgegeben sind, ist durch die Ungleichung*

$$R(A, T) < \frac{1}{(l+1)}\left[\frac{D^2}{\varrho_0^2}\right]$$

gegeben.

Beweis: Der Beweis dieses Theorems beruht auf der bereits im § 7 bewiesenen Erwartungstreue von Schätzungen, die mit der U-Methode erhalten werden. Es genügt deshalb, anstelle der Güte die mathematische Erwartung der nach der U-Methode berechneten Fehlerrate zu schätzen. Diese Methode besteht darin, daß aus der Lernfolge ein Element ausgesondert wird; der verbleibende Teil bildet dann die Lernfolge für die Belehrung. Die Entscheidungsregel wird aufgestellt und mit ihr das zuvor ausgesonderte Element klassifiziert. Diese Operation wird mit jedem Element durchgeführt.

Wenn das Perzeptron bei Anwendung der vollständigen Lernfolge ein Objekt x_k in jedem Schritt der gesamten Belehrung richtig klassifiziert [d.h., daß die aktuelle Entscheidungsregel zu jedem Zeitpunkt alle mit x_k identischen Objekte der Lernfolge richtig klassifiziert], dann unterscheidet sich das Resultat, das der Belehrungsalgorithmus für die Folge liefert, in der genau dieses Element x_k fehlt, nicht von dem Resultat der Belehrung mit der vollständigen Folge. Demzufolge wird das Objekt x_k bei Anwendung der U-Methode richtig klassifiziert. Folglich überschreitet auch die Anzahl der mit der U-Methode falsch erkannten Objekte nicht die Anzahl l_0 derjenigen Objekte, für die bei der Belehrung mit der vollständigen Folge eine (da ein und dasselbe Objekt mehrfach als Element der Lernfolge auftreten kann, *mindestens* eine) Korrektur erfolgt. Die Gesamtzahl der Korrekturen ist daher nach dem NOVIKOFF-Theorem nicht größer als

$$\left[\frac{D^2}{\varrho_0^2}\right],$$

und das heißt

$$l_0 < \left[\frac{D^2}{\varrho_0^2}\right].$$

Also ist die nach der U-Methode für eine beliebige Lernfolge berechnete Fehlerrate nicht größer als $[D^2/\varrho_0^2]$. Demzufolge ist in diesem Fall die Ungleichung

$$R(A, T) \leqq \frac{1}{l+1}\left[\frac{D^2}{\varrho_0^2}\right]$$

eine Abschätzung für die mathematische Erwartung der Fehlerhäufigkeit.

Damit ist das Theorem bewiesen.

Dieses Theorem kann etwas verschärft werden. Betrachten wir die konvexen Hüllen K_1 bzw. K_2 der den Klassen 1 bzw. 2 angehörenden Punktmengen der Lernfolge mit der Länge l. Mit

$$L = \mathsf{E}\left[\frac{D_l^2}{\varrho_l^2}\right]$$

bezeichnen wir die mathematische Erwartung des Quotienten $[D_l^2/\varrho_l^2]$, wobei D_l den Durchmesser der Mengen K_1 und K_2, und ϱ_l den Abstand zwischen ihnen bedeutet. Ohne Änderung des Beweises können wir uns überzeugen, daß

$$R(A, T) < \frac{L}{l+1}$$

ist.

Analoge Behauptungen gelten auch für andere (jedoch nicht für beliebige) auf der Minimierung der empirischen Kosten beruhende Algorithmen zur Konstruktion einer Trennhyperebene. Für die Methode des generalisierten Porträts gehen wir in Kapitel XIV darauf ein. Die hier bewiesene Behauptung zeigt, daß die Belehrungseffektivität um so größer ist, je größer der relative Abstand zwischen den Klassen ist.

Betrachten wir jetzt zwei Unterräume E_1 und E_2 des Ausgangsobjektraumes E. Mögen in jedem dieser Unterräume die hineinprojizierten Elemente der Lernfolge durch je eine Hyperebene separierbar sein, mögen ferner die Quotienten $D(E_i)/\varrho(E_i)$ der Ungleichung

$$\left[\frac{D^2(E_1)}{\varrho^2(E_1)}\right] > \left[\frac{D^2(E_2)}{\varrho^2(E_2)}\right]$$

genügen.

Entsprechend dem Theorem wird die Güte der Lösung des Problems im ersten Unterraum durch den Ausdruck

$$R(A_{E_1}, T) < \frac{1}{l+1}\left[\frac{D^2(E_1)}{\varrho^2(E_2)}\right]$$

geschätzt und die Güte der Lösung im zweiten Unterraum durch

$$R(A_{E_2}, T) < \frac{1}{l+1}\left[\frac{D^2(E_2)}{\varrho^2(E_2)}\right].$$

Da keine anderen Angaben über die Güte der Entscheidungsregel verfügbar sind, ist offensichtlich diejenige Entscheidungsregel, für die das Verhältnis $D(E)/\varrho(E)$ am kleinsten ist, zu bevorzugen.

Somit erlaubt es das Kriterium $D(E)/\varrho(E)$, die Güte von Unterräumen für die Aufstellung linearer Entscheidungsregeln zu schätzen. In der Praxis läßt sich dieses Kriterium jedoch schwer anwenden, da in der Regel die Größen $D(E)$ und $\varrho(E)$ unbekannt sind.

Natürlich kann man diese Größen aufgrund einer Stichprobe ermitteln, d.h. mit Hilfe entsprechender Schätzfunktionen die Güte der Teilräume berechnen. Eine solche Verfahrensweise wäre jedoch schon wieder als heuristisch zu bezeichnen. Das Theorem 6.1 gilt nämlich nicht für Schätzwerte der Größen $D(E)$ und $\varrho(E)$, sondern nur für ihre genauen Werte selbst.

Es wäre wünschenswert, über eine Methode zu verfügen, die es gestattet, die Güte der Unterräume auch aus den Schätzwerten der Größen $D(E)$ und $\varrho(E)$ mit angebbarer Konfidenz zu berechnen.

Die nächsten Paragraphen sind einer solchen Methode gewidmet. In diesen Paragraphen wird eine effektive Methode zum Auffinden von Unterräumen, die diesbezüglich extreme Eigenschaften aufweisen, dargestellt. Zugeordnete Algorithmen zur Lösung des Problems der Zeichenerkennung sind nur im Rahmen einer Aufgabenstellung möglich, die sich von der bisher betrachteten unterscheidet.

Zum Schluß dieses Paragraphen soll die Aufmerksamkeit des Lesers auf eine interessante Analogie gelenkt werden, die zwischen dem hier betrachteten Kriterium und dem in der klassischen Diskriminanzanalyse gut untersuchten sog. Mahalanobis-Abstand [94a] besteht.

Sei also gefordert, eine Hyperebene zu konstruieren, die zwei Vektorenmengen $\{\boldsymbol{x}\}$ und $\{\bar{\boldsymbol{x}}\}$, welche Stichproben aus Normalverteilungen mit den Parametern $\boldsymbol{\mu}_1$, $\boldsymbol{\Sigma}$ bzw. $\boldsymbol{\mu}_2$, $\boldsymbol{\Sigma}$ — d.h. mit gleichen Kovarianzmatrizen $\boldsymbol{\Sigma}$ — darstellen, voneinander trennt. Wie im Kapitel III gezeigt, ist dann die optimale Entscheidungsregel — d.h. die Entscheidungsregel mit kleinster Fehlerwahrscheinlichkeit — linear.

Der Mahalanobis-Abstand

$$\Delta^2 = (\boldsymbol{\mu}_1 - \boldsymbol{\mu}_2)^T \boldsymbol{\Sigma}^{-1} (\boldsymbol{\mu}_1 - \boldsymbol{\mu}_2) \tag{6.8}$$

ermöglicht es, die der optimalen Entscheidungsregel zugeordnete Wahrscheinlichkeit

$$P = \frac{1}{2\pi} \int_{-\infty}^{\frac{\Delta}{2}} e^{-\frac{x^2}{2}} dx = \Phi\left(\frac{\Delta}{2}\right)$$

der Korrektklassifikation zu berechnen.

Geometrisch ist der MAHALANOBIS-Abstand der Quotient aus dem Abstand zwischen den Mittelvektoren bzw. den [mathematischen Erwartungen der Vektoren] der beiden Klassen und der Streuung der auf den Richtungsvektor der Trennhyperebene projizierten Objektvektoren:

$$\Delta^2 = \frac{(M_1 - M_2)^2}{\sigma^2}. \tag{6.9}$$

Die Form des Ausdrucks für den MAHALANOBIS-Abstand (6.8), (6.9) ähnelt sehr der Struktur des früher untersuchten Quotienten

$$\nabla = \frac{\varrho^2}{D^2}.$$

Sowohl der MAHALANOBIS-Abstand als auch die Zahl ∇ charakterisieren die gegenseitige Lage von Objektmengen mit Hilfe eines *relativen* Abstands. Im ersten Falle ist das der relative Abstand zwischen den „Zentren“ der Mengen, im zweiten Fall der relative Abstand zwischen den konvexen Hüllen durchschnittsfremder Mengen.

Jedoch kann — im Unterschied zum Charakteristikum der „Trennbarkeit“ von MAHALANOBIS — das Charakteristikum ∇ mit abnehmender Dimension des Raumes wachsen, so daß infolgedessen [in Übereinstimmung mit dem Theorem] der Schätzwert der mathematischen Erwartung der Fehlerwahrscheinlichkeit [für einen Klassifikator auf der Basis von ∇, der auf der Grundlage einer Stichprobe fest vorgegebenen Umfangs konstruiert worden ist] kleiner ausfallen kann.

Die MAHALANOBIS-Trennbarkeit dagegen wird mit abnehmender Dimension des Objektraumes kleiner, und damit verringert sich auch die Wahrscheinlichkeit dafür, daß die in dem betrachteten Teilraum mit Hilfe der optimalen linearen Entscheidungsregel vorgenommene Klassifikation korrekt ist.

Wir können also feststellen, daß der MAHALANOBIS-Abstand ein Charakteristikum ist, mit dem sich die Güte einer Entscheidungsregel, die aufgrund einer Stichprobe festen Umfangs konstruiert wurde, nach *unten* abschätzen läßt. Die Größe Δ dagegen ist eine Abschätzung dieser Güte nach *oben*. Die Tatsache, daß diese Schätzungen von ähnlicher Form sind, beweist die Effektivität des hier aufgestellten Optimierungskriteriums.

§ 10. Rangordnung auf der Basis empirischer Schätzungen des relativen Abstands und Problem der Minimierung der summarischen Kosten

In diesem Paragraphen betrachten wir eine Problemstellung der lernabhängigen Erkennung, die sich von der bisher untersuchten unterscheidet, deren Beherrschung aber für die Behandlung zahlreicher in der Praxis auftretender Fälle günstiger sein kann. Für die Problemstellung wird eine a priori geordnete Menge von Klassen von Entscheidungsregeln aufgestellt und die Methode der geordneten Kostenminimierung angewandt.

Bisher wurde eine Problemstellung der lernabhängigen Erkennung untersucht, bei der in der Klasse der Indikatorfunktionen $F(\boldsymbol{x}, \alpha)$ eine Funktion gefunden werden mußte, die das Funktional

$$P(\alpha) = \int (\omega - F(\boldsymbol{x}, \alpha))^2 \, \mathrm{d}P(\boldsymbol{x}, \omega)$$

minimiert, wobei die Funktion $P(\omega, \boldsymbol{x})$ zwar unbekannt ist, dafür aber die unabhängige zufällige Stichprobe der Paare (Lernfolge)

$$\boldsymbol{x}_1, \omega_1, \ldots, \boldsymbol{x}_l, \omega_l$$

gegeben ist. Die Variable ω kann entweder Null oder Eins sein.

Die Besonderheit der hier betrachteten Aufgabenstellung besteht darin, daß neben der Lernfolge eine Stichprobe von Vektoren (Objekten)

$$\boldsymbol{x}_1^*, \ldots, \boldsymbol{x}_p^*,$$

die wir als Teststichprobe bezeichnen, vorgegeben ist. Diese bildet man, indem man der [entsprechend der Verteilung $P(\boldsymbol{x}, \omega)$] als durch unabhängige zufällige Objektgenerierung und Klassifizierung entstanden zu denkenden Gesamtstichprobe von Paaren eine Teilfolge

$$\boldsymbol{x}_1^*, \omega_1^*, \ldots, \boldsymbol{x}_p^*, \omega_p^*$$

entnimmt und aus dieser Stichprobe von Paaren nur die Elemente $\boldsymbol{x}^*$ auswählt, die Elemente ω^* jedoch als unbekannt betrachtet. Das Problem besteht dann darin, unter Verwendung der Lernfolge und der Teststichprobe in einer Klasse von Indikatorfunktionen $F(\boldsymbol{x}, \alpha)$ eine Funktion zu finden, die das Funktional

$$P_{\text{Test}}(\alpha) = \sum_{i=1}^{p} (\omega_i^* - F(\boldsymbol{x}^*, \alpha))^2$$

minimiert.

Der Unterschied zu früheren Problemstellungen besteht also darin, daß früher gefordert wurde, eine Funktion $F(\boldsymbol{x}, \alpha)$ zu finden, die die mittleren Kosten minimiert, während im vorliegenden Fall eine Funktion gesucht wird, die die Summe der Kosten, die bei der *Klassifikation* der Elemente einer *Test*stichprobe festgehaltener Länge entstehen, minimiert.

Wenn es unser Ziel ist, nur einige wenige Vektoren zu klassifizieren (und nicht, eine allgemeingültige Entscheidungsregel zu finden!), so erscheint die jetzt formulierte Aufgabenstellung vernünftiger. Wir werden also das Problem der lernabhängigen Erkennung mit einer Aufgabenstellung lösen, die es erforderlich macht, die Kostensumme für die Klassifikation der Teststichprobenelemente [mit Hilfe der Entscheidungsregeln aus der Klasse S] zu minimieren.

Bei dieser Problemstellung der lernabhängigen Erkennung werden wir wieder zwei Varianten untersuchen — die deterministische und die stochastische. Die deterministische Aufgabenstellung setzt voraus, daß die Entscheidungsregel $F(\boldsymbol{x}, \alpha)$ in einer Menge von Entscheidungsregeln enthalten ist, deren Elemente die Menge der Vektoren der ersten und zweiten Klasse der Lernfolge fehlerfrei trennen. Die stochastische Aufgabenstellung läßt dagegen zu, daß eine Regel ausgewählt wird, die nicht unbedingt die Elemente der Lernfolge fehlerfrei trennt.

Eine bemerkenswerte Eigenschaft des Problems der Minimierung der Kostensumme besteht darin, daß man annehmen kann, daß die Menge $F(\boldsymbol{x}, \alpha)$ vor Beginn der Belehrung (d.h. bevor die Prozedur zur Auswahl einer Entscheidungsregel aus $F(\boldsymbol{x}, \alpha)$ einsetzt) aus einer endlichen Anzahl von Klassen äquivalenter Entscheidungsregeln besteht — wobei Entscheidungsregeln (Trennhyperebenen) dann als „äquivalent" bezeichnet werden, wenn die Elemente der Lern- und Teststichprobe von ihnen gleich gut getrennt werden. Es ist leicht einzusehen, daß für l Vektoren die Anzahl der Klassen äquivalenter Hyperebenen mit der Anzahl der durch Entscheidungsregeln aus $F(\boldsymbol{x}, \boldsymbol{\alpha})$ erzeugbaren Zerlegungen der aus l Vektoren bestehenden Objektmenge übereinstimmt und näherungsweise gleich

$$1{,}5 \frac{l^{(m+1)}}{(m+1)!}$$

ist, wobei m die Dimension des Objektraumes bedeutet. In unserem Fall ist die Anzahl der Klassen äquivalenter Hyperebenen ungefähr gleich

$$1{,}5 \frac{(l+p)^{m+1}}{(m+1)!},$$

wobei l die Länge der Lern-, und p die Länge der Teststichprobe bedeuten.

Zur Vereinfachung der Ausführungen werden wir im weiteren annehmen, daß die Längen der Lern- und Teststichprobe gleich groß sind, d.h. $p = l$ gilt.

Gegeben sei also eine Stichprobe

$$\boldsymbol{x}_1, \ldots, \boldsymbol{x}_l, \boldsymbol{x}_{l+1}, \ldots, \boldsymbol{x}_{2l}$$

mit der Länge $2l$, die aus den der Lernfolge und den der Teststichprobe angehörenden Vektoren $\boldsymbol{x}$ bestehe. Wir definieren den Durchmesser dieser Stichprobe als den größten Abstand

$$D = \max_{i,j} \|\boldsymbol{x}_i - \boldsymbol{x}_j\|$$

ihrer Elementepaare. Jetzt ordnen wir die Klasse der linearen Entscheidungsregeln nach folgendem Prinzip an. Der ersten Klasse S_1 ordnen wir diejenigen Entscheidungsregeln zu, für die die Gleichung

$$\left[\frac{D^2}{4\varrho^2}\right] = 1$$

erfüllt ist, wobei ϱ den Abstand des der Hyperebene am nächsten gelegenen Punktes der Stichprobe bedeutet. Der Klasse S_t werden die Hyperebenen zugeordnet, für die

$$\left[\frac{D^2}{4\varrho^2}\right] \leqq t$$

ist.

Die Anordnung der Entscheidungsregeln in Klassen geschieht also auf der Basis der in der Stichprobe realisierten und damit bekannten Objekte $\boldsymbol{x}_i$ $(1 \leqq i \leqq 2l)$, aber ohne Berücksichtigung der ihnen zugeordneten und ebenfalls bekannten Werte ω_i.

Folgende zwei Theoreme sind hier gültig:

Theorem 6.2. *Für die Wahrscheinlichkeit P, daß sich die relativen Fehlerhäufigkeiten in der Lern- und Teststichprobe für auch nur eine einzige Entscheidungsregel aus S_t um mehr als ε unterscheiden, gilt die Ungleichung*

$$P < 4{,}5 \frac{(2l)^d}{d!} \mathrm{e}^{-\varepsilon^2(l-1)}, \tag{6.10}$$

wobei d durch

$$d = \min(t + 2, n + 1)$$

definiert ist und n die Dimension des Objektraums bedeutet.

Theorem 6.3. *Die Wahrscheinlichkeit, daß in S_t eine Entscheidungsregel enthalten ist, die die Lernstichprobe vollständig trennt und die Teststichprobe mit einer die Zahl ε überschreitenden relativen Fehlerhäufigkeiten klassifiziert, ist kleiner als*

$$P < 1{,}5 \frac{(2l)^d}{d!} e^{-\frac{\varepsilon l}{2}}, \tag{6.11}$$

wobei

$$d = \min(t + 2, n + 1)$$

ist.

Beweis: Die Anzahl [paarweise] verschiedener Zerlegungen der Stichprobe $x_1, \ldots, x_{2l}$, die mit Hilfe der Entscheidungsregeln aus S_t erzeugbar sind, ist endlich. Wir bezeichnen diese Anzahl, deren Wert nach unten abgeschätzt werden soll, mit N_i. Die Wahrscheinlichkeit, daß sich für eine fest gegebene Entscheidungsregel die Fehlerhäufigkeiten in der Lern- und Teststichprobe um nicht mehr als ε voneinander unterscheiden, ist nach den Bedingungen des Theorems gleich

$$\sum_k \frac{\binom{m}{k} \cdot \binom{2l-m}{l-k}}{\binom{2l}{l}},$$

wobei k alle die Ungleichung erfüllenden Werte annehmen kann; hier ist m die Anzahl der Fehler in der vollständigen Stichprobe, k die Anzahl der Fehler in der Lernstichprobe, $m - k$ deren Anzahl in der Teststichprobe und $\left|\frac{k}{l} - \frac{m-k}{l}\right|$ die Abweichung der Fehlerhäufigkeiten in den zwei Hälften der Stichprobe voneinander.

Wie im Anhang zum Kapitel X gezeigt wird, gilt für beliebige m mit $0 \leqq m \leqq 2l$, die Abschätzung

$$\sum \frac{\binom{m}{k} \cdot \binom{2l-m}{l-k}}{\binom{2l}{l}} < 3e^{-\varepsilon^2(l-1)}.$$

Deshalb wird die Wahrscheinlichkeit $P(\varepsilon)$, daß auch nur für eine einzige Entscheidungsregel aus S_i die Fehlerhäufigkeit um mehr als ε abweicht, durch die Ungleichung

$$P(\varepsilon) < 3N_t \cdot e^{-\varepsilon^2(l-1)}$$

geschätzt.

Analog zeigt man im Falle des Theorems 6.3, daß für eine feste Entscheidungsregel die Wahrscheinlichkeit P, mit der in der Lernfolge die Fehlerhäufigkeit gleich Null ist, in der Testfolge aber den Wert ε überschreitet, durch

$$P = \begin{cases} \dfrac{\binom{l}{m}}{\binom{2l}{m}}, & \text{falls} \quad m > \varepsilon \cdot l, \\ 0, & \text{falls} \quad m < \varepsilon \cdot l \end{cases}$$

gegeben ist, wobei m die Anzahl der Fehler in der vollständigen Stichprobe bedeutet. Da

$$\frac{\binom{l}{m}}{\binom{2l}{m}} = \frac{(2l-m)\dots(l-m+1)}{2l\dots(l+1)} \leqq \left(1-\frac{m}{2l}\right)^l,$$

folgt für $m > \varepsilon \cdot l$ die Abschätzung

$$\frac{\binom{l}{m}}{\binom{2l}{m}} < \left(1-\frac{\varepsilon}{2}\right)^l < \mathrm{e}^{-\frac{\varepsilon l}{2}}.$$

Damit gilt für die Wahrscheinlichkeit, daß in S_i eine Entscheidungsregel enthalten ist, die die Lernstichprobe fehlerfrei trennt, jedoch die Teststichprobe mit einer die Zahl ε überschreitenden relativen Fehlerhäufigkeit klassifiziert, die Ungleichung

$$P(\varepsilon) < N_t \cdot \mathrm{e}^{-\frac{\varepsilon l}{2}}.$$

Zur Vervollständigung des Beweises der Theoreme ist noch die Zahl N_t abzuschätzen. Sie ist gleich der Anzahl Zerlegungen der Stichprobenelemente $\boldsymbol{x}_1, \dots, \boldsymbol{x}_{2l}$ in zwei Klassen, deren konvexe Hüllen einen Abstand größer oder gleich $2\varrho_t = \frac{D}{\sqrt{t}}$ (Bedingung I) haben. Wie im Kapitel X gezeigt wird, ist diese Zahl nicht größer als

$$m^S(2l) < 1{,}5\,\frac{(2l)^d}{d!},$$

wobei d die maximale Anzahl von Objektpunkten der Stichprobe bedeutet, für die gilt, daß selbst bei beliebiger Zerlegung dieser Punktmenge in zwei Klassen stets die Bedingung I erfüllt bleibt. Wir können also feststellen, daß bei beliebiger Zerlegung dieser Punktmenge mit Hilfe einer Hyperebene erst recht die Bedingung I erfüllt bleibt; somit ist $d \leqq n + 1$.

Seien nun k Punkte $\boldsymbol{x}_1, \dots, \boldsymbol{x}_k$ und alle möglichen Zerlegungen $T_1, \dots, T_{2^k}$ dieser Punkte in zwei Klassen sowie der Abstand $\varrho(T_k)$ zwischen den konvexen Hüllen der Klassen für jede Zerlegung T_k gegeben. Die Tatsache, daß für jedes T_k die Bedingung I erfüllt ist, kann auch durch

$$\min_i \varrho(T_i) \geqq 2\varrho_t$$

ausgedrückt werden. Dann überschreitet die Zahl d jedenfalls nicht das Maximum der Zahlen k ($k \leqq n + 1$), bei denen die Ungleichung

$$I(k) = \max_{\boldsymbol{x}_1,\dots,\boldsymbol{x}_k} \min_i \varrho_t(T_i) \geqq 2\varrho_t = \frac{D}{\sqrt{t}}, \qquad (6.12)$$

$$|\boldsymbol{x}_i| \leqq D/2,$$

erfüllt ist. Aus Symmetriegründen ist klar, daß

$$I(k) = \max_{\boldsymbol{x}_1,\dots,\boldsymbol{x}_k} \min_i \varrho(T_i),$$

$$|\boldsymbol{x}_j| \leqq D/2,$$

dann erreicht wird, wenn die Punkte $x_1, \ldots, x_k$ die Spitzen eines regelmäßigen $(k-1)$-dimensionalen Simplexes sind, der einer Kugel mit dem Radius $D/2$ einbeschrieben ist; T bedeutet dann die Zerlegung des Simplexes in zwei Teilsimplexe mit den Dimensionen $K/2 - 1$, falls k gerade ist, und andernfalls, wenn k ungerade ist, in zwei Teilsimplexe mit den Dimensionen $\frac{K-1}{2}$ und $\frac{K-3}{2}$. Mit Hilfe elementarer Berechnungen findet man, daß $I(k)$ die Darstellung

$$I(k) = \begin{cases} D\dfrac{1}{\sqrt{k-1}} & \text{für } k \text{ gerade}, \\[2ex] D\dfrac{k}{k-1}\dfrac{1}{\sqrt{k+1}} & \text{für } k \text{ ungerade}, k > 1 \end{cases} \tag{6.13}$$

hat. Für alle k größer als 2 ist die Ungleichung

$$I(k) < D\frac{1}{\sqrt{k-2}} \tag{6.14}$$

erfüllt.

Aus (6.12) und (6.14) folgt, daß d der Ungleichung

$$d < t + 2 \tag{6.15}$$

genügt.

Berücksichtigt man, daß die Zerlegung durch eine Hyperebene erfolgt, so erhält man endgültig

$$d < \min(t + 2, n + 1) \tag{6.16}$$

und entsprechend

$$N < 1{,}5\frac{l^d}{d!}.$$

Mit der Schätzung der Größe N ist der Beweis der beiden Theoreme abgeschlossen. Im Rahmen der Lösung der allgemeinen deterministischen Problemstellung in der lernfähigen Erkennung ermöglichen nunmehr diese Theoreme die Berechnung der Konfidenzintervalle für die Schätzung der Güte der Entscheidungsregeln einer Klasse S_t. Werden die rechten Seiten von (6.10) und (6.11) jeweils gleich η gesetzt und die resultierenden Gleichungen nach ε aufgelöst, so erhält man im Fall der allgemeinen Problemstellung den Ausdruck

$$\varepsilon = 2\sqrt{\frac{d(\ln 2l - \ln d + 1) - \ln \eta/5}{l}} \tag{6.17}$$

und im Falle der deterministischen

$$\varepsilon = 2\frac{d(\ln 2l - \ln d + 1) - \ln \eta/2}{l}. \tag{6.18}$$

In den Formeln (6.17) und (6.18) ist d als das Minimum der zwei Größen $n + 1$ und $\left[\frac{D^2}{4\varrho^2}\right] + 2 = t + 2$ erklärt.

Mit der Wahrscheinlichkeit $1 - \eta$ sind also für alle Entscheidungsregeln $F(\boldsymbol{x}, \alpha)$ aus der Klasse S_t im allgemeinen [nichtdeterministischen] Falle die Ungleichung

$$P(\alpha) \leqq P_{\text{emp}}(\alpha) + 2\sqrt{\frac{d(\ln 2l - \ln d + 1) - \ln \eta/5}{l}} \tag{6.19}$$

und im deterministischen die Ungleichung

$$P(\alpha) \leqq 2\frac{d(\ln 2l - \ln d + 1) - \ln \eta/2}{l} \tag{6.20}$$

erfüllt.

Auf den Schätzungen (6.19) und (6.20) kann man ein Verfahren der geordneten Kostenminimierung gründen. Im deterministischen Falle besteht das Problem darin, die Elemente der Teststichprobe so der ersten und zweiten Klasse zuzuordnen, daß erstens eine Trennung der ersten Klasse von der zweiten Klasse [die beide aus Elementen der Lern- und Teststichprobe gebildet sind] möglich ist, und zweitens der Abstand zwischen den konvexen Hüllen der Punktmengen der beiden Klassen — gegenüber allen anderen Zerlegungen der Teststichprobe in zwei Klassen — maximal ist. Die Güte der erhaltenen Entscheidungsregel wird dabei mit Hilfe des Funktionals (6.20) geschätzt.

Allgemein werden nicht nur die Elemente der Teststichprobe mit den von der Entscheidungsregel gelieferten Klassenindizes versehen, sondern es werden auch den Elementen der Lernfolge durch die Entscheidungsregel Klassen zugeordnet. Dabei gibt die Anzahl der unklassifizierten Vektoren die Anzahl fehlerhafter Klassifizierungen des Lernmaterials an. Das Problem besteht also darin, die Teststichprobe und die Lernfolge so zu klassifizieren, daß das Funktional (6.19) seinen kleinsten Wert annimmt.

§ 11. Über die Auswahl eines optimalen Satzes von Merkmalen

Die Überlegungen des vorangegangenen Paragraphen zeigen, daß bei der Konstruktion einer optimalen Entscheidungsregel nach endlicher Schrittzahl nicht nur die Anzahl der Fehler in der Lernfolge und die Wertigkeit des ausgewählten Teilraums des Objektraums beachtet werden müssen, sondern auch der relative Abstand zwischen den Projektionen der den Klassen angehörenden Punktmengen auf diesen Teilraum. Um allen diesen Besonderheiten Rechnung zu tragen, betrachten wir ein zweistufiges Schema für die Rangordnung einer Klasse von Entscheidungsregeln in Gestalt einer Folge solcher Klassen.

Nehmen wir zuerst an, daß die Rangordnung von Unterklassen innerhalb einer Klasse von Entscheidungsregeln, die aufgrund der in die Entscheidungsregeln eingehenden Merkmale definiert sind, nach ihrer Wertigkeit vorgegeben sei. Wie schon früher, wird über der Klasse S der linearen Entscheidungsregeln ein System geschachtelter Unterklassen S_i errichtet, wobei in eine Unterklasse S_i nur diejenigen Entscheidungsregeln aufgenommen werden, die mit den ersten i Merkmalen, d. h. im Teilraum E_i operieren. Betrachten wir zuerst das Problem vom Standpunkt der deterministischen Aufgabenstellung. Die Lernfolge $\boldsymbol{x}_1, \ldots, \boldsymbol{x}_l$ soll gegeben sein.

Die Algorithmen der ersten Stufe wählen unter Anwendung der Methode der geordneten Kostenminimierung jeweils in einer Klasse S_i aus der Gesamtheit der fehlerfreien Entscheidungsregeln eine Regel $F(\boldsymbol{x}, \alpha)$ mit maximalem ϱ aus [falls sie existiert]. Die Prozedur der zweiten Stufe ermittelt danach die beste aus der Gesamtheit der in der ersten Stufe selektierten Entscheidungsregeln.

Es ist selbstverständlich, daß hierfür als Auswahlkriterium der Betrag des Konfidenzintervalls

$$\varepsilon = 2\,\frac{d(E_i)\,(\ln 2l - \ln d(E_i) + 1) - \ln \eta/2}{l} \tag{6.20'}$$

mit

$$d(E_i) = \min\left(\frac{D(E_i)}{4\varrho(E_i)} + 2,\, i + 1\right)$$

dienen sollte.

Die Größen $D(E_i)$ wie auch $\varrho(E_i)$ sind als Funktionen des jeweiligen Unterraums E_i angesetzt, da sich sowohl der Abstand zwischen den konvexen Hüllen der Klassen als auch ihre Durchmesser bei der Projektion auf einen Unterraum ändern. Die Prozedur der zweiten Stufe wählt eine Entscheidungsregel aus der in der ersten Stufe gefundenen Gesamtheit so aus, daß für diese die Schätzung (6.20') den kleinsten Wert annimmt.

Die Schätzung der Konfidenzintervalls (6.20') ändert sich im allgemeinen mit zunehmender Dimension des Unterraums nicht monoton. Deshalb kann der mit Hilfe des Verfahrens der zweiten Stufe ausgewählte Unterraum mehr Merkmale enthalten, als für die Trennung der Klassen minimal notwendig wären.

Die beschriebene Prozedur ist einer geordneten Kostenminimierung bei einstufiger Anordnung, die wie folgt definiert sei, äquivalent.

In die erste Klasse wird eine Entscheidungsregel aufgenommen, falls sie eine Zerlegung des durch das erste Merkmal definierten Unterraums bewirkt oder der Ungleichung

$$\min\left(\left[\frac{D^2(E_i)}{4\varrho^2(E_i)}\right] + 2,\, i + 1\right) \leqq 2$$

genügt. Der zweiten Klasse wird eine Trennhyperebene zugeordnet, wenn sie eine Zerlegung des durch die ersten zwei Merkmale definierten Unterraums bewirkt oder der Ungleichung

$$\min\left(\left[\frac{D^2(E_i)}{4\varrho^2(E_i)}\right] + 2,\, i + 1\right) \leqq 3$$

genügt usw.

Mit anderen Worten: Der d-ten Klasse werden alle Hyperebenen zugeordnet, für die das Minimum der folgenden zwei Größen gleich d ist, d.h. für die

$$\min\left(i + 1,\, \left[\frac{D^2}{\varrho^2}\right] + 2\right) = d$$

gilt. Die allgemeine Aufgabenstellung verlangt nicht, daß die Lernfolge durch die ausgewählte Regel fehlerfrei klassifiziert werde. Wir bezeichnen mit $P_{\text{emp}}(\alpha)$ die Fehlerhäufigkeit im Belehrungsmaterial bei Anwendung der Entscheidungsregel $F(x, \alpha)$. Es werde dann eine Menge $\{F(x, \alpha_i)\}$ von Entscheidungsregeln so definiert, daß ihr i-tes Element das Minimum von $P_{\text{emp}}(\alpha)$ in der Unterklasse S realisiert ($i = 1, 2, \ldots$). Die Prozedur der höheren Stufe wählt dann aus $\{F(x, \alpha_i)\}$ die beste Regel nach dem Kriterium

$$K(i) = P_{\text{emp}}(\alpha_i) + 2\sqrt{\frac{d(\ln 2l - \ln d + 1) - \ln \eta/5}{l - 1}} \tag{6.19'}$$

aus.

In dem Fall, daß eine A-priori-Rangordnung der Merkmale nach ihrer Wertigkeit nicht vorgegeben ist, werden Klassen linearer Entscheidungsregeln wie folgt gebildet:

Der i-ten Klasse werden diejenigen Hyperebenen zugeordnet, die im Unterraum E_i der Dimension m_i definiert sind. Im Falle der deterministischen Aufgabenstellung wählen die Algorithmen der ersten Stufe — jeder in seiner Klasse — die Entscheidungsregel (wenn eine solche existiert) aus, die das Belehrungsmaterial richtig klassifiziert und außerdem die Größe $\varrho(E_t)$ maximiert.

Der Algorithmus der höheren Stufe wählt aus der Gesamtheit der durch die Algorithmen der ersten Stufe selektierten Entscheidungsregeln eine solche aus, für die der Ausdruck

$$K(i) = 2\,\frac{d_i\left(\ln\frac{2l}{d_i} + 1\right) - \ln\frac{\eta}{2} + \ln\binom{n}{m_i}}{l} \tag{6.20''}$$

minimal ist, wobei d_i durch

$$d_i = \min\left(\left[\frac{D^2(E_i)}{\varrho^2(E_i)}\right] + 2,\ m_i + 1\right)$$

erklärt ist. Bei allgemeiner (nichtdeterministischer) Aufgabenstellung verfahren die Algorithmen der ersten Stufe so, wie es am Ende des vorangegangenen Paragraphen beschrieben wurde, und in der zweiten Stufe erfolgt die Auswahl nach dem Kriterium

$$K(i) = P_{\text{emp}}(i) + 2\sqrt{\frac{d(\ln 2l - \ln d + 1) - \ln \eta/5 + \ln\binom{n}{m}}{l-1}}.$$

Bei Anwendung bestimmter Algorithmen zur Konstruktion linearer Trennhyperebenen — insbesondere bei den Algorithmen der Methode des generalisierten Porträts — können Klassen von Entscheidungsregeln gebildet werden, mit denen ein tieferes garantiertes Minimum erreicht wird. Der Grundgedanke dieser Rangordnungsmethode steht damit im Zusammenhang, daß die Größen in der Formel (6.19′) nicht als Dimension des Koordinatenraums zu verstehen ist, sondern als Dimension der linearen Hülle der durch Vereinigung von Lern- und Teststichprobe gebildeten Vektorenmenge. Die Dimension der linearen Hülle dieser Vektoren kann kleiner als die Dimension des Koordinatenraums sein, und dieser Umstand kann bei der Einführung eines Untermengensystems innerhalb einer Klasse linearer Entscheidungsregeln Berücksichtigung finden.

Betrachten wir die nächste Rangordnungsmethode, bei der eine Entscheidungsregel in die d-te Klasse eingeordnet wird, falls sie der Gleichung

$$\min\left(\left[\frac{D^2(E)}{\varrho^2(E)}\right] + 2,\ m + 1,\ h + 1\right) = d$$

genügt, d.h., wenn das Minimum der angeführten drei Größen gleich d ist. Hierin bedeutet h die minimale Anzahl von Vektoren der Lernfolge, nach denen sich der Vektor der Richtungskosinus der Trennhyperebene [linear] zerlegen läßt.

Auch bei dieser Rangordnungsmethode wird die Güteschätzung der ausgewählten Entscheidungsregel durch die Kriterien (6.19) und (6.20) bestimmt. Es wurden somit drei Methoden der Rangordnung von Klassen linearer Entscheidungsregeln betrachtet. Jede Methode erreichte im allgemeinen ein tieferes garantiertes Minimum als ihre Vorgängerin. Das gelang dadurch, daß die Trennhyperebene nicht im Ausgangsraum der Merkmale aufgestellt wurde sondern in einem Teilraum, der extremale Eigenschaften aufweist.

Es zeigte sich also, daß der Versuch, die beste Entscheidungsregel auf der Grundlage einer Stichprobe fest vorgegebenen Umfangs aufzustellen, zur Auswahl eines bestimmten Merkmalssatzes aus einer vorgegebenen festen Merkmalsmenge und zur Konstruktion einer Trennhyperebene im Raum der ausgewählten Merkmale führt. Oft wird der Satz der ausgewählten Merkmale als *informativer* Merkmalssatz bezeichnet. Der *Informationsgehalt* (Wichtigkeit) dieser Menge kann durch das im Raum dieser Merkmale erreichbare Minimum des Kriteriums (6.19′) gemessen werden. Der *Beitrag* jedes Merkmals zur Wichtigkeit der Merkmalsmenge kann als Differenz zwischen dem Zahlenwert, den die Schätzung des Kriteriums *Wichtigkeit* für die Merkmalsmenge, aus der das gegebene Merkmal eliminiert wurde, ergibt, und der Wichtigkeit der gesamten Merkmalsmenge bestimmt werden. Die *Wichtigkeit* einer Merkmalsmenge oder *Wichtigkeit* eines gegebenen Merkmals sind allerdings keine sehr fundamentalen Begriffe, und zwar aus folgenden Gründen:

1. Die *Wichtigkeit eines Merkmalsraums* ist nicht an sich, sondern nur in Verbindung mit einem konkreten Erkennungsalgorithmus definiert.
2. Die *Wichtigkeit* der Merkmalsmenge hängt von der konkreten Lernfolge ab.

Je größer der Stichprobenumfang ist, um so umfangreicher wird allgemein der informative Merkmalssatz sein. Auch lassen sich Beispiele für Klassifizierungsprobleme anführen, bei denen ein auf Grund einer kleinen Stichprobe ermittelter informativer Merkmalssatz mit einem, der auf Grund einer großen Stichprobe erhalten wurde, kein Element gemeinsam hat.

§ 12. Algorithmen der geordneten Suche des Minimums der summarischen Kosten

Das Prinzip der geordneten Minimierung der Kostensumme strebt eine Klassifikation der Punkte der Teststichprobe und eine Auswahl eines Unterraums des Ausgangsraums an, bei denen das nach (6.19′) geschätzte Verlustmaß der zu konstruierenden Trennhyperebene einen möglichst kleinen Wert annimmt.

Im deterministischen Falle speziell mußten die der ersten Klasse angehörenden Punkte der Lernprobe und die der ersten Klasse zugeordneten Punkte der Teststichprobe von den entsprechenden Punkten (Objekten) der zweiten Klasse durch eine Hyperebene getrennt werden, so daß ein Minimum des Funktionals (6.20″) erreicht wird.

Der Unterschied zwischen den zwei Lösungen des deterministischen Problems, d. h. zwischen der Minimierung der Kostensumme und der Methode der geordneten Kostenminimierung wird durch folgendes Beispiel veranschaulicht (Abb. 15).

In der Abbildung sind die der ersten Klasse angehörenden Vektoren der Lernfolge mit Kreuzen und die der zweiten Klasse angehörenden Vektoren der Lernfolge durch Kreise gekennzeichnet. Die Vektoren der Teststichprobe sind als schwarze Punkte dargestellt. Es sei gefordert, auf der Grundlage der Lernfolge eine Hyperebene zu konstruieren, welche die Anzahl falsch klassifizierter Vektoren der Teststichprobe minimiert.

Die Lösung dieses Problems auf dem Wege der Minimierung der empirischen Kosten führt dazu, daß eine Hyperebene zu bestimmen ist, die die Vektoren der ersten und zweiten Klasse mit einer minimalen Fehlerzahl trennt, und daß danach mit der so gefundenen Hyperebene die Punkte der Teststichprobe zu klassifizieren sind. In unserem Fall ist eine fehlerfreie Trennung der in der Lernfolge enthaltenen Vektoren möglich, deshalb existiert eine ganze Schar von Trennhyperebenen, die das leisten. Wir wählen aus ihr die optimale Hyperebene Γ_0 aus (siehe Kapitel XIV). Danach ordnen wir die Vektoren der Teststichprobe, die auf verschiedenen Seiten der Hyperebene liegen, unterschiedlichen Klassen zu. Das ist die Lösung nach der Methode der empirischen Kostenminimierung.

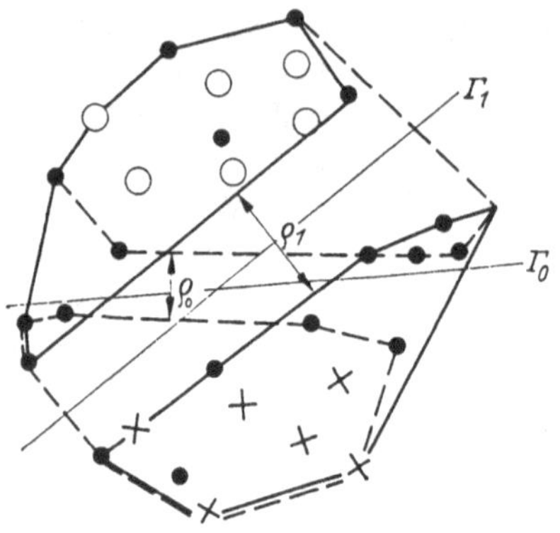

Abb. 15. Gegenüberstellung der Klassifizierungsergebnisse, die nach der Methode der geordneten (Γ_1) und der empirischen (Γ_0) Kostenminimierung an einer Teststichprobe erhalten werden

Will man ein Problem mit Hilfe der geordneten Kostenminimierung lösen, muß zunächst allgemein eine A-priori-Rangordnung in einem System von Unterklassen der Klasse der linearen Entscheidungsregeln vorliegen. Betrachten wir die Rangordnung nach dem Kriterium D/ϱ. Da der Durchmesser aller Elemente des gewählten Systems von Unterklassen gleich groß ist, besteht die Lösung des Problems darin, die Objekte der Teststichprobe so der ersten und der zweiten Klasse zuzuordnen (d.h. zu klassifizieren), daß die der ersten Klasse angehörenden bzw. ihr zugeordneten Objekte der Lern- und Teststichprobe von denen der zweiten Klasse angehörenden bzw. zugeordneten Objekten der Lern- und Teststichprobe durch eine Hyperebene so getrennt werden, daß das der Hyperebene am nächsten gelegene Objekt den größten Abstand hat. Die Lösung dieses Problems ist die Hyperebene Γ_1. Von dieser Hyperebene Γ_1 hat der ihr am nächsten gelegene Punkt der zu trennenden Klassen einen Abstand vom Betrag ϱ_1, während die Hyperebene Γ_0 nur ϱ_0 erreicht. Wie aus der Abbildung ersichtlich, können sich die erhaltenen Lösungen ziemlich stark voneinander unterscheiden.

Grundlegende Schwierigkeiten sind bei der Lösung eines Erkennungsproblems nach der Methode der geordneten Kostenminimierung mit der Durchmusterung der verschiedenen Klassifikationen (Klassenbildungen) in der Teststichprobe verbunden. (Wird die Rangordnung auf dem Kriterium $\frac{D(E)}{\varrho(E)}$ begründet, so wird die Durchmusterung noch nach Unterräumen durchgeführt.) Je weniger Elemente die Teststichprobe enthält, umso kleiner ist der Aufwand für diese Durchmusterung; und in dem Grenzfall, daß die Teststichprobe nur ein Element enthält, reduziert sich der Algorithmus der Methode der geordneten Kostenminimierung auf folgendes Verfahren:

1. Das Element der Teststichprobe wird der ersten Klasse zugeordnet, und als Abstand zwischen den konvexen Hüllen der zu trennenden Mengen wird ϱ_1 erhalten.

2. Das Element der Teststichprobe wird der zweiten Klasse zugeordnet und, es wird als Abstand der konvexen Hüllen der zu trennenden Mengen ϱ_2 gefunden.

3. Das Element der Teststichprobe wird der ersten Klasse zugeordnet, wenn $\varrho_1 > \varrho_2$ und der zweiten Klasse, wenn $\varrho_1 < \varrho_2$.

Die Methoden zur Berechnung des Abstandes zwischen konvexen Hüllen werden im Kapitel XIV behandelt.

Theoretisch läßt sich in diesem Falle für jede Lernfolge der Raum E so in zwei Gebiete zerlegen, daß ein Element der Teststichprobe der ersten Klasse zugeordnet wird, falls es im ersten Gebiet liegt, und der zweiten Klasse, falls es im zweiten Gebiet liegt. Die Methode der Minimierung der Kostensumme führt demzufolge in diesem singulären Fall zur Konstruktion einer Fläche, die die Elemente der Lernfolge trennt. Diese Trennflächen aber sind schon nicht mehr linear. In Abb. 16 ist eine Trennfläche für den Fall angeführt, daß die Lernfolge durch drei Punkte gegeben ist.

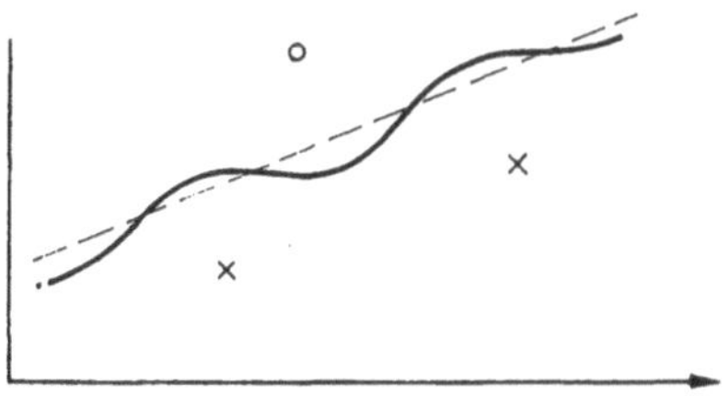

Abb. 16. Trennfläche nach der Methode der geordneten Kostenminimierung für eine Teststichprobe der Länge 1 (Einerfolge) bei einer dreielementigen Lernfolge

Zum Vergleich ist die optimale Trennebene als punktierte Linie eingetragen. In dem Falle, daß die Teststichprobe aus mehr als einem Element besteht, müssen wir also feststellen, daß die Algorithmen der Methode der geordneten Kostenminimierung nicht einfach zur Konstruktion einer Fläche führen, die die Lernfolge trennt.

Und noch eine Bemerkung. Bei der praktischen Realisierung der geordneten Kostenminimierung ist es besser, anstelle des Kriteriums (6.19′) das auf der Schätzung der gleichmäßigen relativen Abweichung (5.23) basierende Kriterium

$$K(i) = 2\,\frac{d_i\left(\ln\dfrac{2l}{d_i}+1\right)-\ln\dfrac{\eta}{24}}{l} \times \left(1+\sqrt{1+\frac{4P_{\text{emp}}(i)\,l}{d_i\left(\ln\dfrac{2l}{d_i}+1\right)-\ln\dfrac{\eta}{24}}}\right)+P_{\text{emp}}(i) \tag{6.21}$$

anzuwenden. Bei $P_{\text{emp}}(i) = 0$ ist dieses Kriterium nahezu (6.20′) äquivalent, bei $P_{\text{emp}}(i) \neq 0$ ist es jedoch bedeutend genauer als (6.19′).

§ 13. Konstruktionsalgorithmen für extremale stückweise lineare Entscheidungsregeln

In den fünfziger Jahren untersuchten Fix und Hodges folgenden Algorithmus zur Konstruktion von Entscheidungsregeln für die Klassifizierung [15]. Vorgegeben seien die Lernfolge

$$x_1, \omega_1; \ldots; x_l, \omega_l$$

und ein zu klassifizierendes Objekt (Element der Testfolge). Außerdem sei im Raum X die Metrik $\varrho(x, y)$ definiert. Es werden nun die Elemente der Lernfolge nach wachsendem

Abstand $\varrho(y, \bar{x})$ von einem Vektor $\bar{x}$ angeordnet und diese Vektoren entsprechend umnumeriert. Wir interessieren uns für die ersten k Elemente der umnumerierten Folge — wobei der Parameter k des Algorithmus Gegenstand theoretischer Untersuchungen zu dieser Methode ist. Der Vektor $\bar{x}$ werde dann der ersten Klasse zugeordnet, falls unter den ersten k Elementen jener Folge Objekte der ersten Klasse dominieren, andernfalls der zweiten Klasse.

Der Grundgedanke des Algorithmus von FIX und HODGES besteht darin, die Entscheidungsregel[1]) [nicht aufgrund der gesamten Stichprobe, sondern] nur auf der Grundlage der Teilmenge der Stichprobe, deren Elemente in die Umgebung des zu klassifizierenden Objektes fallen, aufzustellen. FIX und HODGES betrachten den einfachsten Typ einer „lokalen" Entscheidungsregel, der durch Verwendung einer Umgebung konstanten Radius gekennzeichnet ist, und konzentrieren sich auf die Definition der Größe dieser Umgebung.

Die optimale Umgebung für die lokalen linearen Entscheidungsregeln kann man mit Hilfe der Schätzungen (6.19) und (6.21) ermitteln und so optimale, stückweise lineare Entscheidungsregeln aufstellen. Das geschieht folgendermaßen. Wir ordnen die Elemente der Lernfolge nach wachsendem Abstand vom Element x an. Dann betrachten wir nacheinander l extremale Hyperebenen, wobei die i-te die ersten i Elemente, $i = 1, 2, \ldots, l$, der geordneten Lernfolge klassifiziert. Die Güte einer jeden der l konstruierten Trennhyperebenen kann mit Hilfe der Kriterien (6.20') bzw. (6.21) für die deterministische bzw. stochastische Problemvariante geschätzt werden. Die Klassifizierung des Vektors x wird durch die Hyperebene mit der besten Güteschätzung festgelegt.

Somit steht die Konstruktion der optimalen, stückweise linearen Trennebene nicht nur mit der Minimierung der Kriterien (6.19), (6.21) in bezug auf die Parameter ϱ, D, n, d in Zusammenhang, sondern auch mit der Minimierung nach l.

§ 14. Anhang zum Kapitel VI

Im folgenden schätzen wir für die Probleme der lernabhängigen Erkennung das Minimum des Verlustmaximums (Minimax) nach unten ab.

Eine Klasse von Entscheidungsregeln $F(x, \alpha)$, $\alpha \in S$ sei vorgegeben. Wir betrachten eine Klasse Q von Lernproblemen sowie eine Gesamtheit von K Algorithmen, die auf der Basis der Lernfolge die Entscheidungsregel $F(x, \alpha)$ auswählen. Das Minimax der Verluste M_0 wird durch

$$M_0 = \min_A \max_T \pi(A, T),$$

$$\pi(A, T) = R(A, T) - \min_{\alpha \in S} R(\alpha, T)$$

definiert, wobei $R(A, T)$ die Güte des Algorithmus A zur Lösung des Klassifizierungsproblems T und $R(\alpha, T)$ die Güte der Entscheidungsregel $F(x, \alpha)$ für das Problem T sind. Nehmen wir an, daß der Algorithmus A im Sinne des Verlustminimax-Kriteriums optimal ist, d.h., daß

$$M_0 = \max_{T \in Q} \pi(A_0, T)$$

[1]) Anm. d. Hrsg.: An die Stelle des Ausdrucks „Entscheidungsregel" wäre hier genauer „die Entscheidung der Klassenzugehörigkeit eines Objekts der Stichprobe" zu setzen — ein Unterschied, auf den im Kapitel VII ausführlich eingegangen wird.

gilt. Ferner setzen wir voraus, daß die Wahrscheinlichkeiten, mit denen die Probleme $T_1, \ldots, T_n$ aus Q auftreten können, bekannt sind und der Algorithmus $A_1 \in K$ im Sinne der Minimierung des mittleren Verlustes bei der Lösung dieser Probleme optimal ist, also dem Kriterium

$$M_1 = \min_{A \in Q} \sum_{i=1}^{N} p_i \pi(A, T_i) = \sum_{i=1}^{N} p_i \pi(A_1, T_i)$$

genügt. Man kann sich leicht davon überzeugen, daß

$$M_1 \leqq M_0 \tag{A.1}$$

gilt, wie die Ungleichungen

$$M_1 = \min_{A} \sum p_i \pi(A_i, T_i) \leqq \sum p_i \pi(A_0, T_i) \leqq \sum p_i \max_{T} \pi(A_0, T) = M_0$$

zeigen. Schließlich seien A_2 der optimale Algorithmus nach BAYES für die Probleme $T_1, \ldots, T_n$, die mit den Wahrscheinlichkeiten $p_1, \ldots, p_n$ auftreten mögen, und M_2 der zugeordnete mittlere Verlust für diesen Algorithmus. Der Algorithmus A_2 muß nicht unbedingt der Klasse K angehören. Damit ist dann also

$$M_2 \leqq M_1. \tag{A.2}$$

Hierin gilt das Gleichheitszeichen, wenn $A_2 \in K$ ist. Aus (A.1) und (A.2) folgt

$$M_0 \geqq M_2. \tag{A.3}$$

Für die Abschätzung des Verlustminimax nach unten genügt es somit, den für eine gewisse Gesamtheit von Klassifizierungsproblemen mit gegebenen Auftrittswahrscheinlichkeiten BAYES-optimalen Algorithmus aufzufinden und den zugehörigen Mittelwert des Verlustes M_2 zu berechnen.

Fall 1. Wir schätzen zunächst die Größe M_0 für Lernprobleme bei deterministischer Problemstellung ab, d.h. für den Fall, daß nur Klassifizierungsprobleme zugelassen sind, für die in der Klasse S eine fehlerfreie Entscheidungsregel (mit $\min_{\alpha \in S} P(\alpha, T) = 0$ für ein beliebiges Problem T) existiert.

Sei n die Kapazität der Klasse S, dann (siehe Kapitel V, X) existiert definitionsgemäß ein n-Tupel $x_1, \ldots, x_n$ von Punkten, das sich mit Hilfe von Entscheidungsregeln aus S beliebig in Klassen zerlegen läßt. Mit Hilfe aller Zerlegungen R_i der Punktmenge $\{x_1, \ldots, x_n\}$ werden wie folgt 2^n zugeordnete Klassifizierungsprobleme T_i definiert. Es wird angenommen, daß das Wahrscheinlichkeitsmaß $P(x)$ auf die Punkte $x_1, \ldots, x_n$ konzentriert ist, wobei der Punkt x_1 die Wahrscheinlichkeit $1 - p$ erhalte, und jedem der anderen Punkte eine Wahrscheinlichkeit vom Betrage $\dfrac{p}{n-1}$ zugeordnet werde. Ein Punkt x_k soll der ersten Klasse angehören, wenn er durch die Zerlegung R_i der ersten Klasse zugeordnet wird, und sonst der zweiten Klasse. Mit anderen Worten gelte

$$P(0 \mid x_k) = 0,$$
$$P(1 \mid x_k) = 1,$$

wenn x_k durch die Zerlegung R_i der ersten Klasse zugeordnet wird und

$$P(0 \mid x_k) = 1,$$
$$P(1 \mid x_k) = 0,$$

wenn x_k durch die Zerlegung R_i der zweiten Klasse zugeordnet wird. Durch diese Beziehungen ist das Problem T_i vollständig definiert. Es ist offensichtlich, daß für jedes Problem T_i in der Klasse S eine fehlerfreie Entscheidungsregel existiert. Wir setzen weiterhin voraus, daß alle Probleme T_i mit der gleichen Wahrscheinlichkeit

$$P(T_i) = \frac{1}{2^n}$$

auftreten. Man kann sich leicht davon überzeugen, daß der für die so definierte Gesamtheit von Problemen BAYES-optimale Algorithmus wie folgt verfährt: Eine Stichprobe der Länge l ist gegeben; mit Wahrscheinlichkeit 1 enthält sie nur Punkte der Menge $\{x_1, \ldots, x_n\}$. Diejenigen Punkte dieser Menge $x_1, \ldots, x_n$, die in der Lernfolge realisiert sind, werden der Klasse zugeordnet, der sie im Lernmaterial angehören. Die Klassifikation der übrigen Punkte ist gleichgültig. Dabei ist der mittlere Verlust durch

$$M_2(p) = 0{,}5(1-p)\,p^l + 0{,}5(n-1)\left(\frac{p}{n-1}\right)\left(1-\frac{p}{n-1}\right)^l > 0{,}5\left(1-\frac{p}{n-1}\right)^l \cdot p \quad \text{(A.4)}$$

gegeben, wobei $0{,}5(1-p)$ den mittleren Verlust bei der Klassifikation des Punktes x_1 bedeutet, falls x_1 nicht in der Lernfolge vorkommt; p^l sei die Wahrscheinlichkeit, mit der x_1 nicht in der Lernfolge vorkommt; analog sei $0{,}5\,\dfrac{p}{n-1}$ der mittlere Verlust bei der Klassifikation eines Punktes x_i $(i \neq 1)$ unter der Bedingung, daß dieser nicht in der Lernfolge enthalten ist sowie $\left(1-\dfrac{p}{n-1}\right)$ die Wahrscheinlichkeit, mit der diese Bedingung verwirklicht ist.

Wir berechnen den Wert der Wahrscheinlichkeit p, bei dem der Ausdruck

$$0{,}5p\left(1-\frac{p}{n-1}\right)^l$$

sein Maximum erreicht. Es ergibt sich

$$p = \begin{cases} 1 & \text{für } l \leqq n-2, \\ \dfrac{n-1}{l+1} & \text{für } l \geqq n-2. \end{cases}$$

Setzt man p in (A.4) ein und berücksichtigt (A.3), so erhält man

$$M_0 = \min_A \max \pi(A, T) > \begin{cases} 0{,}5\left(1-\dfrac{1}{n-1}\right)^l & \text{für } l \leqq n-2, \\ 0{,}5\,\dfrac{n-1}{l+1}\left(1-\dfrac{1}{l+1}\right)^l \approx 0{,}2\,\dfrac{n+1}{l+1} & \text{für } l > n-2. \end{cases}$$

Fall 2. Es sind jetzt beliebige Klassifizierungsprobleme T zugelassen, und die Algorithmen A wählen wie früher eine Entscheidungsregel aus der Klasse S, deren Kapazität n sei, aus. Es handelt sich hier um die stochastische Problemstellung. Wir schätzen wieder das Verlustminimax M_0 ab. $x_1, \ldots, x_n$ sei wie früher die Gesamtheit der Punkte, die durch Entscheidungsregeln aus S beliebig in Klassen zerlegt werden kann.

1. Die Wahrscheinlichkeit $P(\boldsymbol{x})$ soll wieder in den Punkten $\boldsymbol{x}_1, \ldots, \boldsymbol{x}_n$ konzentriert sein, wobei alle Punkte gleichwahrscheinlich sind: $P(\boldsymbol{x}_i) = \frac{1}{n}$.

2. Die bedingte Wahrscheinlichkeit $P(\omega \mid \boldsymbol{x})$ in den Punkten $\boldsymbol{x}_1, \ldots, \boldsymbol{x}_n$ ist folgendermaßen erklärt:

$$P(0 \mid x_k) = \begin{cases} 0{,}5 - \Delta, & \text{wenn } x_k \text{ durch } R_i \text{ der ersten Klasse zugeordnet wird,} \\ 0{,}5 + \Delta, & \text{wenn } x_k \text{ durch } R_i \text{ der zweiten Klasse zugeordnet wird;} \end{cases}$$

$$P(1 \mid x_k) = \begin{cases} 0{,}5 + \Delta, & \text{wenn } x_k \text{ durch } R_i \text{ der ersten Klasse zugeordnet wird,} \\ 0{,}5 - \Delta, & \text{wenn } x_k \text{ durch } R_i \text{ der zweiten Klasse zugeordnet wird.} \end{cases}$$

Eine für das Problem T optimale Entscheidungsregel der Klasse S ist offensichtlich eine Regel $F(\boldsymbol{x}, \alpha)$, die die Punkte $\boldsymbol{x}_1, \ldots, \boldsymbol{x}_n$ in Übereinstimmung mit der Zerlegung R_i klassifiziert. Dabei ist die Güte

$$R(\alpha, T) = 0{,}5 - \Delta .$$

Als eine Bayes-optimale Belehrungsstrategie A_0 erweist sich in diesem Fall die folgende Verfahrensweise:

a) Der Punkt $\boldsymbol{x}$ kommt im Belehrungsmaterial vor und wurde $n_1(\boldsymbol{x})$ Mal der ersten Klasse zugeordnet und $n_2(\boldsymbol{x})$ Mal der zweiten. Ist $n_1(\boldsymbol{x}) > n_2(\boldsymbol{x})$, dann wird $\boldsymbol{x}$ der ersten Klasse zugeordnet, und der zweiten, falls $n_1(\boldsymbol{x}) < n_2(\boldsymbol{x})$. Bei $n_1 = n_2$ ist die Klassifikation beliebig, die Klassenzugehörigkeit wird zufällig gewählt.

b) Kommt der Punkt $\boldsymbol{x}$ nicht in der Lernfolge vor, ist seine Klassifikation beliebig (sie wird wieder zufällig gewählt).

Die Verluste, die bei der Lösung eines Problems T nach diesem Algorithmus eintreten, sind für alle Probleme T gleich groß und durch den Ausdruck

$$\pi(A_0, T) = n\left[\frac{2\Delta}{n}\, p_1 + \frac{\Delta}{n}\, p_2\right] = 2\Delta p_1 + \Delta p_2$$

gegeben, wobei $2\Delta/n$ den Verlust bedeutet, der eintritt, wenn der durch die Zerlegung R_i der ersten Klasse zugeordnete Punkt $\boldsymbol{x}_i$ nach der Belehrung fälschlich zur zweiten entschieden wird ($n_1(\boldsymbol{x}) < n_2(\boldsymbol{x})$), oder umgekehrt, wenn ein Punkt durch R_i der zweiten, aber im Resultat der Belehrung der ersten Klasse zugeordnet wird ($n_1(\boldsymbol{x}) > n_2(\boldsymbol{x})$); Δ/n ist der Verlust in dem Falle, daß $n_1(\boldsymbol{x}) = n_2(\boldsymbol{x})$ gilt; p_1 die Wahrscheinlichkeit dafür, daß $n_1(\boldsymbol{x}) = n_2(\boldsymbol{x})$ ist, falls die Bedingung $P(1 \mid \boldsymbol{x}) > P(0 \mid \boldsymbol{x})$ erfüllt ist, oder für $n_1(\boldsymbol{x}) > n_2(\boldsymbol{x})$, falls $P(1 \mid \boldsymbol{x}) < P(0 \mid \boldsymbol{x})$ erfüllt ist; p_2 die Wahrscheinlichkeit, mit der $n_1(\boldsymbol{x}) = n_2(\boldsymbol{x})$ gilt. Die Ausdrücke für p_1 und p_2 sind durch die Formeln

$$p_1 = \sum_{\substack{n_1+n_2+n_3=l \\ n_1<n_2 \\ n_1\geqq 0,\, n_2\geqq 0,\, n_3\geqq 0}} \frac{l!}{n_1!\, n_2!\, n_3!} \left(1 - \frac{1}{n}\right)^{n_3} \left(\frac{0{,}5 + \Delta}{n}\right)^{n_1} \left(\frac{0{,}5 - \Delta}{n}\right)^{n_2}, \tag{A.5}$$

$$p_2 = \sum_{\substack{n_1+n_2+n_3=l \\ n_1=n_2 \\ n_1\geqq 0,\, n_2\geqq 0,\, n_3\geqq 0}} \frac{l!}{n_1!\, n_2!\, n_3!} \left(1 - \frac{1}{n}\right)^{n_3} \left(\frac{0{,}5 + \Delta}{n}\right)^{n_1} \left(\frac{0{,}5 - \Delta}{n}\right)^{n_2} \tag{A.6}$$

gegeben.

Bei $l \leqq n$ setzen wir $\Delta = 0{,}5$. Dann ist

$$M_0 \geqq 0{,}5\left(1 - \frac{1}{n}\right)^l \approx 0{,}5 e^{-\frac{l}{n}}. \tag{A.7}$$

Bei $n < l \leqq 2n$ setzen wir $\Delta = 0{,}25$. In diesem Fall berücksichtigen wir nur die ersten Glieder der Summen (A.5) und (A.6) (in der ersten Summe ist $n_2 = 1$, in der zweiten ist $n_1 = n_2 = 0$):

$$M_0 \geqq \left(0{,}25 + \frac{l}{8n}\right) e^{-\frac{l}{n}}. \tag{A.8}$$

Bei $l > 2n$ setzen wir

$$\Delta = \frac{1}{2}\sqrt{\frac{n}{l}}$$

und approximieren die Verteilung der Größe $\theta := \frac{n_1 - n_2}{l}$ durch eine Normalverteilung, wobei, um die Eindeutigkeit zu gewährleisten, $P(1 \mid \boldsymbol{x}) > 0{,}5$ vorausgesetzt ist. Mathematische Erwartung und Dispersion dieser Größe sind

$$M(\theta) = \frac{2\Delta}{n},$$

$$D(\theta) = \frac{1}{l}\left(\frac{1}{n} - \frac{4\Delta^2}{n^2}\right) \simeq \frac{1}{nl}.$$

Die Normalverteilung ist damit durch

$$P(\theta) = \frac{\sqrt{nl}}{\sqrt{2\pi}} e^{-\frac{\left(\theta - \frac{2\Delta}{n}\right)^2}{2\left(\frac{1}{\sqrt{nl}}\right)^2}}$$

gegeben, woraus sich

$$p_1 = P(\theta < 0) = 1 - \operatorname{erf}\left(2\Delta\sqrt{\frac{l}{n}}\right)$$

ergibt. Bei $\Delta = \frac{1}{2}\sqrt{\frac{n}{l}}$ gilt

$$p_1 = 1 - \operatorname{erf}(1),$$

so daß

$$M_0 \geqq \sqrt{\frac{n}{l}}\,(1 - \operatorname{erf}(1)) \tag{A.9}$$

wird. Somit folgt aus (A.7), (A.8) und (A.9)

$$M_0 \geqq \begin{cases} 0{,}5 e^{-\frac{l}{n}} & \text{für } l \leqq n, \\ \left(0{,}25 + \frac{l}{8n}\right) e^{-\frac{l}{n}} & \text{für } n < l < 2n, \\ \sqrt{\frac{n}{l}}\,(1 - \operatorname{erf}(1)) & \text{für } l \geqq 2n. \end{cases}$$

KAPITEL VII

BEISPIELE FÜR DIE ANWENDUNG LERNABHÄNGIGER ERKENNUNGSMETHODEN

§ 1. Zur Unterscheidung erdölhaltiger und wasserhaltiger Schichten in der geologischen Erkundung

Eine der ersten Aufgaben, zu deren Lösung Methoden der lernfähigen Erkennung eingesetzt werden, war die Diskrimination zwischen erdölhaltigen und wasserhaltigen Schichten in Sonden[1]). Bereits 1963 konnten hierbei gute Ergebnisse erzielt werden.

Das im Erdinnern enthaltene Erdöl durchtränkt die porösen Schichten des Erdgesteins. Derartige Schichten werden als Sammelschichten bezeichnet, sie können sowohl Erdöl als auch Wasser enthalten. Die Flüssigkeit, die das Gestein durchtränkt, steht unter beträchtlichem Druck, so daß beim Bohren lehmiger Bohrmörtel herausgepreßt wird. In jede beim Bohren zurückgelegte Teilstrecke werden Rohre einzementiert. Die Sonden sind oft viele Kilometer lang. Eine sichere Abdichtung derselben erweist sich daher als notwendig.

Zur Bestimmung des Gesteins, in dem die Sonde verläuft, sind folgende Fragen zu beantworten: 1. Welche Schichten sind als Sammelschichten erkennbar? 2. Welche Sammelschichten enthalten Erdöl? (In erdölhaltigen Schichten erhält die Sonde Öffnungen; mit einer speziellen Vorrichtung wird an einer bestimmten Stelle das Gestein angebohrt, somit kann das Erdöl durch ein Rohr in einen Behälter gelangen, der es aufnimmt.)

Die oft meterlangen Sammelschichten erschweren die Klassifizierung erdölhaltiger und wasserhaltiger Schichten, so daß bei Anbohrungen zwei grundsätzliche Fehler auftreten können. Der eine Fehler führt dazu, daß sich die geöffnete Schicht als nicht erdölhaltig erweist und somit Wasser in den Behälter eintritt. In diesem Fall muß die Sonde repariert und die geöffnete Schicht wieder abgedichtet werden. Das ist ein teurer und komplizierter Vorgang. Ein zweiter Fehler tritt auf, wenn es nicht gelingt, alle Erdölschichten zu erschließen, wodurch sich die Effektivität der Ausbeutung erheblich verringert. Um Fehler dieser Art von vornherein auszuschalten, muß also zunächst eine geophysikalische Untersuchung der Schichten vorgenommen werden.

Es ist bekannt, daß Erdgestein über einen verhältnismäßig großen elektrischen Widerstand verfügt, während der elektrische Widerstand des Bohrmörtels offensichtlich gering ist. Die porendichten Schichten des Gesteins, die den Bohrmörtel nicht aufnehmen, verändern ihren elektrischen Widerstand nicht, während die den Bohrmörtel aufnehmenden Sammelschichten einen geringen elektrischen Widerstand aufweisen. Überdies hat Erdöl einen weitaus höheren elektrischen Widerstand als Wasser, so daß die erdölhaltige Sammelschicht einen höheren Widerstand zeigt als die wasserhaltige.

Im allgemeinen entsprechen diese theoretischen Überlegungen den tatsächlichen Gegebenheiten. In den Sammelschichten wird in der Tat ein schneller Abfall des Wider-

[1]) Anm. d. Übers.: „Sonde“: fündiges Erdöl- oder Erdgasbohrloch.

standes festgestellt. Dabei ist jedoch der elektrische Widerstand der Erdölschichten im Durchschnitt immer etwas größer als der der wasserhaltigen Schichten.

In der Praxis zeigte es sich, daß es mit Hilfe geophysikalischer Methoden möglich ist, mit ziemlicher Sicherheit Sammelschichten von allen anderen Schichten (Nichtsammelschichten) zu unterscheiden. Es gibt aber keine geophysikalische Methode, die es erlauben würde, den Erdöl- und Wassergehalt von Sammelschichten eindeutig zu klassifizieren.

Warum gelingt es nicht, eine solche Klassifizierung der Sammelschichten zu erreichen? Hierzu muß auf zwei Gründe verwiesen werden. Erstens sind die Sammelschichten i.a. von unterschiedlicher Dicke (bis zu zehn und mehr Metern). Je geringer die Schichtdicke ist, um so schwieriger ist es, die Schicht zu klassifizieren: Ist sie stärker, unterliegt sie mitunter zufälligen Einflüssen, z.B. kann Fremdgestein eindringen usw. Zweitens können die Porosität der Schicht und somit ihr Mörtelgehalt und damit insbesondere der elektrische Widerstand des Gesteins unterschiedlich sein.

Die Sammelschichten könnte man eindeutig klassifizieren, falls es gelänge, den Einfluß dieser Störungen auf den elektrischen Widerstand des Gesteins zu berücksichtigen, das hieße nicht nur einen, sondern einen Satz von Parametern zu berücksichtigen. Ein entsprechender Satz geophysikalischer Parameter bildet die Grundlage für einen Standardkomplex zur Untersuchung einer Sonde.

Folgende Messungen werden dabei einbezogen:

1. die äquivalenten (effektiven) elektrischen Widerstände des Gesteins bei Messungen mit Sonden verschiedener Länge (4 Sonden);
2. die Potentiale der dielektrischen Polarisation;
3. die Intensität der natürlichen Gammastrahlung des Gesteins;
4. die Intensität der Gammastrahlenemission bei Bestrahlung mit Neutronen;
5. der Durchmesser einer Sonde;
6. die Widerstände der Bohröffnung.

Durch Ausführung der genannten Messungen untersuchten Experten die Beschaffenheit von Schichten, um den Anteil erdölhaltiger Schichten festzustellen. Es ergab sich eine „Treffsicherheit" der Klassifizierung von etwa 75 bis 85%.

Hier stellte sich nun das Problem, Methoden der Zeichenerkennung zur Klassifikation einzusetzen. Entsprechend wurde in den Erdölgebieten der baschkirischen und mongolischen SSR ein Experiment durchgeführt (das wesentliche Material stammte von devonischem Sandstein wie er in diesen Gebieten vorkommt). Zur Aufstellung der Entscheidungsregel stützte man sich auf Mitteilungen über die geophysikalischen Komplexe von 300 geöffneten Schichten. Von diesen wurden 100 Beispiele für Schichten (50 wasserhaltige und 50 erdölhaltige) für die Belehrung ausgesucht und an den übrigen 200 Schichten die Güte der Entscheidungsregel abgeschätzt.

Man fand eine Entscheidungsregel, bei deren Güteschätzung in 200 Fällen nur drei Fehler auftraten. Diese Regel wurde beispielsweise auch industriell genutzt. Die Methoden der Zeichenerkennung fanden inzwischen in viele Gebiete der Geologie Eingang.

§ 2. Das Problem der Identifizierung von Handschriften

In der Kriminalistik stoßen wir oft auf das Problem der Identifizierung von Handschriften, z.B. dann, wenn bekannt ist, daß eine Unterschrift von einer Person aus einer Gruppe in Frage kommender Personen geleistet wurde und diese zu identifizieren ist.

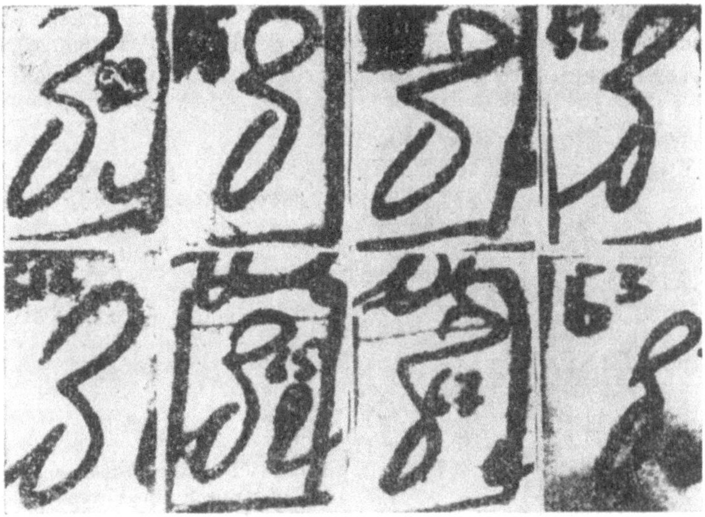

Abb. 17. Handschriftzeichen einer Person A (obere Zeile) und einer Person B (untere Zeile)

Dieses Problem wird von einem Graphologen gelöst, dem ein zu untersuchender Text und Handschriften vorgelegt werden, die von verschiedenen Personen geschrieben wurden. Der Graphologe muß herausfinden, von welcher Person der vorgelegte Text tatsächlich stammt.

Bei der Identifizierung von Handschriften tauchte sehr bald die Frage auf, ob ein Lernprogramm die oft mühevolle Arbeit eines Graphologen erleichtern könne. Für einen Versuch wurden zwei Personen mit ähnlichen Handschriften ausgewählt und 155 Photographien des Buchstaben „б“ hergestellt, die von jeder Versuchsperson innerhalb zu sammenhängender Texte geschrieben worden waren. Die Photographien waren von einheitlicher Größe.[1])

Die erste Zeile der Abb. 17 zeigt die Buchstabenmuster der Person A — die zweite Zeile die der Person B. Auf der Abb. 18 ist ein Raster für die Kodierung dargestellt. Die Kodierung eines Buchstaben besteht darin, daß für jedes von dem Muster überdeckte Kästchen eine Eins in die entsprechende Koordinate des 326-dimensionalen Vektors eingesetzt wird.

Von den 155 Buchstaben, die jede Person schrieb, wählte man zufällig etwa 30 Buchstaben für die Belehrung aus. Somit erfolgte die Belehrung mit 60 Buchstaben, und zur Kontrolle der erhaltenen Entscheidungsregel waren etwa 250 Schriftzeichen verfügbar. Die Entscheidungsregel führte zu folgendem Ergebnis: Von 250 Schriftzeichen wurden 208 richtig und 42 falsch klassifiziert. Gleichzeitig mit der maschinellen Klassifizierung [bzw. hier der Identifizierung] wurden die Schriftzeichen einer Gruppe von Graphologen vorgelegt. Ihnen wurde das gleiche Untersuchungsmaterial zur Verfügung gestellt, eben jene 60 Buchstaben, die dem Lernautomaten eingegeben worden waren. Es wurden Photo-

---

[1]) Kriminalisten gaben zwei charakteristische Formmerkmale der Buchstaben an. Diesen Merkmalen entsprechend, wurden die Größennormierung, die Zentrierung und Orientierung der Muster vorgenommen.

graphien der Buchstaben vorgelegt (nicht Rasterbilder). Die Graphologen mußten bestimmen, welche der 250 Buchstaben von welcher der beiden Personen geschrieben worden waren. Die Ergebnisse dieses Experiments sind in der Tabelle 1 angeführt.

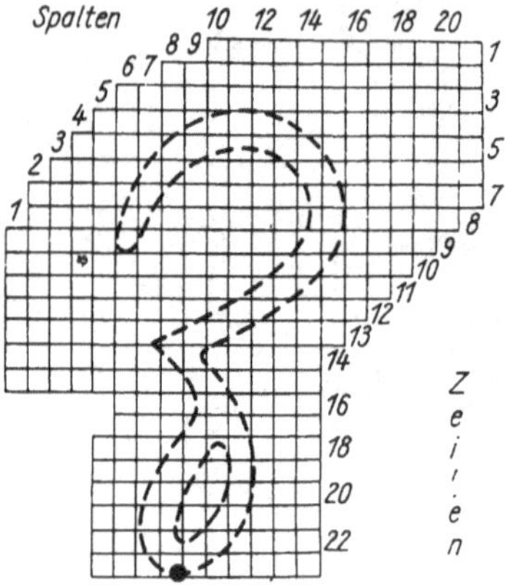

Abb. 18. Das zur Digitalisierung der Muster nach Abb. 17 verwandte Kodierungsraster

Tabelle 1

Grapho-loge	Anzahl fehlerfreier Identifizierungen bei 250 Schriftzeichen	Fehleranzahl bei 250 Schriftzeichen	% fehlerfreie Erkennung
1	226	24	90,4
2	229	21	91,4
3	200	50	80
4	223	22	91,2
5	220	30	88
6	237	13	94,6
7	217	33	86,8

Die Erkennungsrate bei dem von den Graphologen durchgeführten Experiment lag also bei 88%, die Prozentzahl fehlerfreier Identifizierungen mit Hilfe einer elektronischen Rechenanlage bei 83%. Es ergab sich also, daß die Treffsicherheiten der Expertisen, gewonnen mit Hilfe einer elektronischen Rechenanlage und mit der bisher üblichen Methode, etwa auf gleichem Niveau lagen. Dabei ist noch zu berücksichtigen, daß sich die dem Automaten bzw. den Graphologen angebotenen Informationsmaterialien [d.h. die Lernproben] wesentlich voneinander unterschieden. Die Graphologen führten die Identifizierung auf Grund von Photographien der Schriftzeichen aus, während dem Automaten handschriftliche Buchstaben in Form eines Rasters zur Identifizierung vorgelegt worden waren, die keineswegs die gesamte Vielfalt der graphischen Konturen eines Schriftzeichens enthielten.

Zweifellos bildet die Kodierung mit Hilfe eines Rasters keine sehr effektive Grundlage für eine solche Expertise. Es gibt Kodierungsmethoden, die besser geeignet sind, die Individualität der Schriftzeichenformen zum Ausdruck zu bringen. Die Möglichkeiten, bei den Problemen der Identifizierung von Handschriften Automaten einzusetzen, sind daher bei weitem noch nicht ausgeschöpft.

Das durchgeführte Experiment zeigte, daß ein automatisches Erkennungsverfahren bei einer universellen (und daher schlechten) Kodierungsmethode der Muster in seiner Qualität mit der eines Graphologen vergleichbar ist (diese aber nicht erreicht). Erst eine spezielle Kodierungsmethode würde dem automatischen System eine Treffsicherheit ermöglichen, welche die eines effektiven Gutachters erreicht.

Die Ausarbeitung einer dementsprechend spezialisierten Kodierungsmethode ist Gegenstand von Untersuchungen, die von Kriminalisten und Handschriftenexperten durchgeführt werden.

§ 3. Gütekontrolle in der Produktion

Eines der wichtigsten Probleme in der Industrie stellt gegenwärtig die Gütekontrolle in der Produktion dar. Betrachten wir das Problem der Gütekontrolle in der Fertigung von Elektronenröhren.

An eine Elektronenröhre werden zwei Forderungen gestellt: Erstens müssen sich die Parameter der Röhren in vorgegebenen Grenzen halten; zweitens dürfen die Parameter des Gerätes die vorgegebenen Grenzen während eines Zeitraumes ΔT nicht überschreiten.

Die Kontrolle über die Erfüllung der ersten Forderung ist nicht sehr schwierig: Man hat die Endkontrolle des technologischen Produktionsablaufes immer in der Hand, so daß es möglich ist, ohne Ausnahme alle Geräte auf ihre Norm zu überprüfen.

Zu garantieren, daß die zweite Forderung erfüllt ist, ist bedeutend schwieriger. Zu diesem Zweck wird eine statistische Gütekontrolle der Produkte vorgenommen. Diese gründet sich auf folgende Überlegungen: Da die Geräte in Serie produziert werden, kann angenommen werden, daß die Abweichung von einem bestimmten festgesetzten Gütewert innerhalb einer Serie rein zufällig ist. In jeder Serie kann daher [im Sinne der Wahrscheinlichkeitstheorie] ein Ereignis definiert werden, das genau dann eintritt, wenn die Lebensdauer eines Gerätes kürzer ist als die geforderten ΔT Stunden. Die Wahrscheinlichkeit für das Eintreten dieses Ereignisses läßt sich wie folgt abschätzen: Aus einer Serie werden l Geräte [zufällig] ausgewählt und einer Behandlung unterzogen, die die realen Bedingungen simuliert. Die Versuche laufen über einen Zeitraum von ΔT Stunden. Die Wahrscheinlichkeit, auf ein von der Norm abweichendes Gerät zu stoßen, kann durch $\nu = \frac{n}{l}$ abgeschätzt werden, wobei n die Anzahl der von der Norm abweichenden Geräte ist, die während der Behandlung auftritt. Eine Serie wird akzeptiert, sobald ν eine bestimmte vorgegebene Grenze überschreitet. Aufgrund der Ergebnisse solch einer statistischen Analyse kann eine Serie auch dann verworfen werden, wenn der größte Teil der Geräte qualitativ gut ist. Das wäre beispielsweise der Fall, wenn der Besteller des Produktes bereit ist, eine Serie mit höchstens 5% qualitativ weniger guten Geräten abzunehmen. Werden die 5% überschritten, muß die gesamte Serie verworfen werden.

Durch Anwendung lernfähiger Erkennungsmethoden bei der Gütekontrolle in der Produktion wird bis zu einem gewissen Grad das Verwerfen von Serien vermieden, indem die qualitativ schlechten Geräte zuvor erkannt und ausgesondert werden. Dazu ist erforderlich, bereits zu Beginn der Probeläufe vorauszusagen, ob die Parameter der Geräte im Laufe der zu garantierenden Frist ΔT die festgelegten Grenzen überschreiten werden; d. h., daß für jedes Gerät eine Entscheidung für eine von zwei Klassen — für Röhren guter Qualität und für qualitativ schlechte Röhren — getroffen werden muß. Hierzu wird eine Entscheidungsregel angewandt, mit deren Hilfe alle Geräte einer Serie überprüft und jene ausgesondert werden können, die von schlechter Qualität sind. Es ist klar, daß für eine vorgegebene Regel die Wahrscheinlichkeit eines Fehlers der ersten Art (d.h., ein qualitativ schlechtes Gerät wird als gutes Gerät klassifiziert) durch eine feste Zahl p_1 gegeben sein wird; enthält dann die gesamte Serie $p\%$ schlechte Geräte, braucht man nach der Aussonderung mit nur $p_1 p\%$ schlechten Geräten pro Serie zu rechnen.

Aus einer Serie werden natürlich auch $(100 - p) \times p_2\%$ gute Geräte ausgesondert (p_2 = Fehler zweiter Art); dagegen kann man nichts tun — diesen Ausschuß muß man in Kauf nehmen. Eine Methode dieser Art wird gegenwärtig bei vielen Typen von Elektronenröhren erfolgreich angewandt. Einige der dabei erhaltenen Ergebnisse sind in Tabelle 2 zusammengestellt.

Tabelle 2

Gerätebezeichnung	Voraussichtliche Lebensdauer	Kriterien der Lebensdauer	Anzahl der Merkmale	Länge der Lernfolge Klasse 1	Klasse 2	Länge der Testfolge	Anzahl der Fehler bei der Prognose (= Klassifizierung der Testfolge)
1. Röhre 6G 1P	1000 Std.	Steigung der Anodenkennlinie	9	10	10	29	1
2. Röhre 6G 9P-E	50000 Std.	Gruppe von Nutzungsparametern	7	19	16	15	1
3. Wanderfeld-Röhre LBW	2000 Std.	Ausgangsleistung	6	9	18	19	0
4. Magnetron	1 Jahr Lagerung	Ausgangsleistung	5	14	9	33	3

Nachdem einmal aus einer Serie mit Hilfe eines automatischen prognostischen Verfahrens der genannten Art Röhren von schlechter Qualität ausgesondert worden sind, kann erneut eine statistische Überprüfung der Serien vorgenommen werden. Eine Serie wird dann entweder abgenommen, oder sie wird wiederum zurückgewiesen. Im zweiten Fall wird erneut eine Entscheidungsregel auf der Grundlage einer nunmehr erweiterten Lernfolge konstruiert, die einen neuen prognostischen Test an der Serie ermöglicht usw.

Eine Kombination von Lernmethoden der Zeichenerkennung mit den Methoden der statistischen Qualitätskontrolle führt zur Konstruktion interessanter Auswahlschemata und ermöglicht es, die Güte der Serien genauer abzuschätzen.

§ 4. Das Problem der Wetterprognose

Das Problem der Wetterprognose wurde bisher traditionsgemäß von Meteorologen unter Anwendung rein synoptischer, qualitativer Methoden gelöst.

Seit kurzer Zeit werden zur Wetterprognose exakte Methoden angewandt, wobei die Entwicklung der Wetterlage modelliert und durch Gleichungen beschrieben wird. Diese Gleichungen erlauben es, durch Ausführung der Rechnungen auf einem entsprechenden

Digitalrechner aus den Anfangsbedingungen in Gestalt der Wetterlage zum Zeitpunkt t die Wetterprognose für verschiedene Zeitpunkte $t + \Delta t$ abzuleiten. Die Korrektheit der durch Rechenmodelle definierten Prognosen kam der Korrektheit derjenigen Prognosen nahe, die man bislang mit Hilfe der traditionellen Methoden erhalten hatte.

Zur Zeit werden die Wetterprognosen im wesentlichen noch von Meteorologen gestellt, von denen die Rechnerausdrucke der (automatischen) Prognoseprogramme nur als konsultatives Material benutzt werden. Um eine genaue Wettervorhersage zu ermöglichen, ist ein auf dem Erdball weit verzweigtes Netz meteorologischer Stationen errichtet worden, von denen die verschiedenen meteorologischen Parameter registriert werden. Diese Angaben laufen in ein zentrales meteorologisches Institut ein, in dem Wetterkarten aufgestellt werden. Diese Karten werden von Meteorologen ausgewertet und dienen als Grundlage der Wettervorhersage.

Die Wettervorhersage umfaßt verschiedene Aussagen wie z.B. Angaben über Niederschlagsgebiete, Temperatur, Windrichtung usw. Besonders wichtig ist die Vorhersage gefährlicher Wetterwirkungen wie Frühfröste, Sturmböen, Glatteis, Gewitter. Für alle diese gefahrbringenden Wettererscheinungen wurde jetzt mit Hilfe der lernfähigen Erkennung eine Entscheidungsregel aufgestellt. Die erste derartige Entscheidungsregel wurde in Westsibirien im Regionalzentrum für Hydrometeorologie eingesetzt, weil hier die Vorhersage von Frühfrösten während der Sommermonate (Juli—August) für die Landwirtschaft von außerordentlicher Bedeutung war. Die Vorhersage von Frühfrösten erfolgt dort aufgrund von Angaben aus Nowosibirsk und sechs weiteren Stationen, die im Umkreis von 1000 km verstreut sind.

Die Angaben setzen sich aus Mitteilungen über die Meßwerte der folgenden sechs Parameter zusammen:

1. Lufttemperatur an der Erdoberfläche,
2. Lufttemperatur in der isobaren Niveaufläche 850 mb,
3. atmosphärischer Druck an der Erdoberfläche,
4. Höhe der isobaren Niveaufläche 850 mb,
5. Windgeschwindigkeit im Niveau von 850 mb,
6. Windrichtung im Niveau von 850 mb.

Im Unterschied zu den früheren Aufgabenstellungen wurden hier nicht 2 sondern 18 Klassen definiert. Die Ergebnisse eines Versuches mit der erhaltenen Entscheidungsregel sind in Abb. 19 dargestellt.

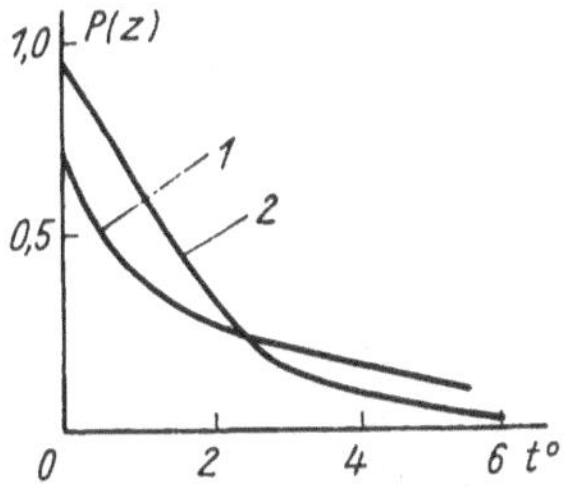

Abb. 19. Vergleich der Abhängigkeit der Fehlerwahrscheinlichkeit von der Größe des Fehlers bei der Wettervorhersage eines Automaten (Kurve 1) mit der eines Meteorologen (Kurve 2)

In dieser Abbildung sind die Fehlerwahrscheinlichkeiten der mit Hilfe eines Digitalrechners gestellten Prognosen (Kurve 1) und die Fehlerwahrscheinlichkeit der von einem Meteorologen gestellten Prognose (Kurve 2) gegenübergestellt. Auf der Abszissenachse der graphischen Darstellung sind das Fehlermaß, auf der Ordinatenachse die zugehörige

Wahrscheinlichkeit, mit der dieses Fehlermaß auftritt, abgetragen. Entsprechend dieser Graphik ist bei der Prognose mit Hilfe der automatischen Zeichenerkennung ein kleiner Fehler weniger wahrscheinlich als bei der Prognose durch den Meteorologen. Größere Fehler dagegen treten öfter bei der automatischen Prognose auf, während der Meteorologe sie vermied. Das erklärt sich daraus, daß die Information über Wetterlagen nur von sechs Stationen stammt, die im Umkreis von 1000 km liegen. Bei dieser relativ geringen Entfernung ist es unmöglich, schnelle und starke Veränderungen in der Entwicklung atmosphärischer Prozesse zu berücksichtigen; diese können nur dann von der rechnenden Vorhersage erfaßt werden, wenn ein großes Gebiet der Erdoberfläche unter Beobachtung steht. Trotzdem läßt dieses Ergebnis erkennen, daß die mit Auswertung der Wetterbeobachtungen von sechs meteorologischen Stationen arbeitende automatische Wetterprognose im Durchschnitt nicht schlechter war als die Prognose der Meteorologen.

Im Hydrometzentrum der UdSSR wurde ein Prognoseschema für das Auftreten von Glatteis mit Hilfe von Methoden der lernfähigen Erkennung aufgestellt. Dem Prognoseschema liegen sechs Parameter zugrunde:

1. Lufttemperatur an der Erdoberfläche,
2. Lufttemperatur in der isobaren Niveaufläche 850 mb,
3. mittlere Abweichung des Taupunktes an der Erdoberfläche von dem Taupunkt in der isobaren Niveaufläche 850 mb,
4. LAPLACEsche Temperatur in der isobaren Niveaufläche 850 mb,
5. Windgeschwindigkeit an der Erdoberfläche,
6. Unterschied zwischen der Windgeschwindigkeit an der Erdoberfläche und der Windgeschwindigkeit in der isobaren Fläche 850 mb.

Die Treffsicherheit einer prognostischen Aussage über das Auftreten von Glatteis mit Hilfe des aufgestellten Systems betrug 90% und liegt somit höher als bei der Prognose durch den Meteorologen. Analoge Systeme wurden im Hydrometzentrum der UdSSR für die Prognose von Sturmböen und Gewitterbildungen entwickelt. Um diese Wettererscheinungen vorherzusagen, wertete man eine größere Anzahl von Parametern aus (26 für die Prognose von Sturmböen und 80 für die Vorhersage von Gewitterbildungen). Hier ergab sich eine größere Korrektheit der mit Hilfe von Entscheidungsregeln gewonnenen Prognosen gegenüber den von Meteorologen gestellten.

§ 5. Anwendung von Lernmethoden in der Medizin

Die Anwendung von Lernmethoden in der Medizin, die mit dem Eindringen automatischer Erkennungsmethoden in dieses Fachgebiet in engem Zusammenhang steht, findet bei Fachleuten bereits größtes Interesse. Man kann sagen, daß die Tätigkeit des Arztes auf fast allen medizinischen Gebieten eng mit der Klassifikation von Situationen verbunden ist. Bereits in der ersten Hälfte der sechziger Jahre fanden Erkennungsmethoden Eingang in die Medizin. Gegenwärtig sind zahlreiche Probleme bekannt, die durch Anwendung lernfähiger Erlennungsmethoden gelöst werden können. Dabei zeigt es sich, daß die vom Automaten geleistete Klassifizierung *unter den gegebenen Bedingungen* in der Regel weitaus genauer ist als die mit der bisher üblichen Methode eines Arztes erhaltene.

Lernfähige Erkennungsmethoden werden bei der Lösung folgender Probleme eingesetzt:
A. Differentialdiagnostik,
B. Prognose möglicher Komplikationen während einer Behandlung,
C. Prognose der Ergebnisse bestimmter Behandlungsmethoden,
D. Auftreten von Erkrankungen bei dafür „disponierten" Personen (epidemiologische Probleme).

A. Über das Problem der Differentialdiagnostik

Eines der schwierigsten Probleme in der Medizin ist die Differentialdiagnostik. Es wird relevant, wenn einem Erkrankten eine Diagnose gestellt werden muß und seine Krankheitssymptome auf verschiedene Krankheiten hinweisen. Die endgültige Diagnose führt dabei oft zum Wechsel der gewählten Behandlungsmethode. Es ist beispielsweise äußerst schwierig, Krankheiten zu unterscheiden, die einen ähnlichen Krankheitsverlauf zeigen. In einem Falle kann ein sofortiger ärztlicher Eingriff, in einem anderen Fall eine konservative Behandlung indiziert sein. Für verschiedene schwer differenzierbare Krankheiten werden Entscheidungsregeln konstruiert. Ausgangsinformation ist dabei eine Anamnese, welche die Daten einer Laboranalyse, Röntgenbild, Kardiogramm usw. eines Erkrankten umfaßt.

Alle diese Angaben werden in einer bestimmten Form kodiert. Dafür wird ein standardisierter Fragebogen aufgestellt, der dann von jedem Erkrankten ausgefüllt werden muß. Ein Teil der Fragen wird mit „Ja" oder „Nein" beantwortet, die Antwort auf andere Fragen ist eine Zahl. Man kam überein, die Antwort „Ja", die das Vorhandensein des betreffenden Merkmals anzeigt, mit „1" zu kodieren, während die Antwort „Nein", die das Fehlen eines Merkmals aussagt, durch „0" kodiert wird. Somit ist die Folge der Antworten ein Vektor, dessen i-te Koordinate die Antwort auf die i-te Frage der Fragefolge darstellt.

Als Beispiel wird in Tabelle 3 ein Fragebogen angeführt, der im Zusammenhang mit der Diagnostik einer speziellen Magenerkrankung entwickelt wurde. Eine Lernfolge wird aus einzelnen Vektoren zusammengestellt. Jeder Vektor repräsentiert die o.g. Daten des Kranken sowie die zutreffende Diagnose. Die aus dieser Folge abgeleitete Entscheidungsregel dient dann zur Festlegung der Krankheitsbilder.

Entscheidungsregeln dieser Art ergaben sich bei der Differentialdiagnostik von Magenerkrankungen (Magengeschwüre, Magenkrebs, Polypen, Gastritis), bei der Differentialdiagnostik von Erkrankungen der Speiseröhre (Cardiospasmen, Speiseröhrenkrebs, narbige Stenose usw.), bei der Differentialdiagnostik von Lungenkrankheiten und anderen Erkrankungen. Wie bereits erwähnt, liegt die Genauigkeit der Klassifizierung mit Hilfe dieser Entscheidungsregeln bedeutend höher als die der Diagnostik eines Arztes.

B. Das Problem der Prognose von Komplikationen

Für die Auswahl einer geeigneten Behandlungsmethode ist es sehr wichtig, eventuelle Komplikationen sicher vorherzusagen. So können beispielsweise bei chirurgischen Eingriffen gefährliche Komplikationen (wie Thrombophlebitis) auftreten, und es ist deshalb wichtig, vor jeder Operation die bei richtiger Voraussage erkennbaren Gefahren von dem Patienten abzuwenden. Bei anderen Erkrankungen können bestimmte Behandlungs-

Tabelle 3

Nr.	Bezeichnung des Merkmals	Antwort-Charakteristik	
1.	Geschlecht	männlich (1)	weiblich (0)
2.	Alter	ganze Zahl	
3.	Auftreten von Schmerzen	ja (1)	nein (0)
4.	Anhaltende Schmerzen	ja (1)	nein (0)
5.	Anfallsartige Schmerzen	ja (1)	nein (0)
6.	Schmerzen bei Hunger	ja (1)	nein (0)
7.	Schmerzen nach der Einnahme von Mahlzeiten	ja (1)	nein (0)
8.	Auftreten von Schmerzen 30 min nach der Einnahme von Mahlzeiten	ja (1)	nein (0)
9.	Auftreten von Schmerzen einige Stunden nach der Einnahme von Mahlzeiten	ja (1)	nein (0)
...	...	...	...
K_1	Gewichtsabnahme des Kranken im letzten $^1/_2$ Jahr in kg	Antwort in Form einer Zahl	
...	...	...	...
K_2	Hämoglobingehalt des Blutes	Antwort in Form einer Zahl	
...	...	...	...
K_3	Vorhandensein von Milchsäure	ja (1)	nein (0)

methoden beim Patienten zu Allergien führen; auch hier müssen Wege gefunden werden, sie vorausszusagen.

Solche Probleme werden wie differentialdiagnostische Aufgabenstellungen angegangen. In jedem Fall wird ein Fragebogen zusammengestellt, der Information über die Ursachen enthalten muß, die eine Komplikation hervorrufen können. Daraus kann man ableiten, wie eine Lernfolge aufzustellen ist: Kranke, die einer bestimmten Behandlungsmethode unterzogen wurden und bei denen keine Komplikationen eintraten, bilden in dieser Folge die erste Klasse; in die andere Klasse werden Kranke eingeordnet, bei denen Komplikationen auftraten. Nach dieser Folge wird eine Entscheidungsregel konstruiert, mit der aus den individuellen Eigenschaften des Patienten eine prognostische Aussage über die Möglichkeit des Eintretens einer Komplikation bei einer bestimmten, vorgegebenen Behandlungsmethode vorausgesagt werden kann.

C. Prognose der Ergebnisse von Behandlungsmethoden

Die Voraussage möglicher Ergebnisse einer Behandlung ist eine Komponente der Entscheidungsfindung bei der Auswahl einer Behandlungsmethode. Für jeden Kranken wird das Problem der Effektivität seiner Behandlung im wesentlichen durch die Wahl einer bestimmten Behandlungsmethode gelöst. Welcher Behandlungsmethode der Vorzug zu geben ist, wird i.a. Resultat eines Auswahlprozesses unter miteinander konkurrierenden Methoden sein. Für viele Erkrankungen gibt es sowohl radikale (operative) wie auch konservative Behandlungsmethoden, wobei jede Variante zu unterschiedlichen Ergebnissen führen kann. Der Einfachheit halber nehmen wir an, daß eine Behandlung eine von drei möglichen Ergebnissen haben kann:

1. Vollständige Wiederherstellung der Gesundheit,
2. Invalidität (in Wirklichkeit gibt es verschiedene Invaliditätsgrade),
3. Tod.

Wir setzen voraus, daß für jede Behandlungsmethode eine Entscheidungsregel existiert, mit deren Hilfe es möglich ist, künftige Behandlungsergebnisse mit großer Genauigkeit vorherzusagen. Man wählt naturgemäß die Behandlungsmethode, die die größte Effektivität erwarten läßt. Eine prognostische Entscheidungsregel gewinnt man mit den Methoden der lernfähigen Erkennung. Auch hier wird ein Fragespiegel zusammengestellt, der die individuellen Besonderheiten des Patienten wie auch die Merkmale seines Krankheitsverlaufs umfaßt. Dem Fragespiegel entsprechend wird eine Lernfolge konstruiert, d.h., für jede Behandlungsmethode wird eine Patientengruppe ausgewählt, deren Behandlungsergebnisse bekannt sind.

Diese Gruppe von Patienten wird in Abhängigkeit von den erzielten Behandlungsergebnissen in Klassen eingeteilt. Auf der Basis der Lernfolge wird eine Entscheidungsregel konstruiert, die die Zugehörigkeit eines jeden Patienten zu einer der Kategorien von Behandlungsergebnissen voraussagt. Entscheidungsregeln dieser Art werden für jede Behandlungsmethode aufgestellt, so daß für jeden Patienten die für ihn effektivste Behandlungsmethode ausgewählt werden kann.

Derartige Methoden zur Entscheidungsfindung sind außerordentlich effektiv. Je größer die Anzahl der Parameter (Merkmale) ist, auf deren Grundlage die Entscheidung zu treffen ist, desto größer ist der Vorteil von Automaten im Vergleich zur Entscheidungsfindung durch den Menschen zu erwarten. Schon in der Differentialdiagnostik war ein bedeutender Vorteil der numerischen Methoden in bezug auf Genauigkeit und Treffsicherheit der Klassifizierung zu erkennen. Bei höchsten Ansprüchen an die Effektivität einer Prognose erweist sich das Problem der Auswahl von Behandlungsmethoden seiner Struktur nach als weitaus komplizierter als das Problem der Differentialdiagnostik. Besonders deshalb müssen hier die Vorteile, die ein strenges Verfahren bietet, hervorgehoben werden.

D. Epidemiologische Probleme

Die Anwendung von Lernmethoden ermöglicht es, prinzipiell neue und äußerst wichtige epidemiologische Probleme in der medizinischen Praxis anzugehen. Wir wollen das an einigen Beispielen erläutern.

Bekanntlich gibt es Produktionszweige, in denen sogenannte gesundheitsgefährdende Arbeiten ausgeführt werden müssen. Als gesundheitsgefährdend werden sie deshalb bezeichnet, weil, ungeachtet getroffener Vorsichtsmaßregeln, ein Teil der in dem Produktionszweig beschäftigten Arbeiter von bestimmten Krankheiten befallen wird, die man als Berufskrankheiten bezeichnet. Jedoch gibt es eine Reihe von Beschäftigten, die die gleiche Arbeit ausführen, für die diese Tätigkeit aber gefahrlos ist. So erhebt sich die Frage, ob es möglich ist, bereits vor Arbeitsaufnahme unter Berücksichtigung der individuellen Besonderheiten des Organismus eines Arbeiters, seiner früheren Lebensweise, seiner Lebensgewohnheiten u.a. Voraussagen über seine Disposition für eine Berufskrankheit abzuleiten. Auf dieser Grundlage könnten Personen, bei denen sich die Disposition für eine Berufskrankheit nicht ausschließen läßt, von der Aufnahme dieser Tätigkeit von vornherein zurückgehalten werden. Dieses Problem wird in gleicher Weise gelöst wie das allgemeine Problem der Vorhersage.

Die Unterscheidung sogenannter Risikogruppen innerhalb der Bevölkerung ist dabei von außerordentlicher Wichtigkeit. Bekanntlich stehen z.B. bestimmte psychophysiologische Besonderheiten und die Lebensweise eines Menschen mit der Wahrscheinlichkeit, für gewisse Krankheiten mehr oder weniger empfänglich zu sein, in irgendeinem Zusammenhang. So wird Myokardinfarkt des öfteren bei Sanguinikern, bei Personen, die an negativen Emotionen leiden, bei Personen, die zu Fettleibigkeit neigen oder wissenschaftlich arbeiten usw. gefunden.

Auch hierbei erhebt sich die Frage, ob es mit Hilfe von Lernmethoden nicht möglich sei, eine Entscheidungsregel zu konstruieren, die aus entsprechenden Angaben über die psychophysiologischen Eigenschaften eines Menschen, den Besonderheiten seiner Lebensweise und seiner durch Vererbung erworbenen Veranlagungen die Wahrscheinlichkeit, mit der gewisse Erkrankungen auftreten, ableiten könnte.

Falls diese Untersuchungen bei bestimmten Personen zu einer ungünstigen Prognose führten, könnte man diese in eine „*Risikogruppe*" aufnehmen und für sie und alle betroffenen Personen bestimmte prophylaktische Maßnahmen einleiten. Es gibt z.Z. bereits Entscheidungsregeln, mit deren Hilfe sich „Risikogruppen" in bezug auf bestimmte onkologische und kardiologische Erkrankungen bilden ließen.

§ 6. Einige Bemerkungen zum Einsatz von Lernmethoden

In allen vorangegangenen Beispielen konnte nach ein- und demselben Schema verfahren werden: Für jedes konkrete Problem entwickeln Experten eine Methode zur formalen Beschreibung der zu klassifizierenden Situationen (oder Objekte), mit deren Hilfe Merkmalsvektoren gebildet werden können, die bestimmten Klassifikationen unterliegen. Es wird eine entsprechende Lernfolge zusammengestellt und durch Anwendung eines universellen Lernalgorithmus die gewünschte Entscheidungsregel aufgestellt. Oft zeigt es sich, daß die erhaltene Entscheidungsregel eine genauere Klassifizierung der Objekte erlaubt, als von seiten der Experten garantiert werden kann. Das kann zu der Illusion führen, daß in der Zeichenerkennung generell bereits die alleinige Anwendung von Lernalgorithmen den Erfolg der Lösung der relevanten Klassifizierungsaufgaben garantiert. Dies trifft bei weitem nicht zu. Wir stellten bereits früher fest, daß in vier von fünf angeführten Beispielen sog. abstrakte Situationen zu klassifizieren waren. Es zeigte sich, daß die Struktur der menschlichen Erkennungsprozesse offensichtlich nicht so gut für die Erkennung abstrakter Muster geeignet erscheint.

Der Grund dafür, daß die formale Beschreibung der Situationen (Objekte) scheinbar sehr leicht war, ist keineswegs darin zu sehen, daß die Effektivität künstlicher Lernsysteme von der Methode der Formalisierung der Information unbeeinflußt bliebe, sondern darin, daß es in den untersuchten Beispielen nur eine einzige Möglichkeit für eine „vernünftige" Formalisierung gab. So war ein Komplex geophysikalischer Messungen bei der Klassifizierung von Erdölschichten bereits definiert, bei der Prognose über die Lebensdauer von Röhren wurden bereits definierte Parameter der Geräte benutzt, bei der Lösung des Problems der Wettervorhersage standen die synoptischen Parameter fest, und bei der Aufstellung programmierter Krankheitsbilder wurden Angaben über den realen Krankheitsverlauf ausgewertet.

So zeigte es sich, daß bei der Lösung aller untersuchten Probleme bereits vor der Anwendung von Lernmethoden feststand, welche Information für eine Klassifizierung benötigt wird und in welcher Weise eine gegebene Information formal repräsentiert werden kann. Daraus erklärt sich die erfolgreiche Anwendung der Lernmethoden. Aber nicht auf allen Gebieten verlief die Anwendung von Lernmethoden bei der Lösung konkreter

Aufgaben erfolgreich. Aufgaben, wie die Konstruktion eines zeichenerkennenden Automaten, der visuelle und akustische Muster erkennt, erweisen sich als schwer lösbar. Nicht ein einziger der existierenden zeichenerkennenden Automaten erreicht die gleiche Effektivität bei der Identifizierung von Schriftzeichen wie der Mensch.

Der Grund dafür ist vermutlich darin zu sehen, daß die Schriftzeichen von den Menschen selbst erdacht wurden und deshalb naturgemäß an die Erkennung mit Hilfe ihrer eigenen Erkennungssysteme bestens angepaßt sind. Bei der Identifizierung von Schriftzeichen durch einen Automaten müßte die „menschliche Erkennungsstruktur" mitprogrammiert werden, wenn der Automat die Leistungsfähigkeit des Menschen bei der Zeichenerkennung erreichen sollte.

KAPITEL VIII

EINIGE ALLGEMEINE BEMERKUNGEN

§ 1. Noch einmal zur Aufgabenstellung

Warum findet die Aufgabenstellung der lernfähigen Zeichenerkennung schon mehr als fünfzehn Jahre bei Wissenschaftlern der verschiedensten Fachrichtungen ein solch großes Interesse? In der Antwort auf diese Frage könnte man natürlich auf den Nutzen verweisen, der durch Anwendung der Grundgedanken und Methoden der Erkennung erzielbar ist.

Die hauptsächliche Anziehungskraft des Problems der lernfähigen Erkennung beruht allerdings nicht darauf. Schon mehr als fünfzehn Jahre versuchen die Wissenschaftler zu verstehen, welches Problem sie überhaupt lösen. Manchmal gelingt es, ein allgemeines und deshalb nur oberflächliches Schema zu umreißen, in das sich die Aufgabenstellung der lernabhängigen Erkennung einordnen läßt, z.B. ein Schema, wie es in diesem Buch angeführt ist. Mit einer stark vereinfachenden Auffassung von der Welt kann man behaupten, daß das Problem der lernabhängigen Erkennung ein primitives Problem der Minimierung mittlerer Kosten darstellt. Primitiv deshalb, weil die Menge der Entscheidungsregeln, unter denen die benötigte gesucht wird, einfach nur Indikatorfunktionen sind. Mehr noch, es sind vielleicht einfach nur lineare Diskriminantenfunktionen.

Beruft man sich auf die traditionellen Auffassungen in der Mathematik, wonach die Vorgabe einer Funktionenklasse, in der eine benötigte Funktion gesucht wird, nicht das Wesentliche einer Aufgabenstellung ausmacht, dann kann die lernfähige Erkennung als ein Sonderfall des Problems der Minimierung mittlerer Kosten angesehen werden. In der Tat erwies sich zur Lösung dieses speziellen Problems die zuständige mathematische Theorie als ungenügend entwickelt. Deshalb wurden zur Lösung von Problemen der lernfähigen Zeichenerkennung Untersuchungen zu einigen Fragen der Wahrscheinlichkeitstheorie und der mathematischen Statistik, so zur Theorie der stochastischen Approximation, zur Theorie der gleichmäßigen Konvergenz von Ereignishäufigkeiten gegen ihre Wahrscheinlichkeiten durchgeführt. Doch hätte sich eine Notwendigkeit, die Theroie zu diesen Fragen zu entwickeln, auch an und für sich und nicht unbedingt im Zusammenhang mit Problemen der Zeichenerkennung ergeben können.

Was suchen denn nun die Forscher Neues im Problem der lernfähigen Zeichenerkennung? Welche Spezifik versuchen sie, der Formalisierung des Begriffs „*Belehrung*" zu verleihen?

Aller Wahrscheinlichkeit nach wurden zu verschiedenen Zeiten unterschiedliche Aspekte dieses Problems für fundamental gehalten. Vor achtzehn bis zwanzig Jahren, zur Zeit der ersten Arbeiten von ROSENBLATT, hatte die Lernfähigkeit den Anschein eines geheimen Phänomens, das den Lebewesen eigen ist, und die Methodik der Arbeiten zur Untersuchung der Lernfähigkeit erinnerte an frühere Arbeiten der Bionik; man glaubte, die Technologie der Lernfähigkeit bei den Lebewesen beobachten und sie als Algorithmus auf elektronische Rechenmaschinen übertragen zu müssen.

Dann wurde das Problem der lernfähigen Zeichenerkennung als Problem der Kostenminimierung gestellt. Als Folge dieser Betrachtungsweise war das Auftreten einer großen Menge von Algorithmen zu beobachten, deren Anzahl gegenwärtig immer noch hinreichend groß ist. Doch bald gelang es, Übereinstimmungen in der Natur dieser Belehrungsalgorithmen festzustellen (denen das Prinzip der stochastischen Approximation oder das der empirischen Kostenminimierung zugrunde lag). Diese Gemeinsamkeit in der Natur der Algorithmen ließ bald den Gedanken an eine Ideenkrise in der Erkennungstheorie aufkommen.

Wie versteht man jetzt das Problem der lernfähigen Zeichenerkennung? Worin besteht die Spezifik der Aufgabenstellung, worin ihr Unterschied gegenüber dem allgemeinen Problem der Kostenminimierung? Es ist offensichtlich, daß die gesamte Spezifik des Problems der lernfähigen Erkennung in dem Umstand liegt, daß die Klasse der Entscheidungsregeln außerordentlich einfach[1]) ist. Infolge der Einfachheit einer solchen Klasse von Entscheidungsregeln müssen feine Eigenschaften in der Methodik der Kostenminimierung aufgefunden werden, solche Eigenschaften, die nur gerade dieser Klasse eigen sind und keineswegs allgemeine Eigenschaften von Methoden der Kostenminimierung repräsentieren. Das einzige Kapitel, das in diesem Sinne der lernfähigen Zeichenerkennung gewidmet ist, ist das Kapitel VI.

Leider ist bis heute noch keine Aufgabenstellung gefunden worden, die dieser Spezifik des Belehrungsproblems im Rahmen der klassischen Theorie der Minimierung der mittleren Kosten gerecht würde. Trotzdem kann man versuchen, den Fragenkreis zu beschreiben, der offensichtlich die Spezifik der Belehrungsprobleme umschreibt.

§ 2. Physiker über die Intuition

Es hat sich ergeben, daß die Mehrzahl der auf der Grundlage von Beobachtungen der Naturphänomene formulierten Gesetze physikalische Gesetze sind. Dabei ist i.a. das Schema einer physikalischen Entdeckung immer ungefähr das gleiche: Es existiert eine Reihe [experimentell] beobachteter Erscheinungen, die von der alten Theorie nicht erklärt werden können, und deshalb tritt an die Stelle der alten Theorie eine neue, die sowohl die alten als auch die neuen Fakten [,die der alten Theorie widersprechen,] erklärt. Bemerkenswert ist, daß sich eine nach diesem Schema entwickelte neue Theorie als richtig erweist (und daß es gelingt, mit ihrer Hilfe neue Entdeckungen vorauszusagen). Prinzipiell gibt es eine große Zahl formaler „*Gesetze*“, mit der alle bekannten Fakten „*erklärt*“ werden könnten, die aber dennoch mit den wahren Naturgesetzen nichts gemeinsam hätten.

Um die Relativitätstheorie aufstellen zu können, war es erforderlich, eine Theorie zu besitzen, die die klassische Mechanik umfaßt und noch zwei bis drei Fakten, darunter als wichtigsten den MICHELSON-Versuch, erklärt. Formal existieren viele Theorien, die das leisten. Wie aber hat denn dann EINSTEIN seine berühmte Theorie gefunden?

Die Physiker sind im allgemeinen einmütig in der Erklärung dieses Phänomens — sie berufen sich auf die Intuition des Gelehrten. Doch selbst das, worin sich diese Intuition äußert (nicht davon zu sprechen, was Intuition ist), definieren die Physiker verschieden.

[1]) Anm. d. Hrsg.: Gemeint ist eine enge Klasse von Entscheidungsregeln, „eng“ soll heißen, daß ihre Mächtigkeit im Vergleich zu der der Gesamtheit aller über einer gegebenen Objektbeschreibung denkbaren Entscheidungsregeln klein ist.

Die einen vertreten den Standpunkt, die Theorie sollte die schönste sein, andere sagen, sie soll ungewöhnlich sein, und dritte meinen dagegen, daß die Theorie die einfachste Regel sein soll, mit der die Welt erklärt werden kann. Mit anderen Worten verstehen es die Physiker so, daß für die Auswahl der richtigen Theorie die Erklärung von Fakten allein offenbar nicht ausreichend ist, und deshalb nach ihrer Meinung eine die Welt erklärende Theorie noch irgendeinem Extremalkriterium genügen müsse (die einen nennen es Schönheit, andere Ungewöhnlichkeiten, dritte Einfachheit usw.).

§ 3. Maschinelle Intuition

Im Kapitel VI begegneten wir dem Ausdruck „Maschinelle Intuition“, mit dem eine Verfahrensweise bezeichnet worden war, die aus einer Meuge von Entscheidungsregeln, mit denen die Beispiele richtig klassifiziert werden, die beste auswählt.

Es zeigte sich, daß es schon im Rahmen der Theorie der Minimierung mittlerer Kosten gelingt, die genannten Extremalkriterien, denen die aufzufindende Lösung zusätzlich genügen soll, explizit zu formulieren. Darüber hinaus ist es möglich, mehrere sich unterscheidende Extremalprinzipien zu formulieren, von denen sich einige als *„tiefer begründet“* erweisen können als die anderen. Das heißt, man kann Maschinen konstruieren, die sich im *„Grad der Intuition“* voneinander unterscheiden, und es sind Maschinen möglich, die andere in der *„Tiefe der Intuition“* übertreffen.

§ 4. Über eine Welt, in der Intuition möglich ist

Bei der hier angewandten Betrachtungsweise ist die „Tiefe der Intuition“ durch die Spezifik der in der Menge der Entscheidungsregeln eingeführten A-priori-Ordnung gegeben. Es mag so scheinen, als ob die Einführung der Ordnung ganz von unserer Willkür abhinge. Dies ist jedoch bei weitem nicht der Fall.

Bei der Herstellung der Ordnung beschreiben wir die Klassen [von Entscheidungsregeln] nicht durch Aufzählen ihrer Elemente, sondern auf rekursive Art (durch Angabe von Regeln zur Gewinnung der sie konstituierenden Entscheidungsfunktionen). Die Regeln zur Ermittlung dieser Funktionen werden auf konstruktive und deshalb einfache Art angegeben. Wie umfassend die Gesamtheit der zu betrachtenden Ordnungen ist und in welchen Termini man sie beschreiben kann, sind Fragen, auf die es einstweilen keine Antwort gibt. Man kann vermuten, daß die Anzahl unterschiedlicher Ordnungen nicht sehr groß sein wird und daß jede Ordnung eine Differenzierung der Funktionen nach ihrer Kompliziertheit repräsentiert.

Dann kann man erklären, daß *Intuition* mit der Annahme einer Hypothese äquivalent ist, nach der alle Erscheinungen miteinander in einem *einfachen* funktionalen Zusammenhang stehen,[1]) während der größte Teil der (mathematisch möglichen) Entscheidungsfunktionen *komplizierte* Abhängigkeiten repräsentiert.

---

[1]) Wir möchten hierzu bemerken, daß die Begriffe *Einfachheit* und *Kompliziertheit* einer Funktion in der Mathematik bis jetzt noch nicht exakt definiert sind. Deshalb muß im gegebenen Fall an die Intuition des Lesers appelliert werden.

Wenn in einer solchen Welt die Naturgesetze erforscht werden, ist es nicht sinnvoll, die sie modellierenden formalen Zusammenhänge in der Klasse der komplizierten Funktionen zu suchen, was auch nutzlos wäre, weil das experimentelle Material nicht ausreichte, um einen solchen komplizierten Zusammenhang zu determinieren, und dies ist im Grunde genommen auch nicht notwendig, weil die Welt „einfach" ist. Die Annahme der Hypothese über die einfache Welt gestattet es, den überwiegenden Teil aller mathematisch möglichen Funktionen — nämlich die komplizierten Funktionen — zu verwerfen und die Lösung in einer Klasse aus relativ wenigen einfachen Funktionen zu suchen.

Die einfachste Regel zu finden, die die beobachteten Erscheinungen oder Fakten erklärt, ist jedoch ein überaus kompliziertes Problem. Wahrscheinlich hat deshalb eine aufgefundene einfache Regel oft etwas *Überraschendes* und *Einzigartiges*. In unserem menschlichen Verständnis ist die Einfachheit eng mit dem Begriff der Schönheit verbunden. Vielleicht sind deshalb die Eigenschaften „Einfachheit", „Überraschung" („Einzigartigkeit"), „Schönheit", die von den Physikern zur Erklärung des Grundes für die Auswahl eines bestimmten Gesetzes herangezogen werden, Widerspiegelungen verschiedener Seiten ein und desselben Funktionals. Meinte EINSTEIN nicht vielleicht genau dies, als er feststellte, daß Gott raffiniert, aber nicht böswillig sei. Raffiniert, weil es schwer ist, extremale Prinzipien der Erkenntnis zu finden, und nicht böswillig, weil wir die Welt mit den Mitteln erkennen konnten, die uns zugänglich sind. Obgleich man sich im Prinzip eine solche davon abweichende *andere* Welt vorstellen kann, würde unsere Erfahrung zur Erkennung derselben einfach nicht ausreichen.

TEIL 2

Statistische Grundlagen

Der erste Teil des Buches war der automatischen Zeichenerkennung, aufgefaßt als Problem der Minimierung mittlerer Kosten, gewidmet. Das so angesprochene Problem läßt sich wie folgt formulieren: Aufzufinden ist ein Parametersatz $\boldsymbol{\alpha}$, der das Funktional

$$R(\boldsymbol{\alpha}) = \int Q(z, \boldsymbol{\alpha}) \, \mathrm{d}P(z)$$

minimiert, wobei die Funktion $Q(\boldsymbol{z}, \boldsymbol{\alpha})$ als bekannt, die Wahrscheinlichkeit $P(\boldsymbol{z})$ im voraus als unbekannt vorausgesetzt werden; an ihrer Stelle ist die zufällige Stichprobe $z_1, \ldots, z_l$ gegeben, die als Ergebnis unabhängiger Versuche, deren Verteilungsgesetz $P(\boldsymbol{z})$ zeitunabhängig ist, vorliegt.

Im zweiten Teil des Buches wird die mathematische Fundierung zweier methodischer Ansätze zu dieser Aufgabe dargelegt, des Iterationsverfahrens für die Minimierung des Funktionals $R(\boldsymbol{\alpha})$ und derjenigen Minimierungsverfahren, bei denen das Funktional $R(\boldsymbol{\alpha})$ durch seine empirische Abschätzung

$$R_{\text{emp}}(\boldsymbol{\alpha}) = \frac{1}{l} \sum_{i=1}^{l} Q(z_i, \boldsymbol{\alpha})$$

ersetzt wird.

Es wird festgestellt, unter welchen Bedingungen diese Verfahren zur erfolgreichen Lösung der Aufgabe führen.

Die Bedingungen, unter denen mit diesen Verfahren die Aufgaben erfolgreich lösbar sind, werden abgeleitet.

KAPITEL IX

DIE KONVERGENZ ITERATIVER ALGORITHMEN DER BELEHRUNG VON ERKENNUNGSSYSTEMEN

§ 1. Definition der Konvergenzarten

Im ersten Teil des Buches wurde das Problem der Belehrung von Erkennungssystemen auf die Minimierung der mittleren Kosten zurückgeführt, d.h., es wurde das Funktional

$$R(\alpha) = \int Q(z, \alpha)\, \mathrm{d}P(z) \tag{9.1}$$

nach α minimiert. Die Funktion $P(z)$ war dabei unbekannt, an ihrer Stelle war eine Folge unabhängiger Realisierungen der Zufallsvariablen $z_1, \ldots, z_l$ gegeben.

Es wurde gefunden, daß diese Aufgabe mit Hilfe des Iterationsverfahrens

$$\alpha(i) = \alpha(i-1) - \gamma(i)\, q(z_i, \alpha(i-1)) \tag{9.2}$$

gelöst werden kann.

Jedes derartige Verfahren liefert eine Folge

$$\alpha(1), \ldots, \alpha(n), \ldots \tag{9.3}$$

von Parametervektoren α, denen die Folge

$$R(\alpha(1)), \ldots, R(\alpha(n)), \ldots \tag{9.4}$$

der Zahlenwerte des Funktionals R zugeordnet ist.

Sowohl die Folge (9.3) als auch die Folge (9.4) sind zufällige Folgen, die durch die Realisierung des Zufallsprozesses (9.2) erzeugt werden.

Die Konvergenz der Algorithmen zur Minimierung der mittleren Kosten läßt sich so auf die Konvergenz der Folgen (9.3) und (9.4) zurückführen.

Es gibt verschiedene Konvergenzarten für Folgen zufälliger Variabler. Im folgenden verwenden wir zwei Konvergenzbegriffe: die Konvergenz in Wahrscheinlichkeit und die Konvergenz mit Wahrscheinlichkeit Eins.

Definition 1. *Die Folge der Zufallsvektoren $\xi_1, \ldots, \xi_n$ heißt gegen den Vektor ξ_0 in Wahrscheinlichkeit konvergent, wenn die Wahrscheinlichkeit, mit der die Ungleichung*

$$|\xi_n - \xi_0| \leqq \varepsilon$$

erfüllt ist, für $n \to \infty$ gegen Eins strebt, d.h., wenn

$$\lim_{n \to \infty} P(|\xi_n - \xi_0| \leqq \varepsilon) = 1$$

für jedes positive ε gilt.

Das Vorliegen der Konvergenz in Wahrscheinlichkeit wird durch

$$\xi_p \to \xi_0$$

symbolisiert.

Definition 2. *Die Folge der Zufallsvektoren $\xi_1, \ldots, \xi_n, \ldots$ heißt gegen den Vektor ξ_0 fast sicher konvergent (man sagt auch „konvergent mit Wahrscheinlichkeit Eins"), wenn die Wahrscheinlichkeit, mit der die Ungleichung*

$$\sup_{i \geqq n} |\xi_i - \xi_0| \leqq \varepsilon$$

erfüllt ist, für $n \to \infty$ gegen Eins strebt, und zwar für jedes positive ε, d.h., daß

$$\lim_{n \to \infty} P(\sup_{i \geqq n} |\xi_i - \xi_0| \leqq \varepsilon) = 1$$

ist.

Das Vorliegen der fast sicheren Konvergenz wird durch

$$\xi_n \underset{\text{f.s.}}{\rightarrow} \xi_0$$

ausgedrückt. Die hier angeführten Definitionen von Konvergenzarten für Zufallsfolgen stellen verschieden hohe Anforderungen an das, was unter Konvergenz verstanden werden soll.

Im ersten Falle wird das Ereignis $\{|\xi_n - \xi_0| \leqq \varepsilon\}$ von den Folgen aus einer Teilmenge der Menge aller Folgen erfüllt, die die Bedingung $|\xi_n - \xi_0| \leqq \varepsilon$ für ein fest vorgegebenes n erfüllen. Dabei kann jede n-stellige Folge dieser Bedingung genügen oder auch nicht genügen. Die Konvergenz in Wahrscheinlichkeit ist in bestimmtem Sinne eine „schwache" Konvergenz – sie gibt keine Garantien dafür, daß jede konkrete Realisierung $\xi_1, \ldots, \xi_n, \ldots$, im üblichen Sinne konvergiert.

Demgegenüber kann man die fast sichere Konvergenz als „stark" bezeichnen. Sie schließt ein, daß fast alle Realisierungen im üblichen Sinne konvergieren. Die fast sichere Konvergenzart kann auch noch auf folgende Weise definiert werden:

Definition 2a. *Die Folge der Zufallsvektoren $\xi_1, \ldots, \xi_n, \ldots$, heißt fast sicher konvergent gegen ξ_0, wenn die Wahrscheinlichkeit einer Menge von Realisierungen von Folgen mit dem Grenzwert*

$$\lim_{n \to \infty} \xi_n = \xi_0$$

gleich Eins ist, d.h., wenn

$$P(\lim_{n \to \infty} \xi_n = \xi_0) = 1$$

gilt.

Es ist leicht zu sehen, daß aus der fast sicheren Konvergenz die Konvergenz in Wahrscheinlichkeit folgt. Tatsächlich ist ja für jedes n die Ungleichung

$$P(|\xi_n - \xi_0| \leqq \varepsilon) \geqq P(\sup_{i \geqq n} |\xi_i - \xi_0| \leqq \varepsilon)$$

richtig, so daß aus dem Erfülltsein der Gleichung

$$\lim_{n \to \infty} P(\sup_{i \geqq n} |\xi_i - \xi_0| \leqq \varepsilon) = 1$$

sofort auf das Bestehen der Gleichung

$$\lim_{n \to \infty} P(|\xi_n - \xi_0| \leqq \varepsilon) = 1$$

geschlossen werden kann.

Die Umkehrung gilt im allgemeinen nicht.

Ziel unserer Untersuchung ist die Ableitung von Konvergenzbedingungen fur die Zufallsfolgen (9.3), (9.4).

Für stetige Funktionale $R(\alpha)$ zieht die Konvergenz der Folge (9.3) die Konvergenz der Folge (9.4) nach sich. Das Umgekehrte gilt i.a. nicht, da es vorkommen kann, daß eine Menge A_0 von Punkten ξ existiert — und nicht nur genau ein einzelner Punkt — für die das Funktional (9.1) ein Minimum annimmt. Wenn das der Fall ist, können offenbar verschiedene Realisierungen des Prozesses (9.2) gegen verschiedene Elemente $\xi \in A_0$ konvergieren, während gleichzeitig die Folge (9.4) gegen ein und denselben Wert — das Minimum von $R(\alpha)$ — konvergiert.

Das Problem der lernabhängigen Erkennung läßt sich so auf die Minimierung des Funktionals (9.1) zurückführen. Damit bildet das Konvergenzverhalten der Folge (9.4) den Gegenstand der Untersuchung. Für den Fall, daß das Minimum des Funktionals (9.1) eindeutig ist, folgt aus der Konvergenz der Folge (9.3) die Konvergenz von (9.4) und umgekehrt. Aus der Konvergenz der Folge (9.4) folgt in jedem Falle die Konvergenz der Folge (9.3).

Folglich werden wir das Konvergenzverhalten der Folge (9.4) untersuchen, und das heißt, daß es unser Ziel ist, die Bedingungen aufzusuchen, unter denen

$$R(\alpha(n)) \xrightarrow[n \to \infty]{\text{f.s.}} \inf R(\alpha)$$

gilt, vorausgesetzt, daß $\inf R(\alpha)$ existiert.

§ 2. Konvexe Funktionen

Eine stetige Funktion $F(x)$ der reellen Variablen x heißt konvex, wenn alle Paare x_1 und x_2 die Ungleichung

$$\lambda F(x_1) + (1 - \lambda) F(x_2) \geqq F(\lambda x_1 + (1 - \lambda) x_2), \quad 0 \leqq \lambda \leqq 1 \tag{9.5}$$

erfüllen.

Die eingeführte Definition hat eine einfache geometrische Interpretation. Wir stellen zunächst fest, daß durch $x = \lambda x_1 + (1 - \lambda) x_2$, $0 \leqq \lambda \leqq 1$, für jedes beliebig gegebene λ ein Punkt x definiert ist, der auf der Verbindungsgeraden der durch x_1, $F(x_1)$ und x_2, $F(x_2)$ definierten Punkte liegt. Umgekehrt gibt es für jedes x eindeutig Zahlen x_1 und x_2, so daß

$$\lambda = \frac{x_2 - x}{x_2 - x_1}, \quad (1 - \lambda) = \frac{x - x_1}{x_2 - x_1} \tag{9.6}$$

gilt.

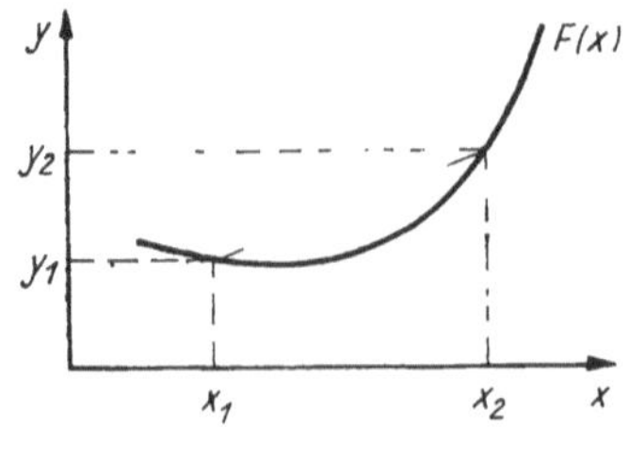

Abb. 20. Zum Begriff „konvexe Funktion“

Betrachten wir die graphische Darstellung der Funktion $F(x)$ (Abb. 20) und das die Punkte (x_1, y_1), (x_2, y_2) verbindende Kurvenstück – mit $y_1 = F(x_1)$, und $y_2 = F(x_2)$ – dann bedeutet die Ungleichung (9.5), daß die Funktion $F(x)$ [d.h. ihre graphische Darstellung] stets unterhalb der die beiden Punkte verbindenden Sekante verläuft, d.h., es gilt

$$\frac{x_2 - x}{x_2 - x_1} F(x_1) + \frac{x - x_1}{x_2 - x_1} F(x_2) \leqq F(x), \quad x_1 < x < x_2. \tag{9.7}$$

Ganz analog wird eine konvexe Funktion mit vektoriellem Argument definiert. Eine Funktion von mehreren Veränderlichen heißt konvex, wenn für jeden Punkt x auf der Verbindungsgeraden zweier Punkte x_1 und x_2 die Ungleichung

$$\frac{|x_2 - x|}{|x_2 - x_1|} F(x_1) + \frac{|x - x_1|}{|x_2 - x_1|} F(x_2) \geqq F(x) \tag{9.8}$$

erfüllt ist.

§ 3. Generalisierter Gradient

Wir wenden uns noch einmal dem Iterationsverfahren nach Gl. (9.2) zu. Es wird festgelegt, daß, falls die Funktion $Q(z, \alpha)$ nach α differenzierbar ist, der Vektor $q(z_i, \alpha(i-1))$ mit dem Gradienten der Funktion $Q(z, \alpha)$ nach α für $z = z_i$, $\alpha = \alpha(i-1)$ identifiziert wird. Den Gradienten der Funktion $F(\alpha)$ bezeichnen wir mit $\nabla F(\alpha)$. Somit ergibt sich aus (9.2)

$$\alpha(i) = \alpha(i-1) - \gamma(i) \nabla_\alpha Q(z_i, \alpha(i-1)). \tag{9.9}$$

Wie bekannt, wird der Vektor q als Gradient der Funktion $F(\alpha)$ im Punkt α_0 bezeichnet, wenn das Skalarprodukt $q \cdot (\alpha - \alpha_0)$ der Vektoren q und $(\alpha - \alpha_0)$ wesentlicher Teil des Inkrements

$$\Delta F = F(\alpha) - F(\alpha_0)$$

der Funktion F in dem Sinne ist, daß

$$\Delta F = (q, \alpha - \alpha_0) + o((\alpha - \alpha_0)^2), {}^{1)} \tag{9.10}$$

wobei $o(\alpha - \alpha_0)$ eine Größe von höchstens der Ordnung $|\alpha - \alpha_0|$ ist.

Bekanntlich läßt sich der Begriff „*Gradient*" für nicht differenzierbare konvexe Funktionen auf folgende Weise verallgemeinern. Als verallgemeinerten Gradienten $\nabla_0 F$ einer konvexen Funktion $F(\alpha)$ im Punkt α_0 bezeichnet man einen Vektor $q_0(\alpha_0)$, der für alle α die Ungleichung

$$\Delta F = F(\alpha) - F(\alpha_0) \geqq (q_0, (\alpha - \alpha_0)) \tag{9.11}$$

erfüllt.

Die Existenz des verallgemeinerten Gradienten für konvexe Funktionen in einem beliebigen Punkt α wird z.B. in der Arbeit [28] bewiesen. Es ist evident, daß der verallge-

---

1) Anm. d. Hrsg.: $o(x)$ bezeichnet eine Funktion, die in hinreichender Nähe von $x = 0$ ihrem Betrag nach nicht „langsamer" als $K \cdot x$ verschwindet, wo K eine beliebige Konstante sein kann. So verschwindet z.B. $ax^2 + bx^3$ mit $o(x^2)$, d.h., für $|x| < \varepsilon$ ist $|ax^2 + bx^3| < |(a + b\varepsilon) x^2|$, $(K = a + b\varepsilon)$.

meinerte Gradient in allen Punkten, in denen die konvexe Funktion differenzierbar ist, mit dem gewöhnlichen Gradienten übereinstimmt. Denn, nehmen wir an, daß in einem bestimmten Punkt $\alpha_0 \nabla F(\alpha_0) \neq \nabla_0 F(\alpha_0)$ wäre, dann existierte ein Vektor e derart, daß

$$((\nabla_0 F - \nabla F), e) = c > 0$$

ist. Definieren wir nun eine Funktion

$$\alpha(t) = \alpha_0 + te.$$

dann gilt für diese wegen (9.10)

$$F(\alpha(t)) - F(\alpha_0) = (\nabla F, e) \cdot t + o(t^2) = (\nabla_0 F, e)\, t - ct + o(t^2). \tag{9.12}$$

Da $c > 0$ und $o(t^2)$ eine Größe zweiter Ordnung in t ist, werden beide Seiten der Gl. (9.12) für hinreichend kleine $t > 0$ kleiner als $(\nabla_0 F, e)$, was der Gl. (9.11) widerspricht.

Als Beispiel betrachten wir die nicht überall differenzierbare konvexe Funktion

$$\Phi(\alpha) = |(\alpha, z - c|,$$

wobei z ein fest vorgegebener Vektor und c eine Konstante sind. Diese Funktion besitzt mit Ausnahme der Punktmenge

$$\{\alpha: (\alpha, z) = c\}$$

überall einen Gradienten.

Wir definieren den verallgemeinerten Gradienten für diese Funktion durch

$$\nabla_0 \Phi(\alpha_0) = \begin{cases} z \text{ für } (\alpha_0, z) > c, \\ 0 \text{ für } (\alpha_0, z) = c, \\ -z \text{ für } (\alpha_0, z) < c. \end{cases}$$

Für $(\alpha_0, z) \neq c$ ist der verallgemeinerte Gradient mit dem gewöhnlichen identisch; für $(\alpha_0, z) = c$ ist die Bedingung (9.11) erfüllt, sobald

$$(\nabla_0 \Phi(\alpha_0), (\alpha - \alpha_0)) = 0$$

gilt, und gleichzeitig

$$\Phi(\alpha) - \Phi(\alpha_0) = \Phi(\alpha) \geqq 0,$$

was offenbar der Fall ist.

Man kann sich leicht davon überzeugen, daß der verallgemeinerte Gradient einer Summe von Funktionen die Summe der verallgemeinerten Gradienten dieser Funktionen ist.

Damit ist der verallgemeinerte Gradient der in Kapitel IV eingeführten Verlustfunktion

$$Q(z, \alpha) = \left|\sum_{i=1}^{n} \alpha_i z^i + c\right| + \left(\sum_{i=1}^{n} + \alpha_i z^i + c\right)$$

durch

$$\nabla_\alpha Q(z, \alpha) = \begin{cases} 2z \ \text{ für } \sum_{i=1}^{n} \alpha_i z^i > c, \\ z \ \text{ für } \sum_{i=1}^{n} \alpha_i z^i = c, \\ 0 \ \text{ für } \sum_{i=1}^{n} \alpha_i z^i < c \end{cases}$$

gegeben.

Im weiteren werden wir nur die in bezug auf das Argument α konvexen Verlustfunktionen näher betrachten.

Für derartige Funktionen existiert stets ein verallgemeinerter Gradient, und somit ist die Bedingung

$$Q(z, \alpha) - Q(z, \alpha_0) \geqq (\nabla_0 Q(z, \alpha_0), (\alpha - \alpha_0)) \tag{9.12'}$$

erfüllt.

§ 4. Die Konvergenzbedingungen für iterative Algorithmen

Es seien die Verlustfunktionen $Q(z, \alpha)$ für jedes beliebige z in ihrer Abhängigkeit von α und das Verfahren

$$\alpha(i) = \alpha(i-1) + \gamma(i) \nabla_0 Q(z_i, \alpha(i-1))$$

zur Erzeugung der Folge $\alpha(1), \ldots, \alpha(n), \ldots$ definiert. Gegenüber den Betrachtungen im Kapitel IV untersuchen wir hier das etwas allgemeinere Verfahren

$$\alpha(i) = \alpha(i-1) + \gamma(i) [\nabla_0 Q(z_i, \alpha(i-1)) + \xi_i] \tag{9.13}$$

zur Erzeugung der α-Folge, das sich dadurch von jenem unterscheidet, daß noch eine zufällige, den verallgemeinerten Gradienten bei seiner Messung überlagernde Störung ξ berücksichtigt wird, die den Bedingungen

$$\mathsf{E}(\xi \mid \alpha, z) = 0,$$
$$\mathsf{E}(\xi^2 \mid \alpha, z) \leqq D < \infty$$

genügte.

Wir setzen voraus, daß die Koeffizienten $\gamma(i) > 0$ eine unendliche Folge nicht negativer Zahlen mit den Grenzwerten

$$\sum_{i=1}^{\infty} \gamma(i) = \infty,$$

$$\sum_{i=1}^{\infty} \gamma^2(i) < \infty$$

bilden. Das Verfahren (9.13) definiert den Zufallsprozeß für jeden fest vorgegebenen Anfangsvektor $\alpha = \alpha_{\text{anf}}$ vollständig. Die Realisierungen dieses Zufallsprozesses werden durch Folgen realisierter Zufallsgrößen $z_1, \ldots, z_n, \ldots$, die, voneinander statistisch unabhängig, mit den durch die Verteilung $P(z)$ definierten Wahrscheinlichkeiten auftreten, bestimmt. Die Verteilung $P(z)$ soll für jeden Wert α die Existenz der Erwartungswerte

$$R(\alpha) = \int Q(z, \alpha)\, \mathrm{d}P(z) = \mathsf{E}_z(Q(z, \alpha))$$

und

$$D(\alpha) = \int |\nabla_0 Q(z, \alpha)|^2\, \mathrm{d}P(z) = \mathsf{E}_z(|\nabla_0 Q(z, \alpha)|^2) \text{ [1]}$$

garantieren. Hierzu formulieren wir das

Theorem 9.1. (B. M. Litwakow [43]): *Sind*

1. das Funktional $R(\alpha)$ nach unten beschränkt,

[1]) Anm. d. Hrsg.: E_z bedeutet den Operator der Erwartungswertbildung nach der Zufallsvariablen z.

2. die Funktion $D(\alpha)$ nach oben beschränkt, d.h. $D(\alpha) \leqq D$,
3. die Streuung der Störung ξ nach oben beschränkt, d.h. $D(\xi) \leqq D$,
dann gilt für jeden Anfangsvektor α_{anf} $R(\alpha(i)) \xrightarrow[i\to\infty]{\text{f.s.}} \inf_\alpha R(\alpha)$.

Der Beweis des Theorems stützt sich auf folgende Lemmata.

Lemma 1. *Für beliebige natürliche Zahlen N und Zahlen $\delta > 0$ kann man ein $r > 0$ so finden, daß die Wahrscheinlichkeit, mit der der Vektor $\alpha(N)$ innerhalb einer Hyperkugel G_N um α_{anf} mit dem Radius r liegt, größer als $1 - \delta$ ist.*

Beweis. Wir stellen zuerst fest, daß für jedes i eine Zahl $\Gamma(i) = \mathsf{E}((\alpha(i) - \alpha_{\text{anf}})^2)$ existiert, wobei die Menge der $\Gamma(i)$ nach oben beschränkt ist. Eine direkte Folge von (9.13) ist die Gleichung

$$\mathsf{E}((\alpha(i) - \alpha_{\text{anf}})^2) = \mathsf{E}((\alpha(i-1) - \alpha_{\text{anf}})^2) + 2\gamma(i) \cdot \mathsf{E}(((\alpha(i-1) - \alpha_{\text{anf}}),$$
$$(\nabla_0 Q(z_i, \alpha(i-1)) + \xi_i))) + \gamma^2(i) \cdot \mathsf{E}(|\nabla_0 Q(z_i, \alpha(i-1)) + \xi_i\,|^2). \tag{9.14}$$

Nach der Bedingung des Theorems gilt jedenfalls

$$\mathsf{E}(\xi \mid \alpha, z) = 0,$$
$$\mathsf{E}((\nabla_0 Q(z_i, \alpha(i-1)))^2) < D,$$
$$\mathsf{E}(\xi^2 \mid \alpha(i-1), z_i) < D.$$

Daher ist

$$\gamma^2(i) \cdot \mathsf{E}((\nabla_0 Q(z_i, \alpha(i-1)) + \xi)^2) < 2\gamma^2(i) \cdot D.$$

Aus (9.12′) folgt, daß für die konvexe Funktion Q und beliebige z, α_1 und α_2 die Ungleichung

$$((\alpha_1 - \alpha_2), \nabla_0 Q(z, \alpha_1)) \geqq Q(z, \alpha_1) - Q(z, \alpha_2)$$

gültig ist. Damit läßt sich für den Ausdruck

$$\mathsf{E}(((\alpha(i-1) - \alpha_{\text{anf}}), \nabla_0 Q(z, \alpha(i-1))))$$

die Abschätzung

$$\mathsf{E}(((\alpha(i-1) - \alpha_{\text{anf}}), \nabla_0 Q(z, \alpha(i-1)))) \geqq \mathsf{E}(Q(z, \alpha(i-1)) - \mathsf{E}(Q(z, \alpha_{\text{anf}}))$$
$$= R(\alpha(i-1)) - R(\alpha_{\text{anf}}) \geqq A - R(\alpha_{\text{anf}})$$

gewinnen, wobei

$$A = \inf_\alpha R(\alpha)$$

gesetzt ist. Diese Ungleichung läßt sich auch in der Gestalt

$$\mathsf{E}((\alpha(i) - \alpha_{\text{anf}})^2) \leqq \mathsf{E}((\alpha(i-1) - \alpha_{\text{anf}})^2) + c(i) \tag{9.15}$$

schreiben, worin

$$c(i) = 2\gamma(i) \cdot (R(\alpha_{\text{anf}}) - A) + 2D \cdot \gamma^2(i)$$

bedeutet. Wenn wir die Ungleichung (9.15) benutzen und berücksichtigen, daß

$$\mathsf{E}((\alpha(1) - \alpha_{\text{anf}})^2) = c(1)$$

ist, erhalten wir unmittelbar

$$\mathsf{E}((\alpha(N) - \alpha_{\text{anf}})^2) \leqq \sum_{i=1}^{N} c(i) = \Gamma_N,$$

d. h., daß Γ_N eine obere Schranke für den Ausdruck

$$\mathsf{E}((\alpha(N) - \alpha_{\text{anf}})^2)$$

ist. Den Beweis des Lemmas erbringen wir mit Hilfe der TSCHEBYSCHEFFschen Ungleichung, mit der

$$P(|\alpha(N) - \alpha_{\text{anf}}| > r) \leqq \frac{\mathsf{E}(|\alpha(N) - \alpha_{\text{anf}}|^2)}{r^2}$$

folgt. Diese Ungleichung können wir unter Berücksichtigung von

$$\mathsf{E}(|\alpha(N) - \alpha_{\text{anf}}|^2) < \Gamma_N$$

verschärfen und erhalten so

$$P(|\alpha(N) - \alpha_{\text{anf}}| > r) < \frac{\Gamma_N}{r^2}.$$

Es ist noch zu sichern, daß diese Wahrscheinlichkeit die Zahl δ nicht überschreitet. Das ist offenbar dann der Fall, wenn r aus der Gleichung

$$\frac{\Gamma_N}{r^2} = \delta$$

bestimmt wird, woraus in der Tat folgt, daß sich der Punkt $\alpha(N)$ mit einer Wahrscheinlichkeit größer als $1 - \delta$ innerhalb einer Hyperkugel G um α_{anf} mit dem Radius

$$r = \sqrt{\frac{\Gamma_N}{\delta}}$$

befinden wird.

Damit ist das Lemma 1 bewiesen.

Für das Weitere wird

$$A = \inf_{\alpha} R(\alpha)$$

gesetzt und mit G_ε der Bereich

$$G_\varepsilon = \{\alpha : R(\alpha) \leqq A + \varepsilon\}$$

des Parameterraumes α bezeichnet.

Lemma 2. *Für beliebige $\varepsilon > 0$ und N existiert mit Wahrscheinlichkeit 1 mindestens eine Folge $\alpha_1, \ldots, \alpha_N, \ldots, \alpha_i, \ldots$, in der für $i \geqq N$ wenigstens ein Element enthalten ist, das in dem Bereich G_ε liegt.*

Die Behauptung des Lemmas 2 ist folgender Aussage äquivalent. Die Wahrscheinlichkeit dafür, daß kein Element der Teilfolge $\alpha_N, \ldots, \alpha_i$ in dem Bereich G_ε liegt, konvergiert für $i \to \infty$ gegen Null.

Beweis: Um den Beweis zu erbringen, definieren wir anstelle von (9.13) ein neues Iterationsverfahren, das sich von (9.13) nur dadurch unterscheidet, daß jede Folge, für die bei $i \geqq N$ ein Element erstmals in dem Bereich G_ε liegt, auch darin verbleibt.

Um das zu garantieren, definieren wir das neue Iterationsverfahren wie folgt:

1. Für $i < N + 1$ soll das alte Iterationsverfahren

$$\alpha(i) = \alpha(i-1) - \gamma(i)\,[\nabla_0 Q(z, \alpha(i-1)) + \xi_i]$$

angewandt werden;

2a. für $i \geqq N+1$ und $\alpha(i-1) \notin G_\varepsilon$ wird ebenfalls das alte Iterationsverfahren angewandt;

2b. für $i \geqq N+1$ und $\alpha(i-1) \in G_\varepsilon$ soll die Folge einen Fixpunkt erreichen, d.h., es wird in diesem Falle

$$\alpha(i) = \alpha(i-1)$$

gesetzt.

Es ist evident, daß jede mit dem Ausgangsalgorithmus konstruierte Folge $\alpha(1), \ldots, \alpha(N), \ldots \alpha(i), \ldots$, mit der Eigenschaft, daß für $i \geqq N$ kein Element der Folge dem Bereich G_ε angehört, mit der nach dem neuen Algorithmus konstruierten Folge übereinstimmt und insbesondere für $i \geqq N$ nicht in den Bereich G_ε gelangt. Es genügt daher, die Wahrscheinlichkeit, mit der die neue Folge für $i \geqq N$ nicht in den Bereich G_ε eintritt, abzuschätzen.

In dem Bereich G_ε wählen wir einen Punkt α^*, für den

$$R(\alpha^*) \leqq A + \frac{\varepsilon}{2}$$

gilt (das ist immer möglich) und schätzen den Erwartungswert $\mathsf{E}((\alpha(i) - \alpha^*)^2)$ für das neue Iterationsverfahren, das sich auch in der Form

$$\alpha(i) = \begin{cases} \alpha(i-1), \text{ falls } i \geqq N+1 \text{ und } \alpha(i-1) \in G_\varepsilon, \\ \alpha(i-1) - \gamma(i) \cdot (\nabla_0 Q(z_i, \alpha(i-1)) + \xi_i) \text{ sonst} \end{cases} \tag{9.16}$$

schreiben läßt, ab.

Bei Anwendung dieses Verfahrens unter der Bedingung $\alpha(i-1) \notin G_\varepsilon$ folgt

$$\begin{aligned} \mathsf{E}((\alpha(i) - \alpha^*)^2 \,|\, \alpha(i-1)) &= (\alpha(i-1) - \alpha^*)^2 \\ - 2\gamma(i) \, (\mathsf{E}(\nabla_0 Q(z, \alpha(i-1)) \,|\, \alpha(i-1)), &(\alpha(i-1) - \alpha^*)) \\ - 2\gamma(i) \, (\mathsf{E}(\xi_i \,|\, \alpha(i-1)), &(\alpha(i-1) - \alpha^*)) \\ + \gamma^2(i) \, \mathsf{E}(\xi^2 + (\nabla_0 Q(z, \alpha(i&-1)))^2 \,|\, \alpha(i-1)). \end{aligned}$$

Gemäß ihrer Einführung galt für die Zufallsgrößen ξ_i

$$\mathsf{E}(\xi_i \,|\, \alpha) = 0$$

und außerdem — als Voraussetzung des Theorems —

$$\mathsf{E}((\nabla_0 Q(z, \alpha))^2) \leqq D \text{ und } \mathsf{E}(\xi^2 \,|\, \alpha) \leqq D.$$

Damit gewinnt man die Abschätzung

$$\begin{aligned} \mathsf{E}((\alpha(i) - \alpha^*)^2 \,|\, \alpha(i-1)) &\leqq (\alpha(i-1) - \alpha^*)^2 \\ - 2\gamma(i) \, (\mathsf{E}(\nabla_0 Q(z, \alpha(i-1))), &(\alpha(i-1) - \alpha^*)) + 2\gamma^2(i) \cdot D. \end{aligned} \tag{9.17}$$

Falls die Funktion $Q(z, \alpha(i-1))$ in α konvex ist, gilt weiterhin

$$(\nabla_0 Q(z, \alpha(i-1)), (\alpha(i-1) - \alpha^*)) \geqq Q(z, \alpha(i-1)) - Q(z, \alpha^*)$$

und somit auch

$$(\mathsf{E}(\nabla_0 Q(z, \alpha(i-1)) \,|\, \alpha(i-1)), (\alpha(i-1) - \alpha^*)) \geqq R(\alpha(i-1)) - R(\alpha^*). \tag{9.18}$$

Die Punkte $\alpha(i-1)$ und α^* waren jedoch nach Voraussetzung so ausgewählt, daß die Ungleichungen

$$R(\alpha(i-1)) > A + \varepsilon$$

(da $\alpha(i-1) \notin G_\varepsilon$) und

$$R(\alpha^*) \leqq A + \frac{\varepsilon}{2}$$

und damit auch

$$R(\alpha(i-1)) - R(\alpha^*) \geqq \frac{\varepsilon}{2} \tag{9.19}$$

gelten. Aus (9.17), (9.18) und (9.19) erhalten wir für $\alpha(i-1) \notin G_\varepsilon$

$$\mathsf{E}((\alpha(i) - \alpha^*)^2 \mid \alpha(i-1)) \leqq (\alpha(i-1) - \alpha^*)^2 - \gamma(i) \cdot \varepsilon + 2\gamma^2(i)\, D.$$

Für $i > N + 1$ und $\alpha(i-1) \in G$ erhalten wir jedoch

$$\mathsf{E}((\alpha(i) - \alpha^*)^2 \mid \alpha(i-1)) = (\alpha(i-1) - \alpha^*)^2.$$

Die Wahrscheinlichkeit, mit der

$$\alpha(i-1) \notin G_\varepsilon$$

ist, bezeichnen wir mit δ_i. Geht man nun zu dem unbedingten Erwartungswert über, dann ergibt sich für $i \geqq N + 1$

$$\mathsf{E}((\alpha(i) - \alpha^*)^2) \leqq \mathsf{E}((\alpha(i-1) - \alpha^*)^2) - \varepsilon\, \delta_i \gamma(i) + 2\gamma^2(i)\, \delta_i \cdot D.$$

Ersetzt man hierin der Reihe nach i durch $i-1, i-2, \ldots, N+1$, so folgt für $i \geqq N + 1$ aus dem erhaltenen System von Ungleichungen durch Einsetzen

$$\mathsf{E}((\alpha(i) - \alpha^*)^2) \leqq \mathsf{E}((\alpha(N) - \alpha^*)^2) - \varepsilon \cdot \sum_{j=N+1}^{i} \delta_j \gamma(j) + 2D \sum_{j=N+1}^{i} \gamma^2(j).$$

Wegen Lemma 1 ist der Ausdruck

$$\mathsf{E}((\alpha(N) - \alpha^*)^2)$$

beschränkt, und außerdem konvergiert nach Voraussetzung des Theorems die Summe

$$\sum_{j=N+1}^{\infty} \gamma^2(j).$$

Es gilt deshalb

$$\mathsf{E}((\alpha(i) - \alpha^*)^2) \leqq c - \varepsilon \sum_{j=N+1}^{i} \delta_j \gamma(j), \tag{9.20}$$

wobei c eine von i unabhängige Konstante ist.

Da des weiteren das Iterationsverfahren (9.16) entsprechend seiner Definition so beschaffen ist, daß jede Folge, die einmal in G_ε hineingelangt ist, dort verbleibt, kann die Wahrscheinlichkeit δ_i aus folgendem Grunde nicht mit i größer werden:

Nehmen wir an, δ_i bleibt stets größer als ein bestimmtes $\delta > 0$, dann würde der Ausdruck

$$\sum_{j=N+1}^{i} \delta_j \gamma(j)$$

mit i [wegen

$$\sum_{j=N+1}^{i} \delta_j \gamma(j) \geqq \delta \sum_{j=N+1}^{i} \gamma(j)$$

und der vorausgesetzten Divergenz der Summe $\sum_{j=N+1}^{\infty} \gamma(j)$] unbeschränkt zunehmen.

Dies kann jedoch nicht eintreten, weil sonst die rechte Seite der Ungleichung (9.20) für hinreichend große i negativ würde, während die linke Seite positiv ist. Folglich muß die Folge δ_i für $i \to \infty$ nach Null streben.

Es bleibt noch zu erwähnen, daß die mit Hilfe des Verfahrens (9.16) konstruierte Folge $\alpha(i)$, wenn sie nur einmal für $i \geqq N + 1$ in den Bereich G_ε eintritt, für alle folgenden Zeitpunkte i dort verbleibt. Demzufolge ist die Wahrscheinlichkeit, mit der die nach dem Ausgangsverfahren konstruierte Folge $\alpha_N, \ldots, \alpha_i$ nicht in den Bereich G_ε gelangt, gleich δ_i und strebt für $i \to \infty$ gegen Null.

Das Lemma ist damit bewiesen.

Lemma 3. *Für beliebige Zahlen $\varepsilon > 0$ und $\delta > 0$ existiert ein N_1 derart, daß für alle $N > N_1$ die Wahrscheinlichkeit, mit der eine Folge $\alpha_N, \ldots, \alpha_i, \ldots$ mit $\alpha(N) \in G_\varepsilon$ den Bereich*

$$G_{2\varepsilon} = \{\alpha : R(\alpha) \leqq A + 2\varepsilon\}$$

($G_\varepsilon \subseteq G_{2\varepsilon}$) wieder verläßt, kleiner als δ ist.

Beweis: Wir schätzen jetzt für Folgen $\alpha_N, \ldots, \alpha_i$, deren Anfangselement α_N in G_ε liegt ($\alpha_N \in G_\varepsilon$), die Wahrscheinlichkeit δ_i dafür ab, daß in dieser Folge wenigstens ein nicht zu $G_{2\varepsilon}$ gehörendes Element vorkommt. Wir ändern zu diesem Zwecke das Verfahren (9.13) für $i \geqq N + 1$ ab, indem wir

$$\alpha(i) = \begin{cases} \alpha(i-1), & \text{wenn } \alpha(i-1) \notin G_{2\varepsilon}; \\ \alpha(i-1) - \gamma(i)\,[\nabla_0 Q(z, \alpha(i-1)) + \xi_i], & \text{wenn } \alpha(i-1) \in G_{2\varepsilon} \end{cases} \tag{9.21}$$

setzen. Offenbar ist δ_i gleich der Wahrscheinlichkeit, daß $\alpha_i \notin G_{2\varepsilon}$, falls $\alpha_N \in G_\varepsilon$ und, mit $i = N + 1$ beginnend, der Prozeß (9.21) abläuft.

$\alpha_\varepsilon(i)$ soll denjenigen Punkt aus der Menge G_ε bezeichnen, der von $\alpha(i)$ den kleinsten Abstand hat. Den Erwartungswert

$$\mathsf{E}((\alpha(i) - \alpha_\varepsilon(i))^2)$$

schätzen wir wie folgt ab:

Entsprechend der Definition von $\alpha_\varepsilon(i)$ ist die Ungleichung

$$(\alpha(i) - \alpha_\varepsilon(i))^2 \leqq [\alpha(i) - \alpha_\varepsilon(i-1)]^2$$

erfüllt. Damit gilt für $\alpha(i-1) \in G_{2\varepsilon}$ auf Grund des Prozesses (9.21)

$$\mathsf{E}((\alpha(i) - \alpha_\varepsilon(i))^2 \mid \alpha(i-1)) \leqq \mathsf{E}((\alpha(i) - \alpha_\varepsilon(i-1))^2 \mid \alpha(i-1))$$

$$\leqq (\alpha(i-1) - \alpha_\varepsilon(i-1))^2 - 2\gamma(i)\,(\mathsf{E}(\nabla_0 Q(z, \alpha(i-1))), (\alpha(i-1) - \alpha_\varepsilon(i-1))) + 2D\gamma^2(i).$$

Infolge der Konvexität von $Q(z, \alpha)$ ist die Ungleichung

$$(\mathsf{E}(\nabla_0 Q(z, \alpha(i-1)), (\alpha(i-1) - \alpha_\varepsilon(i-1))) \geqq R(\alpha(i-1)) - R(\alpha_\varepsilon(i-1))$$

gültig. Wenn nun $\alpha(i-1) \in G_\varepsilon$ ist, sind $\alpha(i)$ und $\alpha_\varepsilon(i)$ identisch, und für $\alpha(i-1) \notin G$

gilt laut Definition von G_ε

$$R(\alpha(i-1)) > R(\alpha_\varepsilon(i-1))$$

bzw. auch

$$R(\alpha(i-1)) - R(\alpha_\varepsilon(i-1)) \geqq 0$$

und folglich

$$\mathsf{E}((\alpha(i) - \alpha_\varepsilon(i))^2 \mid \alpha(i-1)) \leqq (\alpha(i-1) - \alpha_\varepsilon(i-1))^2 + 2\gamma^2(i) \cdot D.$$

Wenn aber für $i \geqq N+1 \quad \alpha(i-1) \notin G_2$ gilt, dann ist

$$\mathsf{E}((\alpha(i) - \alpha_\varepsilon(i))^2 \mid \alpha(i-1)) = (\alpha(i-1) - \alpha_\varepsilon(i-1))^2.$$

Somit gilt stets

$$\mathsf{E}((\alpha(i) - \alpha_\varepsilon(i))^2 \mid \alpha(i-1)) \leqq (\alpha(i-1) - \alpha_\varepsilon(i-1))^2 + 2\gamma^2(i) \cdot D.$$

Durch sukzessive Anwendung dieser Ungleichung auf $i, i+1, \ldots, N+1$ gewinnt man für $i > N$ die Abschätzung

$$\mathsf{E}((\alpha(i) - \alpha_\varepsilon(i))^2 \mid \alpha(N) \in G_\varepsilon) \leqq 2D \sum_{j=N+1}^{i} \gamma^2(j) < 2D \sum_{j=N+1}^{\infty} \gamma^2(j), \tag{9.22}$$

falls nur — wie vorausgesetzt — bei $\alpha(i-1) \in G_\varepsilon$

$$(\alpha(N) - \alpha_\varepsilon(N))^2 = 0$$

gilt.

Im folgenden schätzen wir den Abstand Λ eines beliebigen Punktes $\alpha \notin G_{2\varepsilon}$ von der Menge G_ε ab, um die „Dicke“ der Zone, die ein Punkt $\alpha(i)$ durchlaufen müßte, um aus G_ε über die äußere Grenze von $G_{2\varepsilon}$ hinauszugelangen, abschätzen zu können. Da die Funktion $R(\alpha)$ konvex ist, gilt

$$|\nabla_0 R(\alpha)| \leqq \mathsf{E}(|\nabla_0 Q(z, \alpha)|) < \sqrt{D}.$$

Jeder Punkt $\alpha \in G_\varepsilon$ erfüllt in Übereinstimmung mit der Definition von G_ε die Ungleichung

$$R(\alpha) \leqq A + \varepsilon$$

und jeder Punkt $\alpha \notin G_2$

$$R(\alpha) > A + 2\varepsilon.$$

Dann ist, abermals wegen der Konvexität von R und der vorausgesetzten Lage des Punktes α,

$$\Lambda > \frac{\varepsilon}{\sqrt{D}}. \tag{9.23}$$

Daher gilt

$$\delta_i = P(\alpha(i) \notin G_{2\varepsilon} \mid \alpha(N) \in G_\varepsilon) \leqq P((|\alpha(i) - \alpha_\varepsilon(i)| > \Lambda) \mid \alpha(N) \in G_\varepsilon).$$

Mit der TSCHEBYSCHEFFschen Ungleichung können wir dies in

$$P(|\alpha(i) - \alpha_\varepsilon(i)| > \Lambda \mid \alpha(N) \in G_\varepsilon) \leqq \Lambda^{-2}(\mathsf{E}((\alpha(i) - \alpha_\varepsilon(i))^2 \mid \alpha(N) \in G_\varepsilon))$$

umformen. Wenn wir noch (9.22) und (9.23) berücksichtigen, erhalten wir

$$\delta_i \leqq \frac{2D^2}{\varepsilon^2} \sum_{j=N+1}^{\infty} \gamma^2(j).$$

Die rechte Seite der Ungleichung hängt nicht von i ab; man kann daher, wenn man N nur hinreichend groß wählt, erreichen, daß δ_i bei allen $i > N$ kleiner wird als δ; das bedeutet jedoch auch, daß die Folge den Bereich $G_{2\varepsilon}$ nur mit einer Wahrscheinlichkeit kleiner als δ verläßt.

Das Lemma ist damit bewiesen.

Wir beweisen jetzt noch das Theorem 9.1.

Für die vorgegebenen Zahlen ε und δ bestimmen wir ein N_1, so daß für jedes $N > N_1$ die Wahrscheinlichkeit, daß die Folge die Grenzen des Bereiches

$$G_{2\varepsilon} = \{\alpha : R(\alpha) \leqq A + 2\varepsilon\}$$

unter der Bedingung, daß $\alpha(N) \in G_\varepsilon$ gilt, verläßt, kleiner als γ ist. Dies gelingt mit Hilfe von Lemma 3.

Wegen Lemma 3 tritt die Folge $\alpha(1), \ldots, \alpha(N), \ldots$ zu Zeitpunkten $N > N_1$ mit Wahrscheinlichkeit 1 einmal in G_ε ein und verläßt daraufhin $G_{2\varepsilon}$ nur mit einer Wahrscheinlichkeit kleiner als δ. Da δ und ε beliebige Zahlen, größer als Null, waren, gilt somit

$$R(\alpha(i)) \xrightarrow[i\to\infty]{} \inf_\alpha R(\alpha)$$

mit Wahrscheinlichkeit Eins.

Das Theorem ist damit bewiesen.

§ 5. Eine weitere Bedingung für die Konvergenz von Iterationsalgorithmen

Unter den Bedingungen zu Theorem 1 fehlte die Voraussetzung, daß ein Minimum des Funktionals $R(\alpha)$ tatsächlich auch existiert. Es wurde als hinreichend angesehen, das Funktional nach unten beschränkt vorauszusetzen. Die Konvergenz gegen diese untere Schranke war durch das Theorem gesichert.

Für das Folgende wollen wir nun darüber hinaus noch voraussetzen, daß das Minimum des Funktionals existiert (angenommen wird). Dies erlaubt es, die Forderungen an die Größenordnung des Betrages des Gradienten der Verlustfunktion abzuschwächen.

Theorem 9.2. (B. M. LITWAKOW [43]).
Es seien folgende Bedingungen erfüllt:

1. Das Funktional $R(\alpha)$ *ist nach unten beschränkt, und es existiert die nicht leere Menge* $T = \{\alpha : R(\alpha) = \inf R(\alpha)\}$,

2. $\mathsf{E}(|\nabla_0 Q(z, \alpha)|^2) \leqq D \cdot (1 + |\alpha|^2)$,

3. $\mathsf{E}(\xi^2 \mid \alpha) \leqq D(1 + |\alpha|^2)$.

Dann gilt für beliebiges α_{anf} *mit Wahrscheinlichkeit 1* $R(\alpha(i)) \xrightarrow[i\to\infty]{} \inf R(\alpha)$.

Beweis: Wir wählen einen beliebigen Punkt $\alpha_0 \in T$ und schätzen den Anteil δ jener Folgen ab, die — nachdem sie in die Hyperkugel G um α_0 mit dem Radius r eingetreten sind — diese genau einmal wieder verlassen. Wir definieren zum Zwecke der Beweisführung wieder ein abgeändertes Iterationsschema, indem wir voraussetzen, daß die Iterationsgleichung (9.13) nur für $|\alpha - \alpha_0| \leqq r$ und die Folge außerhalb der Hyperkugel wieder in einem Fixpunkt verharrt, d.h., es soll

$$\alpha(i) = \begin{cases} \alpha(i-1) \text{ für } |\alpha(i-1) - \alpha_0| > r, \\ \alpha(i-1) - \gamma(i)[\nabla_0 Q(z, \alpha(i-1)) + \xi_i] \text{ für } |\alpha(i-1) - \alpha_0| \leqq r \end{cases}$$

gelten. Damit kann umgekehrt eine Folge, die einmal aus der Hyperkugel ausgetreten ist, nicht wieder in diese eintreten. Analog zum Theorem 9.1 kann man unter Berücksichtigung der Konvexität von $Q(z, \alpha)$ und der Voraussetzung des Theorems 9.2 zeigen, daß die Ungleichung

$$\mathsf{E}((\alpha(i) - \alpha_0)^2) \leqq \mathsf{E}((\alpha(i-1) - \alpha_0)^2) + 2\gamma^2(i) \cdot D \cdot \mathsf{E}((1 + \alpha^2(i-1))) \tag{9.24}$$

erfüllt ist.

Wir verschärfen die Ungleichung (9.24), indem wir die Größe

$$\mathsf{E}(1 + \alpha^2(i-1)) = 1 + \mathsf{E}(\alpha^2(i-1))$$

abschätzen. Hierzu benutzen wir die Ungleichung $\alpha^2 \leqq 2(a-b)^2 + 2b^2$ und erhalten

$$\mathsf{E}(1 + \alpha^2(i-1)) \leqq 1 + 2\mathsf{E}((\alpha(i-1) - \alpha_0)^2) + 2\alpha_0^2. \tag{9.25}$$

Durch Einsetzen der Ungleichung (9.24) in (9.25) entsteht

$$\mathsf{E}((\alpha(i) - \alpha_0)^2) \leqq (1 + 4\gamma^2(i) \cdot D) \cdot \mathsf{E}((\alpha(i-1) - \alpha_0)^2) + 2\gamma^2(i) \cdot D \cdot (1 + 2\alpha_0^2). \tag{9.26}$$

Durch wiederholte Anwendung der Ungleichung (9.26) läßt sich folgern, daß der Ausdruck $\mathsf{E}((\alpha(i) - \alpha_0)^2)$ durch eine Zahl L beschränkt ist, die von i unabhängig ist.

Dies ist jetzt noch zu beweisen.

Wir setzen hierzu: $(\alpha_{\text{anf}} - \alpha_0)^2 = a$, $2D(1 + 2\alpha_0^2) = b$ und zeigen zunächst, daß die Ungleichung

$$\mathsf{E}((\alpha(i) - \alpha_0)^2) \leqq \left(\prod_{j=1}^{i} (1 + 4\gamma^2(j) \cdot D)\right) \cdot \left(a + b \sum_{j'=1}^{i} \gamma^2(j')\right) \tag{9.27}$$

gilt.

Für $i = 1$ kann man die Richtigkeit derselben leicht einsehen. Man hat

$$\mathsf{E}((\alpha(1) - \alpha_0)^2) \leqq (1 + 4\gamma^2(1) \cdot D) \cdot a + \gamma^2(1) \cdot b \leqq (1 + 4\gamma^2(1) \cdot D) \cdot (a + \gamma^2(1) \cdot b).$$

Weiterhin läßt sich die Gültigkeit der Ungleichung auch für beliebiges $i > 1$ aus ihrer Gültigkeit für $i - 1$ beweisen. Das folgt aus

$$\mathsf{E}((\alpha(i) - \alpha_0)^2) \leqq (1 + 4\gamma^2(i) \cdot D) \cdot \left(\prod_{j=1}^{i-1} (1 + 4\gamma^2(j) \cdot D)\right) \left(a + b \sum_{j'=1}^{i-1} \gamma^2(j')\right)$$
$$+ b\gamma^2(i) \leqq \left(\prod_{j=1}^{i-1} (1 + 4\gamma^2(j) \cdot D)\right) \cdot \left(a + b \sum_{j'=1}^{i} \gamma^2(j')\right).$$

Durch vollständige Induktion über i ist dann die Gültigkeit für alle i bewiesen. Es bleibt noch zu beweisen, daß der Ausdruck $\mathsf{E}((\alpha(i) - \alpha_0)^2)$ beschränkt ist, d.h., daß

$$\left(\prod_{j=1}^{\infty} (1 + 4\gamma^2(j) \cdot D)\right) \cdot \left(a + b \sum_{j'=1}^{\infty} \gamma^2(j')\right) < L \tag{9.28}$$

gilt. Tatsächlich ist nun in dem Produkt (9.28) der Faktor $\left(a + b\sum_{j=1}^{\infty} \gamma^2(j)\right)$ beschränkt, da ja nach Voraussetzung $\sum_{j=1}^{\infty} \gamma^2(j) < \infty$ war.

Der Faktor

$$\prod_{j=1}^{\infty} (1 + 4\gamma^2(j)\, D)$$

ist ebenso beschränkt, da das unendliche Produkt

$$\prod_{j=1}^{\infty} (1 + 4\gamma^2(j)\, D)$$

genau dann beschränkt ist, wenn die Summe

$$\sum_{j=1}^{\infty} 4\gamma^2(j)\, D$$

beschränkt ist.

Somit gilt also tatsächlich

$$\mathsf{E}((\alpha(i) - \alpha_0)^2) < L.$$

Durch Anwendung der TSCHEBYSCHEFFschen Ungleichung kann man daraus die Ungleichung $\delta < \frac{L}{r}$ ableiten.

In der Hyperkugel G ist die Funktion $\mathsf{E}(Q(z, \alpha))$ offensichtlich beschränkt. Wir untersuchen nun noch einen Prozeß, der sich von (9.13) nur dadurch unterscheidet, daß er unmittelbar nach Verlassen von G einen Fixpunkt erreicht. Es ist evident, daß alle Realisierungen des Originalprozesses, die G nicht verlassen, zugleich Realisierungen des neuen Prozesses sind, und die Wahrscheinlichkeit, daß der Prozeß den Bereich G verläßt, kleiner als δ ist. Was den neuen Prozeß anlangt, kann man alle Überlegungen im Beweis des Theorems (9.1) sinngemäß wiederholen und zeigen, daß dieser Prozeß mit einer Wahrscheinlichkeit größer als $1 - \delta$ das Grenzverhalten

$$R(\alpha(i)) \xrightarrow[i\to\infty]{} \inf_{\alpha} R(\alpha)$$

hat.

Der Unterschied liegt nur darin, daß δ_i im Beweis des Lemmas 2 die Wahrscheinlichkeit dafür ist, daß der Prozeß i Schritte in G verbleibt, jedoch nicht in den Bereich G_ε gelangt. Wenn also gezeigt ist, daß $\lim_{i\to\infty} \delta_i = 0$ ist, kommen wir zu der Schlußfolgerung, daß der Prozeß mit einer Wahrscheinlichkeit größer als $1 - \delta$ in den Bereich G_ε gelangt. Alle weiteren Überlegungen bleiben sinngemäß ungeändert dieselben.

Da δ durch geeignete Wahl von r beliebig klein gemacht werden kann, folgt die Behauptung des Theorems.

KAPITEL X

HINREICHENDE BEDINGUNGEN FÜR DIE GLEICHMÄSSIGE KONVERGENZ DER HÄUFIGKEITEN GEGEN DIE WAHRSCHEINLICHKEITEN IN EINER KLASSE VON EREIGNISSEN

§ 1. Die Abweichung des empirischen Kostenminimums vom erwarteten Kostenminimum

Wir wenden uns jetzt der Analyse der Methoden zu, die auf der Minimierung der empirischen Kosten beruhen. Gegeben sei eine Stichprobe

$$z_1, \ldots, z_l$$

[aus einer definierten (zeitunabhängigen) Verteilung $P(z)$], die als Sequenz unabhängiger Versuchsergebnisse erhalten wurde. Ferner soll eine Funktion $G(z, \alpha)$ bekannt sein. Es ist die Aufgabe gestellt, das Funktional

$$R(\alpha) = \int Q(z, \alpha) \, \mathrm{d}P(z)$$

zu minimieren. Für das Folgende nehmen wir an, daß das Minimum von $R(\alpha)$ existiert und bei $\alpha = \alpha_0$ erreicht wird.

Es werden Methoden betrachtet, bei denen als eine Approximation für α_0 der aus der Minimierung der Funktion

$$R_{\text{emp}}(\alpha) = \frac{1}{l} \sum_{i=1}^{l} Q(z_i, \alpha)$$

ermittelte Parameterwert gewählt wird.

Als *Abstand* [bzw. Abweichung] des Parametervektors α^* von α_0 wird — was natürlich erscheint — die Differenz

$$\varrho(\alpha_0, \alpha^*) = R(\alpha^*) - R(\alpha_0)$$

der Funktionswerte $R(\alpha)$ in diesen Punkten definiert. Wie im Kapitel V gezeigt wurde, kann eine ausreichend enge Nachbarschaft der Vektoren α_0 und α^* in diesem Sinne garantiert werden, wenn sich (bei Vergrößerung des Stichprobenumfangs) die Funktion $R_{\text{emp}}(\alpha)$ der Funktion $R(\alpha)$ in dem fraglichen Bereich des Parameters α gleichmäßig annähert. Tatsächlich gelten, falls

$$\sup_{\alpha} | R(\alpha) - R_{\text{emp}}(\alpha) | \leqq \varepsilon$$

ist, die Abschätzungen

$$R(\alpha^*) - R_{\text{emp}}(\alpha^*) \leqq \varepsilon, \tag{10.1}$$

$$R_{\text{emp}}(\alpha_0) - R(\alpha_0) \leqq \varepsilon. \tag{10.2}$$

Da definitionsgemäß α_0 bzw. α^* die Minimumpunkte der Funktionen $R(\alpha)$ bzw. $R_{\text{emp}}(\alpha)$ sind, gelten außerdem die Ungleichungen

$$R(\alpha_0) \leqq R(\alpha^*), \tag{10.3}$$

$$R_{\text{emp}}(\alpha^*) \leqq R_{\text{emp}}(\alpha_0). \tag{10.4}$$

Aus (10.1) bis (10.4) folgt unmittelbar

$$R(\alpha^*) - R(\alpha_0) \leqq 2\varepsilon$$

oder auch

$$R(\alpha^*) - R(\alpha_0) \leqq 2 \sup_{\alpha} |R(\alpha) - R_{\text{emp}}(\alpha)|. \tag{10.5}$$

Wenn somit die Abweichung der Funktion $R_{\text{emp}}(\alpha)$ von $R(\alpha)$ bei allen Parameterwerten kleiner als ε bleibt, dann weichen die wahren Kosten $R(\alpha^*)$ im Punkt α^* des empirischen Optimums von den minimalen wahren Kosten $R(\alpha_0)$ um höchstens 2ε ab. Ist jedoch die maximale Abweichung der empirischen Kostenschätzung von den wahren Kosten $R(\alpha)$ groß, so wird i.a. die Substitution der wahren Kosten durch die empirischen zu großen Fehlern führen.

In der hier gewählten Formulierung des Problems der lernfähigen Erkennung hat der Integrand $Q(z, \alpha)$ im Funktional $R(\alpha)$ eine spezielle Form. So ist jedes Element z ein Paar x, ω, wobei x die Objektbeschreibung (der Objektvektor) und ω der dem Objekt zugeordnete Klassenindex ist, d.h. der Index derjenigen Klasse, der dieses Objekt nach „Auskunft" der Stichprobe tatsächlich angehört. Im allgemeinen ist die Anzahl der Klassen nicht sehr groß, so daß ω eine endliche kleine Zahl sein wird, die die Werte $0, 1, \ldots, k$ annehmen kann. Jeder Wert des Vektorparameters α definiert eine Entscheidungsregel $F(x, \alpha)$. Dabei ist der Wertevorrat der Funktion $F(x, \alpha)$ identisch mit dem der Variablen ω.

Das Kriterium $R(\alpha)$ wird i.a. als die Wahrscheinlichkeit, mit der bei Anwendung der Entscheidungsregel $F(x, \alpha)$ eine falsche Klassifikation erhalten wird, definiert. Das heißt also, daß die Verlustfunktion durch

$$\Phi(\omega, F) = \begin{cases} 0 \text{ für } \omega = F, \\ 1 \text{ für } \omega \neq F \end{cases}$$

gegeben ist und das Funktional $R(\alpha)$ die Form

$$R(\alpha) = \int \Phi(\omega, F(x, \alpha)) \, dP(x, \omega)$$

hat.

Die Funktion $\Phi(\omega, F)$ ist offensichtlich die Indikatorfunktion der Menge

$$T_\alpha = \{x, \omega : F(x, \alpha) \neq \omega\}.$$

Damit ergibt sich, daß das Funktional $R(\alpha)$ als die *Wahrscheinlichkeit*

$$R(\alpha) = P\{F(x, \omega) \neq \omega\} = P(T_\alpha),$$

mit der das Ereignis T_α eintritt, interpretiert werden kann. Analog können die *empirischen* Kosten, d.h. die Schätzfunktion $R_{\text{emp}}(\alpha)$ von $R(\alpha)$, als *Häufigkeit* $\nu(T_\alpha)$, mit der dieses Ereignis in der Lernstichprobe realisiert ist, d.h. also als relative Fehlerhäufigkeit im Belehrungsmaterial, gedeutet werden. Sei jetzt Q der Bereich der zulässigen Parameterwerte α. Q erzeugt offensichtlich eine [zugeordnete] Menge von Ereignissen T_α, die als die *Ereignisklasse* S bezeichnet werden soll. Von einer *gleichmäßigen* Abweichung der Funktion $R_{\text{emp}}(\alpha)$ von $R(\alpha)$ wollen wir sprechen, wenn die *relative Häufigkeit* des Ereignisses T von der *Wahrscheinlichkeit*, mit der dasselbe eintritt, in der Klasse S *gleich-*

mäßig abweicht. Durch Einsetzen der gegebenen Interpretation für $R(\alpha)$ in (10.5) erhalten wir

$$R(\alpha^*) - R(\alpha_0) \leqq 2 \sup_{T_\alpha \in S} |\nu(T_\alpha) - P(T_\alpha)|. \tag{10.5'}$$

Im Rahmen einer noch allgemeineren Behandlung des Problems der gleichmäßigen Konvergenz der Funktion $R_{\text{emp}}(\alpha)$ gegen $R(\alpha)$ kann auch die gleichmäßige Konvergenz der relativen Häufigkeiten gegen die Wahrscheinlichkeiten in einer definierten Ereignisklasse untersucht werden (vgl. § 2 im Kapitel XIII).

Im folgenden werden wir die Bedingungen ableiten, denen eine Ereignisklasse S genügen muß, damit in ihr die relativen Ereignishäufigkeiten gleichmäßig gegen die Eintrittswahrscheinlichkeiten dieser Ereignisse konvergieren. Entscheidend dafür ist, daß es unter definierten Bedingungen gelingt, eine Schätzung der gleichmäßigen Abweichung der Häufigkeiten von den Wahrscheinlichkeiten zu erhalten, die von der i.a. unbekannten Wahrscheinlichkeitsverteilung $P(x, \omega)$ unabhängig ist und nur noch von der inneren Struktur der Klasse S bestimmt wird.

Diese in den folgenden Paragraphen dargestellte Schätzung enthält keine willkürlichen Konstanten und erlaubt, die Abweichung der empirischen Entscheidungsregel von der wahren für eine gegebene Klasse von Entscheidungsregel bei fest vorgegebener Länge der Lernfolge effektiv zu schätzen.

§ 2. Die Definition der gleichmäßigen Konvergenz der relativen Häufigkeiten gegen die Wahrscheinlichkeiten

Nach dem klassischen Theorem von Bernoulli konvergiert die relative Eintrittshäufigkeit eines Ereignisses A in einer Folge unabhängiger Versuche *in Wahrscheinlichkeit* gegen die Wahrscheinlichkeit dieses Ereignisses. Wie oben ausgeführt, ist es erforderlich, aufgrund einer gegebenen Stichprobe Aussagen über die Wahrscheinlichkeiten einer ganzen Klasse von Ereignissen zu erhalten, die für alle Ereignisse dieser Klasse S gleichzeitig gültig sind. Dabei ist gefordert, daß bei Vergrößerung des Stichprobenumfangs die relativen Häufigkeiten der Ereignisse gegen ihre Wahrscheinlichkeiten — für alle Ereignisse der Klasse S gleichmäßig — konvergieren.

Präziser formuliert, besteht die Forderung darin, daß die Wahrscheinlichkeit, mit der in der betrachteten Klasse von Ereignissen die maximale Abweichung der relativen Häufigkeit von der Wahrscheinlichkeit eine beliebig kleine positive Konstante überschreitet, bei unbegrenzter Vergrößerung der Anzahl der Versuche gegen Null strebt. Es zeigt sich, daß eine gleichmäßige Konvergenz der erklärten Art oft nicht einmal in einfachsten Beispielen besteht. Deshalb sollte ein Kriterium gefunden werden, mit dessen Hilfe man entscheiden kann, ob eine solche Konvergenz besteht oder nicht.

In diesem Kapitel werden verteilungsfreie hinreichende Bedingungen für die gleichmäßige Konvergenz aufgestellt und die Geschwindigkeit dieser Konvergenz abgeschätzt. Im Kapitel XI leiten wir die notwendigen und hinreichenden Bedingungen für die gleichmäßige Konvergenz der relativen Häufigkeiten gegen die Wahrscheinlichkeiten ab. Diese Bedingungen werden dann allerdings von den Eigenschaften der Verteilung abhängen.

Sei X die Grundmenge des Wahrscheinlichkeitsfeldes und zugleich die Menge der elementaren Ereignisse, über der das Wahrscheinlichkeitsmaß $P(x)$ definiert ist. S sei eine

Kollektion zufälliger Ereignisse, d.h. von Teilmengen der Menge (des Raumes) X, die mit dem Maß $P(\boldsymbol{x})$ meßbar sind (S ist eine Teilmenge (Teilalgebra) der σ-Algebra der zufälligen Ereignisse, muß aber nicht unbedingt mit ihr identisch sein). Mit $X(l)$ bezeichnen wir die Menge (Raum) der Stichproben aus X der Länge l. Der Umstand, daß die Realisierung einer konkreten Stichprobe ein zufälliges Ereignis ist, d.h. daß [hier insbesondere] eine Stichprobe als Folge unabhängiger Realisierungen *desselben* Versuches [mit identischer Wahrscheinlichkeitsverteilung] erhalten wird, wird durch Darstellung des Wahrscheinlichkeitsmaßes über $X(l)$ als Produktmaß in der Gestalt

$$P[A_1 \times \ldots \times A_l] = P(A_1) \ldots P(A_l)$$

zum Ausdruck gebracht, wobei A die meßbaren Teilmengen von X sind. Für jede Stichprobe $X^l = \boldsymbol{x}_1, \ldots, \boldsymbol{x}_l$ und für jedes der Ereignisse $A \in S$ wird die relative Häufigkeit, mit der das Ereignis A auftritt, durch den Quotienten

$$\nu(X_1, \ldots, X_l) = \frac{n(A)}{l}$$

aus der Zahl $n(A)$ der in A liegenden Stichprobenelemente und der Gesamtlänge l der Stichprobe erklärt. Das BERNOULLI-Theorem behauptet nun, daß für jedes feste Ereignis A die Abweichung der Häufigkeit von der Wahrscheinlichkeit mit wachsendem Stichprobenumfang gegen Null strebt, d.h., für ein beliebiges A gilt

$$P\{|P(A) - \nu(A)| \geqq \varepsilon\} \underset{l \to \infty}{\longrightarrow} 0 .$$

Uns interessiert die maximale Abweichung der Häufigkeit von der Wahrscheinlichkeit in der Klasse S, d.h.

$$\pi(l) = \sup_{A \in S} |\nu^l(A) - P(A)| .$$

$\pi(l)$ ist also eine Funktion der Stichprobe, d.h. des Punktes im Raum $X(l)$. Wir nehmen an, daß diese Funktion mit dem über $X(l)$ erklärten Maß meßbar ist, d.h., daß $\pi(l)$ eine Zufallsgröße ist.

Wenn nun $\pi(l)$ bei unbegrenzter Vergrößerung der Stichprobenlänge l in Wahrscheinlichkeit gegen Null strebt, sagt man, „*die Häufigkeit der Ereignisse $A \in S$ konvergiert in S gleichmäßig gegen die Wahrscheinlichkeit dieser Ereignisse*“, und zwar in Wahrscheinlichkeit (gleichmäßige Konvergenz in Wahrscheinlichkeit). Die folgenden Theoreme betreffen die Schätzung der Wahrscheinlichkeit des Ereignisses

$$\{\pi(l) > \varepsilon\}$$

und die Klärung der Bedingungen, unter denen für ein beliebiges $\varepsilon > 0$

$$\lim_{l \to \infty} P\{\pi(l) > \varepsilon\} = 0$$

erfüllt ist.

Im Unterschied zum gewöhnlichen Gesetz der großen Zahlen ist das Vorliegen einer gleichmäßigen Konvergenz der relativen Häufigkeiten gegen die Wahrscheinlichkeiten von der gewählten Klasse S und dem Wahrscheinlichkeitsmaß $P(x)$ abhängig. Dies mag an einem einfachen Beispiel verdeutlicht werden, bei dem keine gleichmäßige Konvergenz besteht. X sei das Intervall $(0, 1)$, über dem eine homogene (gleichförmige) Wahrscheinlichkeitsdichte erklärt sei, d.h., es soll

$$P\{x < a\} = a \quad (0 \leqq a \leqq 1)$$

sein. Unter dem System S wollen wir eine beliebige Ereignismenge [deren Elemente meßbare Teilmengen von X sind] verstehen, die alle endlichen (diskreten) Teilmengen des Intervalls $(0, 1)$ enthält. Es ist offensichtlich, daß in diesem Fall das Wahrscheinlichkeitsmaß $P(A)$ eines jeden Ereignisses aus S, das entsprechend der Erklärung aus einer nur endlichen Anzahl von Punkten des [kontinuierlichen] Intervalls $(0, 1)$ besteht, gleich Null ist. Gegeben sei nun eine Stichprobe $\boldsymbol{x}_1, \ldots, \boldsymbol{x}_l$. Wir betrachten nun eine endliche Menge $A^* \in S$, die nur solche Elemente $\boldsymbol{x}$ enthält, die auch in dieser Stichprobe anzutreffen sind. Es ist offensichtlich, daß jetzt

$$\nu(A^*; \boldsymbol{x}_1, \ldots, \boldsymbol{x}_l) = \frac{n(A^*)}{l} = 1$$

wird, während $P(A^*) = 0$ war.

Da offensichtlich

$$|P(A) - \nu(A)| \leqq 1$$

ist, erhalten wir somit

$$\sup_{A \in S} |\nu(A; \boldsymbol{x}_1, \ldots, \boldsymbol{x}_l) - P(A)| = 1.$$

Diese Beziehung ist identisch für jede Stichprobe beliebiger Länge erfüllt. Somit ist in unserem Fall

$$\pi^S(\boldsymbol{x}_1, \ldots, \boldsymbol{x}_l) \equiv 1$$

und strebt damit auch nicht gegen Null.

Vollkommen analog stellt man fest, daß

$$\pi^S(\boldsymbol{x}_1, \ldots, \boldsymbol{x}_l) \equiv 1$$

auch in dem allgemeinen Fall gilt, daß X der n-dimensionale Euklidische Raum und $P(\boldsymbol{x})$ eine beliebige Verteilung mit Dichte über demselben sind, und S wieder ein beliebiges Ereignissystem ist, das alle Ereignisse umfaßt, die aus einer nur endlichen Anzahl von Elementen bestehen. Insbesondere kann man unter den genannten Voraussetzungen S auch mit dem gesamten Ereignissystem der (Borelschen) σ-Algebra identifizieren, und auch dann ist

$$\pi^S(\boldsymbol{x}_1, \ldots, \boldsymbol{x}_l) \equiv 1,$$

und die gleichmäßige Konvergenz existiert nicht. Somit liegt in vielen Fällen, in denen S aus dem gesamten Ereignissystem besteht, keine gleichmäßige Konvergenz der Häufigkeiten gegen die Wahrscheinlichkeiten vor. Wenn eine solche Konvergenz bestehen soll, darf S nicht mit der vollen Ereignismenge identisch sein, sondern muß eine engere Menge sein.

Beispiele für Systeme S, für die die Bedingungen der gleichmäßigen Konvergenz der Häufigkeiten gegen die Wahrscheinlichkeiten erfüllt sind, werden weiter unten angeführt. Wir bemerken nur, daß für Systeme S, die aus einer endlichen Menge von N Ereignissen bestehen, stets die gleichmäßige Konvergenz existiert. Dies ergibt sich, wenn man das Gesetz der großen Zahlen, wonach für jedes A die Folge

$$\pi(A; x_1, \ldots, x_l) = |P(A) - \nu(A)|$$

für $l \to \infty$ mit Wahrscheinlichkeit 1 nach Null strebt, anwendet.

Da nach Voraussetzung die Anzahl der in S enthaltenen Ereignisse endlich ist, strebt

$$\pi^S(x_1, \ldots, x_l) = \max_{A_1, \ldots, A_N} \pi(A_i; x_1, \ldots, x_l)$$

auch mit der Wahrscheinlichkeit 1 nach Null.

Wir leiten jetzt eine Schätzung für die Wahrscheinlichkeit

$$P\{\pi^S(x_1, \ldots, x_l) > \varepsilon\}$$

im Falle eines endlichen Systems S ab. $\nu(A)$ ist offensichtlich nach dem binomischen Gesetz, d.h. nach

$$P(\nu(A)) = \binom{l}{k} \cdot P(A)^{\nu(A) \cdot l} \cdot (1 - P(A))^{(1-\nu(A)) \cdot l}$$

verteilt. Daraus findet man, daß

$$P(|\nu(A) - P(A)| > \varepsilon) = \sum_k{}' \binom{l}{k} P^k(A) (1 - P(A))^{l-k}$$

ist, wobei der Strich an der Summe bedeutet, daß k genau diejenigen natürlichen Zahlen durchläuft, die der Ungleichung

$$\left|\frac{k}{l} - P(A)\right| > \varepsilon$$

genügen.

Das Ereignis „$\pi^S(l) > \varepsilon$“ ist realisiert, wenn mindestens für eines der Ereignisse $A_1, \ldots, A_N$ die Ungleichung $|\nu(A) - P(A)| > \varepsilon$ erfüllt ist. Deshalb gilt nach dem Additionstheorem der Wahrscheinlichkeiten die Ungleichung

$$P(\sup_{A \in S} |\nu(A) - P(A)| > \varepsilon) \leqq N \sum_k{}' \binom{l}{k} P^k(A) (1 - P(A))^{l-k}. \tag{10.6}$$

Aufgrund des Grenzwertsatzes von DeMoivre-Laplace kann die rechte Seite der Ungleichung (10.6) für große l durch den Ausdruck

$$\frac{2N}{\sqrt{2\pi l}\,\sigma_A} \int_\varepsilon^\infty e^{-\frac{x^2}{2l\sigma_A^2}} dx \leqq \frac{2N\sigma_A}{\sqrt{2\pi l}\,\varepsilon} e^{-\frac{\varepsilon^2 l}{2\sigma_A^2}}$$

approximiert werden, worin

$$\sigma_A = \sqrt{P(A)(1 - P(A))}$$

gesetzt ist. Die Größe σ_A erreicht ihr Maximum bei $P(A) = \frac{1}{2}$ und hat dort den Wert $\frac{1}{2}$. Deshalb ist

$$P\{\sup_{A \in S} |\nu(A) - P(A)| > \varepsilon\} \leqq \frac{N}{\sqrt{2\pi l}\,\varepsilon} e^{-2\varepsilon^2 l}.$$

Für $l > \frac{1}{2\pi\varepsilon^2}$ erhalten wir daraus

$$P\{\sup_{A\in S} |\nu(A) - P(A)| > \varepsilon\} < N e^{-2\varepsilon^2 l}. \tag{10.7}$$

Somit bleibt noch zu klären, in welchen *unendlichen* Systemen S die Häufigkeiten gleichmäßig gegen die Wahrscheinlichkeiten konvergieren.

Der Grundgedanke der abzuleitenden Bedingungen für das Vorliegen der gleichmäßigen Konvergenz in unendlichen Systemen S besteht darin, daß [wenn auch das System S unendlich ist] nur eine endliche Zahl von Ereignissen in der [endlichen] Stichprobe unterscheidbar ist.[1])

Die Anzahl der in dem angegebenen Sinne unterscheidbaren Ereignisse ist in der Tat nicht konstant, sondern hängt von der Stichprobe selbst ab. In etwa besteht der Gedanke darin, in die Schätzung (10.7) eine Veränderliche N einzusetzen, die von der Stichprobe abhängt. Wenn N dabei hinreichend langsam (langsamer als jede Potenz von l) mit der Länge l der Stichprobe wächst, dann strebt mit $l \to \infty$ die rechte Seite der Schätzung (10.7) bei beliebigem $\varepsilon > 0$ gegen Null, und somit existiert die gleichmäßige Konvergenz der relativen Häufigkeiten gegen die Wahrscheinlichkeiten.

§ 3. Definition der Wachstumsfunktion

In diesem Paragraphen wird die Charakteristik einer Klasse von Ereignissen abgeleitet, die zur Klärung der Frage nach dem Vorliegen der gleichmäßigen Konvergenz geeignet ist.

Seien X eine Menge, S ein System von Teilmengen von X und $X^l = x_1, \ldots, x_l$ eine Folge der Länge l von Elementen aus X. Jede Menge $A \in S$ definiert eine Teilfolge X_A dieser Folge, die aus genau denjenigen Elementen besteht, die A angehören. Wir werden sagen, daß A die Teilfolge X_A in der Folge X^l *induziert*. Wir bezeichnen mit

$$\Delta^S(x_1, \ldots, x_l)$$

die Anzahl voneinander verschiedener Folgen X_A, die durch die Mengen $A \in S$ induziert werden. Es ist offensichtlich

$$\Delta^S(x_1, \ldots, x_l) \leqq 2^l.^{2)}$$

$\Delta^S(x_1, \ldots, x_l)$ bezeichnen wir als *Index* des Systems S in bezug auf die Stichprobe $x_1, \ldots, x_l$.

Diese Definition des Systemindexes kann man auch noch anders formulieren. In der Ereignismenge S führen wir eine Äquivalenzrelation ein, indem wir erklären: „Die Ereignisse A_1 und $A_2 \in S$ sind äquivalent genau dann, wenn $X_{A_1} = X_{A_2}$ ist“. Dann gibt der Index $\Delta^S(x_1, \ldots, x_l)$ gerade die Anzahl der Äquivalenzklassen an, in die das System S durch die so definierte Äquivalenzrelation zerlegt wird.

---

[1]) Zwei Ereignisse bezeichnet man als in der Stichprobe $x_1, \ldots, x_l$ unterscheidbar, wenn in dieser Stichprobe mindestens ein Element x_i vorkommt, das nur dem einen Ereignis, nicht aber dem anderen, angehört.

[2]) Anm. d. Hrsg.: Die leere Folge ist auch Teilfolge von X^l. Sie wird offenbar von jedem System S induziert, so daß $\Delta^S(X^l)$ nicht kleiner als 1 sein kann.

Es ist offensichtlich, daß die beiden Definitionen gleichwertig sind. Die Funktion

$$m^S(l) = \max_{x_1, \ldots, x_l} \Delta^S(x_1, \ldots, x_l), \tag{10.8}$$

die das Maximum von Δ^S bezüglich aller erzeugbaren Folgen der Länge l darstellt, bezeichnen wir als *Wachstumsfunktion* des Systems S. Hier wird das Maximum immer angenommen, da der Index $\Delta^S(x_1, \ldots, x_l)$ nur ganze Werte annimmt und die Menge der bildbaren Stichproben der Länge l endlich ist. Mit Hilfe der Wachstumsfunktion werden wir weiter unten hinreichende Bedingungen für die gleichmäßige Konvergenz der Häufigkeiten gegen die Wahrscheinlichkeiten in der Ereignisklasse S formulieren und die zugehörigen Abschätzungen angeben.

Zum Schluß dieses Paragraphen führen wir einige Beispiele für Wachstumsfunktionen von Ereignisklassen an.

Beispiel 1. Sei X der R^1 (die Menge der reellen Zahlen) und S die Menge aller linksunendlichen Intervalle $x \leqq a$. Wir ermitteln die Wachstumsfunktion für Punktfolgen $x_1, \ldots, x_l$, in denen keine Wiederholungen vorkommen. Durch Änderung der Reihenfolge der Elemente in der Folge kann man erreichen, daß

$$x_1 < x_2 < \cdots < x_l$$

gilt. Offensichtlich induziert jede Menge A der Form

$$\{x : x \leqq a\},$$

falls $x_1 \leqq a < x_l$ ist, eine Teilfolge

$$x_1, x_2, \ldots, x_i,$$

für die $x_i \leqq a < x_{i+1}$ gilt.

Bei $a < x_1$ wird eine leere Teilfolge induziert und bei $a \geqq x_l$ die gesamte Folge $x_1, \ldots, x_l$. Es ist klar, daß die Anzahl der Folgen, die durch die Mengen $A \in S$ induziert werden, gleich $l + 1$ ist. Somit gilt also

$$\Delta^S(x_1, \ldots, x_l) = l + 1.$$

Wenn nun in der Folge Wiederholungen zugelassen sind, kann der Index $\Delta^S(x_1, \ldots, x_l)$ nur kleiner sein.

Deshalb ist

$$m^S(l) = l + 1. \tag{10.9}$$

Beispiel 2. Seien jetzt X das Intervall $[0, 1]$ und S das System aller Vereinigungen einer endlichen Anzahl durchschnittfremder Intervalle mit rationalen Endpunkten. Wenn wieder $X^l = x_1, \ldots, x_l$ eine Folge von Punkten aus dem Intervall $[0, 1]$ ohne Wiederholungen ist, so läßt sich für jede Teilfolge X^i von X^l ein Element aus S finden, indem nur die in X^i enthaltenen Elemente der Folge X^l und keine anderen Elemente dieser Folge X^l vorkommen. Dafür ist es hinreichend, die Elemente von X^i durch genügend kleine Intervalle, deren Endpunkte rational sind, zu überdecken und ihre Vereinigung zu bilden. Deshalb ist im vorliegenden Falle

$$m^S(l) = 2^l.$$

(Wir bemerken noch, daß das System S nur abzählbar unendlich viele Elemente enthält.)

Beispiel 3. Seien X der n-dimensionale EUKLIDische Raum ($n \geqq 1$) und S das System aller Halbräume der Form

$$\{X : (\boldsymbol{x}, \boldsymbol{\varphi}) \geqq 0\} \quad (\boldsymbol{\varphi} \neq \boldsymbol{0}).$$

Dann gibt der Index $\Delta^S(\boldsymbol{x}_1, \ldots, \boldsymbol{x}_l)$ die Anzahl voneinander verschiedener Zerlegungen einer aus l Vektoren $\boldsymbol{x}_1, \ldots, \boldsymbol{x}_l$ bestehenden Punktmenge in zwei Klassen an, die mit Hilfe von durch den Ursprung verlaufenden Hyperebenen erhalten wurden (Hyperebenen*büschel*). Wie im Kapitel V gezeigt, ist

$$\Delta^S(\boldsymbol{x}_1, \ldots, \boldsymbol{x}_l) \leqq 2 \sum_{i=1}^{n-1} \binom{l-1}{i},$$

woraus

$$m^S(l) \leqq 2 \sum_{i=1}^{n-1} \binom{l-1}{i} \tag{10.10}$$

folgt. Man kann zeigen, daß auch die Gleichung

$$m^S(l) = 2 \sum_{i=1}^{n-1} \binom{l-1}{i}$$

gilt.

Analog zeigt sich, daß, wenn X der n-dimensionale EUKLIDische Raum und S das System von Teilmengen der Form

$$\{\boldsymbol{x} : (\boldsymbol{x}, \boldsymbol{\varphi}) \geqq c\}$$

sind, wobei S ein beliebigier Vektor und c eine beliebig skalare Größe sind,

$$m^S(l) = 2 \sum_{i=1}^{n} \binom{l-1}{i}$$

gilt.

§ 4. Eigenschaften der Wachstumsfunktion

Die Wachstumsfunktion einer Ereignisklasse S besitzt folgende bemerkenswerte Eigenschaften.

Theorem 10.1. *Die Wachstumsfunktion ist entweder identisch gleich* 2^l *oder nähert sich von unten der Funktion* $\sum_{i=0}^{n-1} \binom{l}{i}$ *an, wobei n die kleinste (natürliche) Zahl l bedeutet, für die*

$$m^S(l) \neq 2^l$$

ist, d.h., es ist

$$m^S(l) \begin{cases} \textit{entweder} \equiv 2^l, \\ \quad \textit{oder} \leqq \sum_{i=0}^{n-1} \binom{l}{i}. \end{cases}$$

Zum Beweis dieser Behauptung formulieren wir das folgende Lemma.

Lemma *Wenn für eine Folge* $X^l = (x_1, \ldots, x_l)$ *und ein* $n \geqq 1$

$$\Delta^S(x_1, \ldots, x_l) > \sum_{i=0}^{n-1} \binom{l}{i}$$

ist, dann existiert eine Teilfolge X^n *der Folge* X^l *der Länge* n, *für die gilt*

$$\Delta^S(X^n) = 2^n .$$

Beweis. Wir führen die Bezeichnung

$$\Phi(n, l) = \sum_{i=0}^{n-1} \binom{l}{i}$$

(hier und auch weiterhin setzen wir voraus, daß für $i > l$ die Größe $\binom{l}{i} = 0$ ist) ein.

Man kann sich leicht davon überzeugen, daß für diese Funktion die Beziehungen

$$\begin{gathered} \Phi(1, l) = 1 , \\ \Phi(n, l) = 2^l \text{ für } l \leqq n - 1 , \\ \Phi(n, l) = \Phi(n, l - 1) + \Phi(n - 1, l - 1) \text{ für } n > 1, l > 1 \end{gathered} \tag{10.11}$$

erfüllt sind. Diese Beziehungen definieren ihrerseits für $l > 0$ und $n > 0$ eindeutig die Funktion $\Phi(n, l)$.

Wir beweisen das Lemma durch vollständige Induktion nach l und n. Für $n = 1$ und beliebiges $l > 0$ ist die Behauptung des Lemmas offensichtlich richtig. Tatsächlich folgt in diesem Fall aus

$$\Delta^S(x_1, \ldots, x_l) > 1 ,$$

daß ein Element x_i der Folge existiert, für das $A_1 \in S$ und $x_i \in X^l$ existieren, wobei $x_i \in A_1$ ist und ein anderes $A_2 \in S$ existiert, so daß $x_i \notin A_2$ ist. Damit gilt also sofort

$$\Delta^S(x_i) = 2 .$$

Für $l < n$ ist die Behauptung des Lemmas (die die Form einer Implikation hat) wahr, da die Prämisse falsch ist. Tatsächlich würde in diesem Falle die Prämisse

$$\Delta^S(x_1, \ldots, x_l) > 2^l$$

lauten, was unmöglich ist, da allgemein

$$\Delta^S(x_1, \ldots, x_l) \leqq 2^l$$

ist.

Schließlich nehmen wir an, daß das Lemma für alle $n \leqq n_0$ ($n_0 \geqq 1$) und alle l gültig ist. Wenn wir jetzt zu dem Fall $n = n_0 + 1$ übergehen, haben wir zu zeigen, daß auch in diesem Falle das Lemma für alle l wahr ist. Wir halten hierzu $n = n_0 + 1$ fest und führen die Induktion nach l durch. Für $l < n_0 + 1$ ist das Lemma, wie schon gezeigt, wahr. Nehmen wir nun an, daß es für alle $l \leqq l_0$ wahr ist und zeigen, daß es dann auch für $l = l_0 + 1$ gilt. Für die Folge

$$x_1, \ldots, x_{l_0}, x_{l_0+1}$$

muß also die Prämisse

$$\Delta^S(x_1, \ldots, x_{l_0+1}) > \Phi(n_0 + 1, l_0 + 1)$$

des Lemmas als erfüllt vorausgesetzt werden. Dann soll sich entsprechend der Konklusion des Lemmas eine Teilfolge

$$X^{n_0+1} = x_1, \ldots, x_{n_0+1}$$

der Länge $n_0 + 1$ finden lassen, so daß

$$\Delta^S(x_1, \ldots, x_{n_0+1}) = 2^{n_0+1}$$

ist.

Zum Beweis betrachten wir die Folge $X^{l_0} = x_1, \ldots, x_{l_0}$. Es sind die beiden alternativen Fälle

$$\text{a)} \quad \Delta^S(x_1, \ldots, x_{l_0}) > \Phi(n_0 + 1, l_0),$$

$$\text{b)} \quad \Delta^S(x_1, \ldots, x_{l_0}) \leqq \Phi(n_0 + 1, l_0)$$

möglich.

Im Fall a) existiert aufgrund der Induktionsvoraussetzung eine Teilfolge der Länge $n_0 + 1$, so daß $\Delta^S(X^{n_0+1}) = 2^{n_0+1}$ ist, was zu fordern war.

Im Fall b) unterscheiden wir zwei Typen von Teilfolgen der Folge X^{l_0}, die ihrerseits durch die Elemente der Klasse S induziert sind. Als vom ersten Typ erklären wir solche Folgen X^r, für die durch S in der gesamten Folge X^{l_0+1} sowohl X^r als auch die durch (X^r, x_{l_0+1}) definierte erweiterte Folge induziert wird. Vom zweiten Typ sollen dagegen solche Folgen X^r sein, für die durch S in der Folge X^{l_0+1} entweder X^r oder (X^r, x_{l_0+1}) — nicht aber beide gleichzeitig — induziert wird. Wir bezeichnen die Anzahl der Teilfolgen des ersten Typs mit K_1 und die des zweiten Typs mit K_2.

Man kann leicht sehen, daß

$$\Delta^S(x_1, \ldots, x_{l_0}) = K_1 + K_2; \quad \Delta^S(x_1, \ldots, x_{l_0+1}) = 2K_1 + K_2,$$

gilt, und folglich

$$\Delta^S(x_1, \ldots, x_{l_0+1}) = \Delta^S(x_1, \ldots, x_{l_0}) + K_1. \tag{10.12}$$

Wir bezeichnen mit S' das System aller Teilmengen $A \in S$, die in der Folge X^{l_0} die Teilfolgen des ersten Typs induzieren.

Nehmen wir jetzt an, daß

$$\text{b}') \quad K_1 = \Delta^{S'}(x_1, \ldots, x_{l_0}) > \Phi(n_0, l_0)$$

gilt, dann existiert aufgrund der Induktionsvoraussetzung eine Teilfolge $X^{n_0} = x_{i_1}, \ldots, x_{in_0}$ mit

$$\Delta^S(x_{i_1}, \ldots, x_{i_{n_0}}) = 2^{n_0} \quad \text{und} \quad X^{n_0} \subset X^{l_0}.$$

Dann aber ergibt sich für die Folge $x_{i_1}, \ldots, x_{i_{n_0}}, x_{l_0+1}$

$$\Delta^S(x_{i_1}, \ldots, x_{i_{n_0}}, x_{l_0+1}) = 2^{n_0+1},$$

da sich zu jeder Folge X^q, die in der Folge X^{n_0} induziert wird, zwei Teilfolgen finden lassen, die in (X^{n_0}, x_{l_0+1}) induziert werden, und zwar X^q und (X^q, x_{l_0+1}). Somit ist im Fall b′) die gesuchte Teilfolge gefunden.

Gilt aber

$$\text{b}'') \quad K_1 = \Delta^{S'}(x_1, \ldots, x_{l_0}) \leqq \Phi(n_0, l_0),$$

dann erhalten wir aufgrund von (10.12) und b)

$$\Delta^S(x_1, \ldots, x_{l_0+1}) \leqq \Phi(n_0 + 1, l_0) + \Phi(n_0, l_0),$$

woraus aufgrund der Eigenschaften (10.11) der Funktion $\Phi(n, l)$

$$\Delta^S(x_1, \ldots, x_{l_0+1}) \leqq \Phi(n_0 + 1, l_0 + 1)$$

folgt, was im Widerspruch zur Prämisse des zu beweisenden Lemmas steht, d.h., b'' ist nicht möglich.

Das Lemma ist damit bewiesen.

Beweisen wir jetzt das Theorem. Wie schon bemerkt, ist $m^S(l) \leqq 2^l$. Betrachten wir den Fall, daß $m^S(l)$ echt kleiner als 2^l ist, und sei n der erste Wert l, bei dem das der Fall ist.

Dann ist nach Aussage des Theorems für eine beliebige Stichprobe, deren Länge l größer als n ist,

$$\Delta^S(x_1, \ldots, x_l) \leqq \Phi(n, l).$$

Wäre das nicht der Fall, müßte sich tatsächlich augfrund der Aussage des Lemmas eine solche Teilstichprobe $x_1, \ldots, x_n$ finden lassen, für die doch

$$\Delta^S(x_1, \ldots, x^n) = 2^n$$

wäre. Das aber ist unmöglich, da es der Voraussetzung

$$m^S(n) \neq 2^n$$

widerspricht.

Somit ist die Wachstumsfunktion $m^S(l)$ entweder identisch gleich 2^l, oder sie nähert sich $\Phi(n, l)$ von unten an.

Das Theorem ist damit bewiesen.

Bemerkung 1. *Die Funktion $\Phi(n, l)$ kann für $n \geqq 1$ und $l > n$ durch*

$$\Phi(n, l) = \sum_{i=0}^{n-1} \binom{l}{i} \leqq 1{,}5 \cdot \frac{l^{n-1}}{(n-1)!} \tag{10.13}$$

abgeschätzt werden.

Da für $\Phi(n, l)$ die Beziehungen (10.11) erfüllt sind, genügt es, für den Beweis von (10.13) sich davon zu überzeugen, daß für $n \geqq 1$ und $l > n$ die Ungleichung

$$\frac{l^{n-1}}{(n-1)!} + \frac{l^n}{n!} \leqq \frac{(l+1)^n}{n!} \tag{10.14}$$

gilt, und dann an der Grenze ihres Gültigkeitsbereichs, d.h. bei $n = 1$, $l = n + 1$, die Formel (10.13) zu überprüfen.

Die Ungleichung (10.14) ist offensichtlich der Ungleichung

$$l^{n-l}(n + l) - (l + 1)^n \leqq 0$$

äquivalent, deren Gültigkeit aus der binomischen Formel folgt.

Es verbleibt noch die Beziehung (10.13) an der Grenze ihres Gültigkeitsbereiches zu überprüfen. Bei $n = 1$ kann man die Richtigkeit von (10.13) unmittelbar konstatieren.

Das Ergebnis der Überprüfung dieser Schätzformel für kleine n und l ist in der folgenden Tabelle dargestellt.

$l = n + 1$	1	2	3	4	5
$\Phi(n, l)$	1	4	11	26	57
$1{,}5\,\frac{l^{n-1}}{(n-1)!}$	1,5	4	12	$31^1/_4$	81

Zur Überprüfung von (10.13) für $n \geqq 5$ benutzen wir jetzt die Stirlingsche Formel zur Abschätzung von $l!$ nach oben:

$$l! \leqq \sqrt{2\pi}\, l^{l+\frac{1}{2}}\, e^{-l+\frac{1}{12l}},$$

woraus für $l = n + 1$

$$\frac{l^{n-1}}{(n-1)!} = \frac{(l-1)\, l^{(l-1)}}{l!} \geqq \frac{(l-1)}{\sqrt{2\pi l}\, l}\, e^{l-\frac{1}{12l}}$$

und weiterhin für $l \geqq 6$

$$\frac{l^{n-1}}{(n-1)!} \geqq 0{,}8\, \frac{1}{\sqrt{2\pi l}}\, e^{l}$$

folgen.

Andererseits ist stets

$$\Phi(n, l) \leqq 2^l .$$

Deshalb ist es hinreichend nachzuprüfen, ob bei $l \geqq 6$

$$2^l \leqq 1{,}2\, \frac{1}{\sqrt{2\pi l}}\, e^{l}$$

erfüllt ist. Mit wachsendem l (für $l > 2$) wird diese Ungleichung zunehmend schärfer; deshalb ist es hinreichend, sie bei $l = 6$ zu überprüfen; von der Richtigkeit kann man sich unmittelbar überzeugen.

Es zeigt sich also, daß die Wachstumsfunktion entweder identisch gleich 2^l ist, oder, falls sie bei einem bestimmten n zum ersten Male kleiner als 2^l ist [d.h., falls $m^S(l) < 2^l$] sich für alle l, $l > n$, der Potenzfunktion

$$1{,}5\, \frac{l^{n-1}}{(n-1)!} \tag{10.15}$$

von unten annähert.

Die Verhältnisse sind in Abb. 21 veranschaulicht, in der die Funktion $\log_2 m^S(l)$ über l für den Fall, daß $m^S(l) \equiv 2^l$ ist, durch die ausgezogene Gerade und die oberen Grenzkurven derselben in der Näherung nach (10.13) für verschiedene n punktiert dargestellt sind.

Um also das Verhalten der Wachstumsfunktion abschätzen zu können, genügt es, für das System S die minimale Zahl n zu bestimmen, für die keine Folge X^n der Länge n existiert, in der das System S die Gesamtheit aller Teilfolgen von X^n induziert.

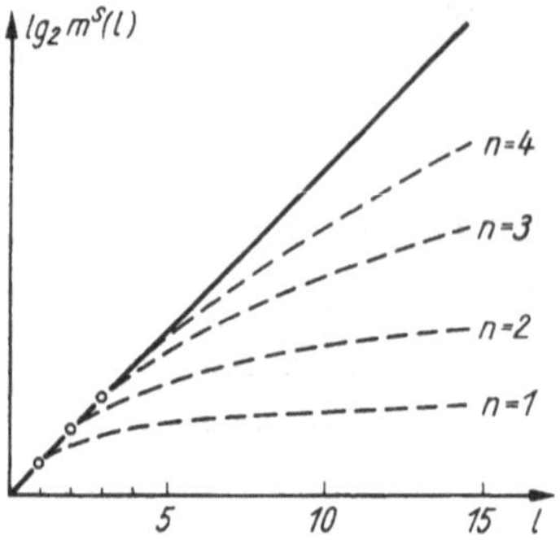

Abb. 21. Zur Verlaufscharakteristik der Wachstumsfunktion

Bemerkung 2. *Es existieren Beispiele für Ereignisklassen S, die die Gleichheit*

$$m^S(l) = \sum_{i=0}^{n-1} \binom{l}{i}$$

besteht, wo n wie vorher die kleinste Zahl ist, bei der

$$m^S(l) \neq 2^l$$

ist.

Sind nun X eine beliebige unendliche Menge und S die Klasse aller endlichen Teilmengen von X mit einer Elementezahl kleiner als n, dann ist offensichtlich, daß die Gleichungen

$$m^S(l) = 2^l \text{ für } l < n,$$

und

$$m^S(l) = \sum_{i=0}^{n-1} \binom{l}{i}$$

gültig sind. Somit kann die in dem Theorem enthaltene Abschätzung derjenigen Funktionen $m^S(l)$, die nicht identisch 2^l sind, in bestimmten Fällen auch korrekt sein.

§ 5. Hauptlemma

Wie am Schluß von § 2 ausgeführt, beruhen die oben abgeleiteten Bedingungen für die Existenz der gleichmäßigen Konvergenz der relativen Häufigkeiten gegen die Wahrscheinlichkeiten auf der Überlegung, das unendliche Ereignissystem S durch ein endliches Teilsystem zu ersetzen, das genau aus all denjenigen Ereignissen besteht, die in einer endlichen Stichprobe unterscheidbar sind. Dafür, daß eine solche Ersetzung korrekt vorgenommen werden kann, ist es notwendig, das Ausgangsproblem — d. h. die Frage der Existenz einer gleichmäßigen Abweichung der relativen Ereignishäufigkeiten von den zugeordneten Wahrscheinlichkeiten — durch das Problem der Existenz einer gleichmäßigen Abweichung der relativen Häufigkeiten in einer Teststichprobe von den entsprechenden relativen Häufigkeiten in einer anderen, von der ersten verschiedenen Teststichprobe gleicher Länge zu ersetzen.

Es ergibt sich, daß die gleichmäßige Konvergenz der Differenz zwischen den relativen Häufigkeiten[1]) zweier Teilstichproben nach Null für die gleichmäßige Konvergenz der einzelnen relativen Häufigkeiten der Teilstichproben gegen ihre Wahrscheinlichkeiten notwendig und hinreichend ist; und aus der Schätzung der Geschwindigkeit der einen Konvergenz folgt die Schätzung der Geschwindigkeit der anderen.

Sei also eine Stichprobe

$$X^{2l} = x_1, \ldots, x_l, x_{l+1}, \ldots, x_{2l}$$

der Länge $2l$ gegeben und seien die Häufigkeiten, mit denen das Ereignis $A \in S$ in der ersten Halbstichprobe $X_1^l = x_1, \ldots, x_l$ bzw. in der zweiten Halbstichprobe $X_2^l = x_{l+1}, \ldots, x_{2l}$ eintritt, bestimmt. Wir bezeichnen diese Häufigkeiten durch $\nu'(A)$ bzw. $\nu''(A)$ und betrachten die *Abweichung*

$$\varrho_A(x_1, \ldots, x_{2l}) = |\nu'(A) - \nu''(A)|$$

dieser beiden Größen voneinander.

Uns interessiert die maximale, so definierte Abweichung der Häufigkeiten in der Klasse S von Ereignissen, d.h. also

$$\varrho^S(x_1, \ldots, x_{2l}) = \sup_{A \in S} \varrho_A(x_1, \ldots, x_{2l}).$$

Wir erinnern daran, daß mit $\pi^S(x_1, \ldots, x_l)$ der Ausdruck

$$\pi^S(x_1, \ldots, x_l) = \sup_{A \in S} |\nu^l(A) - P(A)|$$

bezeichnet wurde.

Für das Folgende nehmen wir an, daß sowohl $\pi^S(x_1, \ldots, x_l)$ als auch $\varrho^S(x_1, \ldots, x_{2l})$ meßbare Funktionen sind.

Hauptlemma. *Zwischen den Verteilungen der Zufallsgrößen $\pi^S(x_1, \ldots, x_l)$ und $\varrho^S(x_1, \ldots, x_{2l})$ besteht der folgende Zusammenhang:*

$$\text{a)}\quad P\{\pi^S(x_1, \ldots, x_l) > \varepsilon\} \leqq 2P\left\{\varrho^S(x_1, \ldots, x_{2l}) > \frac{\varepsilon}{2}\right\}, \quad \textit{wenn nur } l \geqq \frac{2}{\varepsilon},$$

$$\text{b)}\quad P\{\varrho^S(x_1, \ldots, x_{2l}) > \varepsilon\} \leqq 2P\left\{\pi^S(x_1, \ldots, x_l) > \frac{\varepsilon}{2}\right\} - \left[P\left\{\pi^S(x_1, \ldots, x_l) > \frac{\varepsilon}{2}\right\}\right]^2.$$

Beweis. Der Beweisgedanke für die Behauptung a) ist der folgende. Wir nehmen an, daß die Halbstichproben $x_1, \ldots, x_l$ und $x_{l+1}, \ldots, x_{2l}$ sequentiell und unabhängig voneinander erhoben sind. Nehmen wir weiterhin an, daß für die erste Halbstichprobe

$$\sup_{A \in S} |\nu'(A; x_1, \ldots, x_l) - P(A)| > \varepsilon \tag{10.16}$$

erfüllt ist. Das bedeutet, daß in der Klasse S ein Ereignis A^* enthalten sei, für das

$$|\nu'(A^*) - P(A^*)| > \varepsilon$$

---

[1]) Anm. d. Hrsg.: Es sind die Häufigkeiten bzw. Wahrscheinlichkeiten der Realisierung der Ereignisse aus der Klasse S. Die Präzisierung der verwendeten Ausdrücke ist in der Formulierung des Hauptlemmas enthalten.

ist. In der zweiten Halbstichprobe verfolgen wir die Abweichung der Häufigkeit von der Wahrscheinlichkeit nur dieses fixierten Ereignisses A^*. Da uns nur dieses eine Ereignis interessiert, kann man die [gewöhnlichen] Gesetze der großen Zahlen anwenden. Es ergibt sich, daß bei hinreichend großem l die relative Häufigkeit $\nu''(A^*)$ mit hinreichend großer Wahrscheinlichkeit von der Wahrscheinlichkeit $P(A^*)$ entsprechend der Ungleichung

$$|\nu''(A^*) - P(A^*)| < \frac{\varepsilon}{2}$$

abweicht und demzufolge

$$|\nu'(A^*) - \nu''(A^*)| > \frac{\varepsilon}{2} \quad \text{und} \quad \varrho^S(x_1, \ldots, x_l) > \frac{\varepsilon}{2} \tag{10.17}$$

gilt. Somit bleibt die bedingte Wahrscheinlichkeit für das Bestehen der Ungleichungen (10.17) unter der Bedingung (10.16) bei geeignet großem l hinreichend groß. Das wird es uns ermöglichen, die Behauptung a) zu beweisen. Gehen wir also zum formalen Beweis über.

Nach Definition ist

$$P\left\{\varrho^S(\boldsymbol{x}_1, \ldots, \boldsymbol{x}_l) > \frac{\varepsilon}{2}\right\} = \int\limits_{X(2l)} \theta\left(\varrho^S(\boldsymbol{x}_1, \ldots, \boldsymbol{x}_{2l}) - \frac{\varepsilon}{2}\right) \mathrm{d}P(X^{2l}),$$

wobei

$$\theta(z) = \begin{cases} 1 \text{ für } z > 0, \\ 0 \text{ für } z \leqq 0. \end{cases}$$

Da der Raum $X(2l)$ aller Stichproben der Länge $2l$ das direkte Produkt der Räume $X_1(l)$ und $X_2(l)$ aller Halbstichproben der Länge l ist, gilt nach dem Theorem von Fubini [31] für eine beliebige meßbare Funktion $\varphi\ (\boldsymbol{x}_1, \ldots, \boldsymbol{x}_{2l})$

$$\int\limits_{X(2l)} \varphi(\boldsymbol{x}_1, \ldots, \boldsymbol{x}_{2l})\, \mathrm{d}X^{2l} = \int\limits_{X_1(l)} \left[\int\limits_{X_2(l)} \varphi(\boldsymbol{x}_1, \ldots, \boldsymbol{x}_{2l})\, \mathrm{d}X_2^l\right] \mathrm{d}X_1^l.$$

Damit erhalten wir

$$P\left\{\varrho^S(X^{2l}) > \frac{\varepsilon}{2}\right\} = \int\limits_{X_1(l)} \mathrm{d}P(X_1^l) \int\limits_{X_2(l)} \theta\left(\varrho^S(\boldsymbol{x}_1, \ldots, \boldsymbol{x}_{2l}) - \frac{\varepsilon}{2}\right) \mathrm{d}P(X_2^l)$$

(im inneren Integral wird die erste Halbstichprobe festgehalten).

Bezeichnen wir mit Q das der Teilmenge

$$\{\pi(\boldsymbol{x}_1, \ldots, \boldsymbol{x}_l) > \varepsilon\}$$

des Raums $X_1(l)$ entsprechende Ereignis und beschränken die äußere Integration auf den durch Q definierten Bereich, so erhalten wir

$$P\left\{\varrho^S(X^{2l}) > \frac{\varepsilon}{2}\right\} \geqq \int\limits_{Q} \mathrm{d}P(X_1^l) \int\limits_{X_2(l)} \theta\left[\varrho^S(\boldsymbol{x}_1, \ldots, \boldsymbol{x}_{2l}) - \frac{\varepsilon}{2}\right] \mathrm{d}P(X_2^l). \tag{10.18}$$

Zur Abschätzung des inneren Integrals der rechten Seite dieser Ungleichung bezeichnen wir dieses Integral mit I. In I ist die Folge $(\boldsymbol{x}_1, \ldots, \boldsymbol{x}_l)$ festgehalten, wobei die Bedingung $\pi(\boldsymbol{x}_1, \ldots, \boldsymbol{x}_l) > \varepsilon$ erfüllt wird. Demzufolge existiert ein $A^* \in S$ derart, daß

$$|P(A^*) - \nu(A^*; \boldsymbol{x}_1, \ldots, \boldsymbol{x}_l)| > \varepsilon.$$

Damit wird

$$I = \int_{X_2(l)} \theta \left[\sup_{A \in S} \varrho_A(x_1, \ldots, x_{2l}) - \frac{\varepsilon}{2}\right] \mathrm{d}P(X^l) \geqq \int_{X_2(l)} \theta \left[\varrho_{A^*}(X^{2l}) - \frac{\varepsilon}{2}\right] \mathrm{d}P(X^l).$$

Hier betrachten wir den Fall, daß

$$\nu'(A^*; x_1, \ldots, x_l) < P(A^*) - \varepsilon$$

ist (der Fall $\nu'(A^*) > P(A^*) + \varepsilon$ kann analog untersucht werden).

Dann genügt es, für die Erfüllung der Bedingung

$$|\nu'(A^*; x_1, \ldots, x_l) - \nu''(A^*; x_{l+1}, \ldots, x_{2l})| > \frac{\varepsilon}{2}$$

zu fordern, daß die Ungleichung

$$\nu''(A^*; x_1, \ldots, x_{2l}) > P(A^*) - \frac{\varepsilon}{2}$$

erfüllt ist, woraus die Abschätzung

$$I \geqq \int_{X_2(l)} \theta \left[\nu''(A^*; x_{l+1}, \ldots, x_{2l}) - P(A^*) - \frac{\varepsilon}{2}\right] \mathrm{d}P(X_2^l)$$

$$= \sum_{\frac{k}{l} > P(A^*) - \frac{\varepsilon}{2}} \binom{l}{k} P^k(A^*) \, (1 - P(A^*))^{l-k}$$

folgt.

Wie bekannt, überschreitet die letzte Summe den Wert $\frac{1}{2}$, wenn nur $l > \frac{2}{\varepsilon}$ ist. Berücksichtigen wir dies in (10.18), so erhalten wir für $l > \frac{2}{\varepsilon}$:

$$P\left\{\varrho^S(x_1, \ldots, x_{2l}) > \frac{\varepsilon}{2}\right\} \geqq \int_Q \frac{1}{2} \mathrm{d}P(X^l) = \frac{1}{2} P\{\pi^S(x_1, \ldots, x_l) > \varepsilon\},$$

wie es auch gefordert war.

Die Behauptung b) folgt unmittelbar daraus, daß für

$$|\nu'(A; x_1, \ldots, x_l) - \nu''(A; x_{l+1}, \ldots, x_{2l})| > \varepsilon$$

entweder

$$|\nu'(A; x_1, \ldots, x_l) - P(A)| > \frac{\varepsilon}{2}$$

oder

$$|\nu''(A; x_{l+1}, \ldots, x_{2l}) - P(A)| > \frac{\varepsilon}{2}$$

ist.

Beachtet man, daß die Halbstichproben voneinander unabhängig vorausgesetzt sind, dann erhält man

$$P\{\sup_A |\nu'(A; x_1, \ldots, x_l) - \nu'(A; x_{l+1}, \ldots, x_{2l})| > \varepsilon\}$$

$$\leqq 1 - \left(1 - P\left\{\sup_A |P(A) - \nu'(A; x_1, \ldots, x_l)| > \frac{\varepsilon}{2}\right\}\right)$$

$$\times \left(1 - P\left\{\sup_A |P(A) - \nu''(A; x_{l+1}, \ldots, x_{2l})| > \frac{\varepsilon}{2}\right\}\right),$$

und deshalb ist

$$P\{\varrho^S(x_1, \ldots, x_{2l}) > \varepsilon\}$$

$$\leqq 2P\left(\pi^S(x_1, \ldots, x_l) > \frac{\varepsilon}{2}\right) - \left[P\left\{\pi^S(x_1, \ldots, x_l) > \frac{\varepsilon}{2}\right\}\right]^2.$$

Das Lemma ist damit bewiesen.

§ 6. Ableitung der hinreichenden Bedingungen für die gleichmäßige Konvergenz der Häufigkeiten gegen die Wahrscheinlichkeiten in einer Ereignisklasse S

Nach dem Vorangegangenen kann das Problem auf die Schätzung der gleichmäßigen Abweichung der relativen Häufigkeiten zweier aufeinanderfolgender (unabhängiger) Halbstichproben zurückgeführt werden. Das Vorgehen bei dem Vergleich der relativen Ereignishäufigkeiten in zwei Halbstichproben kann man sich folgendermaßen vorstellen. Man nimmt eine Stichprobe X^{2l} der doppelten Länge l und zerlegt sie zufällig in zwei Halbstichproben gleicher Länge. Wir setzen die Stichprobe X^{2l} als fest gegeben voraus. Wenn zwei Ereignisse A_1 und A_2 in der Stichprobe X^{2l} nicht unterscheidbar sind, d.h., wenn jedes Element dieser Stichprobe, das A_1 angehört, auch A_2 angehört und umgekehrt, dann sind die relativen Häufigkeiten dieser Ereignisse in jeder Teststichprobe gleich groß. Deshalb genügt es, zur Abschätzung der maximalen Abweichung der relativen Häufigkeiten [des betrachteten Ereignisses in den beiden Stichproben] aus jeder Gruppe nicht unterscheidbarer Ereignisse nur je ein Ereignis auszuwählen. Die Anzahl dieser Ereignisse ist endlich und ist durch $\Delta^S(x_1, \ldots, x_l)$ des Systems S in bezug auf die Stichprobe $x_1, \ldots, x_{2l}$ gegeben. Wir betrachten eines dieser Ereignisse, nennen es A und setzen ebenso wie früher die Stichprobe X^{2l} als fest vorgegeben voraus, zerlegen dann X^{2l} zufällig in zwei gleiche Halbstichproben und schätzen die Abweichung der relativen Häufigkeiten dieses Ereignisses A in den zwei Halbstichproben ab. Dieses Vorgehen entspricht dem Urnenmodell mit Zurücklegen der Kugeln, und deshalb (siehe [13a]) ist

$$P(|\nu'(A; x_1, \ldots, x_l) - \nu''(A; x_{l+1}, \ldots, x_{2l})| > \varepsilon) = \sum_k \frac{\binom{m}{k}\binom{2l-m}{l-k}}{\binom{2l}{l}},$$

wobei nur über Indizes k aus $\left\{k: \left|\frac{k}{l} - \frac{m-k}{l}\right| < \varepsilon\right\}$ summiert wird und m die Anzahl der Elemente A in der Stichprobe X^{2l}, k die Anzahl der Elemente A in der ersten Halbstichprobe sind. Wie im Anhang zum Kapitel X gezeigt wird, kann die rechte Seite der Ungleichung nach oben abgeschätzt werden. Man erhält

$$\sum_k \frac{\binom{m}{k}\binom{2l-m}{l-k}}{\binom{2l}{l}} \leqq 3 \exp\left(-\varepsilon^2(l-1)\right),$$

wobei k wieder derselben Bedingung unterliegt .

Somit ist

$$P\{|\nu'(A; x_1, \ldots, x_l) - \nu''(A; x_{l+1}, \ldots, x_{2l})| > \varepsilon\} \leqq 3 \exp\left[-\varepsilon^2(l-1)\right].$$

Die Wahrscheinlichkeit, daß wenigstens für ein Ereignis A aus der Gesamtheit der ausgewählten Ereignisse die Ungleichung

$$|\nu'(A; x_1, \ldots, x_l) - \nu''(A; x_{l+1}, \ldots, x_{2l})| > \varepsilon$$

erfüllt ist, wird nach dem Additionstheorem der Wahrscheinlichkeiten durch

$$P\{\sup_{A\in S} |\nu'(A; x_1, \ldots, x_l) - \nu''(A; x_{l+1}, \ldots, x_{2l})| > \varepsilon\} \leqq 3\Delta^S(x_1, \ldots, x_{2l})\, \mathrm{e}^{-\varepsilon^2(l-1)}$$

abgeschätzt. Die Wachstumsfunktion ihrerseits ist entsprechend ihrer Definition

$$\Delta^S(x_1, \ldots, x_{2l}) \leqq m^S(2l),$$

und somit ist

$$P\{\sup_{A\in S} |\nu'(A; x_1, \ldots, x_{2l}) - \nu''(A; x_{l+1}, \ldots, x_{2l})| > \varepsilon\} < 3m^S(2l)\, \mathrm{e}^{-\varepsilon^2(l-1)}.$$

Offensichtlich strebt die rechte Seite der Ungleichung für $l \to \infty$ exponentiell gegen Null, falls $m^S(l)$ wie eine Potenzfunktion wächst. Das führt auch zu hinreichenden Bedingungen für die gleichmäßige Konvergenz in Wahrscheinlichkeit.

Gehen wir zur strengen Formulierung und zur Ableitung der hinreichenden Bedingungen über.

Theorem 10.2. *Die Wahrscheinlichkeit, mit der die relativen Häufigkeiten aller Ereignisse der Klasse S von den entsprechenden Wahrscheinlichkeiten, beurteilt auf Grund einer Teststichprobe der Länge l, um mehr als ε abweichen, genügt der Ungleichung*

$$P\{\pi^S(x_1, \ldots, x_l) > \varepsilon\} \leqq 6m^S(2l)\, \mathrm{e}^{-\varepsilon^2\frac{(l-1)}{4}}. \tag{10.19}$$

Folgerung. *Damit die Häufigkeiten der Ereignisse der Klasse S gegen ihre entsprechenden Wahrscheinlichkeiten in Wahrscheinlichkeit gleichmäßig in der Klasse S konvergieren, ist hinreichend, daß ein $n < \infty$ existiert, so daß*

$$m^S(n) \neq 2^n$$

ist.

Beweis. In Anbetracht des Hauptlemmas genügt es, die Wahrscheinlichkeit

$$P\left\{\varrho^S(x_1, \ldots, x_{2l}) > \frac{\varepsilon}{2}\right\} = \int_{X(2l)} \theta\left(\varrho^S(x_1, \ldots, x_{2l}) - \frac{\varepsilon}{2}\right) \mathrm{d}P(X^{2l})$$

zu schätzen.

Betrachten wir die durch die Permutation T_i der Elemente der Folge X^{2l} erzeugte Abbildung des Raums $X(2l)$ auf sich selbst, so können wir feststellen, daß aufgrund der Symmetrie des Produktmaßes die Gleichung

$$\int_{X(2l)} f(X^{2l})\,\mathrm{d}P(X^{2l}) = \int_{X(2l)} f(T_i X^{2l})\,\mathrm{d}P(X^{2l})$$

für eine beliebige integrierbare Funktion $f(x)$ gilt.

Deshalb ist

$$P\left\{\varrho^S(x_1, \ldots, x_{2l}) > \frac{\varepsilon}{2}\right\} = \int_{X(2l)} \frac{\sum_{i=1}^{(2l)!} \theta\left(\varrho^S(T_i X^{2l}) - \frac{\varepsilon}{2}\right)}{(2l)!}\,\mathrm{d}P(X^{2l}), \tag{10.20}$$

wobei die Summation über alle $(2l)!$ Permutationen läuft.

Wir bemerken vor allem, daß

$$\begin{aligned}\theta\left(\varrho^S(X^{2l}) - \frac{\varepsilon}{2}\right) &= \theta\left(\sup_{A\in S} |\nu'(A; x_1, \ldots, x_l) - \nu''(A; x_{l+1}, \ldots, x_{2l})| > \frac{\varepsilon}{2}\right)\\ &= \sup \theta\left(|\nu'(A; x_1, \ldots, x_l) - \nu''(A; x_{l+1}, \ldots, x_{2l})| - \frac{\varepsilon}{2}\right)\end{aligned}$$

gilt.

Induzieren nun zwei Mengen A_1 und A_2 in der Stichprobe $x_1, \ldots, x_l, x_{l+1}, \ldots, x_{2l}$ ein und dieselbe Teilstichprobe, so gilt offensichtlich

$$\begin{aligned}\nu'(A_1; T_i X^{2l}) &= \nu'(A_2; T_i X^{2l}),\\ \nu''(A_1; T_i X^{2l}) &= \nu''(A_2; T_i X^{2l})\end{aligned}$$

und infolgedessen für eine beliebige Permutation T_i

$$\varrho_{A_1}(T_i X^{2l}) = \varrho_{A_2}(T_i X^{2l}),$$

d.h., falls die zwei Ereignisse in bezug auf die Stichprobe $x_1, \ldots, x_{2l}$ einander äquivalent sind, dann ist die Abweichung der Häufigkeit dieser Ereignisse in den beiden Teilstichproben bei allen Permutationen T_i gleich groß. Wird somit aus jeder Äquivalenzklasse je eine Menge genommen und nur mit diesen Mengen das endliche System S' gebildet, dann gilt

$$\sup_{A\in S} \varrho_A(T_i X^{2l}) = \sup_{A\in S'} \varrho_A(T_i X^{2l}).$$

Die Anzahl der Ereignisse im System S' ist endlich und durch $\Delta^{S'}(x_1, \ldots, x_{2l})$ gegeben. Ersetzt man die Operation „sup" durch Summierung, so erhält man

$$\sup_{A\in S} \theta\left(\varrho_A(T_i X^{2l}) - \frac{\varepsilon}{2}\right) = \sup_{A\in S'} \theta\left(\varrho_A(T_i X^{2l}) - \frac{\varepsilon}{2}\right) \leqq \sum_{A\in S'} \theta\left(\varrho_A(T_i X^{2l}) - \frac{\varepsilon}{2}\right).$$

Diese Beziehung gestattet es, den Ausdruck unter dem Integral in (10.20) wie folgt abzuschätzen:

$$\begin{aligned}\frac{1}{(2l)!}\sum_{i=1}^{(2l)!} \theta\left[\varrho^S(T_i X^{2l}) - \frac{\varepsilon}{2}\right] &= \frac{1}{(2l)!}\sum_{i=1}^{(2l)!} \sup_{A\in S} \theta\left[\varrho_A(T_i X^{2l}) - \frac{\varepsilon}{2}\right]\\ &\leqq \sum_{A\in S'}\left[\frac{\sum_{i=1}^{(2l)!} \theta\left[\varrho_A(T_i X^{2l}) - \frac{\varepsilon}{2}\right]}{(2l)!}\right]\end{aligned}$$

Der Ausdruck in eckigen Klammern ist der Quotient aus der Anzahl der Transformationen T_i, für die in der vorgegebenen Stichprobe

$$|\nu'(A) - \nu''(A)| > \frac{\varepsilon}{2}$$

gilt, und der Gesamtzahl *aller* Permutationen T_i. Man sieht leicht, daß dieser Quotient gleich

$$\Gamma = \sum_{k \in Q} \frac{\binom{m}{k}\binom{2k-m}{l-k}}{\binom{2l}{l}}, \; Q = \left\{k : \left|\frac{2k}{l} - \frac{m}{l}\right| \geqq \frac{\varepsilon}{2}\right\},$$

ist, wobei m die Anzahl der Elemente der Stichprobe $x_1, \ldots, x_{2l}$ bedeutet, die A angehören.

Im Anhang zu diesem Kapitel wird gezeigt, daß

$$\Gamma < 3\mathrm{e}^{\frac{-\varepsilon^2(l-1)}{4}}$$

gilt. Somit ist

$$\frac{1}{(2l)!}\sum_{i=1}^{(2l)!} \theta\left[\varrho^S(T_i X^{2l}) - \frac{\varepsilon}{2}\right] \leqq \sum_{A \in S'} 3\mathrm{e}^{\frac{-\varepsilon^2(l-1)}{4}} = 3\Delta^S(x_1, \ldots, x_{2l})\,\mathrm{e}^{-\frac{\varepsilon^2(l-1)}{4}}$$

$$\leqq 3m^S(2l)\,\mathrm{e}^{-\frac{\varepsilon^2(l-1)}{4}}.$$

Durch Einsetzen dieser Abschätzung in das Integral (10.20) erhalten wir

$$P\left\{\varrho^S(x_1, \ldots, x_{2l}) > \frac{\varepsilon}{2}\right\} \leqq 3m^S(2l)\,\mathrm{e}^{-\frac{\varepsilon^2(l-1)}{4}},$$

woraus mit dem Hauptlemma

$$P\{\pi^S(x_1, \ldots, x_{2l}) > \varepsilon\} \leqq 6m^S(2l)\,\mathrm{e}^{-\frac{\varepsilon^2(l-1)}{4}}$$

folgt.

Das Theorem ist damit bewiesen.

Beweis der Folgerung. In Übereinstimmung mit der Voraussetzung der Folgerung nehmen wir an, daß eine Zahl n existiert, für die

$$m^S(n) \neq 2^n$$

ist.

Wie im § 4 gezeigt, gilt, wenn nur die Funktion $m^S(n)$ ungleich 2^n ist, für $l > n$

$$m^S(l) \leqq 1{,}5\,\frac{l^{(n-1)}}{(n-1)!}$$

und damit

$$\lim_{l\to\infty} P\{\pi^S(x_1, \ldots, x_l) > \varepsilon\} \leqq 9 \lim_{l\to\infty} \frac{(2l)^{n-1}}{(n-1)!}\,\mathrm{e}^{-\frac{\varepsilon^2(l-1)}{4}} = 0,$$

d.h., es liegt gleichmäßige Konvergenz in Wahrscheinlichkeit vor.

Die so erhaltene hinreichende Bedingung hängt nicht von den Eigenschaften der Verteilung ab (die einzige Forderung, die gestellt wurde, ist die Meßbarkeit der Funktionen π und ϱ), aber von den [internen] Eigenschaften des Systems S.

§ 7. Über die gleichmäßige Konvergenz mit Wahrscheinlichkeit Eins

Im vorangegangenen Paragraphen haben wir uns auf hinreichende Bedingungen für die — in der Klasse S von Ereignissen — gleichmäßige Konvergenz der Häufigkeiten gegen die Wahrscheinlichkeiten *in Wahrscheinlichkeit* beschränkt. Hier werden wir zeigen, daß die abgeleiteten Bedingungen auch die gleichmäßige Konvergenz *mit Wahrscheinlichkeit Eins* garantieren. Der Beweis dieser Behauptung beruht auf dem folgenden, aus der Wahrscheinlichkeitstheorie bekannten Lemma [21].

Lemma. *Wenn für eine Zufallsfolge (Folge von Zufallsgrößen)* $\xi_1, \ldots, \xi_n, \ldots$ *ein* ξ_0 *existiert, so daß für ein beliebiges* $\varepsilon > 0$ *die Ungleichung*

$$\sum_{i=1}^{\infty} P\{|\xi_i - \xi_0| > \varepsilon\} < \infty$$

richtig ist, dann konvergiert die Folge $\xi_1, \ldots, \xi_n, \ldots$ *gegen* ξ_0 *mit Wahrscheinlichkeit Eins.*

Beweis. Das Ereignis der Ereignisalgebra, das durch die Erfüllung der Ungleichung

$$|\xi_n - \xi_0| \geqq \frac{1}{r} \quad (r \text{ ganzzahlig})$$

definiert ist, bezeichnen wir mit E_n^r. Wir betrachten dann ein Ereignis S_n^r, das definitionsgemäß erfüllt sei, wenn mindestens eines der Ereignisse $E_n^r, E_{n+1}^r, \ldots, E_{n+k}^r, \ldots$ erfüllt ist, d.h. das Ereignis

$$S_n^r = \bigcup_{i=1}^{\infty} E_{n+i}^r.$$

Wir schätzen die Wahrscheinlichkeit dieses Ereignisses durch

$$P\{S_n^r\} \leqq \sum_{i=1}^{\infty} P\{E_{n+i}^r\} = \sum_{i=n}^{\infty} P\left\{|\xi_i - \xi_0| \geqq \frac{1}{r}\right\} \tag{10.21}$$

ab. Nach der Voraussetzung des Lemmas konvergiert aber die Reihe (10.21), so daß

$$\lim_{n\to\infty} P\{S_n^r\} = 0 \tag{10.22}$$

ist. Wir betrachten jetzt das Ereignis

$$S^r = \bigcap_{n=1}^{\infty} S_n^r.$$

Nun ist es offenbar so, daß das Ereignis S^r nur dann realisiert wird, wenn alle Ereignisse S_n^r, $n = 1, 2, \ldots$, gleichzeitig eintreten. Aufgrund von (10.22) ist infolgedessen

$$P(S^r) = 0. \tag{10.23}$$

Schließlich betrachten wir noch das Ereignis

$$S = \bigcup_{r=1}^{\infty} S^r.$$

Wie unschwer zu erkennen ist, tritt dieses Ereignis ein, wenn [wenigstens] ein Index r existiert, bei dem für jedes n ($n = 1, 2, \ldots$) [wenigstens] ein k ($k = k(n)$) existiert, für das die Ungleichung

$$|\xi_{n+k} - \xi_0| \geqq \frac{1}{r}$$

erfüllt ist. Da

$$P\{S\} \leqq \sum_{r=1}^{\infty} P\{S^r\}$$

ist, muß

$$P\{S\} = 0$$

folgen, w.z.b.w.

Theorem 10.3. *Wenn eine Zahl $n > 0$ existiert, so daß für alle l, $l > n$, die Funktion $m^S(l) < l^n$ ist, dann gilt*

$$P\{\pi^S(x_1, \ldots, x_l) \underset{l\to\infty}{\to} 0\} = 1.$$

Beweis. Nach Aussage des Theorems 10.2 ist

$$P\{\pi^S(x_1, \ldots, x_l) > \varepsilon\} \leqq 6m^S(2l)\, e^{-\frac{\varepsilon^2(l-1)}{4}}.$$

Sei nun n eine Zahl, für die bei allen l, $l > n$,

$$m^S(l) < l^n$$

ist.

Wählen wir noch l^* ganzzahlig so aus, daß es ebenfalls größer als n ist. Dann ist also

$$\sum_{l=1}^{\infty} P\{\pi^S(x_1, \ldots, x_l) > \varepsilon\} = \sum_{l=1}^{l^*} P\{\pi^S(x_1, \ldots, x_l) > \varepsilon\} + \sum_{l=l^*}^{\infty} P\{\pi^S(x_1, \ldots, x_l) > \varepsilon\}.$$

Der erste Summand auf der rechten Seite der Gleichung kann nicht größer als l^* sein, während für den zweiten Summanden die Abschätzung

$$\sum_{l=l^*}^{\infty} P\{\pi^S(x_1, \ldots, x_l) > \varepsilon\} \leqq 6 \sum_{l=l^*}^{\infty} (2l)^n\, e^{-\frac{\varepsilon^2(l-1)}{4}},$$

wie bekannt, für beliebiges $\varepsilon > 0$ gültig ist.

Deshalb ist offensichtlich

$$\sum_{l=1}^{\infty} P\{\pi^S(x_1, \ldots, x_l) > \varepsilon\} < +\infty$$

und damit in Übereinstimmung mit der Aussage des bewiesenen Lemmas

$$P\{\pi^S(x_1, \ldots, x_l) \underset{l\to\infty}{\to} 0\} = 1.$$

Das Theorem ist damit bewiesen.

§ 8. Beispiele und ergänzende Bemerkungen

Im Beispiel 1, § 3 waren der Raum X eine Gerade und das System S die Menge aller „Strahlen" der Form $x \leqq a$. In diesem Fall ist

$$P(A) = P[x \leqq a\} = \Phi(a)$$

die Verteilungsfunktion der Zufallsgröße x und $\nu(A; x_1, \ldots, x_{x_l}) = F(a)$ ist die empirische Verteilungsfunktion dieser Zufallsgröße, die zu der Stichprobe $x_1, \ldots, x_l$ gehört.

Laut Theorem 10.2 gilt

$$P\{\sup |F(a) - \Phi(a)| > \varepsilon\} \leqq 6m^S(2l)\, e^{-\frac{\varepsilon^2(l-1)}{4}}.$$

Da im vorliegenden Falle wegen (10.9) $m^S(l) < (l+1)$, so ist

$$P\{\sup_{\alpha} |F(a) - \Phi(a)| > \varepsilon\} < 6(2l+1)\, e^{-\frac{\varepsilon^2(l-1)}{2}},$$

und es besteht *fast sicher* die gleichmäßige Konvergenz der empirischen Verteilungsfunktion gegen die wahre Verteilungsfunktion. Das aber ist das bekannte GLIVENKO-Theorem.

Im Beispiel 3 desselben Paragraphen ist X ein n-dimensionaler Raum, und S das System der durch

$$(x, \varphi) \geqq 0 \quad (\varphi \neq 0)$$

definierten Teilmengen von X. In Übereinstimmung mit den Formeln (10.19), (10.10) und (10.15) besteht für eine im Raum X vorgegebene Verteilung die Ungleichung

$$P\{\sup_{\varphi} |P(\varphi) - \nu(\varphi; x_1, \ldots, x_l)| > \varepsilon\} \leqq 18\, \frac{(2l-1)^{n-1}}{(n-1)!}\, e^{-\frac{\varepsilon^2(l-1)}{4}},$$

wobei $P(\varphi)$ bzw. $\nu(\varphi)$ Häufigkeit bzw. Wahrscheinlichkeit des Ereignisses $(x, \varphi) \geqq 0$ sind, und folglich die Größe

$$\sup_{\varphi} |P(\varphi) - \nu(\varphi)|$$

für $l \to \infty$ mit Wahrscheinlichkeit Eins gegen Null strebt. In dem analogen Falle, daß das System S aus den Mengen der Form

$$\{x : (x, \varphi) > c\}$$

besteht, ist

$$P\{\pi^S(x_1, \ldots, x_l) > \varepsilon\} \leqq 18\, \frac{(2l-1)^n}{n!}\, e^{-\frac{\varepsilon^2(l-1)}{4}},$$

und offensichtlich konvergieren auch die Häufigkeiten gegen die Wahrscheinlichkeiten gleichmäßig *mit Wahrscheinlichkeit Eins*. Das ist ein für die Ausführungen in den Anhängen sehr wichtiges Resultat. Man könnte es eine *Generalisierung* des GLIVENKO-Theorems nennen.

Bemerkung 1. *Nimmt man an, daß eine endliche Anzahl von Systemen*

$$S_1, \ldots, S_n$$

gegeben ist, deren Wachstumsfunktionen $m^{S_k}(l)$ bekannt sind und konstruiert dann weiterhin ein Ereignissystem S_0, so daß jedes Ereignis $A \in S_0$ der Durchschnitt

$$A = A_1 \cap A_2 \dots \cap A_n$$

von Ereignissen A_i ist und für jedes i A_i einem System S_i angehört, dann ist

$$m^{S_0}(l) \leqq \prod_{i=1}^{n} m^{S_i}(l).$$

Denn in einer beliebig gegebenen Stichprobe $x_1, \dots, x_l$ von jedem System S_i werden nicht mehr als $m^{S_i}(l)$ voneinander verschiedene Teilfolgen induziert. Von S_0 werden dann definitionsgemäß alle voneinander verschiedenen Durchschnitte dieser Folgen erzeugt, so daß

$$m^{S_0}(l) \leqq \prod_{i=1}^{n} m^{S_i}(l)$$

wird. Wenn jede der Funktionen $m^{S_i}(l)$ mit l nicht schneller als eine Potenzfunktion wächst, so kann auch die Funktion $m^{S_0}(l)$ nicht schneller als eine Potenz von l zunehmen.

Beispiel 4. Die Generalisierung des GLIVENKO-Theorems existiert im n-dimensionalen Fall in einem anderen Sinn, wenn X durch den n-dimensionalen EUKLIDischen Raum E_n und S mit dem System der Mengen der Form

$$x^1 \leqq a^1, \dots, x^n \leqq a^n$$

interpretiert werden.

Wie früher bemerkt, gilt in diesem Falle

$$m^S(l) < (l+1)^n,$$

und somit ist auch die gleichmäßige Konvergenz gegeben.

Beispiel 5. Sei X der n-dimensionale EUKLIDische Raum, S ein beliebiges konvexes Polyeder mit einer Kantenzahl nicht größer als k.

Dann ist

$$m^S(l) \leqq \left[3 \frac{(l-1)^n}{(n)!}\right]^k,$$

da jedes Polyeder als gemeinsamer Durchschnitt von k Halbräumen der Gestalt

$$\{x : (x, \psi) \geqq c\}$$

dargestellt werden kann.

Folglich besteht auch für dieses System gleichmäßige Konvergenz der betrachteten Häufigkeiten gegen ihre Wahrscheinlichkeiten.

Im Beispiel 2, § 2 läßt sich wegen $m^S(l) = 2^l$ aus den von uns aufgestellten Bedingungen das Vorliegen einer gleichmäßigen Konvergenz der Häufigkeiten gegen die Wahrscheinlichkeiten nicht voraussagen. Und tatsächlich besteht auch, wovon man sich leicht überzeugen kann, z. B. bei einer gleichförmigen oder einer beliebigen stetigen Verteilung, eine solche Konvergenz nicht.

Bemerkung 2. *Wie oben auseinandergesetzt, existiert für alle Ereignissysteme S, bei denen die Wachstumsfunktion nicht identisch 2^l ist, stets die gleichmäßige Konvergenz der Häufig-*

keiten der Ereignisse gegen die Wahrscheinlichkeiten, unabhängig von dem Wahrscheinlichkeitsmaß $P(x)$. *Ferner erlaubt es die Formel* (10.19), *die maximale Abweichung der Häufigkeiten von den Wahrscheinlichkeiten in der Klasse S, unabhängig von der Verteilung* $P(x)$, *zu schätzen. In dem Spezialfall* $m^S(l) \equiv 2^l$ *kann die maximale Abweichung der Häufigkeiten von den Wahrscheinlichkeiten in der Klasse S bei keinem endlichen l auf nichttriviale Weise geschätzt werden, es sei denn, daß Kenntnisse über die Verteilung* $P(x)$ *benutzt werden.*

Andererseits existieren Verteilungen, für die die Funktion

$$\pi^S(x_1, \ldots, x_l) = \sup_{A \in S} |\nu(A; x_1, \ldots, x_l) - P(A)|$$

für alle l, $l \geqq 1$, mit Wahrscheinlichkeit 1 gleich Null ist. Von solcher Art sind Verteilungen, die in einem Punkt x_0 konzentriert sind, d.h., daß das Wahrscheinlichkeitsmaß durch

$$P(A) = 1 \text{ für } x_0 \in A,$$
$$P(A) = 0 \text{ für } x_0 \notin A$$

definiert ist.

Dann wird mit der Wahrscheinlichkeit 1 die Stichprobe nur aus einem sich wiederholenden Element x_0 bestehen, also die Gestalt

$$X^l = x_0, \ldots, x_0$$

haben.[1])

Es ist offensichtlich, daß dabei für alle A

$$\nu(A; x_0, \ldots, x_0) = 1 \text{ für } x_0 \in A,$$

$$\nu(A; x_0, \ldots, x_0) = 0 \text{ für } x_0 \notin A$$

und folglich für jede Klasse S von Ereignissen A

$$\sup_{A \in S} |\nu(A; x_1, \ldots, x_l) - P(A)| = 0$$

gilt. Andererseits gibt es Verteilungen, für die im Falle, daß $m^S(l) \equiv 2^l$ ist,

$$\pi^S(x_1, \ldots, x_l)$$

mit beliebig großer Wahrscheinlichkeit (Konfidenz, Verläßlichkeit) beliebig nahe Eins liegt.

Trotzdem existieren, wie im Kapitel XI gezeigt war, Beispiele für Systeme S, für die $m^S(l) \equiv 2^l$ ist und trotzdem eine gleichmäßige Konvergenz für beliebige Verteilungen besteht. Deshalb lehrt die vorliegende Bemerkung, daß es bei $m^S(l) \equiv 2^l$ ohne Kenntnis über die Art der Verteilung $P(x)$ unmöglich ist, etwas Allgemeingültiges zur Existenz der gleichmäßigen Konvergenz auszusagen.

---

[1]) Anm. d. Hrsg.: Träte in der Stichprobe mit nichtverschwindender Wahrscheinlichkeit ein anderes $x_{00} \neq x_0$ auf, dann müßte ein Ereignis A' mit $x_{00} \in A'$ und $x_0 \notin A'$ (solche Ereignisse existieren, weil es stets BOREL-Mengen gibt, die x_{00}, nicht aber x_0, als Element enthalten, vorausgesetzt, daß $x_{00} \neq x_0$ ist) mit nichtverschwindender Wahrscheinlichkeit eintreten, was dem vorausgesetzten Wahrcheinlichkeitsmaß widerspricht.

Zum Schluß dieses Paragraphen beweisen wir das folgende

Theorem 10.4. *Wir nehmen an, daß ein Ereignissystem S mit*

$$m^S(l) \equiv 2^l$$

gegeben ist. Dann existiert für Zahlen l, ε eine Verteilung P(x), für die mit Wahrscheinlichkeit 1 *die Ungleichung*

$$\sup_{A \in S} |\nu(A) - P(A)| > 1 - \varepsilon$$

erfüllt ist.

Beweis. Wir wählen eine beliebige ganze Zahl n, die größer als l/ε ist. Da nach Voraussetzung $m^S(l) = 2^n$ ist, existieren n Punkte, die eine Folge bilden, so daß von der Gesamtheit der Ereignisse $A \in S$ alle Teilfolgen dieser Folge induziert werden. Wir bezeichnen die von den Punkten $x_1, \ldots, x_n$ gebildete endliche Menge mit X^n.

Wir definieren jetzt eine Verteilung mit den behaupteten Eigenschaften wie folgt: Die Verteilung $P(x)$ ist in den Punkten $x_1, \ldots, x_n$ „*konzentriert*", und außerdem sind alle diese Punkte „gleichwahrscheinlich" — oder präziser formuliert:

$$P(A) = \begin{cases} 0, \text{ wenn } A \text{ keinen Punkt aus } X^n \text{ enthält}, \\ \dfrac{1}{n}, \text{ wenn } A \text{ genau einen Punkt enthält}, \\ 1, \text{ wenn } A \text{ alle Punkte } X^n \text{ enthält}. \end{cases}$$

Eine gegebene Stichprobe $x_1, \ldots, x_l$ enthält dann mit Wahrscheinlichkeit 1 nur Elemente der Menge X^n. Betrachten wir die endliche Menge X', die genau aus allen denjenigen Punkten der Menge X^n besteht, die nicht Elemente der Stichprobe sind. Es ist offensichtlich, daß die Anzahl dieser Punkte nicht kleiner als $n - l$ sein kann.

Da nach Voraussetzung

$$\Delta^S(x_1, \ldots, x_n) = 2^n$$

ist, findet sich ein Ereignis $A_0 \in S$, das alle Punkte der Menge X' enthält aber kein einziges Element der Stichprobe $x_1, \ldots, x_l$. Das bedeutet, daß

$$\nu(A_0) = 0$$

ist und gleichzeitig

$$P(A_0) \geqq \frac{n - l}{n}.$$

Infolge der speziellen Wahl der Zahl n erhalten wir

$$|\nu(A_0) - P(A_0)| > 1 - \varepsilon$$

und demzufolge

$$\sup_{A \in S} |\nu(A; x_1, \ldots, x_l) - P(A)| > 1 - \varepsilon$$

mit Wahrscheinlichkeit 1.

§ 9. Anhang zum Kapitel X

Wir suchen eine Abschätzung für

$$\Gamma = \sum_k \frac{\binom{m}{k}\binom{2l-m}{l-k}}{\binom{2l}{l}},$$

worin k alle Werte durchläuft, die den Ungleichungen

$$\left|\frac{k}{l} - \frac{m-k}{l}\right| > \varepsilon \quad \text{und} \quad \max(0, m-l) \leqq k \leqq \min(m, l)$$

oder — damit gleichbedeutend — den Ungleichungen

$$\left|k - \frac{m}{2}\right| > \frac{\varepsilon l}{2} \text{ und } \quad \max(0, m-l) \leqq k \leqq \min(m, l)$$

genügen. l und $m \leqq 2l$ sind dabei beliebige positive ganze Zahlen.

Wir zerlegen Γ in zwei Summanden: $\Gamma = \Gamma_1 + \Gamma_2$ mit

$$\Gamma_1 = \sum_k \frac{\binom{m}{k}\binom{2l-m}{l-k}}{\binom{2l}{l}}, \text{ summiert über alle } k > \frac{\varepsilon l}{2} + \frac{m}{2},$$

$$\Gamma_2 = \sum_k \frac{\binom{m}{k}\binom{2l-m}{l-k}}{\binom{2l}{l}}, \text{ summiert über alle } k < \frac{m}{2} - \frac{\varepsilon l}{2}.$$

Des weiteren werden die Bezeichnungen

$$P(k) = \frac{\binom{m}{k}\binom{2l-m}{l-k}}{\binom{2l}{l}}, \tag{A.1}$$

$$q(k) = \frac{p(k+1)}{p(k)} = \frac{(m-k)(l-k)}{(k+1)(l+k+1-m)} \tag{A.2}$$

für die angegebenen Ausdrücke eingeführt, in denen k die durch

$$\max(0, m-l) \leqq k < \min(m, l)$$

beschriebene Menge natürlicher Zahlen durchläuft.

Wir definieren

$$S = \min(m, l), \quad T = \max(0, m-l)$$

und

$$\alpha(k) = \sum_{i=k}^{S} p(i).$$

Es ist offensichtlich, daß die Gleichungen

$$\alpha(k+1) = \sum_{i=k+1}^{S} p(i) = \sum_{i=k}^{S-1} p(i+1) = \sum_{i=k}^{S-1} p(i)\, q(i) \tag{A.3}$$

bestehen.

Weiterhin folgt aus (A.2) unmittelbar, daß für $i < j$

$$q(i) > q(j)$$

ist, d.h., daß $q(i)$ monoton mit i abnimmt. Damit folgt aus (A.3) die Ungleichung

$$\alpha(k+1) = \sum_{i=k}^{S-1} p(i)\, q(i) < q(k) \sum_{i=k}^{S} p(i),$$

und unter Berücksichtigung der Definition von $\alpha(k)$

$$\alpha(k+1) < \alpha(k)\, q(k).$$

Durch wiederholte Anwendung dieser Beziehung erhalten wir für beliebige k und j, die der Bedingung $T \leqq j < k \leqq S$ genügen,

$$\alpha(k) < \alpha(j) \prod_{i=j}^{k-1} q(i).$$

Schließlich gilt damit, da $\alpha(j) \leqq 1$, auch

$$\alpha(k) < \prod_{i=j}^{k-1} q(i), \tag{A.4}$$

wobei j eine beliebige ganze Zahl kleiner als k bedeutet. Mit

$$t = k - \frac{m-1}{2}$$

wird

$$q(k) = \frac{\dfrac{m+1}{2} - t}{\dfrac{m+1}{2} + t} \cdot \frac{\left(l - \dfrac{m-1}{2}\right) - t}{\left(l - \dfrac{m-1}{2}\right) + t}.$$

Dann gilt offensichtlich für $T < k < S$

$$|t| < \min\left(\frac{m+1}{2},\, l - \frac{m-1}{2}\right).$$

Um die Funktion $q(k)$ zu approximieren, untersuchen wir die Funktion

$$F(t) = \frac{a-t}{t+a} \cdot \frac{b-t}{b+t}$$

unter der Voraussetzung, daß a und b positiv sind. Bei $|t| < \min(a, b)$ gilt dann

$$\ln F(t) = \ln(a-t) + \ln(b-t) - \ln(t+a) - \ln(t+b)$$

und weiterhin

$$\ln F(0) = 0,$$

$$\frac{\mathrm{d}}{\mathrm{d}t} \ln F(t) = -\left[\frac{1}{a-t} + \frac{1}{b-t} + \frac{1}{t+a} + \frac{1}{t+b}\right] = -\left[\frac{2a}{a^2-t^2} + \frac{2b}{b^2-t^2}\right].$$

Hieraus folgt, daß für $|t| < \min(a, b)$ die Abschätzung

$$\frac{d}{dt} \ln F(t) \leqq -2 \left[\frac{1}{a} + \frac{1}{b}\right]$$

gilt. Dementsprechend ist bei $|t| < \min(a, b)$ und $t \geqq 0$

$$\ln F(t) \leqq -2 \left[\frac{1}{a} + \frac{1}{b}\right] t.$$

Für $q(t)$ erhalten wir damit bei $t \geqq 0$

$$\ln q(t) \leqq -2 \left[\frac{2}{m+1} + \frac{2}{2l - m + 1}\right] t = -8 \frac{l+1}{(m+1)(2l-m+1)} t.$$

Wir schätzen jetzt

$$\ln \prod_{i=j}^{k-1} (q(i))$$

unter der Annahme ab, daß $\frac{m-1}{2} \leqq j < k - 1$ ist. Es ergibt sich

$$\ln \prod_{i=j}^{k-1} q(i) = \sum_{i=j}^{k-1} \ln q(i) \leqq \frac{-8(l+1)}{(m+1)(2l-m+1)} \sum_{i=j}^{k-1} \left(i - \frac{m-1}{2}\right).$$

Berücksichtigen wir dies in (A.4), erhalten wir

$$\ln \alpha(k) < \frac{-8(l+1)}{(m+1)(2l-m+1)} \sum_{i=j}^{k-1} \left(i - \frac{m-1}{2}\right).$$

Hierin ist j eine beliebige Zahl kleiner als k. Deshalb kann man für $k > \frac{m-1}{2}$ $j = \frac{m-1}{2}$ setzen — wenn m ungerade ist — oder $j = \frac{m}{2}$, wenn m gerade ist, und man erhält so eine verschärfte Abschätzung. Durch Einsetzen der Summenformel für die arithmetische Reihe erhalten wir weiterhin

$$\ln \alpha(k) < \begin{cases} -\dfrac{4(l+1)}{(m+1)(2l-m+1)} \left(k - \dfrac{m}{2} + 1\right)^2, & \text{wenn } m \text{ gerade ist,} \\ -\dfrac{4(l+1)}{(m+1)(2l-m+1)} \left(k - \dfrac{m-1}{2} + 1\right)\left(k - \dfrac{m-1}{2}\right), & \text{für } m \text{ ungerade.} \end{cases}$$

Γ_1 ist schließlich mit $\alpha(k)$ identisch, wenn für k die kleinste ganze Zahl, die

$$k - \frac{m}{2} > \frac{\varepsilon^2 l}{2}$$

erfüllt, eingesetzt wird, woraus

$$\ln \Gamma_1 < -\frac{(l+1)}{(m+1)(2l-m+1)} (\varepsilon^2 l^2 - 1)$$

folgt.

Analog läßt sich auch Γ_2 abschätzen, wenn man berücksichtigt, daß die Verteilung nach (A.1) um den Punkt $m/2$ als Zentrum symmetrisch ist.

Somit wird

$$\Gamma < 2 \exp\left[-\frac{(l+1)}{(m+1)(2l-m+1)}(\varepsilon^2 l^2 - 1)\right]. \tag{A.5}$$

Im weiteren betrachten wir zuerst den Fall, daß $\varepsilon^2(l-1) \geqq 1$ $(0 < \varepsilon < 1)$ ist. In diesem Falle müssen dann offensichtlich $l \geqq 2$ und $\varepsilon^2 l^2 \geqq 2$ sein. Die rechte Seite von (A.5) erreicht dann bei $m = l$ ihr Maximum, und demzufolge gilt

$$\Gamma < 2 \exp\left[-\frac{\varepsilon^2 l}{(l+1)} + \frac{1}{l+1}\right] < 3\mathrm{e}^{-\varepsilon^2(l-1)}. \tag{A.6}$$

Bei $\varepsilon^2(l-1) < 1$ ist die Schätzung (A.6) trivial erfüllt, da die linke Seite der Ungleichung (d. h. Γ), den Wert Eins nicht überschreiten kann, während die rechte immer größer als Eins ist.

Somit ist die Abschätzung (A.6) für beliebige ganze Zahlen l und Zahlen ε, $0 < \varepsilon < 1$, als richtig bewiesen.

KAPITEL XI

NOTWENDIGE UND HINREICHENDE BEDINGUNGEN FÜR DIE GLEICHMÄSSIGE KONVERGENZ DER HÄUFIGKEITEN GEGEN DIE WAHRSCHEINLICHKEITEN IN EINER KLASSE VON EREIGNISSEN

§ 1. Entropie eines Ereignissystems

Die im vorangegangenen Kapitel dargelegten hinreichenden Bedingungen überdecken die Mehrzahl der praktisch interessierenden Aufgabenstellungen. Doch ist es auch von Bedeutung, die erschöpfenden, d.h. notwendigen *und* hinreichenden Bedingungen zu kennen. Wesentlich ist, daß dies mit den im § 3 des Kapitels X eingeführten Begriffen gelingt.

Im Unterschied zu den im § 6 des Kapitels X formulierten *hinreichenden* Bedingungen, sind die *notwendigen und hinreichenden* Bedingungen i.a. von dem über der Menge X existierenden Wahrscheinlichkeitsmaß X abhängig. Das Schema aber, nach dem hier bereits solche Bedingungen aufgestellt wurden, bleibt dasselbe. Wie früher liegt den Ableitungen der Gedanke zugrunde, das unendliche Ereignissystem S durch ein endliches Untersystem zu ersetzen, das nur aus Ereignissen besteht, die sich anhand der Stichprobe unterscheiden lassen. Die Anzahl solcher Ereignisse hängt von der Stichprobe selbst ab und ist durch den oben definierten Index

$$\Delta^S(\boldsymbol{x}_1, \ldots, \boldsymbol{x}_l)$$

für die vorgelegte Stichprobe gegeben.

Zur Ableitung der hinreichenden Bedingungen diente die Wachstumsfunktion $m^S(l)$, die eine Schätzung der oberen Schranke dieses Indexes in bezug auf die Menge aller Stichproben vom Umfang l darstellt. Diese Schätzung erweist sich für die Ermittlung der notwendigen *und* hinreichenden Bedingungen als zu grob. Die letzteren gelingt es zu formulieren, wenn man eine gewisse „mittlere Charakteristik“ der Funktion $\Delta^S(\boldsymbol{x}_1, \ldots, \boldsymbol{x}_l)$ wie folgt einführt:

Betrachten wir die Funktion

$$H^S(l) = \mathsf{E} \log_2 \Delta^S(\boldsymbol{x}_1, \ldots, \boldsymbol{x}_l).$$

Hier und im weiteren wird vorausgesetzt, daß die Funktion $\Delta^S(\boldsymbol{x}_1, \ldots, \boldsymbol{x}_l)$ meßbar ist und daß durch

$$1 \leqq \Delta^S(\boldsymbol{x}_1, \ldots, \boldsymbol{x}_l) \leqq 2^l$$

bzw.

$$0 \leqq \log_2 \Delta^S(\boldsymbol{x}_1, \ldots, \boldsymbol{x}_l) \leqq l \qquad (11.1)$$

die Existenz der mathematischen Erwartung gesichert ist.

Aus (11.1) folgt zugleich

$$0 \leqq H^S(l) \leqq l.$$

Die Funktion $H^S(l)$ besitzt die Eigenschaft der Halbadditivität, die es erlaubt, sie *Entropie* des Ereignissystems — bezüglich Stichproben der Länge l — zu nennen.

Betrachten wir die Stichprobe (Folge)

$$x_1, \ldots, x_k, x_{k+1}, \ldots, x_l.$$

Jede durch ein Ereignis $A \in S$ in dieser Stichprobe induzierte Teilstichprobe (Teilfolge) kann als aus zwei Teilfolgen bestehend aufgefaßt werden, von denen die erste durch A in der Folge

$$x_1, \ldots, x_k$$

und die andere, ebenfalls durch A, in der Folge

$$x_{k+1}, \ldots, x_l$$

induziert ist. Aus diesem Grunde kann $\Delta^S(x_1, \ldots, x_k, x_{k+1}, \ldots, x_l)$ nicht größer als die Anzahl der Paare von Teilfolgen sein, wobei jedes Paar aus einer durch $A \in S$ in $x_1, \ldots, x_k$ induzierten Teilfolge (als dem ersten Partner) und aus einer in $x_{k+1}, \ldots, x_l$ durch A induzierten Teilfolge (als dem zweiten Partner) besteht. Damit wird

$$\Delta^S(x_1, \ldots, x_k, x_{k+1}, \ldots, x_l) \leqq \Delta^S(x_1, \ldots, x_k)\, \Delta^S(x_{k+1}, \ldots, x_l) \tag{11.2}$$

und dementsprechend

$$\log_2 \Delta^S(x_1, \ldots, x_k, x_{k+1}, \ldots, x_l) \leqq \log_2 \Delta^S(x_1, \ldots, x_k) + \log_2 \Delta^S(x_{k+1}, \ldots, x_l). \tag{11.3}$$

Durch Bildung der mathematischen Erwartung erhalten wir daraus die Halbadditivität von H^S in der Gestalt

$$H^S(l_1 + l_2) \leqq H^S(l_1) + H^S(l_2). \tag{11.4}$$

Durch mehrfache Anwendung von (11.4) ergibt sich noch

$$H^S(nl) \leqq nH^S(l). \tag{11.5}$$

§ 2. Asymptotische Eigenschaften der Entropie

Die Entropie eines Ereignissystems S in bezug auf Stichproben $x_1, \ldots, x_l$ hat eine Reihe von Eigenschaften, die denen der Entropie n-gliedriger Signalfolgen — wie sie in der Informationstheorie betrachtet werden — analog sind. In diesem Paragraphen werden einige Abschätzungen der Entropie sowie Aussagen über ihr asymptotisches Verhalten, die bei der Herleitung der notwendigen und hinreichenden Bedingungen der gleichmäßigen Konvergenz benötigt werden, formuliert und bewiesen.

Lemma 1. *Die Folge* $\frac{H^S(l)}{l}$ *besitzt für* $l \to \infty$ *einen Grenzwert* c, *und es gilt* $0 \leqq c \leqq 1$.

Der folgende Beweis dieser Behauptung gleicht dem Beweis der analogen Behauptung über die Entropie n-gliedriger Folgen in der Informationstheorie [10].

Beweis. Da $0 \leqq \frac{H^S(l)}{l} \leqq 1$ ist für alle l, existiert der Grenzwert

$$c = \varliminf_{l \to \infty} \frac{H^S(l)}{l} \quad (0 \leqq c \leqq 1).$$

Damit existiert für ein beliebiges $\varepsilon > 0$ ein l_0, so daß

$$\frac{H^S(l_0)}{l_0} < c + \varepsilon \tag{11.6}$$

ist.

Ein beliebiges $l > l_0$ stellen wir in der Form

$$l = nl_0 + k$$

dar, wobei $n > 0$ und $k < l_0$ sind.

Weiterhin ist aufgrund von (11.1), (11.4) und (11.5)

$$H^S(l) = H^S(nl_0 + k) \leqq H^S(nl_0) + H^S(k) \leqq nH^S(l_0) + H^S(k) \leqq nH^S(l_0) + k .$$

Damit wird

$$\frac{H^S(l)}{l} \leqq \frac{nH^S(l_0) + k}{nl_0 + k} < \frac{nH^S(l_0) + l_0}{nl_0} = \frac{H^S(l_0)}{l_0} + \frac{1}{n}$$

und somit unter Berücksichtigung der Bedingung (11.6)

$$\frac{H^S(l)}{l} < c + \varepsilon + \frac{1}{n}.$$

Weiterhin erhalten wir, da mit $l \to \infty$ auch $n \to \infty$ strebt,

$$\overline{\lim_{l \to \infty}} \frac{H^S(l)}{l} < c + \varepsilon$$

und, da ε beliebig positiv sein durfte,

$$\lim_{l \to \infty} \frac{H^S(l)}{l} = c .$$

Das Lemma ist damit bewiesen.

In der Informationstheorie wird der Ausdruck $\frac{H(l)}{l}$ als Entropie pro Symbol bezeichnet. Wir verwenden diesen Terminus auch zur Bezeichnung des Ausdruckes $\frac{H^S(l)}{l}$. Als eine erwartungstreue Schätzung dieses Ausdrucks nehmen wir

$$r^S(x_1, \ldots, x_l) = \frac{1}{l} \log_2 \Delta^S(x_1, \ldots, x_l).$$

Wir zeigen jetzt, daß diese Zufallsgröße für $l \to \infty$ in Wahrscheinlichkeit den gleichen Grenzwert wie $\frac{H^S(l)}{l}$ erreicht – die dazu analoge Eigenschaft sog. ergodischer Quellen läßt sich auch in der Informationstheorie beweisen, jedoch unterscheiden sich in diesem Falle die Beweisführungen.

Lemma 2. *Aus* $\frac{H^S(l)}{l} \to c$ *folgt die „Konvergenz in Wahrscheinlichkeit" der Zufallsgröße*

$$r^S = \frac{\log_2 \Delta^S(x_1, \ldots, x_l)}{l}$$

gegen die Konstante c, d.h., es gilt

$$\lim_{l\to\infty} P\{|r^S(x_1,\ldots,x_l) - c| > \varepsilon\} = 0,$$

und mit den Bezeichnungen

$$P^+(\varepsilon, l) = P\{r^S(x_1,\ldots,x_l) - c > \varepsilon\},$$

$$P^-(\varepsilon, l) = P\{c - r^S(x_1,\ldots,x_l) > \varepsilon\}$$

folgt

$$\sum_{l=1}^{\infty} P^+(\varepsilon, l) < \infty.$$

Beweis. Wir schätzen zuerst $P^+(\varepsilon, l)$ ab. Nach Voraussetzung ist

$$\lim_{l\to\infty} \frac{H^S(l)}{l} = c,$$

also existiert ein l_0, so daß

$$\frac{H^S(l_0)}{l_0} < c + \frac{\varepsilon}{3}$$

ist. Wir betrachten jetzt die Folge der zufälligen Größen

$$q(n) = \frac{\sum_{i=0}^{n-1} \log_2 \Delta^S(x_{i(l_0+1)},\ldots,x_{(i+1)l_0})}{l_0} = \sum_{i=0}^{n-1} r^S(x_{i(l_0+1)},\ldots,x_{(i+1)l_0}).$$

Es zeigt sich, daß $q(n)/n$ mit dem arithmetischen Mittel der Zufallsgrößen $r^S(x_1,\ldots,x_{l_0})$ identisch ist, gebildet über eine Folge von je n unabhängigen Versuchen.

Die mathematischen Erwartungen sowohl der Zufallsgröße $r^S(x_1,\ldots,x_l)$ als auch die der Zufallsgröße $q(n)/n$ sind beide gleich $H^S(l_0)/l_0$; die Zufallsgröße $r^S(x_1,\ldots,x_l)$ hat Werte nur im Intervall $[0, 1]$ und besitzt deshalb zentrale Momente beliebiger Ordnung.

Seien D_2 bzw. D_4 die zentralen Momente der zweiten bzw. vierten Ordnung von $r^S(x_1,\ldots,x_l)$. Dann ist klar, daß D_4 und D_2 beide kleiner als 1 sind. Das zentrale Moment vierter Ordnung von $q(n)/n$ läßt sich wie folgt durch D_4 und D_2 darstellen (linke Seite der Ungleichung):

$$\frac{D_4}{n^3} + 3\,\frac{n-1}{n^3}\,D_2^2 < \frac{4}{n^2}.$$

Wenden wir die MARKOWsche Ungleichung $\left(P(|X| \geqq \delta) \leqq \frac{E\,|X|^k}{\delta^k}\right)$ auf $X = \frac{q(n)}{n} - c$ für $k = 4$ an, so erhalten wir mit beliebigem $\delta > 0$

$$P\left\{\frac{q(n)}{n} - \frac{H^S(l_0)}{l_0} > \delta\right\} < \frac{4}{n^2\,\delta^4}.$$

Weiterhin gilt aufgrund von (11.3)

$$\frac{1}{nl_0} \log_2 \Delta^S(x_1,\ldots,x_{nl_0}) \leqq \frac{1}{nl_0} \sum_{i=0}^{n-1} \log_2 \Delta^S(x_{i(l_0+1)},\ldots,x_{(i+1)l_0}),$$

d.h.,

$$r^S(x_1, \ldots, x_{nl_0}) \leqq \frac{q(n)}{n}.$$

Die folgende Substitution entspricht dem Sinn dieser Ungleichung

$$P\left\{r^S_{nl_0} - \frac{H^S(l_0)}{l_0} > \delta\right\} < \frac{4}{n^2\,\delta^4}.$$

Setzt man hierin $\delta = \varepsilon/3$ und berücksichtigt, daß

$$\frac{H^S(l_0)}{l_0} < c + \frac{\varepsilon}{3}$$

ist, so erhält man

$$P\left\{r^S_{nl_0} > c + \frac{2\varepsilon}{3}\right\} < \frac{Q}{n^2}, \tag{11.7}$$

wobei der Ausdruck $324/\varepsilon^4$ mit Q bezeichnet wird.

Schließlich setzen wir ein beliebiges $l > l_0$ in der Form $l = nl_0 + k$ an, wobei $n := [l/l_0]$ und $k < l_0$ sind.

Aufgrund von (11.3) und (11.1) erhalten wir

$$\log_2 \Delta^S(x_1, \ldots, x_l) \leqq \log_2 \Delta^S(x_1, \ldots, x_{nl_0}) + k.$$

Deshalb ist

$$r^S(x_1, \ldots, x_l) = \frac{1}{l}\log_2 \Delta^S(x_1, \ldots, x_l) \leqq \frac{\log_2 \Delta^S(x_1, \ldots, x_{nl_0}) + k}{nl_0 + k}.$$

Die Ungleichung können wir zu

$$r^S(x_1, \ldots, x_l) \leqq \frac{\log_2 \Delta^S(x_1, \ldots, x_{nl_0}) + l_0}{nl_0} = r^S(x_1, \ldots, x_{nl_0}) + \frac{1}{n} \tag{11.8}$$

verschärfen.

Ist l so groß, daß

$$\frac{1}{n} < \frac{\varepsilon}{3},$$

dann folgt aus (11.7) und (11.8)

$$P^+(\varepsilon, l) = P\{r^S_l > c + \varepsilon\} < \frac{Q}{n^2}. \tag{11.9}$$

Da mit $l \to \infty$ ebenfalls n nach ∞ strebt, ist

$$\lim_{l\to\infty} P^+(\varepsilon, l) = 0.$$

Außerdem gilt

$$\sum_{l=1}^{\infty} P^+(\varepsilon, l) < \infty.$$

Um das einzusehen, genügt es, die Summe der rechten Seiten von (11.9) mit hinreichend großen $l = l^*$ (so daß (11.9) erfüllt ist) beginnend, abzuschätzen. Man hat dann also

$$\sum_{l=l^*}^{\infty} P^+(\varepsilon, l) < l_0 \sum_{n=1}^{\infty} \frac{Q}{n^2} < \infty.$$

Verbleibt noch zu beweisen, daß $P^-(\varepsilon, l) \to 0$ geht mit $l \to \infty$. Hierzu werde l_0 so gewählt, daß für alle $l > l_0$

$$\left|\frac{H^S(l)}{l} - c\right| < \frac{\varepsilon}{2}$$

ist. Aufgrund der Definition der mathematischen Erwartung, und daß $H^S(l)/l$ die mathematische Erwartung von $r_l^S(x_1, \ldots, x_l)$ ist, folgt

$$\int\limits_{r_l^S=0}^{r_l^S=H^S(l)/l} \left(\frac{H^S(l)}{l} - r_l^S\right) \mathrm{d}P(X^l) = \int\limits_{r_l^S=H^S_{(l)/l}}^{r_l^S=1} \left(r_l^S - \frac{H^S(l)}{l}\right) \mathrm{d}P(X^l).$$

Bezeichnen wir die linke Seite der Ungleichung mit R_1 und die rechte mit R_2 und nehmen an, daß $l > l_0$ ist, dann wird

$$R_1 \geqq \frac{\varepsilon}{2} \int\limits_{r_l^S=0}^{r_l^S=c-\varepsilon} \mathrm{d}P(X^l) = \frac{\varepsilon}{2} P^-(\varepsilon, l). \tag{11.10}$$

Für beliebiges $\delta > 0$ ist

$$R_2 = \int\limits_{r_l^S=H^S(l)/l}^{r_l^S=c+\delta} \left(r_l^S - \frac{H^S(l)}{l}\right) \mathrm{d}P(X^l) + \int\limits_{r_l^S=c+\delta}^{r_l^S=1} \left(r_l^S - \frac{H^S(l)}{l}\right) \mathrm{d}P(X^l)$$

$$\leqq \left|c + \delta - \frac{H^S(l)}{l}\right| + \int\limits_{r_l^S=c+\delta}^{r_l^S=1} \mathrm{d}P(X^l)$$

oder

$$R_2 \leqq \left|c + \delta - \frac{H^S(l)}{l}\right| + P^+(\delta, l). \tag{11.11}$$

Durch Zusammenfassen von (11.10) und (11.11) ergibt sich wegen $R_1 = R_2$

$$\frac{\varepsilon}{2} P^-(\varepsilon, l) \leqq \left|c + \delta - \frac{H^S(l)}{l}\right| + P^+(\delta, l).$$

Gehen wir zum Grenzwert für $l \to \infty$ über, so folgt

$$\lim_{l\to\infty} P^-(\varepsilon, l) \leqq \frac{2}{\varepsilon}\,\delta$$

und, da $\delta > 0$ beliebig sein konnte sowie $P^-(\varepsilon, l) \geqq 0$ ist,

$$\lim_{l\to\infty} P^-(\varepsilon, l) = 0.$$

Damit ist das Lemma bewiesen.

Bemerkung 1. *Im Unterschied zur Formel*

$$\frac{\log_2 m^S(l)}{l} = \frac{\max\limits_{x_1,\ldots,x_l} \log_2 \Delta^S(x_1, \ldots, x_l)\ ^{1)}}{l},$$

[1]) Anm. d. Hrsg.: Die Operatoren „max“ und „log“ sind vertauschbar, da „log“ eine monoton wachsende Funktion ist.

die aufgrund des Resultats von Kapitel X, § 4 mit $l \to \infty$ gegen Null oder gegen Eins strebt, kann die Folge

$$\frac{H^S(l)}{l} = \mathsf{E}\,\frac{\log_2 \Delta^S(x_1, \ldots, x_l)}{l}$$

einen beliebigen Grenzwert c $(0 \leqq c \leqq 1)$ besitzen.

Interpretieren wir z.B. X als das Intervall $[0, c]$ und nehmen wir an, daß S aus allen meßbaren Mengen A bestehe, die in dem Intervall $[0, 1]$ enthalten sind. Die Verteilung $P(x)$ wird als gleichförmig vorausgesetzt. Dann werden in einer Folge $x_1, \ldots, x_l$, falls in derselben keine Wiederholungen vorkommen, durch Mengen A (d.h. durch die Elemente des Mengensystems S) genau die Teilfolgen induziert, deren Elemente sämtlich im Intervall $[0, c]$ liegen. Damit ist die Anzahl der induzierten Teilfolgen gleich

$$\Delta^S(x_1, \ldots, x_l) = 2^n,$$

wobei n die Anzahl der Elemente der Folge ist, die in $[0, c]$ liegen. Dabei ist

$$H^S(l) = c \cdot l$$

und folglich

$$\frac{H^S(l)}{l} \equiv c.$$

Wegen

$$\log m^S(l) \geqq H^S(l)$$

können wir feststellen, daß der Grenzwert

$$\lim_{l \to \infty} \frac{H^S(l)}{l}$$

nur dann gleich Null ist, wenn

$$\lim_{l \to \infty} \frac{m^S(l)}{l} = 0$$

ist, und sich von Null unterscheidet, falls

$$\lim_{l \to \infty} \frac{\lg m^S(l)}{l} = 1$$

oder, was hier das gleiche ist,

$$\frac{\lg m^S(l)}{l} \equiv 1$$

ist.

Bemerkung 2. *Der Wert der Funktion $\frac{H(l)}{l}$ ist, für beliebiges l, eine Abschätzung des Grenzwertes*

$$c = \lim_{l \to \infty} \frac{H^S(l)}{l},$$

d.h., es gilt

$$\frac{H^S(l)}{l} \geqq \lim_{l\to\infty} \frac{H^S(l)}{l}.$$

Der Beweis dieser Behauptung läßt sich analog zum Beweis für das Lemma 1 führen. Daraus folgt allgemein, daß im Falle $c = 1$

$$\frac{H^S(l)}{l} \equiv 1$$

ist, d.h., der Index $\Delta^S(x_1, \ldots, x_l)$ ist mit Wahrscheinlichkeit 1 gleich 2^l.

§ 3. Notwendige und hinreichende Bedingungen für die gleichmäßige Konvergenz (Beweis der Eigenschaft „hinreichend")

Mit dem im vorangegangenen Paragraphen eingeführten Begriff der Entropie eines Ereignissystems kann man die Bedingungen für das Vorliegen der gleichmäßigen Konvergenz der Häufigkeiten gegen die Wahrscheinlichkeiten in einer Klasse von Ereignissen vollständig charakterisieren. Es zeigt sich, daß es dafür notwendig und hinreichend ist, daß die *„Entropie pro Symbol"* der Stichprobe mit wachsender Länge nach Null strebt.

Theorem 11.1. *Unter der Voraussetzung, daß die Funktionen* $\pi^S(x_1, \ldots, x_l)$, $\varrho^S(x_1, \ldots, x_l)$ *und* $\Delta^S(x_1, \ldots, x_l)$ *für alle* l *meßbar sind, gilt folgendes:*

a) Falls $\lim \frac{H^S(l)}{l} = 0$ *ist, konvergieren mit Wahrscheinlichkeit 1 die Häufigkeiten gleichmäßig gegen die Wahrscheinlichkeiten.*

b) Falls $\lim \frac{H^S(l)}{l} = c > 0$ *ist, so existiert eine von* l *unabhängige Zahl* $\delta(c) > 0$*, so daß*

$$\lim_{l\to\infty} P\{\pi^S(x_1, \ldots, x_l) > \delta\} = 1$$

gilt, d.h., daß die Wahrscheinlichkeit einer maximalen Abweichung der Häufigkeit von der Wahrscheinlichkeit in der Klasse S *von mehr als* δ *nach Eins strebt.*

Somit erweist sich, daß

$$\lim_{l\to\infty} \frac{H^S(l)}{l} = 0$$

eine notwendige und hinreichende Bedingung für die gleichmäßige Konvergenz der Häufigkeiten gegen die Wahrscheinlichkeiten in der Klasse S von Ereignissen darstellt.

B e w e i s d e r B e h a u p t u n g a) (Die Bedingung ist hinreichend).

Dieser Beweis verläuft analog zur Ableitung der hinreichenden Bedingungen im Kapitel X.

Nach Voraussetzung a) soll also

$$\lim_{l\to\infty} \frac{H^S(l)}{l} = 0$$

sein.

Wir versuchen, eine Abschätzung für

$$P\{\sup_{A\in S} |\nu(A; x_1, \ldots, x_l) - P(A)| > \varepsilon\} = P\{\pi_l^S > \varepsilon\}$$

zu erhalten. Aus dem Hauptlemma (§ 5, Kapitel X) ergibt sich

$$P\{\pi_l^S > \varepsilon\} < 2P\left\{\varrho^S(x_1, \ldots, x_l) > \frac{\varepsilon}{2}\right\}.$$

Andererseits folgt, wie beim Beweis des Theorems 10.2 gezeigt,

$$P\left\{\varrho^S(x_1, \ldots, x_{2l}) > \frac{\varepsilon}{2}\right\} = \frac{1}{(2l)!} \int_{X(2l)} \sum_i \theta\left[\varrho^S(T_i X^{2l}) - \frac{\varepsilon}{2}\right] \mathrm{d}P(x^{2l}),$$

wobei T_i die Menge der Permutationen der Folge $x_1, \ldots, x_{2l}$ durchläuft. Es ist offensichtlich, daß für die Größe

$$k = \frac{1}{(2l)!} \sum_i \theta\left[\varrho^S(T_i X^{2l}) - \frac{\varepsilon}{2}\right] < 3\Delta^S(x_1, \ldots, x_{2l})\, \mathrm{e}^{-\frac{\varepsilon^2(l-1)}{4}}$$

$k \leqq 1$ gilt.

Den Integrationsbereich zerlegen wir in den Teilbereich X_1, der durch die Ungleichung

$$\frac{\log_2 \Delta^S(x_1, \ldots, x_{2l})}{2l} \leqq \frac{\varepsilon^2}{8}$$

definiert sei, und in den Teilbereich X_2, in dem

$$\frac{\log_2 \Delta^S(x_1, \ldots, x_{2l})}{2l} > \frac{\varepsilon^2}{8}$$

erfüllt sei.

Damit erhalten wir nach Substitution der Größe k durch Ausdrücke, von denen sie majorisiert wird,

$$P\left\{\varrho_{2l}^S > \frac{\varepsilon}{2}\right\} < \int_{X_1} 2\Delta^S(x_1, \ldots, x_{2l})\, \mathrm{e}^{-\frac{\varepsilon^2 l}{4}}\, \mathrm{d}P(X^{2l}) + \int_{X_2} \mathrm{d}P(X^{2l}). \qquad (11.12)$$

Mit den Bezeichnungen von Lemma 2 im vorangegangenen Paragraphen ist

$$\int_{X^2} \mathrm{d}P(X^{2l}) = P^+\left(\frac{\varepsilon^2}{8}, 2l\right),$$

wobei

$$c = \lim_{l\to\infty} \frac{H^S(l)}{l} = 0$$

berücksichtigt wurde.

Beachten wir außerdem, daß im Bereich X_1

$$\Delta^S(x_1, \ldots, x_{2l}) \leqq 2^{\frac{\varepsilon^2 l}{4}}$$

ist, so gilt

$$P\left\{\varrho_{2l}^S > \frac{\varepsilon}{2}\right\} < 2 \cdot 2^{\frac{\varepsilon^2 l}{4}}\, \mathrm{e}^{-\frac{\varepsilon^2 l}{4}} + P^+\left(\frac{\varepsilon^2}{8}, 2l\right). \qquad (11.13)$$

Der erste Summand geht für $l \to \infty$ exponentiell nach Null, der zweite strebt wegen Lemma 2 ebenfalls nach Null. Darüber hinaus gilt in Übereinstimmung mit diesem Lemma

$$\sum_{l=1}^{\infty} P^{+}(\varepsilon, l) < \infty,$$

so daß die Ungleichungen

$$\sum_{l=1}^{\infty} P\left\{\varrho^{S}(x_1, \ldots, x_{2l}) > \frac{\varepsilon}{2}\right\} < \infty$$

und folglich auch

$$\sum_{l=1}^{\infty} P\{\pi^{S}(x_1, \ldots, x_{2l}) > \varepsilon\} < \infty$$

richtig sind. Hieraus folgt *fast sicher* die gleichmäßige Konvergenz der Häufigkeiten gegen die Wahrscheinlichkeiten.

Die Behauptung a) ist damit bewiesen (wir bemerken noch, daß in der Abschätzung (11.13) nur das Glied $P^{+}(\varepsilon, l)$ von der Verteilung abhängig ist).

§ 4. Beweis der Notwendigkeit dieser Bedingungen für das Vorliegen der gleichmäßigen Konvergenz

Wir setzen jetzt

$$\lim_{l\to\infty} \frac{H^{S}(l)}{l} = c > 0$$

voraus. Das Hauptlemma (Kapitel X, § 5) sagte aus, daß aus

$$\lim_{l\to\infty} P\{\varrho^{S}(x_1, \ldots, x_{2l}) > 2\delta\} = 1, \tag{11.14}$$

$$\lim_{l\to\infty} P\{\pi^{S}(x_1, \ldots, x_{2l}) > \delta\} = 1$$

folgt. Somit genügt es, die Richtigkeit von (11.14) für $\delta(c) > 0$ zu zeigen:

1. Zur Erläuterung des allgemeinen Beweises betrachten wir zuerst den Sonderfall

$$\lim_{l\to\infty} \frac{H^{S}(l)}{l} = 1.$$

Wie in § 2, Bemerkung 2 gezeigt wurde, ist dann sogar

$$\frac{H^{S}(l)}{l} \equiv 1$$

und, da $\frac{H(l)}{l}$ die mathematische Erwartung von

$$\frac{\log_2 \Delta^{S}(x_1, \ldots, x_l)}{l} \leqq 1$$

ist, gilt somit

$$P\left\{\frac{\log_2 \Delta^{S}(x_1, \ldots, x_l)}{l} = 1\right\} = 1.$$

Demzufolge gilt *mit Wahrscheinlichkeit* 1 für jedes l

$$\Delta^S(x_1, \ldots, x_l) = 2^l,$$

d.h., mit Wahrscheinlichkeit 1 ist eine Stichprobe so beschaffen, daß in ihr durch das System S die Gesamtheit ihrer möglichen Teilstichproben induziert wird. Insbesondere kann man dann also für die Stichprobe $x_1, \ldots, x_{2l}$ fast immer auch ein $A^* \in S$ finden, so daß für $i = 1, \ldots, l$ das Objekt $x_i \in A^*$ und für $i = l + 1, \ldots, 2l$ das Objekt $x_i \notin A^*$ ist. Damit sind $\nu'(A^*) = 1$, $\nu''(A^*) = 0$ und demzufolge mit Wahrscheinlichkeit 1

$$\sup_{A \in S} |\nu'(A) - \nu''(A)| = 1.$$

Das gilt auch erst recht für alle $\delta < 0{,}5$

$$\lim_{l \to \infty} P\{\sup_{A \in S} |\nu'(A) - \nu''(A)| > 2\delta\} = 1.$$

Für den allgemeineren Beweis der Behauptung b) wird die Tatsache benutzt, daß bei

$$\frac{H^S(l)}{l} \to c > 0$$

fast jede Stichprobe der Länge l eine Teilstichprobe enthält, deren sämtliche Teilfolgen induziert sind und deren Länge proportional mit l wächst.

2. Zu diesem Beweis benötigen wir das folgende

Lemma 3. *Wenn Zahlen a $(0 < a \leqq 1)$ und $l > \frac{9}{a^2}$ und eine Stichprobe $x_1, \ldots, x_l$ existieren, so daß*

$$\Delta^S(x_1, \ldots, x_l) \geqq 2^{al}$$

ist, so gibt es auch eine Teilstichprobe $x_{i_1}, \ldots, x_{i_r}$ der gegebenen Stichprobe mit der Länge $r = [q \cdot l]$, wobei $q(a) = \frac{a^2 \cdot \mathrm{e}}{9}$ (e: Basis des natürlichen Logarithmus) ist, für die

$$\Delta^S(x_{i_1}, \ldots, x_{i_r}) = 2^r$$

wird.

Beweis. Aufgrund des Lemmas in Kapitel X, § 4 existiert die geforderte Teilstichprobe, sofern nur

$$\Delta^S(x_1, \ldots, x_l) > \sum_{i=0}^{r-1} \binom{l}{i} = \Phi(l, r)$$

ist. Um sich von der Richtigkeit dieser Ungleichung zu überzeugen, ist es hinreichend, die Gültigkeit von

$$2^{al} > \Phi(l, r) \tag{11.15}$$

nachzuweisen. Da in unserem Falle $r \geqq 2$ und $l > r + 1$ sind, so kann man die in der

Bemerkung 1 zum Kapitel X, § 4 erhaltene Abschätzung der Funktion $\Phi(r, l)$ anwenden und erhält

$$\Phi(r, l) \leqq \Phi(r, l) \leqq 1{,}5 \frac{l^r}{r!}.$$

Diese Ungleichung läßt sich mit Hilfe der STIRLINGschen Formel zu

$$\Phi(r, l) < \frac{1{,}5 l^r e_r}{\sqrt{2\pi r}\, r^r} < \left(\frac{l}{r}\right)^r e^r$$

verschärfen. Führt man eine Variable q durch

$$r = [q \cdot l] \leqq q \cdot l$$

ein, dann erhält man, weil – wovon man sich leicht überzeugen kann – die Funktion $\left(\frac{l \cdot e}{x}\right)^x$ für $x < l$ monoton mit x wächst, die Ungleichung

$$\Phi(r, l) < \left(\frac{e}{q}\right)^{ql}, \text{ da } r = [q, l] \leq ql.$$

Somit ist für die Gültigkeit von (11.15) hinreichend, daß die Ungleichung

$$2^{al} > \left(\frac{e}{q}\right)^{ql}$$

besteht.

Nach Logarithmieren und Division durch l nimmt diese Ungleichung die folgende Form an:

$$a > q \log_2\left(\frac{e}{q}\right). \tag{11.16}$$

Andererseits ist für $z > 0$ die Ungleichung

$$\log_2 z \leqq \frac{2 \log_2 e}{e} \sqrt{z}$$

erfüllt.

Die letzte Ungleichung ist eine unmittelbare Folge der Tatsache, daß die Funktion $\frac{\log_2 z}{\sqrt{z}}$ im Punkt $z = e^2$ ihr Maximum erreicht und dort den Wert $\frac{2 \log_2 e}{e}$ annimmt. Mit Hilfe dieser Ungleichung läßt sich (11.16) aus

$$a > \sqrt{eq}\, \frac{2 \log_2 e}{e}$$

ableiten. Setzt man hierin für q den Wert $\frac{a^2 e}{9}$ ein, so folgt unmittelbar

$$a > \frac{2 \log_2 e}{3} a.$$

Damit ist das Lemma bewiesen.

Erinnern wir uns jetzt daran, daß entsprechend dem Lemma 2 von § 2 für den Fall, daß $\frac{H^S(l)}{l} \to c > 0$ ist, die Wahrscheinlichkeit

$$P\left\{\frac{\log_2 \Delta^S(x_1, \ldots, x_l)}{l} > c - \delta\right\}$$

mit wachsendem l nach Eins strebt ($\delta > 0$). Folglich ist bei hinreichend großem l mit einer Wahrscheinlichkeit beliebig nahe an 1

$$\log_2 \Delta^S(x_1, \ldots, x_l) > 2^{\frac{c}{2} l}. \tag{11.17}$$

Folglich existiert aufgrund des eben bewiesenen Lemmas in jeder Stichprobe, die der Bedingung (11.17) genügt, eine Teilfolge der Länge

$$r = \left[q\left(\frac{c}{2}\right) \cdot l\right],$$

in der von dem System S *alle* Teilstichproben induziert werden. Die Länge dieser Teilstichproben wächst proportional mit l.

3. Beweisgedanke für den Beweis der Behauptung b). Der Vergleich zwischen den Eintrittshäufigkeiten der Ereignisse in den möglichen Teilstichproben einer gegebenen Stichprobe kann auch folgendermaßen vorgenommen werden: Man betrachtet eine Stichprobe der Länge $2l$ und zerlegt sie zufällig in zwei Teilstichproben gleicher Länge, dann vergleicht man die Anzahl der Realisierungen jedes Ereignisses der Klasse S in der ersten und zweiten Teilstichprobe. Wir ändern das Schema etwas ab:

Eine Teststichprobe $X^{2l} = x_1, \ldots, x_{2l}$ der doppelten Länge sei gegeben und genüge der Bedingung (11.17), d.h., es sei

$$\Delta^S(x_1, \ldots, x_{2l}) > 2^{cl}.$$

Dann existiert eine Teilstichprobe X^r dieser Stichprobe mit der Länge

$$r = \left[2q\left(\frac{c}{2}\right) \cdot l\right],$$

deren Teilfolgen sämtlich induziert sind.

Jetzt zerlegen wir zuerst die Teilstichprobe X^r zufällig in zwei Teilfolgen und danach (unabhängig davon) die Restfolge $X^{2l} - X^r$. Seien X_1^r und X_2^r die zwei Teilfolgen, in die X^r zerlegt wurde. Nach Voraussetzung kann man ein Ereignis $A^* \in S$ finden (und effektiv konstruieren), so daß jedes Element von X_1^r, aber kein Element der Folge X_2^r, in der Menge A liegt. Für dieses Ereignis wird der größte Wert der Abweichung vom Gleichgewicht der Häufigkeiten erreicht. Nehmen wir an, daß in dem Rest der Folge die Elemente aus A^* m-mal vorkommen, dann werden bei der gen. zufälligen Zerlegung dieses Restes ungefähr $m/2$ dieser Elemente in der ersten Teilstichprobe und ebensoviele in der zweiten liegen. Damit gilt dann

$$|\nu'(A^*) - \nu''(A^*)| \approx \frac{r}{2l} + \frac{m}{2l} - \frac{m}{2l} = \frac{r}{2l} \approx q$$

und folglich

$$\sup_{A \in S} |\nu'(A) - \nu''(A)| > q.$$

Da die Zahl $q > 0$ von der Stichprobenlänge unabhängig ist, existiert somit hier die gleichmäßige Konvergenz nicht.

Das geänderte Schema ist dem ursprünglichen nicht vollständig äquivalent, da die Teilstichprobe X^r und die Restfolge bei der Zerlegung der vollständigen Stichprobe X^{2l} nicht unbedingt genau halbiert werden, aber bei hinreichend großem l (und damit auch hinreichend großem r) ist diese Bedingung fast immer genügend genau erfüllt.

In dem folgenden formalen Beweis werden alle hier eingeführten Zusatzannahmen und Näherungen streng berücksichtigt.

4. Beweis der Behauptung b).

Sei jetzt also

$$\lim_{l\to\infty} \frac{H^S(l)}{l} = c > 0 .$$

Bei der Beweisführung für die hinreichenden Bedingungen (Kapitel X, § 6) wurde gefunden, daß

$$P(\varrho^S(x_1, \ldots, x_{2l}) > 2\delta) = \frac{1}{2l!} \int_{X(2l)} (\theta(\varrho(T_i X^{2l}) - 2\delta)) \cdot \mathrm{d}P(X^{2l}), \qquad (11.18)$$

gilt, wobei T_i alle Permutationen der Folge $x_1, \ldots, x_{2l}$ durchläuft. Wir bezeichnen den Ausdruck unter dem Integral mit $K(x_1, \ldots, x_{2l})$ und engen den Integrationsbereich wie folgt ein:

$$P\left\{\varrho^S(x_1, \ldots, x_{2l}) > \frac{\varepsilon}{2}\right\}$$

$$\geqq \frac{1}{(2l)!} \int_{\frac{\log_2 \Delta^S(x_1,\ldots,x_{2l})}{2l} > \frac{c}{2}} K(x_1, \ldots, x_{2l}) \,\mathrm{d}P(X^{2l}) .$$

Wir suchen eine Abschätzung des Integranden K für den Fall, daß

$$\frac{\log_2 \Delta^S(x_1, \ldots, x_{2l})}{2l} > \frac{c}{2}$$

ist, d.h., es soll

$$\Delta^S(x_1, \ldots, x_{2l}) > 2^{cl}$$

sein. Dabei wählen wir $\frac{1}{2} > q(c) > 0$ derart, daß – in Übereinstimmung mit Lemma 3 – bei hinreichend großen Werten l eine Teilfolge X^n von X^{2l} der Länge $n > ql$ existiert, in der von dem System S alle [möglichen] Teilstichproben induziert werden (d.h., für die $\Delta^S(x_1, \ldots, x^n) = 2^n$ gilt), und $\delta(c) = \frac{q}{8}$ ist. Wir werden annehmen, daß $n \leqq l$ ist und feststellen, daß die Zahlen q und δ von l unabhängig sind.

Wir gruppieren hierzu die Permutationen T_i so, daß in eine Gruppe R_S alle diejenigen Permutationen eingehen, bei denen die Zerlegung der Stichprobe X^{2l} in die erste und zweite Halbstichprobe bis auf Permutationen der Elemente in den Halbstichproben übereinstimmen. Es ist offensichtlich, daß die Größe

$$\varrho^S(T_i \cdot x_1, \ldots, T_i \cdot x_{2l}) = \sup_{A \in S} |\nu'(A; T_i \cdot x_1, \ldots, T_i \cdot x_l) - \nu''(A; T_i \cdot x_l, \ldots, T_i \cdot x_{2l})|$$

nur davon abhängt, welcher Gruppe R_S die Permutation T_i angehört und innerhalb der Gruppen konstant ist. Deshalb ist

$$K = \frac{1}{\binom{2l}{l}} \cdot \sum_S \theta(\varrho^S(R_S; x_1, \ldots, x_{2l}) - 2\delta).\ ^{1)}$$

Die Summation läuft über alle Zerlegungen der Stichprobe $X^{2l} = x_1, \ldots, x_{2l}$ in die erste und zweite Halbstichprobe ohne Rücksicht auf die Reihenfolge der Elemente in den Halbstichproben.

Sei weiterhin X^n die oben erwähnte Teilstichprobe der Länge n, in der die Ereignismenge S die Gesamtheit aller Teilfolgen dieser Folge induziert. Wir bezeichnen ihr Komplement bezüglich X^{2l} mit $\overline{X^n}$ (die Länge von $\overline{X^n}$ ist gleich $2l - n$).

Die Klasse R, der eine Zerlegung der Stichprobe X^{2l} in zwei Halbstichproben angehört, ist vollständig bestimmt, wenn bekannt ist, aus welchen Teilfolgen der Folge R^n und ihres Komplements die Elemente der Zerlegung bestehen. Wir bezeichnen eine Zerlegung der Teilstichprobe X^n in den Teil, der in die erste Halbstichprobe fällt, und den Teil, der in die zweite Halbstichprobe fällt, mit R_k und die entsprechende Zerlegung der Teilstichprobe X^n mit R_j.

Die Anzahl der Elemente von X^n, die in die erste Halbstichprobe fallen, bezeichnen wir mit r und stellen $K(X^l)$ in folgender Form dar:

$$K = \frac{1}{\binom{2l}{l}} \cdot \sum_r \sum_k \sum_j \theta(\varrho^S(R_k R_j; x_1, \ldots, x_{2l}) - 2\delta).\ ^{2)}$$

Hierin durchläuft der Index r die Zahlen $0, 1, \ldots, n$. Die Summe über k läuft über alle Zerlegungen der Folge X^n, wobei der ersten Halbstichprobe von X^{2l} genau r Elemente aus X^n zugeordnet werden; die Summierung über j durchläuft alle Zerlegungen der Folge X^n, wobei der ersten Halbstichprobe $l - r$ Elemente aus X^n zugeordnet werden.

Für ein festgehaltenes k, d.h. für die zu diesem Index k gehörende Zerlegung der Folge X^n, existiert ein $A(k) \in S$ derart, daß alle Elemente x_i, die durch diese Zerlegung der ersten Halbstichprobe zugeordnet sind, $A(k)$ angehören, und alle Elemente x_i, die der zweiten Halbstichprobe zugeordnet sind ,der Menge $A(k)$ nicht angehören. Daß dies so ist, ist eine Folge davon, daß das System S in X^n nach Voraussetzung alle Teilstichproben induziert. Dabei ist laut Definition von ϱ_S die Größe $\varrho^S(R_k R_j; x_1, \ldots, x_{2l}) \geqq \varrho(A(k); R_k R_j; x_1, \ldots, X_{2l})$[3]) und demzufolge

$$K \geqq \frac{1}{\binom{2l}{l}} \sum_r \sum_k \sum_j \theta[\varrho^S(A(k); R_k R_j; x_1, \ldots, x_{2l}) - 2\delta].$$

Des weiteren sei $P(k)$ die Anzahl derjenigen Elemente der Teilfolge $\overline{X}$, die in $A(k)$ liegen, und t die Anzahl derjenigen Elemente der Teilfolge $\overline{X}$, die in $A(k)$ liegen und durch die

---

[1]) Anm. d. Hrsg.: Wegen der erwähnten Invarianzeigenschaft der Gruppe R_S von Transformationen T_i gilt $\varrho^S(T_i; x_1, \ldots, x_{2l}) =: \varrho^S(R_S; x_1, \ldots, x_{2l})$ für alle $T_i \subseteq R_S$. Das ist gleichzeitig die Definition für $\varrho^S(R_S; x_1, \ldots, x_{2l})$.

[2]) Anm. d. Hrsg.: Bei vorgegebener Teilfolge X^n, $|X^n| = r$, ist durch die Zerlegungen R_k von X^n und R_j von X^n die Gruppe R_S festgelegt, so daß R_S symbolisch durch $R_k R_j$ ersetzt werden konnte.

[3]) Anm. d. Hrsg.: $\varrho(A(k); \ldots$ ist nur eine andere Schreibweise für $\varrho_{A(k)}(\ldots$ (vgl. die Definition von ϱ_A auf S. 157).

Zerlegung R_j der ersten Halbstichprobe zugeordnet sind. Dann gilt für gegebene Werte r, k, j

$$\nu'(A(k); x_1, \ldots, x_l) = \frac{r+t}{l},$$

$$\nu''(A(k); x_{l+1}, \ldots, x_{2l}) = \frac{p-t}{l},$$

$$|\nu'(A(k); x_1, \ldots, x_l) - \nu''(A(k); x_{l-1}, \ldots, x_{2l})| = \frac{|r+2t-p|}{l}.$$

Dementsprechend ist

$$\theta[\varrho^S(A(k); x_1, \ldots, x_{2l}) - 2\delta] = \begin{cases} 1 \text{ für } \dfrac{|r+2t-p|}{l} > 2\delta, \\ 0 \text{ für } \dfrac{|r+2t-p|}{l} \leqq 2\delta. \end{cases}$$

Schließlich betrachten wir noch Gruppen von Zerlegungen R_j, die [bei fixierten Werten r und k] zu ein und demselben Wert t führen. Die Anzahl solcher Zerlegungen ist gleich

$$\binom{p(k)}{t} \cdot \binom{2l-n-p(k)}{l-r-t}.$$

Dann nimmt die Abschätzung des Ausdrucks K folgende Form an:

$$K \geqq \frac{1}{\binom{2l}{l}} \sum_r \sum_k \sum_t \binom{p(k)}{t} \binom{2l-n-p(k)}{l-r-t}.$$

Nach elementaren Umwandlungen erhalten wir

$$K \geqq \sum_r \frac{\binom{n}{r}\binom{2l-n}{l-r}}{\binom{2l}{l}} \sum_k \frac{1}{\binom{n}{r}} \sum_t \frac{\binom{p(k)}{t} \cdot \binom{2l-n-p(k)}{l-r-t}}{\binom{2l-n}{l-2}}, \tag{11.19}$$

wobei die Summierung über t in dem durch die Ungleichung

$$\frac{|r+2t-p|}{l} > 2\delta \tag{11.20}$$

definierten Bereich vorgenommen wird.

Wir setzen jetzt $0 < \varepsilon < \dfrac{q}{20}$ und betrachten die Größe K'

$$K' = \sum_r \frac{\binom{n}{r}\binom{2l-n}{l-r}}{\binom{2l}{l}} \sum_k \frac{1}{\binom{n}{r}} \sum \frac{\binom{p(k)}{t} \cdot \binom{2l-n-p(k)}{l-r-t}}{\binom{2l-n}{l-r}},$$

die sich von der rechten Seite von (11.19) nur durch einen abgeänderten Summationsbereich unterscheidet derart, daß r und t Werte durchlaufen, die die Ungleichungen

$$\left|r - \frac{n}{2}\right| \leqq \varepsilon n\,, \tag{11.21}$$

$$\left|t - \frac{p(k)\,(l-r)}{2l-n}\right| < \varepsilon l \tag{11.22}$$

erfüllen. Alle Paare r und t, die (11.21) und (11.22) genügen, genügen automatisch auch der Ungleichung (11.20). Das ergibt sich, weil die Ungleichung

$$\frac{r+2t-p}{l} > \frac{1}{l}\left[\frac{n}{2} - \varepsilon n + \frac{2p}{(2l-n)}\left(l - \frac{n}{2} - \varepsilon n\right) - 2\varepsilon l - p\right]$$

$$\geqq \frac{1}{l}\left[\frac{n}{2} - \varepsilon\left(n + 2l + \frac{pn}{2l-n}\right)\right]$$

gilt und angenommen wurde, daß $ql < n < l$, $\delta = \frac{q}{8}$, $\varepsilon < \frac{q}{20}$ sind, womit

$$\frac{r+2t-p}{l} > \frac{1}{l}\left[\frac{n}{2} - 5\varepsilon l\right] = \frac{q}{4} = 2\delta$$

folgt. Da der Summationsbereich in dem Ausdruck für K' in dem von (11.19) enthalten ist, gilt

$$K \geqq K'\,.$$

Weiterhin existiert, rein elementar, für jedes $\eta > 0$ eine von η und q abhängige Zahl l_0, so daß für alle $l > l_0$

$$\sum_t \frac{\binom{n}{r}\binom{2l-n}{l-r}}{\binom{2l}{l}} > 1 - \eta \tag{11.23}$$

(die Summation über r durchläuft hier den durch (11.21) definierten Bereich) und

$$\sum_t \frac{\binom{p}{t}\binom{2l-n-p}{l-r-t}}{\binom{2l-n}{l-r}} > 1 - \eta \tag{11.24}$$

erfüllt sind (wobei die letzte Summation über t in dem durch (11.22) definierten Bereich verläuft).

Dies folgt aus der Tatsache, daß

$$\frac{\binom{n}{r}\binom{2l-n}{l-r}}{\binom{2l}{l}}$$

die Wahrscheinlichkeit dafür ist, daß sich unter l aus einer Urne [die n schwarze und $2l-n$ weiße Kugeln enthält] zufällig [ohne Zurücklegen] gezogenen Kugeln r schwarze Kugeln befinden. Die mathematische Erwartung der Anzahl der schwarzen Kugeln in der Stichprobe ist hier gleich $n/2$, und die rechte Seite der Formel (11.23) ist die Wahrscheinlichkeit dafür, daß die Anzahl der schwarzen Kugeln in der Stichprobe von der mathematischen Erwartung um mehr als $\varepsilon \cdot n$ abweicht.

Da für das Urnenschema ohne Zurücklegen das Gesetz der großen Zahlen gilt, ist die Formel (11.23) für große l, von einer bestimmten großen Zahl l an, als richtig erwiesen.

Analog ist

$$\frac{\binom{p}{t}\binom{2l-n-p}{l-r-t}}{\binom{2l-n}{l-r}}$$

die Wahrscheinlichkeit, t schwarze Kugeln zu finden, wenn man aus einer Urne, die p schwarze und $2l - n - p$ weiße Kugeln enthält, $l > r$ Kugeln [wieder ohne Zurücklegen] zieht. Die mathematische Erwartung der Anzahl der schwarzen Kugeln in der Stichprobe ist gleich

$$\frac{p(l-r)}{2l-n-p},$$

und folglich ist die Formel (11.24) in diesem Fall als Ausdruck des Gesetzes der großen Zahlen zu interpretieren.

Berücksichtigen wir die Tatsache, daß die Anzahl der Zerlegungen R der Teilfolge X^n für einen festgehaltenen Wert r gleich $\binom{n}{r}$ ist, so erhalten wir für $l > l_0$

$$K \geqq (1-\eta)^2.$$

Zum Schluß folgt für $l \geqq l_0$ und $\delta(c) = \frac{q}{8}$

$$P\{\varrho^S(x_1, \ldots, x_{2l}) > 2\delta\}$$

$$\geqq \int\limits_{\frac{\log_2 \Delta^S(x_1,\ldots,x_{2l})}{2l} > \frac{c}{2}} K(x_1, \ldots, x_{2l}) \, dP(X^{2l}) \geqq (1-\eta)^2 \left(1 - P^-\left(\frac{c}{2}, l\right)\right).$$

Da nach Lemma 2

$$\lim_{l\to\infty} P^-\left(\frac{c}{2}, l\right) = 0$$

ist, so gilt

$$\lim_{l\to\infty} P\{\varrho^S(x_1, \ldots, x_{2l}) > 2\delta\} \geqq (1-\eta)^2.$$

Da ferner η beliebig klein ist, ergibt sich

$$\lim_{l\to\infty} P\{\varrho^S(x_1, \ldots, x_{2l}) > 2\delta\} = 1.$$

Damit ist das Theorem bewiesen.

§ 5. Beispiele und ergänzende Kriterien

Bei der Ableitung der notwendigen und hinreichenden Bedingungen in § 4 wurde gezeigt, daß für

$$\frac{H^S(2l)}{2l} = 1$$

die Aussagen

$$P\{\sup_{A\in S} |\nu'(A) - \nu''(A)| \geqq 1\} = 1$$

und

$$P\{\sup_{A\in S} |P(A) - \nu(A)| \geqq 0{,}5\} = 1$$

gültig sind, d.h., daß in diesem Fall die maximale Abweichung der Häufigkeit von der Wahrscheinlichkeit durch Vergrößerung der Stichprobenlänge jedenfalls nicht beliebig klein gemacht werden kann, sondern endlich bleibt.

1. Im Beispiel 2 des Kapitels X, § 3 war die Menge X mit dem Intervall $[0, 1]$ identisch; das System S bestand aus allen denjenigen Teilmengen von X, die sich durch Vereinigung einer endlichen Anzahl abgeschlossener Intervalle mit rationalen Endpunkten darstellen lassen. Dieses System S ist abzählbar unendlich. Es wurde gefunden, daß für jede Stichprobe ohne Wiederholung von Elementen

$$\Delta^S(x_1, \ldots, x_l) = 2^l$$

gilt. Bei einer beliebigen stetigen Wahrscheinlichkeitsverteilung enthält aber die Stichprobe mit Wahrscheinlichkeit 1 keine derartigen Wiederholungen. Deshalb ist

$$\frac{H^S(l)}{l} \equiv 1,$$

und folglich gilt mit Wahrscheinlichkeit 1

$$\sup_{A\in S} |\nu(A) - P(A)| \geqq 0{,}5$$

(tatsächlich kann man sich leicht davon überzeugen, daß im gegebenen Fall *fast sicher* $\sup_{A\in S} |\nu(A) - P(A)| = 1$ ist).

Somit besteht die gleichmäßige Konvergenz nicht, obwohl das System S nur abzählbar unendlich viele Ereignisse umfaßt.

2. Im Beispiel 3 des Kapitels X, § 3 wurden der n-dimensionale Raum E_n und das Ereignissystem

$$\{x : (x, \varphi) \geqq 0\}$$

für verschiedene φ ($\varphi \neq 0$) betrachtet. Man kann sich leicht davon überzeugen, daß

$$\Delta^S(x_1, \ldots, x_{2l}) = 2^{2l}$$

ist, wenn die Punkte $x_1, \ldots, x_{1l}$ unter der Bedingung, daß $2l \leqq n$ ist, in allgemeiner Lage sind. Bei einer beliebigen stetigen Verteilung sind jedoch die Punkte der Stichprobe mit Wahrscheinlichkeit 1 in allgemeiner Lage. Deshalb gilt bei $l \leqq \frac{n}{2}$

$$\frac{H^S(2l)}{2l} = 1$$

und mit Wahrscheinlichkeit 1

$$\sup_{A\in S} |\nu(A) - P(A)| \geqq 0{,}5.$$

Es zeigt sich also, daß die maximale Abweichung der Häufigkeit von der Wahrscheinlichkeit für Stichproben, die nicht länger als $n/2$ sind, groß ist — wobei n die Dimension des Objektraums bedeutet.

3. Wir stellen noch ein Kriterium auf, mit dem man — falls die hinreichenden Bedingungen nicht erfüllt sein sollten — beurteilen kann, ob die gleichmäßige Konvergenz vorliegt.

Theorem 11.2. *Im Raum X seien das Wahrscheinlichkeitsmaß $P(x)$ und das Ereignissystem S gegeben. Wir nehmen an, daß für jedes $\varepsilon > 0$ zwei Systeme $S_1(\varepsilon)$ und $S_2(\varepsilon)$ existieren, für die die Bedingung der gleichmäßigen Konvergenz erfüllt ist, so daß für jede Menge $A \in S$ gewisse Mengen $B \in S_1$ und $C \in S_2$ gefunden werden können, die in den Beziehungen*

$$B \supset A \supset C$$

und

$$|P(A) - P(B)| < \varepsilon, \quad |P(A) - P(C)| < \varepsilon$$

stehen.

Unter diesen Voraussetzungen ist dann für die Ereignisse des Systems S ebenfalls die gleichmäßige Konvergenz der Häufigkeiten gegen die Wahrscheinlichkeiten [in Wahrscheinlichkeit] gegeben.

Beweis. $\varepsilon > 0$ und $\eta > 0$ sollen beliebige Zahlen sein. Wir wählen dann ein l_0, so daß für alle $l > l_0$

$$\begin{aligned} &P\left\{\sup_{A \in S_1(\varepsilon/4)} |\nu^l(A) - P(A)| > \frac{\varepsilon}{4}\right\} < \eta, \\ &P\left\{\sup_{A \in S_2(\varepsilon/4)} |\nu^l(A) - P(A)| > \frac{\varepsilon}{4}\right\} < \eta \end{aligned} \tag{11.25}$$

erfüllt ist.

Wir wählen jetzt weiterhin ein beliebiges Ereignis $A \in S$ aus und bestimmen für dieses Ereignis zwei Ereignisse $B \in S_1$ und $C \in S_2$ mit $B \subset A \subset C$ und

$$|P(A) - P(B)| < \frac{\varepsilon}{4}, \quad |P(A) - P(C)| < \frac{\varepsilon}{4}. \tag{11.26}$$

Dann ist

$$\nu(B) \geqq \nu(A) \geqq \nu(C). \tag{11.27}$$

Aus den Ungleichungen (11.25), (11.26) und (11.27) folgt

$$P\{\sup_{A \in S} |\nu^l(A) - P(A)| > \varepsilon\} < 2\eta,$$

womit das Theorem bewiesen ist.

4. Wir führen zwei Beispiele für die Anwendung dieses Kriteriums an. Seien X eine endliche Menge, über der das Wahrscheinlichkeitsmaß $P(x)$ erklärt ist, und S ein beliebiges System von Teilmengen von X. Die Elemente von X werden in beliebiger Reihenfolge durchnumeriert.

Da

$$\sum_{i=1}^{\infty} P(x_i) = 1$$

ist, kann man für jedes $\varepsilon > 0$ eine Zahl n bestimmen, für die

$$\sum_{i=1}^{n} P(x_i) > 1 - \varepsilon$$

erfüllt ist.

Wir bezeichnen die endliche Menge $x_1, \ldots, x_n$ mit $X(n)$. Das System S_2 soll alle Teilmengen der Menge $X(n)$ und das System S_1 alle Mengen der Form

$$Q \cup (X - X(n))$$

umfassen, wobei Q eine beliebige Teilmenge von $X(n)$ bedeutet.

Für jedes $A \in S$ kann man dann $B \in S_1$ und $C \in S_2$ finden, die den Bedingungen des Theorems genügen, und sich in der Gestalt

$$C = A \cap X(n),$$
$$B = (A \cap X(n)) \cup (X - X(n))$$

darstellen lassen.

Da die Systeme S_1 und S_2 endlich sind, besteht für sie und damit folglich auch für das System S_2 die gleichmäßige Konvergenz. Somit ist die gleichmäßige Konvergenz der Häufigkeiten gegen die Wahrscheinlichkeiten stets gegeben, wenn nur X eine endliche Menge ist. Das System S kann dabei insbesondere so beschaffen sein, daß $m^S(l) \equiv 2^l$ ist. In diesem Falle kann die Konvergenz*geschwindigkeit* beliebig kleine Werte annehmen.

5. Betrachten wir noch ein weiteres, besonders interessantes Beispiel. Seien X eine [zweidimensionale] Ebene und das System S die Gesamtheit aller konvexen, abgeschlossenen Teilmengen der Ebene. In diesem Fall gilt

$$m^S(l) \equiv 2^l.$$

Auf dem in Abb. 22 dargestellten Kreis sind l Punkte $x_1, \ldots, x_l$ markiert. Wir betrachten eine beliebige Teilfolge $x_{i_1}, \ldots, x_{i_r}$ dieser Punktfolge (deren Elemente in der Abbildung durch Kreuze dargestellt sind).

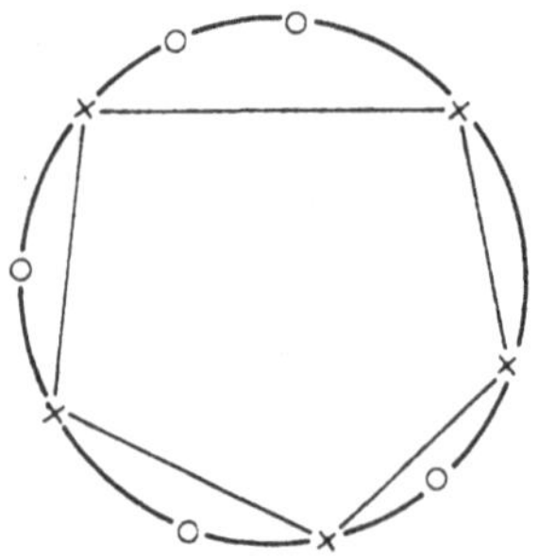

Abb. 22. Veranschaulichung des Beispiels 5 zu Theorem 11.2

Das einbeschriebene [geschlossene] Polygon, dessen Ecken die Punkte $x_{i_1}, \ldots, x_{i_r}$ sind, ist eine Menge, die offensichtlich genau nur diese Punkte und keine anderen Punkte der Folge $x_1, \ldots, x_l$ enthält. Das bedeutet, daß durch das System S in $x_1, \ldots, x_l$ jede beliebige Teilstichprobe induziert wird, so daß

$$\Delta^S(x_1, \ldots, x_l) = 2^l$$

ist und damit

$$m^S(l) = 2^l.$$

Somit sind also die hinreichenden Bedingungen in diesem Beispiel nicht erfüllt.

Allgemein kann in einer Klasse S von Ereignissen die gleichmäßige Konvergenz bestehen oder auch nicht, je nachdem, welche Verteilung vorliegt. So z.B. gilt, wenn das Wahrscheinlichkeitsmaß ausschließlich auf eine Kreislinie konzentriert ist und dort gleichförmig ist (sonst jedoch überall verschwindet) mit Wahrscheinlichkeit 1

$$\sup_{A \in S} |\nu(A) - P(A)| = 1,$$

wie lang auch die Stichprobe sein mag. Das ist eine Folge davon, daß in diesem Falle alle Punkte der Stichprobe $x_1, \ldots, x_l$ mit Wahrscheinlichkeit 1 auf dem Kreis liegen. Die konvexe Hülle dieser Punktmenge ist ein einbeschriebenes Vieleck A mit den Ecken in $x_1, \ldots, x_l$. Dieses Vieleck enthält alle Punkte $x_1, \ldots, x_l$ und hat mit dem Kreis nur eine Punktmenge vom Maß Null gemeinsam.

Ist jedoch die Wahrscheinlichkeit homogen im Innern eines Kreises O verteilt, dann existiert die gleichmäßige Konvergenz stets. Das folgt daraus, daß es in diesem Fall genügt, ein System S^* zu betrachten, das aus konvexen, abgeschlossenen Mengen besteht, die vollständig im Innern des Kreises liegen.

Unter diesen Voraussetzungen sind mit Wahrscheinlichkeit 1 alle Punkte der Stichprobe innere Punkte des Kreises. Deshalb sind für beliebige $A \in S$ und $B = A \cap O$

$$\nu(A) = \nu(B), \quad P(A) = P(B).$$

Dabei ist $B = A \cap O$ selbst eine abgeschlossene konvexe Menge und liegt im Innern des Kreises O.

Somit gilt mit Wahrscheinlichkeit 1

$$\sup_{A \in S} |\nu(A) - P(A)| = \sup_{A \in S^*} |\nu(A) - P(A)|.$$

Weiterhin kann man mit Hilfe elementarer Betrachtungen zeigen, daß für eine beliebige Zahl $\varepsilon > 0$ und für jede konvexe Menge aus S je ein umbeschriebenes und ein einbeschriebenes Polygon mit je k Seiten existiert, deren Maße sich voneinander um nicht mehr als ε unterscheiden — und daß sich für vorgegebene ε eine solche [endliche] Zahl k auch tatsächlich finden läßt.

Damit sind die Bedingungen des Theorems dieses Paragraphen erfüllt, da für die Systeme S_1, S_2, die aus [konvexen] Polygonen mit fester Seitenzahl bestehen, die gleichmäßige Konvergenz erfüllt ist (vgl. Beispiel 5 im Kapitel X, § 8).

Das bedeutet, daß bei der zuletzt untersuchten Verteilung die gleichmäßige Konvergenz für beliebige konvexe Mengen gegeben ist.

Während bei allen früher betrachteten Beispielen eine stetige Verteilung am ungünstigsten war, ist es hier jedoch umgekehrt.

KAPITEL XII

SCHÄTZUNG DER GLEICHMÄSSIGEN ABWEICHUNG DER RELATIVEN HÄUFIGKEITEN VON DEN WAHRSCHEINLICHKEITEN IN EINER KLASSE VON EREIGNISSEN

§ 1. Der Begriff gleichmäßige Abweichung

Die im Kapitel X erhaltenen Schätzungen für die Geschwindigkeit der gleichmäßigen Konvergenz sind wesentlich zu niedrig.[1]) Dies hängt damit zusammen, daß es notwendig war, mit einer vorsichtigen Schätzung zu beginnen, um die Vielfalt der sonst zu prüfenden Ansätze für Schätzungen in Grenzen zu halten und gleichzeitig die technischen Probleme der Ableitung von Schätzformeln zu beherrschen. In noch stärkerem Maße waren die hier angewandten Schätzungen jedoch dadurch motiviert, daß man sich bei dem Bestreben, ein allgemeingültiges Resultat zu erhalten, auf die [in bezug auf die zu schätzende Größe] *ungünstigste* Wertebelegung gewisser Parameter, die nicht so offensichtich in die Schätzung eingehen, orientieren mußte.

Insbesondere mußte garantiert sein, daß die Abweichung der Häufigkeit von der Wahrscheinlichkeit für ein bestimmtes Ereignis A in der vorgegebenen Größenordnung lag, d. h. genügend klein war. Um das zu gewährleisten, mußte eine große Stichprobe genommen werden, wenn die Wahrscheinlichkeit $P(A) \approx 1/2$ war, und es genügte eine kleinere, wenn $P(A)$ nahe an 0 oder 1 lag. In der Tat sind, um bei $P(A) = 0{,}5$ eine zulässige Abweichung der relativen Häufigkeit $\nu(A)$ von $P(A)$ von 1% (d. h. $\nu(A) = P(A) \pm 0{,}01$) zu erreichen, $\approx 10^4$ Versuche erforderlich, während bei $P(A) = 0{,}01$ für die gleiche zulässige Abweichung eine Länge der Stichprobe zwischen 100 und 200 Objekten ausreichend ist.

Wird also eine Abschätzung dieser Abweichung nach oben benötigt, die nicht von (dem wahren Wert) $P(A)$ abhängt, dann muß man sich am ungünstigsten Fall orientieren, d. h. an dem Fall $P(A) = 0{,}5$.

Deshalb war es in unserem Beweis ebenfalls erforderlich, den Fall, daß die Wahrscheinlichkeiten $P(A)$ aller Ereignisse nahe 1/2 sind, zugrunde zu legen.

Bekanntlich gilt allgemein für ein festes Ereignis A, daß die Abweichung der Häufigkeit von der Wahrscheinlichkeit die Größenordnung ε hat, wenn dasselbe für die mittlere quadratische Abweichung σ der Häufigkeiten von den Wahrscheinlichkeiten zutrifft. Dabei ist

$$\sigma = \frac{1}{\sqrt{l}} \sqrt{P(A)\,(1 - P(A))},$$

woraus folgt, daß bei festem l die Abweichung proportional $\sqrt{P(1-P)}$ ist. Es erscheint deshalb natürlich, die gleichmäßige Abweichung in relativen Einheiten zu messen, d. h.

[1]) Anm. d. Hrsg.: Erwünscht ist eine *hohe* Konvergenzgeschwindigkeit. Eine „vorsichtige" Schätzung muß also eine Abschätzung *nach oben* sein. Die *Konvergenzlänge* ist offenbar ein zur Konvergenzgeschwindigkeit inverses Maß.

zu fordern, daß

$$\sup_{A} \left| \frac{\nu(A) - P(A)}{\sqrt{P(A)\,(1 - P(A))}} \right| \xrightarrow[l\to\infty]{} 0.$$

Bei der Abschätzung der gleichmäßigen Abweichung der relativen Häufigkeiten in zwei aufeinanderfolgenden Halbstichproben ist die Normierung natürlich nur mit einer Schätzung des Ausdrucks $\sqrt{P(A)\,(1 - P(A))}$ möglich, die hier auf der Grundlage der Stichprobe vorgenommen wird.

Im folgenden Paragraphen wird dafür die folgende Abschätzung abgeleitet:

$$P\left\{\sup_{A\in S} \frac{|\nu'(A) - \nu''(A)|}{\sqrt{\left(\nu(A) + \frac{1}{2l}\right)\left(1 - \nu(A) + \frac{1}{2l}\right)}} > \varepsilon\right\} < 4m^S(2l)\, e^{-\frac{\varepsilon^2 l}{4}},$$

wobei $\nu'(A)$ und $\nu''(A)$ die relativen Eintrittshäufigkeiten des Ereignisses A in der ersten und in der zweiten Halbstichprobe bedeuten, und $\nu(A) = \frac{\nu'(A) + \nu''(A)}{2}$ die Eintrittshäufigkeit von A in der vollständigen Stichprobe ist.

Auf diese Weise wird eine definierte „Gleichberechtigung" der Ereignisse in der Klasse S erreicht. Was die gleichmäßige, normierte Abweichung der relativen Häufigkeiten von den Wahrscheinlichkeiten betrifft, so gelingt es, hier die folgende *einseitige* Schätzung zu erhalten:

$$P\left\{\sup_{A\in S} \frac{P(A) - \nu(A)}{\sqrt{P(A)}} > \varepsilon\right\} < 16m^S(2l)\, e^{-\frac{\varepsilon^2 l}{4}}. \tag{12.1}$$

Der normierte Divisor $\sqrt{P(A)}$ ist bei kleinen Werten $P(A)$ ungefähr gleich $\sqrt{P(A)\,(1 - P(A))}$.

Diese Abschätzung unterscheidet sich von den im Kapitel X und XI erhaltenen nur bei kleinen $P(A)$ wesentlich, d.h., wenn $\sqrt{P(A)} \ll 1$, wobei bei sehr kleinen $P(A) \ll \varepsilon^2$ die Schätzung trivial ist, da dabei immer

$$\frac{P(A) - \nu(A)}{\sqrt{P(A)}} \leqq \varepsilon$$

sein muß. Korrekt ist auch die symmetrische, *einseitige* Schätzung, die bei Werten $P(A) \approx 1$ nützlich ist:

$$P\left\{\sup_{A\in S} \frac{-P(A) + \nu(A)}{\sqrt{1 - P(A)}} > \varepsilon\right\} < 16m^S(2l)\, e^{-\frac{\varepsilon^2 l}{4}}.$$

Im Kapitel V war gezeigt worden, daß für die Anwendung in der Belehrungstheorie gerade die einseitigen Schätzungen der Abweichung der relativen Häufigkeiten von den Wahrscheinlichkeiten von Bedeutung sind.

§ 2. Die Schätzung der gleichmäßigen Abweichung der relativen Häufigkeiten in zwei Halbstichproben

Das Schema für die Ableitung einer Schätzung der Abweichung der relativen Häufigkeiten der Ereignisse von ihren Wahrscheinlichkeiten ist hier das gleiche wie im Kapitel X. Jedoch leiten wir hier zuerst die Schätzung der relativen Abweichung in zwei Halbstichproben ab und wenden dieselbe dann auf die Schätzung der maximalen Abweichung der relativen Häufigkeiten von den Wahrscheinlichkeiten in einer Klasse von Ereignissen an.

Theorem 12.1. *Gegeben seien ein Ereignissystem S und seine Wachstumsfunktion $m^S(l)$. Als Resultat einer Folge unabhängiger Versuche mögen die Stichprobe $x_1, \ldots, x_{2l}$ erhalten und aus ihr für jedes Ereignis A die relative Eintrittshäufigkeit $\nu'(A)$ dieses Ereignisses in der Halbstichprobe $x_1, \ldots, x_l$ und entsprechend $\nu''(A)$ in der Halbstichprobe $x_{l+1}, \ldots, x_{2l}$ sowie $\nu(A) = \dfrac{\nu'(A) + \nu''(A)}{2}$ in der gesamten Stichprobe $x_1, \ldots, x_{2l}$ berechnet worden sein. Unter diesen Voraussetzungen gilt die Abschätzung*

$$P\left\{\sup_{A\in S} \frac{|\nu'(A) - \nu''(A)|}{\sqrt{\left(\nu(A) + \frac{1}{2l}\right)\left(1 - \nu(A) + \frac{1}{2l}\right)}} > \varepsilon\right\} < 4m^S(2l)\,\mathrm{e}^{-\frac{\varepsilon^2 l}{4}}. \tag{12.2}$$

Beweis. Ebenso wie bei dem Beweis des Theorems 10.2 betrachten wir die Abweichung der relativen Häufigkeit [von der Wahrscheinlichkeit] für ein festes Ereignis.

Den Ausdruck

$$\frac{|\nu'(A) - \nu''(A|}{\sqrt{\left(\nu(A) + \frac{1}{2l}\right)\left(1 - \nu(A) + \frac{1}{2l}\right)}}$$

bezeichnen wir mit $R'_A(x^{2l}) = R'_A(x_1, \ldots, x_{2l})$. Dann ist die zu schätzende Wahrscheinlichkeit durch

$$P = \int_{x^{2l}} \theta\,[\sup_{A\in S} | R_A(x^{2l}) - \varepsilon |]\, \mathrm{d}P(x^{2l})$$

mit

$$\theta(x) = \begin{cases} 1 \text{ für } x > 0, \\ 0 \text{ für } x \leqq 0 \end{cases}$$

gegeben. Wir betrachten wieder die Gesamtheit der Permutationen T_i der Folge $x_1, \ldots, x_{2l}$. Dann gilt

$$\begin{aligned} P &= \frac{1}{(2l)!} \sum_{i=1}^{(2l)!} \int \theta\,[\sup_{A\in S} | R'_A(T_i x^{2l}) - \varepsilon |]\, \mathrm{d}P(x^{2l}) \\ &= \int \frac{1}{(2l)!} \sum_{i=1}^{(2l)!} \sup_{A\in S} \theta\, | R'_A(T_i x^{2l}) - \varepsilon |\, \mathrm{d}P(x^{2l}). \end{aligned} \tag{12.3}$$

Im weiteren untersuchen wir den Ausdruck unter dem Integral. In diesem ist die Stichprobe fest, und man kann deshalb an Stelle von S das endliche Ereignissystem S' betrachten, das aus jeder der Äquivalenzklassen von Ereignissen aus S genau einen Vertreter enthält.[1]) Somit ist

$$\frac{1}{(2l)!} \sum_{i=1}^{(2l)!} \sup_{A\in S} \theta\, | R'_A(T_i x^{2l}) - \varepsilon | \leqq \sum_{A\in S'} \left\{\frac{1}{(2l)!} \sum_{i=1}^{(2l)!} \theta\, | R'_A(T_i x^{2l}) - \varepsilon |\right\}. \tag{12.4}$$

Der Ausdruck in geschweiften Klammern ist nun aber nichts anderes als die Wahrscheinlichkeit, mit der die relativen Häufigkeiten des Ereignisses A in den beiden Stichproben

---

[1]) Anm. d. Hrsg.: Zwei Ereignisse aus S heißen äquivalent in bezug auf eine Folge (Stichprobe), wenn beide dieselbe Menge von Teilfolgen dieser Folge induzieren.

voneinander verschieden sind, wobei die volle Stichprobe als fest vorgegeben zu betrachten ist. Für diese Wahrscheinlichkeit gilt die Formel

$$\Gamma = \sum_k \frac{\binom{m}{k}\binom{2l-m}{l-k}}{\binom{2l}{l}},$$

wobei m die Häufigkeit des Ereignisses A in der vollen Stichprobe und k die Häufigkeit von A in der ersten Halbstichprobe bedeuten. Der Ausdruck kann nur Werte annehmen, die den Ungleichungen

$$\max(0, m-l) \leqq k \leqq \min(m, l),$$

$$\frac{\left|\frac{k}{l} - \frac{m-k}{l}\right|}{\sqrt{\left(\frac{m+1}{2l}\right)\cdot\left(1-\frac{m-1}{2l}\right)}} > \varepsilon$$

genügen.

Die Größe

$$\frac{\varepsilon}{2l}\sqrt{(m+1)(2l-m+1)}$$

bezeichnen wir mit δ.

Man kann jetzt die Ungleichung (A.5) benutzen, die im Anhang zum Kapitel X abgeleitet war und erhält

$$\Gamma < 2\exp\left[\frac{-(l+1)(\delta^2 l^2 - 1)}{(m+1)(2l-m+1)}\right]$$

bzw., wenn man den Ausdruck für δ einsetzt,

$$\Gamma < 2\exp\left[-\frac{\varepsilon^2(l+1)}{4} + \frac{l+1}{(m+1)(2l-m+1)}\right]$$

(wir stellen fest, daß diese Schätzung nur schwach von m abhängt — ganz im Sinne einer „*Gleichberechtigung*" der Ereignisse).

Die rechte Seite der Ungleichung erreicht ihr absolutes Maximum bei $m = 0$ und bei $m = 2l$. Deshalb wird

$$\Gamma < 2e^{-\frac{\varepsilon^2(l+1)}{4} + \frac{l+1}{2l+1}},$$

woraus für $0 < \varepsilon \leqq 1$ — unter Beachtung des Umstandes, daß stets $\Gamma < 1$ ist —

$$\Gamma < 4e^{-\frac{\varepsilon^2 l}{4}}$$

folgt.

Berücksichtigen wir diese Abschätzungen in (12.4), so erhalten wir

$$\sum_{A\in S'}\left\{\frac{1}{(2l)!}\sum_{i=1}^{(2l)!}\theta\,|R'_A(T_i x^{2l}) - \varepsilon|\right\} < 4\Delta^{S'}(x_1, \ldots, x_{2l})\,e^{-\frac{\varepsilon^2 l}{4}}.$$

Daraus folgt unmittelbar (12.2). Das Theorem ist damit bewiesen.

Bemerkung. *In gleicher Weise kann man die Abschätzung*

$$P\left\{\sup_{A\in S}\frac{|\nu'(A) - \nu''(A)|}{\sqrt{\nu(A) + \frac{1}{2l}}} > \varepsilon\right\} < 4m^S(2l)\,e^{-\frac{\varepsilon^2 l}{4}} \qquad (12.5)$$

erhalten.

Der Unterschied besteht lediglich darin, daß jetzt

$$\delta = \varepsilon \sqrt{\frac{m+1}{2l}}$$

ist. Setzt man diese Größe in (A.5) ein, so wird

$$\begin{aligned} \Gamma &< 2 \exp\left[\frac{-(l+1)}{(m+1)(2l-m+1)}\left(\frac{\varepsilon^2 l(m+1)}{2} - 1\right)\right] \\ &= 2 \exp\left[-\frac{\varepsilon^2 l(l+1)}{2(2l-m+1)} + \frac{l+1}{(m+1)(2l-m+1)}\right]. \end{aligned}$$

Die linke Seite der Ungleichung erreicht ein Maximum bei $m = 0$. Daraus folgt, daß

$$\Gamma < 2 \exp\left[-\frac{\varepsilon^2 l(l+1)}{2(2l+1)} + \frac{l+1}{2l+1}\right]$$

ist und daß weiterhin für $0 < \varepsilon < 1$ unter Berücksichtigung der Beschränkung $\Gamma \leqq 1$

$$\Gamma < 4 e^{-\frac{\varepsilon^2 l}{4}}$$

gilt. Die gewünschte Abschätzung läßt sich jetzt durch Wiederholung der im Beweis des Theorems 12.1 angewendeten Schlußweisen gewinnen.

§ 3. Die Schätzung der gleichmäßigen Abweichung der relativen Häufigkeiten von den Wahrscheinlichkeiten

Der Übergang von der Schätzung der Abweichung der relativen Häufigkeiten *zwischen* den zwei Halbstichproben zur Abweichung der relativen Häufigkeiten *von den Wahrscheinlichkeiten* wird nach dem im Beweis des Hauptlemmas Kapitel X, § 5 angewandten Schema vollzogen. Die Schwierigkeit liegt hier nur darin, daß die Normierungsfaktoren $\left(\sqrt{P(A)}\right)^{-1}$ und $\left(\sqrt{\nu(A)(1-\nu(A))}\right)^{-1}$ bei kleinen Werten $P(A)$, insbesondere für das „*ungünstigste*" Ereignis in der Klasse S sich stark unterscheiden können. Deshalb führt man nur die einseitige Schätzung an, die, wie sich schon zeigte, praktisch nur für diejenigen Ereignisse, deren Wahrscheinlichkeit größer ε^2 (bei $P(A) \leqq \varepsilon^2$ ist die Schätzung trivial) eine Aussage liefert.

Theorem 12.2. *S sei ein System von Ereignissen A, $m^S(l)$ die Wachstumsfunktion des Systems S und $x_1, \ldots, x_l$ die Stichprobe, die aus einer Serie unabhängiger, identisch verteilter Versuche erhalten wurde. Dann gilt die einseitige Schätzung*

$$P\left\{\sup_{A \in S} \frac{P(A) - \nu^l(A)}{\sqrt{P(A)}} > \varepsilon\right\} < 16 m^S(2l)\, e^{-\frac{\varepsilon^2 l}{4}}. \tag{12.6}$$

Beweis. Q_1 sei das Ereignis, dessen Wahrscheinlichkeit geschätzt werden soll, d. h., es sei

$$Q_1 = \left\{\sup_{A \in S} \frac{P(A) - \nu(A)}{\sqrt{P(A)}} > \varepsilon\right\}.$$

Wir nehmen wie früher an, daß eine Fortsetzung der Stichprobe bis zur Länge $2l$ vorliegt, und bezeichnen durch Q_2 das Ereignis, dessen Wahrscheinlichkeit im vorangegangenen Paragraphen nach (12.5) abgeschätzt wurde, d. h.

$$Q_2 = \left\{\sup_{A \in S} \frac{|\nu'(A) - \nu''(A)|}{\sqrt{\nu(A) + \frac{1}{2l}}} > \varepsilon\right\}.$$

Wir zeigen, daß unter definierten Voraussetzungen aus Q_1 das Ereignis Q_2 folgt. Nehmen wir an, das Ereignis Q_1 sei eingetreten. Das bedeutet, es existiert ein $A^* \in S$, so daß in der ersten Halbstichprobe

$$P(A^*) - \nu'(A^*) > \varepsilon \sqrt{P(A^*)}$$

gilt.

Da $\nu(A^*) \geqq 0$ ist, folgt hieraus

$$P(A^*) > \varepsilon^2.$$

Wir nehmen jetzt an, daß in der zweiten Halbstichprobe die relative Häufigkeit, mit der das Ereignis A^* eintritt, größer als seine Wahrscheinlichkeit ist, d.h.

$$\nu''(A^*) > P(A^*). \tag{12.7}$$

Nehmen wir noch an, daß $l > \frac{1}{\varepsilon^2}$ ist, dann ist unter den angegebenen Bedingungen das Ereignis Q_2 eingetreten.

Im folgenden leiten wir eine Abschätzung für

$$\mu = \frac{|\nu'(A^*) - \nu''(A^*)|}{\sqrt{\nu(A^*) + \frac{1}{2l}}} \geqq \frac{\nu''(A^*) - \nu'(A^*)}{\sqrt{\nu(A^*) + \frac{1}{2l}}} \tag{12.8}$$

unter den Bedingungen

$$\nu'(A^*) < P(A^*) - \varepsilon \sqrt{P(A^*)},$$
$$\nu''(A^*) > P(A^*); \quad P(A^*) > \varepsilon^2$$

ab. Zu diesem Zwecke bestimmen wir das Maximum der Funktion

$$T = \frac{x - y}{\sqrt{x + y + c}}$$

im Bereich $0 < a \leqq x \leqq 1$, $0 < y \leqq b$, $c > 0$. Wir erhalten

$$\frac{\partial T}{\partial x} = \frac{\frac{1}{2}x + \frac{3}{2}y + c}{(x + y + c)^{3/2}} > 0, \quad \frac{\partial T}{\partial y} = \frac{-\frac{3}{2}x - \frac{1}{2}y - c}{(x + y + c)^{3/2}} < 0,$$

folglich erreicht T im zulässigen Bereich sein Minimum bei $x = a$, $y = b$.

Damit genügt μ der in (12.8) enthaltenen Abschätzung nach unten, falls dort $\nu'(A)$ durch $P(A^*) - \varepsilon - \sqrt{P(A^*)}$ und $\nu''(A)$ durch $P(A^*)$ ersetzt wurden.

Somit ist

$$\mu > \frac{\varepsilon \sqrt{2P(A^*)}}{\sqrt{2P(A^*) - \varepsilon \sqrt{P(A^*)} + \frac{1}{l}}}.$$

Wegen $P(A^*) > \varepsilon^2$ und $l > \frac{1}{\varepsilon^2}$ erhalten wir weiterhin

$$\mu > \frac{\varepsilon \sqrt{2P(A^*)}}{\sqrt{2P(A^*) - \varepsilon^2 + \varepsilon^2}} = \varepsilon.$$

Also ist Q_2 erfüllt, wenn nur Q_1 und die Bedingungen $P(A^*) < \nu''(A^*)$ und $l > \frac{1}{\varepsilon^2}$ erfüllt sind.

Wir möchten noch bemerken, daß die zweite Halbstichprobe als von der ersten statistisch unabhängig vorausgesetzt ist und daß weiterhin bei $l > \frac{4}{P(A)}$ die relative Häufigkeit, mit der das Ereignis A eintritt, seine Eintrittswahrscheinlichkeit $P(A)$ mit einer Wahrscheinlichkeit größer als 0,25 überschreitet.

Somit ist das Ereignis (12.7) unter der Bedingung, daß Q_1 vorliegt, mit einer Wahrscheinlichkeit größer 1/4 realisiert, falls $l > \frac{4}{\varepsilon^2}$ ist. Das bedeutet, daß das Ereignis Q_2 unter diesen Bedingungen gleichfalls mit einer Wahrscheinlichkeit größer als 1/4 realisiert ist.

Damit ist bei $l > \frac{4}{\varepsilon^2}$ die Ungleichung

$$P(Q_2) > \frac{1}{4} P(Q_1)$$

erfüllt. Eine Schätzung für die Wahrscheinlichkeit des Ereignisses Q_2 ist aber durch den Ausdruck (12.5) gegeben. Man erhält so eine Abschätzung für $P(Q_1)$ nach oben, falls $l > \frac{4}{\varepsilon^2}$ ist:

$$P(Q_1) < 16 m^S(2l)\, e^{-\frac{\varepsilon^2 l}{4}}.$$

Bei $l \leqq \frac{4}{\varepsilon^2}$ ist die Abschätzung wieder trivial, da $P(Q_1)$ niemals größer als 1 wird. Das Theorem ist somit bewiesen.

Zum Abschluß führen wir noch ein einfaches Beispiel an, aus dem ersichtlich wird, daß Schätzungen der Form (12.1) prinzipiell *einseitig* sind. Sei X das Intervall (0, 1) und in diesem eine homogene Wahrscheinlichkeitsverteilung gegeben. Das System S bestehe aus allen Intervallen $A = (a, b)$ mit $0 < a < b < 1$; dabei sei das Maß jeder der Mengen A größer als Null. Zeigen wir, daß die Ungleichung

$$\sup_{A \in S} \frac{|\nu_A - P_A|}{\sqrt{P_A}} \leqq \varepsilon$$

bei keinem $l > 0$ und keinem $\varepsilon > 0$ erfüllt ist.

Sei $x_1, \ldots, x_l$ eine Stichprobe. Wir betrachten das Intervall $A^* = (x_1 - \delta, x_1 + \delta)$ für $\delta > 0$. Die relative Häufigkeit $\nu(A^*)$ des so definierten Ereignisses A^* kann nicht kleiner als $1/l$ sein, die Wahrscheinlichkeit dieses Ereignisses ist bei hinreichend kleinen $\delta > 0$ gleich

$$P(A^*) = 2\delta.$$

Für

$$0 < \delta \leqq \left[\frac{1}{2l(1 + \varepsilon)}\right]^2$$

erhalten wir somit

$$\nu(A^*) - P(A^*) > \varepsilon \sqrt{P(A^*)}.$$

Im Kapitel X war gezeigt worden, daß gleichmäßige Konvergenz der nichtnormierten Abweichungen gegen Null besteht. Aufgrund des Theorems (12.2) ist in diesem Beispiel zugleich eine einseitige Konvergenz der normierten Abweichung gegen Null gegeben.

KAPITEL XIII

ANWENDUNG DER THEORIE DER GLEICHMÄSSIGEN KONVERGENZ AUF DIE METHODEN DER KOSTENMINIMIERUNG

§ 1. Abschätzung der hinreichenden Länge einer Lernfolge für die lernabhängige Erkennung

1. Im Kapitel X ist gezeigt worden, daß sich die dem wahren und dem empirischen Minimum entsprechenden Kosten um nicht mehr als ε voneinander unterscheiden, sofern die Bedingung

$$\sup_{\alpha \in Q} |R(\alpha) - R_{\text{emp}}(\alpha)| < \frac{\varepsilon}{2}$$

erfüllt ist. Weiter wurde gezeigt, daß in der lernfähigen Erkennung diese Bedingung unter Anwendung der „*Straffunktion*"

$$\Phi(\omega, F) = \begin{cases} 0 \text{ für } \omega = F, \\ 1 \text{ für } \omega \neq F \end{cases}$$

in

$$\sup_{\alpha \in Q} |\nu(T_\alpha) - P(T_\alpha)| < \frac{\varepsilon}{2}$$

übergeht, wobei T_α das Ereignis $\{(\omega, x) \colon F(x, \alpha) \neq \omega\}$, $F(x, \alpha)$ die Entscheidungsregel mit dem Parameter α und Q die Menge der zulässigen Werte des Parameters α sind.

Somit führt das Problem der Schätzung des Unterschieds zwischen der wahren optimalen und der empirisch-optimalen Entscheidungsregel direkt zu dem in den vorangegangenen Kapiteln untersuchten Problem der gleichmäßigen Konvergenz der Häufigkeiten gegen die Wahrscheinlichkeiten in einer Klasse von Ereignissen.

Wie früher bezeichnen wir den „Wert" desjenigen Parameters, bei dem das Minimum der Funktion

$$R(\alpha) = \int \Phi(\omega - F(x, \alpha)) \, \mathrm{d}P(x, \omega)$$

erreicht wird, mit α_0 und mit α^* den „Wert" des Parameters, bei dem das Minimum der empirischen Schätzung dieser Funktion, d.i.

$$R_{\text{emp}}(\alpha) = \frac{1}{l} \sum_{i=1}^{l} \Phi(\omega_i - F(x_i, \alpha)),$$

vorliegt, wobei $\omega_1, x_1; \ldots; \omega_l, x_l$ die Lernfolge ist. Auf der Grundlage der Formel (10.19) erhalten wir dann

$$P\{R(\alpha^*) - R(\alpha_0) > \varepsilon\} < 6m^S(2l) \, \mathrm{e}^{-\frac{\varepsilon^2(l-1)}{16}}; \tag{13.1}$$

hierin bedeutet $m^S(l)$ die Wachstumsfunktion für die Klasse von Ereignissen der Form

$$T_\alpha = \{(\omega, x) \colon \omega \neq F(x, \alpha)\}.$$

In dieser Formel bezieht sich die Wachstumsfunktion auf Ereignisse, die im Raum der Paare ω, x definiert sind.

Wir betrachten die Anzahl unterschiedlicher Zerlegungen der Stichprobe $\boldsymbol{x}_1, \ldots, \boldsymbol{x}_l$ in Klassen, die sich mit Hilfe von Entscheidungsregeln $F(\boldsymbol{x}, \boldsymbol{\alpha})$ beschreiben (realisieren) lassen. Wir bezeichnen diese Anzahl mit

$$N(\boldsymbol{x}_1, \ldots, \boldsymbol{x}_l).$$

Mit anderen Worten: Zwei Entscheidungsregeln $F(\boldsymbol{x}, \boldsymbol{\alpha}_1)$ und $F(\boldsymbol{x}, \boldsymbol{\alpha}_2)$ heißen in bezug auf die Stichprobe $\boldsymbol{x}_1, \ldots, \boldsymbol{x}_{2l}$ äquivalent, wenn für alle $\boldsymbol{x}_i$, $(1 \leqq i \leqq l)$

$$F(\boldsymbol{x}_i, \boldsymbol{\alpha}_1) = F(\boldsymbol{x}_i, \boldsymbol{\alpha}_2) \tag{13.2}$$

ist. Somit ist die Zahl $N(\boldsymbol{x}_1, \ldots, \boldsymbol{x}_l)$ mit der Anzahl der Äquivalenzklassen identisch, in die sich die Menge der Entscheidungsregeln durch diese Äquivalenzrelation zerlegen läßt.

Andererseits bezeichnen wir in Übereinstimmung mit den Verabredungen des Kapitels X zwei Mengen T_{α_1} und T_{α_2} als einander — in bezug auf die Stichprobe $\omega_1, \boldsymbol{x}_1; \ldots; \omega_l, \boldsymbol{x}_l$ — äquivalent, wenn für alle $1 \leqq i \leqq l$ Formel (13.2) gilt. Für die Terme $[\omega_i \mp F(\boldsymbol{x}_i, \boldsymbol{\alpha})]$ soll dadurch eine Äquivalenz

$$[\omega_i \mp F(\boldsymbol{x}_i, \boldsymbol{\alpha}_1)] \sim [\omega_i \mp F(\boldsymbol{x}_i, \boldsymbol{\alpha}_2)] \tag{13.3}$$

definiert sein. $\Delta^S(\boldsymbol{x}_1, \omega_1; \ldots; \boldsymbol{x}_l, \omega_l)$ ist dann die Anzahl der so erklärten Äquivalenzklassen.

Es ist offensichtlich, daß (13.3) aus (13.2) folgt, und in dem Falle, daß ω und F nur die Werte 0 und 1 annehmen können, folgt auch umgekehrt (13.2) aus (13.3). Deshalb gelten die Abschätzungen

$$\Delta^S(\boldsymbol{x}_1, \omega_1; \ldots; \boldsymbol{x}_l, \omega_l) \leqq N(\boldsymbol{x}_1, \ldots, \boldsymbol{x}_l),$$
$$m^S(l) \leqq \max_{\boldsymbol{x}_1, \ldots, \boldsymbol{x}_l} N(\boldsymbol{x}_1, \ldots, \boldsymbol{x}_l).$$

In Übereinstimmung damit folgt aus (13.1) die Abschätzung

$$P\{R(\boldsymbol{\alpha}^*) - R(\boldsymbol{\alpha}_0) > \varepsilon\} < 6 \max_{\boldsymbol{x}_1, \ldots, \boldsymbol{x}_l} N(\boldsymbol{x}_1, \ldots, \boldsymbol{x}_l)\, \mathrm{e}^{-\frac{\varepsilon^2(l-1)}{16}}. \tag{13.4}$$

Wir betrachten den Fall der Dichotomie genauer, d.h. den Fall, daß genau zwei Klassen erkannt werden sollen. Dabei können sowohl ω als auch die Funktion F nur die zwei Werte 0 oder 1 annehmen. Das System S' bestehe in diesem Falle aus den Ereignissen

$$A = \{\boldsymbol{x} : F(\boldsymbol{x}, \boldsymbol{\alpha}) = 1\},$$

wobei $\boldsymbol{\alpha}$ alle „Werte" aus einer Menge Q annehmen kann. Dann ist offensichtlich, daß die Anzahl der Zerlegungen der Stichprobe $\boldsymbol{x}_1, \ldots, \boldsymbol{x}_l$ in zwei Klassen mit Hilfe der Entscheidungsregel $F(\boldsymbol{x}, \boldsymbol{\alpha})$ durch die Anzahl der Teilstichproben, die von S' in $\boldsymbol{x}_1, \ldots, \boldsymbol{x}_l$ induziert werden, gegeben ist, d.h.

$$N(\boldsymbol{x}_1, \ldots, \boldsymbol{x}_l) = \Delta^S(\boldsymbol{x}_1, \ldots, \boldsymbol{x}_l).$$

Außerdem sind, wie oben gezeigt, die Relationen (13.2) und (13.3) im Falle der Dichotomie einander äquivalent. Deshalb gelten die Beziehungen

$$\Delta^S(\boldsymbol{x}_1, \omega_1, \ldots, \boldsymbol{x}_l, \omega_l) = N(\boldsymbol{x}_1, \ldots, \boldsymbol{x}_l) = \Delta^{S'}(\boldsymbol{x}_1, \ldots, \boldsymbol{x}_l),$$
$$m^S(l) = m^{S'}(l)$$

und dementsprechend

$$P\{R(\alpha^*) - R(\alpha) > \varepsilon\} < 6m^{S'}(l)\, e^{-\frac{\varepsilon^2(l-1)}{16}},$$

wobei $m^{s}(l)$ die Wachstumsfunktion für das System S' von Ereignissen

$$\{x: F(x, \alpha) = 1\}$$

ist.

2. Wir beschränken uns weiterhin auf den Fall der Dichotomie und schätzen für diesen Fall die Länge ab, die eine Lernfolge mindestens haben muß, wenn sich die durch einen beliebigen Belehrungsalgorithmus des betrachteten Typs ausgewählte Entscheidungsregel von der optimalen Entscheidungsregel mit einer Wahrscheinlichkeit größer $1 - \eta$ um nicht mehr als ε unterschciden soll. Dazu genügt es, nach (13.1) zu fordern, daß

$$\eta > 6m^S(2l)\, e^{-\frac{\varepsilon^2(l-1)}{16}}$$

ist, und diese Ungleichung ist nach l aufzulösen. Nehmen wir nun an, daß $m^S(l) \equiv 2^l$ ist, und sei n eine Zahl, für die $m^S(n) = 2^n$ und $m^S(n+1) < 2^{n+1}$; dann gilt nach Anmerkung 1 zum Theorem 10.1

$$m^S(l) \leqq 1{,}5 \cdot \frac{l^n}{n!}$$

oder, wenn man $n!$ mit Hilfe der STIRLINGschen Formel substituiert,

$$m^S(l) < 1{,}5 \left(\frac{l}{n}\right)^n e^n.$$

Hier ist n definitionsgemäß die maximale Länge, die eine Lernfolge haben kann, um mit Hilfe der vorgegebenen Menge Q von Entscheidungsregeln noch die Gesamtheit aller Zerlegungen dieser Lernfolge realisieren zu können.

Durch Auflösen dieser Ungleichung nach l wird

$$\eta > 9\left(\frac{2l}{n}\right)^n e^n \cdot e^{-\frac{\varepsilon^2(l-1)}{16}}$$

erhalten. Durch Logarithmieren entsteht daraus

$$\ln\frac{\eta}{9} > n \ln\left(\frac{2l}{n}\right) + n - \frac{\varepsilon^2(l-1)}{16}. \tag{13.5}$$

Hierin setzen wir

$$\frac{\varepsilon^2 l}{16n} = x.$$

Sodann ist

$$-\frac{\varepsilon^2}{16n} + \frac{\ln\frac{\eta}{9}}{n} > \ln x + 1 - x - \ln\frac{\varepsilon^2}{32}$$

und dementsprechend

$$x - \ln x > 1 - \frac{\ln\frac{\eta}{6} - \frac{\varepsilon^2}{16}}{n} - \ln\frac{\varepsilon^2}{32}.$$

Wir lösen diese Ungleichung nach x auf. Beachten wir, daß

$$\ln x < 0{,}5x$$

ist, so erhalten wir

$$x \geqq 2\left(1 - \frac{\ln\frac{\eta}{6} - \frac{\varepsilon^2}{16}}{n} - \ln\frac{\varepsilon^2}{32}\right),$$

woraus schließlich

$$l_{\text{hinr}} = \frac{32n}{\varepsilon^2}\left(1 - \frac{\ln\frac{\eta}{6} - \frac{\varepsilon^2}{16}}{n} - \ln\frac{\varepsilon^2}{32}\right) \tag{13.6}$$

folgt.

Diese Schätzung ist jedoch überhöht (zu vorsichtig). Zu einer genaueren Schätzung gelangen wir durch folgende Überlegungen. Mit einer Lernfolge der Länge l sei eine Belehrung und danach ein Test mit einer Folge gleicher Länge vorgenommen worden. Schätzen wir die Wahrscheinlichkeit dafür ab, daß sich die relativen Fehlerhäufigkeiten über der Lernfolge und über der Testfolge für die von einem beliebigen Algorithmus der Klasse Q [aufgrund der Lernfolge] ausgewählte Entscheidungsregel um mehr als ε unterscheiden. Diese Wahrscheinlichkeit ist in jedem Fall kleiner als

$$P\{\sup_{A\in S} |\nu(A; x_1, \ldots, x_l) - \nu(A; x_{l+1}, \ldots, x_{rl})| > \varepsilon\},$$

wobei A das Ereignis der Form $\{\omega \neq F(x, \alpha)\}$ bedeutet. Diese Wahrscheinlichkeit aber wurde bei der Ableitung des Theorems 10.2 bereits zu

$$P\{\sup_A |\nu'(A) - \nu''(A)| > \varepsilon\} < 3m^S(2l)\, \mathrm{e}^{-\varepsilon^2(l-1)}$$

abgeschätzt.

Analog der Ableitung von (13.6) ist die Mindestlänge

$$l_{\text{hinr}} = \frac{2n}{\varepsilon^2}\left(1 - \frac{\ln\frac{\eta}{5} - \frac{\varepsilon^2}{2}}{n} - \ln\frac{\varepsilon^2}{2}\right) \tag{13.7}$$

dafür hinreichend, daß mit einer Wahrscheinlichkeit größer als $1 - \eta$ die Abweichung der relativen Fehlerhäufigkeit im Belehrungsmaterial von der im Test kleiner als ε bleibt. Dabei ist n wieder die maximale Länge der Folge $x_1, \ldots, x_n$, für die man mit den Regeln aus Q noch alle Zerlegungen realisieren kann.

Beide Schätzungen sind nur von den spezifischen Eigenschaften der verwendeten Klasse Q von Entscheidungsfunktionen abhängig und nicht von der Wahrscheinlichkeitsverteilung über der Menge der Paare ω, x. Es wird nur gefordert, daß die Objekte in der Folge unabhängig voneinander und mit identischer Verteilung auftreten.

Wir ermitteln noch die Schätzung für das Belehrungsproblem in der deterministischen Aufgabenstellung. Hier ist von vornherein bekannt, daß sich unter den Entscheidungsregeln eine Regel befindet, die eine fehlerfreie Erkennung ermöglicht. Der Algorithmus, der die empirischen Kosten minimiert, wählt folglich genau diese (oder *eine*) Entscheidungsregel aus, die die gesamte Lernfolge fehlerfrei klassifiziert. Schätzen wir jetzt die Wahrscheinlichkeit $P(\varepsilon, l)$ dafür, daß mit der durch einen solchen Algorithmus auf der Grundlage der Lernfolge der Länge l ausgewählten Entscheidungsregel beim Test an einer Folge der Länge l mehr als $\varepsilon \cdot l$ Fehler auftreten. Es ist offensichtlich, daß die Wahrscheinlichkeit $P(\varepsilon, l)$ nicht

$$P\{\sup_{A \in S} (\nu(A; x_1, \ldots, x_l) = 0) \quad \text{und} \quad (\nu(A; x_{l+1}, \ldots, x_{2l}) > \varepsilon)\} \tag{13.7'}$$

überschreitet — d.h. die Wahrscheinlichkeit, ein Ereignis A der Art

$$\{x, \omega : F(x, \alpha) \neq \omega\}$$

zu finden, dessen Eintrittshäufigkeit in der ersten Halbstichprobe gleich 0, aber in der zweiten Halbstichprobe größer als ε ist — ist nicht größer als (13.7'). Für ein Ereignis A ist die Wahrscheinlichkeit, daß $\nu'(A) = 0$ und zugleich $\nu''(A) > \varepsilon$ sind, gleich

$$P_A(\varepsilon, l) = \frac{\binom{2l-m}{l}}{\binom{2l}{l}} = \frac{(2l-m)\ldots(l-m+1)}{2l \cdot (2l-1)\ldots(l+1)},$$

falls die Anzahl m der Elemente aus A in der Stichprobe $x_1, \ldots, x_{2l}$ die Zahl $\varepsilon \cdot l$ überschreitet, und andernfalls gleich Null. Damit ist allgemein

$$P_A(\varepsilon, l) < \left(1 - \frac{\varepsilon}{2}\right)^l \leqq \mathrm{e}^{-\frac{\varepsilon l}{2}}$$

erfüllt. Im allgemeinen Fall, wie auch beim Beweis der Bedingungen für die gleichmäßige Konvergenz, ist es hinreichend zu berücksichtigen, daß die Anzahl unterschiedlicher, in der Stichprobe realisierter Ereignisse A endlich ist. Deshalb ist

$$P(\varepsilon, l) < m^S(2l)\left(1 - \frac{\varepsilon}{2}\right)^l < m^S(2l)\,\mathrm{e}^{-\frac{\varepsilon l}{2}}.$$

Wir erhalten daraus, — wieder analog zur Ableitung von (13.6) — daß die Länge der Lernfolge, oberhalb derer die Fehlerhäufigkeit beim Test an einer Folge gleicher Länge *mit einer Wahrscheinlichkeit* $1 - \eta$ um nicht mehr als ε von der Fehlerhäufigkeit bei Belehrung abweicht, durch

$$l_{\text{hinr}} = \frac{4n}{\varepsilon}\left(1 - \ln\frac{\varepsilon}{4} - \ln\frac{\eta}{3}\right)$$

gegeben ist, wobei n — wieder wie schon früher — die maximale Länge einer Folge definiert, für die mit Hilfe der Regeln aus Q noch alle Zerlegungen realisierbar sind.

Diese Zahl n erweist sich als ein bedeutungsvolles Charakteristikum. Alle Schätzungen sind bei festen Werten ε und η *lineare* Funktionen von n. In einer Reihe von Fällen zeigt sich, daß mit Wahrscheinlichkeit 1 $\Delta^S(x_1, \ldots, x_l) \equiv m^S(l)$ ist. In diesem Fall kann man analog zum Beweis der Notwendigkeit der Voraussetzungen des Theorems 11.1 folgern, daß mit einer Wahrscheinlichkeit nahe an 1 die maximale Abweichung zwischen den Häufigkeiten der Ereignisse einer Klasse S in zwei aufeinanderfolgenden Halbstichproben der Länge l für $2l > n$ nicht kleiner als $n/2l$ und für $2l < n$ gleich 1 ist. Deshalb ist es ohne zusätzliche Annahmen nicht möglich, eine Schätzung zu erhalten, die besser als

$$l_{\text{hinr}} = \frac{n}{2\varepsilon}$$

ist.

3. Schließlich wollen wir klären, wie die Funktion $m^S(l)$ für die am meisten verwendeten Klassen von Entscheidungsfunktionen aussehen.

Die linearen Entscheidungsregeln haben bei zwei Klassen (der Fall einer größeren Anzahl von Klassen führt nur zu aufeinanderfolgenden Dichotomien) folgendes Aussehen:

$$\boldsymbol{x} \text{ wird der Klasse I zugeordnet, falls } (\boldsymbol{x}, \boldsymbol{\varphi}) \geqq c,$$

$$\boldsymbol{x} \text{ wird der Klasse II zugeordnet, falls } (\boldsymbol{x}, \boldsymbol{\varphi}) < c.$$

Hier sind sowohl der n-dimensionale Vektor $\boldsymbol{\varphi}$ als auch die Konstante c Parameter der Klasse der Entscheidungsfunktionen. Uns interessiert die Funktion $m^S(l)$ für das Ereignissystem

$$\{(\boldsymbol{x}, \boldsymbol{\varphi}) \geqq c\}.$$

Für den Fall $c = 0$ wurde die Funktion $m^S(l)$ bereits im Beispiel 3 des Kapitels X, § 3 aufgestellt. Sie ist gleich

$$m^S(l) = 2 \sum_{i=0}^{n-1} \binom{l-1}{i} < 3 \frac{(l-1)^{n-1}}{(n-1)!},$$

wobei n die Dimension des Objektraums ist.

Der Fall, daß c eine beliebige Zahl sein kann, läßt sich mit Hilfe einer zusätzlichen Koordinate auf den Fall $c = 0$ zurückführen, wodurch sich die Dimension um Eins erhöht. Somit gilt für lineare Entscheidungsregeln

$$m^S(l) \leqq 3 \frac{(l-1)^n}{n!},$$

wobei n die Dimension des Raums ist.

Hieraus folgt, daß zur Anwendung der unter Punkt 2 angegebenen Abschätzungen der Lernfolgenlänge auf lineare Entscheidungsregeln für n die Dimension des Objektraums einzusetzen ist. Entsprechendes gilt für alle Algorithmen über Entscheidungsregeln im Merkmalsraum, bei denen die Konstruktion der linearen Entscheidungsregel im neuen Raum erfolgt. Die entsprechenden Regeln haben die Form:

$$\boldsymbol{x} \text{ wird der Klasse I zugeordnet, falls } \sum_{l=1}^{n} \lambda_i \varphi_i(\boldsymbol{x}) \geqq c,$$

$$\boldsymbol{x} \text{ wird der Klasse II zugeordnet, falls } \sum_{i=1}^{n} \lambda_i \varphi_i(\boldsymbol{x}) < c.$$

Hier ist die Menge der Funktionen $\varphi_i(\boldsymbol{x})$ für die vorgegebene Klasse von Entscheidungsregeln im voraus festgelegt und unveränderlich, nur die Parameter λ_i und c definieren letztlich die jeweilige konkrete Entscheidungsregel innerhalb dieser Klasse. Die Schätzungen stimmen daher mit denen für lineare Entscheidungsregeln überein, aber n ist die Dimension des Merkmalsraums (d.i. die Anzahl der Funktionen $\varphi_i(\boldsymbol{x})$).

Betrachten wir eine kompliziertere Form einer Entscheidungsregel:

$$\boldsymbol{x} \in \text{I, wenn } K(\theta_0, \varphi_1(\boldsymbol{x}, \theta_1), \varphi_2(\boldsymbol{x}, \theta_2), \ldots, \varphi_k(\boldsymbol{x}, \theta_k)) \geqq 0,$$

$$\boldsymbol{x} \in \text{II, wenn } K(\theta_0, \varphi_1(\boldsymbol{x}, \theta_1), \varphi_2(\boldsymbol{x}, \theta_2), \ldots, \varphi_k(\boldsymbol{x}, \theta_k)) < 0.$$

Hier sind die Funktionen K und φ_i für die verwendete Klasse von Entscheidungsregeln fest vorgegeben, aber die Parameter $\theta_0, \theta_1, \ldots, \theta_k$ (skalare oder vektorielle Größen) definieren die konkrete Entscheidungsregel. Außerdem setzen wir voraus, daß die Funktionen φ_i nur die zwei Werte -1 oder $+1$ annehmen können.

Wenn die Funktionen

$$m_0^S(l) \text{ für die Ereignisklasse } \{y : K(\theta_0, y_1, \ldots, y_k) \geqq 0\}, \ldots,$$

$$m_i^S(l) \text{ für die Ereignisklasse } \{\boldsymbol{x} : \varphi_i((\boldsymbol{x}, \boldsymbol{\theta}_i)) = 1\}$$

bekannt sind, dann läßt sich die uns interessierende Funktion $m^S(l)$ durch

$$m^S(l) \leqq \prod_{i=0}^{k} m_i^{S_i}(l)$$

abschätzen. Im Spezialfall kann $\boldsymbol{x}$ ein m-dimensionaler Vektor und können die Funktionen φ_i und K lineare Schwellenfunktionen, d.h.

$$K = \operatorname{sgn} \sum \theta_0^j y_j,$$

$$y_i = \varphi_i(\boldsymbol{x}) = \operatorname{sgn} \sum_{j=1}^{m} \theta_i^j \boldsymbol{x}^j$$

sein, wobei θ_i^j und θ_0^j bereits optimierte Gewichtskoeffizienten und

$$\operatorname{sgn} z = \begin{cases} -1 & \text{für } z \leqq 0, \\ 1 & \text{für } z > 0 \end{cases}$$

bedeuten. Dann ist

$$m^S(l) \leqq [\Phi(m, l)]^k \, \Phi(k, l)$$

mit

$$\Phi(m, l) = 2 \sum_{i=1}^{m} \binom{l-1}{i},$$

$$\Phi(k, l) = 2 \sum_{i=1}^{k} \binom{l-1}{i}.$$

Die Funktion $m(l)$ wächst mit l in der Ordnung $m \cdot k + k$, und demzufolge kann man in den Schätzungen der Lernfolgenlänge wie sie im vorigen Punkt ermittelt wurden, n in diesem Falle durch

$$n = mk + k$$

ersetzen.

Um diese Klasse von Entscheidungsregeln handelt es sich beim Einstellen (durch Belehrung) des mehrschichtigen Perzeptrons, in Maschinen des Typs „MADALINE“ und überhaupt bei der Konstruktion von stückweise linearen Entscheidungsregeln.

In allen betrachteten Fällen zeigte sich, daß man für die Größe n in den Schätzformeln des vorigen Paragraphen [näherungsweise] auch die Anzahl der einzustellenden Parameter des jeweiligen Algorithmus der lernabhängigen Erkennung einsetzen kann. Offensichtlich sind, mit Ausnahme ausgesprochen pathologischer Fälle, diese Schätzungen generell für die Algorithmen der lernabhängigen Erkennung richtig, wenn n als die Anzahl der einzustellenden Parameter interpretiert wird.

§ 2. Gleichmäßige Konvergenz der Mittelwerte gegen die mathematischen Erwartungen

1. Die Frage der gleichmäßigen Abweichung der Funktionen $R(\alpha)$ und $R_{\mathrm{emp}}(\alpha)$ läßt sich allgemein auf die Problemstellung der gleichmäßigen Konvergenz des Mittelwertes einer Zufallsvariablen gegen ihre mathematische Erwartung reduzieren. Tatsächlich ist die Funktion

$$R(\alpha) = \int Q(z, \alpha)\, \mathrm{d}P(z)$$

die mathematische Erwartung der Verlustfunktion $Q(z, \alpha)$, während

$$R_{\mathrm{emp}}(\alpha) = \frac{1}{l} \sum_{i=1}^{l} Q(z_i, \alpha)$$

mit dem arithmetischen Mittel dieser Zufallsgröße, berechnet aus der Stichprobe $z_i, \ldots, z_l$, identisch ist.

Im folgenden wollen wir das Problem der gleichmäßigen Konvergenz der Mittelwerte gegen die mathematischen Erwartungen streng formulieren.

Sei x ein Element des Raums X, $P(x)$ das Wahrscheinlichkeitsmaß über demselben[1]), α ein gewisser abstrakter Parameter, $F(x, \alpha)$ eine gewisse Funktion, die für alle α als mit dem Maß $P(x)$ im X-Raum meßbar vorausgesetzt wird.

Wir nehmen an, daß die mathematische Erwartung der Funktion F bei allen Parameterwerten α existiert. Weiterhin sei eine Stichprobe $X^l = x_1, \ldots, x_l$ mit Elementen aus dem Raum X gegeben, d.h. eine Stichprobe, die als Folge von Ergebnissen unabhängiger, identischer Versuche erhalten wurde. Dann läßt sich für jedes α aufgrund der Stichprobe der Mittelwert

$$\mathsf{E}(\alpha) = \int_X F(x, \alpha)\, \mathrm{d}P(x)$$

berechnen.

Bei konstantem α wäre die Konvergenz des Mittelwerts gegen die mathematische Erwartung eine unmittelbare Konsequenz des Gesetzes der großen Zahlen. Kann sich aber der Parameter α im Bereich einer vorgegebenen Menge Ω ändern, dann erhebt sich die Frage nach der Gleichmäßigkeit einer solchen Schätzung der mathematischen Erwartung durch den Mittelwert in bezug auf α.

Bezeichnen wir durch $P(X^l)$ das Wahrscheinlichkeitsmaß für Stichproben der Länge l im Stichprobenraum, dann läßt sich die Gleichmäßigkeit der Abweichung des Mittelwerts von der mathematischen Erwartung durch

$$\mathsf{E}_{\mathrm{emp}}(\alpha) = \frac{1}{l} \sum_{i=1}^{l} F(x_i, \alpha)$$

abschätzen, d.h. die Wahrscheinlichkeit, daß die in bezug auf eine Variation von α *maximale* Abweichung des Stichprobenmittelwerts von der mathematischen Erwartung eine Zahl ε überschreitet.

Man sagt, daß eine in bezug auf einen Parameter gleichmäßige Konvergenz des Mittelwerts gegen die mathematische Erwartung vorliegt, wenn die Zufallsgröße $\sup_{\alpha \in \Omega} |\mathsf{E}(\alpha) - \mathsf{E}_{\mathrm{emp}}(X^l, \alpha)|$ in Wahrscheinlichkeit oder fast sicher mit $l \to \infty$ gegen Null konvergiert.

---

[1]) Anm. d. Hrsg.: In dieser Form geschrieben, ist $P(x)$ eine Wahrscheinlichkeitsdichte, die damit als existent vorausgesetzt wird.

Die weiter unten angeführten hinreichenden Kriterien für eine solche Konvergenz (mit Ausnahme des letzten) führen unter definierten Bedingungen zu dem im vorangegangenen Kapitel untersuchten Problem der gleichmäßigen Konvergenz der Häufigkeiten gegen die Wahrscheinlichkeiten in einer gewissen Klasse von Ereignissen.

Theorem 13.1. *Sei $F(x, \alpha)$ $(\alpha \in \Omega)$ eine Familie von [über X] meßbaren Funktionen, die der Bedingung $0 \leqq F(x, \alpha) \leqq a$ (wobei die Zahl a von x* und *α unabhängig ist) genügen. Betrachten wir das System S von Ereignissen*

$$A = \{x : F(x, \alpha) \geqq c\},$$

das durch Variation der Größen α und c entsteht.

Dann ist die gleichmäßige Konvergenz der relativen Häufigkeiten gegen die Wahrscheinlichkeiten in der Ereignisklasse S eine hinreichende Bedingung dafür, daß auch der Mittelwert gleichmäßig gegen die mathematische Erwartung konvergiert. Wenn das so ist, gilt die Ungleichung

$$\sup_{\alpha} |\mathsf{E}(\alpha) - \mathsf{E}_{\text{emp}}(\alpha)| \leqq a \sup_{A \in S} |P(A) - \nu(A)|.$$

Beweis. Unmittelbar aus der Definition des Lebesgueschen Integrals folgt die Darstellung

$$\mathsf{E}(\alpha) = \lim_{n \to \infty} \sum_{i=1}^{n} \frac{a}{n} P\left\{F(x, \alpha) \geqq \frac{ia}{n}\right\}.$$

Analog dazu läßt sich

$$\mathsf{E}_{\text{emp}}^{l}(\alpha) = \lim_{n \to \infty} \sum_{i=1}^{n} \frac{a}{n} \nu \left\{F(x, \alpha) \geqq \frac{ia}{n}\right\}$$

ableiten. Bezeichnen wir das Ereignis

$$\left\{F(x, \alpha) > \frac{ia}{n}\right\}$$

durch $A_{i_n} \in S$, dann gilt

$$|\mathsf{E}(\alpha) - \mathsf{E}_{\text{emp}}^{l}(\alpha)| \leqq \lim_{n \to \infty} \sum^{n} \frac{a}{n} |P(A_{in}) - \nu(A_{in})| \leqq a \sup_{A \in S} |P(A) - \nu^{(l)}(A)|,$$

womit auch unsere Behauptung bewiesen ist.

Außerdem erhalten wir

$$P\{\sup_{\alpha \in \Omega} |\mathsf{E}(\alpha) - \mathsf{E}_{\text{emp}}^{l}(\alpha)| > a\varepsilon\} \leqq P\{\sup_{A \in S} |P(A) - \nu(A)| > \varepsilon\}.$$

Somit kann man aus einer Schätzung der gleichmäßigen Konvergenz der Häufigkeiten gegen die Wahrscheinlichkeiten in einer Ereignisklasse immer auch eine Schätzung der gleichmäßigen Konvergenz des Mittelwertes gegen die mathematische Erwartung gleichmäßig beschränkter Funktionen $F(x, \alpha)$ ableiten.

Folgerung. *Aufgrund der in den Kapiteln X und XI erhaltenen Bedingungen für die gleichmäßige Konvergenz der Häufigkeiten gegen die Wahrscheinlichkeiten ist in dem Falle, daß*

$$0 \leqq F(x, \alpha) \leqq a$$

ist, für das Vorliegen der gleichmäßigen Konvergenz der Mittelwerte gegen die mathematischen Erwartungen [fast sicher] hinreichend, daß $m^S(l) \not\equiv 2^l$ *oder [die schwächere Bedingung]*

$$\lim_{l\to\infty} \frac{H^S(l)}{l} = 0$$

erfüllt ist, wobei S die weiter oben definierte Gesamtheit von Ereignissen darstellt.

Daher kann man auf die Gültigkeit der Abschätzung

$$P\{\sup_{\alpha\in\Omega} |\mathsf{E}(\alpha) - \mathsf{E}^l_{\text{emp}}(\alpha)| > \varepsilon\} < 6m^S(2l)\, e^{-\frac{\varepsilon^2(l-1}{4}} \tag{13.8}$$

schließen.

Wir bemerken noch, daß die notwendigen und hinreichenden Bedingungen für das Vorhandensein der gleichmäßigen Konvergenz der relativen Häufigkeiten gegen die Wahrscheinlichkeiten nur zu hinreichenden Bedingungen für die gleichmäßige Konvergenz der Mittelwerte gegen die mathematischen Erwartungen führen.

Bemerkung. *Für diese Überlegungen war die gleichmäßige Beschränktheit der Funktion* $F(x, \alpha)$ *wesentlich, da man sonst Fälle konstruieren könnte, in denen zwar eine gleichmäßige Konvergenz der Häufigkeiten gegen die Wahrscheinlichkeiten in der Klasse S bestünde, nicht aber eine gleichmäßige Konvergenz der Mittelwerte gegen die mathematischen Erwartungen.*

Diese Forderung kann jedoch abgeschwächt werden. In einer Reihe von Fällen ist nicht die absolute, sondern die relative Abweichung der Mittelwerte von den mathematischen Erwartungen von Bedeutung. In diesem Falle läßt sich unter den Voraussetzungen

$$\mathsf{E}(\alpha) > 0 \quad \text{und} \quad \frac{\sup_\alpha F(x, \alpha)}{\mathsf{E}(\alpha)} \leqq k,$$

wobei k nicht von α und x abhängt, analog zu dem bewiesenen Theorem die Ungleichung

$$\sup_\alpha \frac{|\mathsf{E}(\alpha) - \mathsf{E}_{\text{emp}}(\alpha)|}{\mathsf{E}(\alpha)} \leqq k \sup_{A\in S} |P(A) - \nu(A)|$$

ableiten, in der das System S genau so wie früher definiert ist. Hieraus folgen die analogen Abschätzungen und Konvergenzbedingungen. Im weiteren werden wir das gewonnene Resultat zur Güteschätzung von Algorithmen, die auf der Minimierung der empirischen Kosten beruhen, anwenden. Wir nehmen hierzu an, daß die Verlustfunktion $Q(x, \alpha)$ nicht negativ und gleichmäßig begrenzt ist. Dann folgt aus (13.8), daß

$$P\{R(\alpha^*) - R(\alpha_0) > \varepsilon\} \leqq 6m^S(2l)\, e^{-\frac{\varepsilon^2(l-1)}{16a^2}}$$

ist, wobei S wieder ein System von Ereignissen der Form

$$A = \{z : Q(z, \alpha) \geqq c\}$$

darstellt und durch Variation der Parameter α und $0 < c < \infty$ erzeugt wird.

In der Zeichenerkennung sind die Verlustfunktionen bei einer beliebigen „*Straffunktion*" für einen Fehler in der Tat gleichmäßig beschränkt.

2. Wir nehmen an, daß eine Funktion $K(x)$ existiert, die von α unabhängig ist und die Ungleichungen

$$0 \leqq K(x, \alpha) < K(x), \quad \int K(x) \, dP(x) < \infty$$

erfüllt. Unter dieser Voraussetzung ist für die gleichmäßige Konvergenz der Mittelwerte gegen die mathematischen Erwartungen [fast sicher] die gleichmäßige Konvergenz der relativen Häufigkeiten gegen die Wahrscheinlichkeiten für eine Klasse S von Ereignissen der Form

$$A = \{x : F(x, \alpha) \geqq c\}$$

hinreichend.

Wählen wir, um das zu zeigen, eine Zahl c für ein gegebenes $\varepsilon > 0$, so daß

$$\int_{K(x)>c} K(x) \, dP(x) < \frac{\varepsilon}{4}$$

erfüllt ist, und definieren wir Funktionen K' und F' durch

$$K'(x) = \begin{cases} K(x) & \text{für } K(x) > c, \\ 0 & \text{für } K(x) \leqq c, \end{cases}$$

$$F'(x, \alpha) = \begin{cases} 0 & \text{für } K(x) > c, \\ F(x, \alpha) & \text{für } K(x) \leqq c, \end{cases}$$

dann bestehen die Ungleichungen

$$\int K'(x) \, dP(x) < \frac{\varepsilon}{4},$$

$$|\mathsf{E}_{\text{emp}}^{l}(\alpha) - \mathsf{E}(\alpha)| \leqq |\mathsf{E}_{\text{emp}}^{\prime l}(\alpha) - \mathsf{E}'(\alpha)| + K'_{\text{emp}} + \frac{\varepsilon}{4},$$

wo $\mathsf{E}'(\alpha)$ bzw. $\mathsf{E}_{\text{emp}}^{\prime l}(\alpha)$ die mathematische Erwartung bzw. der Mittelwert der Funktion $F'(x, \alpha)$ sind, mit

$$K'_{\text{emp}} = \frac{1}{l} \sum_{i=1}^{l} K'(x).$$

Da $F(x, \alpha)$ gleichmäßig beschränkt ist, existiert aufgrund des soeben dargelegten Resultates mit Wahrscheinlichkeit 1 ein l_1, so daß für $l > l_1$

$$\sup_{\alpha} |\mathsf{E}'(\alpha) - \mathsf{E}_{\text{emp}}^{\prime l}(\alpha)| < \frac{\varepsilon}{4}$$

gilt. Außerdem folgt aus dem starken Gesetz der großen Zahlen, daß mit Wahrscheinlichkeit 1 ein l_2 existieren, so daß für $l > l_2$

$$\left| K'_{\text{emp}} - \int K'(x) \, dP(x) \right| < \frac{\varepsilon}{4}$$

ist.

Dann aber ist für $l > l_0 = \max(l_1, l_2)$ wie behauptet

$$\sup_{\alpha} |\mathsf{E}(\alpha) - \mathsf{E}_{\text{emp}}^{l}(\alpha)| < \varepsilon.$$

3. LeCam [40, 41] kam in Verfolgung eines Grundgedankens von Wald zu folgendem Resultat:

Sei $F(x, \alpha)$ eine in bezug auf x meßbare Funktion, die für fast alle x eine in einem geometrisch kompakten Bereich G stetige Funktion von α ist und existiere eine Funktion $K(x)$, so daß die Ungleichungen

$$F(x, \alpha) < K(x), \quad \int K(x) \,\mathrm{d}P(x) < \infty$$

erfüllt sind.

Dann gilt unter der Voraussetzung, daß die mathematische Erwartung $F(x, \alpha)$ für alle α existiert,

$$\lim_{l\to\infty} \sup_{\alpha} |F(x, \alpha) - F_{\mathrm{emp}}(x, \alpha)| = 0,$$

d.h., die Mittelwerte konvergieren in bezug auf α gleichmäßig gegen die mathematischen Erwartungen. Dieses Resultat schließt das oben angegebene schon deshalb nicht ein, weil hier die Stetigkeit gefordert wird, während in den vorangegangenen Kriterien auch unstetige Funktionen, wie sie i.a. in der Erkennung vorkommen werden, zugelassen sind. Außerdem treten innerhalb des Gedankenkreises von WALD-LECAM Schwierigkeiten auf, wenn man gewisse gewünschte Schätzungen ableiten möchte.

TEIL 3

Methoden zur Konstruktion von Trennflächen

In diesem Teil des Buches werden bestimmte Konstruktionsmethoden für Trennhyperflächen zur Separierung zweier endlicher Vektorenmengen untersucht. Als Schlüssel zur Lösung dieses Problems erweisen sich bestimmte effektive Konstruktionsmethoden für die Trennhyperebene selbst. Es zeigt sich, daß die Konstruktion einer in einem genau definierten Sinne optimalen Trennhyperebene der Maximierung einer quadratischen Form im positiven Quadranten äquivalent ist. So gesehen, realisieren die Algorithmen vom Perzeptrontyp eine modifizierte GAUSS-SEIDEL-Anstiegsmethode.

Demgegenüber ist bekannt, daß die Methoden der konjugierten Richtungen, mit denen man das Maximum in n Schritten erreichen kann, (wobei n die Dimension der quadratischen Form bedeutet), die effektiveren Extremalisierungsverfahren (Optimierung) darstellen. Der dritte Teil des Buches behandelt diese Methoden der konjugierten Richtungen und darauf aufbauende konstruktive Algorithmen zum Aufbau von Trennhyperebenen und stückweise linearen Trennflächen.

KAPITEL XIV

DIE KONSTRUKTION DER TRENNHYPEREBENE (METHODE DES GENERALISIERTEN PORTRÄTS)

§ 1. Die optimale Trennhyperebene

Wie oben gezeigt, können konkrete Belehrungsalgorithmen für Zeichenerkennungssysteme nach folgendem Schema entwickelt werden: Aus einer Klasse von Entscheidungsregeln geeigneten Umfangs wird eine Regel ausgewählt, bei deren Anwendung auf die Objekte (Elemente) der Lernfolge die Anzahl falscher Klassifikationen so klein wie möglich wird. Es zeigt sich, daß das Resultat von der Art der vorgegebenen Klasse von Entscheidungsregeln stark abhängt. In vielen Fällen ist diese Klasse parametrisch gegeben; d.h., es ist eine Funktion des Objektvektors $\boldsymbol{x}$ vorgegeben, die noch von endlich vielen Parametern abhängt, und deren Werte dann für die vorgelegte Stichprobe optimal zu bestimmen sind. Darüber hinaus wird die Abhängigkeit von den Parametern linear angesetzt, d.h. in der Form

$$F(\boldsymbol{x}, \boldsymbol{\alpha}) = \theta\left(\sum_{i=1}^{n} \alpha_i \varphi_i(\boldsymbol{x})\right).$$

Eine Funktion aus dieser Klasse auswählen, heißt, einen Parametervektor $\boldsymbol{\alpha}$ bestimmen oder — was dasselbe ist — die entsprechende Trennhyperfläche

$$\sum_{i=1}^{n} \alpha_i \varphi_i(\boldsymbol{x}) = 0$$

konstruieren.

In der Praxis wird ein solches Problem durch die Konstruktion einer Hyperebene gelöst, die in dem durch die φ_i aufgespannten Merkmalsraum $Y = \{(y_1 = \varphi_1(\boldsymbol{x}), \ldots, y_n = \varphi_n(\boldsymbol{x}))\}$ zwei vorgegebene endliche Vektorenmengen trennt, nämlich die der ersten und die der zweiten Klasse angehörenden Teilmengen der Lernmenge.[1]) In diesem Kapitel werden Konstruktionsmethoden für Trennhyperebenen betrachtet. Dabei ist zu bemerken, daß die hier diskutierten Methoden gleichzeitig natürlich sofort auch zur Auswahl der Entscheidungsregel geeignet sind, und zwar dadurch, daß ein Parametervektor aus einer gegebenen Menge von Parametern linearer Entscheidungsregeln ausgewählt wird.

Wir definieren zwei endliche Vektorenmengen $X = \{\boldsymbol{x}_1, \ldots, \boldsymbol{x}_a\}$ und $\overline{X} = \{\bar{\boldsymbol{x}}_1, \ldots, \bar{\boldsymbol{x}}_b\}$ als durch eine Hyperebene trennbar, wenn ein Einheitsvektor $\boldsymbol{\varphi}$[2]) und eine Zahl c existieren, so daß für alle Vektoren $\boldsymbol{x}_i \in X$ die Ungleichung

$$(\boldsymbol{x}_i, \boldsymbol{\varphi}) > c \tag{14.1}$$

[1]) Anm. d. Hrsg.: Lern*menge* im Unterschied zu Lern*folge* ist der Begriff für die Gesamtheit der in der Lernfolge enthaltenen Objekte (ohne Wiederholungen).

[2]) Anm. d. Hrsg.: Der Vektor „$\boldsymbol{\varphi}$" und die Funktion „$\varphi_i(\boldsymbol{x})$" haben nichts miteinander gemein.

und für alle Vektoren $\bar{x}_j \in \bar{X}$ die Ungleichung

$$(\bar{x}_j, \varphi) < c \tag{14.2}$$

erfüllt ist.

Falls (14.1) und (14.2) gelten, sagt man auch, die Mengen X und $\bar{X}$ seien durch die Hyperebene

$$(x, \varphi) = c$$

linear separierbar.

Wir definieren für einen beliebigen Vektor φ zwei Größen $c_1(\varphi)$ und $c_2(\varphi)$ durch

$$c_1(\varphi) = \min_{x_i \in X} (x_i, \varphi),$$

$$c_2(\varphi) = \max_{\bar{x}_j \in \bar{X}} (\bar{x}_j, \varphi).$$

Entsprechend der Definition der Größen $c_1(\varphi)$ und $c_2(\varphi)$ sind dann also offenbar

$$(x_i, \varphi) \geqq c_1(\varphi) \quad (i = 1, 2, \ldots, a),$$

$$(\bar{x}_j, \varphi) \leqq c_2(\varphi) \quad (j = 1, 2, \ldots, b).$$

Es ist klar, daß, wenn

$$c_1(\varphi) > c_2(\varphi) \tag{14.2'}$$

ist, durch das Paar $\left(\varphi, \dfrac{c_1(\varphi) + c_2(\varphi)}{2}\right)$ eine Hyperebene in der Gestalt

$$(x, \varphi) = \frac{c_1(\varphi) + c_2(\varphi)}{2}$$

definiert ist, die die Mengen X und $\bar{X}$ separiert. Wir möchten dazu bemerken, daß die Funktionen $c_1(\varphi)$ und $c_2(\varphi)$ stetig sind. Aus diesem Grunde folgt aus der Existenz einer einzigen Hyperebene, die zwei endliche Vektorenmengen X und $\bar{X}$ trennt, die Existenz einer ganzen Menge von Hyperebenen, die ebenfalls X und $\bar{X}$ voneinander trennen. Aus dieser Menge trennender Hyperebenen werden wir die optimale auswählen.

Definition. *Die optimale Trennhyperebene ist durch das folgende Paar definiert:* 1. *den Einheitsvektor* φ_{opt}, *der die Funktion*

$$\Pi(\varphi) = c_1(\varphi) - c_2(\varphi)$$

maximiert, und 2. *die Zahl*

$$\frac{c_1(\varphi_{\text{opt}}) + c_2(\varphi_{\text{opt}})}{2}.$$

Hierfür gilt das

Theorem 14.1. *Sind zwei Vektorenmengen durch eine Hyperebene separierbar, dann gibt es nur eine einzige optimale Trennhyperebene.*

Beweis. Es genügt offensichtlich zu zeigen, daß die Funktion $\Pi(\varphi)$ in der Menge $|\varphi| \leqq 1$ ein eindeutiges Maximum hat, das auf dem Rand des Gebietes erreicht wird, d.h. bei $|\varphi| = 1$.

Die Existenz des Maximums folgt daraus, daß die Funktion $\Pi(\varphi)$ stetig und die Menge $|\varphi| \leqq 1$ beschränkt und abgeschlossen ist.

Nehmen wir an, das Maximum würde nicht auf dem Rand, sondern in einem Punkt φ^* mit $|\varphi^*| < 1$ erreicht. Dann wäre der Wert der Funktion in einem Punkt $\varphi^{**} := \frac{\varphi^*}{|\varphi^*|}$

$$\Pi(\varphi^{**}) = \frac{\Pi(\varphi^*)}{|\varphi^*|},$$

d.h.

$$\Pi(\varphi^{**}) > \Pi(\varphi^*),$$

entgegen der Voraussetzung, wonach das Maximum in φ^* war (Widerspruch!).

Es verbleibt noch, die Eindeutigkeit zu zeigen. Nehmen wir an, das Maximum von $\Pi(\varphi)$ wird in den zwei Randpunkten φ_1 und φ_2 angenommen. Dann muß aufgrund der Konvexität der Funktion $\Pi(\varphi)$ das Maximum auch auf dem gesamten Geradenabschnitt, der φ_1 und φ_2 verbindet, erreicht werden, d.h. in den inneren Punkten der Menge $|\varphi| \leqq 1$, was nach dem bisher Bewiesenen unmöglich ist.

Geometrisch ist $\Pi(\varphi)$ der Abstand der Projektionen der Mengen X und $\bar{X}$ auf die Richtung φ (vgl. Abb. 23).

In der durch den Vektor φ_{opt} definierten Richtung ist dieser Abstand maximal. Die optimale Trennhyperebene

$$(X, \varphi_{\mathrm{opt}}) = \frac{c_1(\varphi_{\mathrm{opt}}) + c_2(\varphi_{\mathrm{opt}})}{2}$$

selbst hat die Eigenschaft, am weitesten von der ihr am nächsten liegenden der Mengen X, $\bar{X}$ entfernt zu sein.

Im § 9 werden Algorithmen zur Konstruktion der so definierten optimalen Trennhyperebene aufgezeigt. Aber vorerst werden wir nur eine einparametrische Menge von Trennhyperebenen, in der die optimale Trennhyperebene als Element enthalten ist, betrachten.

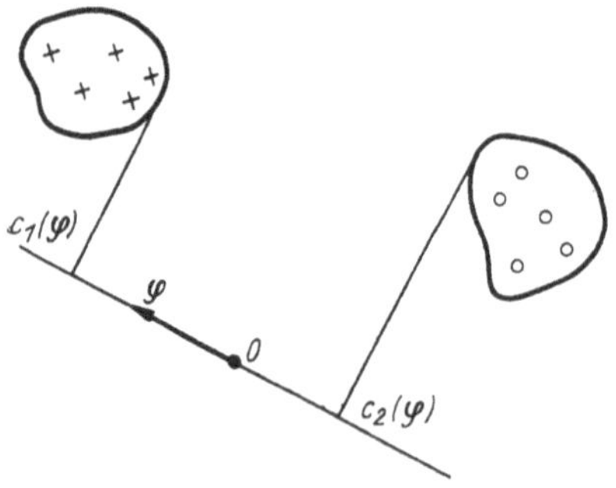

Abb. 23. Interpretation der Funktion $\Pi(\varphi)$

§ 2. Einparametrische Menge von Trennhyperebenen

Führen wir noch eine weitere Definition ein.

Definition. *Das Paar* $\left(\varphi, \frac{c_1(\varphi) + c_2(\varphi)}{2}\right)$ *heißt eine normal orientierte Trennhyperebene, wenn außer der Ungleichung* (14.2′) *auch die Bedingung*

$$c_1(\varphi) > 0$$

erfüllt ist.

Es ist unschwer zu erkennen, daß, wenn zwei endliche Vektorenmengen X und $\bar{X}$ durch eine Hyperebene separierbar sind, eine normal orientierte Hyperebene existiert, die entweder die Menge X von der Menge $\bar{X}$ oder die Menge $\bar{X}$ von der Menge X trennt.

Betrachten wir das System von Ungleichungen

$$(\boldsymbol{x}_i, \boldsymbol{\psi}) \geqq 1 \quad (i = 1, \ldots, a), \tag{14.3}$$

$$(\bar{\boldsymbol{x}}_j, \boldsymbol{\psi}) \leqq k \quad (j = 1, \ldots, b).$$

Wir werden eine Konstante k zulässig nennen, wenn das System (14.3) mindestens eine Lösung besitzt. Es ist offensichtlich, daß, wenn k_0 ein zulässiger Parameterwert ist, jedes andere k mit $k > k_0$ ebenfalls zulässig ist.

Jedem Vektor $\boldsymbol{\psi}$, der (14.3) genügt, ordnen wir eine Hyperebene

$$(\boldsymbol{x}, \boldsymbol{\psi}) = \frac{1 + k}{2}$$

zu.

Es ist offensichtlich, daß bei $k < 1$ die Hyperebene normal orientiert ist und X von $\bar{X}$ trennt. Sind umgekehrt die Mengen X und $\bar{X}$ durch eine normal orientierte Hyperebene trennbar, dann existiert auch eine zulässige Zahl $k < 1$.

Sei $\boldsymbol{\varphi}$ der Richtungsvektor einer Hyperebene mit $c_1(\boldsymbol{\varphi}) > 0$ und $c_1(\boldsymbol{\varphi}) > c_2(\boldsymbol{\varphi})$, dann genügt das Paar

$$\boldsymbol{\psi} = \frac{\boldsymbol{\varphi}}{c_1(\boldsymbol{\varphi})} \quad \text{und} \quad k = \frac{c_2(\boldsymbol{\varphi})}{c_1(\boldsymbol{\varphi})}$$

der Bedingung (14.3) und außerdem ist $k < 1$.

Definition. *Wir bezeichnen einen Vektor* $\boldsymbol{\psi}$, *der den Ungleichungen* (14.3) *bei gegebenem zulässigen* k *genügt und dessen Betrag minimal ist, als generalisiertes Porträt der Menge* X *in bezug auf* $\bar{X}$ *für den vorgegebenen Wert* k.

Wir wollen diesen Begriff erläutern.

Betrachten wir den Fall einer leeren Klasse $\bar{X}$. Dann ist der betragsminimale, den Ungleichungen

$$(\boldsymbol{x}_i, \boldsymbol{\psi}) \geqq 1 \tag{14.4}$$

genügende Vektor $\boldsymbol{\psi}$ dem Einheitsvektor $\boldsymbol{\varphi}$ kollinear, der der Forderung

$$\max_{|\boldsymbol{\varphi}|=1} \min_i (\boldsymbol{\varphi}, \boldsymbol{x}_i) = \max_{|\boldsymbol{\varphi}|=1} c_1(\boldsymbol{\varphi})$$ [1])

genügt.

Mit anderen Worten, der Vektor $\boldsymbol{\psi}$ hat die im Minimax-Sinne mittlere Richtung der Vektoren der Klasse X (Abb. 24). Diese Tatsache rechtfertigt die Bezeichnung „generalisiertes Porträt".[2])

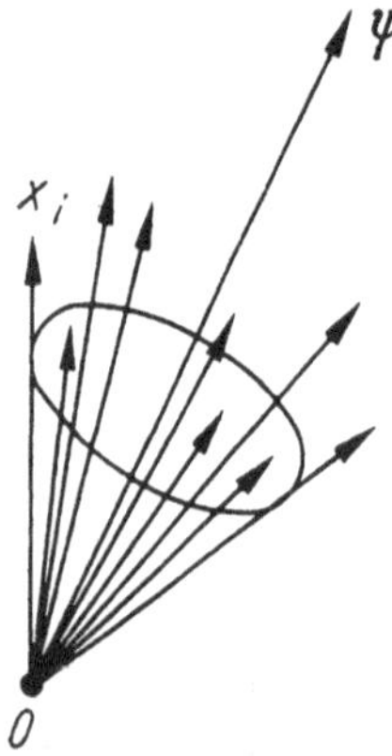

Abb. 24. Geometrische Interpretation des generalisierten Porträts

Die früher angeführte Definition des Begriffs „generalisiertes Porträt" ist die natürliche Verallgemeinerung des soeben formulierten Tatbestandes auf den Fall, daß in der Lernstichprobe beide Klassen vertreten sind.

Theorem 14.2. *Für jeden [in bezug auf* (14.3)] *zulässigen Wert k existiert das generalisierte Porträt, und es ist eindeutig.*

Beweis. Da der Wert k zulässig ist, existiert ein Vektor $\boldsymbol{\psi}^*$, der (14.3) genügt. Wir betrachten die Menge aller Vektoren $\boldsymbol{\psi}$, die außer (14.3) auch der Bedingung $|\boldsymbol{\psi}| \leqq |\boldsymbol{\psi}^*|$ genügen. Diese Menge ist nicht leer, und sie ist beschränkt, abgeschlossen und konvex.

---

[1]) Wir ordnen jedem Einheitsvektor $\boldsymbol{\varphi}$, für den $c_1(\boldsymbol{\varphi}) > 0$ ist, einen Vektor $\boldsymbol{\psi} = \frac{\boldsymbol{\varphi}}{c_1(\boldsymbol{\varphi})}$ zu. Dann ist offensichtlich, daß der erhaltene Vektor den Ungleichungen (14.4) genügt. Umgekehrt ordnen wir jedem Vektor $\boldsymbol{\psi}$, der (14.4) so erfüllt, daß wenigstens eine der Ungleichungen in eine Gleichung übergeht, den Einheitsvektor $\boldsymbol{\varphi} = \frac{\boldsymbol{\psi}}{|\boldsymbol{\psi}|}$ zu. Für diesen ist $c_1(\boldsymbol{\varphi}) = \frac{1}{|\boldsymbol{\psi}|}$. Man kann sich leicht davon überzeugen, daß diese Umkehrung zutrifft.

Da weiterhin das Minimum von $(X_i, \boldsymbol{\psi})$ unter Nebenbedingungen der Art (14.4) an der (unteren) Schranke angenommen wird, geht für das generalisierte Porträt mindestens eine der Ungleichungen tatsächlich in eine Gleichung über. Deshalb entspricht dem Maximum des Minimums $c_1(\boldsymbol{\varphi})$ das Maximum von $\frac{1}{|\boldsymbol{\psi}|}$, d.h. das Minimum von $(\boldsymbol{\psi}, \boldsymbol{\psi})$.

[2]) Anm. d. Hrsg.: Der Terminus bedeutet soviel wie [abstraktes] Bild (Repräsentant einer Menge von Vektoren).

Damit hat die echt[1]) konvexe Funktion $(\boldsymbol{\psi}, \boldsymbol{\psi})$ in ihr ein eindeutiges Minimum in einem Punkt $\boldsymbol{\psi}_0$. Evident ist auch, daß außerhalb der Kugel $|\boldsymbol{\psi}| \leqq |\boldsymbol{\psi}^*|$ alle Vektoren einen Betrag größer als $|\boldsymbol{\psi}_0|$ besitzen, woraus die zu beweisende Behauptung folgt.

Die generalisierten Porträts für verschiedene Werte k bilden also eine einparametrische Menge, die wir mit $\boldsymbol{\psi}(k)$ bezeichnen wollen.

Für $k < 1$ erhält man die Menge der Trennhyperebenen

$$(\boldsymbol{x}, \boldsymbol{\psi}(k)) = \frac{1+k}{2}. \tag{14.5}$$

Theorem 14.3. *Ist die optimale Trennhyperebene normal orientiert, so gehört sie der einparametrischen Menge* (14.5) *an.*

Beweis. $\boldsymbol{\varphi}_{\text{opt}}$ sei der Richtungsvektor (d. h. $|\boldsymbol{\varphi}_{\text{opt}}| = 1$) der optimalen Trennhyperebene und entsprechend der Voraussetzung $c_1(\boldsymbol{\varphi}_{\text{opt}}) > 0$.

Wir setzen

$$k_0 = \frac{c_2(\boldsymbol{\varphi}_{\text{opt}})}{c_1(\boldsymbol{\varphi}_{\text{opt}})} < 1, \quad \psi^* = \frac{\boldsymbol{\varphi}_{\text{opt}}}{c_1(\boldsymbol{\varphi}_{\text{opt}})} \tag{14.6}$$

und zeigen, daß der Vektor $\boldsymbol{\psi}^*$ mit dem generalisierten Porträt $\boldsymbol{\psi}(k_0)$ identisch ist.

Zuvor überzeugen wir uns davon, daß das Paar $(\boldsymbol{\psi}^*, k_0)$ den Bedingungen (14.3) genügt. Dies folgt tatsächlich aus

$$(\boldsymbol{x}_i, \boldsymbol{\psi}^*) = \frac{1}{c_1(\boldsymbol{\varphi}_{\text{opt}})} (\boldsymbol{x}_i, \boldsymbol{\varphi}_{\text{opt}}) \geqq 1 \quad (i = 1, \ldots, a),$$

$$(\bar{\boldsymbol{x}}_j, \boldsymbol{\psi}^*) = \frac{1}{c_1(\boldsymbol{\varphi}_{\text{opt}})} (\bar{\boldsymbol{x}}_j, \boldsymbol{\varphi}_{\text{opt}}) \leqq \frac{c_2(\boldsymbol{\varphi}_{\text{opt}})}{c_1(\boldsymbol{\varphi}_{\text{opt}})} = k_0 \quad (j = 1, \ldots, b).$$

Wäre $\boldsymbol{\psi}^* \neq \boldsymbol{\psi}(k_0)$, dann müßte wegen der Eindeutigkeit des generalisierten Porträts

$$|\boldsymbol{\psi}^*| > |\boldsymbol{\psi}(k_0)| \tag{14.7}$$

sein. Wir betrachten den Vektor $\boldsymbol{\varphi}_0 = \dfrac{\boldsymbol{\psi}(k_0)}{|\boldsymbol{\psi}(k_0)|}$. Aus (14.3) folgt, daß

$$c_1(\boldsymbol{\varphi}_0) \geqq \frac{1}{|\boldsymbol{\psi}(k_0)|},$$

$$c_2(\boldsymbol{\varphi}_0) \leqq \frac{k_0}{|\boldsymbol{\psi}(k_0)|},$$

und d. h.

$$\Pi(\boldsymbol{\varphi}_0) \geqq \frac{1-k_0}{|\boldsymbol{\psi}(k_0)|} = \frac{c_1(\boldsymbol{\varphi}_{\text{opt}}) - c_2(\boldsymbol{\varphi}_{\text{opt}})}{c_1(\boldsymbol{\varphi}_{\text{opt}})\, |\boldsymbol{\psi}(k_0)|} = \frac{\Pi(\boldsymbol{\varphi}_{\text{opt}})}{c_1(\boldsymbol{\varphi}_{\text{opt}})\, |\boldsymbol{\psi}(k_0)|}.$$

Des weiteren ist aufgrund von (14.7)

$$\Pi(\boldsymbol{\varphi}_0) > \frac{\Pi(\boldsymbol{\varphi}_{\text{opt}})}{c_1(\boldsymbol{\varphi}_{\text{opt}})\, |\boldsymbol{\psi}^*|}.$$

---

[1]) Anm. d. Hrsg.: Echt konvex heißt eine Funktion $f(\psi)$, wenn $f(\lambda\psi_1 + (1-\lambda)\,\psi_2) < \lambda f(\psi_1) + (1-\lambda) f(\psi_2)$ für $0 < \lambda < 1$ und alle ψ_1, ψ_2, $\psi_1 \neq \psi_2$ ist. So gilt hier für die Funktion $f(\psi) = (\psi, \psi)$

$$\lambda\psi_1^2 + (1-\lambda)\,\psi_2^2 - (\lambda\psi_1 + (1-\lambda)\,\psi_2)^2 = \lambda(1-\lambda)\cdot(\psi_1 - \psi_2)^2 > 0$$

(unter den angegebenen Bedingungen).

Und schließlich erhalten wir, da $|\boldsymbol{\psi}^*| = \frac{1}{c_1(\boldsymbol{\varphi}_{\text{opt}})}$, $\Pi(\boldsymbol{\varphi}_0) > \Pi(\boldsymbol{\varphi}_{\text{opt}})$, was der Definition der optimalen Trennhyperebene widerspricht. Also muß $\boldsymbol{\psi}^* = \boldsymbol{\psi}(k_0)$ sein. Damit folgt aus der Definition von k und $\boldsymbol{\psi}^*$ sofort, daß die Hyperebenen

$$(\boldsymbol{\psi}(k_0), \boldsymbol{x}) = \frac{1 + k_0}{2}$$

und

$$(\boldsymbol{\varphi}_{\text{opt}}, \boldsymbol{x}) = \frac{c_1(\boldsymbol{\varphi}_{\text{opt}}) + c_2(\boldsymbol{\varphi}_{\text{opt}})}{2}$$

zusammenfallen. Das Theorem ist somit bewiesen.

Bemerkung. *Aus dem Beweis des Theorems folgt*

$$\Pi(\boldsymbol{\varphi}_{\text{opt}}) = \frac{1 - k_0}{|\boldsymbol{\psi}(k_0)|}.$$

§ 3. Einige Eigenschaften des generalisierten Porträts

Wie leicht zu erkennen ist, führt die Bestimmung des generalisierten Porträts auf ein Problem der quadratischen Programmierung, dem der Minimierung der Funktion $(\boldsymbol{\psi}, \boldsymbol{\psi})$ unter den linearen Nebenbedingungen (14.3) in Form von Ungleichungen.

Algorithmen zur Lösung des *allgemeinen* Problems der quadratischen Programmierung sind bekannt. Unter Ausnutzung einiger Besonderheiten des generalisierten Porträts gelingt es jedoch, die Erstellung desselben als eine spezielle, einfache Variante der allgemeinen quadratischen Programmierung zu formulieren und dafür eine spezielle, effektive Lösungsvariante anzugeben. Um das näher auszuführen, benötigen wir folgendes Theorem.

Theorem 14.4. (KUHN-TUCKER-Theorem). *Gegeben seien die differenzierbare konvexe Funktion $F(x)$ und die linearen Funktionen $f_i(x)$; $i = 1, \ldots, l$. Die Funktion $F(x)$ möge ihr absolutes Minimum unter den Nebenbedingungen*

$$f_i(\boldsymbol{x}) \geqq 0 \quad (i = 1, 2, \ldots, l) \tag{14.8}$$

im Punkt x_0 annehmen.

Dann existieren Zahlen $\lambda_i \geqq 0$, die den Bedingungen

$$\lambda_i f_i(\boldsymbol{x}) = 0 \quad (i = 1, 2, \ldots, l) \tag{14.9}$$

genügen und zusammen mit den Funktionen f_i die Gleichung

$$\nabla F(\boldsymbol{x}_0) = \sum_{i=1}^{l} \lambda_i \nabla f_i(\boldsymbol{x}_0) \tag{14.10}$$

erfüllen („∇" bedeutet den Operator der Gradientenbildung).

Ist umgekehrt für einen Punkt $\boldsymbol{x}_0$ die Bedingung (14.8) *erfüllt und kann man Zahlen $\lambda_i \geqq 0$ finden, die den Bedingungen* (14.9) *und* (14.10) *genügen, dann nimmt $F(\boldsymbol{x})$ im Punkt $\boldsymbol{x}_0$ unter den Nebenbedingungen* (14.8) *sein (absolutes) Minimum an.*

Der Beweis dieses Theorems wird im Anhang gegeben.

Führen wir noch eine Definition ein.

Definition. Ein $\boldsymbol{x}_i$ bzw. $\bar{\boldsymbol{x}}_j$ heißt äußerster Vektor der Menge X bzw. $\bar{X}$ in bezug auf den Vektor ψ, wenn er (14.3) mit der Konstanten k erfüllt und außerdem der Gleichung

$$(\boldsymbol{x}_i, \boldsymbol{\psi}) = 1,$$

bzw.

$$((\bar{\boldsymbol{x}}_j, \boldsymbol{\psi}) = k)$$

genügt.

Ferner gilt das folgende, für die weiteren Betrachtungen wichtige Theorem.

Theorm 14.5. *Das generalisierte Porträt kann als Linearkombination äußerer Vektoren dargestellt werden. In dieselbe gehen die äußeren Vektoren der Menge X mit nichtnegativen Koeffizienten und die äußeren Vektoren der Menge $\bar{X}$ mit nichtpositiven Koeffizienten ein. Mit anderen Worten, der* (14.3) *genügende, betragsminimale Vektor $\boldsymbol{\psi}$ kann in der Form*

$$\boldsymbol{\psi} = \sum_{i=1}^{a} \alpha_i \boldsymbol{x}_i - \sum_{j=1}^{b} \beta_j \boldsymbol{x}_j,$$

$$\alpha_i = 0 \quad (i = 1, 2, \ldots, a),$$

$$\beta_i \geqq 0 \quad (j = 1, 2, \ldots, b) \tag{14.11}$$

dargestellt werden. Außerdem sind

$$\alpha_i((\boldsymbol{x}_i, \boldsymbol{\psi}) - 1) = 0 \quad (i = 1, 2, \ldots, a),$$

$$\beta_j(k - (\bar{\boldsymbol{x}}_j, \boldsymbol{\psi})) = 0 \quad (j = 1, 2, \ldots, b). \tag{14.12}$$

Beweis. Für den Beweis des Theorems 14.5 verwenden wir das Theorem 14.4, wobei wir

$$F(\boldsymbol{\psi}) = (\boldsymbol{\psi}, \boldsymbol{\psi}),$$

$$f_i(\boldsymbol{\psi}) = ((\boldsymbol{x}_i, \boldsymbol{\psi}) - 1) \geqq 0 \qquad (i = 1, 2, \ldots, a),$$

$$f_j(\boldsymbol{\psi}) = (k_0 - (\bar{\boldsymbol{x}}_j, \boldsymbol{\psi})) \geqq 0 \quad (j = 1, 2, \ldots, b)$$

setzen.

Entsprechend der Behauptung des Theorems 14.4 existieren nichtnegative $\lambda_i (1 \leqq i \leqq a)$ und $\lambda_j (1 \leqq j \leqq b)$, so daß

$$\lambda_i((\boldsymbol{x}_i, \boldsymbol{\psi}) - 1) = 0 \quad (i = 1, 2, \ldots, a),$$

$$\lambda_j(k - (\bar{\boldsymbol{x}}_j, \boldsymbol{\psi})) = 0 \quad (j = 1, 2, \ldots, b)$$

und

$$\operatorname{grad}(\boldsymbol{\psi}, \boldsymbol{\psi}) = \sum_{i=1}^{a} \lambda_i \operatorname{grad}((\boldsymbol{x}_i, \boldsymbol{\psi}) - 1) + \sum_{j=1}^{b} \lambda_j \operatorname{grad}(k - (\bar{\boldsymbol{x}}_j, \boldsymbol{\psi})).$$

Nach Auswertung des Gradienten erhalten wir

$$2\boldsymbol{\psi} = \sum_{i=1}^{a} \lambda_i \boldsymbol{x}_i - \sum_{j=1}^{b} \lambda_j \bar{\boldsymbol{x}}_j.$$

Wir setzen

$$\frac{\lambda_i}{2} = \alpha_i, \qquad \frac{\lambda_j}{2} = \beta_j$$

und erhalten

$$\boldsymbol{\psi} = \sum_{i=1}^{a} \alpha_i \boldsymbol{x}_i - \sum_{j=1}^{b} \beta_j \bar{\boldsymbol{x}}_j ;$$

$$\alpha_i \geqq 0 ,$$

$$\beta_j \geqq 0 ;$$

$$\alpha_i[(\boldsymbol{x}_i, \boldsymbol{\psi}) - 1] = 0 ,$$

$$\beta_j[k - (\bar{\boldsymbol{x}}_j \boldsymbol{\psi})] = 0 .$$

Das Theorem ist damit bewiesen.

Richtig ist auch die Umkehrung dieses Theorems:

Theorem 14.6. *Jeder Vektor* $\boldsymbol{\psi}$, *der* (14.3) *genügt, und der mit Hilfe seiner äußeren Vektoren in der Form* (14.11) *dargestellt werden kann, ist mit dem generalisierten Porträt identisch.*

Der Beweis folgt sofort aus der Richtigkeit der Umkehrung des Theorems 14.4 (KUHN-TUCKER-Theorem) und der Eindeutigkeit des generalisierten Porträts, wenn die Funktionen $F(x)$ und $f_i(x)$ ebenso wie beim Beweis des vorangegangenen Theorems interpretiert werden.

Bemerkung. *Im Theorem* 14.2 *wurde die Eindeutigkeit des generalisierten Porträts bewiesen. Jedoch läßt sich das generalisierte Porträt nicht allgemein eindeutig nach seinen äußeren Vektoren in der Form* (14.11) *zerlegen.*

§ 4. Das generalisierte Porträt als Lösung eines Problems der quadratischen Programmierung

In diesem Paragraphen wird ein spezielles Problem der quadratischen Programmierung untersucht, dessen Lösung der Konstruktion des generalisierten Porträts äquivalent ist.

Wir führen den durch die Parameter $\boldsymbol{\alpha}, \boldsymbol{\beta}$ aufgespannten Raum ein und betrachten in diesem die Funktion

$$W(\boldsymbol{\alpha}, \boldsymbol{\beta}) = \sum_{i=1}^{a} \alpha_i - k \sum_{j=1}^{b} \beta_j - \frac{1}{2} (\boldsymbol{\psi}, \boldsymbol{\psi}) ,$$

wobei der Vektor $\boldsymbol{\psi}$ durch

$$\boldsymbol{\psi} = \sum_{i=1}^{a} \alpha_i \boldsymbol{x}_i - \sum_{j=1}^{b} \beta_j \bar{\boldsymbol{x}}_j$$

gegeben ist. Wir suchen den Punkt $\boldsymbol{\alpha}^0$, $\boldsymbol{\beta}^0$, in dem diese Funktion ihr Maximum im positiven Quadranten $\alpha_i \geqq 0$, $\beta_j \geqq 0$ annimmt. Für die Konstruktion der Trennhyperebene erweist es sich als bedeutsam, daß der Maximumpunkt $\boldsymbol{\alpha}^0$, $\boldsymbol{\beta}^0$ der Funktion $W(\boldsymbol{\alpha}, \boldsymbol{\beta})$ im positiven Quadranten das generalisierte Porträt für den vorgegebenen Parameter k definiert, und daß der Wert $W(\boldsymbol{\alpha}^0, \boldsymbol{\beta}^0)$ dieses Maximums der Abstand zwischen den Projektionen der Vektoren der ersten und zweiten Klasse auf die Richtung des generalisierten Porträts ist.

Betrachten wir also den Maximumpunkt $\boldsymbol{\alpha}^0, \boldsymbol{\beta}^0$ der Funktion $W(\boldsymbol{\alpha}, \boldsymbol{\beta})$ im positiven Quadranten.

Notwendige und hinreichende Bedingungen für die Existenz eines Maximums der Funktion $W(\boldsymbol{\alpha}, \boldsymbol{\beta})$ im Punkt $\alpha_i^0 \geqq 0$, $\beta_j^0 \geqq 0$ sind die folgenden Bedingungen:

$$\frac{\partial W(\boldsymbol{\alpha}^0, \boldsymbol{\beta}^0)}{\partial \alpha_i} = \begin{cases} 0, \text{ wenn } \alpha_i^0 > 0, \\ 0, \text{ wenn } \alpha_i^0 = 0, \end{cases}$$

$$\frac{\partial W(\boldsymbol{\alpha}^0, \boldsymbol{\beta}^0)}{\partial \beta_j} = \begin{cases} 0, \text{ wenn } \beta_j^0 > 0, \\ 0, \text{ wenn } \beta_j^0 = 0. \end{cases}$$

Wir werten diese Bedingungen aus und erhalten mit der Bezeichnung

$$\boldsymbol{\psi}_0 := \sum \alpha_i^0 \boldsymbol{x}_i - \sum \beta_j^0 \bar{\boldsymbol{x}}_j$$

die Ausdrücke

$$1 - (\boldsymbol{x}_i, \boldsymbol{\psi}^0) \begin{cases} = 0, \text{ wenn } \alpha_i^0 > 0, \\ \leqq 0, \text{ wenn } \alpha_i^0 = 0, \end{cases}$$

$$(\bar{\boldsymbol{x}}_j, \boldsymbol{\psi}^0) - k \begin{cases} = 0, \text{ wenn } \beta_j^0 > 0, \\ \leqq 0, \text{ wenn } \beta_j^0 = 0. \end{cases} \tag{14.13}$$

Aus den Bedingungen (14.13) folgt die Gültigkeit der Ungleichungen

$$(\boldsymbol{x}_i, \boldsymbol{\psi}^0) \geqq 1,$$

$$(\bar{\boldsymbol{x}}_j, \boldsymbol{\psi}^0) \leqq k$$

und der Gleichungen

$$\alpha_i((\boldsymbol{x}_i, \boldsymbol{\psi}^0) - 1) = 0,$$

$$\beta_j(k - (\bar{\boldsymbol{x}}_j, \boldsymbol{\psi}^0)) = 0.$$

Die Ungleichungen haben die Gestalt der Bedingungen (14.3), die Gleichungen entsprechen (14.2). In Übereinstimmung mit der Aussage des Theorems 14.6 definieren dann diese Bedingungen eindeutig das generalisierte Porträt $\boldsymbol{\psi}^0$.

Der Zusammenhang zwischen dem generalisierten Porträt und der Maximierung der Funktion $W(\boldsymbol{\alpha}, \boldsymbol{\beta})$ im positiven Quadranten wird in dem folgenden Theorem formuliert:

Theorem 14.7. *Dafür, daß die Funktion $W(\boldsymbol{\alpha}, \boldsymbol{\beta})$ im positiven Quadranten nach oben beschränkt ist, ist es notwendig und hinreichend, daß k einen zulässigen Wert besitzt. Bei zulässigem k bestimmt der Punkt $\boldsymbol{\alpha}^0, \boldsymbol{\beta}^0$ in dem $W(\boldsymbol{\alpha}, \boldsymbol{\beta})$ sein Maximum [unter Nebenbedingungen] im positiven Quadranten erreicht, das generalisierte Porträt durch den Ausdruck*

$$\boldsymbol{\psi}(k) = \sum_{i=1}^{a} \alpha_i^0 \boldsymbol{x}_i - \sum_{j=1}^{b} \beta_j^0 \bar{\boldsymbol{x}}_j .$$

Darüber hinaus existiert der folgende Zusammenhang zwischen dem Funktionswert $W(\boldsymbol{\alpha}^0, \boldsymbol{\beta}^0)$ in diesem Maximum und dem Betrag des generalisierten Porträts.

Theorem 14.8. *Bei zulässigem k ist der Maximalwert der Funktion $W(\boldsymbol{\alpha}, \boldsymbol{\beta})$ im positiven Quadranten gleich dem halben Betragsquadrat des generalisierten Porträts $\boldsymbol{\psi}(k)$.*

Beweis. Nach Theorem 14.7 ist

$$\boldsymbol{\psi}(k) = \boldsymbol{\psi}^0 = \sum_{i=1}^{a} \alpha_i^0 \boldsymbol{x}_i - \sum_{j=1}^{b} \beta_j^0 \bar{\boldsymbol{x}}_j$$

und deshalb

$$|\boldsymbol{\psi}(k)|^2 = \sum_{i=1}^{a} \alpha_i^0 (\boldsymbol{x}_i, \boldsymbol{\psi}) - \sum_{j=1}^{b} \beta_j^0 (\bar{\boldsymbol{x}}_j, \boldsymbol{\psi}).$$

Berücksichtigt man, daß die Koeffizienten aller Vektoren außer den der „äußeren Vektoren" $\boldsymbol{x}$ und $\bar{\boldsymbol{x}}$ gleich Null sind, so wird

$$|\boldsymbol{\psi}(k)|^2 = |\boldsymbol{\psi}^0|^2 = \sum_{i=1}^{a} \alpha_i^0 - k \sum_{j=1}^{b} \beta_j^0.$$

Folglich ist

$$W(\boldsymbol{\alpha}^0, \boldsymbol{\beta}^0) = \sum_{i=1}^{a} \alpha_i^0 - k \sum_{j=1}^{b} \beta_j^0 - \frac{1}{2}(\boldsymbol{\psi}^0, \boldsymbol{\psi}^0) = \frac{1}{2}\left(\sum_{i=1}^{a} \alpha_i^0 - k \sum_{j=1}^{b} \beta_j^0\right) = \frac{1}{2}|\boldsymbol{\psi}(k)|^2.$$

Das Theorem ist damit bewiesen.

Aus dem Theorem 14.8 läßt sich eine zur Konstruktion von Algorithmen für Trennhyperebenen wichtige Folgerung ziehen.

Folgerung. *In dem Falle, daß unter den äußeren Vektoren des generalisierten Porträts $\boldsymbol{\psi}(k)$ Vektoren aus beiden Klassen vorkommen, gilt*

$$\Pi\left[\frac{\boldsymbol{\psi}(k)}{|\boldsymbol{\psi}(k)|}\right] \leqq \frac{1-k}{\sqrt{2W(\boldsymbol{\alpha}, \boldsymbol{\beta})}} \quad (\boldsymbol{\alpha} \geqq 0, \quad \boldsymbol{\beta} \leqq 0), \tag{14.14}$$

wobei die Gleichheit bei $\boldsymbol{\alpha} = \boldsymbol{\alpha}^0$, $\boldsymbol{\beta} = \boldsymbol{\beta}^0$ erreicht wird.

Darin ist $\Pi\left[\frac{\boldsymbol{\psi}(k)}{|\boldsymbol{\psi}(k)|}\right]$ der Abstand zwischen den Projektionen der Klassenmengen X und $\bar{X}$ auf die Richtung des generalisierten Porträts. Das ergibt sich aufgrund des Theorems 14.8, wonach

$$\sqrt{2W(\boldsymbol{\alpha}^0, \boldsymbol{\beta}^0)} = |\boldsymbol{\psi}(k)|$$

st. Weiterhin ist entsprechend der Voraussetzung

$$c_1\left(\frac{\boldsymbol{\psi}}{|\boldsymbol{\psi}|}\right) = \frac{1}{|\boldsymbol{\psi}|},$$

$$c_2\left(\frac{\boldsymbol{\psi}}{|\boldsymbol{\psi}|}\right) = \frac{k}{|\boldsymbol{\psi}|}.$$

Deshalb wird

$$\Pi\left(\frac{\boldsymbol{\psi}}{|\boldsymbol{\psi}|}\right) = \frac{1-k}{|\boldsymbol{\psi}|} = \frac{1-k}{\sqrt{2W(\boldsymbol{\alpha}^0. \boldsymbol{\beta}^0)}},$$

woraus unter Berücksichtigung von

$$W(\boldsymbol{\alpha}, \boldsymbol{\beta}) \leqq W(\boldsymbol{\alpha}^0. \boldsymbol{\beta}^0)$$

(14.14) folgt.

Diese Folgerung dient zur Aufstellung eines Kriteriums der linearen Separierbarkeit. Wir bezeichnen zwei Mengen X und $\overline{X}$ als „mit Hilfe des generalisierten Porträts $\boldsymbol{\psi}(k)$ $(k < 1)$ nicht mit zulässigem Abstand" trennbar, wenn die Größe $\Pi\left[\frac{\boldsymbol{\psi}}{|\boldsymbol{\psi}|}\right]$ kleiner als eine vorgegebene Konstante $\varrho > 0$ ist.

Die Existenz eines Punktes $\boldsymbol{\alpha} \geqq 0$, $\boldsymbol{\beta} \geqq 0$, so daß

$$W(\boldsymbol{\alpha}, \boldsymbol{\beta}) \geqq \frac{(1-k)^2}{2\varrho^2}, \tag{14.15}$$

bedeutet dann, daß die Mengen mit Hilfe des generalisierten Porträts $\boldsymbol{\psi}(k)$ nicht mit vorgegebenem Abstand trennbar sind. So definiert also das Maximum von $W(\boldsymbol{\alpha}, \boldsymbol{\beta})$ im positiven Quadranten entsprechend den Theoremen 14.7 und 14.8 das generalisierte Porträt, und die Folgerung besagt, daß, wenn in einem Punkt $\boldsymbol{\alpha}, \boldsymbol{\beta}$ mit $W(\boldsymbol{\alpha}, \boldsymbol{\beta}) = B$ das Maximum noch nicht erreicht ist, die Mengen jedenfalls nicht mit einem Abstand größer als $\frac{1-k}{\sqrt{2B}}$ linear separierbar sind. So führt also das Problem der Konstruktion des generalisierten Porträts auf die Maximierung der Funktion $W(\boldsymbol{\alpha}, \boldsymbol{\beta})$ im positiven Quadranten bzw. auf das Problem der Abschätzung des Maximumwertes dieser Funktion nach unten.

Es zeigt sich, daß auch andere Konstruktionsmethoden für Trennhyperebenen in einem jeweils genau definierten Sinne verschiedene Algorithmen zur Maximierung der Funktion $W(\boldsymbol{\alpha}, \boldsymbol{\beta})$ im positiven Quadranten realisieren. Dieser Umstand eröffnet die Möglichkeit, sie untereinander zu vergleichen, indem man denjenigen Konstruktionsalgorithmus für die Trennhyperebene als den effektiveren bewertet, der die effektivere Prozedur zur Maximierung der Funktion $W(\boldsymbol{\alpha}, \boldsymbol{\beta})$ realisiert.

§ 5. Algorithmen vom Perzeptrontyp

1. Im Kapitel I wurde der Algorithmus zur Konstruktion der Trennhyperebene des Perzeptrons formuliert. In diesem Paragraphen betrachten wir verschiedene Varianten der GAUSS-SEIDEL-Methode zur Maximierung von $W(\boldsymbol{\alpha}, \boldsymbol{\beta})$ im positiven Quadranten und zeigen, daß der Algorithmus zur Konstruktion der Trennhyperebene des Perzeptrons nur eine Modifikation dieser Methode ist.

Sei also die Funktion $F(z^1, \ldots, z^n)$ von n Argumenten $z^1, \ldots, z^n$ gegeben. Die Maximierung der Funktion mit Hilfe der GAUSS-SEIDEL-Methode besteht in folgendem: Vom Anfangspunkt $z_0^1, \ldots, z_0^n$ beginnend, bewegt man sich in Richtung der ersten Koordinate — bei festgehaltenen Werten der übrigen Koordinaten — bis zum (bedingten) Maximumpunkt der Funktion $F(\boldsymbol{z})$, daraufhin wird [von dem erreichten Punkt als Anfangspunkt ausgehend] das bedingte Maximum bei Variation der zweiten Koordinate und festgehaltenen Werten der übrigen Koordinaten gesucht usw. Nachdem so Schritte in Richtung aller Koordinatenachsen ausgeführt wurden, wird der erreichte Endpunkt Anfangspunkt eines erneuten Suchverfahrens nach gleichem Muster usw. Der Prozeß der Maximumsuche wird beendet, sobald das System von Ungleichungen

$$\left|\frac{\partial F(z^1, \ldots, z^n)}{\partial z^i}\right| < \varepsilon \quad (i = 1, 2, \ldots, n)$$

erfüllt ist.

Betrachten wir die modifizierte GAUSS-SEIDEL-Methode. Die Modifikation der Methode betrifft die Maximierung der Funktion $F(z^1, \ldots, z^n)$ im positiven Quadranten. Die entsprechende Variation der GAUSS-SEIDEL-Methode besteht in folgendem:

1. als Anfangspunkt wird ein Punkt des positiven Quadranten gewählt (im folgenden werden wir als solchen den Koordinatenursprung festlegen);

2. in einer der Koordinatenrichtungen wird, entweder bis zu dem Punkt, in dem die Funktion ein Maximum längs der betreffenden Koordinatenrichtung erreicht, oder, falls dieses Maximum bei einem negativen Koordinatenwert liegt, bis zum Koordinatenwert Null fortgeschritten.

3. Der Prozeß der Maximumsuche wird beendet, sobald die Ungleichungen

$$\left|\frac{\partial F(z^1, \ldots, z^n)}{\partial z^i}\right| < \varepsilon, \text{ falls } z^i > 0$$

und

$$\frac{\partial F(z^1, \ldots, z^n)}{\partial z^i} < \varepsilon, \text{ wenn } z^i = 0$$

erfüllt sind.

2. Die Anwendung der modifizierten GAUSS-SEIDEL-Methode zur Maximierung der Funktion $W(\boldsymbol{\alpha}, \boldsymbol{\beta})$ im Bereich $\alpha_i \geqq 0$, $\beta_j \geqq 0$ führt auf folgenden Algorithmus zur Konstruktion des generalisierten Porträts. Im t-ten Schritt gilt, falls die Bewegung entlang der Koordinate α_i erfolgte,

$$\alpha_i(t) = \alpha_i(t-1) + \Delta\alpha_i .$$

Analog ist im Falle einer Bewegung entlang der Koordinate β_j

$$\beta_j(t) = \beta_j(t-1) + \Delta\beta_j .$$

Die Werte der übrigen Koordinaten bleiben unverändert.

Der Zuwachs $\Delta\alpha_i$ bzw. $\Delta\beta_j$, der zum Maximum in Schrittrichtung führt, ist durch die Bedingungen

$$\frac{\partial W}{\partial \Delta\alpha_i} = [1 - (\boldsymbol{\psi}(t-1), \boldsymbol{x}_i)] - |\boldsymbol{x}_i|^2 \Delta\alpha_i = 0,$$

bzw.

$$\frac{\partial W}{\partial \Delta\beta_j} = [(\boldsymbol{\psi}(t-1), \bar{\boldsymbol{x}}_j) - k] - |\bar{\boldsymbol{x}}_j|^2 \Delta\beta_j = 0$$

definiert, wobei

$$\boldsymbol{\psi}(t-1) = \sum_{i=1}^{a} \alpha_i(t-1)\, \boldsymbol{x}_i - \sum_{j=1}^{b} \beta_j(t-1)\, \bar{\boldsymbol{x}}_j$$

gesetzt wird.

Unter Berücksichtigung der Nebenbedingung, daß der Schritt nicht über die Begrenzung des positiven Quadranten hinausführen darf, erhalten wir

$$\Delta\alpha_i = \max\left(\frac{1 - (\boldsymbol{\psi}(t-1), \boldsymbol{x}_i)}{|\boldsymbol{x}_i|^2}, -\alpha_i(t-1)\right),$$

$$\Delta\beta_j = \max\left(\frac{(\boldsymbol{\psi}(t-1), \bar{\boldsymbol{x}}_j) - k}{|\bar{\boldsymbol{x}}_j|^2}, -\beta_j(t-1)\right).$$

Der Anstiegsprozeß setzt sich solange fort, bis das generalisierte Porträt konstruiert ist, oder festgestellt wird, daß die Mengen mit Hilfe des generalisierten Porträts $\boldsymbol{\psi}(k)$ nicht mit dem zulässigen Abstand (vgl. § 4) trennbar sind.

Im ersten Fall erfolgt der Abbruch bei Eintritt der Bedingung

$$|1 - (\boldsymbol{x}_i, \boldsymbol{\psi})| < \varepsilon, \text{ wenn } \alpha_i > 0,$$

$$1 - (\boldsymbol{x}_i, \boldsymbol{\psi}) < \varepsilon, \text{ wenn } \alpha_i = 0$$

bzw.

$$|(\bar{\boldsymbol{x}}_j, \boldsymbol{\psi}) - k| < \varepsilon, \text{ wenn } \beta_j > 0,$$

$$(\bar{\boldsymbol{x}}_j, \boldsymbol{\psi}) - k < \varepsilon, \text{ wenn } \beta_j = 0.$$

Im zweiten Fall dient die Erfüllung der Ungleichung (14.15) als Abbruchbedingung, d.h.

$$W(\boldsymbol{\alpha}, \boldsymbol{\beta}) > \frac{(1-k)^2}{2\varrho^2},$$

wobei ϱ der zulässige Abstand ist.

Der Algorithmus kann auch in folgender Form realisiert werden:

$$\boldsymbol{\psi}(t) = \boldsymbol{\psi}(t-1) + \boldsymbol{x}_i \, \Delta\alpha_i \text{ bei Bewegung entlang } \alpha_i,$$

$$\boldsymbol{\psi}(t) = \boldsymbol{\psi}(t-1) - \bar{\boldsymbol{x}}_j \, \Delta\beta_j \text{ bei Bewegung entlang } \beta_j.$$

3. Mit Hilfe der GAUSS-SEIDEL-Methode erreicht man das Maximum von $W(\boldsymbol{\alpha}, \boldsymbol{\beta})$ und kann somit das generalisierte Porträt konstruieren.

Oft wird jedoch nur gefordert, einfach eine Trennhyperebene $(\boldsymbol{x}, \boldsymbol{\psi}) = c$ (nicht unbedingt die extremale) zu bestimmen, so daß die Ungleichungen

$$(\boldsymbol{x}_i, \boldsymbol{\psi}) > \frac{1+k}{2},$$

$$(\bar{\boldsymbol{x}}_j, \boldsymbol{\psi}) < \frac{1+k}{2} \tag{14.16}$$

erfüllt sind. Die Konstruktion einer solchen Hyperebene wird durch folgende vereinfachte Modifikation der GAUSS-SEIDEL-Methode gewährleistet:

1. die Bewegung entlang einer jeden der Koordinaten $\alpha_i(\beta_j)$ erfolgt nur solange wie

$$(\boldsymbol{x}_i, \boldsymbol{\psi}) \leqq \frac{1+k}{2}$$

$$\left((\bar{\boldsymbol{x}}_j, \boldsymbol{\psi}) \geqq \frac{1+k}{2}\right)$$

sind. In diesem Falle wird die Verstellung (iterative Neubestimmung des Vektors $\boldsymbol{\psi}$ nach der Formel

$$\boldsymbol{\psi}(t) = \boldsymbol{\psi}(t-1) + \Delta\alpha_i \boldsymbol{x}_i,$$

$$(\boldsymbol{\psi}(t) = \boldsymbol{\psi}(t-1) - \Delta\beta_j \bar{\boldsymbol{x}}_j)$$

vorgenommen, wobei — wie auch oben — der auszuführende Schritt selbst in das Maximum der Funktion $W(\boldsymbol{\alpha}, \boldsymbol{\beta})$ längs der jeweiligen Koordinatenrichtung führt:

$$\Delta\alpha_i = \frac{1 - (\boldsymbol{x}_i, \boldsymbol{\psi}(t))}{|\boldsymbol{x}_i|^2},$$

$$\Delta\beta_j = \frac{(\bar{\boldsymbol{x}}_j, \boldsymbol{\psi}(t)) - k}{|\bar{\boldsymbol{x}}_j|^2}.$$

2. der Suchprozeß zur Maximierung der Funktion $W(\boldsymbol{\alpha}, \boldsymbol{\beta})$ wird beendet, wenn alle Ungleichungen (14.16) erfüllt sind. Es ist leicht zu sehen, daß der so erhaltene Algorithmus bei $k = -1$ mit dem von WIDROW vorgeschlagenen Algorithmus zur Konstruktion einer Trennhyperebene identisch ist (vgl. Kapitel IV). Man kann sich leicht davon überzeugen, daß die Funktion $W(\boldsymbol{\alpha}, \boldsymbol{\beta})$ nach jeder Iteration des Vektors $\boldsymbol{\psi}$ um den Wert

$$\Delta W \geqq \frac{1}{8} \frac{(1-k)^2}{D^2}$$

mit

$$D = \max_{i,j} (|\boldsymbol{x}_i|, |\bar{\boldsymbol{x}}_j|)$$

zunimmt. Wir erhalten deshalb unter Berücksichtigung des Umstandes, daß nach (14.14)

$$\max_{\boldsymbol{\alpha},\boldsymbol{\beta}} W(\boldsymbol{\alpha}, \boldsymbol{\beta}) = \frac{(1-k)^2}{2\varrho^2}$$

ist — wobei ϱ wie oben wieder die Entfernung zwischen den Projektionen der Klassenmengen auf die Richtung des generalisierten Porträts $\boldsymbol{\psi}(k)$ bedeutet — daß eine Abschätzung der maximalen Anzahl Korrekturen bei dem WIDROW-Algorithmus durch

$$L \leqq \frac{\max\limits_{\boldsymbol{\alpha},\boldsymbol{\beta}} W(\boldsymbol{\alpha}, \boldsymbol{\beta})}{\min \Delta W} = \frac{4D^2}{\varrho^2}$$

gegeben ist (hier ist $\boldsymbol{\alpha}(0) \equiv \boldsymbol{\beta}(0) = 0$) angenommen. Diese Schätzung ist der im Kapitel I (NOVIKOFF-Theorem) gegebenen Abschätzung für die Anzahl der Korrekturen des Perzeptrons analog.

4. Eine noch weiter vereinfachte Variante der GAUSS-SEIDEL-Methode für die Konstruktion einer Trennhyperebene führt schließlich auf den Iterationsalgorithmus des Perzeptrons. Diesen Algorithmus erhält man sofort als Sonderfall der Ergebnisse des vorigen Punktes, indem man $k = -1$ und $\Delta\alpha_i = \Delta\beta_i = 1$ setzt.

§ 6. Gradientenmethoden zur Konstruktion der Trennhyperebene (Ermittlung des generalisierten Porträts)

Im vorigen Paragraphen betrachteten wir verschiedene Modifikationen der GAUSS-SEIDEL Methode. Bekanntlich ist die GAUSS-SEIDEL-Methode i.a. ein wenig effektives Verfahren zur Maximierung einer quadratischen Form. Deshalb möchte man zur Konstruktion einer Trennhyperebene gern effektivere Methoden der Maximumbestimmung quadratischer Formen anwenden.

Als eine der effektivsten Methoden der Maximierung quadratischer Formen betrachtet man z.Z. die Methode der konjugierten Richtungen. Der Vorteil dieser Methode besteht darin, daß mit ihrer Hilfe das [exakte] Maximum garantiert in n Schritten — wo n die Dimension der quadratischen Form bedeutet — erreicht wird. Auf die Methode der konjugierten Gradienten gehen wir im Kapitel XVI ausführlich ein, während wir in diesem Paragraphen nur Modifikationen dieser Methode zur Suche des Maximums einer quadratischen Form im positiven Quadranten betrachten wollen.

Wenden wir uns der Methode der konjugierten Gradienten zur Suche des Maximums der quadratischen Funktion $F(\boldsymbol{x}) = \boldsymbol{b}\boldsymbol{x} - (\boldsymbol{x}, A\boldsymbol{x})$ zu; hier ist A eine positiv-definite

Matrix. Entsprechend dieser Methode beginnt die Suche des Maximums der Funktion in einem beliebigen Punkt $\boldsymbol{x}(0)$. Der erste Schritt wird in der Richtung des Gradienten der Funktion F in diesem Punkt ausgeführt. Wir bezeichnen den Gradienten der Funktion im Punkt $\boldsymbol{x}(0)$ mit $\boldsymbol{g}(1)$, die Bewegungsrichtung aus dem Punkt $\boldsymbol{x}(0)$ heraus mit $\boldsymbol{z}(1)$. Also ist

$$\boldsymbol{z}(1) = \boldsymbol{g}(1).$$

Die Bewegung in Richtung $\boldsymbol{z}(1)$ wird wieder bis in das Maximum der Funktion $F(\boldsymbol{x})$ auf dem Strahl $\boldsymbol{x}((0), \boldsymbol{g}(1))$ geführt. Nach Formel (16.26) von Kapitel XVI ist der diesem Maximum entsprechende Punkt $\boldsymbol{x}(1)$ auf diesem Strahl durch den Ausdruck

$$\boldsymbol{x}(1) = \boldsymbol{x}(0) + \frac{(\boldsymbol{g}(1), \boldsymbol{g}(1))}{(\boldsymbol{z}(1), \boldsymbol{A}\boldsymbol{z}(1))}\, \boldsymbol{z}(1),$$

gegeben, wobei $\boldsymbol{A}$ die Matrix der quadratischen Form in der Funktion $F(\boldsymbol{x})$ ist. Danach werden der Reihe nach die Punkte $\boldsymbol{x}(2), \ldots, \boldsymbol{x}(k)$ ermittelt. Im allgemeinen Fall wird die Bewegungsrichtung aus dem Punkt $\boldsymbol{x}(k)$ $(k \geqq 1)$ heraus mit Hilfe von (16.25) durch den Vektor

$$\boldsymbol{z}(k+1) = \boldsymbol{g}(k+1) + \frac{|\boldsymbol{g}(k+1)|^2}{|\boldsymbol{g}(k)|^2}\, \boldsymbol{z}(k) \tag{14.17}$$

definiert, wobei $\boldsymbol{g}(k+1)$ bzw. $\boldsymbol{g}(k)$ die Gradienten der Funktion $F(\boldsymbol{x})$ in den Punkten $\boldsymbol{x}(k)$ bzw. $\boldsymbol{x}(k-1)$ und $\boldsymbol{z}(k)$ die Bewegungsrichtung aus dem Punkt $\boldsymbol{x}(k-1)$ heraus sind.

Das Fortschreiten in Richtung $\boldsymbol{z}(k+1)$ erfolgt jeweils [wie ausgeführt] bis zum Erreichen des bedingten Maximums. Der Punkt $\boldsymbol{x}(k+1)$, in dem dieses Maximum angenommen wird, ist mit (16.26) durch den Ausdruck

$$\boldsymbol{x}(k+1) = \boldsymbol{x}(k) + \frac{|\boldsymbol{g}(k+1)|^2}{(\boldsymbol{z}(k+1), \boldsymbol{A}\boldsymbol{z}(k+1))}\, \boldsymbol{z}(k+1) \tag{14.18}$$

gegeben. Die Formeln (14.17) und (14.18) beschreiben somit den Algorithmus zur Maximierung der quadratischen Funktion $F(\boldsymbol{x})$. Wie schon gezeigt, garantiert diese Methode das Auffinden des Maximums in n Schritten.

Zur Berechnung des Funktionswertes im Maximum der Funktion $F(\boldsymbol{x})$ im positiven Quadranten kann man eine Variante dieser Methode der konjugierten Gradienten anwenden, die darauf gerichtet ist, das Suchgebiet auf den positiven Quadranten einzuschränken. Dann kann zwar die zum Erreichen des Maximums benötigte Anzahl von Schritten größer als n sein, doch bleibt sie endlich.

Betrachten wir die folgende Variante der Methode der konjugierten Gradienten:

1. Die Suche des Maximums der Funktion $F(\boldsymbol{x})$ im Bereich $x^1 \geqq 0, \ldots, x^n \geqq 0$ beginnt im Punkt $\boldsymbol{x}(0)$. Die Bewegung erfolgt nach (14.17) und (14.18), jedoch nur solange wie sich der Punkt $\boldsymbol{x}(k)$ innerhalb des Bereiches $x^i \geqq 0$ befindet. Verbleibt bei einem so determinierten Bewegungsablauf die Bewegungsbahn echt innerhalb des positiven Quadranten, so wird das Maximum in nicht mehr als n Schritten gefunden.

2. Wenn sich im k-ten Schritt erweist, daß der Punkt, in dem das bedingte Maximum auf dem aktuellen Strahl angenommen wird, jenseits der Gebietbegrenzung liegt, muß die Schrittweite verkleinert werden. Man kann sich leicht davon überzeugen, daß dabei die maximal zulässige Schrittweite durch die Formel

$$h = \min_i \left(\frac{x^1(k)}{|z^1(k+1)|}, \ldots, \frac{x^n(k)}{|z^n(k+1)|} \right) \tag{14.19}$$

gegeben ist, wobei sich das Minimum nur auf diejenigen Koordinaten i bezieht, für die $z^i < 0$ ist. Auf diese Weise ist dann gesichert, daß für alle i

$$x^i(k+1) \geqq 0$$

bleibt, aber mindestens für eine Koordinate x^j das Gleichheitszeichen gilt: $x^j = 0$, d.h., die Bewegung führt genau an die Grenze des Gebietes.

Damit lautet in diesem Fall das Iterationsschema

$$\boldsymbol{x}(k+1) = \boldsymbol{x}(k) + h \cdot \boldsymbol{z}\,(k+1).$$

3. Führt die Bahn im k-ten Schritt über die Begrenzung hinaus, d.h., muß die Schrittweite nach Formel (14.19) verringert werden, dann werden m ($m \geqq 1$) Koordinaten $x^{i_1}, \ldots, x^{i_m}$ gleich Null gesetzt. Die Maximumsuche wir darauf im positiven Quadranten des Unterraumes E_{n-m} der Dimension $n - m$, der durch die Gleichungen

$$x^{i_1} = 0, \ldots, x^{i_m} = 0$$

definiert ist, weitergeführt.

Dazu verfahren wir erneut nach den Vorschriften der Punkte 1. und 2., aber jetzt im Unterraum E_{n-m}. Dabei wird entweder das [bedingte] Maximum der Funktion in diesem Unterraum in nicht mehr als $n - m$ Schritten gefunden, oder es werden bei der Suche noch einmal die Gebietsgrenzen überschritten. In diesem letzteren Fall wird die Dimension des Raums erneut herabgesetzt und das bedingte Maximum der Funktion im positiven Quadranten des neuen Unterraums gesucht.

4. Nach diesem Muster wird solange weiter verfahren, bis im positiven Quadranten eines Unterraums $x^1, \ldots, x^n$ des Ausgangsraums das bedingte Maximum der Funktion F gefunden worden ist. Wird es im Punkt $\hat{\boldsymbol{x}}$ erreicht und sind in diesem Punkt die Bedingungen

$$\left|\frac{\partial F(\hat{\boldsymbol{x}})}{\partial x^i}\right| \leqq \varepsilon, \text{ wenn } x^i > 0,$$

oder

$$\frac{\partial F(\hat{\boldsymbol{x}})}{\partial x^i} < \varepsilon, \text{ wenn } x^i = 0 \; (i = 1, \ldots, n)$$

erfüllt, dann ist der Punkt $\hat{\boldsymbol{x}}$ in der Tat das gesuchte bedingte Maximum der Funktion im positiven Quadranten des Ausgangsraums E_n. Andernfalls wird der Punkt x erneut Anfangspunkt einer Maximumsuche nach demselben Schema, beginnend bei Punkt 1. Man kann sich leicht davon überzeugen, daß bei einer derartigen Modifizierung der Methode der konjugierten Gradienten das Maximum der Funktion $F(\boldsymbol{x})$ nach endlich vielen Schritten gefunden wird. Man braucht sich nur zu vergegenwärtigen, daß der Algorithmus — wegen seiner oben erklärten Eigenschaften — im jeweiligen Teilraum E_{n-m} das bedingte Maximum in einer endlichen Schrittanzahl erreicht. Die Endlichkeit der Schrittzahl folgt daraus, daß die Anzahl nacheinander „abzuarbeitenden" Koordinatenunterräume beschränkt ist.

Betrachten wir noch eine andere Modifikation der Methode der konjugierten Gradienten. Wir definieren dazu die Funktion

$$\tilde{g}^k(\boldsymbol{x}) = \begin{cases} \dfrac{\partial F(\boldsymbol{x})}{\partial x^k}, & \text{falls } x^k \neq 0 \text{ oder } \dfrac{\partial F(\boldsymbol{x})}{\partial x^k} > 0, \\ 0, & \text{falls } x^k = 0 \text{ und } \dfrac{\partial F(\boldsymbol{x})}{\partial x^k} \leqq 0. \end{cases}$$

Der Vektor $\tilde{g}(\boldsymbol{x})$ ist der bedingte Gradient der Funktion $F(\boldsymbol{x})$ in dem Bereich $x^i \geqq 0$, $i = 1, \ldots, n$ (siehe Formel (A.8) des Anhangs).

Der Aufstieg zum Maximum soll dann unter Anwendung von (14.17), (14.18) und (14.19), jedoch mit dem Unterschied, daß jetzt $g(\boldsymbol{x})$ durch den bedingten Gradienten $\tilde{g}(\boldsymbol{x})$ ersetzt wird, erfolgen.

Die Bewegung beginnt in einem beliebigen Punkt des positiven Quadranten und endet im Maximum oder im Augenblick des Erreichens einer der Gebietsgrenzen in einem Punkt $\boldsymbol{x}_0$. Dann setzt erneut eine Bewegung zum Maximum nach den Regeln der Methode der konjugierten Gradienten vom Punkt $\boldsymbol{x}_0$ aus ein usw. Die Maximumsuche wird abgebrochen, sobald die Ungleichung

$$|\tilde{\boldsymbol{g}}^i(\boldsymbol{x})| < \varepsilon$$

erfüllt ist.

Eine wichtige Besonderheit dieser so modifizierten Methode der Maximierung der Funktion $F(\boldsymbol{x})$ im positiven Quadranten besteht darin, daß sie in gewisser Weise eine sequentielle Suche ermöglicht. Der Raum E_n werde durch die Koordinaten $x^1, \ldots, x^i$, $x^{i+1}, \ldots, x^n$ aufgespannt. Dann kann man zuerst das bedingte Maximum oder Funktion in diesem Raum unter den Nebenbedingungen $x^1 \geqq 0, \ldots, x^i \geqq 0$ und $x^{i+1} = 0, \ldots, x^n = 0$ suchen. Danach wird, mit dem gefundenen Maximumpunkt als Anfangspunkt, das Maximum der Funktion $F(\boldsymbol{x})$ im Bereich $x^1 \geqq 0, \ldots, x^n \geqq 0$ bestimmt.

Diese zweite Modifikation der Methode der konjugierten Gradienten wenden wir nun zur Ermittlung des generalisierten Porträts an. Die zu maximierende Funktion $W(\boldsymbol{\alpha}, \boldsymbol{\beta})$ hat die Gestalt

$$W(\boldsymbol{\alpha}, \boldsymbol{\beta}) = \sum_{i=1}^{a} \alpha_i - k \sum_{j=1}^{b} \beta_j - \frac{1}{2} \left| \sum_{i=1}^{a} \alpha_i \boldsymbol{x}_i - \sum_{j=1}^{b} \beta_j \bar{\boldsymbol{x}}_j \right|^2 .$$

Der quadratische Teil dieser Funktion ist

$$Q(\boldsymbol{\alpha}, \boldsymbol{\beta}) = \left| \sum_{i=1}^{a} \alpha_i \boldsymbol{x}_i - \sum_{j=1}^{b} \beta_j \bar{\boldsymbol{x}}_j \right|^2 .$$

Wir bezeichnen die Komponenten des bedingten Gradienten durch

$$\dot{\alpha}_i = \begin{cases} \dfrac{\partial W}{\partial \alpha_i} = 1 - (\boldsymbol{x}_i, \boldsymbol{\psi}), \text{ wenn } \alpha_i > 0 \text{ oder } 1 - (\boldsymbol{x}_i, \boldsymbol{\psi}) \geqq 0, \\ 0 \qquad \text{sonst} \end{cases}$$

$$\dot{\beta}_j = \begin{cases} \dfrac{\partial W}{\partial \beta_j} = (\bar{\boldsymbol{x}}_j, \boldsymbol{\psi}) - k, \text{ wenn } \beta_j > 0 \text{ oder } (\bar{\boldsymbol{x}}_j, \boldsymbol{\psi}) - k \geqq 0, \\ 0 \qquad \text{sonst} \end{cases}$$

mit $\boldsymbol{\psi} = \sum_{i=1}^{a} \alpha_i \boldsymbol{x}_i - \sum_{j=1}^{b} \beta_j \bar{\boldsymbol{x}}_j$. Die Komponenten des Vektors $\boldsymbol{z}(t)$, der die Bewegungsrichtung im Schritt t vorgibt, bezeichnen wir mit $\bar{\alpha}_i$, $\bar{\beta}_j$.

Für die Berechnung der Schrittweite nach Formel (14.18) muß man die Größe $\boldsymbol{z}(t) \cdot \boldsymbol{A}\boldsymbol{z}(t)$, d.h. den Wert der zu maximierenden quadratischen Funktion $F(\boldsymbol{x})$ für $\boldsymbol{x} = \boldsymbol{z}(t)$ kennen. In unserem Fall ist

$$(\boldsymbol{z}, \boldsymbol{A}\boldsymbol{z}) = \left| \sum_{i=1}^{a} \bar{\alpha}_i \boldsymbol{x}_i - \sum_{j=1}^{b} \bar{\beta}_j \bar{\boldsymbol{x}}_j \right|^2 = |\bar{\boldsymbol{\psi}}|^2$$

mit der Bezeichnung

$$\overline{\boldsymbol{\psi}} := \sum \bar{\alpha}_j \boldsymbol{x}_i - \sum \bar{\beta}_j \bar{\boldsymbol{x}}_j .$$

Setzen wir die neu eingeführten Bezeichnungen in die Formeln (14.17), (14.18) und (14.19) ein, dann erhalten wir das Iterationsschema des Algorithmus in der folgenden Gestalt.

Der bedingte Gradient im Punkt $\boldsymbol{\alpha}(t)$, $\boldsymbol{\beta}(t)$ lautet

$$\dot{\alpha}_i(t+1) = \begin{cases} 1 - (\boldsymbol{x}_i \boldsymbol{\psi},(t)) & \text{wenn } \alpha_i(t) > 0 \text{ oder } 1 - (x_i \boldsymbol{\psi},(t)) \geqq 0, \\ 0 & \text{sonst}, \end{cases}$$

$$\dot{\beta}_j(t+1) = \begin{cases} (\boldsymbol{x}_j, \boldsymbol{\psi}(t)) - k, & \text{wenn } \beta_j(t) \geqq 0 \text{ oder } (\boldsymbol{x}_j \boldsymbol{\psi},(t)) - k \geqq 0, \\ 0 & \text{sonst}. \end{cases}$$

Die Bewegungsrichtung wird durch

$$\bar{\alpha}_i(t+1) = \dot{\alpha}_i(t+1) + \delta(t+1)\,\bar{\alpha}_i(t),$$

$$\bar{\beta}_j(t+1) = \dot{\beta}_j(t+1) + \delta(t+1)\,\bar{\beta}_j(t)$$

mit

$$\delta(t+1) = \frac{\sum_{i=1}^{a} \dot{\alpha}_i^2(t+1) + \sum_{j=1}^{b} \dot{\beta}_j^2(t+1)}{\sum_{i=1}^{a} \dot{\alpha}_i^2(t) + \sum_{j=1}^{b} \dot{\beta}_j^2(t)}$$

bestimmt. Weiterhin wird

$$\overline{\boldsymbol{\psi}}(t+1) = \sum_{i=1}^{a} \bar{\alpha}_i(t+1)\,\boldsymbol{x}_i - \sum_{j=1}^{b} \bar{\beta}_j(t+1)\,\bar{\boldsymbol{x}}_j .$$

Die neuen Werte α_i und β_j sind durch die Formeln

$$\alpha_i(t+1) = \alpha_i(t) + \bar{\alpha}_i(t+1)\,h(t+1),$$

$$\beta_j(t+1) = \beta_j(t) + \bar{\beta}_j(t+1)\,h(t+1)$$

gegeben.

Hier ist $h(t+1)$ die Schrittweite, die sich aus dem Abstand des Maximumpunktes auf dem Strahl vom Anfangspunkt im Schritt $t+1$ oder aus dem Abstand des Schnittpunktes des Strahls mit der Gebietsberandung von demselben (falls das Maximum außerhalb liegt) ergibt,

$$h(t+1) = \min_{i,j} \left(\gamma_0(t+1), \gamma_i(t+1), \gamma_j(t+1)\right)$$

mit

$$\gamma_0(t+1) = \frac{\sum_{i=1}^{a} \alpha_i^2(t+1) + \sum_{j=1}^{b} \beta_j^2(t+1)}{(\overline{\boldsymbol{\psi}}(t+1), \overline{\boldsymbol{\psi}}(t+1))},$$

$$\gamma_i(t+1) = \begin{cases} -\dfrac{\alpha_i(t)}{\bar{\alpha}_i(t+1)} & \text{für } \bar{\alpha}_i(t+1) < 0, \\ +\infty, & \text{für } \bar{\alpha}_i(t+1) \geqq 0, \end{cases}$$

$$\gamma_j(t+1) = \begin{cases} -\dfrac{\beta_j(t)}{\bar{\beta}_j(t+1)} & \text{für } \bar{\beta}_j(t+1) < 0, \\ +\infty, & \text{für } \bar{\beta}_j(t+1) \geqq 0. \end{cases}$$

Schließlich ist

$$\boldsymbol{\psi}(t+1) = \boldsymbol{\psi}(t) + \overline{\boldsymbol{\psi}}(t+1)\,h(t+1).$$

Der erste Schritt ($t = 0$) unterscheidet sich vom allgemeinen Schritt lediglich dadurch, daß die Werte $\bar{\alpha}_i(1)$, $\bar{\beta}_j(1)$ durch

$$\bar{\alpha}_i(1) = \dot{\alpha}_i(1),$$
$$\bar{\beta}_j(1) = \dot{\beta}_j(1)$$

festgelegt werden. Das Abbruchkriterium ist: $|\dot{\alpha}_i| < \varepsilon$ und $|\dot{\beta}_j| < \varepsilon$ oder $W(\boldsymbol{\alpha}, \boldsymbol{\beta}) > B$.

Im Kapitel XV wird die Struktur des Algorithmus, der das generalisierte Porträt entsprechend der 1. Modifikation der Methode der konjugierten Gradienten konstruiert, genauer betrachtet.

§ 7. Die Theorie der optimalen Trennhyperebene

Wir erinnern daran, daß als optimale Trennhyperebene die Hyperebene

$$(\boldsymbol{x}, \boldsymbol{\varphi}_{\text{opt}}) = c_{\text{opt}},$$
$$|\boldsymbol{\varphi}| = 1$$

bezeichnet wurde, wobei $\boldsymbol{\varphi}_{\text{opt}}$ derjenige Einheitsvektor ist, der die Funktion

$$\Pi(\boldsymbol{\varphi}) = c_1(\boldsymbol{\varphi}) - c_2(\boldsymbol{\varphi}) = \min_X\,(\boldsymbol{x}, \boldsymbol{\varphi}_{\text{opt}}) - \max_{\bar{X}}\,(\bar{\boldsymbol{x}}, \boldsymbol{\varphi}),$$

mit

$$c_{\text{opt}} = \frac{c_1(\boldsymbol{\varphi}_{\text{opt}}) + c_2(\boldsymbol{\varphi}_{\text{opt}})}{2}$$

maximiert.

Wir betrachten jetzt den betragsminimalen Vektor $\boldsymbol{\psi}$ (für den somit die Funktion $(\boldsymbol{\psi}, \boldsymbol{\psi})$ ihr Minimum annimmt), der den Ungleichungen

$$\begin{aligned}(\boldsymbol{x}_i, \boldsymbol{\psi}) &\geqq 1 + c,\\ (\bar{\boldsymbol{x}}_i, \boldsymbol{\psi}) &\leqq -1 + c\end{aligned} \tag{14.20}$$

genügt. Der Parameter c gilt als zulässig, wenn die Ungleichungen (14.20) miteinander vereinbar sind. Man kann sich leicht davon überzeugen, daß die Menge der zulässigen c nicht leer ist, wenn nur die Mengen X und $\bar{X}$ linear separierbar sind. Wir suchen das Minimum der Funktion $(\boldsymbol{\psi}, \boldsymbol{\psi})$ unter den Nebenbedingungen (14.20), wobei sowohl der Vektor $\boldsymbol{\psi}$ als auch der Parameter c als Veränderliche betrachtet werden. Es zeigt sich, daß die Lösung dieses Problems der Konstruktion einer optimalen Trennhyperebene äquivalent ist.

Theorem 14.9. *Sind die Mengen X und $\bar{X}$ linear separierbar, dann existiert das Minimum der Funktion $(\boldsymbol{\psi}, \boldsymbol{\psi})$ unter den Nebenbedingungen* (14.20), *ist eindeutig und wird bei den*

Parameterwerten

$$\boldsymbol{\psi}_0 = \frac{2\boldsymbol{\varphi}_{\text{opt}}}{c_1(\boldsymbol{\varphi}_{\text{opt}}) - c_2(\boldsymbol{\varphi}_{\text{opt}})},$$

$$c_0 = \frac{c_1(\boldsymbol{\varphi}_{\text{opt}}) + c_2(\boldsymbol{\varphi}_{\text{opt}})}{c_1(\boldsymbol{\varphi}_{\text{opt}}) - c_2(\boldsymbol{\varphi}_{\text{opt}})}$$

erreicht, wobei $\boldsymbol{\varphi}_{\text{opt}}$ den Richtungsvektor der optimalen Trennhyperebene darstellt.

Beweis. Wir zeigen, daß ein beliebiger Vektor $\boldsymbol{\psi}$, der (14.20) genügt, die Ungleichung

$$\Pi\left(\frac{\boldsymbol{\psi}}{|\boldsymbol{\psi}|}\right) \geqq \frac{2}{|\boldsymbol{\psi}|} \tag{14.21}$$

erfüllt. Da $\boldsymbol{\psi} = 0$ den Bedingungen (14.20) nicht genügt, verschwindet der Nenner nicht. Weiterhin ist aufgrund (14.20)

$$c_1\left(\frac{\boldsymbol{\psi}}{|\boldsymbol{\psi}|}\right) \geqq \frac{c+1}{|\boldsymbol{\psi}|},$$

$$c_2\left(\frac{\boldsymbol{\psi}}{|\boldsymbol{\psi}|}\right) \leqq \frac{c-1}{|\boldsymbol{\psi}|},$$

d.h.

$$\Pi\left(\frac{\boldsymbol{\psi}}{|\boldsymbol{\psi}|}\right) \geqq \frac{2}{|\boldsymbol{\psi}|},$$

dabei wird die Gleichheit nur in dem Fall erreicht, wenn sowohl

$$c_1\left(\frac{\boldsymbol{\psi}}{|\boldsymbol{\psi}|}\right) = \frac{c+1}{|\boldsymbol{\psi}|}$$

als auch

$$c_2\left(\frac{\boldsymbol{\psi}}{|\boldsymbol{\psi}|}\right) = \frac{c-1}{|\boldsymbol{\psi}|}$$

gelten.

Aufgrund der Definition von $\boldsymbol{\varphi}_{\text{opt}}$ gilt für jeden beliebigen Vektor, der (14.20) genügt,

$$\Pi(\boldsymbol{\varphi}_{\text{opt}}) \geqq \Pi\left(\frac{\boldsymbol{\psi}}{|\boldsymbol{\psi}|}\right) \tag{14.22}$$

und damit nach vorigem

$$|\boldsymbol{\psi}| \geqq \frac{2}{\Pi\left(\frac{\boldsymbol{\psi}}{|\boldsymbol{\psi}|}\right)} \geqq \frac{2}{\Pi(\boldsymbol{\varphi}_{\text{opt}})}. \tag{14.23}$$

Wegen der Eindeutigkeit der optimalen Trennhyperebene (vgl. Theorem 14.1) gehen die Ungleichungen (14.21) und (14.22) für Vektoren, die (14.20) genügen, nur dann in Gleichungen über, wenn

$$\frac{\boldsymbol{\psi}}{|\boldsymbol{\psi}|} = \boldsymbol{\varphi}_{\text{opt}},$$

$$c_1\left(\frac{\boldsymbol{\psi}}{|\boldsymbol{\psi}|}\right) = \frac{c+1}{|\boldsymbol{\psi}|}, \quad c_2\left(\frac{\boldsymbol{\psi}}{|\boldsymbol{\psi}|}\right) = \frac{c-1}{|\boldsymbol{\psi}|} \tag{14.24}$$

gilt. Nur genau in diesem Fall ist auch das Gleichheitszeichen in (14.23) richtig.

Durch Auflösen dieser Gleichungen nach $\boldsymbol{\psi}$ und c finden wir, daß das Minimum unter den Nebenbedingungen (14.20) genau im Punkt

$$\boldsymbol{\psi}_0 = \frac{2\boldsymbol{\varphi}_{\text{opt}}}{c_1(\boldsymbol{\varphi}_{\text{opt}}) - c_2(\boldsymbol{\varphi}_{\text{opt}})},$$

$$c_0 = 2\,\frac{c_1(\boldsymbol{\varphi}_{\text{opt}}) + c_2(\boldsymbol{\varphi}_{\text{opt}})}{c_1(\boldsymbol{\varphi}_{\text{opt}}) - c_2(\boldsymbol{\varphi}_{\text{opt}})}$$

erreicht wird.

Das Theorem ist damit bewiesen.

Jeder Vektor $\boldsymbol{\psi}_0$, der das Minimum von $(\boldsymbol{\psi}, \boldsymbol{\psi})$ unter den Nebenbedingungen (14.20) realisiert, ist also zu $\boldsymbol{\varphi}_{\text{opt}}$ kollinear, und die optimale Trennhyperebene kann in der Form

$$(\boldsymbol{x}, \boldsymbol{\psi}_0) = \frac{c_1(\boldsymbol{\psi}_0) + c_2(\boldsymbol{\psi}_0)}{2} = c_0$$

geschrieben werden.

§ 8. Die optimale Trennhyperebene als Lösung eines Problems der quadratischen Programmierung

Ebenso wie bei der Ermittlung des generalisierten Porträts erweist es sich auch hier als vorteilhaft, zum dualen Problem überzugehen. Wir wenden die Kuhn-Tucker-Bedingungen an. Dafür, daß die Funktion $(\boldsymbol{\psi}, \boldsymbol{\psi})$ (in Abhängigkeit von $\boldsymbol{\psi}$ und c) unter den Nebenbedingungen (14.20) im Punkt $\boldsymbol{\psi}_0$, c_0 ein Minimum erreicht, ist es in Übereinstimmung mit dem Theorem 14.4 notwendig und hinreichend, daß

a) der Punkt $\boldsymbol{\psi}_0$, c_0 (14.20) genügt und

b) sich der Gradient der Funktion $(\boldsymbol{\psi}, \boldsymbol{\psi})$ in diesem Punkt als Linearkombination, mit positiven Koeffizienten, der Gradienten der Nebenbedingungen in diesem Punkt $\boldsymbol{\psi}_0$, c_0 darstellen läßt.

Mit anderen Worten, es ist notwendig und hinreichend, daß Zahlen $\alpha_i \geqq 0$ und $\beta_j \geqq 0$ existieren, so daß

$$\boldsymbol{\psi}_0 = \sum_{i=1}^{a} \alpha_i \boldsymbol{x}_i - \sum_{j=1}^{b} \beta_j \bar{\boldsymbol{x}}_j \tag{14.25}$$

und zugleich

$$\frac{\partial(\boldsymbol{\psi}, \boldsymbol{\psi})}{\partial c} = \sum_{i=1}^{a} \alpha_i - \sum_{j=1}^{b} \beta_j = 0$$

gelten, wobei die Nebenbedingungen die Gestalt

$$\alpha_i(1 + c_0 - (\boldsymbol{\psi}_0, \boldsymbol{x}_i)) = 0,$$

$$\beta_j((\boldsymbol{\psi}_0, \bar{\boldsymbol{x}}_j) + 1 - c_0) = 0 \tag{14.26}$$

haben. Wir betrachten jetzt die Funktion

$$W(\boldsymbol{\alpha}, \boldsymbol{\beta}) = \sum_{i=1}^{a} \alpha_i + \sum_{j=1}^{b} \beta_j - \frac{1}{2}(\boldsymbol{\psi}, \boldsymbol{\psi}),$$

wobei

$$\boldsymbol{\psi} = \sum_{i=1}^{a} \alpha_i \boldsymbol{x}_i - \sum_{j=1}^{b} \beta_j \bar{\boldsymbol{x}}_j$$

gesetzt war.

Wir wollen jetzt das Maximum dieser Funktion unter den Nebenbedingungen

$$\alpha_i \geqq 0, \beta_j \geqq 0,$$
$$\sum_{i=1}^{a} \alpha_i = \sum_{j=1}^{b} \beta_j \tag{14.27}$$

ermitteln.

Dafür, daß das Maximum der Funktion $W(\boldsymbol{\alpha}, \boldsymbol{\beta})$ unter den Nebenbedingungen (14.27) im Punkt $\boldsymbol{\alpha}^0, \boldsymbol{\beta}^0$ erreicht wird, ist es in Übereinstimmung mit den KUHN-TUCKER-Bedingungen notwendig und hinreichend, daß

a) der Punkt $\boldsymbol{\alpha}^0, \boldsymbol{\beta}^0$ den Bedingungen (14.27) genügt und

b) Zahlen $q_1 \leqq 0, \ldots, q_a \leqq 0, \bar{q}_1 \leqq 0, \ldots, \bar{q}_b \leqq 0$ und c[1]) existieren, so daß

$$\frac{\partial W}{\partial \alpha_i} = (1 - (\boldsymbol{\psi}_0, \boldsymbol{x}_i)) = q_i - c, \quad \frac{\partial W}{\partial \beta_j} = (1 + (\boldsymbol{\psi}_0, \bar{\boldsymbol{x}}_j)) = \bar{q}_j + c$$

und $q_i \cdot \alpha_i = 0$, $\bar{q}_j \cdot \beta_j = 0$ sind, wo

$$\boldsymbol{\psi}_0 = \sum_{i=1}^{a} \alpha_i^0 \boldsymbol{x}_i + \sum_{j=1}^{b} \beta_j^0 \bar{\boldsymbol{x}}_j$$

gesetzt ist.

Da die negativen Zahlen q_i, $\bar{q}_j$ beliebig sind, ist die Bedingung b) gleichbedeutend mit der Existenz einer Zahl c derart, daß die Bedingungen

$$(\boldsymbol{x}_i, \boldsymbol{\psi}_0) \geqq c + 1,$$
$$(\bar{\boldsymbol{x}}_j, \boldsymbol{\psi}_0) \leqq c - 1 \tag{14.28}$$

und

$$(1 + c - (\boldsymbol{\psi}_0, \boldsymbol{x}_i))\, \alpha_i^0 = 0,$$
$$(1 - c + (\boldsymbol{\psi}_0, \bar{\boldsymbol{x}}_j))\, \beta_j^0 = 0 \tag{14.29}$$

erfüllt sind. Die Beziehung zwischen den KUHN-TUCKER-Bedingungen für das Minimum der Funktion $(\boldsymbol{\psi}, \boldsymbol{\psi})$, unter den Nebenbedingungen (14.20), und für das Maximum der Funktion $W(\boldsymbol{\alpha}, \boldsymbol{\beta})$ unter den Nebenbedingungen (14.27) ist in folgendem Theorem formuliert.

Theorem 14.10. *Der Punkt $\boldsymbol{\alpha}^0, \boldsymbol{\beta}^0$, in dem das Maximum der Funktion $W(\boldsymbol{\alpha}, \boldsymbol{\beta})$ unter den Nebenbedingungen* (14.27) *erreicht wird, und der Vektor $\boldsymbol{\psi}_0$, in dem das Minimum der Funjtion $(\boldsymbol{\psi}, \boldsymbol{\psi})$ unter den Nebenbedingungen* (14.20) *angenommen wird, stehen miteinander in der Beziehung*

$$\boldsymbol{\psi}_0 = \sum_{i=1}^{a} \alpha_i^0 \boldsymbol{x}_i - \sum_{j=1}^{b} \beta_j^0 \bar{\boldsymbol{x}}_j. \tag{14.30}$$

Folglich genügt es zur Bestimmung der optimalen Trennhyperebene, die Funktion $W(\boldsymbol{\alpha}, \boldsymbol{\beta})$ unter den Nebenbedingungen (14.27) *zu maximieren, $\boldsymbol{\psi}_0$ aus* (14.30) *zu ermitteln und die Hyperebene in Gestalt der Gleichung*

$$(\boldsymbol{x}, \boldsymbol{\psi}_0) = \frac{\min_i (\boldsymbol{x}_i, \boldsymbol{\psi}_0) + \max_j (\bar{\boldsymbol{x}}_j, \boldsymbol{\psi}_0)}{2}$$

zu konstruieren.

---

[1]) Die Bedingung $\sum_{i=1}^{a} \alpha_i = \sum_{j=1}^{b} \beta_j$ kann man durch das aus zwei Ungleichungen bestehende System von Nebenbedingungen $\sum \alpha_i - \sum \beta_j \geqq 0$, $\sum \alpha_i - \sum \beta_j \leqq 0$ (d.h. durch das gleichzeitige Bestehen der beiden Ungleichungen) ersetzen.

Wir möchten noch bemerken, daß das Maximum der Funktion $W(\boldsymbol{\alpha}, \boldsymbol{\beta})$ i.a. nicht eindeutig ist. Jedoch führen alle Punkte $\boldsymbol{\alpha}^0$, $\boldsymbol{\beta}^0$, in denen die Funktion unter den Nebenbedingungen (14.27) ihr Maximum annimmt, zu ein und demselben Vektor $\boldsymbol{\psi}_0$.

Der Wert des Maximums der Funktion $W(\boldsymbol{\alpha}, \boldsymbol{\beta})$ erlaubt eine Aussage über den Abstand der konvexen Hüllen der Mengen X und $\overline{X}$ voneinander; dieser Abstand ist

$$\Pi(\boldsymbol{\varphi}_{\text{opt}}) = \frac{2}{|\boldsymbol{\psi}_0|},$$

und es gilt

$$(\boldsymbol{\psi}_0, \boldsymbol{\psi}_0) = \left(\boldsymbol{\psi}_0, \sum \alpha_i^0 \boldsymbol{x}_i + \sum \beta_j^0 \overline{\boldsymbol{x}}_j\right).$$

Wir erinnern daran, daß die Werte α_i^0 bzw. β_j^0 nur für diejenigen Vektoren $\boldsymbol{x}_i$ und $\overline{\boldsymbol{x}}_j$ von Null verschieden sind, für die

$$(\boldsymbol{x}_i, \boldsymbol{\psi}_0) = c + 1, \ (\overline{\boldsymbol{x}}_j, \boldsymbol{\psi}_0) = c - 1$$

sind. Deshalb sind unter Berücksichtigung von (14.27)

$$(\boldsymbol{\psi}_0, \boldsymbol{\psi}_0) = \sum_{i=1}^{a} \alpha_i^0 + \sum_{j=1}^{b} \beta_j^0 + c\left(\sum_{i=1}^{a} \alpha_i^0 - \sum_{j=1}^{b} \beta_j^0\right) = \sum_{i=1}^{a} \alpha_i^0 + \sum_{j=1}^{b} \beta_j^0$$

und

$$W(\boldsymbol{\alpha}^0, \boldsymbol{\beta}^0) = \sum_{i=1}^{a} \alpha_i^0 + \sum_{j=1}^{b} \beta_j^0 - \frac{1}{2}(\boldsymbol{\psi}_0, \boldsymbol{\psi}_0) = \frac{1}{2}(\boldsymbol{\psi}_0, \boldsymbol{\psi}_0).$$

Daraus folgt schließlich

$$\Pi(\boldsymbol{\varphi}_{\text{opt}}) = \frac{2}{|\boldsymbol{\psi}_0|} = \sqrt{\frac{2}{W(\alpha^0, \beta^0)}}.$$

Dieser Ausdruck gestattet es, für die praktische Berechnung einer optimalen Trennhyperebene den Abstand zwischen den getrennten Mengen abzuschätzen, und zwar ergibt sich – wenn $\boldsymbol{\alpha}, \boldsymbol{\beta}$ ein Punkt ist, der den Bedingungen (14.27) genügt, und B der Wert von $W(\boldsymbol{\alpha}, \boldsymbol{\beta})$ in diesem Punkt – daß dieser „Abstand" nicht größer als $\sqrt{\frac{2}{B}}$ ist.

Für Mengen, die nicht linear separierbar sind, d.h. für Mengen, deren konvexe Hüllen sich gegenseitig überlappen, hat die Funktion $W(\boldsymbol{\alpha}, \boldsymbol{\beta})$ in dem durch die Nebenbedingungen (14.27) definierten Bereich im endlichen kein Maximum.

§ 9. Methoden zur numerischen Berechnung der optimalen Trennhyperebene

Die numerische Berechnung der optimalen Trennhyperebene mit einem Digitalrechner ist nicht viel komplizierter als die Ermittlung des generalisierten Porträts. Bei Anwendung der Gradientenmethoden zur Maximierung der Funktion $W(\boldsymbol{\alpha}, \boldsymbol{\beta})$ genügt es, hierfür den bedingten Gradienten der Funktion $W(\boldsymbol{\alpha}, \boldsymbol{\beta})$ im positiven Quadranten durch den bedingten Gradienten dieser Funktion unter den Nebenbedingungen $\alpha_i \geqq 0$, $\beta_j \geqq 0$ $(i = 1, 2, \ldots, a)$ $(j = 1, 2, \ldots, b)$

$$\sum_{i=1}^{a} \alpha_i = \sum_{j=1}^{b} \beta_j$$

zu ersetzen und als Anfangspunkt einen Punkt auszuwählen, der (14.27) genügt. Wie das im Anhang bewiesene Theorem A 4 (Anhang 4) aussagt, ist der bedingte Gradient der Funktion $W(\boldsymbol{\alpha}, \boldsymbol{\beta})$ in dem durch die Bedingungen (14.27) definierten Bereich eindeutig durch die Formel

$$\nabla^i_{\text{cond}} W(\alpha, \beta) = \begin{cases} 1 - (\boldsymbol{x}_i, \boldsymbol{\psi}) + d, & \text{wenn } 1 - (\boldsymbol{x}_i, \boldsymbol{\psi}) + d \geqq 0, \quad \alpha_i > 0, \\ 0 & \text{sonst}, \end{cases}$$

$$\overline{\nabla}^j_{\text{cond}} W(\alpha, \beta) = \begin{cases} 1 + (\bar{\boldsymbol{x}}_j, \boldsymbol{\psi}) - d, & \text{wenn } 1 + (\bar{\boldsymbol{x}}_j, \boldsymbol{\psi}) - d \geqq 0, \quad \beta_i > 0, \\ 0 & \text{sonst} \end{cases} \tag{14.31}$$

unter der Bedingung

$$\sum \nabla^i_{\text{cond}} W - \sum \overline{\nabla}^j_{\text{cond}} W = 0$$

gegeben. Dann bleibt noch d so zu wählen, daß diese Bedingung erfüllt wird. Wir betrachten also in (14.31) ∇^i_{cond}, $\overline{\nabla}^j_{\text{cond}}$ als Funktion von d und bezeichnen diese Funktion mit

$$L(d) = \sum \nabla^i_{\text{cond}}(d) - \sum \overline{\nabla}^j_{\text{cond}}(d).$$

Offensichtlich genügt es dann, zur Ermittlung des bedingten Gradienten die Gleichung

$$L(d) = 0$$

zu lösen.

Aus ihrer Definition folgt, daß die Funktion $L(d)$ monoton wachsend, stetig und stückweise linear ist. Außerdem nimmt sie mit $d \to \infty$ unbeschränkt ab. Daraus folgt die Existenz einer Wurzel. Die Funktion $L(d)$ kann Knicke, Sprungstellen (Unstetigkeiten der ersten Ableitung) nur in den Punkten

$$d_i := (\boldsymbol{x}_i, \boldsymbol{\psi}) - 1,$$

$$\bar{d}_j := (\bar{\boldsymbol{x}}_j, \boldsymbol{\psi}) + 1$$

haben.

Deshalb kann man die Wurzel von $L(d)$ wie folgt ermitteln: Man bestimmt zuerst den Strahl, auf dem die Wurzel liegt, und dann den Punkt, in dem $L(d)$ auf diesem Strahl durch Null geht.

Wir gelangen so zu folgendem Algorithmus.

1. Die Werte der Funktion L in den Punkten d_i und $\bar{d}_j$ werden berechnet.

2. Ist für alle d_i bzw. $\bar{d}_j$ die Funktion $L(d) \geqq 0$, dann liegt die Wurzel auf dem Strahl $d \leqq \min(d_i, \bar{d}_j)$ und ist durch den Ausdruck

$$d = \frac{\sum'(1 - (\boldsymbol{\psi}, \boldsymbol{x}_i)) - \sum''(1 + (\bar{\boldsymbol{x}}_j, \boldsymbol{\psi}))}{a' + b'}$$

gegeben, wobei Σ' über alle Vektoren $\boldsymbol{x}_i$ läuft, für die $\alpha_i > 0$ ist und Σ'' über alle Vektoren $\bar{\boldsymbol{x}}_j$, für die $\beta_j > 0$ ist; a' ist die Anzahl Vektoren $\boldsymbol{x}_i$, für die $\alpha_i > 0$ ist; b' ist die Anzahl der Vektoren $\bar{\boldsymbol{x}}_j$, für die $\beta_j > 0$ ist.

3. Ist die Funktion für mehrere d_i bzw. $\bar{d}_j$ kleiner als Null, dann bestimmt man das maximale d_i bzw. $\bar{d}_j$, bei dem noch $L(d) < 0$ ist. Dieses bezeichnen wir mit d^*.

Die Wurzel der Gleichung $L(d) = 0$ liegt dann auf demjenigen linearen Teilstück, der Funktion $L(d)$, das rechts an den Punkt d^* angrenzt und ist durch

$$d = \frac{\sum'(1 - (\boldsymbol{\psi}, \boldsymbol{x}_i)) - \sum''(1 + (\boldsymbol{\psi}, \bar{\boldsymbol{x}}_j))}{a' + b'}$$

gegeben, wobei Σ' über alle Vektoren $\boldsymbol{x}_i$ läuft, für die $\alpha_i > 0$ oder $1 - (\boldsymbol{x}_i, \boldsymbol{\psi}) + d^* \geqq 0$ ist; und Σ'' läuft über alle Vektoren $\bar{\boldsymbol{x}}_j$, für die $\beta_j > 0$ oder $1 - d^* + (\bar{\boldsymbol{x}}_j, \boldsymbol{\psi}) \geqq 0$ ist; a' bzw. b' sind die Anzahl der Summanden in den Summen Σ' bzw. Σ''.

4. Der bedingte Gradient $\nabla^i_{\text{cond}} W$ wird dann durch Einsetzen der Wurzel der Gleichung $L(d) = 0$ in (14.31) bestimmt.

Genauer wird die Struktur des Algorithmus zur Konstruktion der optimalen Trennhyperebene im Kapitel XV betrachtet.

§ 10. Konstruktion der optimalen Trennhyperebene nach einer modifizierten Gauß-Seidel-Methode

Betrachten wir noch eine weitere Methode zur Konstruktion der optimalen Trennhyperebene. Diese nutzt die Tatsache, daß die optimale Trennhyperebene auf der Verbindungsgeraden der am nächsten benachbarten Punkte der konvexen Hülle von X und $\bar{X}$ senkrecht steht und diese halbiert. Nun gehört ein Punkt x^* der konvexen Hülle der Vektoren $\boldsymbol{x}_1, \ldots, \boldsymbol{x}_a$ genau dann an, wenn

$$\boldsymbol{x}^* = \sum \alpha_i \boldsymbol{x}_i, \quad \sum \alpha_i = 1, \quad \alpha_i \geqq 0.$$

Entsprechend gehört ein Punkt $\bar{\boldsymbol{x}}^*$ der konvexen Hülle der Vektoren $\bar{\boldsymbol{x}}_1, \ldots, \bar{\boldsymbol{x}}_b$ an, wenn

$$\bar{\boldsymbol{x}}^* = \sum \beta_j \bar{\boldsymbol{x}}_j, \quad \sum \beta_j = 1, \quad \beta_j \geqq 0.$$

Deshalb genügt es, zur Ermittlung der optimalen Trennhyperebene das Minimum der quadratischen Form (ψ, ψ) mit

$$\boldsymbol{\psi} = \sum \alpha_i \boldsymbol{x}_i - \sum \beta_j \bar{\boldsymbol{x}}_j$$

im Bereich

$$\sum \alpha_i = 1, \alpha_i \leqq 0, \qquad \sum \beta_j = 1, \beta_j \geqq 0 \tag{14.32}$$

zu bestimmen.

Der Vektor $\boldsymbol{\psi}$, in dem dieses Minimum angenommen wird, ist der Normalenvektor der optimalen Trennhyperebene.

Numerisch ist dieses Problem nicht einfacher zu lösen, als das im vorigen Paragraphen betrachtete. Hier sind die Nebenbedingungen durch zwei Gleichungen gegeben, während dort nur *eine* solche Bedingung in Form einer Gleichung auftrat. Betrachten wir die modifizierte GAUSS-SEIDEL-Methode zur Maximierung von $(\boldsymbol{\psi}, \boldsymbol{\psi})$ im Bereich (14.32). Die Modifikation der GAUSS-SEIDEL-Methode zielt darauf ab, bei der Bewegung entlang der gerade ausgewählten Koordinate erstens die Berandung des positiven Quadranten nicht zu überschreiten und zweitens, die durch $\Sigma\alpha_i = 1$ bzw. $\Sigma\beta_j = 1$ definierten Unterräume nicht zu verlassen.

Genügt der Punkt $\boldsymbol{\alpha}(t-1)$, $\boldsymbol{\beta}(t-1)$ zur Zeit t (im Schritt t) der Bedingung (14.32) und erfolgt ein Schritt in Richtung der Koordinate α_t, dann ist die Schrittweite $\Delta\alpha_t$ entsprechend der modifizierten GAUSS-SEIDEL-Methode durch

$$\max_{0 \leqq \Delta\alpha_t \leqq 1} |\boldsymbol{x}^*(t-1)(1-\Delta\alpha_t) + \Delta\alpha_t \boldsymbol{x}_t - \bar{\boldsymbol{x}}^*(t-1)|^2 \tag{14.33}$$

gegeben, wobei

$$x^*(t-1) = \sum_{i=1}^{a} \alpha_i(t-1)\, x_i, \quad \bar{x}^*(t-1) = \sum_{j=1}^{b} \beta_j(t-1)\, \bar{x}_j$$

sind. Das Minimum des Ausdrucks (14.33) (längs der Koordinate α_t) wird nach Ausführung des Schrittes

$$\Delta\alpha_t = \begin{cases} 0, \text{ wenn } (x^*(t-1) - \bar{x}^*(t-1), x^*(t-1) - x_t) \leqq 0, \\ 1, \text{ wenn } \dfrac{(x^*(t-1) - x^*(t-1), x^*(t-1) - x_t)}{(x^*(t-1) - x_t, x^*(t-1) - x_t)} \geqq 1, \\ \dfrac{(x^*(t-1) - \bar{x}^*(t-1), x^*(t-1) - x_t)}{(x^*(t-1) - x_t, x^*(t-1) - x_t)} \text{ in allen übrigen Fällen} \end{cases}$$

erreicht.

Die iterative Suchprozedur zur Konstruktion der optimalen Trennhyperebene ist also durch

$$x^*(t) = x^*(t-1)\,(1 - \Delta\alpha_t) + x_t\, \Delta\alpha_t \tag{14.34}$$

gegeben. Analog wird der Wert $\bar{x}^*(t)$ für den Fall der Bewegung entlang β_t aus

$$\bar{x}^*(t) = \bar{x}^*(t)\,(1 - \Delta\beta_j) + \bar{x}_i\, \Delta\beta_t,$$

ermittelt, wobei

$$\Delta\beta_t = \begin{cases} 0, \text{ wenn } (x^*(t-1) - \bar{x}^*(t-1), \bar{x}_t - \bar{x}^*(t-1)) \leqq 0, \\ 1, \text{ wenn } \dfrac{(\bar{x}_t - \bar{x}^*(t-1), x^*(t-1) - \bar{x}^*(t-1))}{(\bar{x}_t - \bar{x}^*(t-1), \bar{x}_t - \bar{x}^*(t-1))} \geqq 1, \\ \dfrac{(\bar{x}_t - \bar{x}^*(t-1), x^*(t-1) - \bar{x}^*(t-1))}{(\bar{x}_t - \bar{x}^*(t-1), \bar{x}_t - \bar{x}^*(t-1))} \text{ in allen übrigen Fällen} \end{cases} \tag{14.35}$$

ist.

Sind x^* und $\bar{x}^*$ bekannt, dann ist es leicht, die optimale Trennhyperebene zu konstruieren. Sie ist dann durch das Paar

$$\psi = x^* - \bar{x}^*, \quad c = \frac{(x^*, x^*) - (\bar{x}^*, \bar{x}^*)}{2}$$

gegeben.

Die iterative Prozedur (14.34) ist im wesentlichen mit dem Algorithmus von N. B. Kosinz zur Konstruktion der optimalen Trennhyperebene identisch.

Eine bemerkenswerte Besonderheit dieses Algorithmus ist seine einfache numerische Realisierbarkeit. Allerings gibt es Aufgaben (besonders solche, bei denen die Dimension des Vektors x groß ist), für deren Lösung sich die Konvergenzgeschwindigkeit des Algorithmus als zu langsam erweist (wir erinnern daran, daß die von diesem Algorithmus erzielte Geschwindigkeit der Maximumsuche durch die der Gauss-Seidel-Methode gegeben ist). Zur Lösung solcher Probleme werden deshalb entschieden kompliziertere Algorithmen konstruiert, bei denen im Interesse der Vergrößerung der Konvergenzgeschwindigkeit effektivere Methoden der Maximierung einer quadratischen Form eingesetzt werden.

§ 11. Die Anwendung der Methode des generalisierten Porträts zur Ermittlung der optimalen Trennhyperebene

Die Aufgabe, das generalisierte Porträt bei vorgegebenem k zu konstruieren, ist um einiges einfacher, als die der Bestimmung der optimalen Trennhyperebene. So entfällt bei der Konstruktion des generalisierten Porträts durch Lösen des dazu dualen Problems speziell die Nebenbedingung $\Sigma\alpha_i = \Sigma\beta_j$. Es existieren zwei Verfahrensweisen der Anwendung der Methode des generalisierten Porträts zur Bestimmung der optimalen Trennhyperebene. Das erste Verfahren beruht auf der sequentiellen Konstruktion des generalisierten Porträts für verschiedene k und die Auswahl eines solchen in der Nähe von k_0 (Theorem 14.3). Bei dieser Auswahl von k kann man unmittelbar von dem Kriterium

$$\max_k \Pi\left(\frac{\boldsymbol{\psi}(k)}{|\boldsymbol{\psi}(k)|}\right) = \max_k \frac{1-k}{|\boldsymbol{\psi}(k)|}$$

ausgehen und das Maximum in bezug auf eine Variation von k mit einer der bekannten Methoden der Extremalisierung einer univariaten Funktion erhalten. Man kann k auch aufgrund der Bedingung $\Sigma\alpha_i = \Sigma\beta_j$ auswählen, wobei $\alpha_j \geqq 0$ und $\beta_j \geqq 0$ die Zerlegungskoeffizienten des generalisierten Porträts nach den äußeren Vektoren sind. Falls diese Bedingung erfüllt ist, ist — wovon man sich leicht überzeugen kann — $\boldsymbol{\psi}(k)$ zu $\boldsymbol{\varphi}_{\text{opt}}$ kollinear.

Das zweite Verfahren beruht auf folgender Eigenschaft des Vektors $\boldsymbol{\varphi}_{\text{opt}}$: Wir betrachten alle möglichen Differenzen der Form

$$\boldsymbol{y}_{ij} = \boldsymbol{x}_i - \bar{\boldsymbol{x}}_j \; (\boldsymbol{x}_i \in X, \bar{\boldsymbol{x}}_j \in \bar{X}).$$

Für diese besitzt der Vektor $\boldsymbol{\varphi}_{\text{opt}}$ die Eigenschaft

$$\min_{i,j} (\boldsymbol{\varphi}_{\text{opt}}, \boldsymbol{y}_{ij}) = \max_{|\boldsymbol{\varphi}|=1} \min_{i,j} (\boldsymbol{\varphi}, \boldsymbol{y}_{ij}),$$

und deshalb ist er, wie im § 2 gezeigt wurde, zum generalisierten Porträt $\boldsymbol{\psi}$ für die Klasse $Y = \{\boldsymbol{y}_{ij}\}$ als Klasse 1 und einer leeren zweiten Klasse kollinear. Die Anzahl der Vektoren $\boldsymbol{y}_{ij}$ ist jedoch gewöhnlich weit größer als der Umfang der Lernstichprobe. Das erschwert die unmittelbare Konstruktion des generalisierten Porträts auf dieser Grundlage. Anstelle dessen kann man folgende Iterationsprozedur anwenden.

1. Es wird ein beliebiges Vektorpaar $\boldsymbol{x}_{i1}, \bar{\boldsymbol{x}}_{j1}$ herausgegriffen. Man bildet die nur aus dem einzigen Vektor $\boldsymbol{y}_1 = \boldsymbol{x}_{i1} - \bar{\boldsymbol{x}}_{j1}$ bestehende Klasse Y_1. Für diese Klasse wird das generalisierte Porträt $\boldsymbol{\psi}_1$ (bei leerer zweiter Klasse) aufgestellt.

2. Unter der Voraussetzung, daß im t-ten Schritt eine Klasse Y_t von Vektoren und ihr generalisiertes Porträt $\boldsymbol{\psi}_t$ vorliegen, werden Elemente $\boldsymbol{x}_{i_{t+1}}, \boldsymbol{x}_{j_{t+1}}$ der Lernfolge ermittelt, die

$$(\boldsymbol{\psi}_t, \boldsymbol{x}_{i_{t+1}}) = \min_i (\boldsymbol{\psi}_t, \boldsymbol{x}_i),$$

$$(\boldsymbol{\psi}_j, \bar{\boldsymbol{x}}_{j_{t+1}}) = \max_j (\boldsymbol{\psi}_t, \bar{\boldsymbol{x}}_j)$$

erfüllen. Aus diesen Vektoren wird der Vektor $\boldsymbol{y}_{t+1} = \boldsymbol{x}_{i_{t+1}} - \bar{\boldsymbol{x}}_{j_{t+1}}$ gebildet.

3. Ist $(\boldsymbol{\psi}_t, \boldsymbol{y}_{t+1}) < 1 - \varepsilon$ — mit dem Prozedurparameter $\varepsilon > 0$ —, dann wird die Klasse Y_t um den Vektor $\boldsymbol{y}_{t+1}$ ergänzt. Für die so erzeugte neue Klasse Y_{t+1} wird das generalisierte Porträt $\boldsymbol{\psi}_{t+1}$ in gleicher Weise wie vorher gefunden und der Prozeß so weiter fortgesetzt.

Ist aber $(\boldsymbol{\psi}_t, \boldsymbol{y}_{t+1}) \geqq 1 - \varepsilon$, so wird der Iterationsprozeß abgebrochen und die durch

$$(\boldsymbol{\psi}_t, \boldsymbol{x}) = \frac{\min_i (\boldsymbol{x}_i, \boldsymbol{\psi}_t) + \max_j (\bar{\boldsymbol{x}}_j, \boldsymbol{\psi}_t)}{2}$$

definierte Hyperebene als Approximation der zu bestimmenden optimalen Trennhyperebene angesehen.

Bei $\varepsilon = 0$ führt der Prozeß in einer endlichen Anzahl Iterationen zum generalisierten Porträt der Klasse $Y = \{\boldsymbol{y}_{ij}\}$ und folglich auch zur optimalen Trennfläche.

Bei der Realisierung dieser Prozedur erweist es sich als günstig, in jedem Iterationsschritt bei der Neubestimmung der Klasse Y_{t+1} aus Y_t alle Vektoren $\boldsymbol{y}$, die mit verschwindendem Gewicht in die Komponentendarstellung des generalisierten Porträts $\boldsymbol{\psi}_t$ eingehen, unberücksichtigt zu lassen.

§ 12. Einige statistische Besonderheiten der Methode des generalisierten Porträts

Im Kapitel VI wurden Güteschätzungen für Algorithmen erhalten, die die Trennhyperebene durch Minimierung der empirischen Kosten konstruieren.

Insbesondere wurde gezeigt, daß im deterministischen Fall die mathematische Erwartung der Fehlerwahrscheinlichkeit einer Entscheidungsregel, die für eine Stichprobe der Länge l (als Lernfolge) aufgestellt worden ist, nicht kleiner als

$$R \approx c\,\frac{n}{l}$$

sein kann, wobei c eine Konstante und n die Anzahl der Klassen sind. Es wurden auch Abschätzungen der Güte (genauer, der Fehlerwahrscheinlichkeit) nach oben erhalten. Es ergaben sich zwei Typen von Abschätzungen dieser Art. In die Schätzausdrücke vom ersten Typ ging die Dimension des Objektraums (Merkmalsraums) ein (diese Schätzungen folgten aus der allgemeinen Theorie der gleichmäßigen Konvergenz), die Schätzungen der zweiten Art waren vom gegenseitigen Abstand der Klassen abhängig (diese Schätzungen waren Folgerungen aus dem verallgemeinerten Novikoff-Theorem 6.2).

In diesem Paragraphen werden Güteschätzungen für Algorithmen, die die Methode des generalisierten Porträts realisieren, untersucht. Es wird gezeigt, daß für diese Algorithmen beide Typen von Schätzungen anwendbar sind (so daß nur die bessere von Interesse sein wird). Dabei ist wesentlich, daß die von der Dimension abhängige Abschätzung nach oben der Abschätzung nach unten, d.i. $c \cdot \frac{n}{l}$, bedeutend näher kommt als Schätzungen beliebiger anderer Algorithmen, mit denen eine Trennhyperebene auf der Grundlage der Minimierung der empirischen Kosten konstruiert wird. Daraus ergeben sich besondere statistische Eigenschaften der Methode des generalisierten Porträts.

Gehen wir also davon aus, daß für eine beliebige Stichprobe der Länge l und einen vorgegebenen Parameter $k < 1$ das generalisierte Porträt der Menge X in bezug auf $\bar{X}$ vorliegt, dann ergibt sich, daß die Güte R eines Algorithmus, der nach der Methode des generalisierten Porträts arbeitet, durch

$$R \leqq \frac{n}{l+1} \tag{14.36}$$

geschätzt werden kann, wobei n die Dimension des Objektraums ist.

Diese Schätzung läßt sich noch verschärfen. Im § 3 wurde gezeigt, daß sich das generalisierte Porträt stets nach seinen äußeren Vektoren in der Form

$$\boldsymbol{\psi} = \sum_{i=1}^{a} \alpha_i \boldsymbol{x}_i - \sum_{j=1}^{b} \beta_j \bar{\boldsymbol{x}}_j$$

zerlegen läßt. Diese Zerlegung ist i.a. nicht eindeutig. Wir wollen einen äußeren Vektor als informativ bezeichnen, wenn er in alle Zerlegungen des Vektors $\boldsymbol{\psi}$ mit nichtverschwindendem Gewicht eingeht. Mit m bezeichnen wir die mathematische Erwartung der Anzahl informativer Vektoren in einer Stichprobe der Länge $l + 1$. Weiter unten wird gezeigt, daß die Schätzung

$$R \leqq \frac{m}{l+1} \tag{14.37}$$

korrekt ist. Weiterhin wird gezeigt, daß stets

$$m \leqq n$$

ist.

Es zeigt sich, daß bei praktischen Problemen m oft sehr viel kleiner als n ist. In diesen Fällen gelingt es, mit der Methode des generalisierten Porträts eine Trennhyperebene für eine Stichprobe, deren Umfang mit der Dimension des Raums vergleichbar ist, aufzustellen, wobei eine kleine Fehlerwahrscheinlichkeit garantiert ist.

Für die Ableitung der Schätzungen (14.36) und (14.37) werden wir die Eigenschaft der Erwartungstreue der U-Methode ausnutzen (vgl. Kapitel VI, § 3). Erwartungstreue bedeutet, daß die mathematische Erwartung der relativen Fehlerhäufigkeit in einem nach der Belehrung mit einer Folge der Länge l ausgeführten Test mit der mathematischen Erwartung der Fehlerhäufigkeit, die nach der U-Methode an einer Folge der Länge $l + 1$ ermittelt wurde, übereinstimmt.

Die Anwendung der U-Methode auf den Algorithmus des generalisierten Porträts verläuft wie folgt: Aus der Lernstichprobe werden sequentiell (einzelne) Vektoren $\boldsymbol{x}_p$ bzw. $\bar{\boldsymbol{x}}_p$ ausgesondert, für den Rest der Stichprobe wird das generalisierte Porträt berechnet und dann zur Erkennung des ausgesonderten Vektors benutzt. Die Häufigkeit von Erkennungsfehlern wird berechnet.

Hierfür gilt folgendes Theorem.

Theorem 14.11. *Die nach der U-Methode bestimmte Fehleranzahl überschreitet nicht die Anzahl der relevanten Vektoren des für die gesamte Stichprobe berechneten generalisierten Porträts $\boldsymbol{\psi}(k)$.*

Beweis. Es genügt zu zeigen, daß ein nicht relevanter Vektor der Lernstichprobe keinen Beitrag zu der nach der U-Methode bestimmten Fehlerzahl leistet.

Ist ein Vektor $\boldsymbol{x}_p$ bzw. $\bar{\boldsymbol{x}}_p$ nicht relevant, dann existiert also eine Zerlegung

$$\boldsymbol{\psi} = \sum_{i=1}^{a} \alpha_i \boldsymbol{x}_i - \sum_{j=1}^{b} \beta_j \bar{\boldsymbol{x}}_j,$$

$$\begin{aligned} \alpha_i \geqq 0; \ldots \beta_j \geqq 0, \ldots (\boldsymbol{x}_i, \boldsymbol{\psi}) \geqq 1, \ldots (\bar{\boldsymbol{x}}_j, \boldsymbol{\psi}) \leqq k, \\ \alpha_i(1 - (\boldsymbol{x}_i, \boldsymbol{\psi})) = 0, \ldots \beta_j(k - (\bar{\boldsymbol{x}}_j, \boldsymbol{\psi})) = 0 \end{aligned} \tag{14.38}$$

des generalisierten Porträts, in die der Vektor $\boldsymbol{x}_p(\bar{\boldsymbol{x}}_p)$ mit dem Gewicht Null eingeht. Das heißt aber, daß der Vektor $\boldsymbol{\psi}$ zugleich auch das generalisierte Porträt für eine Stichprobe ist, die durch Elimination des Vektors $\boldsymbol{x}_p$ aus der ursprünglich gegebenen entsteht, weil für diesen Vektor alle Bedingungen des Theorems 14.6 — wenn man dieses Theorem auf die *verkürzte* Stichprobe anwendet — erfüllt sind, d.h., es ist $\boldsymbol{\psi} = \boldsymbol{\psi}_p$.

Daraus folgt

$$(\boldsymbol{x}_p, \boldsymbol{\psi}_p) = (\boldsymbol{x}_p, \boldsymbol{\psi}) \geqq 1$$

oder

$$(\bar{\boldsymbol{x}}_p, \boldsymbol{\psi}_p) = (\bar{\boldsymbol{x}}_p, \boldsymbol{\psi}) \leqq k,$$

und das bedeutet, daß der eliminierte Vektor richtig erkannt wird. Das Theorem ist damit bewiesen.

Aus dem Theorem folgt unter Berücksichtigung der Erwartungstreue der Fehlerschätzung nach der U-Methode sofort die Ungleichung (14.37).

Wir beweisen noch, daß die Anzahl relevanter Vektoren niemals die Dimension des Objektraums n überschreitet. Dafür genügt es, eine Zerlegung der Form (14.28) aufzustellen, in die nicht mehr als n Vektoren mit nichtverschwindendem Gewicht eingehen.

Wenn eine Zerlegung nach mehr als n Vektoren vorliegt, so kann man daraus stets eine Zerlegung nach einer kleineren Anzahl Vektoren ableiten, da $m > n$ Vektoren linear abhängig sind. Deshalb existieren Zahlen γ_i bzw. $\bar{\gamma}_j$, so daß

$$\sum_{i=1}^{a} \gamma_i \boldsymbol{x}_i - \sum_{j=1}^{b} \bar{\gamma}_j \bar{\boldsymbol{x}}_j = 0$$

ist, wobei in diese Zerlegung nur Vektoren eingehen, die in (14.38) nichtverschwindende Gewichte hatten und mindestens ein γ_i bzw. γ_j positiv ist.

Dann stellt der Ausdruck

$$\boldsymbol{\psi} = \sum_{i=1}^{a} (\alpha_i - t\gamma_i)\, \boldsymbol{x}_i - \sum_{j=1}^{b} (\beta_j - t\bar{\gamma}_j)\, \bar{\boldsymbol{x}}_j \tag{14.39}$$

eine Familie von Zerlegungen des generalisierten Porträts nach seinen äußeren Vektoren dar. Da alle α_i und β_j positiv sind, bleiben alle Koeffizienten für dem Betrag nach hinreichend kleine Werte t positiv. Daraus folgt gleichzeitig — da es unter den Zahlen γ_i bzw. $\bar{\gamma}_j$ positive gibt —, daß einige Koeffizienten bei hinreichend großem $t > 0$ negativ werden. Das heißt, es existiert ein $t = t_{\min}$, bei dem zuerst mindestens ein Koeffizient der Zerlegung (14.39) verschwindet, während die anderen positive Werte behalten. Unter Verwendung dieser Darstellung erhalten wir, wenn nötig, mehrmals die gesuchte Zerlegung.

Für die Methode des generalisierten Porträts gelingt es auch, für $k < 0$ die Güteschätzung, die als solche von dem relativen Abstand zwischen den Klassen abhängig ist, zu erhalten. Bei $k = 1$ ist die Schätzung mit der im Kapitel VI (Theorem 6.2) abgeleiteten

Güteschätzung für den Perzeptronalgorithmus mit mehrfacher Wiederholung der Lernfolge identisch, und zwar gilt

$$R < \frac{1}{l+1} M\left(\frac{D^2}{\varrho^2}\right) \tag{14.40}$$

mit

$$D = \max_{i,j} (|\boldsymbol{x}_i|, |\bar{\boldsymbol{x}}_j|),$$

ϱ ist der Abstand der Hülle der Vektorenmenge $\boldsymbol{x}_1, \ldots, \boldsymbol{x}_a, \bar{\boldsymbol{x}}_1, \ldots, \bar{\boldsymbol{x}}_b$ vom Koordinatenursprung. Die mathematische Erwartung wird über die Menge aller Stichproben fester Länge gebildet. Man kann sich leicht davon überzeugen, daß die Zahl ϱ durch den Betrag des generalisierten Porträts bei $k = 1-$ bestimmt und durch

$$\varrho = \frac{1}{|\boldsymbol{\psi}(-1)|}$$

gegeben ist.

Wird wie früher die Erwartungstreue der U-Methode benutzt, so genügt es, für die Ableitung von (14.10) das folgende Theorem zu beweisen.

Theorem 14.12. *Die nach der U-Methode für die Methode des generalisierten Porträts bei $k = -1$ ermittelte Fehleranzahl überschreitet nicht $D^2 \cdot |\boldsymbol{\psi}(-1)|^2$.*

Beweis. Gegeben sei die Lernfolge $\boldsymbol{x}_1, \ldots, \boldsymbol{x}_a, \bar{\boldsymbol{x}}_1, \ldots, \bar{\boldsymbol{x}}_b$. Das Maximum der zugeordneten Funktion $W(\boldsymbol{\alpha}, \boldsymbol{\beta})$ im Bereich $\alpha_i \geqq 0$; $\beta_j \geqq 0$ werde im Punkt $\alpha_i = \alpha_i^0$, $\beta_j = \beta_j^0$, $i = 1, \ldots, a$; $k = 1, \ldots, b$, erreicht. Dementsprechend ist $\boldsymbol{\psi} = \Sigma\alpha_i\boldsymbol{x}_i - \Sigma\beta_j\bar{\boldsymbol{x}}_j$ das generalisierte Porträt. Das Maximum der Funktion $W(\boldsymbol{\alpha}, \boldsymbol{\beta})$ in dem durch $\alpha_i \geqq 0, \beta_j \geqq 0, \alpha_p = 0$ definierten Bereich werde im Punkt $\boldsymbol{\alpha}^p, \boldsymbol{\beta}^p$ angenommen. Diesem Maximum entspricht offensichtlich das generalisierte Porträt für eine Stichprobe, die aus der gegebenen durch Elimination des Vektors $\boldsymbol{x}_p$ hervorgeht:

$$\boldsymbol{\psi}_p = \sum_{i=1}^{a} \alpha_i^p \boldsymbol{x}_i - \sum_{j=1}^{b} \beta_j^p \bar{\boldsymbol{x}}_j .$$

Den Wert der Funktion $W(\boldsymbol{\alpha}, \boldsymbol{\beta})$ im Punkt $\alpha_i = \alpha_i^0$ $(i \neq p)$, $\alpha_p = 0$, $\beta_j = \beta_j^0$ bezeichnen wir mit W^p. Offensichtlich gilt

$$W(\boldsymbol{\alpha}^p, \boldsymbol{\beta}^p) \geqq W^p$$

und gleichzeitig

$$W(\boldsymbol{\alpha}^p, \boldsymbol{\beta}^p) \leqq W(\boldsymbol{\alpha}^0, \boldsymbol{\beta}^0).$$

Damit wird

$$W(\boldsymbol{\alpha}^0, \boldsymbol{\beta}^0) - W(\boldsymbol{\alpha}^p, \boldsymbol{\beta}^p) \leqq W(\boldsymbol{\alpha}^0, \boldsymbol{\beta}^0) - W^p. \tag{14.41}$$

Weiterhin gilt

$$W(\boldsymbol{\alpha}^0, \boldsymbol{\beta}^0) - W^p = \alpha_p^0 - \frac{1}{2}(\boldsymbol{\psi}_0, \boldsymbol{\psi}_0) + \frac{1}{2}|\boldsymbol{\psi}_0 - \alpha_p^0\boldsymbol{x}_p|^2$$

$$= \alpha_p^0 - \alpha_p^0(\boldsymbol{\psi}_0, \boldsymbol{x}_p) + \frac{1}{2}(\alpha_p^0)^2 |\boldsymbol{x}_p|^2 .$$

Für den äußeren Vektor $\boldsymbol{x}_p$ haben wir

$$W(\boldsymbol{\alpha}^0, \boldsymbol{\beta}^0) - W^p = \frac{1}{2}(\alpha_p^0)^2 |\boldsymbol{x}_p|^2 . \tag{14.42}$$

Nehmen wir weiterhin an, daß der Vektor $\boldsymbol{x}_p$ mit Hilfe des generalisierten Porträts $\boldsymbol{\psi}_p$ falsch erkannt wird. Das bedeutet, daß

$$(\boldsymbol{\psi}_p, \boldsymbol{x}_p) \leqq \frac{1+k}{2}. \tag{14.43}$$

Wie im Beweis des vorangegangenen Theorems gezeigt, kann dieser Fall nur unter der Bedingung eintreten, daß $\boldsymbol{x}_p$ ein äußerer Vektor des generalisierten Porträts $\boldsymbol{\psi}_0$ ist.

Wir untersuchen jetzt die linke Seite der Ungleichung (14.41). Dazu betrachten wir einen Schritt des Maximierungsverfahrens für die Funktion $W(\boldsymbol{\alpha}, \boldsymbol{\beta})$, ausgehend vom Punkt $\boldsymbol{\alpha}^p, \boldsymbol{\beta}^p$ entlang der Achse $\alpha_p > 0$, und wählen den optimalen Wert α_p aus. Bekanntlich gilt

$$W(\boldsymbol{\alpha}, \boldsymbol{\beta}) = W(\boldsymbol{\alpha}^p, \boldsymbol{\beta}^p) + \alpha_p(1 - (\boldsymbol{x}_p, \boldsymbol{\psi}_p)) - \frac{1}{2}\alpha_p^2 \, |\boldsymbol{x}_p|^2.$$

Damit erhalten wir den optimalen Wert

$$\alpha_p = \frac{1 - (\boldsymbol{x}_p, \boldsymbol{\psi}_p)}{|\boldsymbol{x}_p|^2}.$$

Der Zuwachs der Funktion $W(\boldsymbol{\alpha}, \boldsymbol{\beta})$ in diesem Schritt beträgt

$$\Delta W_p = \frac{1}{2}\,\frac{(1 - (\boldsymbol{x}_p, \boldsymbol{\psi}_p))^2}{|\boldsymbol{x}_p|^2}.$$

Da ΔW_p nicht größer als der gesamte Zuwachs, den die Funktion bei vollständiger Maximierung erfährt, sein kann, ist

$$W(\boldsymbol{\alpha}^0, \boldsymbol{\beta}^0) - W(\boldsymbol{\alpha}^p, \boldsymbol{\beta}^p) \geqq \Delta W_p = \frac{(1 - (\boldsymbol{x}_p, \boldsymbol{\psi}_p))^2}{|\boldsymbol{x}_p|^2}. \tag{14.44}$$

Durch Vereinigung von (14.41), (14.42) und (14.44) erhalten wir somit

$$\frac{1}{2}(\alpha_p^0)^2 \, |\boldsymbol{x}_p|^2 \geqq \frac{1}{2}\,\frac{(1 - (\boldsymbol{x}_p, \boldsymbol{\psi}_p))^2}{|\boldsymbol{x}_p|^2},$$

woraus unter Berücksichtigung von (14.43)

$$\alpha_p \geqq \frac{1 - (\boldsymbol{x}_p, \boldsymbol{\psi})}{|\boldsymbol{x}_p|^2} \geqq \frac{1-k}{2\,|\boldsymbol{x}_p|^2}$$

folgt.

Analog wird β_p abgeschätzt. Es folgt

$$\beta_p > \frac{1-k}{2\,|\bar{\boldsymbol{x}}_p|^2}.$$

Berücksichtigt man, daß $|\boldsymbol{x}_p| \leqq D$ und $|\bar{\boldsymbol{x}}_p| \leqq D$ sind, ergibt sich

$$\alpha_p \geqq \frac{1-k}{2D^2},$$

$$\beta_p \geqq \frac{1-k}{2D^2}.$$

Nehmen wir an, daß die Anzahl falsch erkannter Vektoren der ersten bzw. zweiten Klasse l_1 und l_2 sind, dann gilt bei negativem k infolge des Theorems 14.10

$$(\boldsymbol{\psi}, \boldsymbol{\psi}) = \sum_{i=1}^{a} \alpha_i - k \sum_{j=1}^{b} \beta_j \geqq \sum_{i=1}^{a}{}' \alpha_i - k \sum_{j=1}^{b}{}'' \beta_j,$$

wobei Σ' und Σ'' nur über diejenigen Vektoren läuft, die bei der Güteberechnung nach der U-Methode falsch erkannt werden.

Des weiteren ist

$$(\boldsymbol{\psi}, \boldsymbol{\psi}) \geqq \frac{(1-k)}{2D^2} l_1 - \frac{k(1-k)}{2D^2} l_2 .$$

Schließlich gelten für $k < -1$

$$(l_1 + l_2) \leqq \frac{2(\boldsymbol{\psi}, \boldsymbol{\psi}) D^2}{(1-k)}$$

und für $0 > k > -1$

$$(l_1 + l_2) \leqq - \frac{2(\boldsymbol{\psi}, \boldsymbol{\psi}) D^2}{k(1-k)}$$

sowie im Falle $k = -1$

$$(l_1 + l_2) \leqq (\boldsymbol{\psi}(-1), \boldsymbol{\psi}(-1)) D^2 .$$

Das Theorem ist damit bewiesen.

§ 13. Anhang zum Kapitel XIV

1. Wir betrachten das endliche Vektorensystem $X = \boldsymbol{x}_1, \ldots, \boldsymbol{x}_k$ im EUKLIDischen Raum E_n.

Die daraus erzeugbare Menge Γ von Vektoren

$$\boldsymbol{x} = \sum_{i=1}^{k} \gamma_i \boldsymbol{x}_i ,$$
$$\gamma_i \geqq 0 ,$$
$$\sum_{i=1}^{k} \gamma_i > 0$$

bildet einen minimalen konvexen Kegel, der das Vektorsystem X [als Teilmenge] enthält bzw. von X aufgespannt wird.

Definition 1. *Ein System X von Vektoren heißt „nicht entwickelt", wenn der Nullpunkt des E_n außerhalb des von dem System erzeugten konvexen Kegels liegt.*

Definition 2. *Das Vektorensystem heißt „stark entwickelt", wenn der von dem System erzeugte konvexe Kegel Γ den gesamten Raum E_n (als „Teilmenge") enthält.*

Die Definitionen 1 und 2 sind folgenden zwei Definitionen äquivalent.

Definition 1'. *Das Vektorensystem X heißt nicht entwickelt, wenn ein Vektor $\boldsymbol{\varphi} \in E_n$ existiert, so daß für alle $\boldsymbol{x}_i \in X$*

$$(\boldsymbol{x}_i, \boldsymbol{\varphi}) > 0$$

gilt.

Definition 2. *Das Vektorensystem X heißt stark entwickelt, wenn für jedes $\varphi \in E_n$ ein Vektor $x_i \in X$ existiert, der*

$$(x_i, \varphi) < 0$$

erfüllt.

Zunächst beweisen wir, daß die Definitionen 1 und 1′ bzw. 2 und 2′ äquivalent sind.

Theorem A. 1. *Definition 1′ ist Definition 1 äquivalent.*

Beweis. Nehmen wir an, das Vektorensystem sei im Sinne von 1′ nicht entwickelt. Das hieße also, es existierte ein φ, so daß für alle $x_i \in X$

$$(x_i, \varphi) > 0$$

ist.

Betrachten wir nun ein beliebiges Element x des von dem System $x_1, \ldots, x_k$ erzeugten konvexen Kegels, so gilt für dieses

$$x = \sum_{i=1}^{k} \gamma_i x_i,$$
$$\gamma_i \geqq 0,$$
$$\sum \gamma_i > 0. \tag{A.1}$$

Wir multiplizieren beide Seiten von (A.1) skalar mit φ und erhalten

$$(x, \varphi) = \sum \gamma_i (x_i, \varphi).$$

Da voraussetzungsgemäß $(x_i, \varphi) > 0$ und mindestens ein γ_i echt größer als Null sind, ist

$$(x, \varphi) > 0,$$

d.h. $x \neq 0$.

Also folgt 1 aus 1′.

Wir nehmen jetzt an, daß das Vektorensystem X im Sinn der Definition 1 konvex ist. Wir betrachten dann die konvexe Hülle $\overline{X}$ des Systems X, d.h. eine Menge von Vektoren x, deren Elemente sich in der Form

$$x = \sum_{i=1}^{k} \gamma_i x_i \ (x_i \in X),$$
$$\gamma_i \geqq 0,$$
$$\sum \gamma_i = 1$$

darstellen lassen.

Voraussetzungsgemäß ist der Nullpunkt des E_n entsprechend der Definition 1 nicht Element dieser Menge. Diese Menge ist überdies abgeschlossen und beschränkt. Somit ist der Vektor x_0, bei dem $\min\limits_{x \in \overline{X}} |x|$ erreicht wird, ungleich Null und gehört der Menge $\overline{X}$ an.

Wir zeigen jetzt, daß für beliebiges $x^* \in \overline{X}$

$$(x^*, x_0) > 0$$

ist. Dazu betrachten wir die Menge der Vektoren

$$x = (1 - t)\, x_0 + t x^* \quad (x^* \in \overline{X}, 0 \leqq t \leqq 1).$$

Es ist leicht zu sehen, daß diese Menge eine Teilmenge von $\overline{X}$ ist. Für den Betrag des Vektors $\boldsymbol{x}$ finden wir den Ausdruck

$$|\boldsymbol{x}| = \sqrt{((1-t)\,\boldsymbol{x}_0 + t\boldsymbol{x}^*, (1-t)\,\boldsymbol{x}_0 + t\boldsymbol{x}^*))} = \sqrt{|\boldsymbol{x}_0|^2 - 2t(|\boldsymbol{x}_0|^2 - (\boldsymbol{x}^*, \boldsymbol{x}_0))} + o(t^2).$$

Da nach Voraussetzung $|\boldsymbol{x}| \geqq |\boldsymbol{x}_0|$ sein muß, so folgt, daß der Koeffizient des linearen Gliedes negativ ist, d.h.

$$|\boldsymbol{x}_0|^2 - (\boldsymbol{x}^*, \boldsymbol{x}_0) \leqq 0,$$

woraus

$$(\boldsymbol{x}^*, \boldsymbol{x}_0) \geqq |\boldsymbol{x}_0|^2 > 0$$

folgt.

Die letzte Ungleichung gilt für jedes beliebige $\boldsymbol{x}^* \in \overline{X}$ und folglich auch für die Vektoren $\boldsymbol{x}_1, \ldots, \boldsymbol{x}_n$. Das bedeutet, daß die in Definition 1 formulierte Bedingung erfüllt ist.

Die Äquivalenz von 1 und 1′ ist damit gezeigt.

Theorem A. 2. *Die Definitionen* 2′ *und* 2 *sind äquivalent.*

Beweis. Wir gehen davon aus, daß Definition 2 erfüllt ist. Dann ist jeder beliebige Vektor $-\boldsymbol{\varphi} \neq \boldsymbol{0}$ in der Form

$$-\boldsymbol{\varphi} = \sum \gamma_i \boldsymbol{x}_i$$

darstellbar, wobei

$$\boldsymbol{x}_i \in X, \quad \gamma_i \geqq 0, \quad \sum_{i=1}^{k} \gamma_i > 0.$$

Multiplizieren wir die letzte Gleichung skalar mit $\boldsymbol{\varphi}$, so folgt

$$-|\boldsymbol{\varphi}|^2 = \sum \gamma_i (\boldsymbol{x}_i, \boldsymbol{\varphi}). \tag{A.2}$$

Berücksichtigen wir nun $\gamma_i \geqq 0$, dann folgt mit Gl. (A.2), daß mindestens ein $\boldsymbol{x}_i$ existieren muß, das die Ungleichung

$$(\boldsymbol{x}_i, \boldsymbol{\varphi}) < 0$$

erfüllt, d.h., daß das System X der Definition 2′ entspricht.

Bleibt noch zu zeigen, daß 2 aus 2′ folgt. Nehmen wir hierzu an, daß für das System X kein Vektor $\boldsymbol{\varphi} \neq \boldsymbol{0}$ existiert, der für alle $\boldsymbol{x}_i$

$$(\boldsymbol{x}_i, \boldsymbol{\varphi}) \geqq 0$$

erfüllt. Dann folgt, daß der Nullpunkt des E_n außerhalb des durch $\boldsymbol{x}_1, \ldots, \boldsymbol{x}_k$ erzeugten konvexen Kegels liegt, weil sonst aufgrund der schon bewiesenen Äquivalenz von 1 und 1′ ein Vektor $\bar{\boldsymbol{\varphi}}$ gefunden werden könnte, so daß für alle $\boldsymbol{x}_i$

$$(\boldsymbol{x}_i, \bar{\boldsymbol{\varphi}}) > 0,$$

im Widerspruch zu 2′, erfüllt wäre.

Einen Vektor $\boldsymbol{x}_k$ bezeichnen wir als Basisvektor, wenn eine Darstellung des Nullvektors in der Form

$$\boldsymbol{0} = \sum_{i=1} \gamma_i \boldsymbol{x}_i \quad (\gamma_i \geqq 0)$$

existiert, in die der Vektor $\boldsymbol{x}_k$ mit nichtverschwindendem Gewicht eingeht (d.h. $\gamma_k \neq 0$). Der von allen Basisvektoren der Menge X erzeugte konvexe Kegel ist mit dem von diesen Vektoren aufgespannten EUKLIDischen Hyperraum E_k identisch.

Dies ergibt sich wie folgt: Ist der Vektor $\boldsymbol{x}_k$ ein Basisvektor, dann gehört $-\boldsymbol{x}_k$ dem durch die Basisvektoren aus X erzeugten Kegel an, da aus der Beziehung

$$0 = \sum \gamma_j \boldsymbol{x}_j \quad (\gamma_k \neq 0, \gamma_j \geqq 0)$$

$$-\boldsymbol{x}_k = \frac{2}{\gamma_k} \sum_{k \neq i} \gamma_i \boldsymbol{x}_i + \boldsymbol{x}_k \tag{A.3}$$

folgt. Einen beliebigen Vektor $\boldsymbol{y}$ des von den Basisvektoren der Menge X aufgespannten EUKLIDischen Raumes E_k können wir in der Form

$$\boldsymbol{y} = \sum \alpha_i \boldsymbol{x}_i$$

darstellen, wobei $\boldsymbol{x}_i$ die Basisvektoren sind; hierin können einige α_i negativ sein.

Wir stellen nun alle Glieder der Summe, die negative Koeffizienten α_i besitzen, in der Form $|\alpha_i| \cdot (-\boldsymbol{x}_i)$ dar und zerlegen $(-\boldsymbol{x}_i)$ entsprechend (A.3) nach den Basisvektoren mit nichtnegativen Koeffizienten. Wir erhalten für ein beliebiges $\boldsymbol{y} \in E_k$ die Darstellung

$$\boldsymbol{y} = \sum b_i \boldsymbol{x}_i, \ b_i \geqq 0, \ \sum b_i > 0 .$$

Wir betrachten weiterhin den Sonderfall

A. daß der Raum E_k — aufgespannt durch die Basisvektoren — mit dem gesamten Raum E_n zusammenfällt. In diesem Fall ist, wie gerade gezeigt, der durch X aufgespannte Kegel mit E_n identisch, d.h., die Bedingung der Definition 2 ist erfüllt.

B. Die Dimension des Raumes E_k ist kleiner als die von E_n, und alle Vektoren der Menge X sind Basisvektoren. In diesem Fall betrachten wir einen beliebigen Vektor aus E_n, der orthogonal zu E_k ist. Dieser erfüllt definitionsgemäß für alle $\boldsymbol{x}_i \in X$ die Gleichungen

$$(\boldsymbol{x}_i, \boldsymbol{\varphi}) = 0 ,$$

im Widerspruch zur Definition 2'.

C. Die Dimension des Raumes E_k ist kleiner als die von E_n, und nicht alle Vektoren aus X sind Basisvektoren. Unter diesen Umständen stellen wir den Raum E_n als Produkt zweier orthogonaler Unterräume

$$E_n = E_k \times E_{n-k}$$

dar. Wir betrachten dann die Menge der Projektionen Y aller Nichtbasisvektoren auf den Raum E_{n-k}.

Wir behaupten, daß die Menge Y ein nichtentwickeltes Vektorensystem darstellt. Wäre das nicht der Fall, dann erhielte, wie schon gezeigt, der durch Y erzeugte konvexe Kegel den Nullvektor, d.h., es existierten Zahlen $\delta_i \geqq 0$, $\Sigma \delta_i > 0$, so daß

$$\sum \delta_i \boldsymbol{y}_i = 0$$

ist, wobei die $\boldsymbol{y}_i$ die Projektionen derjenigen Vektoren, die nicht Basisvektoren sind, auf E_{n-k} bedeuten.

Wir betrachten den Vektor

$$\boldsymbol{x} = \sum \delta_i \boldsymbol{x}_i , \tag{A.4}$$

wobei die $\boldsymbol{x}_i$ die Urbilder der $\boldsymbol{y}_i$ sind.

Dann ist

$$\text{Projektion}_{E_{n-k}} \boldsymbol{x} = \sum \delta_i \boldsymbol{y}_i = 0.$$

Folglich gehört der Vektor $\boldsymbol{x}$ dem Raum E_k an. Deshalb kann der Vektor $-\boldsymbol{x}$ als Linearkombination von Basisvektoren $\boldsymbol{x}_i{}^*$ mit nichtnegativen Koeffizienten

$$-\boldsymbol{x} = \sum \gamma_i^* \boldsymbol{x}_i^* \tag{A.5}$$

dargestellt werden.

Durch Addition von (A.4) und (A.5) ergibt sich

$$0 = \sum \delta_i \boldsymbol{x}_i + \sum \gamma_i^* \boldsymbol{x}_i^*. \tag{A.6}$$

Es ist leicht zu sehen, daß in die Zerlegung (A.6) des Nullvektors mindestens ein Vektor $\boldsymbol{x}$, der nicht Basisvektor ist, mit positivem Gewicht eingeht. Der abgeleitete Widerspruch beweist, daß die Menge Y der Projektionen nicht entwickelt ist.

Wir zeigen jetzt noch, daß diese Aussage der Behauptung, X sei im Sinn der Definition 2′ stark entwickelt, widerspricht: Da die Menge Y nicht leer und nicht entwickelt ist, existiert laut Definition 1′ in E_{n-k} ein Vektor $\boldsymbol{\varphi}_0$ mit

$$(\boldsymbol{y}_i, \boldsymbol{\varphi}_0) > 0, \tag{A.7}$$

und folglich sind

$$(\boldsymbol{x}_i, \boldsymbol{\varphi}_0) = 0 \tag{A.8}$$

für Basisvektoren und

$$(\boldsymbol{x}_i, \boldsymbol{\varphi}_0) = (\boldsymbol{y}_i, \boldsymbol{\varphi}_0) > 0$$

für Vektoren, die nicht Basisvektoren sind, im Widerspruch zur Bedingung der Definition 2′. Die Äquivalenz der Definitionen 2 und 2′ ist damit bewiesen.

Nebenbei ist zugleich das folgende Theorem mit bewiesen worden.

Theorem A. 3. *Ist der durch das endliche System von Vektoren* $\{\boldsymbol{x}_1, \ldots, \boldsymbol{x}_k\} = X$ *erzeugte minimale konvexe Kegel nicht mit dem gesamten Raum* E_n *identisch, dann existiert ein Vektor* $\boldsymbol{\varphi} \neq \boldsymbol{0}$, *der für alle* $\boldsymbol{x}_i$

$$(\boldsymbol{x}_i, \boldsymbol{\varphi}) \geqq 0 \tag{A.9}$$

erfüllt, diese Ungleichung geht für Vektoren der Menge X, *die nicht Basisvektoren sind, in eine echte Ungleichung* $(\boldsymbol{x}_i, \boldsymbol{\varphi}) > 0$ *über. Ist das Vektorsystem* X *stark entwickelt, so ist jeder Vektor des Systems ein Basisvektor.*

Bemerkung. *Wenn* $\boldsymbol{\varphi} \neq \boldsymbol{0}$ *ein beliebiger Vektor ist, der für alle* $\boldsymbol{i}$ (A.9) *erfüllt, dann geht für jeden Basisvektor* $\boldsymbol{x}_j$ *die Ungleichung in eine Gleichung über, d. h., es gilt*

$$(\boldsymbol{x}_j, \boldsymbol{\varphi}) = 0.$$

Sei jetzt $\boldsymbol{x}_j$ ein Basisvektor. Aufgrund von (A.9) gilt

$$(\boldsymbol{x}_j, \boldsymbol{\varphi}) \geqq 0. \tag{A.10}$$

Den Vektor $-\boldsymbol{x}_j$ zerlegen wir, wie oben gezeigt ((A.3)), mit nichtnegativen Koeffizienten nach seinen Basisvektoren. Wir erhalten

$$-\boldsymbol{x}_j = \sum \gamma_i \boldsymbol{x}_i \quad (\gamma_i \geqq 0).$$

Folglich ist

$$-(\boldsymbol{x}_j, \boldsymbol{\varphi}) = \sum \gamma_i (\boldsymbol{x}_i, \boldsymbol{\varphi}_i) \geqq 0. \tag{A.11}$$

Aus (A.10) und (A.11) folgt

$$(\boldsymbol{x}_j, \boldsymbol{\varphi}) = 0.$$

2. Aus dem Theorem A.3 läßt sich leicht das bekannte Theorem von KUHN und TUCKER ableiten.

Theorem A. 4. (KUHN-TUCKER-Theorem). *Gegeben seien eine differenzierbare Funktion $F(\boldsymbol{x})$ und für $i = 1, 2, \ldots, n$ die linearen Funktionen $(\boldsymbol{x}, \boldsymbol{f}_i)$. In $\boldsymbol{x}_0$ werde das bedingte Minimum von $F(\boldsymbol{x})$ unter den Nebenbedingungen*

$$(\boldsymbol{x}, \boldsymbol{f}_i) \geqq c_i$$

angenommen.

Dann existieren Zahlen $\lambda_i \geqq 0$, so daß die Bedingungen

$$\begin{aligned} \nabla F(\boldsymbol{x}_0) &= \sum \lambda_i \boldsymbol{f}_i, \\ \lambda_i((\boldsymbol{x}_0, \boldsymbol{f}_i) - c_i) &= 0 \quad (i = 1, 2, \ldots, n) \end{aligned} \tag{A.12}$$

erfüllt sind.

Beweis. Wenn $\nabla F(\boldsymbol{x}_0)$ gleich Null ist, dann ist die Behauptung des Lemmas trivial, da man dann alle λ_i gleich Null setzen kann. Die Nebenbedingnngen, für die $(\boldsymbol{x}_0, \boldsymbol{f}_i) = c_i$ ist, numerieren wir von 1 bis p durch.

Nehmen wir an, daß $\nabla F(\boldsymbol{x}_0) \neq \boldsymbol{0}$ und die Behauptung des Theorems falsch sind. Das bedeutet dann, daß in dem System von Vektoren

$$-\nabla F(\boldsymbol{x}_0), \boldsymbol{f}_1, \ldots, \boldsymbol{f}_p$$

$-\nabla F(\boldsymbol{x}_0)$ kein Basisvektor ist. Wäre nämlich der Vektor $-\nabla F(\boldsymbol{x}_0)$ ein Basisvektor, dann müßte eine Darstellung

$$0 = \sum_{i=1}^{p} \gamma_i \boldsymbol{f}_i - \nabla F(\boldsymbol{x}_0)\ ^{1)}$$

und somit auch die Darstellung (A.12) existieren. Folglich existiert in Übereinstimmung mit dem Theorem A.3 ein Vektor $\boldsymbol{\varphi}$, so daß für alle i $(1 \leqq i \leqq n)$

$$(\boldsymbol{\varphi}, \boldsymbol{f}_i) \geqq 0$$

und

$$(\nabla F(\boldsymbol{x}_0), \boldsymbol{\varphi}) < 0 \tag{A.13}$$

sind.

Betrachten wir den Punkt $\boldsymbol{x}(t) = \boldsymbol{x}_0 + t\boldsymbol{\varphi}$, so ist klar, daß für hinreichend kleine $t \geqq 0$ die Nebenbedingungen erfüllt bleiben, da für alle i, $1 \leqq i \leqq p$,

$$(\boldsymbol{x}_0 + t\boldsymbol{\varphi}, \boldsymbol{f}_i) = c_i + t(\boldsymbol{\varphi}, \boldsymbol{f}_i) \geqq c_i$$

und für alle i, $p < i \leqq n$, $(\boldsymbol{x}_0, \boldsymbol{f}_i) > c_i$, so daß folglich aus Gründen der Stetigkeit für hinreichend kleine t

$$(t\boldsymbol{\varphi} + \boldsymbol{x}_0) > c_i$$

bleibt.

---

[1]) Anm. d. Hrsg.: Existieren λ_i, welche die erste Gleichung (A. 12) erfüllen, nicht, so sind die Vektoren $\nabla F, \boldsymbol{f}_1, \ldots, \boldsymbol{f}_p$ linear unabhängig und es existiert $\boldsymbol{\varphi}$ mit den verlangten Eigenschaften.

Da

$$F(\boldsymbol{x}(t)) = F(\boldsymbol{x}_0) + (\nabla F, \boldsymbol{\varphi})\, t + o(t^2)$$

gilt, ist folglich wegen (A.13) für hinreichend kleine positive t

$$F(\boldsymbol{x}(t)) < F(\boldsymbol{x}_0)$$

im Widerspruch zu den Voraussetzungen des Theorems. Das Theorem ist damit bewiesen.

Bemerkung. *Das Theorem läßt sich auch auf den Fall, daß es unter den Nebenbedingungen Gleichungen der Form*

$$(\boldsymbol{x}_i, \boldsymbol{\varphi}) = 0 \tag{A.14}$$

gibt, ausdehnen.

Natürlich ist je eine Nebenbedingung (A.14) zwei Bedingungen der Gestalt

$$(\boldsymbol{x}_i, \boldsymbol{\varphi}) \geqq 0 \quad \text{und} \quad (-\boldsymbol{x}_i, \boldsymbol{\varphi}) \geqq 0$$

äquivalent.

Aus diesem Grund bleiben die Bedingungen (A.12) erhalten, lediglich können die Zahlen λ_i — die den Nebenbedingungen, die die Form einer Gleichung haben, zugeordnet sind — auch negativ sein.

In dem Falle, daß die Funktion $F(\boldsymbol{x})$ differenzierbar und konvex ist, sind die Bedingungen (A.12) nicht nur notwendige, sondern auch hinreichende Bedingungen für das Minimum.

Theorem A. 5. *$F(\boldsymbol{x})$ sei eine differenzierbare und konvexe Funktion. $\boldsymbol{x}_0$ sei ein Punkt, der den Ungleichungen*

$$(\boldsymbol{x}_0, \boldsymbol{f}_i) \geqq c_i \quad (i = 1, 2, \ldots, n)$$

genügt und die Bedingung (A.12) *erfüllt, d.h., es existieren Zahlen, so daß die Gleichungen*

$$\nabla F(\boldsymbol{x}_0) = \sum \lambda_i \boldsymbol{f}_i,$$

$$\lambda_i((\boldsymbol{x}_0, \boldsymbol{f}_i) - c_i) = 0$$

gelten. Dann nimmt die Funktion $F(\boldsymbol{x})$ im Punkt $\boldsymbol{x}_0$ ihr bedingtes Minimum unter den Nebenbedingungen

$$(\boldsymbol{x}_i, \boldsymbol{f}_i) \geqq c_i \tag{A.15}$$

an.

Beweis. Sei $\boldsymbol{x}_0$ ein Punkt, der die Voraussetzung des Theorems erfüllt. Nehmen wir an, das Theorem wäre falsch, dann müßte ein Punkt existieren, der (A.15) genügt und für den

$$F(\boldsymbol{x}_1) < F(\boldsymbol{x}_0) \tag{A.16}$$

gilt. Betrachten wir die Menge der Punkte (Intervall auf einer Hypergeraden)

$$\boldsymbol{x} = \boldsymbol{x}_0 + \lambda(\boldsymbol{x}_1 - \boldsymbol{x}_0) \text{ für alle } \lambda,\ 0 \leqq \lambda \leqq 1.$$

Aufgrund der Konvexität des zulässigen Gebietes liegt diese Menge vollkommen innerhalb des Erfüllungsbereiches der Nebenbedingungen. Außerdem folgt aus der Konvexität von $F(\boldsymbol{x})$ (siehe Kapitel IX, § 2), daß

$$F(\boldsymbol{x}_1) - F(\boldsymbol{x}_0) \geqq (\boldsymbol{x}_1 - \boldsymbol{x}_0) \cdot \nabla F(\boldsymbol{x}_0)$$

und folglich

$$(-\nabla F(x_0), (x_1 - x_0)) > 0 \tag{A.17}$$

sein müßte. Wie schon früher werden wir annehmen, daß die im Punkt x_0 in Form von Gleichungen erfüllten Nebenbedingungen von 1 bis p durchnumeriert sind, d.h. die Nebenbedingungen

$$(x_0, f_i) = c_i, \ (1 \leqq i \leqq p),$$
$$(x_0, f_i) > c_i, \ (p + 1 \leqq i \leqq n)$$

vorliegen.

Dann erhalten wir, da das Segment $x_1 \div x_0$ vollkommen innerhalb des Erfüllungsgebiets der Nebenbedingungen liegt,

$$(x_1 - x_0, f_i) \geqq 0 \quad (1 \leqq i \leqq p). \tag{A.18}$$

Aus (A.17) und (A.18) folgt unter Berücksichtigung der Bemerkung zum Theorem A.3, daß der Vektor $-\nabla F(x_0)$ kein Basisvektor des Systems

$$-\nabla F(x_0), f_1, \ldots, f_p$$

sein kann und folglich im Widerspruch zu den Bedingungen des Theorems keine Darstellung $\nabla F(x_0) = \sum_{i=1}^{p} \lambda_i f_i$ $(\lambda_i \geqq 0)$ existiert.

Das Theorem ist damit bewiesen.

3. Wir nehmen an, daß der Punkt x_0 dem System Γ von Nebenbedingungen

$$(f_i, x_0) = c_i, \ (1 \leqq i \leqq p),$$
$$(f_i, x_0) > c_i, \ (p + 1 \leqq i \leqq n)$$

genügt, d.h. die ersten p Einschränkungen im Punkt x_0 genau (d.h. als Gleichungen) erfüllt sind. Den Einheitsvektor φ bezeichnen wir als eine zulässige Richtung im Punkt x_0, falls eine Zahl $t > 0$ existiert, so daß für alle τ, $0 \leqq \tau \leqq t$, $(x_0 + \varphi\tau)$ die Nebenbedingungen Γ erfüllt sind. Man kann sich leicht davon überzeugen, daß im Punkt x_0 eine Richtung φ genau nur dann zulässig ist, wenn die Ungleichungen

$$(\varphi, f_i) > 0 \text{ für alle } i, \ 1 \leqq i \leqq p,$$

erfüllt sind.

Der bedingte Gradient im Punkt x_0 wird wie folgt ermittelt. Zuerst wird unter den zulässigen Richtungen die Richtung φ_0 des steilsten Anstiegs der Funktion F ermittelt, d.h.

$$(\nabla F \cdot \varphi_0) = \max_{|\varphi|=1} (\nabla F, \varphi),$$

wobei das Maximum über alle zulässigen Richtungen gebildet wird. Dabei kann es vorkommen, daß

$$(\nabla F \cdot \varphi_0) \leqq 0$$

ist. Das bedeutet dann, daß die Funktion in keiner Richtung ansteigt. In diesem Fall wird der bedingte Gradient gleich Null gesetzt.

Ist aber

$$(\nabla F, \varphi_0) > 0,$$

so wird als bedingter Gradient ein Vektor genommen, dessen Richtung mit der von φ_0 identisch ist und dessen Betrag $(\nabla F, \varphi_0)$ ist.

Es ist also

$$\nabla F_{\text{cond}} = \begin{cases} (\nabla F, \varphi_0) \cdot \varphi_0, & \text{falls } (\nabla F, \varphi_0) > 0, \\ 0, & \text{falls } (\nabla F, \varphi_0) \leqq 0. \end{cases}$$

Das Theorem ist damit als richtig bewiesen.

Theorem A. 6. *Der bedingte Gradient im Punkt x_0 läßt sich in der Form*

$$\nabla_{\text{cond}} F = \nabla F + \sum_{i=1}^{p} \lambda_i f_i \tag{A.19}$$

darstellen und genügt den Bedingungen

$$\left.\begin{array}{l} \lambda_i(\nabla_{\text{cond}} F, f_i) = 0 \\ (\nabla_{\text{cond}} F, f_i) \geqq 0, \lambda_i \geqq 0, \end{array}\right\} (1 \leqq i \leqq p). \tag{A.20}$$

Umgekehrt ist jeder Vektor, der (A.19) *und* (A.20) *genügt, ein bedingter Gradient.*

Beweis. Nehmen wir an, daß $\nabla_{\text{cond}} F = 0$ ist; dann existiert nach dem Theorem von Kuhn und Tucker die Darstellung

$$\nabla F = -\sum_{i=1}^{p} \lambda_i f_i,$$

und folglich ist

$$0 = \nabla_{\text{cond}} F = \nabla F + \sum_{i=1}^{p} \lambda_i f_i, \tag{A.21}$$

was auch gefordert war.

Ist umgekehrt (A.21) erfüllt, dann kann die Zerlegung (A.19) nur einen Nullvektor liefern. Das sieht man, wenn man den Vektor

$$\psi = \nabla F - \sum_{i=1}^{p} \lambda_i f_i$$

betrachtet, der

$$\lambda_i(\psi, f_i) = 0$$

mit

$$\lambda_i \geqq 0 \quad (1 \leqq i \leqq p),$$

$$(\psi, f_i) \geqq 0.$$

erfüllt. Dann ist

$$(\psi, \psi) = (\nabla F, \psi) + \sum \lambda_i(\psi, f_i) = (\nabla F, \psi).$$

Wenn hier

$$(\psi, \psi) = (\nabla F, \psi) > 0$$

ist, dann ist $\psi/|\psi|$ eine zulässige Richtung, in der also die Funktion F im Widerspruch zur Voraussetzung wächst. Es kann also nur $(\psi, \psi) = 0$ sein. Nehmen wir jetzt an, daß $|\nabla_{\text{cond}} F| > 0$ ist. Man kann sich dann leicht davon überzeugen, daß die Richtung φ_0 mit der Richtung des generalisierten Porträts der Klasse X zusammenfällt. Das generalisierte Porträt wird als ein Vektor ∇F bezüglich der aus den Vektoren $-f_1, \ldots, -f_p$ bestehenden Klasse $\overline{X}$ füf $k = 0$ bestimmt.

In der Tat ist φ ein Einheitsvektor, der

$$(\nabla F, \varphi)$$

unter den Nebenbedingungen

$$(f_i, \varphi) \geqq 0$$

maximiert. Außerdem ist bekannt, daß $c_1(\varphi) > 0$ ist. Damit ist aufgrund der oben bewiesenen Theoreme der Vektor φ_0 eindeutig durch die Zerlegung

$$\varphi_0 = \alpha \nabla F + \sum_{j=1}^{p} \beta_j f_j \tag{A.22}$$

mit

$$\alpha \geqq 0, \beta_j \geqq 0, \beta_j (f_j, \varphi_0) = 0, (f_j, \varphi_0) \geqq 0$$

gegeben.

Durch skalare Multiplikation dieser Gleichung mit φ_0 entsteht

$$1 = (\varphi_0, \varphi_0) = \alpha(\nabla F, \varphi_0) + \sum \beta_j(f_j, \varphi_0) = \alpha(\nabla F, \varphi_0),$$

woraus

$$\alpha = \frac{1}{(\nabla F, \varphi_0)} > 0$$

folgt.

Somit ist

$$\nabla_{\text{cond}} F = \varphi_0(\varphi_0, \nabla F) = \nabla F + \sum \beta_j(\varphi_0, \nabla F) f_j .$$

Setzen wir hierin $\lambda_i = (\varphi_0, \nabla F)$, so erhalten wir die Zerlegung (A.19).

Das Theorem ist damit bewiesen.

KAPITEL XV

LERNFÄHIGE ERKENNUNGSALGORITHMEN ZUR REALISIERUNG DER METHODE DES GENERALISIERTEN PORTRÄTS

Die in diesem Kapitel beschriebenen lernfähigen Erkennungsalgorithmen konstruieren die Trennflächen nach der Methode des generalisierten Porträts.

Mit dem ersten Algorithmus OP-1 wird eine Hyperebene zur Trennung der beiden Vektorenmengen aufgestellt. Mit dem Algorithmus OP-2 wird eine Trennhyperebene mit minimaler Anzahl von Klassifizierungsfehlern erhalten. Der Algorithmus OP-3 konstruiert eine stückweise lineare Trennhyperebene. Die Algorithmen OP-4 und OP-5 bestimmen eine Trennhyperebene in einem Raum minimaler Dimension (Anzahl von Merkmalen).

Die Algorithmen OP-6 bzw. OP-7 konstruieren die extremale Trennhyperebene bzw. die extremale stückweise lineare Trennfläche.

Schließlich sind die Algorithmen OP-8, OP-9 und OP-10 Prozeduren, mit denen die U-Methode zur Güteschätzung auf die konstituierte Hyperebene, auf die extremale Hyperebene und auf die extremale lineare Trennfläche angewendet wird. Außerdem werden in diesem Kapitel Klassifizierungsalgorithmen für Objekte, die durch diskretwertige Merkmale beschrieben sind, beschrieben.

§ 1. Methoden der Objektbeschreibung

Bei der lernabhängigen Erkennung können zwei Methoden der Objektbeschreibung angewandt werden — die kontinuierliche und die diskrete. Bei der kontinuierlichen Darstellungsmethode können alle Koordinaten des Vektors $\boldsymbol{x}$ beliebige reelle Zahlenwerte annehmen. Bei der diskreten Methode dagegen kann jede Koordinate des Vektors $\boldsymbol{x}$ nur Zahlenwerte aus einem zuvor für jedes Merkmal festgelegten Wertevorrat annehmen.

Jede der beiden Methoden der Objektbeschreibung hat ihre spezifischen Vorteile, aber auch Nachteile.

Als Vorteil der kontinuierlichen Methode ist die hohe Genauigkeit, mit der die Merkmalswerte angegeben werden können, zu nennen. Jede Vektorkomponente ist — wenn sonst keine weitere Vorverarbeitung vorgesehen ist — mit dem eingegebenen Meßwert identisch. Jedoch wird bei dieser Methode der Objektbeschreibung zur Speicherung eines jeden Parameterwertes ein voller Speicherplatz im Rechner benötigt. Da aber die Objekte der Zeichenerkennung i.a. durch eine große Zahl von Parametern beschrieben werden müssen (die Dimension des Vektors $\boldsymbol{x}$ liegt in der Größenordnung Zehn bis Hundert), so wird für die Speicherung eines Objektes im Rechner ein zu großes Speichervolumen benötigt. Außerdem werden häufig, z.B. bei Problemen der medizinischen Diagnostik, die Objekte durch nichtquantifizierte Merkmale, wie z.B. durch Aussagen der Art „die Haut (eines Kranken) ist von auffallender Blässe“ beschrieben. In diesem Fall ist folgende Methode der Informationseingabe gebräuchlich. Es wird vereinbart, daß die Zahl Eins das Vorhandensein des gegebenen Merkmals bedeutet und die Null sein Fehlen.

Es ist jedoch auch möglich, nicht nur das Vorhandensein oder Fehlen eines bestimmten Merkmals, sondern den Grad, in dem es sich äußert, zu kodieren. So können z.B. bei dem Merkmal „Hautblässe“ drei Stufen unterschieden werden: „nicht vorhanden“, „schwach vorhanden (schwach ausgeprägt)“, „stark ausgeprägt“. Diesen Stufen können die Kodes 100, 010, 001 zugeordnet werden. Somit ist bei Auftreten qualitativer Merkmale in der Objektbeschreibung eine diskrete Methode der Informationsdarstellung prädestiniert.

Bei der Lösung von Problemen der lernfähigen Erkennung ist es üblich, außer den qualitativen Charakteristika der zu erkennenden Objekte auch deren kontinuierliche, reellwertige Parameter diskret zu kodieren. Hierfür wird folgende Methode der Darstellung kontinuierlicher Informationen angewandt.

Der gesamte Wertebereich des Parameters wird in eine bestimmte Anzahl von Intervallen zerlegt. Es wird dann vereinbart, daß in die j-te Kodestelle dieses Merkmals eine Eins einzutragen ist, falls der Wert des Parameters in das j-te Intervall fällt, und sonst eine Null.

Als Beispiel sei angenommen, daß der Wertebereich des Parameters x^i durch das Intervall $[-5, +8]$ gegeben ist, das in die fünf Teilintervalle

$$-5 \leqq x^i < 0; 0 \leqq x^i < 2; 2 \leqq x^i < 4; 4 \leqq x^i < 6; 6 \leqq x^i \leqq 8$$

zerlegt worden ist. Es werde dann vereinbart, daß x^i den Kode 10000 erhält, wenn $x^i < 0$ ist und entsprechend die Kodes 01000, wenn $0 \leq x^i < 2$, 00100, wenn $2 \leqq x^i < 4$, 00010, wenn $4 \leqq x^i < 6$, und schließlich 00001, wenn $x^i \geqq 6$ ist.

Die betrachtete Methode der diskreten Informationsdarstellung (Merkmalskodierung) ist nicht nur deshalb bemerkenswert, weil die Information und damit der Aufwand für ihre Darstellung reduziert werden können. Die Quantisierung der Größe $\boldsymbol{x}$ ist eine nichtlineare Operation, durch die der Vektor $\boldsymbol{x}$ in den Binärvektor $\boldsymbol{x}'$ überführt wird. Die Erhöhung der Anzahl der Teilintervalle (Gradationen) bei der Kodierung des Parameters entspricht dem Übergang zu einer mächtigeren Klasse von Trennflächen[1]) im Raum X. Jedoch ist, wie im ersten Teil des Buches dargelegt, die Verwendung einer zu mächtigen Klasse von Entscheidungsregeln bei Lernfolgen beschränkten Umfags nicht zulässig, und deshalb erhebt sich die Frage der extremalen (suboptimalen) Zerlegung des Wertebereichs eines kontinuierlichen Merkmals in eine Menge von Gradationen.

In diesem Paragraphen wird ein Algorithmus zur Bestimmung einer solchen extremalen Zerlegung des Wertebereichs der Merkmale in Gradationen abgeleitet. Das Prinzip, das diesem Algorithmus zugrunde liegt, ist das folgende: Der Wertebereich des zu diskretisierenden Parameters wird in eine (endliche) Anzahl von Intervallen zerlegt derart, so daß die statistisch geschätzte Entropie als Maß der Ungenauigkeit einer allein aufgrund dieses Merkmals vorgenommenen Klassifikation minimal ist oder dem minimalen Wert nahe kommt (die Entropie wird auf der Grundlage der Lernfolge geschätzt). Hierzu nehmen wir an, daß der Wertebereich des Merkmals x durch das Intervall $[a \leqq x \leqq b]$ gegeben ist und die Vektoren (Objekte), von denen x eine Komponente ist, einer von k Klassen angehören können. Die bedingten Wahrscheinlichkeiten für die Zugehörigkeit zu den

[1]) genauer, von Trenn*ebenen* (d. Hrsg.).

einzelnen Klassen

$$P(1 \mid \boldsymbol{x}), \ldots, P(k \mid \boldsymbol{x})$$

sollen existieren.

Für jeden festen Wert $\bar{\boldsymbol{x}}$ des Merkmals $\boldsymbol{x}$, d.h. für $\boldsymbol{x} = \bar{\boldsymbol{x}}$, kann die Entropie als Maß der mittleren Unbestimmtheit der Zugehörigkeit zu den einzelnen Klassen angesehen werden. Diese ist durch

$$H(\bar{\boldsymbol{x}}) = -\sum_{i=1}^{k} P(i \mid \bar{\boldsymbol{x}}) \lg_2 P(i \mid \bar{\boldsymbol{x}})$$

gegeben. Der durch Bewichtung mit dem Maß $P(\boldsymbol{x})$ gebildete Mittelwert der Entropie ist

$$\overline{H} = \int H(\boldsymbol{x}) P(\boldsymbol{x}) \,\mathrm{d}\boldsymbol{x} = -\sum_{i=1}^{k} \int P(i \mid \boldsymbol{x}) \lg_2 P(i \mid \boldsymbol{x}) P(\boldsymbol{x}) \,\mathrm{d}\boldsymbol{x}.$$

Wir zerlegen jetzt den Wertebereich des Parameters $\boldsymbol{x}$ in Gradationen (Intervalle). Dann stellt sich die mittlere Entropie in der Form

$$\overline{H}(\tau) = -\sum_{i=1}^{k} \sum_{j=1}^{\tau} P(i \mid \boldsymbol{x}_j) \lg_2 P(i \mid \boldsymbol{x}_j) P(\boldsymbol{x}_j) \tag{15.1}$$

dar. Die Anwendung der Bayes-Formel auf $P(i \mid \boldsymbol{x}_j)$ ergibt

$$P(i \mid \boldsymbol{x}_j) = \frac{P(\boldsymbol{x}_j \mid i) P(i)}{P(\boldsymbol{x}_j)}. \tag{15.2}$$

Durch Einsetzen von (15.2) in (15.1) erhalten wir

$$H(\tau) = -\sum_{i=1}^{k} \sum_{j=1}^{\tau} P(\boldsymbol{x}_j \mid i) P(i) \lg_2 \left[\frac{P(\boldsymbol{x}_j) \mid i) P(i)}{P(\boldsymbol{x}_j)}\right].$$

Setzt man jetzt die mit Hilfe der Lernfolge ermittelten Bayes-Schätzungen für $P(\boldsymbol{x}_j \mid i)$, $P(i)$ und $P(\boldsymbol{x}_j)$ ein (vgl. hierzu Kapitel III), so erhalten wir

$$H(\tau) = -\sum_{i=1}^{k} \sum_{j=1}^{\tau} \frac{m_j(i) + 1}{l(i) + \tau} \cdot \frac{l(i) + 1}{L + k} \log_2 \left[\frac{m_j(i) + 1}{l(i) + \tau} \cdot \frac{l(i) + 1}{L + k} \cdot \frac{L + \tau}{\sum_{i=1}^{k} m_j(i) + 1}\right], \tag{15.3}$$

wobei $l(i)$ die Anzahl der Vektoren der i-ten Klasse in der Lernstichprobe, $m_j(i)$ die Anzahl der Vektoren der i-ten Klasse, für die $\boldsymbol{x} = \boldsymbol{x}_j$[1]) ist; $L = \sum_{i=1}^{k} l(i)$ ist die Stichprobenlänge.

Die Formel (15.3) wurde unter der Voraussetzung erhalten, daß die A-priori-Werte von $P(\boldsymbol{x}_j \mid i)$, $P(i)$ gleichwahrscheinlich über den Simplex

$$\begin{aligned} &\sum_{j=1}^{\tau} P(\boldsymbol{x}_j \mid i) = 1, \quad P(\boldsymbol{x}_j \mid i) \geqq 0; \\ &\sum_{i=1}^{k} P(i) = 1, \qquad P(i) \geqq 0 \end{aligned} \tag{15.4}$$

verteilt sind.

---

[1]) Anm. d. Hrsg.: $\boldsymbol{x}$ bedeutet das bereits diskretisierte Merkmal.

Im allgemeinen ist es zweckmäßig, die Formel

$$\overline{H}(\tau) = -\sum_{i=1}^{k}\sum_{j=1}^{\tau} \frac{m_j(i)+a}{l(i)+a\tau}\cdot\frac{l(i)+a}{L+ak}\log_2\left[\frac{m_j(i)+a}{l(t)+a\tau}\cdot\frac{l(i)+a}{L+ak}\cdot\frac{L+a\tau}{\sum_{i=1}^{k} m_j(i)+a}\right] \tag{15.5}$$

anzuwenden, wobei der Parameter a die vorliegende A-priori-Information charakterisiert. Die Realisierung des oben formulierten Prinzips besteht darin, eine Zerlegung des Wertebereichs des betrachteten Merkmals so vorzunehmen, daß der Ausdruck (15.5) sein Minimum annimmt.

Ein Algorithmus der folgenden Form läßt sich leicht realisieren: Zuerst zerlegt man den Wertebereich des Parameters in eine große Anzahl von Intervallen (Gradationen), dann wird durch Vereinigen benachbarter Intervalle versucht, den Wert von $H(\tau)$ zu minimieren. Man kann auch die durch das diskretisierte Merkmal übertragene mittlere Information $J(\tau)$ über die Zugehörigkeit des Objektes zu den einzelnen Klassen schätzen, wobei

$$J(\tau) = H_{\text{a priori}} - H(\tau)$$

ist und

$$H_{\text{a priori}} = -\sum_{i=1}^{k}\frac{l(i)+a}{L+ka}\log_2\frac{l(i)+a}{L+ka}$$

bedeutet. Oft wird es vorteilhaft sein, mit dem Vereinigen von Intervallen in der beschriebenen Weise fortzufahren — auch wenn das Minimum von $H(\tau)$ bereits erreicht ist — jedoch nur bis zu einer zusätzlichen Senkung des Wertes von $J(\tau)$ um den Faktor $1-\varepsilon$ (ε wie auch a sind Parameter des Algorithmus).

§ 2. Algorithmus zur Konstruktion der Trennhyperebene

Mit dem Algorithmus OP-1 wird eine Trennhyperebene, für zwei endliche Vektormengen, wenn eine solche existiert, konstruiert. Existiert sie nicht, d. h., ist eine fehlerfreie lineare Separierung nicht möglich, wird dieses Faktum von dem Algorithmus angezeigt.

Dieser Algorithmus existiert in zwei Modifikationen. Die eine gestattet, das generalisierte Porträt für einen vorgegebenen Wert des Parameters k zu berechnen; in der zweiten Modifikation ermittelt der Algorithmus die optimale Trennhyperebene (siehe Kapitel XIV). Der Algorithmus konstruiert dieselbe, indem er das im vorangegangenen Paragraphen beschriebene zweifache Problem löst, jedoch ist die Lernfolge oft zu lang, als daß es aus Aufwandsgründen vertretbar wäre, das gesamte Lernmaterial gleichzeitig abzuarbeiten. Die Lernfolge wird deshalb iterativ abgearbeitet. In jeder Iteration wird der Lernfolge eine Gruppe von Vektoren entnommen, die wir „*ausgesonderte Gruppe*" nennen wollen. Für diese Gruppe wird die Trennebene durch Lösung des zweifachen Problems konstruiert oder festgestellt, daß die lineare Separierung unmöglich ist. Danach werden aus dieser Gruppe alle jene Vektoren eliminiert, die in die Zerlegung des Richtungsvektors der Hyperebene mit dem Gewicht Null eingehen und aus dem Rest der Lernfolge alle diejenigen Vektoren in die ausgesonderte Gruppe neu aufgenommen, die mit Hilfe der soeben konstruierten Hyperebene falsch klassifiziert werden. Auf diese so iterierte *ausgesonderte Gruppe* wird erneut derselbe Algorithmus angewandt. Die Iteration endet, wenn entweder alle Vektoren der Lernfolge richtig erkannt werden oder wenn sich die *ausgesonderte Gruppe* als nicht linear separierbar erweist.

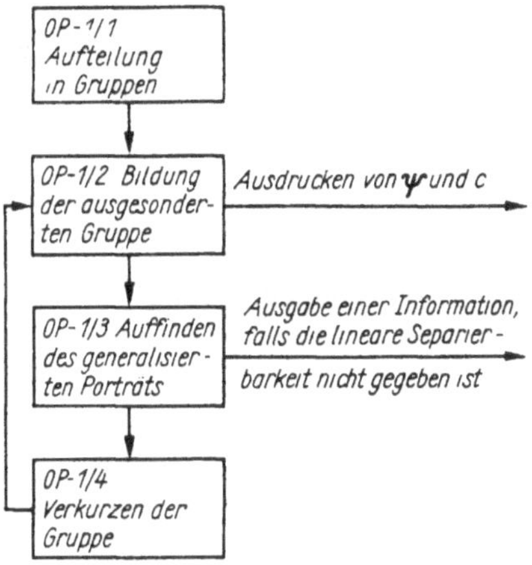

Abb. 25. **Flußbild des Algorithmus OP-1**

Im folgenden wird die Funktionsweise der einzelnen Verarbeitungsstufen beschrieben:

Stufe OP-1/1

In dieser Stufe wird die Menge der für die Belehrung zur Verfügung stehenden Vektoren zusammengestellt, gezählt und in Gruppen vorgegebener Länge M aufgeteilt sowie die Anzahl μ der Gruppen bestimmt. Jede Gruppe enthält i.a. sowohl Vektoren der ersten als auch der zweiten Klasse. Die letzte Gruppe wird i.a. nicht vollständig sein.

Stufe OP-1/2

In dieser Stufe wird die *ausgesonderte Gruppe* gebildet. Dies geschieht wie folgt:

1. Im ersten Iterationszyklus ist die *ausgesonderte Gruppe* durch die Vektoren der ersten Gruppe entsprechend der in der ersten Stufe OP-1/1 erhaltenen Zerlegung des Belehrungsmaterials gegeben.

2. In den folgenden sequentiellen Iterationszyklen, d.h. im i-ten ($i > 1$) sequentiellen Aufruf der Stufe OP-1/2, werden die Vektoren der ersten i Gruppen [bzw. die Objekte des gesamten Belehrungsmaterials, falls $i \geqq \mu$] durchmustert. Dabei werden in die *ausgesonderte Gruppe* alle diejenigen Vektoren neu aufgenommen, die mit der im vorangegangenen ($i - 1$)ten Iterationszyklus aufgestellten Entscheidungsregel falsch oder mit einer zu geringen Schwellenüberschreitung richtig erkannt worden sind.

Je nachdem, ob der Algorithmus zur Berechnung des generalisierten Porträts für einen vorgegebenen Parameterwert k oder zur Konstruktion der optimalen Trennhyperebene dienen soll, werden die Vektoren in die *ausgesonderte Gruppe* nach folgenden Regeln eingegliedert:

a) Bei der Aufstellung des generalisierten Porträts wird ein Vektor genau dann in die ausgesonderte Gruppe eingegliedert, wenn

$$(\boldsymbol{x}, \boldsymbol{\psi}) \leqq 1 - \delta \quad \text{und} \quad \boldsymbol{x} \in X$$

oder

$$(\bar{\boldsymbol{x}}_j, \boldsymbol{\psi}) \geqq k + \delta \quad \text{und} \quad \bar{\boldsymbol{x}} \in \overline{X}.$$

gilt, wobei $\boldsymbol{\psi}$ das generalisierte Porträt ist, das im vorangegangenen Iterationszyklus aufgestellt wurde und δ und k vorgegebene Parameter sind, die die Ungleichung

$$\frac{1-k}{2} > \delta > 0\,, \quad (k < 1)$$

erfüllen.

b) Soll die *optimale* Trennhyperebene konstruiert werden, wird der Vektor $\boldsymbol{x}$ genau dann der ausgesonderten Gruppe zugeordnet, wenn

$$(\boldsymbol{x}, \boldsymbol{\psi}) < 1 + c - \varepsilon \quad \text{und} \quad \boldsymbol{x} \in X$$

oder

$$(\bar{\boldsymbol{x}}, \boldsymbol{\psi}) > -1 + c + \varepsilon \quad \text{und} \quad \bar{\boldsymbol{x}} \in \overline{X}$$

gilt, worin $\boldsymbol{\psi}$ und c Richtungsvektor und Schwelle der Trennebene sind, die im vorangegangenen Iterationszyklus erhalten wurde.

Zeigt sich bei Durchmusterung des gesamten Belehrungsmaterials, daß in Stufe OP-1/2 kein neuer Vektor ausgewählt wurde, dann werden die im vorangegangenen Iterationszyklus konstruierte Hyperebene unverändert übernommen und ihre Parameter ausgedruckt. Der Algorithmus gilt damit als abgearbeitet.

Stufe OP-1/3

In dieser Stufe wird das generalisierte Porträt oder die optimale Entscheidungsebene für die ausgesonderte Gruppe von Vektoren durch Lösung des zweifachen Problems aufgestellt. Beide Modifikationen (OP-1/3a und OP-1/3b) werden weiter unten noch ausführlich beschrieben. Als Ergebnis der Abarbeitung dieser Stufe wird entweder festgestellt, daß das Vektorsystem nicht linear separierbar ist (in diesem Fall beendet der Algorithmus seine Arbeit und meldet den Mißerfolg), oder es werden Richtungsvektoren der Hyperebene $\boldsymbol{\psi}$ und ihre Zerlegung

$$\boldsymbol{\psi} = \sum_{i=1}^{a} \alpha_i \boldsymbol{x}_i - \sum_{j=1}^{b} \beta_j \bar{\boldsymbol{x}}_j \qquad (\alpha_i \geqq 0, \quad \beta_j \geqq 0) \tag{15.6}$$

nach den Vektoren der *ausgesonderten Gruppe* (für die optimale Hyperebene auch noch die Konstante c) berechnet und ausgegeben.

Stufe OP-1/4

In dieser Stufe werden aus der *ausgesonderten Gruppe* die Vektoren eliminiert, die in die Zerlegung (15.6) mit verschwindendem Gewicht eingehen. Darauf wird die Steuerung an die Stufe OP-1/2 übergeben.

Wir gehen zur ausführlichen Beschreibung der zwei Modifikationen der Stufe OP-1/3 über.

Stufe OP-1/3a

Aufgabe dieser Stufe ist es, das Maximum der Funktion

$$W(\boldsymbol{\alpha}, \boldsymbol{\beta}) = \sum_{i=1}^{a} \alpha_i - k \sum_{j=1}^{b} \beta_j - \frac{1}{2} (\boldsymbol{\psi}, \boldsymbol{\psi})$$

im positiven Quadranten mit

$$\boldsymbol{\psi} = \sum_{i=1}^{a} \alpha_i \boldsymbol{x}_i - \sum_{j=1}^{b} \beta_j \bar{\boldsymbol{x}}_j$$

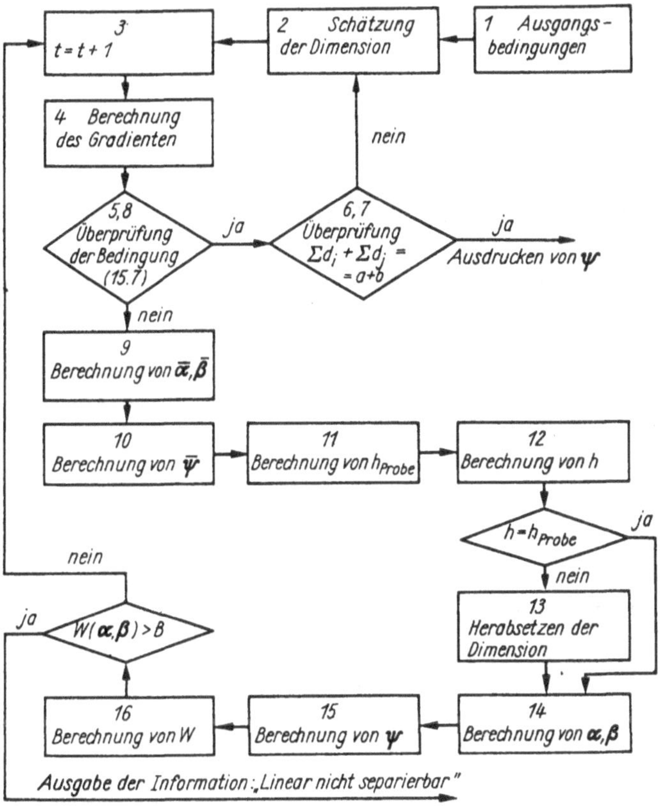

Abb. 26. Bestimmung des generalisierten Porträts nach der Methode der konjugierten Gradienten

aufzufinden, wobei a die in der ausgesonderten Gruppe enthaltene Anzahl Vektoren der ersten Klasse, b die in der zweiten Klasse, bedeuten. Jedem Vektor $\boldsymbol{x}_i$ bzw. $\bar{\boldsymbol{x}}_j$ wird der entsprechende Wert d_i bzw. $\bar{d}_j$[1]) der binären Veränderlichen d zugeordnet.

Die Nummer des laufenden Schrittes wird mit t bezeichnet. Diese Stufe umfaßt die folgenden Schritte:

1. Es werden $\boldsymbol{\psi}(0) = 0, \quad \bar{\boldsymbol{\psi}}(0) = 0, \quad t = 0$ gesetzt.

2. Für alle i und j wird $d_i = 1$, $\bar{d}_j = 1$ angenommen (Schätzung der Dimension des Suchraums).

3. $t = t + 1$.

4. Ermittlung des Gradienten der Funktion $W(\boldsymbol{\alpha}, \boldsymbol{\beta})$ und seines Betragsquadrats im aktuellen Teilraum nach den Formeln

$$\dot{\alpha}_i(t) = [1 - (\boldsymbol{\psi}(t-1), \boldsymbol{x}_i)]\, d_i\,,$$

$$\dot{\beta}_j(t) = [(\boldsymbol{\psi}(t-1), \boldsymbol{x}_j) - k]\, \bar{d}_j\,,$$

$$g^2(t) = \Sigma\dot{\alpha}_i^2(t) + \Sigma\dot{\beta}_j^2(t)\,.$$

---

[1]) Durch diese Werte wird der Raum, in dem das Maximum zu suchen ist, bestimmt.

5. Es wird überprüft, ob für alle i und j

$$\begin{aligned} & |\dot{\alpha}_i(t)| < \varepsilon \\ \text{oder} \quad \dot{\alpha}_i(t) < \varepsilon \quad & \text{und} \quad \alpha_i(t-1) = 0, \\ & |\dot{\beta}_j(t)| < \varepsilon \\ \text{oder} \quad \dot{\beta}_j(t) < \varepsilon \quad & \text{und} \quad \beta_j(t-1) = 0 \end{aligned} \tag{15.7}$$

gilt.

6. Wenn die Bedingung (15.7) erfüllt ist und

$$\sum_{i=1}^{a} d_i + \sum_{j=1}^{b} \bar{d}_j = a + b$$

ist, d. h., das Maximum der Funktion im positiven Quadranten des ganzen Raums gefunden ist, dann gilt diese Stufe als abgearbeitet; der Vektor $\boldsymbol{\psi}(t-1)$ wird als generalisiertes Porträt, $\boldsymbol{\psi}_0$, definiert durch die Zerlegung

$$\boldsymbol{\psi}(t-1) = \sum_{i=1}^{a} \alpha_i(t-1)\, \boldsymbol{x}_i + \sum_{j=1}^{b} \beta_j(t-1)\, \bar{\boldsymbol{x}}_j,$$

akzeptiert.

7. Wenn die Bedingungen (15.7) erfüllt sind und

$$\sum_{i=1}^{a} d_i + \sum_{j=1}^{b} \bar{d}_j < a + b$$

gilt (d. h., daß das Maximum im vorgegebenen Raum gefunden wurde), wird zu Punkt 2 (d. h. zur Schätzung der Dimension) zurückgekehrt.

8. Ist die Bedingung (15.7) nicht erfüllt, geht man zu Punkt 9 über.

9. Falls $\bar{\boldsymbol{\psi}}(t-1) = 0$ ist, wird

$$\bar{\alpha}_i(t) = \dot{\alpha}_i(t), \quad \bar{\beta}_j(t) = \dot{\beta}_j(t)$$

gesetzt und andernfalls

$$\bar{\alpha}_i(t) = \dot{\alpha}_i(t) + \delta(t)\, \bar{\alpha}_i(t-1),$$

$$\bar{\beta}_j(t) = \dot{\beta}_j(t) + \delta(t)\, \bar{\beta}_j(t-1)$$

mit

$$\delta(t) = \frac{g^2(t)}{g^2(t-1)}.$$

10. Ermittlung des Vektors

$$\bar{\boldsymbol{\psi}}(t) = \sum_{i=1}^{a} \bar{\alpha}_i \boldsymbol{x}_i - \sum_{i=1}^{b} \beta_j \bar{\boldsymbol{x}}_j.$$

11. Bestimmung der Probeschrittweite

$$h_{\text{Probe}} = \frac{g^2(t)}{(\bar{\boldsymbol{\psi}}(t), \bar{\boldsymbol{\psi}}(t))}.$$

12. Die tatsächliche Schrittweite wird aus

$$h = \min\left(h_{\text{Probe}}, \frac{\alpha_i}{|\bar{\alpha}_i|}, \frac{\beta_j}{|\bar{\beta}_j|}\right)$$

berechnet, wobei das Minimum nur in bezug auf jene i und j genommen wird, für die $\bar{\alpha}_i < 0$ bzw. $\bar{\beta}_j < 0$ sind.

13. Wird das Minimum bei $h = h_{\text{Probe}}$ erreicht, geht man zu Punkt 14 über; wird das Minimum bei

$$h = \frac{\alpha_i}{|\bar{\alpha}_i|} \quad \left(h = \frac{\beta_j}{|\bar{\beta}_j|}\right)$$

erreicht, so werden $d_i = 0$ ($\bar{d}_j = 0$) und $\bar{\boldsymbol{\psi}}(t) = 0$ gesetzt und dann ebenfalls Punkt 14 ausgeführt.

14. Die neuen Werte der Koeffizientenvektoren $\boldsymbol{\alpha}$ und $\boldsymbol{\beta}$ werden nach

$$\alpha_i(t) = \alpha_i(t-1) + h\bar{\alpha}_i(t),$$

$$\beta_j(t) = \beta_j(t-1) + h\bar{\beta}_j(t)$$

bestimmt.

15. Der neue Vektor

$$\boldsymbol{\psi}(t) = \begin{cases} \boldsymbol{\psi}(t-1) + h\bar{\boldsymbol{\psi}}(t), & \text{wenn } h = h_{\text{Probe}}, \\ \sum_{i=1}^{a} \alpha_i(t)\, \boldsymbol{x}_i - \sum_{j=1}^{b} \beta_j(t)\, \bar{\boldsymbol{x}}_j, & \text{wenn } h \neq h_{\text{Probe}} \end{cases}$$

wird ermittelt.

16. Die beiden Klassen von Vektoren werden auf lineare Separierbarkeit überprüft. Zu diesem Zweck wird der Wert der Funktion

$$W(\boldsymbol{\alpha}(t), \boldsymbol{\beta}(t)) = \sum_{i=1}^{a} \alpha_i(t) - k \sum_{j=1}^{b} \beta_j(t) - \frac{1}{2}(\boldsymbol{\psi}(t), \boldsymbol{\psi}(t))$$

berechnet. Wenn $W(\boldsymbol{\alpha}, \boldsymbol{\beta}) \leqq B$, wird zu Punkt 3 übergegangen, andernfalls wird angenommen, daß die beiden Klassen von Vektoren nicht linear separierbar sind, und die Abarbeitung dieser Stufe beendet.

Modifikation von OP-1/3b

Diese Modifikation dient zur Bestimmung der optimalen Trennhyperebene durch Lösen des zweifachen Problems nach der modifizierten Methode der konjugierten Gradienten (Abb. 27).

Von OP/1-3a unterscheiden sich nur die ersten Punkte.

1. Es werden

$$\boldsymbol{\psi}(0) = 0, \bar{\boldsymbol{\psi}}(0) = 0, t = 0$$

gesetzt.

2. Für alle i und j wird

$$d_i = 1; \bar{d}_j = 1$$

angenommen. Außerdem wird die binäre Variable q eingeführt und

$$q = 1$$

gesetzt (Arbeitsindex im gesamten Raum bzw. Hyperraum).

3. $t = t + 1$.

4.1. Der Gradient der Funktion $W(\boldsymbol{\alpha}, \boldsymbol{\beta})$ wird bestimmt:

$$\dot{\alpha}_i'(t) = 1 - (\boldsymbol{x}_i, \boldsymbol{\psi}(t-1)),$$

$$\dot{\beta}_j'(t) = (\boldsymbol{x}_j, \boldsymbol{\psi}(t-1)) + 1.$$

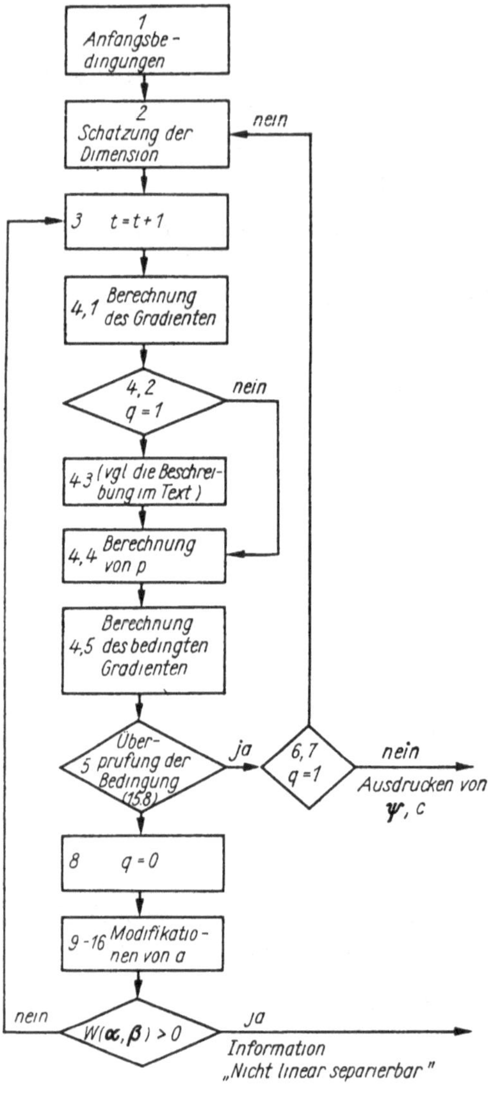

Abb. 27. Schema zur Lösung des „zweistufigen Problems" nach der Methode der konjugierten Gradienten

4.2. Wenn $q = 1$ ist, wird 4.3., ansonsten Punkt 4.4. ausgeführt.

4.3. a) Die folgenden Funktionen des Arguments p werden definiert

$$\hat{\alpha}_i(p) = \begin{cases} \dot{\alpha}_i'(t) + p & \text{für } \alpha_i(t-1) > 0, \\ F(\dot{\alpha}_i'(t) + p) & \text{für } \alpha_i(t-1) \leqq 0, \end{cases}$$

$$\hat{\beta}_j(p) = \begin{cases} \dot{\beta}_j'(t) - p & \text{für } \beta_j(t-1) > 0, \\ F(\dot{\beta}_j'(t) - p) & \text{für } \beta_j(t-1) \leqq 0, \end{cases}$$

wobei

$$F(x) = \begin{cases} x \text{ für } x \geqq 0, \\ 0 \text{ für } x < 0. \end{cases}$$

Wir definieren

$$L(p) := \sum_{i=1}^{a} \hat{\alpha}_i(p) - \sum_{j=1}^{b} \hat{\beta}_j(p).$$

b) Es werden die Zahlen

$$L_i = L(-\dot{\alpha}_i'), \; L_j = L(\dot{\beta}_j')$$

berechnet.

c) Wenn alle L_i und $L_j < 0$ sind, wird für alle j, für die $\beta_j = 0$ ist,

$$d_j = 0$$

gesetzt. Dann wird zu 4.4. übergegangen.

d) Wenn nicht alle L_i, $L_j < 0$ sind, wird

$$L_0 = \min_{i,j} (L_i, L_j)$$

bestimmt, wobei das Minimum in bezug auf alle i, j mit $L_i \geqq 0$ und $L_j \geqq 0$ definiert ist.

e) Es werden gesetzt

$$d_i = 0, \text{ falls } \alpha_i = 0 \text{ und } L_i \geqq L_0,$$

$$\bar{d}_j = 0, \text{ falls } \beta_j = 0 \text{ und } L_j < L_0.$$

Es wird 4.4. ausgeführt.

4.4.

$$p(t) = \frac{-\sum_{i=1}^{a} \dot{\alpha}_i'(t)\, d_i + \sum_{j=1}^{b} \dot{\beta}_j'(t)\, \bar{d}_j}{\sum_{i=1}^{a} d_i + \sum_{j=1}^{b} \bar{d}_j}$$

wird berechnet.

4.5. Der bedingte Gradient der Funktion $W(\boldsymbol{\alpha}, \boldsymbol{\beta})$ wird nach

$$\dot{\alpha}_i(t) = (\dot{\alpha}_i'(t) + P(t))\, d_i,$$

$$\dot{\beta}_j(t) = (\dot{\beta}_j'(t) + P(t))\, \bar{d}_j$$

berechnet.

4.6. Das Quadrat des bedingten Gradienten

$$g^2(t) = \sum_i \dot{\alpha}_i^2(t) + \sum_j \dot{\beta}_i^2(t)$$

wird berechnet.

5. Es wird überprüft, ob die Bedingungen

$$|\dot{\alpha}_i(t)| < \varepsilon, \qquad (15.8)$$

$$|\dot{\beta}_j(t)| < \varepsilon$$

erfüllt sind.

6. Sind die Bedingungen (15.8) erfüllt und ist $q = 1$, dann ist das bedingte Maximum der Funktion $W(\boldsymbol{\alpha}, \boldsymbol{\beta})$ unter den Nebenbedingungen (14.27) gefunden. Der Vektor

$$\boldsymbol{\psi}(t-1) = \sum_{i=1}^{a} \alpha_i(t-1)\, \boldsymbol{x}_i - \sum_{j=1}^{b} \beta_j(t-1)\, \bar{\boldsymbol{x}}_j$$

wird als Richtungsvektor $\boldsymbol{\psi}_0$ der optimalen Hyperebene angenommen. Die Konstante ist

$$c_0 = p(t)$$

7. Wenn die Bedingungen (15.8) erfüllt sind und $q = 0$ ist, dann liegt das bedingte Maximum in einem [echten] Unterraum und ist bereits gefunden. In diesem Falle wird zu Punkt 2 übergegangen (Schätzung der Dimension).

8. Sind die Bedingungen (15.8) nicht erfüllt, wird

$$q = 0$$

gesetzt und Punkt 9. ausgeführt.

Die anderen Punkte stimmen mit denen der Modifikation OP-1/3a überein.

§ 3. Konstruktionsalgorithmus für eine Trennhyperebene zur Minimierung der Anzahl falsch klassifizierter Vektoren

Mit den Programmen OP-1 wird entweder die Trennhyperebene konstruiert oder festgestellt, daß eine solche nicht existiert. In diesem letzteren Fall wird es erforderlich, eine Trennhyperebene zu konstruieren, mit der die Anzahl falsch klassifizierter Vektoren minimiert wird.

Dieses Problem ist grundsätzlich lösbar; seine Lösung erfordert jedoch einen ziemlich großen Rechenaufwand: Wenn festgestellt ist, daß a Vektoren der ersten Klasse und b Vektoren der zweiten Klasse nicht durch eine Hyperebene trennbar sind, ist es naheliegend, aus der Lernfolge eine möglichst kleine Menge von Vektoren auszuschließen, so daß die verbliebenen Vektoren mit einer Hyperebene getrennt werden können.

Die kleinste Menge (Anzahl) auszuschließender Vektoren läßt sich mit Hilfe einer Prozedur der folgenden Art finden: Aus der Lernfolge werden der Reihe nach alle Vektoren einzeln herausgenommen und jedesmal wird versucht, die verbliebene Vektormenge durch eine Hyperebene zu trennen. Dabei wird entweder eine Trennhyperebene tatsächlich gefunden oder festgestellt, daß die Trennung der Lernfolge nicht ohne Fehler möglich ist.

Im letzteren Fall kann man versuchen, eine Trennhyperebene aufzustellen, die die Lernfolge mit zwei Fehlern trennt. Nach $\binom{l}{2}$ aufeinanderfolgenden derartigen Trennversuchen an einer Lernfolge, aus der zwei Elemente eliminiert sind, wird entweder diese Hyperebene tatsächlich gefunden, oder festgestellt, daß eine solche Hyperebene nicht existiert.

Man kann dann weiterhin den Versuch unternehmen, eine Hyperebene zu konstruieren, mit deren Hilfe im Material der Lernfolge nur drei Fehler verbleiben. Um die Konstruktionsmöglichkeit für eine solche Hyperebene zu prüfen, ist es i.a. erforderlich, $\binom{l}{3}$-mal das Programm OP-1 anzuwenden. Es ist klar, daß mit einer solchen Prozedur der erschöpfenden Suche die Hyperebene, mit der die Fehlerzahl im Belehrungsmaterial minimiert wird, schließlich gefunden werden kann. Jedoch erfordert der betrachtete Algorithmus eine Vielzahl von Rechenläufen, deren Anzahl mit der Mächtigkeit der Menge aller Teilmengen der Lernmenge vergleichbar ist. Selbst von modernen Rechnern ist eine solche Fülle von Operationen i.a. nicht zu bewältigen.

Deshalb werden zur Lösung dieses Problems heuristische Verfahren angewandt, die es gestatten, die Anzahl der Berechnungen innerhalb der Grenzen praktischer Realisierbarkeit zu halten.

Der Algorithmus OP-2 führt hierzu folgendes heuristisches Standardverfahren aus: aus der Menge der Vektoren der Lernfolge wird „*das die Trennung am meisten behindernde*“ Element eliminiert. Dann schließt man, falls die Trennung wiederum unmöglich sein sollte, aus der verbliebenen Menge noch ein weiteres Element aus usw. Die Spezifik des Algorithmus liegt dabei in der Definition des „*Elements, das die Trennung der Mengen am meisten behindert*“. Als solches wird ein Vektor $\boldsymbol{x}$ (oder $\bar{\boldsymbol{x}}$) definiert, der durch die (bei Abbruch des Konstruktionsverfahrens) vorliegende Hyperebene falsch klassifiziert wird und außerdem von ihr am weitesten entfernt ist, d.h. der Vektor $\boldsymbol{x}$ (oder $\bar{\boldsymbol{x}}$), dessen zugeordneter Wert $\dot{\alpha}$ bzw. $\dot{\beta}$ maximal ist.

Das Programm OP-2 schließt also aus der Menge der Vektoren gerade denjenigen Vektor aus, der [im erläuterten Sinne] die Trennung am meisten behindert, trennt dann die verbliebene Vektorenmenge und schließt, wenn die Trennung immer noch nicht gelingen sollte, den nächsten Vektor aus, trennt die verbliebenen usw.

Das Programm OP-1 ist Bestandteil des Programms OP-2.

§ 4. Algorithmus zur Konstruktion einer stückweise linearen Trennfläche

In vielen Anwendungen ist es erforderlich, die Elemente der Lernfolge mit Hilfe einer Hyperfläche zu trennen, die aus Stücken von Hyperebenen gebildet wird. Bekanntlich kann stets eine aus Stücken von Hyperebenen bestehende, Trennhyperfläche gefunden werden, mit der sich die Vektoren der Lernfolge fehlerfrei trennen lassen — falls unter den Vektoren der Lernfolge nicht zwei identische Vektoren sind, die unterschiedlichen Klassen angehören.

Natürlich wird eine Trennhyperfläche gewünscht, die aus einer *minimalen* Anzahl von Hyperebenenstücken besteht. Prinzipiell läßt sich ein Verfahren angeben, mit dessen Hilfe es schließlich gelingt, eine Trennhyperfläche minimaler Anzahl von Hyperebenenteilstücken zu konstruieren. Jedoch erfordert ihre Realisierung wieder einen zu großen Rechenaufwand.

Deshalb wendet man zur Lösung dieses Problems ebenfalls heuristische Verfahren an. Im einzelnen wird dieselbe Standardverfahrensweise benutzt wie beim Algorithmus OP-2. Zuerst wird eine im gewissen Sinne „beste“ Hyperebene konstruiert. Dann wird an diese noch eine „beste“ Hyperebene angefügt usw.

Der Algorithmus OP-3 wählt eine Hyperebene, die die Lernfolge mit einer minimalen Anzahl von Fehlern trennt als „beste“ aus (die Hyperebene selbst wird mit Hilfe des Algorithmus OP-2 konstruiert). Dann wird diese Hyperebene festgehalten, und zu ihr wird noch eine zweite konstruiert (ebenfalls mit Hilfe des Algorithmus OP-2). Zu einer schon vorhandenen wird eine „*beste*“ Trennhyperebene nach folgender Regel konstruiert: Zum Zeitpunkt τ sei eine Trennhyperebene (mit Hilfe von OP-2) konstruiert worden, die eine Teilmenge der Vektoren der Lernfolge noch falsch klassifiziert. Mit Hilfe dieser Trennhyperebene und der Lernfolge bilden wir dann nach folgender Regel eine neue Folge von Vektoren der Dimension $m + 2$.

Jedem Vektor $\boldsymbol{x}$ der Lernfolge wird ein Vektor $\bar{\boldsymbol{x}}$ in einem $m + 2$-dimensionalen Raum so zugeordnet, daß seine ersten m Koordinaten mit den Koordinaten des Vektors $\boldsymbol{x}$ übereinstimmen und seine $(m + 1)$ten und $(m + 2)$ten Koordinaten die Werte 1, 0 erhalten, falls der Vektor $\boldsymbol{x}$ auf der positiven Seite der bereits konstruierten Hyperebene liegt (d.h., wenn $(\boldsymbol{x}, \boldsymbol{\psi}_1) \geqq c$) und die Werte 0, 1, wenn der Vektor $\boldsymbol{x}$ auf der negativen Seite liegt ($(\boldsymbol{x}, \boldsymbol{\psi}) < c$).

Den Elementen der so erhaltenen Folge von Bildvektoren $\hat{\boldsymbol{x}}$ werden dieselben Klassen zugeordnet wie ihren Urbildern $\boldsymbol{x}$.

Die erhaltene Vektormenge $\{\hat{\boldsymbol{x}}\}$ wird jetzt mit Hilfe der Hyperebene

$$(\hat{\boldsymbol{x}}, \hat{\boldsymbol{\psi}}) = c$$

in zwei Klassen getrennt.

Im Raum der Dimension m entspricht dieser Trennung eine Trennung der Vektoren $\boldsymbol{x}$ durch eine Hyperfläche, die sich aus zwei Hyperebenenstücken mit den Richtungsvektoren $\boldsymbol{\psi}_1$ und $\boldsymbol{\psi}_2$ zusammensetzt (die Koordinaten des Vektors $\boldsymbol{\psi}_2$ (m Stück) stimmen bis auf einen konstanten Faktor mit den ersten m Koordinaten des Vektors $\hat{\boldsymbol{\psi}}$ überein).

Falls auch mit Hilfe der aus Stücken zweier Hyperebenen gebildeten Hyperfläche eine fehlerfreie Trennung noch nicht möglich sein sollte, wird versucht, die Lernfolge mit Hilfe einer Hyperfläche zu trennen, die aus drei Stücken von Hyperebenen gebildet ist, wobei — analog der im vorangegangenen beschriebenen Verfahrensweise — eine Folge von Vektoren der Dimension $m + 4$ gebildet wird, für die eine dritte Hyperebene konstruiert wird.

Die Klassifizierung von Vektoren an der so konstruierten stückweise linearen Trennfläche geschieht nach folgender Regel: Zuerst wird für den Vektor $\boldsymbol{x}$ mit Hilfe der ersten Trennhyperebene der Vektor $\hat{\boldsymbol{x}}$ berechnet, dann im neuen Raum E_{m+2} mit Hilfe der zweiten Trennhyperebene der Vektor $\hat{\hat{\boldsymbol{x}}}$ usw. Zum Schluß wird der Vektor $\boldsymbol{x}$ der ersten Klasse zugeordnet, wenn $(\hat{\hat{\boldsymbol{x}}}, \hat{\hat{\boldsymbol{\psi}}}) > c$ und der zweiten, wenn $(\hat{\hat{\boldsymbol{x}}}, \hat{\hat{\boldsymbol{\psi}}}) \leqq c$ ist. Der Algorithmus OP-3 schließt als einen Bestandteil den Algorithmus OP-2 ein.

§ 5. Algorithmen zur Konstruktion der Trennhyperebene im Raum minimaler Dimension

Der Algorithmus OP-4 ist zur Konstruktion eines Merkmalsraums minimaler Dimension bestimmt, in dem die Vektorenmengen der Lernfolge gerade noch durch eine Hyperebene getrennt werden können, so daß der Abstand zwischen den konvexen Hüllen der beiden Klassen größer als ϱ_0 ist. Dieses Problem läßt sich, wie auch die vorigen beiden Probleme, im Prinzip streng lösen, jedoch schließt die exakte Lösung die vollständige Durchmusterung aller möglichen Teilräume des Originalraums ein.

In einem Originalraum hoher Dimension ($\approx 10-30$ Merkmale) ist eine solche Durchmusterung praktisch nicht mehr durchführbar, so daß eine konstruktive Lösung des Problems, wie auch in den früheren Fällen, nur durch Einsatz eines heuristischen Verfahrens der Lösungssuche gelingen kann.

Wir wenden stets das folgende heuristische Prinzip der Lösungssuche an, das aus der Menge der Merkmale „*das am wenigsten relevante Merkmal*", dann aus der Restmenge wieder „das am wenigsten relevante Merkmal" usw. aussondert. Der Aussonderungsprozeß [von Merkmalen] wird so lange fortgesetzt, bis feststeht, daß sich die Klassen [der Lernfolge] nicht mehr linear separieren lassen. Die Suche nach einem minimalen Teilraum ist somit durch den soeben genannten Begriff des „am wenigsten relevanten Merkmals" vollständig determiniert.

Wir bestimmen diesen Begriff folgendermaßen. Im Raum E_n (n Merkmale) seien durch die Lernfolge zwei Vektorenmengen gegeben, die Vektormengen $x_1, \ldots, x_a$ und $\bar{x}_1, \ldots, \bar{x}_b$. In diesem Raum E_n können dann die beiden konvexen Hüllen, die der Menge $x_1, \ldots, x_a$ und die der Menge $\bar{x}_1, \ldots, \bar{x}_b$ konstruiert werden. Sei der Abstand zwischen diesen beiden konvexen Hüllen gleich $\varrho(E_n)$.

Wir betrachten jetzt den Raum $E_{n-1}(k)$, der von $n - 1$ Merkmalen [die nach Weglassen des k-ten Merkmals verblieben sind] aufgespannt wird. $\hat{x}$ und $\hat{\bar{x}}$ seien die Projektionen der Vektoren x und $\bar{x}$ auf den Raum $E_{n-1}(k)$. In diesem neuen Raum werden die konvexen Hüllen der Mengen $\{\hat{x}\}$ und $\{\hat{\bar{x}}\}$ konstruiert und der Abstand zwischen ihnen berechnet. Dieser Abstand werde mit $\varrho(E_{n-1}(k))$ bezeichnet. Ist dieser Abstand größer als eine Schranke ϱ_0, so entscheiden wir, daß in diesem Raum die Konstruktion der Trennhyperebene möglich sei, andernfalls nehmen wir an, daß die Mengen $\{\hat{x}\}$ und $\{\hat{\bar{x}}\}$ nicht durch eine Hyperebene trennbar sind.

Wir betrachten jetzt die Differenz $\Delta\varrho(E_{n-1}(k)) := \varrho(E_n) - \varrho(E_{n-1}(k))$. Diese Größe gibt an, um wieviel sich der Abstand zwischen den konvexen Hüllen der Vektoren durch das Weglassen des k-ten Merkmals verringert hat. Wir werden dasjenige Merkmal als das am wenigsten relevante betrachten, nach dessen Weglassen sich der Abstand zwischen den konvexen Hüllen am wenigsten verringert.

Um einen Unterraum kleinster Dimension — in dem die Trennung zweier Vektormengen der Lernfolge im Sinne des soeben vorgeschlagenen heuristischen Kriteriums gerade noch möglich ist — praktisch auffinden zu können, müssen die Abstände zwischen den konvexen Hüllen zweier Vektorenmengen bestimmbar sein. Um des weiteren ein Merkmal aus n Merkmalen entsprechend dem beschriebenen Vorgehen ausschließen zu können (oder feststellen zu können, daß es nicht fortgelassen werden kann), muß der Abstand zwischen den konvexen Hüllen der den Klassen entsprechenden Punktmengen *in einem n-dimensionalen Unterraum* definiert werden. Dieser Abstand zwischen konvexen Hüllen kann mit Hilfe des Programms OP-1 (in dem die optimale Trennhyperebene ermittelt wird) berechnet werden und ist durch die Formel

$$\varrho = \frac{2}{|\psi|}$$

gegeben, wobei ψ jenes generalisierte Porträt bezeichnet, das dem optimalen k_0 entspricht. Diese Methode der Merkmalsauswahl hat sich als praktikabel erwiesen, obwohl jeweils für die Ermittlung „des am wenigsten relevanten Merkmals" der Abstand zwischen den konvexen Hüllen n-mal berechnet werden muß. Das innerhalb einer Gesamtheit von Merkmalen am wenigsten relevante Merkmal läßt sich nach folgendem Schema auffinden: Zuerst wird im Raum E_n [der n Merkmale] die optimale Trennhyperebene konstruiert und der Abstand zwischen den konvexen Hüllen der beiden Vektorenmengen bestimmt (was mit Hilfe der entsprechenden Variante des Programms OP-1 geschieht).

Seien nun ψ das gefundene generlisierte Porträt und $\alpha_1, \ldots, \alpha_a; \beta_1, \ldots, \beta_b$ die Koeffizienten der Zerlegung des Vektors ψ nach den zugehörigen relevanten Vektoren der Lernfolge. Dann projizieren wir den Vektor ψ und die Vektoren der Lernfolge auf den Teilraum $E_{n-1}(p)$. Dafür genügt es, die Werte der p-ten Koordinate des Vektors ψ und der Vektoren x, $(\bar{x})$ mit Null zu belegen. Danach konstruieren wir die optimale Trennhyperebene im Unterraum $E_{n+1}(p)$ (gleichfalls mit Hilfe von OP-1). Als Anfangsbedingungen werden jedoch nicht $\alpha_1 = \ldots = \alpha_a = \beta_1, \ldots, \beta_b = 0$ gewählt, sondern diejenigen Werte $\alpha_1, \ldots, \alpha_a$ und $\beta_1, \ldots, \beta_b$, die bei der Konstruktion der Trennhyperebene im Raum der Dimension n bestimmt wurden.

Mit diesen Anfangsbedingungen geht die Suche des Vektors bedeutend schneller vor sich.

Das Programm OP-1 ist ein Unterprogramm des Programms OP-4.

Der Algorithmus OP-5 dient der Ermittlung der kleinsten Dimension, bei der die Lernfolge gerade noch durch eine Hyperebene mit nicht mehr als t Fehlern getrennt wird (wobei t ein Parameter des Algorithmus ist). Die Struktur des Algorithmus OP-5 ist der Struktur des Algorithmus OP-4 analog. Der Unterschied besteht nur darin, daß der Algorithmus OP-4 die Suche nach einem entsprechenden Teilraum abbricht, sobald sich herausgestellt hat, daß die Konstruktion einer *Trenn*hyperebene unmöglich ist, während der Algorithmus OP-5 noch t Vektoren, die die Konstruktion der Trennhyperebene „behindern", ausschließt und erst dann die Suche nach einem minimalen Teilraum beendet.

Dementsprechend tritt im Algorithmus OP-5 an die Stelle des Algorithmus OP-1 der Algorithmus OP-2.

§ 6. Algorithmus zur Konstruktion der extremalen Trennhyperebene

Der Algorithmus OP-6 konstruiert eine Hyperebene, die in der Lage ist, zwei Mengen von Vektoren $\{x\}$ und $\{\bar{x}\}$ zu trennen, nach dem Prinzip der geordneten Kostenminimierung (siehe Kapitel VI). Mit Hilfe dieses Algorithmus wird eine Hyperebene zur Trennung der zwei Vektorenmengen im Unterraum E_m des Originalraums E_n konstruiert, so daß der Ausdruck

$$d = \min\left(m + 1, \left[\frac{D^2}{\varrho^2}\right] + 2, h + 1\right) \tag{15.9}$$

in E_m minimal wird, wobei m die Dimension des Unterraums E_m, D den Durchmesser der Vektorenmengen in E_m, ϱ den Abstand zwischen den konvexen Hüllen der Vektoren in E_m und h die Anzahl der Vektoren, die in die Zerlegung des Vektors ψ mit nichtverschwindendem Gewicht eingehen, bedeuten.

Das Minimum (15.9) kann man nicht ohne eine vollständige Durchmusterung aller Unterräume auffinden. Deshalb wendet der Algorithmus ebenfalls das oben erwähnte Verfahren der lokalen Minimierung an.

Die zu klassifizierenden Objekte sollen durch n-dimensionale Binärvektoren, die durch die Zerlegung von m kontinuierlichen Parametern in Intervalle (Gradationen) entstanden sind, beschrieben sein (der i-te Parameter sei in q_i Intervalle zerlegt). In jedem Schritt sucht der Algorithmus einen Modus der „Vereinigung" benachbarter Intervalle (Gradationen) eines Parameters, bei dem sich der Wert, den das Kriterium d annimmt, maximal vergrößert. Dabei werden in allen Vektoren der Lernfolge je zwei Koordinaten τ_i und τ_{i+1} (die verschiedenen Gradationen desselben Parameters entsprechen) durch nur eine neue Koordinate τ_i^* nach der Regel

$$\tau_i^* = \tau_i \vee \tau_{i+1}$$

ersetzt, d.h., die Koordinate τ_i^* erhält den Wert Eins, wenn eine der Koordinaten τ_i oder τ_{i+1} gleich Eins ist, und den Wert Null, wenn τ_i und τ_{i+1} gleichzeitig Null sind.

Verbleibt als Ergebnis einer mehrfachen, nacheinander vollzogenen Vereinigung [benachbarter] Gradationen eines bestimmten Parameters nur noch eine einzige Gradation, so wird der betreffende Parameter ignoriert, d.h. ausgesondert (da die Kodierung eines Parameters durch nur eine einzige Gradation bedeutet — falls die Ausgangskodierung nach der im § 1 angegebenen Methode vorgenommen wird — daß der Wert dieser einzigen Gradation immer konstant gleich Eins ist). Für jeden Parameter sind $q_i - 1$ Vereinigungsmodi möglich.

Somit werden zur Gewinnung einer optimalen „Vereinigung" $\sum_{i=1}^{m} (q_i - 1)$ optimale Trennhyperebenen konstruiert (die Konstruktion des optimalen generalisierten Porträts ist für die Bestimmung der Größe (des Kriteriums) d notwendig).

Zur Verringerung der Dimension des Ausgangsraums um Eins wird von diesem Algorithmus eine große Anzahl Trennhyperebenen konstruiert; das jedoch kann schnell genug durchgeführt werden. Die optimalen Trennhyperebenen sind im Originalraum zu konstruieren. Eine solche Hyperebene möge durch $(\boldsymbol{x}, \boldsymbol{\psi}) = c$ gegeben sein, wobei eine Zerlegung des Vektors $\boldsymbol{\psi}$ in die Vektoren $\boldsymbol{x}_1, \ldots, \boldsymbol{x}_a$; $\bar{\boldsymbol{x}}_1, \ldots, \bar{\boldsymbol{x}}_b$ mit den Koeffizienten $\alpha_1, \ldots, \alpha_a$; $\beta_1, \ldots, \beta_b$ gefunden sei. Nach vollzogener Vereinigung zweier Gradationen werden zur Konstruktion der optimalen Trennhyperebene im neuen Raum die neuen Vektorenmengen $\boldsymbol{x}_1^*, \ldots, \boldsymbol{x}_a^*$; $\bar{\boldsymbol{x}}_1^*, \ldots, \bar{\boldsymbol{x}}_b^*$ gebildet — die durch Projektion der Vektoren $\boldsymbol{x}_1, \ldots, \boldsymbol{x}_a$; $\bar{\boldsymbol{x}}_1, \ldots, \bar{\boldsymbol{x}}_b$ auf den neuen Merkmalsraum erhalten werden. Als neue Anfangswerte für die Koeffizienten der Zerlegung werden die alten Werte $\alpha_1, \ldots, \alpha_a$; $\beta_1, \ldots, \beta_b$ übernommen.

Im Resultat der Abarbeitung des Programms OP-6 wird der extremale Unterraum gefunden und in demselben die optimale Trennhyperebene konstruiert. Das Programm OP-1 ist gleichfalls Bestandteil auch dieses Programms OP-6.

§ 7. Algorithmus zur Konstruktion einer extremalen, stückweise linearen Trennhyperfläche

Der Algorithmus OP-7 ist im Kapitel VI, § 11 genauer beschrieben. Der Grundgedanke dieses Algorithmus besteht darin, zur Klassifikation eines Vektors $\boldsymbol{x}$ eine ihm zugeordnete extremale Entscheidungsregel aufzustellen. Dazu ordnet man die Elemente der Lernfolge mit Hilfe einer Metrik $\varrho(\boldsymbol{x}, \boldsymbol{y})$ linear nach wachsendem Abstande vom Vektor $\boldsymbol{x}$ an.

Danach wird zuerst eine extremale Hyperebene auf der Grundlage zweier Elemente der Lernfolge konstruiert, dann für drei Elemente und schließlich für l Elemente. In jedem Fall erhalten wir eine Schätzung der Güte der konstruierten Hyperebene. Diese Schätzung ist dem Ausdruck

$$V(d, l) = \frac{d(\ln 2l - \ln d + 1)}{l}$$

proportional, worin d durch (15.9) gegeben ist. Natürlich wird diejenige Hyperebene als die beste gewertet, bei der die Größe $V(d, l)$ am kleinsten ist.

Somit ist der Algorithmus zur Konstruktion der extremalen, stückweise linearen Trennhyperebene der Konstruktion einer Hyperebene für jeden Vektor seiner Lernmenge äquivalent und besteht in folgendem:

1. für jeden Vektor, der der Klassifikation unterliegt, wird die Lernfolge umgeordnet.
2. Eine Stichprobe extremalen Umfangs wird ausgewählt und die zugeordnete Trennhyperebene konstruiert.

Dabei kann es sich erweisen, daß die extremale, stückweise lineare Trennhyper*fläche* eine Hyper*ebene* ist.

Der Algorithmus OP-7 schließt den Algorithmus OP-6 als einen Bestandteil ein.

§ 8. Algorithmus zur Konstruktion einer Trennhyperebene unter Güteschätzung nach der U-Methode

Der Algorithmus OP-8 führt gleichzeitig mit der Konstruktion des generalisierten Porträts eine Güteschätzung nach der U-Methode durch. Die Güteschätzung dei linearen Entscheidungsregel nach der U-Methode geht folgendermaßen vor sich.

Der Lernfolge wird das erste Element entnommen und mit den verbleibenden $l - 1$ Elementen eine Entscheidungsregel aufgestellt, dann wird das entnommene Element mit Hilfe der aufgestellten Entscheidungsregel klassifiziert. Danach wird der entnommene Vektor wieder in die Lernfolge eingegliedert und das zweite Element entnommen. Erneut wird auf der Grundlage einer Lernfolge von $l - 1$ Elementen das generalisierte Porträt erstellt und das entnommene Element klassifiziert usw. Insgesamt erfolgen l Entnahmen und l Klassifikationen der entnommenen Vektoren. Der Anteil richtig erkannter [entnommener Vektoren] an der Gesamtanzahl l entnommener Vektoren ist eine Schätzung der mathematischen Erwartung der Güte einer Entscheidungsregel, die auf der Grundlage einer Lernfolge der Länge $l - 1$ konstruiert wurde.

Im Resultat der Abarbeitung des Algorithmus OP-8 wird außer der Trennhyperebene noch die Güteschätzung ermittelt.

Berücksichtigt man jedoch die Besonderheiten der Methode des „generalisierten Porträts", so kann die Prozedur der gleitenden Güteberechnung wesentlich vereinfacht werden.

Nach Kapitel XIV ist der Vektor $\boldsymbol{\psi}$, der die Richtung der Trennhyperebene angibt, eine Linearkombination aus den Vektoren einer Teilmenge der Lernfolge. Diese Vektoren der Lernfolge bezeichnet man als äußere Vektoren. Wir erinnern uns, daß jene Vektoren der Lernfolge als äußere Vektoren in bezug auf eine Trennhyperebene bezeichnet wurden, für die die Gleichung

$$(\boldsymbol{x}_i, \boldsymbol{\psi}) = 1$$

oder

$$(\bar{\boldsymbol{x}}_j, \boldsymbol{\psi}) = k$$

galt, und als innere Vektoren der Lernfolge die übrigen Vektoren, d. h. diejenigen, welche die Ungleichung

$$(\boldsymbol{x}_i, \boldsymbol{\psi}) > 1$$

oder

$$(\bar{\boldsymbol{x}}_j, \boldsymbol{\psi}) < k$$

erfüllen. Wird dann der Lernfolge ein innerer Vektor entnommen (also nicht ein äußerer), dann wird erstens mit dieser so gekürzten Lernfolge die gleiche Trennhyperebene erhalten wie vorher, und zweitens wird mit dieser Trennhyperebene der aus der Lernfolge entnommene Vektor richtig klassifiziert.

Somit ist in unserem Fall schon im voraus bekannt, daß mit der U-Methode alle inneren Vektoren der Lernfolge richtig erkannt werden, und deshalb braucht sich die U-Methode nur auf die extremalen Vektoren zu erstrecken. Diesem Umstand kann man ausnutzen, um die Rechenzeit für die Ausführung der U-Methode wesentlich herabzusetzen (i.a. ist die Zahl der extremalen Vektoren 5 bis 7mal kleiner als die Gesamtzahl der Vektoren in der Lernfolge).

Die Verfahrensweise zur Realisierung der U-Methode ist die folgende:

1. Zu Beginn wird auf der Grundlage der Lernfolge eine Trennhyperebene konstruiert (Programm OP-1). Im Resultat der Konstruktion werden der Vektor $\boldsymbol{\psi}$, die äußeren Vektoren $\boldsymbol{x}_1, \ldots, \boldsymbol{x}_a; \boldsymbol{x}_1, \ldots, \boldsymbol{x}_b$ und die zugeordneten Gewichte $\alpha_1, \ldots, \alpha_a; \beta_1, \ldots, \beta_b$ gefunden.

2. Danach wird aus der Menge der äußeren Vektoren der erste ausgeschlossen (dieser Vektor wird dann auch der Lernfolge entnommen). An die Stelle des ausgeschlossenen äußeren Vektors $\boldsymbol{x}$ tritt derjenige Vektor $\boldsymbol{x}^*$ der Lernfolge, der von diesem den kleinsten Abstand hat.

3. Die neue Trennhyperebene wird konstruiert, wobei als Anfangsvektor für $\boldsymbol{\psi}$ die Linearkombination der Vektoren $\boldsymbol{x}_1, \ldots, \boldsymbol{x}_a; \bar{\boldsymbol{x}}_1, \ldots, \bar{\boldsymbol{x}}_b$ (nachdem der Vektor $\boldsymbol{x}$ durch den Vektor $\boldsymbol{x}^*$ ersetzt worden ist) mit den alten Gewichten $\alpha_1, \ldots, \alpha_a; \beta_1, \ldots, \beta_b$ gewählt wird. Mit diesen Anfangsbedingungen gelingt die Bestimmung der neuen Trennhyperebene bedeutend schneller.

4. Mit Hilfe der so konstruierten Trennhyperebene wird der entnommene Vektor klassifiziert. Danach wird der zweite äußere Vektor ausgesondert. Er wird durch den nächsten [benachbarten] Vektor aus der verbliebenen Menge ersetzt; die zugehörigen Anfangsbedingungen für $\boldsymbol{\psi}$ werden erstellt, die neue Trennhyperebene konstruiert und der ausgesonderte äußere Vektor klassifiziert usw.

Der Algorithmus OP-8 benutzt den Algorithmus OP-1.

§ 9. Algorithmen zur Konstruktion einer extremalen Trennhyperfläche mit Hilfe der U-Methode

Der Algorithmus OP-9 ist zur Konstruktion der Hyperebene im extremalen Merkmalsunterraum bestimmt, d.h., er löst die gleiche Aufgabe wie der Algorithmus OP-6. Der Unterschied besteht nur darin, daß bei der Suche der extremalen Entscheidungsregel im Falle des Algorithmus OP-6 die Güte der Entscheidungsregel in den entsprechenden Unterräumen [mit Hilfe der oben angegebenen Ausdrücke] nach oben abgeschätzt wird, während im Fall des Algorithmus OP-9 die Schätzung der Güte der Entscheidungsregel mit Hilfe der U-Methode erfolgt. Die Verfahrensweise des Algorithmus OP-9 ist somit der des Algorithmus OP-6 analog.

Im binären Originalraum wird versucht, einen geeigneten Modus zur „Vereinigung“ benachbarter Gradationen der Parameter zu finden, bei dem die „Güte“ der erhaltenen Entscheidungsregel möglichst groß wird. Die Güteschätzung selbst wird, wie schon dargelegt, mit Hilfe der U-Methode durchgeführt (und nicht, wie im Algorithmus OP-6, nach Formel (15.9)).

Algorithmisch ist das Beschriebene folgendermaßen verwirklicht:

1. benachbarte Parameterintervalle (Gradationen) werden vereiniegt (wie bei OP-6 werden Vektoren der Lernfolge entsprechend umkodiert);

2. die Trennhyperebene wird konstruiert (OP-1);

3. die Güte der konstruierten Trennhyperebene wird nach der U-Methode geschätzt (OP-8);

4. Auswahl einer paarweisen Vereinigung von Gradationen, bei der die Güte der erhaltenen Hyperebene am größten ist;

5. der Prozeß der Vereinigung benachbarter Gradationen wird so lange fortgesetzt, bis eine beliebige weitere Vereinigung zur Verschlechterung der Güte der erhaltenen Trennhyperebene führt (wenn im Laufe des Vereinigungsprozesses von Gradationen bei irgendeinem Parameter nur noch eine einzige Gradation übrig bleibt, eliminiert man den betreffenden Parameter). Der Algorithmus OP-9 enthält den Algorithmus OP-8 als einen Bestandteil.

Der Algorithmus OP-10 ist dem Algorithmus OP-7 analog aufgebaut. Mit seiner Hilfe ebenso wie auch mit Hilfe von OP-7 wird die extremale stückweise lineare Trennhyperfläche konstruiert. Der Unterschied liegt nur darin, daß in diesen Algorithmen die Güte der gesuchten Hyperebene unterschiedlich geschätzt wird: Im Algorithmus OP-7 wird eine durch eine Formel gegebene Abschätzung nach oben angewandt, während im Algorithmus OP-10 die Güte mit der U-Methode geschätzt wird.

Der Algorithmus OP-10 führt folgende Operationenfolge aus:

1. Umordnen der Lernfolge nach wachsendem Abstand ihrer Elemente vom jeweiligen Vektor $\boldsymbol{x}$, der klassifiziert werden soll;

2. Konstruktion der extremalen Hyperebene auf der Grundlage der Lernfolge und Schätzen ihrer Güte nach der U-Methode;

3. Auswählen der Hyperebene, die für eine Stichprobe konstruiert wurde, für die die Güteschätzung [der gefundenen Entscheidungsregel] am günstigsten war;

4. Klassifikation des Vektors mit Hilfe der gefundenen Entscheidungsregel.

Der Algorithmus OP-10 schließt den Algorithmus OP-9 als einen Bestandteil ein.

§ 10. Über die Arbeit mit Algorithmen

Oben wurde eine Gruppe von Algorithmen zur Realisierung der Methode des generalisierten Porträts betrachtet. Dieser Gruppe von Algorithmen gehören sowohl solche Algorithmen an, die hinreichend differenzierten Kriterien für die Konstruktion von Trennflächen genügen, als auch Algorithmen, die nur einfache Kriterien erfüllen. Es ist klar, daß jene für ihre Realisierung einen größeren Rechenaufwand erfordern als diese.

Am einfachsten ist die Realisierung des Algorithmus OP-1, der das generalisierte Porträt für einen fest vorgegebenen Wert k (einen Parameter des Algorithmus) aufstellt. Der komplizierteste ist der Algorithmus OP-10, mit dem die extremalen, stückweise linearen Trennflächen mit Hilfe der U-Methode als Schätzverfahren konstruiert werden. Welcher Algorithmus zur Lösung eines konkreten Problems zu bevorzugen ist, hängt von verschiedenen Faktoren ab. Wenn im voraus das gesamte Material der Testfolge bekannt ist und man über eine ausreichend große Rechenkapazität verfügt, dann ist es wahrscheinlich am besten, den Algorithmen OP-10 anzuwenden. Mit diesem Algorithmus wird die extremale, stückweise lineare Entscheidungsregel konstruiert, wobei versucht wird, die Besonderheiten des vorgegebenen Problems erschöpfend zu berücksichtigen. Dabei ist theoretisch die Möglichkeit nicht auszuschließen, daß die mit Hilfe von OP-10 erhaltene Empfehlung für eine Entscheidungsregel mit derjenigen übereinstimmt, die man von OP-1 erhält.

Weniger aufwendig ist der Algorithmus OP-7 zur Konstruktion der extremalen, stückweise linearen Trennfläche. Die Realisierung dieses Algorithmus vereinfacht sich dadurch, daß die Güteschätzung der Entscheidungsregel nicht nach der U-Methode, sondern durch Auswertung einer Schätzformel geschieht. In dem Fall, daß keine Testfolge vorgegeben ist und eine Entscheidungsregel konstruiert werden soll, mit der alle weiteren Vektoren klassifiziert werden können, müssen die Algorithmen zur Konstruktion der extremalen Trennhyperebene angewandt werden; und falls die Hyperebene die Vektoren der Lernfolge nur ungenügend trennt, sind die Algorithmen zur Konstruktion der stückweise linearen Trennfläche einzusetzen. Unter den Algorithmen der Methode „generalisiertes Porträt" befinden sich auch Algorithmen, welche die Trennhyperebene im Unterraum niedrigster Dimension aufstellen. Oft ist erwünscht, derartige Entscheidungsregeln aufzustellen, jedoch muß man dabei beachten, daß i.a. das Kriterium für die Minimierung der Dimension des Merkmalsraumes gröber ist als das Kriterium (15.9).

Wie auch alle anderen Algorithmen besitzt das Algorithmensystem OP Konstanten, die bei der Benutzung der einzelnen Programme vorgegeben sein müssen. Die Werte dieser Konstanten sind unter Berücksichtigung des Typs des einzusetzenden Rechners festzulegen.

KAPITEL XVI

DIE METHODE DER KONJUGIERTEN RICHTUNGEN

§ 1. Der Grundgedanke der Methode

Wir betrachten das Problem der Maximierung der quadratischen Funktion

$$F(\boldsymbol{x}) = -\frac{1}{2}(\boldsymbol{x}, \boldsymbol{A}\boldsymbol{x}) + (\boldsymbol{b}\boldsymbol{x}),$$

worin $\boldsymbol{x}$ und $\boldsymbol{b}$ n-dimensionale Vektoren des EUKLIDischen Raumes E_n und $(\boldsymbol{x}, \boldsymbol{A}\boldsymbol{x})$ eine positiv definite, durch die Matrix $\boldsymbol{A}$ definierte quadratische Form sind. Wir stellen zunächst fest, daß der Gradient $\nabla F(\boldsymbol{x})$ der Funktion $F(\boldsymbol{x})$ gleich $\boldsymbol{b} - \boldsymbol{A}\boldsymbol{x}$ ist, und somit das Maximum der Funktion F durch Auflösen der Gleichung

$$\boldsymbol{b} - \boldsymbol{A}\boldsymbol{x} = 0$$

berechnet werden kann.

Die weiter unten abgeleiteten Algorithmen erlauben, dieses Maximum zu bestimmen, ohne ein System linearer Gleichungen auflösen oder eine Matrix invertieren zu müssen. Vielmehr können diese Algorithmen selbst zur Auflösung von Gleichungssystemen benutzt werden.

1. Wir betrachten zunächst einen Prozeß, der zwar nicht als Algorithmus zur Ermittlung des Minimums der quadratischen Funktion verwendbar ist, mit dessen Hilfe aber leicht außerordentlich effektive Algorithmen abgeleitet werden können; es handelt sich um die sogenannte *Methode der konjugierten Gradienten* und die *Methode der parallelen Tangenten*.

Sei $\boldsymbol{x}_0$ ein beliebiger Punkt des Raumes E_n. Mit $\boldsymbol{g}_1$ sei der Gradient der Funktion $F(\boldsymbol{x})$ im Punkt $\boldsymbol{x}_0$ bezeichnet. E_1 sei ein eindimensionaler Hyperraum, d.i. eine Gerade, die durch $\boldsymbol{x}_0$ in Richtung $\boldsymbol{g}_1$ verläuft, d.h. mit anderen Worten, eine Menge von Vektoren der Form $\boldsymbol{x}_0 + \lambda \boldsymbol{g}$ $(-\infty < \lambda < +\infty)$. Wir bestimmen den Punkt $\boldsymbol{x}_1$, in dem die Funktion $F(\boldsymbol{x})$ auf der Geraden E_1 ein bedingtes Maximum annimmt. Die Weiterführung des Verfahrens beschreiben wir induktiv und nehmen dementsprechend an, der k-dimensionale Hyperraum E_k sei bereits konstruiert und in ihm sei der Punkt $\boldsymbol{x}_k$ ermittelt, in dem die Funktion $F(\boldsymbol{x})$ ein bedingtes Maximum annimmt.

Mit $\boldsymbol{g}_{k+1}$ bezeichnen wir den Gradienten der Funktion $F(\boldsymbol{x})$ im Punkt $\boldsymbol{x}_k$. Wir nehmen weiterhin an, daß der Hyperraum E_{k+1} mit der in E_k durch den Punkt $\boldsymbol{x}_k$ in Richtung $\boldsymbol{g}_{k+1}$ gelegten Geraden identisch ist. Der Raum E_{k+1} ist also eine Mannigfaltigkeit von Vektoren der Form

$$\boldsymbol{y} = \boldsymbol{x} + \lambda \boldsymbol{g}_{k+1}, \tag{16.1}$$

wobei $\boldsymbol{x} \in E_k$ ist und die Zahl λ Werte zwischen $-\infty$ zund $+\infty$ annehmen kann.

Schließlich sei $\boldsymbol{x}_{k+1}$ der Punkt, in dem $F(x)$ ein bedingtes Maximum im Raum E_{k+1} annimmt. Somit erhalten wir die Folgen

$$\begin{array}{ccccc} \boldsymbol{g}_1 & \boldsymbol{g}_2 \cdots \boldsymbol{g}_k & \boldsymbol{g}_{k+1}, & & \\ E_1 & E_2 \ldots E_k & E_{k+1}, & & \\ \boldsymbol{x}_0 & \boldsymbol{x}_1 & \boldsymbol{x}_2 \ldots \boldsymbol{x}_k & \boldsymbol{x}_{k+1}. & \end{array}$$

Durch Induktion zeigt man leicht, daß sich der Hyperraum E_k in der Form

$$\boldsymbol{y} = \boldsymbol{x}_0 + \sum_{i=1}^{k} \lambda_i \boldsymbol{g}_i$$

parametrisch darstellen läßt, wobei die $\boldsymbol{g}_i$ die Gradienten der Funktion F in den Punkten $\boldsymbol{x}_0, \ldots, \boldsymbol{x}_{k-1}$ sind und die λ_k beliebige reelle Werte annehmen können. Hieraus folgt offensichtlich, daß $E_i \subset E_j$ für $i \leqq j$.

2. Aus der Analysis ist wohlbekannt, daß der [im Originalraum definierte] Gradient einer „glatten" Funktion, die ein bedingtes Extremum in einem gewissen Unterraum [des Originalraumes] im Punkt $\boldsymbol{x}$ erreicht, in diesem Punkt $\boldsymbol{x}$ auf dem Unterraum senkrecht steht. Im Hinblick auf unsere Konstruktion folgt hieraus, daß $\boldsymbol{g}_{k+1}$ auf jedem Vektor der Form $\boldsymbol{x} - \boldsymbol{y}$ senkrecht steht, wobei $\boldsymbol{x}$ und $\boldsymbol{y}$ Elemente von E_k sind, d.h.

$$(\boldsymbol{g}_{k+1}, (\boldsymbol{x} - \boldsymbol{y})) = 0 \text{ für } \boldsymbol{x}, \boldsymbol{y} \in E_k. \tag{16.2}$$

Insbesondere gehören die Vektoren $\boldsymbol{x}_0$ und $\boldsymbol{x}_0 + \boldsymbol{g}_i$ für $i \leqq k$ aufgrund von (16.1) dem Raum E_k an, woraus

$$(\boldsymbol{g}_{k+1}, \boldsymbol{g}_i) = 0 \quad (i \leqq k)$$

folgt, so daß allgemein

$$(\boldsymbol{g}_i, \boldsymbol{g}_j) = 0 \text{ für } i \neq j \tag{16.3}$$

erfüllt ist.

Hieraus folgt, daß für $\boldsymbol{g}_{k+1} \neq \boldsymbol{0}$ der Vektor $\boldsymbol{g}_{k+1}$ von $\boldsymbol{g}_1, \ldots, \boldsymbol{g}_k$ linear unabhängig ist und somit die Dimension des Raumes E_{k+1} um 1 größer als die des Raumes E_k ist. Infolgedessen nimmt die Dimension des Raumes E_k mit wachsendem k so lange zu, bis $\boldsymbol{g}_{k+1}$ gleich Null wird. Dies aber bedeutet, daß dann das absolute Maximum von $F(\boldsymbol{x})$ schon im Punkt $\boldsymbol{x}_k$ erreicht ist.

Da $F(\boldsymbol{x})$ eine konvexe, glatte Funktion ist, stellt das Verschwinden ihres Gradienten tatsächlich eine notwendige und hinreichende Bedingung für das Vorliegen eines Maximums dar. Wenn $\boldsymbol{g}_{k+1}$ verschwindet, hat der Iterationsprozeß einen Fixpunkt erreicht, weil dann E_{k+1} mit E_k und entsprechend $\boldsymbol{x}_{k+1}$ mit $\boldsymbol{x}_k$ zusammenfallen usw. Aus diesem Grund nehmen wir für das Folgende an, daß der Prozeß mit dem Verschwinden von $\boldsymbol{g}_{k+1}$ abbricht. Daraus ergibt sich, daß die Funktion $F(\boldsymbol{x})$ in dem im vorletzten Schritt gefundenen Punkt x_k zugleich auch ihr *absolutes* Maximum [d.h. ihr Maximum im Raum E_n] annimmt. Für die Zahl k, bei der das eintritt, muß notwendigerweise $k \leqq n$ gelten, da andernfalls die Dimension des Hyperraumes E_k, die in jedem Schritt um 1 wächst, im n-ten Schritt die des Ausgangsraumes E_n erreicht — in dem die Existenz des Maximums von $F(\boldsymbol{x})$ vorausgesetzt war.

Der betrachtete iterative Prozeß ist natürlich noch kein bequemer Algorithmus zur Ermittlung des Maximums, da in jedem Schritt gefordert ist, das bedingte Maximum der Funktion $F(\boldsymbol{x})$ in einem Raum zu bestimmen, dessen Dimension bis zu der des gesamten Raumes E_n sequentiell wächst. Jedoch zeigt sich, daß man das bedingte Maximum in jedem Schritt in einem Hyperraum der Dimension 2 finden kann, d.h. in einer [gewöhnlichen] Ebene oder sogar auf einer Geraden.

3. Zur Begründung dieser These untersuchen wir die im folgenden aufgelisteten Fälle. Wir bezeichnen hierzu den Vektor $\boldsymbol{x}_k - \boldsymbol{x}_{k-1}$ mit $\boldsymbol{y}_k$ ($k \geqq 1$), d.i. eine Translation des bedingten Maximums in E_{k-1} in das bedingte Maximum in E_k.

a) $$\boldsymbol{y}_k \neq \boldsymbol{0}. \tag{16.4}$$

Der Prozeß wird so lange fortgesetzt, bis $\boldsymbol{g}_k$ verschwindet. Es genügt deshalb zu zeigen, daß für $\boldsymbol{g}_k \neq \boldsymbol{0}$ $\boldsymbol{x}_k \neq \boldsymbol{x}_{k-1}$ ist. Da der Gradient der Funktion $F(\boldsymbol{x})$ in diesem Punkt ungleich Null ist, wächst die Funktion beim Fortschreiten auf der Geraden $\boldsymbol{x}_{k-1} + \lambda \boldsymbol{g}_k$ vom Punkt $\boldsymbol{x}_{k-1}$ ausgehend, zumindest bei kleinen $\lambda > 0$. Demzufolge existieren auf dieser Geraden Punkte, in denen $F(\boldsymbol{x})$ größer als $F(\boldsymbol{x}_{k-1})$ ist. Diese Gerade aber gehört E_k an, so daß $\max\limits_{\boldsymbol{x} \in E_k} F(\boldsymbol{x})$ erst recht größer als $F(\boldsymbol{x}_{k-1})$ sein wird, d.h.

$$F(\boldsymbol{x}_k) > F(\boldsymbol{x}_{k-1}). \tag{16.5}$$

Hieraus folgt $\boldsymbol{x}_k \neq \boldsymbol{x}_{k-1}$ und also die Richtigkeit von (16.4). Aus (16.5) folgt überdies, daß $\boldsymbol{x}_k \in E_{k-1}$ ist.

b) Die Vektoren $\boldsymbol{y}_i$ und $\boldsymbol{y}_j$ sind für $i \neq j$ orthogonal zur Matrix $\boldsymbol{A}$, d.h., es gilt

$$(\boldsymbol{y}_i, \boldsymbol{A}\boldsymbol{y}_j) = 0 \text{ für } i \neq j. \tag{16.6}$$

Da die Matrix $\boldsymbol{A}$ symmetrisch ist, gilt

$$(\boldsymbol{y}_i, \boldsymbol{A}\boldsymbol{y}_j) = (\boldsymbol{y}_j, \boldsymbol{A}\boldsymbol{y}_i).$$

Deshalb können wir für die Definition annehmen, daß $j > i$ ist. Voraussetzungsgemäß gilt

$$(\boldsymbol{y}_i, \boldsymbol{A}\boldsymbol{y}_j) = (\boldsymbol{y}_i, \boldsymbol{A}(\boldsymbol{x}_j - \boldsymbol{x}_{j-1})).$$

Eine offensichtlich richtige Umformung führt auf

$$(\boldsymbol{y}_i, \boldsymbol{A}\boldsymbol{y}_j) = (\boldsymbol{y}_i, (\boldsymbol{A}\boldsymbol{x}_j - \boldsymbol{b})) - (\boldsymbol{y}_i, (\boldsymbol{A}\boldsymbol{x}_{j-1} - \boldsymbol{b})).$$

Für ein beliebiges k war

$$\boldsymbol{g}_{k+1} = \boldsymbol{b} - \boldsymbol{A}\boldsymbol{x}_k;$$

damit wird

$$(\boldsymbol{y}_i, \boldsymbol{A}\boldsymbol{y}_j) = (\boldsymbol{y}_i, \boldsymbol{g}_j) - (\boldsymbol{y}_i, \boldsymbol{g}_{j+1}).$$

Außerdem ist der Vektor $\boldsymbol{y}_i = \boldsymbol{x}_i - \boldsymbol{x}_{i-1}$, d.h. die Differenz zweier Vektoren aus E_i, und, da für $i < j$ $E_i \subset E_{j-1}$ ist, kann man die Beziehung (16.2) als erfüllt ansehen, d.h., es gelten

$$(\boldsymbol{y}_i, \boldsymbol{g}_j) = ((\boldsymbol{x}_i - \boldsymbol{x}_{i-1}), \boldsymbol{g}_j) = 0$$

und

$$(\boldsymbol{y}_i, \boldsymbol{g}_{j+1}) = ((\boldsymbol{x}_i - \boldsymbol{x}_{i-1}), \boldsymbol{g}_{j+1}) = 0.$$

So ergibt sich schließlich

$$(\boldsymbol{y}_i, \boldsymbol{A}\boldsymbol{y}_j) = 0 \text{ für } i \neq j.$$

c) Das System der Vektoren $\boldsymbol{y}_1, \ldots, \boldsymbol{y}_k$ ist linear unabhängig, d.h., es ist

$$\sum_{i=1}^{k} \lambda_i \boldsymbol{y}_i = 0$$

nur genau dann, wenn $\lambda_1 = \lambda_2 = \ldots = \lambda_k = 0$.

Um das einzusehen, nehmen wir im Gegensatz dazu an, es wäre z.B. $\lambda_j \neq 0$. Dann wäre

$$\boldsymbol{y}_j = \sum_{i \neq j} \gamma_i \boldsymbol{y}_i$$

mit

$$\gamma_i = \frac{-\lambda_i}{\lambda_j}.$$

Multipliziert man diese Gleichung von rechts mit $A\boldsymbol{y}_j$, so erhält man aufgrund von (16.6)

$$(\boldsymbol{y}_j, A\boldsymbol{y}_j) = 0,$$

aber das ist unmöglich, da $\boldsymbol{y}_j \neq 0$ vorausgesetzt war (Behauptung a)) und die quadratische Form positiv definit ist.

d) Die Behauptungen b) und c) sagen aus, daß die Vektoren $\boldsymbol{y}_1, \ldots, \boldsymbol{y}_k$ eine zu A orthogonale Basis bilden. Aufgrund der bekannten Theoreme der linearen Algebra folgt hieraus, daß sich jeder Vektor des Raumes E_k in der Form

$$\boldsymbol{x} = \boldsymbol{x}_0 + \sum_{i=1}^{k} \gamma_i \boldsymbol{y}_i \tag{16.7}$$

darstellen läßt.

Diese Behauptung läßt sich auch unmittelbar durch Induktion beweisen. Für E_1 ist die Behauptung offensichtlich richtig, weil sich jeder Punkt der Geraden $\boldsymbol{x}_0 + \lambda \boldsymbol{g}_1$ auch in der Form $\boldsymbol{x}_0 + \lambda(\boldsymbol{x}_0 - \boldsymbol{x}_1)$ darstellen läßt, da sowohl $\boldsymbol{x}_1$ als auch $\boldsymbol{x}_0$ auf dieser Geraden liegen und $\boldsymbol{x}_0 - \boldsymbol{x}_1 \neq \boldsymbol{0}$ ist. Als Induktionsvoraussetzung nehmen wir an, daß (16.7) für E_{k-1} bereits bewiesen ist, d.h. jeder Vektor $\boldsymbol{x}$ der Form

$$\boldsymbol{x} = \sum_{i=1}^{k-1} \lambda_i \boldsymbol{g}_i + \boldsymbol{x}_0$$

soll sich auch in der Form

$$\boldsymbol{x} = \sum_{i=1}^{k-1} \gamma_i \boldsymbol{y}_i + \boldsymbol{x}_0$$

darstellen lassen. Wir setzen deshalb

$$\boldsymbol{x}_{k-1} = \sum_{i=1}^{k-1} a_i \boldsymbol{y}_i + \boldsymbol{x}_0$$

und

$$\boldsymbol{x}_k = \sum_{i=1}^{k} \lambda_i g_i + \boldsymbol{x}_0 = \sum_{i=1}^{k-1} b_i \boldsymbol{y}_i + \lambda_k \boldsymbol{g}_k + \boldsymbol{x}_0.$$

Hier ist $\lambda_k \neq 0$, da $\boldsymbol{x}_k \notin E_{k-1}$ ist. Durch Subtraktion der ersten Gleichung von der zweiten erhalten wir

$$\boldsymbol{y}_k = \sum_{i=1}^{k-1} (b_i - a_i)\, \boldsymbol{y}_i + \lambda_k \boldsymbol{g}_k,$$

woraus

$$g_k = \sum_{i=1}^{k-1} \frac{(a_i - b_i)}{\lambda_k} \boldsymbol{y}_i + \frac{\boldsymbol{y}_k}{\lambda_k} \tag{16.8}$$

folgt.

Schließlich können wir jeden Vektor $\boldsymbol{x}$ aus E_k in der Form

$$\boldsymbol{x} = \sum_{i=1}^{k} \lambda_i \boldsymbol{g}_i + \boldsymbol{x}_0$$

und damit auch in der Form

$$\boldsymbol{x} = \sum_{i=1}^{k-1} a_i \boldsymbol{y}_i + \lambda_k \boldsymbol{g}_k + \boldsymbol{x}_0$$

darstellen. Setzt man für $\boldsymbol{g}_k$ den Ausdruck (16.8) ein, erhält man die Darstellung eines beliebigen Vektors aus E_k in der Form (16.7).

e) Wir untersuchen jetzt, wie sich der Vektor $\boldsymbol{y}_{k+1}$ mit den Vektoren $\boldsymbol{y}_1, \ldots, \boldsymbol{y}_k$ und $\boldsymbol{g}_{k+1}$ darstellen läßt. Für den Punkt $\boldsymbol{x}_k \in E_k$ existiert aufgrund von (16.7) eine Darstellung der Form

$$\boldsymbol{x}_k = \sum_{i=1}^{k} a_i \boldsymbol{y}_i + \boldsymbol{x}_0$$

und für $\boldsymbol{x}_{k+1}$ die Darstellung

$$\boldsymbol{x}_{k+1} = \sum_{i=1}^{k} b_i \boldsymbol{y}_i + \lambda \boldsymbol{g}_{k+1} + \boldsymbol{x}_0 .$$

Demzufolge gilt

$$\boldsymbol{y}_{k+1} = \sum_{i=1}^{k} c_i \boldsymbol{y}_i + \lambda \boldsymbol{g}_{k+1} . \tag{16.9}$$

Wir überzeugen uns jetzt davon, daß in dieser Zerlegung nur einer der Werte c, und zwar c_k, von Null verschieden ist. Durch skalare Multiplikation des Ausdrucks (16.9) mit dem Vektor $\boldsymbol{A}\boldsymbol{y}_j$ ergibt sich

$$(\boldsymbol{y}_{k+1}, \boldsymbol{A}\boldsymbol{y}_j) = \sum_{i=1}^{k} c_i(\boldsymbol{y}_i, \boldsymbol{A}\boldsymbol{y}_j) + \lambda(\boldsymbol{g}_{k+1}, \boldsymbol{A}\boldsymbol{y}_j).$$

Für $j \leqq k$ folgt hieraus mit (16.6)

$$c_j(\boldsymbol{y}_j, \boldsymbol{A}\boldsymbol{y}_j) + \lambda(\boldsymbol{g}_{k+1}, \boldsymbol{A}\boldsymbol{y}_j) = 0 . \tag{16.10}$$

Wegen

$$\boldsymbol{A}\boldsymbol{y}_j = \boldsymbol{A}(\boldsymbol{x}_j - \boldsymbol{x}_{j-1}) = (\boldsymbol{A}\boldsymbol{x}_j - \boldsymbol{b}) - (\boldsymbol{A}\boldsymbol{x}_{j-1} - \boldsymbol{b}) = \boldsymbol{g}_j - \boldsymbol{g}_{j+1}$$

folgt weiter für $j < k$ aufgrund von (16.3)

$$(\boldsymbol{g}_{k+1}, \boldsymbol{A}\boldsymbol{y}_j) = \boldsymbol{g}_{k+1}(\boldsymbol{g}_j - \boldsymbol{g}_{j+1}) = 0 \tag{16.11}$$

und für $j = k$

$$(\boldsymbol{g}_{k+1}, \boldsymbol{A}\boldsymbol{y}_k) = \boldsymbol{g}_{k+1}(\boldsymbol{g}_k - \boldsymbol{g}_{k+1}) = -|\boldsymbol{g}_{k+1}|^2 . \tag{16.12}$$

Berücksichtigt man das in (16.10), so ergibt sich, daß bei $j < k$ die Koeffizienten $c_j = 0$ sind, während bei $j = k$, da $(\boldsymbol{y}_k, \boldsymbol{A}\boldsymbol{y}_k) \neq 0$,

$$c_k = \frac{-\lambda(\boldsymbol{g}_{k+1}, \boldsymbol{A}\boldsymbol{y}_k)}{(\boldsymbol{y}_k, \boldsymbol{A}\boldsymbol{y}_k)} = \lambda \frac{|\boldsymbol{g}_{k+1}|^2}{(\boldsymbol{y}_k, \boldsymbol{A}\boldsymbol{y}_k)}$$

ist. Schließlich nimmt (16.9) die Form

$$\boldsymbol{y}_{k+1} = \lambda \left(\boldsymbol{g}_{k+1} + \frac{|\boldsymbol{g}_{k+1}|^2}{(\boldsymbol{y}_k, \boldsymbol{A}\boldsymbol{y}_k)} \boldsymbol{y}_k \right) \tag{16.13}$$

an.

Damit haben wir festgestellt, daß

$$x_{k+1} = \lambda g_{k+1} + c_k y_k + x_k$$

bzw.

$$x_{k+1} = x_k + \lambda \left(g_{k+1} + \frac{|g_{k+1}|^2}{(y_k, A y_k)} y_k \right)$$

ist. Somit ist nachgewiesen, daß der Punkt x_{k+1} in der [zweidimensionalen] Ebene

$$x = x_k + \lambda g_{k+1} + c y_k \tag{16.14}$$

[wo λ und c freie Parameter sind] liegt, und daselbst sogar auf der [eindimensionalen] Geraden

$$x = x_k + \lambda \left(g_{k+1} + \frac{(g_{k+1}, g_{k+1})}{(y_k, A y_k)} y_k \right) \tag{16.15}$$

mit dem freien Parameter λ. Die Maximierung im Raum der Dimension k kann also durch die Maximierung in einer Ebene oder auf einer Geraden ersetzt werden.

§ 2. Methode der konjugierten Gradienten

Die Methode der konjugierten Gradienten zur Ermittlung des Maximums einer quadratischen Form liegt in einigen Varianten vor:

1. Eine der Varianten ist unmittelbar aus dem oben betrachteten Prozeß der Maximierung einer Funktion $F(x)$ in einem Hyperraum E_k ableitbar, wenn man diese Maximierung als Maximumsuche auf einer Geraden der Form (16.15) realisiert. Wie im vorangegangenen Punkt gezeigt, ist eine solche Verfahrensweise korrekt, da die betreffenden Maxima zusammenfallen.

Es ergibt sich folgender Algorithmus (Variante I):

A. Anfangsschritt (0. Schritt)

1. In einem beliebigen Punkt x_0 wird der Gradient g_1 der Funktion $F(x)$ ermittelt;
2. es wird $z_1 = g_1$ gesetzt;
3. der Punkt x_1, in dem die Funktion $F(x)$ ein Maximum auf der Geraden $x = x_0 + \lambda z_1$ [mit dem Parameter λ] annimmt, wird bestimmt;

B. $k + 1$-ter Schritt. Die Punkte $x_0, x_1, \ldots, x_{k-1}, x_k$ sollen schon ermittelt worden sein.

1. Im Punkt x_k wird der Gradient g_{k+1} der Funktion $F(x)$ berechnet;
2. es wird

$$z_{k+1} = g_{k+1} + \alpha_{k+1}(x_k - x_{k-1})$$

gesetzt mit

$$\alpha_{k+1} = \frac{((x_{k-1} - x_k), A y_{k+1})}{((x_k - x_{k+1}), A(x_k - x_{k-1}))} = \frac{g_{k+1}^2}{((x_k - x_{k-1}), A(x_k - x_{k-1}))}.$$

3. der Punkt x_{k+1}, in dem die Funktion $F(x)$ ein bedingtes Maximum auf der Geraden

$$x = x_k + \lambda z_{k+1}$$

annimmt, wird berechnet.

C. Abbruch des Algorithmus: Der Prozeß bricht ab, sobald der Gradient g_{k+1} verschwindet, d.h., sobald das Maximum $F(x)$ im Raum E_n erreicht ist.

Bei [absolut] genauer Berechnung aller Größen führt der Algorithmus in nicht mehr als n Schritten zum Maximum, da dann die nach der Methode der konjugierten Gradienten berechneten Punkte $x_0, \ldots, x_k$ mit den Vektoren $x_0, \ldots, x_k$, die mit dem im vorangegangenen Punkt beschriebenen Prozeß erhalten werden, identisch sind. Wie dort gezeigt, führt dieser Prozeß in nicht mehr als n Schritten zum absoluten Maximum.

Infolge der begrenzten Genauigkeit numerischer Berechnungen muß der Prozeß der Maximierung jedoch in dem Moment abgebrochen werden, in dem der Gradient einen hinreichend kleinen Betrag erreicht hat. Hierzu können dann jedoch durchaus mehr als n Schritte erforderlich sein. Genauer werden diese Fragen weiter unten behandelt.

Um dem Algorithmus eine anwendungsfreundlichere Form zu verleihen, leiten wir eine Formel zur Berechnung der Lage des Maximums der quadratischen Form auf der Geraden $x = x^* + \lambda z$ ab. Setzt man die Gleichung der Geraden in den Ausdruck für die Funktion $F(x)$ ein, so erhält man

$$F(x) = -\frac{1}{2}\lambda^2(z, Az) + \lambda(z, g(x^*)) + F(x^*),$$

wobei $g(x^*)$ der Gradient von $F(x)$ im Punkt x^* ist. Bildet man das Maximum in bezug auf λ_1, so ergibt sich

$$\lambda_{\text{opt}} = \frac{(z, g(x^*))}{(z, Az)}$$

und entsprechend

$$x_{\text{opt}} = x^* + \frac{(z, g(x^*))}{(z, Az)}\, z. \tag{16.16}$$

Somit kann die unter Punkt 3 des Algorithmus vorgesehene Berechnung nach der Formel

$$x_{k+1} = x_k + \frac{(z_{k+1}, g_{k+1})}{(z_{k+1}, Az_{k+1})}$$

vorgenommen werden.

2. Bekannter ist jene Variante der Methode, in der zur Berechnung der Richtung z_{k+1} die Vektoren g_{k+1} und z_k anstelle von g_{k+1} und y_k verwendet werden. Betrachten wir das System von Vektoren $z_1, \ldots, z_k, \ldots$, die kollinear zu den Vektoren $y_1, \ldots, y_k$ sind (d.h. $z_k = \delta_k \cdot y_k$ mit reellen Zahlenwerten $\delta_k \neq 0$). Für die Vektoren z_i und z_j bleibt die Bedingung der A-Orthogonalität

$$(z_i, Az_j) = 0 \text{ für } i \neq j \tag{16.17}$$

erhalten.

Außerdem folgt aus (16.11), daß

$$(z_{k+1}, Az_i) = 0 \text{ für } i < k \tag{16.18}$$

gilt. Schließlich wird aufgrund einer Beziehung der Art (16.9)

$$z_{k+1} = \sum_{i=1}^{k} c_i z_i + \lambda g_{k+1} \tag{16.19}$$

erhalten.

Durch Multiplikation beider Seiten von (16.19) mit $\boldsymbol{A}\boldsymbol{z}_i$ und unter Beachtung von (16.17) und (16.18) ergibt sich für $i < k$

$$c_i(\boldsymbol{z}_i, \boldsymbol{A}\boldsymbol{z}_i) = 0\,,$$

woraus für $i < k$ $c_i = 0$ folgt. Bei $i = k$ wird

$$0 = (\boldsymbol{z}_{k+1}, \boldsymbol{A}\boldsymbol{z}_i) = c_k(\boldsymbol{z}_k, \boldsymbol{A}\boldsymbol{z}_k) + \lambda(\boldsymbol{g}_{k+1}, \boldsymbol{A}\boldsymbol{z}_k),$$

woraus

$$\boldsymbol{z}_{k+1} = \lambda\left(\boldsymbol{g}_{k+1} - \frac{(\boldsymbol{g}_{k+k}, \boldsymbol{A}\boldsymbol{z}_k)}{(\boldsymbol{z}_k, \boldsymbol{A}\boldsymbol{z}_k)}\,\boldsymbol{z}_k\right) \tag{16.20}$$

folgt.

Die Beziehung (16.20) bestimmt $\boldsymbol{z}_{k+1}$ bis auf einen beliebigen Faktor durch die Vektoren $\boldsymbol{g}_{k+1}$ und $\boldsymbol{z}_k$. Bei der Ableitung von (16.20) wurden nur die Beziehungen (16.17), (16.18) und (16.19) benutzt. Deshalb kann die Konstruktion der Vektoren $\boldsymbol{z}_k$ als Prozeß der $\boldsymbol{A}$-Orthogonalisierung der Vektoren $\boldsymbol{g}_k$ aufgefaßt werden. Setzt man in (16.20) $\lambda = 1$ und $\boldsymbol{z}_1 = \boldsymbol{g}_1$, dann erhält man ein System von Vektoren $\boldsymbol{z}_k$, die zu den Vektoren $\boldsymbol{y}_k$ kollinear sind. Jeder Vektor $\boldsymbol{z}_k$ gibt die Richtung der von $\boldsymbol{x}_{k+1}$ ausgehenden Geraden an, auf der $\boldsymbol{x}_k$ liegt. Der Algorithmus geht damit in folgende Form über (Variante II).

A. Der Anfangsschritt ist der gleiche wie in Variante I.

B. Der Punkt $\boldsymbol{x}_k$ und die Richtung $\boldsymbol{z}_k$ seien bereits bestimmt.

1. Der Gradient $\boldsymbol{g}_{k+1}$ der Funktion $F(\boldsymbol{x})$ wird im Punkt $\boldsymbol{x}_k$ berechnet;
2. Es wird

$$\boldsymbol{z}_{k+1} = \boldsymbol{g}_{k+1} + \alpha_{k+1}\boldsymbol{z}_k$$

gesetzt, wobei

$$\alpha_{k+1} = \frac{-(\boldsymbol{g}_{k+1}, \boldsymbol{A}\boldsymbol{z}_k)}{(\boldsymbol{z}_k, \boldsymbol{A}\boldsymbol{z}_k)} \tag{16.21}$$

ist;

3. der Punkt $\boldsymbol{x}_{k+1}$, in dem die Funktion $F(\boldsymbol{x})$ auf der Geraden

$$\boldsymbol{x} = \boldsymbol{x}_k + \lambda\boldsymbol{z}_{k+1}$$

ein bedingtes Maximum annimmt, wird nach der Formel

$$\boldsymbol{x}_{k+1} = \boldsymbol{x}_k + \frac{(\boldsymbol{g}_{k+1}, \boldsymbol{z}_{k+1})}{(\boldsymbol{z}_{k+1}, \boldsymbol{A}\boldsymbol{z}_{k+1})}\,\boldsymbol{z}_{k+1} \tag{16.22}$$

bestimmt.

Die Formeln (16.21) und (16.22) lassen sich umformen; Durch Einführen von

$$\gamma := \frac{(\boldsymbol{g}_k, \boldsymbol{z}_k)}{(\boldsymbol{z}_k, \boldsymbol{A}\boldsymbol{z}_k)}$$

wird mit (16.22)

$$\boldsymbol{y}_k = (\boldsymbol{x}_k - \boldsymbol{x}_{k-1}) = \gamma_k\boldsymbol{z}_k$$

erhalten, woraus unter Verwendung von (16.12)

$$(\boldsymbol{g}_{k+1}, \boldsymbol{A}\boldsymbol{z}_k) = \frac{1}{\gamma_k}(\boldsymbol{g}_{k+1}, \boldsymbol{A}\boldsymbol{y}_k) = -\frac{|\boldsymbol{g}_{k+1}|^2}{\gamma_k} \tag{16.23}$$

folgt. Andererseits erhalten wir, da

$$(\boldsymbol{g}_k, \boldsymbol{y}_{k-1}) = (\boldsymbol{g}_k, \boldsymbol{z}_{k-1}) = 0$$

aus (16.21)

$$(\boldsymbol{g}_k, \boldsymbol{z}_k) = (\boldsymbol{g}_k, (\boldsymbol{g}_k + \alpha_k \boldsymbol{z}_{k-1})) = \boldsymbol{g}_k^2 .$$

Somit ist

$$\gamma_k = \frac{|\boldsymbol{g}_k^2|}{(\boldsymbol{z}_k, \boldsymbol{A}\boldsymbol{z}_k)} . \tag{16.24}$$

Schließlich wird aus (16.21), (16.23) und (16.24)

$$\alpha_{k+1} = \frac{-(\boldsymbol{q}_{k+1}, \boldsymbol{A}\boldsymbol{z}_k)}{(\boldsymbol{z}_k, \boldsymbol{A}\boldsymbol{z}_k)} = \frac{|\boldsymbol{g}_{k+1}|^2}{\gamma_k(\boldsymbol{z}_k, \boldsymbol{A}\boldsymbol{z}_k)} = \frac{|\boldsymbol{g}_{k+1}|^2}{|\boldsymbol{g}_k|^2}$$

erhalten. Somit können die Formeln (16.21) und (16.22) in der Form

$$\boldsymbol{z}_{k+1} = \boldsymbol{g}_{k+1} + \alpha_{k+1}\boldsymbol{z}_k$$

geschrieben werden, wobei

$$\alpha_{k+1} = \frac{|\boldsymbol{g}_{k+1}|^2}{|\boldsymbol{g}_k|^2} \tag{16.25}$$

und

$$\boldsymbol{x}_{k+1} = \boldsymbol{x}_k + \frac{|\boldsymbol{g}_{k+1}|^2}{(\boldsymbol{z}_{k+1}, \boldsymbol{A}\boldsymbol{z}_{k+1})}\boldsymbol{z}_{k+1} \tag{16.26}$$

sind.

Die Übereinstimmung der Resultate der nach den Formeln (16.21) und (16.22) einerseits und den Formeln (16.25) und (16.26) andererseits ausgeführten Operationen bestätigt die Richtigkeit der Berechnungen.

3. Die Methode der konjugierten Gradienten kann auch zur Maximierung von Funktionen $F(x)$, die nicht quadratisch sind, angewandt werden. Bekanntlich lassen sich nämlich Funktionen, die in der Umgebung ihres Maximums hinreichend glatt sind, dort i.a. gut durch eine quadratische Funktion approximieren, z.B. mit Hilfe der Taylorschen Reihenentwicklung. Dabei nimmt man i.a. an, daß die Koeffizienten der approximierenden quadratischen Funktion unbekannt sind; der Gradient $g(\boldsymbol{x})$ der Funktion $F(\boldsymbol{x})$ soll jedoch in jedem beliebigen Punkt berechenbar sein.

Unter diesen Umständen läßt sich offensichtlich der Punkt 1. des Algorithmus ohne Änderungen erfüllen, dem Punkt 2. kann durch Anwendung der Formel (16.25) Rechnung getragen werden, da in dieselbe die Matrix $\boldsymbol{A}$ nicht explizit eingeht, und der Punkt 3., d.h. die Ermittlung des bedingten Maximum auf der Geraden, mit einem der bekannten Verfahren, z.B. der Fibonaccischen Methode, gelöst werden kann. Die Methode der konjugierten Gradienten sichert i.a. eine schnellere Konvergenz gegen das Maximum gegenüber der Methode des steilsten Anstiegs, der Gauss-Seidel-Methode und anderen.

4. Man kann sich fragen, ob sich die Methode der konjugierten Gradienten auch zur Maximierung einer positiv halbdefiniten quadratischen Form $(\boldsymbol{x}, \boldsymbol{A}\boldsymbol{x})$ eignet. Ist die quadratische Form $(\boldsymbol{x}, \boldsymbol{A}\boldsymbol{x})$ positiv halbdefinit, so nimmt — wie aus der linearen Algebra bekannt ist — die Funktion $F(\boldsymbol{x})$ in einem geeignet gewählten Koordinatensystem die Form

$$F(\boldsymbol{x}) = -\frac{1}{2}\sum_{i=1}^{n} c_i \boldsymbol{x}_i^2 + \sum (\boldsymbol{b}_i, \boldsymbol{x}_i) + d$$

an, wobei alle $c_i \geqq 0$ und einige $c_i = 0$ sind. Die Funktion hat ein eindeutiges Maximum genau dann, wenn mit $c_i = 0$ auch das entsprechende $b_i = 0$ ist. Es ist leicht zu sehen, daß in diesem Fall das Maximum als unbedingtes Maximum im Originalraum existiert. Zur Erhärtung dieser Aussage nehmen wir an, es sei z.B. für alle i, $1 \leqq i \leqq k$, $c_i \neq 0$ und für alle i, $k + 1 \leqq i \leqq n$, $c_i = 0$ und $b_i = 0$. Dann wird das Maximum in den Punkten mit den Koordinaten $x_i = b_i/c_i$ für $1 \leqq i \leqq k$ und bei beliebigen Werten x_i für $i > k$ erreicht. Diese bilden einen Hyperraum der Dimension $n - k$.

Sind jedoch für einige i $c_i = 0$ und $b_i \neq 0$, so besitzt die Funktion kein Maximum und wächst unbeschränkt. Sind z.B. $b_k > 0$ und $c_k = 0$, dann wird, wenn man $x_i = 0$ für $i \neq k$ setzt und x_k nach $+\infty$ gehen läßt, offensichtlich auch die Funktion $F(\boldsymbol{x})$ nach Unendlich gehen.

Es zeigt sich also, daß die Methode der konjugierten Gradienten (bei *unendlich genauer* Berechnung) im ersten Falle gestattet, das Maximum in nicht mehr als k Schritten zu erreichen, wobei k die Anzahl der von Null verschiedenen c_i ist, und im zweiten Fall wird nach nicht mehr als k Schritten die Richtung gefunden, in der die Funktion unbeschränkt wächst. Im Koordinatensystem des Ausgangsraums hat die Funktion $F(\boldsymbol{x})$ die Form

$$F(\boldsymbol{x}) = -\frac{1}{2}(\boldsymbol{x}, \boldsymbol{A}\boldsymbol{x}) + (\boldsymbol{b}, \boldsymbol{x}) + c,$$

dabei ist die Matrix $\boldsymbol{A}$ singulär und vom Rang $k < n$. Hier ist, wie auch früher, das Verschwinden des Gradienten das Kriterium für das Erreichen des Maximums, und die Orthogonalität des Gradienten auf dem Hyperraum das Kriterium für das Vorliegen eines bedingten Extremums in diesem Hyperraum.

Betrachten wir in diesem Fall die Anwendung der Methode der konjugierten Gradienten nach Variante II. Hier muß man die Abbruchbedingung abändern, da jetzt bei der Berechnung der Schrittweite

$$\gamma_k = \frac{(\boldsymbol{g}_k, \boldsymbol{z}_k)}{(\boldsymbol{z}_k, \boldsymbol{A}\boldsymbol{z}_k)} = \frac{\boldsymbol{g}_k^2}{(\boldsymbol{z}_k, \boldsymbol{A}\boldsymbol{z}_k)}$$

der Nenner $(\boldsymbol{z}_k, \boldsymbol{A}\boldsymbol{z}_k)$ verschwinden kann (auch bei der Berechnung von α_{k+1} geht der Ausdruck $(\boldsymbol{z}_k, \boldsymbol{A}\boldsymbol{z}_k)$ in den Nenner ein; wenn er verschwindet, ist natürlich schon der vorhergehende Schritt unmöglich). Somit wird die Abbruchbedingung wie folgt neu zu formulieren sein: „Der Prozeß wird im Schritt k abgebrochen, falls $\boldsymbol{g}_{k+1} = \boldsymbol{0}$ oder $(\boldsymbol{z}_{k+1}, \boldsymbol{A}\boldsymbol{z}_{k+1}) = 0$ ist".

Im ersten Falle führt der so definierte Algorithmus tatsächlich zum Maximumpunkt. Im zweiten Falle ist die Richtung $\boldsymbol{z}_{k+1}$ die Richtung des unbegrenzten Wachstums der Funktion $F(\boldsymbol{x})$, da die Funktion $F(\boldsymbol{x})$ auf der Geraden

$$\boldsymbol{x} = \boldsymbol{x}_k + \lambda \boldsymbol{z}_{k+1}$$

bei $(\boldsymbol{z}_{k+1}, \boldsymbol{A}\boldsymbol{z}_{k+1}) = 0$ die Form

$$F(\boldsymbol{x}) = F(\boldsymbol{x}_k) - \frac{\lambda^2}{2}(\boldsymbol{z}_{k+1}, \boldsymbol{A}\boldsymbol{z}_{k+1}) + (\boldsymbol{g}_{k+1}, \boldsymbol{z}_{k+1})\lambda = F(\boldsymbol{x}_k) + \lambda(\boldsymbol{g}_{k+1}, \boldsymbol{g}_{k+1})$$

hat, worin

$$(\boldsymbol{g}_{k+1}, \boldsymbol{g}_{k+1}) > 0$$

ist, da andernfalls bei $\boldsymbol{g}_{k+1} = \boldsymbol{0}$ der Abbruch schon nach Punkt a) erfolgt wäre. Aber jetzt ist offensichtlich, daß für die Funktion $F(\boldsymbol{x})$ für $\lambda \to \infty$ unbeschränkt wächst. Man kann zeigen, daß die Richtung $\boldsymbol{z}_{k+1}$ gegenüber allen anderen Richtungen, in denen die Funktion unbeschränkt wächst, die Richtung ist, in der sie am schnellsten wächst. Uns verbleibt zu zeigen, daß der Abbruch nach nicht mehr als k Schritten erfolgt, wobei k der Rang der Matrix A ist. Das sieht man, wenn man annimmt, daß bei $i \leqq m$ die Bedingung $(z_i, Az_i) > 0$ erfüllt ist, denn dann bleiben die Beziehungen

$$(z_i, Az_j) = 0 \text{ für } i \neq j \quad (i, j \leqq m)$$

$$(g_{m+1}, z_i) = 0$$

— bei deren Ableitung die Eigenschaft der Matrix A positiv zu sein, nicht benutzt wurde — in Kraft.

Hieraus folgt, daß die Vektoren z_i $(1 \leqq i \leqq m)$ eine A-orthogonale Basis bilden, und der Gradient g_m im Punkt x_m zum Hyperraum E_m der Dimension m, der durch Vektoren der Form

$$x = x_0 + \Sigma \lambda_i z_i$$

aufgespannt wird, orthogonal ist, wobei

$$x_m \in E_m$$

ist, so daß im Punkt x_m ein bedingtes Maximum der Funktion $F(x)$ in E_m erreicht wird. Diese Funktion $F(x)$ hat im Hyperraum E_m die Gestalt

$$F(x) = F(x_0) + \sum_{i=1}^{n} \lambda_i^2 (z_i, Az) + \sum d_i \lambda_i ,$$

wobei

$$d_i = z_i(b - Ax_0)) ,$$

und da $(z_i, Az_i) > 0$, ist der quadratische Teil von $F(x)$ positiv definit. Wie jedoch aus der linearen Algebra bekannt ist, ist dies nur möglich, falls die Dimension des Raumes E_m kleiner oder gleich dem Rang k der Matrix A ist. Demzufolge wird der Stop in jedem Falle bei $m \leqq k$ erfolgen.

§ 3. Methode der parallelen Tangenten (PARTAN)

Oben wurde gezeigt, daß der im § 1 beschriebene Prozeß zur Methode der konjugierten Gradienten führt, wenn die bedingte Maximierung im Raum E_k durch die äquivalente Maximierung auf der Geraden ersetzt wird. Dort wurde auch gezeigt, daß die Suche des bedingten Maximums in der durch den Punkt x_k und die zwei von ihm ausgehenden Vektoren y_k und g_{k+1} definierte [zweidimensionale] Ebene der Suche des Maximums auf der oben genannten Geraden äquivalent ist, d.h., daß sich der Punkt x_{k+1} sowohl in der Form

$$x_{k+1} = x_k + \lambda_1 y_k + \lambda_2 g_{k+1}$$

als auch in der Form

$$x_{k+1} = x_{k-1} + \lambda_1' y_k + \lambda_2 g_{k+1} \quad (\lambda_1' = 1 + \lambda_1)$$

darstellen läßt.

Zur Ermittlung des Maximums einer quadratischen Funktion in der Ebene können verschiedene Methoden angewandt werden. Die unter der Bezeichnung „PARTAN" oder „*Methode der parallelen Tangenten*" bekannte Methode beruht auf einem einfachen geometrischen Prinzip.

In der Abb. 28 sind die Niveaulinien der Funktion $F(\mathbf{x})$ dargestellt, sie sind einander geometrisch ähnliche konzentrische Ellipsen. Seien $\mathbf{x}_0$ ein beliebiger Punkt, A_0 die durch $\mathbf{x}_0$ verlaufende Niveaulinie (Ellipse), l_1 die Tangente an diese Ellipse im Punkt $\mathbf{x}_0$, $\mathbf{g}_1$ der Gradient der Funktion $F(\mathbf{x})$ im Punkt $\mathbf{x}_0$. Offensichtlich ist der Gradient $\mathbf{g}_1$ zur Niveaulinie normal, d.h. er steht senkrecht auf der Tangente l_1.

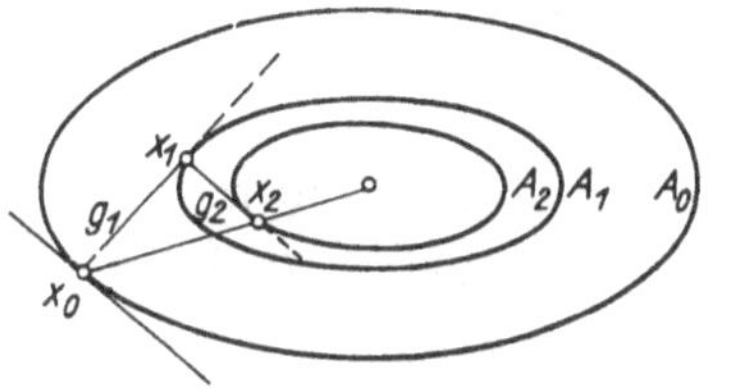

Abb. 28. Zur Methode der parallelen Tangenten (PARTAN)

Der Punkt $\mathbf{x}_1$ ist der Maximpunkt der Funktion $F(\mathbf{x})$ auf der durch $\mathbf{x}_0$ in Richtung des Gradienten $\mathbf{g}_1$ verlaufenden Geraden r. Im Punkt $\mathbf{x}_1$ ist diese Gerade die Tangente einer Niveaulinie. Aus diesem Grunde steht im Punkt $\mathbf{x}_1$ der Gradient $\mathbf{g}_2$ senkrecht auf dem Vektor $\mathbf{g}_1$, so daß die durch $\mathbf{x}_1$ in Richtung $\mathbf{g}_2$ verlaufende Gerade l_2 zu l_1 parallel ist. Weiterhin liegt der Punkt $\mathbf{x}_2$ wie auch der Maximumpunkt von $F(\mathbf{x})$ auf der Geraden l_2 und damit auf der Ellipse A_2. Es ist offensichtlich, daß die Gerade l_1 bzw. die Ellipse A_1 durch gleichmäßige Kontraktion gleichzeitig in die Gerade l_2 bzw. die Ellipse A_2 überführt werden können. Dabei geht der Punkt $\mathbf{x}_0$ in $\mathbf{x}_2$ über. Bei dieser gleichmäßigen Kontraktion (zum Zentrum hin) verschiebt sich der Punkt $\mathbf{x}_0$ auf einer Geraden, die durch das Zentrum der Ellipsen geht. Deshalb geht die Gerade $(\mathbf{x}_0, \mathbf{x}_2)$ durch das Zentrum der Ellipsen, d.h. durch den Punkt, in dem die Funktion ihr Maximum in der Ebene annimmt. Somit kommen wir zu folgender Methode:

1. von einem beliebigen Punkt $\mathbf{x}_0$ ausgehend, wird eine Gerade r in Richtung des Gradienten $\mathbf{g}_1$ der Funktion $F(\mathbf{x})$ im Punkt $\mathbf{x}_0$ konstruiert,

2. auf dieser Geraden wird der Punkt $\mathbf{x}_1$, in dem die Funktion $F(\mathbf{x})$ ihr bedingtes Maximum annimmt, berechnet;

3. durch den Punkt $\mathbf{x}_1$ wird eine Gerade in Richtung des Gradienten gelegt und auf dieser Geraden der Punkt $\mathbf{x}_2$ bestimmt, in dem die Funktion wieder ein bedingtes Maximum annimmt;

4. die Punkte $\mathbf{x}_0$ und $\mathbf{x}_1$ werden miteinander durch eine Gerade verbunden, und auf dieser Geraden wird erneut der Punkt des bedingten Maximums berechnet. In dem so ermittelten Punkt erreicht die Funktion zugleich ihr absolutes Maximum in der gesamten Ebene. Kehren wir zum Problem der Ermittlung des Maximums der Funktion $F(\mathbf{x})$ im n-dimensionalen Raum E_n zurück. In Übereinstimmung mit dem soeben Gesagten, kann der im § 1 beschriebene Prozeß wie folgt formuliert werden.

A. Anfangsschritt.

1. In einem beliebigen Punkt $\mathbf{x}_0$ des Raumes E_n wird der Gradient $\mathbf{g}_1$ der Funktion $F(\mathbf{x})$ ermittelt;

2. auf der Geraden $\mathbf{x} = \mathbf{x}_0 + \lambda \mathbf{g}_1$ wird der Punkt $\mathbf{x}_1$ gesucht, in dem die Funktion $F(\mathbf{x})$ ihr Maximum annimmt.

B. $k + 1$-ter Schritt. Die Punkte $\mathbf{x}_0, \mathbf{x}_1, \ldots, \mathbf{x}_{k-1}, \mathbf{x}_k$ werden als schon ermittelt vorausgesetzt.

1. Im Punkt $\mathbf{x}_k$ wird der Gradient $\mathbf{g}_{k+1}$ der Funktion $F(\mathbf{x})$ bestimmt;

2. in der Ebene, in der die Punkte x_{k-1}, x_k und die Richtung g_{k+1} liegen, d.h. in der Ebene

$$x = x_{k-1} + \lambda_1(x_k - x_{k-1}) + \lambda_2 g_{k+1},$$

wird derjenige Punkt x_{k+1} bestimmt, in dem die Funktion $F(x)$ ein bedingtes Maximum annimmt.

C. Abbruch des Algorithmus. Der Prozeß wird beendet, wenn sich zeigt, daß im darauffolgenden Schritt $g_{m+1} = 0$ wird. x_m ist dann der Punkt, in dem das Maximum von $F(x)$, im gesamten Raum E_n, vorliegt.

Zur Ausführung von Punkt 2. des $k+1$-ten Schrittes wenden wir die Methode der parallelen Tangenten an. Die zweidimensionale Mannigfaltigkeit (Ebene) der Form

$$x = x_{k-1} + \lambda_1(x_k - x_{k-1}) + \lambda_2 g_{k+1}$$

bezeichnen wir mit Λ_k (λ_1 und λ_2 sind freie Parameter). Beginnend mit dem Punkt $x = x_{k-1}$, werden wir im folgenden nach der Methode „PARTAN" verfahren. Zuvor ist es aber erforderlich, den bedingten Gradienten der Funktion $F(x)$ in der Ebene Λ_k im Punkt x_{k-1} zu berechnen. Bekanntlich ist der bedingte Gradient im Hyperraum Λ die Projektion des Gradienten [im Originalraum] auf diesen Hyperraum. Somit müssen wir den Vektor $g_k = \nabla F(x_{k-1})$ auf die Ebene Λ_k projizieren. Nach (16.2) und (16.3) ist jedoch der Vektor g_k orthogonal zu dem Vektor g_{k+1}, desgleichen sind alle Vektoren $(x_k - x_{k-1})$ und g_{k+1} zueinander paarweise orthogonal. Deshalb ist die Projektion von g_k auf die Ebene Λ_k kollinear zu dem Vektor $(x_k - x_{k-1})$.

Die Gerade, die durch den Punkt x_{k-1} in Richtung des bedingten Gradienten auf der Ebene verläuft, hat somit die Form

$$x = x_{k-1} + \lambda(x_k - x_{k-1}),$$

und der Punkt, in dem das Maximum auf dieser Geraden angenommen wird, ist x_k, weil die Gerade im Raum E_k liegt und in x_k das absolute Maximum der Funktion $F(x)$ (im Originalraum E_k) vorliegt.

Es zeigt sich also, daß der erste Schritt des zweidimensionalen „PARTAN" praktisch schon durch A erfüllt war, und der von diesem Algorithmus (A) erzeugte Punkt x_1 mit x_k identisch ist.

Ferner muß der bedingte Gradient von $F(x)$ im Punkt x_k gebildet werden. Die Richtung des [vollen] Gradienten g_{k+1} im Punkt x_k liegt aber in der Hyperebene Λ_k. Deshalb ist dieser bedingte Gradient mit dem vollen identisch. Jetzt muß im Punkt x_k die Gerade

$$x = x_k + \lambda g_{k+1}$$

konstruiert und auf derselben der Punkt x_{k+1} bestimmt werden, in dem ein bedingtes Maximum von $F(x)$ liegt. Schließlich ist der Punkt x_{k-1} mit x'_{k+1} durch eine Gerade zu verbinden und auf dieser Geraden der Punkt zu suchen, in dem wiederum das bedingte Maximum erreicht wird. Dieser Punkt ist der Punkt x_{k+1}. Somit ist der allgemeine Schritt des Algorithmus durch folgende Vorschrift definiert:

1. im Punkt x_k wird der Gradient g_{k+1} ermittelt;
2. auf der Geraden $x = x_k + \lambda g_{k+1}$ wird der Punkt x'_{k+1} definiert, in dem die Funktion $F(x)$ ein bedingtes Extremum, zu berechnen nach der Formel

$$x'_{k+1} = \lambda'_k g_{k+1} + x_k,$$

erreicht, wobei

$$\lambda_k' = \frac{g_{k+1}^2}{(g_{k+1}, A g_{k+1})}$$

ist;

3. auf der Geraden $x = x_{k-1} + \lambda(x_{k+1}' - x_{k-1})$ wird der Punkt x_{k+1} gesucht, in dem ein bedingtes Extremum von $F(x)$, gegeben durch die Formel

$$x_{k+1} = x_{k-1} + \lambda_k''(x_{k+1}' - x_{k-1}),$$

mit

$$\lambda_k'' = \frac{((x_{k+1}' - x_{k-1}), g_k)}{((x_{k+1}' - x_{k-1}), A(x_{k+1}' - x_{k-1}))}$$

liegt. Diese Formeln wurden in Übereinstimmung mit der im § 2 abgeleiteten allgemeinen Formel (16.16) erhalten. Wir bemerken noch, daß der Prozeß bei unendlich genauer Berechnung nach nicht mehr als n Schritten abgebrochen werden kann.

Die Methode der parallelen Tangenten kann auch bei einer nichtquadratischen Funktion angewandt werden, wobei das bedingte Extremum auf einer Geraden mit Hilfe bekannter Methoden der eindimensionalen Extremalisierung realisiert werden kann. Jedoch ist dabei nicht garantiert, daß der Prozeß nach n Schritten abbricht. Experimentell wurde gefunden, daß diese Methode bedeutend besser ist als die Methode des steilsten Anstiegs und als die GAUSS-SEIDEL-Methode.

§ 4. Fehleranalyse der Methode

Im § 1 wurde der Prozeß betrachtet, mit dessen Hilfe eine Folge geschachtelter Hyperräume $E_1, \ldots, E_k$ wachsender Dimension erzeugt werden kann und eine Folge von Punkten $x_1, \ldots, x_k$, in denen die Funktion $F(x)$ jeweils ein bedingtes Maximum in den entsprechenden Hyperräumen $E_1, \ldots, E_k$ annimmt. Dabei zeigte es sich, daß die Vektoren $(x_{k+1} - x_k)$ A-orthogonal sind.

Wir zeigen jetzt, daß in einem gewissen Sinne auch die Umkehrung dieser Behauptung richtig ist:

Falls

1. die Vektoren $z_1, \ldots, z_k$ A-orthogonal sind, d.h.

$$z_i A z_j = 0 \text{ für } i \neq j$$

gilt und

2. die Punkte $x_0, x_1, \ldots, x_k$ mit einem iterativen Verfahren der Maximierung der Funktion $F(x)$ längs der Geraden

$$x = x_k + \lambda z_{k+1}$$

erhalten worden sind, wobei das Maximum selbst in x_{k+1} erreicht wird und der Punkt x_0 beliebig vorgegeben sein kann, dann liegt im Punkt x_k ein bedingtes Maximum der Funktion im Hyperraum E_k vor, der als die Gesamtheit von Vektoren der Gestalt

$$x = x_0 + \sum_{i=1}^{k} c_i z_i \tag{16.27}$$

definiert ist.

Tatsächlich erhalten wir, wenn wir die Formel (16.26) in den Ausdruck für $F(\boldsymbol{x})$ einsetzen,

$$F = F(\boldsymbol{x}_0) - \frac{1}{2} \sum_{i,j} c_i c_j (\boldsymbol{z}_i, \boldsymbol{A}\boldsymbol{z}_j) + \sum_{i=1}^{k} c_i (\boldsymbol{z}_i, (\boldsymbol{b} - \boldsymbol{A}\boldsymbol{x}_0)).$$

Mit den Bezeichnungen

$$d_i := (\boldsymbol{z}_i, (\boldsymbol{b} - \boldsymbol{A}\boldsymbol{x}_0)) \text{ und } a_i := (\boldsymbol{z}_i, \boldsymbol{A}\boldsymbol{z}_i)$$

findet man unter Berücksichtigung der $\boldsymbol{A}$-Orthogonalität von $\boldsymbol{z}_i$ und $\boldsymbol{z}_j$ für $i \neq j$

$$F = F(\boldsymbol{x}_0) - \frac{1}{2} \sum_{i=1}^{k} c_i^2 a_i + \sum_{i=1}^{k} c_i d_i. \tag{16.28}$$

Um den Vektor $\boldsymbol{x}_{\text{opt}}$ zu finden, in dem das Maximum von $F(\boldsymbol{x})$ in E_k liegt, differenzieren wir F nach den c_i und setzen die partiellen Ableitungen gleich Null. Dann folgt

$$c_{i\,\text{opt}} = \frac{d_i}{a_i},$$

wobei wegen der Voraussetzung, die quadratische Form sei positiv definit, hier alle $a_i \neq 0$ angenommen werden konnten, und daraus

$$\boldsymbol{x}_{\text{opt}}(k) = \boldsymbol{x}_0 + \sum_{i=1}^{k} \boldsymbol{z}_i \frac{d_i}{a_i}. \tag{16.29}$$

Vergleichen wir die sich ergebenden Ausdrücke (16.29) für $\boldsymbol{x}_{\text{opt}}(k)$ und $\boldsymbol{x}_{\text{opt}}(k+1)$, so erhalten wir

$$\boldsymbol{x}_{\text{opt}}(1) = \boldsymbol{x}_0 + \boldsymbol{z}_1 \frac{d_1}{a_1},$$

$$\boldsymbol{x}_{\text{opt}}(k+1) = \boldsymbol{x}_{\text{opt}}(k) + \boldsymbol{z}_{k+1} \frac{d_{k+1}}{a_{k+1}}.$$

Somit liegt der Punkt $\boldsymbol{x}_{\text{opt}}(k+1)$ auf der Geraden

$$\boldsymbol{x} = \boldsymbol{x}_{\text{opt}}(k) + \lambda \boldsymbol{z}_{k+1}$$

und ist offensichtlich auf dieser Geraden ebenfalls ein Maximumpunkt von $F(\boldsymbol{x})$ (bedingtes Maximum), da der Hyperraum E_{k+1} trivialerweise diese Gerade als Teilmenge enthält.

Deshalb werden bei exakter Berechnung die Folgen $\boldsymbol{x}_0, \boldsymbol{x}_1, \ldots, \boldsymbol{x}_k$ und $\boldsymbol{x}_0, \boldsymbol{x}(1), \ldots, \boldsymbol{x}(k)$ miteinander identisch. Sind jedoch bei der Berechnung Fehler zugelassen, dann addieren sich dieselben in jedem Schritt vektoriell. Nehmen wir an, der Prozeß habe nach k Schritten einen Punkt $\boldsymbol{x}_k^* = \boldsymbol{x}_{\text{opt}}(k)$ erreicht. Wir setzen

$$\boldsymbol{x}_k^* = \boldsymbol{x}_{\text{opt}}(k) + \Delta \boldsymbol{x}_k$$

mit $\boldsymbol{x}_k^* \in E_k$. In diesem Falle verschwinden dann in einer Darstellung von $\boldsymbol{x}_k^*$ nach (16.27) die Koeffizienten c_i für $i > k$. Die Maximierung auf der Geraden

$$\boldsymbol{x} = \boldsymbol{x}_k^* + \lambda \boldsymbol{z}_{k+1}$$

besteht dann in einer Suche des Punktes, in dem der Ausdruck (16.28) bei Variation der Veränderlichen c_{k+1} unter festgehaltenen Werten der übrigen Veränderlichen c_i sein Maximum annimmt. Die Koordinaten dieses Punktes sind wie früher durch $c_{k+1\,\text{opt}} = \dfrac{d_{k+1}}{a_{k+1}}$ gegeben.

Somit ist der $(k+1)$-te Schritt des gestörten Prozesses mit dem entsprechenden Schritt des ungestörten identisch, woraus folgt, daß sich die Fehler einfach addieren. Ist der Betrag des Gesamtfehlers nach n Schritten kleiner als der Betrag des Differenzvektors zwischen Optimalpunkt und Anfangspunkt — wie es bei der Durchführung der Berechnungen mit Hilfe eines elektronischen Rechners der Fall sein wird —, so wird das Maximum nach zwei- bis dreimaliger Anwendung des Algorithmus mit sehr hoher Genauigkeit gefunden.

Alle diese Überlegungen sind nur unter der Voraussetzung richtig, daß vor Beginn des Maximierungsprozesses das System der zu A orthogonalen Vektoren $\boldsymbol{z}_i$ mit ausreichender Genauigkeit berechnet werden konnte. Tatsächlich wird aber mit der Methode der konjugierten Gradienten dieses System von Vektoren iterativ konstruiert. Die dadurch bedingte Ungenauigkeit des Vektorensystems kann dazu führen, daß ein einmal aufgetretener kleiner Fehler im Laufe der weiteren Berechnungen ein lawinenartiges Anwachsen des Gesamtfehlers auslöst.

Wir betrachten jetzt die Methode der konjugierten Gradienten nach Variante II; $\boldsymbol{x}_0$ kann beliebig sein, und es gelten für $k \geqq 1$ die Gleichungen

$$1.\quad \boldsymbol{g}_{k+1} = \boldsymbol{g}_k - A(\boldsymbol{x}_k - \boldsymbol{x}_{k-1}), \tag{16.30'}$$

$$2.\quad \boldsymbol{z}_{k+1} = \boldsymbol{g}_{k+1} + \alpha_{k+1}\boldsymbol{z}_k, \tag{16.30''}$$

$$3.\quad \boldsymbol{x}_{k+1} = \boldsymbol{x}_k + \gamma_{k+1}\boldsymbol{z}_{k+1} \tag{16.30'''}$$

mit

$$\alpha_{k+1} = -\frac{(\boldsymbol{g}_{k+1}, A\boldsymbol{z}_k)}{(\boldsymbol{z}_k, A\boldsymbol{z}_k)},$$

$$\gamma_{k+1} = \frac{(\boldsymbol{g}_{k+1}, \boldsymbol{z}_{k+1})}{(\boldsymbol{z}_{k+1}, A\boldsymbol{z}_{k+1})}. \tag{16.31}$$

Wir leiten zunächst die Iterationsgleichungen für die Skalarprodukte $(\boldsymbol{g}_k, \boldsymbol{z}_i)$ und $(\boldsymbol{z}_k, A\boldsymbol{z}_i)$ ab. Aus (16.30″) folgt

$$\boldsymbol{x}_k - \boldsymbol{x}_{k-1} = \gamma_k \boldsymbol{z}_k.$$

Durch Einsetzen dieses Ausdrucks in (16.30′) und skalare Multiplikation beider Seiten der Gleichung mit $\boldsymbol{z}_i$ wird

$$(\boldsymbol{g}_{k+1}, \boldsymbol{z}_i) = (\boldsymbol{g}_k, \boldsymbol{z}_i) - \gamma_k(\boldsymbol{z}_k, A\boldsymbol{z}_i)$$

(im zweiten Summanden auf der rechten Seite wurde die Beziehung $(A\boldsymbol{z}_k, \boldsymbol{z}_i) = (\boldsymbol{z}_k, A\,\boldsymbol{z}_i)$) berücksichtigt.

Die Iterationsgleichung für das Skalarprodukt $(\boldsymbol{z}_{k+1}, A\boldsymbol{z}_i)$ erhalten wir, indem wir $\boldsymbol{z}_{k+1}$ nach Formel (16.30″) ersetzen:

$$(\boldsymbol{z}_{k+1}, A\boldsymbol{z}_i) = \alpha_{k+1}(\boldsymbol{z}_k, A\boldsymbol{z}_i) + (\boldsymbol{g}_{k+1}, A\boldsymbol{z}_i). \tag{16.32}$$

Setzen wir jetzt die aus (16.30′) und (16.30″) folgende Beziehung

$$A\boldsymbol{z}_i = \frac{-1}{\gamma_i}(\boldsymbol{g}_{i+1} - \boldsymbol{g}_i)$$

in (16.32) ein, so wird

$$(\boldsymbol{z}_{k+1}, A\boldsymbol{z}_i) = \alpha_{k+1}(\boldsymbol{z}_k, A\boldsymbol{z}_i) - \frac{1}{\gamma_i}((\boldsymbol{g}_{i+1} - \boldsymbol{g}_i), \boldsymbol{g}_{k+1}).$$

Aus der Formel (16.30″) folgt durch Umstellung

$$g_{i+1} = z_{i+1} - \alpha_{i+1} z_i .$$

Damit nimmt schließlich die Iteration endgültig die Form

$$(z_{k+1}, Az) = \alpha_{k+1}(z_k, Az_i) - \frac{1}{\gamma_i}[(z_{i+1}, g_{k+1}) - (1+\alpha_{i+1})(z_i, g_{k+1}) + \alpha_i(z_{i-1}, g_{k+1})]$$

an.

Diese Iterationsgleichungen lauten mit den neuen Bezeichnungen $a_{k,i} := (g_k, z_i)$ $c_{k,i} := (z_k, Az_i)$ wie folgt: Für $i \geqq 1$ werden

$$a_{k+1,i} = a_{k,i} - \gamma_k c_{k,i}, \tag{16.33}$$

$$c_{k+1,i} = \alpha_{k+1} c_{k,i} - \frac{1}{\gamma_i}[a_{k+1,i+1} - (1+\alpha_{i+1})\, a_{k+1i}, + \alpha_j a_{k+1,i-1}]$$

und für $i = 1$

$$c_{k+1,1} = \alpha_{k+1} c_{k,1} - \frac{1}{\gamma_1}[a_{k+1,2} - (1+\alpha_2)\, a_{k+1,1}].$$

Man kann sich leicht davon überzeugen, daß die oben definierten Koeffizienten γ_k und α_k so gewählt sind, daß $a_{k+1,k}$ und $c_{k+1,k}$ verschwinden. Deshalb kann man dem System (16.33) für $k \geqq i+1$ die Nebenbedingungen $a_{k,k-1} = 0$, $c_{k,k-1} = 0$ hinzufügen. Da das System (16.31) linear und homogen ist, hat es unter diesen Anfangsbedingungen nur die einzige Lösung

$$a_{k,i} = 0,\ c_{k,i} = 0 \text{ für alle } k > i.$$

Wir möchten bemerken, daß mit dieser Ableitung ein anderer Beweis dafür erbracht ist, daß die Methode der konjugierten Gradienten im k-ten Schritt ein bedingtes Maximum in E_k erreicht, weil es dafür genügt zu zeigen, daß für $i \leqq k$ $(g_{k+1}, z_i) = 0$ ist.

Aber das System (16.31) kann instabil sein. Zwar läßt sich i.a. die Funktion $F(x)$ und der Anfangspunkt so auswählen, daß α_i und γ_i beliebige vorgegebene positive Werte annehmen; auch können dieselben außerdem noch so gewählt werden, daß sich das System als stabil erweist. Aber in vielen Fällen wird es trotzdem instabil sein. Wir zeigen das an einem Beispiel, indem wir für alle i

$$\gamma_i = 0{,}5,\ \gamma_j = 1 \text{ für } j \neq i,\ \alpha_i = 1$$

setzen.

Nehmen wir an, für ein gewisses $k > i$ sei die Größe $a_{k,i}$ einmal gestört worden, d.h., es sei z.B. $\Delta a_{k,i} = 1$ und $\Delta a_{k,j} = 0$ für alle $j \neq i$ sowie — für alle i — $c_{k-1,i} = 0$. Es ist leicht zu erkennen, daß die Lösung durch Tabelle 5 gegeben ist.

Der analytische Ausdruck für diese Lösung ist

$$a_{k+s,i+j} = \begin{cases} (-1)^{s-j}\, 3^{s-j} & \text{für } s-j \geqq 0, \\ 0 & \text{für } s-j < 0, \end{cases}$$

$$c_{k+s,i+j} = \begin{cases} 4(-1)^{s-j}\, 3^{s-j+1} & \text{für } s-j+1 \geqq 0, \\ 0 & \text{für } s-j+1 < 0 \end{cases}$$

d.h., die Größen a_{ik} und c_{ik} wachsen ungefähr wie 3^k, so daß der Fehler lawinenartig zunimmt. Trotzdem wird der Funktionswert von $F(\boldsymbol{x})$ natürlich mit jedem Schritt größer werden und der Prozeß konvergieren – nur nicht in n Schritten.

Daß so etwas auftritt, läßt sich vermeiden, wenn man in jedem Schritt den neuen Vektor $\boldsymbol{z}_{k+1}$ zu *allen* vorangegangenen Vektoren $\boldsymbol{z}_i$ A-orthogonalisiert – und nicht nur zu $\boldsymbol{z}_k$; um das zu erreichen, ist jedoch in jedem Schritt eine große Anzahl von Operationen auszuführen.

Tabelle 5

$\Delta a_{k,i}$	k	$k+1$	$k+1$	$k+3$
				1
$i-2$			7	-3
$i-1$		7	-3	9
i	1	-3	9	-27
$i+1$		1	-3	9
$i+2$			1	-3
				1

$\Delta c_{k,i}$	k	$k+1$	$k+2$
		-1	4
$i-1$	-1	4	-12
i	4	-12	36
$i+1$	-1	4	-12
		-1	4

KAPITEL XVII

EINE LERNMETHODE ZUR ERMITTLUNG DER KLASSENENTSCHEIDUNG FÜR EINE MENGE VORGEGEBENER OBJEKTVEKTOREN

§ 1. Das Problem der Bestimmung der Funktionswerte in gegebenen Punkten

Im Kapitel VI führte uns das Studium verschiedener Wege zur Rangordnung einer Klasse linearer Entscheidungsregeln auf ein neues Lösungsschema für das Problem der lernfähigen Erkennung — das der Minimierung der sog. *summarischen Kosten.*

Im Grunde handelt es sich dabei um eine neue Aufgabenstellung der Belehrung, verschieden von der, die Gegenstand der vorangegangenen Kapitel des Buches war. Bis dahin hatten wir das Problem der lernabhängigen Erkennung als eine spezielle Aufgabenstellung der Theorie der Schätzung funktionaler Abhängigkeiten anhand empirischer Daten aufgefaßt. *Speziell* war diese Aufgabenstellung deshalb, weil die zu schätzende Funktion einer speziellen Klasse charakteristischer Funktionen angehörte.

Wir meinten, daß unser Ziel die Suche einer funktionalen Abhängigkeit sein müsse, mit deren Hilfe leicht der Funktionswert in einem beliebigen Punkt bestimmt werden kann.

Demgegenüber ist noch eine andere Aufgabenstellung möglich, und zwar die der Schätzung der Funktionswerte in vorgegebenen Punkten. Es schien so, als handelte es sich bei der Schätzung der Funktionswerte in vorgegebenen Punkten — gegenüber der alten Betrachtungsweise — um nichts prinzipiell Neues; existiert ja ein im Rahmen der bisherigen Betrachtungen „natürlicher" Weg zur Lösung dieser neuen Aufgabe, nämlich der, zuerst die Funktion zu schätzen und dann ihre Werte in den vorgegebenen Punkten zu berechnen, d.h. die Lösung des zweiten Problems auf die Lösung des ersten zurückzuführen. In der Praxis ist ein solcher „natürlicher" Weg zur Schätzung von Funktionswerten oft nicht rationell, weil hier die Lösung eines relativ einfachen Problems, wie es die Schätzung von k Zahlen ist, die Lösung eines bedeutend komplizierteren Problems, nämlich das der Schätzung einer Funktion vorausgesetzt. Das Problem liegt aber gerade darin, die Funktionswerte in gegebenen Punkten *unter Umgehung der Lösung des Zwischenproblems*, das in der Schätzung einer vollen funktionalen Abhängigkeit besteht, zu ermitteln. Ein solcher Weg kann im Falle einer Stichprobe beschränkten Umfangs sogar zu genaueren Ergebnissen führen — so können die vorliegenden Informationen ausreichend sein, um k Zahlen befriedigend zu schätzen, nicht aber eine ganze Funktion zu schätzen.

Dazu muß noch bemerkt werden, daß in der Praxis meist nur ein Bedürfnis zur Ermittlung der Funktionswerte in gegebenen Punkten und nicht zur Ermittlung der funktionalen Abhängigkeit an sich auftritt.

Wir werden also zwei Fragestellungen der Schätzung unterscheiden: die Schätzung der Funktion und die Schätzung der Funktionswerte in vorgegebenen Punkten.

§ 2. Minimierungsverfahren für die mittleren und für die summarischen Kosten

Im Kapitel II formalisierten wir die Fragestellung der Schätzung einer funktionalen Abhängigkeit aufgrund empirischer Daten in Form eines Schemas zur Minimierung mittlerer Kosten. Es wurde angenommen, daß eine Klasse charakteristischer Funktionen $F(\boldsymbol{x}, \boldsymbol{\alpha})$ gegeben ist. Gefordert wird die Minimierung des Funktionals

$$P(\boldsymbol{\alpha}) = \int (\omega - F(\boldsymbol{x}, \boldsymbol{\alpha}))^2 \, P(\omega, \boldsymbol{x}) \, d\omega \, d\boldsymbol{x}$$

bei *unbekannter* Dichte $P(\omega, \boldsymbol{x})$; als „Ersatz" dafür ist aber die Stichprobe

$$\omega_1 \boldsymbol{x}_1, \ldots, \omega_l \boldsymbol{x}_l$$

[die zufällig und unabhängig aus einer Verteilung mit $P(\omega, \boldsymbol{x})$ „gezogen" worden sei] gegeben.

Das Problem der Schätzung der Funktionswerte in gegebenen Punkten formalisieren wir durch ein Schema der Minimierung summarischer Kosten (vgl. Kapitel VI, § 10).

Es wird davon ausgegangen, daß eine Menge

$$\boldsymbol{x}_1, \ldots, \boldsymbol{x}_l, \boldsymbol{x}_{l+1}, \ldots, \boldsymbol{x}_{l+k}, \tag{17.1}$$

bestehend aus $(l + k)$ Vektoren, gegeben ist. Weiterhin wird vorausgesetzt, daß eine Funktion $f(\boldsymbol{x})$ existiert, die jedem Vektor aus (17.1) eine Zahl ω (die den Wert 0 oder 1 annehmen kann) zuordnet. Aus der Menge (17.1) werden jetzt zufällig l Vektoren ausgewählt, für die die funktionale Abhängigkeit die Werte $\omega_i = f(\boldsymbol{x}_i)$ ergibt. Wie bei der Minimierung der mittleren Kosten bezeichnen wir die Menge der Paare $\omega_i \boldsymbol{x}_i$ als Lernfolge. Wir legen fest, daß die Lernfolge von 1 bis l durchnumeriert wird, d.h. durch

$$\omega_1, \boldsymbol{x}_1; \ldots; \omega_l, \boldsymbol{x}_l \tag{17.2}$$

gegeben ist. Die verbleibende Menge von Vektoren

$$\boldsymbol{x}_{l+1}, \ldots, \boldsymbol{x}_{l+k} \tag{17.3}$$

nennen wir Teststichprobe.

Es wird gefordert, eine Methode zu finden, die es gestattet, für die Elemente der Lern- und Teststichprobe aus der gegebenen Menge charakteristischer Funktionen $F(\boldsymbol{x}, \boldsymbol{\alpha})$ (zu der nicht unbedingt die Funktion $f(\boldsymbol{x})$ gehören muß) eine Funktion $F(\boldsymbol{x}, \boldsymbol{\alpha}^*)$ zu finden, die mit vorgegebener Wahrscheinlichkeit die summarischen Kosten der für die Elemente der Teststichprobe vorausgesagten Funktionswerte $f(\boldsymbol{x})$ minimiert, d.h. für die mit vorgegebener Wahrscheinlichkeit $1 - \eta$ das Funktional

$$\hat{P}(\boldsymbol{\alpha}) = \frac{1}{k} \sum_{i=l+1}^{l+k} (f(\boldsymbol{x}_i) - F(\boldsymbol{x}_i, \boldsymbol{\alpha}))^2 \tag{17.4}$$

ein Minimum erreicht.

Im Kapitel VI beschränkten wir uns auf den Fall $l = k$. Hier werden wir annehmen, daß k und l beliebige natürliche Zahlen sind.

§ 3. Schätzungen für die gleichmäßige Abweichung der Häufigkeiten in zwei Halbstichproben

Wir führen die zwei Funktionen $\Phi^1_{l,k}(\varepsilon)$ und $\Phi^2_{l,k}(\varepsilon)$ in die Betrachtungen ein. Sei eine Menge

$$\boldsymbol{x}_1, \ldots, \boldsymbol{x}_{l+k} \tag{17.5}$$

gegeben, die aus Elementen zweier Typen, des Typs A und des Typs B, besteht. Diese Menge soll m Elemente des Typs A enthalten. Wir wählen aus der Menge (17.5) zufällig l Elemente aus. Dann ist die Wahrscheinlichkeit, daß unter ihnen r Elemente des Typs A sind, durch

$$P(r, l + k, l, m) = \frac{\binom{m}{r}\binom{l+k-m}{l-r}}{\binom{l+k}{l}}$$

gegeben. Also ist mit einer Wahrscheinlichkeit $P(r, l + k, l, m)$ die relative Häufigkeit der Objekte des Typs A in der ausgewählten Gruppe $\frac{r}{l}$ und folglich in der verbleibenden Gruppe $\frac{m-r}{k}$.

Wir berechnen jetzt die Wahrscheinlichkeit, mit der die Häufigkeit der A-Objekte in der ersten Gruppe von der Häufigkeit der A-Objekte in der zweiten Gruppe um mehr als ε abweicht. Diese ist gleich

$$P\left(\left|\frac{r}{l} - \frac{m-r}{k}\right| > \varepsilon\right) = \sum_r \frac{\binom{m}{r}\binom{l+k-m}{l-r}}{\binom{l+k}{l}} = \Phi^1_{l,k}(m, \varepsilon),$$

wobei über alle Werte summiert wird, die den Bedingungen

$$\left|\frac{r}{l} - \frac{m-r}{k}\right| > \varepsilon; \quad \max(0, m-k) \leqq r \leqq \min(l, m)$$

genügen. Wir berechnen die Funktion

$$\Phi^1_{l,k}(\varepsilon) = \max_m \Phi^1_{l,k}(m, \varepsilon).$$

Im Kapitel VI wurde für den Fall $l = k$ die Schätzung

$$\Phi^1_{l,l}(\varepsilon) < 3\mathrm{e}^{-\varepsilon^2 l}$$

angewandt. Hier werden wir nicht eine *Schätzung* der Funktion $\Phi^1_{l,k}(\varepsilon)$, sondern diese Funktion *selbst* verwenden, deren Werte sich (für eine bestimmte Menge von Paaren l und k) leicht auf Rechenmaschinen in Tabellenform speichern lassen.

Wir ermitteln noch die Funktion $\Phi^2_{l,k}(\varepsilon, m)$. Sie bestimmt die Wahrscheinlichkeit dafür, daß sich in der ersten (ausgewählten) Gruppe keine A-Objekte finden, während ihre Häufigkeit in der zweiten Gruppe größer als ε ist. Es ist

$$\Phi^2_{l,k}(\varepsilon, m) = \begin{cases} \binom{l+k-m}{l-m} \Big/ \binom{l+k}{l}, & \text{falls } m \geqq \varepsilon \cdot l, \\ 0 \text{ sonst.} \end{cases}$$

Wir betrachten jetzt die Funktion

$$\Phi^2_{l,k}(\varepsilon) = \max_m \Phi^2_{l,k}(\varepsilon, m).$$

Im Kapitel VI wurde für den Fall $l = k$ die Schätzung

$$\Phi^2_{l,k}(\varepsilon) < e^{-\frac{\varepsilon l}{2}}$$

angewandt. Hier benutzen wir wieder die Funktion $\Phi^2_{l,k}(\varepsilon)$ selbst und tabellieren ihre Werte für bestimmte l und k auf einem Rechner.

Es lassen sich die folgenden zwei Theoreme beweisen.

Theorem 17.1. *Die Wachstumsfunktion der Klasse $F(\boldsymbol{x}, \boldsymbol{\alpha})$ von Entscheidungsregeln sei gleich $m^S(l)$.*

Dann wird die Wahrscheinlichkeit, daß für wenigstens eine Entscheidungsregel aus $F(\boldsymbol{x}, \boldsymbol{\alpha})$ die Fehlerhäufigkeiten $P_e(\boldsymbol{\alpha})$ in der Lernstichprobe und $\hat{P}(\boldsymbol{\alpha})$ in der Teststichprobe um mehr als ε voneinander abweichen, durch

$$P\{\sup_{\alpha} |P_e(\boldsymbol{\alpha}) - \hat{P}(\boldsymbol{\alpha})| > \varepsilon\} < m^S(l + k)\, \Phi^1_{l,k}(\varepsilon) \tag{17.6}$$

nach oben abgeschätzt.

Theorem 17.2. *Die Wachstumsfunktion einer Klasse $F(\boldsymbol{x}, \boldsymbol{\alpha})$ von Entscheidungsregeln sei gleich $m^S(l)$. Dann wird die Wahrscheinlichkeit, daß in der Menge $F(\boldsymbol{x}, \boldsymbol{\alpha})$ eine Entscheidungsregel existiert, die die Lernfolge fehlerlos und die Teststichprobe mit mehr als ε Fehlern trennt, durch*

$$P < m^S(l + k)\, \Phi^2_{l,k}(\varepsilon) \tag{17.7}$$

geschätzt.

Der Beweis der beiden Theoreme folgt aus der Tatsache, daß die Anzahl aller unterschiedlicher Zerlegungen der Folge (17.1), die man mit Hilfe von Entscheidungsregeln $F(\boldsymbol{x}, \boldsymbol{\alpha})$ erhalten kann, endlich ist und entsprechend der Definition der Wachstumsfunktion durch

$$N \leqq m^S(l + k) \tag{17.8}$$

nach oben abgeschätzt wird.

Offenbar gilt die Ungleichung

$$P\{\sup_{\alpha} |P_e(\boldsymbol{\alpha}) - \hat{P}(\boldsymbol{\alpha})| > \varepsilon\} < N \sup_{\alpha} P\{|P_e(\boldsymbol{\alpha}) - \hat{P}(\boldsymbol{\alpha})| > \varepsilon\}. \tag{17.9}$$

Unter Berücksichtigung von (17.8) und der Tatsache, daß der zweite Faktor auf der rechten Seite von (17.9) unter den Bedingungen des Theorems (17.1) durch $\Phi^1_{l,k}(\varepsilon)$ und unter den Bedingungen des Theorems (17.2) durch $\Phi^2_{l,k}(\varepsilon)$ geschätzt wird, erhalten wir aus der Ungleichung (17.9) die Behauptungen der Theoreme 17.1 und 17.2.

Die Häufigkeit von Klassifikationsfehlern der Folge

$$\boldsymbol{x}_1, \ldots, \boldsymbol{x}_l, \boldsymbol{x}_{l+1}, \ldots, \boldsymbol{x}_{l+k}.$$

bei Anwendung der Entscheidungsregel $F(\boldsymbol{x}, \boldsymbol{\alpha})$ bezeichnen wir mit $\nu(\boldsymbol{\alpha})$. Weiter gilt dann das folgende Theorem über die gleichmäßige relative Abweichung der Häufigkeiten [eines bestimmten Ereignisses] in zwei Halbstichproben.

Theorem 17.3. *Die Wachstumsfunktion der Klasse $F(x, \alpha)$ von Entscheidungsregeln werde durch die Funktion $m(l)$ ^{S}geschätzt. Dann wird die Wahrscheinlichkeit, daß die relative Abweichung der Häufigkeiten in den beiden Halbstichproben wenigstens für eine Regel aus $F(x, \alpha)$ größer als ε ist, durch*

$$P\left\{\sup_{\alpha}\left|\frac{P_e(\alpha) - \hat{P}(\alpha)}{\sqrt{\nu(\alpha) + \frac{1}{l+k}}}\right| > \varepsilon\right\} < m^S(l+k)\,\Phi^3_{l,k}(\varepsilon) \tag{17.10}$$

nach oben abgeschätzt, wobei

$$\Phi^3_{l,k}(\varepsilon) = \max_m \Phi^1_{l,k}\left(\varepsilon\sqrt{\frac{m+1}{l+k}}, m\right)$$

ist.

Der Beweis des Theorems 17.3 ist im wesentlichen mit den Beweisen der Theoreme 17.1 und 17.2 identisch. Es gilt

$$P\left\{\sup_{\alpha}\left|\frac{P_e(\alpha) - \hat{P}(\alpha)}{\sqrt{\nu(\alpha) + \frac{1}{l+k}}}\right| > \varepsilon\right\} < N \sup_{\alpha} P\left\{\left|\frac{P_e(\alpha) - \hat{P}(\alpha)}{\sqrt{\nu(\alpha) + \frac{1}{l+k}}}\right| > \varepsilon\right\}.$$

Wie oben läßt sich der erste Faktor durch $m^S(l+k)$ und der zweite Faktor durch die Funktion $\Phi^3_{l,k}(\varepsilon)$ abschätzen. Tatsächlich ist

$$P\left\{\frac{|P_e(\alpha) - \hat{P}(\alpha)|}{\sqrt{\nu(\alpha) + \frac{1}{l+k}}} > \varepsilon\right\} = P\left\{|P_e(\alpha) - \hat{P}(\alpha)| > \varepsilon\sqrt{\nu(\alpha) + \frac{1}{l+k}}\right\}$$

$$= P\left\{|P_e(\alpha) - \hat{P}(\alpha)| > \varepsilon\sqrt{\frac{m+1}{l+k}}\right\} = \Phi^1_{l,k}\left(\varepsilon\sqrt{\frac{m+1}{l+k}}, m\right),$$

und es gilt in Übereinstimmung mit den Definitionen dieser Funktionen

$$\Phi^1_{l,k}\left(\varepsilon\sqrt{\frac{m+1}{l+k}}, m\right) < \Phi^3_{l,k}(\varepsilon).$$

Die Funktion $\Phi^3_{l,k}(\varepsilon)$ läßt sich ebenso leicht auf elektronischen Rechenmaschinen tabellieren wie die Funktionen $\Phi^1_{l,k}(\varepsilon)$ und $\Phi^2_{l,k}(\varepsilon)$. Im weiteren benötigen wir die Aussagen der Theoreme 17.1, 17.2 und 17.3 in einer etwas anderen Form.

Wir setzen die rechte Seite von (17.6) gleich η und bezeichnen die Lösung der Gleichung

$$\ln m^S(l+k) + \ln \Phi^1_{l,k}(\varepsilon) = \ln \eta \tag{17.11}$$

nach ε mit $\varepsilon_1 = \varepsilon_1(S, \eta; l, k)$; entsprechend die Lösung der Gleichung

$$\ln m^S(l+k) + \ln \Phi^2_{l,k}(\varepsilon) = \ln \eta \tag{17.12}$$

mit $\varepsilon_2 = \varepsilon_2(S, \eta; l, k)$ und schließlich die Lösung der Gleichung

$$\ln m^S(l+k) + \ln \Phi^3_{l,k}(\varepsilon) = \ln \eta \tag{17.13}$$

mit $\varepsilon_3 = \varepsilon_3(S, \eta; l, k)$.

Mit diesen Bezeichnungen läßt sich die Aussage des Theorems 17.1 wie folgt äquivalent umformen:

„*Mit der Wahrscheinlichkeit* $1 - \eta$ *sind für alle Entscheidungsregeln aus* $F(x, \alpha)$ *gleichzeitig die Ungleichungen*

$$P_e(\alpha) - \varepsilon_1(s, \eta; l, k) \leqq \hat{P}(\alpha) \leqq P_e(\alpha) + \varepsilon_1(s, \eta; l, k) \quad (17.14)$$

erfüllt." Die Aussage des Theorems 17.2 ist folgendem äquivalent:

„*Mit der Wahrscheinlichkeit* $1 - \eta$ *sind für alle Entscheidungsregeln aus* $F(x, \alpha)$, *bei deren Anwendung kein Fehler in der Lernstichprobe auftritt, gleichzeitig die Schätzungen*

$$0 \leqq \hat{P}(\alpha) \leqq \varepsilon_2(s, \eta; l, k) \quad (17.15)$$

gültig."

Und schließlich ist die Aussage des Theorems 17.3 der folgenden Aussage äquivalent:

„*Mit der Wahrscheinlichkeit* $1 - \eta$ *gilt für alle Entscheidungsregeln* $F(x, \alpha)$ *gleichzeitig die Schätzung*

$$P_e(\alpha) + \frac{k\varepsilon_3^2}{2(l+k)} - \varepsilon_3 \sqrt{P_e(\alpha) + \left[\frac{k\varepsilon_3}{2(l+k)}\right]^2 + \frac{1}{l+k}} \leqq \hat{P}(\alpha) \leqq P_e(\alpha) + \frac{k\varepsilon_3^2}{2(l+k)} + \varepsilon_3 \sqrt{P_e(\alpha) + \left[\frac{k\varepsilon_3}{2(l+k)}\right]^2 + \frac{1}{l+k}}. \quad (17.16)$$

Die durch die Ungleichungen (17.15) und (17.16) gegebenen Abschätzungen nach oben werden wir im folgenden zur Gewinnung von Algorithmen der geordneten Minimierung summarischer Kosten anwenden.

§ 4. Geordnete Minimierung der summarischen Kosten in einer Klasse linearer Entscheidungsregeln

Im Kapitel VI behandelten wir eine Methode der Kostenminimierung unter der Bedingung, daß eine Stichprobe beschränkten Umfangs vorgegeben ist, die daselbst als „Methode der geordneten Minimierung" bezeichnet worden war. Das Prinzip dieser Methode bestand darin, daß a priori (d.h. bereits *vor* dem Angebot einer Lernfolge) in der Klasse von Entscheidungsregeln $F(x, \alpha)$ eine Struktur gegeben war, d.h. ein geordnetes Mengensystem

$$S_1 \subset S_2 \subset \cdots \subset S_n, \quad (17.17)$$

und die Kostenminimierung sich gleichzeitig sowohl auf die Elemente dieser Struktur als auch auf die Entscheidungsregeln, die diesen Elementen zugeordnet waren, erstreckte.

In gleicher Weise kann auch die Minimierung der summarischen Kosten vorgenommen werden. Nehmen wir an, daß eine Struktur (17.17) gegeben ist, und die Mächtigkeiten der Klassen $S_1, \ldots, S_n$ von Entscheidungsregeln durch Zahlen $\tau_1, \ldots, \tau_n$ bestimmt sind. Dann besteht die Methode der geordneten Minimierung der summarischen Kosten darin, ein Element S_i der Struktur zu suchen, für das die Ungleichung

$$P(\alpha_i^*) \leqq P_e(\alpha_i^*) + \frac{k\varepsilon_3^2}{2(l+k)} + \varepsilon_3 \sqrt{P_e(\alpha^*) + \left[\frac{k\varepsilon_3}{2(l+k)}\right]^2 + \frac{1}{l+k}}$$

erfüllt ist, wobei $F(x, \alpha_i^*)$ die Entscheidungsregel bezeichnet, bei der die empirischen Kosten in der Klasse S_i am kleinsten sind. Die Entscheidungsregel $F(x, \alpha_p^*)$, bei der dieses

Minimum erreicht wird, legt auch die Klassifikation der Vektoren der Teststichprobe fest, und die rechte Seite dieser Ungleichung ist der kleinste garantierte Wert der summarischen Kosten.

Durch Einsetzen der Abschätzung

$$m^{S_i}(l) \leqq 1{,}5 \frac{l^{r_i}}{r_i!} \tag{17.18}$$

in (17.10) erhalten wir die zu (17.13) analoge Gleichung

$$r_i \left(\ln \frac{l+k}{r_i} + 1\right) + \ln \Phi^3_{l,k}(\varepsilon) = \ln \frac{\eta}{2}. \tag{17.19}$$

Die Wurzel dieser Gleichung sei $\varepsilon_3(\tau_i) := \varepsilon_3(\tau_i, \eta; l, k)$. Sie ist positiv und nicht kleiner als $\varepsilon_3(S, \eta; l, k)$. Diese Näherung von $\varepsilon_3(\tau_i)$ werden wir auch zur Auswertung der Schätzung

$$\hat{P}(\alpha_i^*) \leqq P_e(\alpha_i^*) + \frac{k\varepsilon_3^2(r_i)}{2(l+k)} + \varepsilon_e(r_i) \sqrt{P_e(\alpha_i^*) + \left[\frac{k\varepsilon_e(r_i)}{2(l+k)}\right]^2 + \frac{1}{l+k}}. \tag{17.20}$$

verwenden.

Wenn also in der Menge der Entscheidungsregeln $F(x, \alpha)$ eine Struktur (17.17) vorgegeben ist, können wir die Methode der geordneten Minimierung der summarischen Kosten unter Verwendung der Schätzung (17.20) realisieren.

Wir bemerken noch, daß die Ungleichungen (17.20), die hier zur geordneten Minimierung verwendet werden, den Ungleichungen (5.23), die bei der geordneten Minimierung der mittleren Kosten zur Anwendung kamen, völlig analog sind.

Die geordnete Minimierung liefert bei ihrer Anwendung auf die summarischen Kosten im Vergleich zu den mittleren Kosten nicht deshalb ein kleineres garantiertes Minimum, weil die Bedingungen (17.20) schärfer als die Bedingungen (5.23) wären, sondern weil bei der geordneten Minimumsuche der summarischen Kosten mit einer Klasse von Entscheidungsregeln $F(x, \alpha)$ differenzierterer Struktur gearbeitet werden kann.

Die verschiedenen Algorithmen der geordneten Minimierung der summarischen Kosten werden wesentlich durch die verschiedenen Ideen für eine A-priori-Strukturierung der Klasse der Entscheidungsregeln gekennzeichnet.

Eine bemerkenswerte Besonderheit des Verfahrens besteht darin, daß sich die Menge der Entscheidungsregeln $F(x, \alpha)$ in N Äquivalenzklassen

$$F_1, \ldots, F_N$$

zerlegen läßt (zwei Entscheidungsregeln $F(x, \alpha_1)$ und $F(x, \alpha_2)$ fallen in ein- und dieselbe Äquivalenzklasse F_p, wenn sie die Gesamtstichprobe $x_1, \ldots, x_l, x_{l+1}, \ldots, x_{l+k}$ auf genau gleiche Weise in zwei Klassen zerlegen). Im Einklang mit der Definition des Indexes $\Delta^S(x_l, \ldots, x_{l+k})$ der Klasse S von Entscheidungsregeln (vgl. Kapitel V) gibt es

$$N = \Delta^S(x_1, \ldots, x_{l+k}) \leqq m^S(l+k)$$

Äquivalenzklassen. Diese unterscheiden sich in ihren Mächtigkeiten. Einige umfassen einen größeren Anteil an der Gesamtheit der Entscheidungsregeln $F(x, \alpha)$, andere einen geringeren. Wir ordnen jeder Äquivalenzklasse F_p eine Zahl $\Pi(F_p)$ zu, die den relativen Umfang der betreffenden Äquivalenzklasse F_p (relativ zum Umfang der Gesamtheit aller Entscheidungsregeln) angibt.

Die Funktion $\Pi(F_p)$ kann für Klassen von Entscheidungsregeln unterschiedlichen Typs konstruiert werden. Wir bestimmen sie für die Klasse der linearen Entscheidungsregeln. Dazu bemerken wir, daß der Menge aller orientierten Hyperebenen

$$y = \sum_{i=1}^{n} \alpha_i \varphi_i(\boldsymbol{x}) \tag{17.21}$$

im Raum des Vektorparameters $\boldsymbol{\alpha}$ die Oberfläche der Einheitshalbkugel umkehrbar eindeutig zugeordnet werden kann (ein Punkt auf der Oberfläche dieser Halbkugel ist durch den Vektor $\boldsymbol{\alpha} = (\alpha_1, \ldots, \alpha_m)$ der Richtungskosinus der Hyperebene definiert).

Jeder Äquivalenzklasse F_p entspricht auf dieser Halbkugel ein Bereich γ_p. (Die gesamte Halbkugel wird so entsprechend der Anzahl N von Äquivalenzklassen — in N Bereiche zerlegt (Abb. 29)). Den Anteil der Mächtigkeit der in einer Äquivalenzklasse

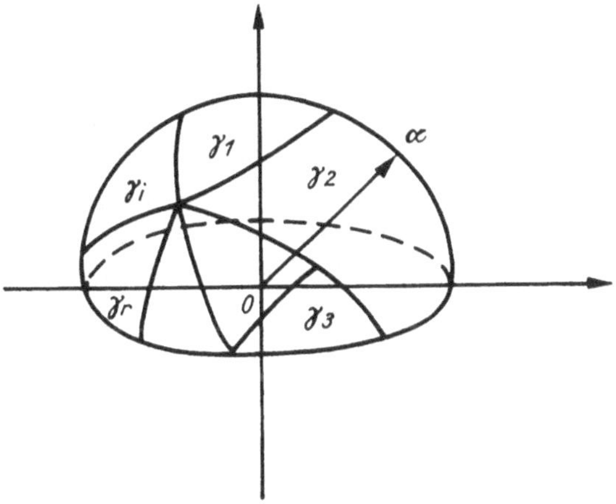

Abb. 29. Bereichsstruktur der Klassen äquivalenter Entscheidungsregeln

vereinigten Menge von Hyperebenen an der Mächtigkeit der Gesamtheit aller Hyperebenen messen wir als den Anteil der Fläche des betreffenden Bereichs auf der Halbkugel an der Gesamtfläche der Halbkugel. Wir ordnen die Äquivalenzklassen F nach der Größe ihrer Werte $\Pi(F)$:

$$F_1, F_2, \ldots, F_N,$$

$$\Pi(F_1) \geqq \Pi(F_2) \geqq \cdots \geqq \Pi(F_N).$$

Wir definieren jetzt eine Struktur in der Menge S der Entscheidungsregeln mit Hilfe ihrer Äquivalenzklassen durch

$$F_i \subset S_p, \text{ wenn } \Pi(F_i) > C_p$$

ist, wobei $0 \leqq C_j \leqq 1$, $j = 1, 2, \ldots, n - 1$, $C_n = 0$ vorgegebene Zahlen sind.

Die numerische Berechnung der Charakteristika $\Pi(F_i)$ für eine Menge von Äquivalenzklassen ist i.a. schwierig. Deshalb betrachteten wir im § 10 von Kapitel VI anstelle der Funktion $\Pi(F_i)$ den ihr nahekommenden Quotienten aus dem Abstand zwischen den konvexen Hüllen der mit Hilfe der Entscheidungsregeln der Klasse F_i definierten Klasseneinteilung und dem Durchmesser der vollen Stichprobe

$$\hat{\Pi}(F_i) = \frac{\varrho_i}{D}.$$

Im Kapitel VI war für $\hat{\Pi}(F_i)$ anstelle von $\Pi(F_i)$ und für $C_p = \frac{1}{\sqrt{p}}$ gezeigt worden, daß im Element S_p der Struktur

$$S_1 \subset S_2 \subset \dots \subset S_n \tag{17.22}$$

$$N_p \leqq 1{,}5 \frac{(l+k)^p}{p!}$$

Äquivalenzklassen enthalten sind. (Die Struktur (17.22) besteht aus n Elementen, wobei n die Dimension des Vektorraums ist, dem der Parameter $\alpha = (\alpha_1, \dots, \alpha_n)$ als Element angehört.)

Im Kapitel VI wurde weiterhin gezeigt, daß im Falle $l = k$ für eine Klasse $F(x, \alpha)$ von Entscheidungsregeln, deren empirische Kosten gleich Null sind, die Methode der geordneten Minimierung für die Teststichprobe zu einer Entscheidungsregel aus der Äquivalenzklasse mit maximalem Wert der Charakteristik $\hat{\Pi}(F_i)$ führt. Dabei hatte die minimale garantierte Schätzung der Kosten den Wert (6.20).

Dieses Resultat wird auch im Falle $l \neq k$ erhalten (die Klassifikation erfolgt wie vorher mit Hilfe von Entscheidungsregeln, die das Belehrungsmaterial fehlerlos trennen): Die Vektoren der Teststichprobe sind durch eine Entscheidungsregel aus der Äquivalenzklasse mit maximalem Wert der Charakteristik zu klassifizieren. Die garantierten summarischen Kosten sind jetzt allerdings durch die Wurzel $\varepsilon_2 = \varepsilon_2(p, \eta; l, k)$ der Gleichung

$$P\left(\ln \frac{l+k}{p} + 1\right) + \ln \Phi_{l,k}^2(\varepsilon) = \ln \frac{\eta}{2}$$

gegeben, wo p der Index des ersten (am weitesten links stehenden) Elements der Struktur ist, welches eine Äquivalenzklasse enthält, deren Entscheidungsregeln die Lernfolge ohne Fehler trennen. Wenn im allgemeinen Falle $l = k$ für die Klassifikation der Teststichprobe keine Regel existiert, die die Lernfolge ohne Fehler trennt, dann verlangt die Methode der geordneten Minimierung der summarischen Kosten, daß ein Element der Struktur S_d ausgewählt werde, in dem eine Entscheidungsregel $F(x, \alpha^*) \in F_i \subset S_d$ enthalten ist, die das Funktional

$$P_e(\alpha) + \frac{k}{2(l+k)} \varepsilon_3^2(d) + \varepsilon_3(d) \sqrt{P_e(\alpha) + \left[\frac{k}{2(l+k)} \varepsilon_3(d)\right]^2 + \frac{1}{l+k}}$$

minimiert, wobei $\varepsilon_3(d)$ die Wurzel der Gleichung

$$d\left(\ln \frac{l+k}{d} + 1\right) + \ln \Phi_{l,k}^3(\varepsilon) = \ln \frac{\eta}{2}$$

ist.

§ 5. Aussonderung von Objektvektoren aus der Stichprobe

Weiterhin war im Kapitel VI gezeigt worden, daß die Klassifikation der Vektoren der Teststichprobe wesentlich von der geometrischen Konfiguration der Vektoren in der Gesamtstichprobe (17.1) abhängt, wobei vorausgesetzt ist, daß die Struktur in der Gesamtheit der Entscheidungsregeln in Gestalt einer Menge von Äquivalenzklassen realisiert ist, die nach der Größe ihrer relativen Abstände geordnet sind. Dabei kann die Lageänderung auch nur eines Vektors der Teststichprobe die Klassifikation aller ihrer übrigen Elemente wesentlich beeinflussen.

Wenn das so ist, dann erhebt sich die Frage, ob es nicht möglich ist, durch Elimination einiger Vektoren aus der vollen Stichprobe (17.1) die vorgegebene Struktur so zu beeinflussen, daß die garantierte Anzahl richtiger Klassifikationen in der Teststichprobe zunimmt. Es zeigt sich, daß das in der Tat möglich ist. Im folgenden werden wir diesen Gedanken ausführen.

Betrachten wir neben der Menge $X = \boldsymbol{x}_1, \ldots, \boldsymbol{x}_{l+k}$ eine Anzahl $\binom{l+k}{h}$ verschiedener Teilmengen $X^1, \ldots, X^{\binom{l+k}{h}}$, von denen jede aus $l + k - h$ Vektoren besteht und durch Aussonderung von h Elementen aus (17.1) erhalten wurde. Zur Ausgangsmenge (17.1) werde jetzt eine Lernfolge (17.2) und eine Testfolge (17.3) definiert. Die Lernfolge und die Testfolge induzieren dann in jeder der Mengen $X^1, X^2, \ldots, X^{\binom{l+k}{h}}$ je eine Lern- und eine Testteilfolge. Wir betrachten $\binom{l+k}{h}$ zugehörige Schätzaufgaben zur Bestimmung der Funktionswerte in gegebenen Punkten. Jede dieser Aufgaben wird durch eine Lernfolge

$$\omega_1, \boldsymbol{x}_1; \ldots; \widehat{\omega_i, \boldsymbol{x}_i}; \ldots; \widehat{\omega_j, \boldsymbol{x}_j}; \ldots; \omega_l, \boldsymbol{x}_l$$

und eine Teststichprobe

$$\boldsymbol{x}_{l+1}, \ldots, \hat{\boldsymbol{x}}_p, \ldots, \hat{\boldsymbol{x}}_t, \ldots, \boldsymbol{x}_{l+k}$$

definiert, ($\widehat{\omega, \boldsymbol{x}}$ $\hat{\boldsymbol{x}}$ bedeutet, daß die Elemente ω, $\boldsymbol{x}$ $\boldsymbol{x}$ aus der Folge ausgesondert wurden).

In jeder Aufgabe definieren wir über der jeweiligen Gesamtstichprobe die Äquivalenzklassen der linearen Entscheidungsregeln. Wir strukturieren diese Klassen wieder unter Anwendung des Prinzips der Anordnung nach wachsenden relativen Abständen.

Aus (17.20) folgt dann, daß mit der Wahrscheinlichkeit $1 - \eta$ in jeder einzelnen Aufgabe die Güte derjenigen Entscheidungsregel $F(\boldsymbol{x}, \boldsymbol{\alpha}^*)$, die die empirischen Kosten im Element S_d der Struktur minimiert, durch

$$\hat{P}(\boldsymbol{\alpha}^*) \leqq P_e(\boldsymbol{\alpha}^*) + \frac{k - h_2}{2(l + k - h)} \varepsilon_3^2(d)$$
$$+ \varepsilon_3(d) \sqrt{P_e(\boldsymbol{\alpha}^*) + \left[\frac{(k - h_1)}{2(l + k - h)} \varepsilon_3(d)\right]^2 + \frac{1}{l + k - h}} \tag{17.23}$$

geschätzt wird, wobei $\varepsilon_3(d)$ die Wurzel der Gleichung

$$d\left(\ln \frac{l + k - h}{2} + 1\right) + \ln \Phi^3_{l-h_1, k-h_2}(\varepsilon) = \ln \frac{\eta}{2} \tag{17.24}$$

ist.

In den Ausdrücken (17.23) und (17.24) bedeuten h_1 die Anzahl eliminierter Elemente der Lernfolge und h_2 die Anzahl der eliminierten Vektoren der Teststichprobe. Für die

Elemente S_d der Strukturen aller $\binom{l+k}{h}$ Aufgaben sind mit der Wahrscheinlichkeit $1-\eta$ gleichzeitig die Ungleichungen

$$\hat{P}(\alpha_i^*) < P_e(\alpha_i^*) + \frac{k-h_2^i}{2(l+k-h)}\,\varepsilon_3^2(d,i)$$
$$+\,\varepsilon_3(d,i)\sqrt{P_e(\alpha^*) + \left[\frac{(k-h_2^i)}{2(l+k-h)}\,\varepsilon_3(d,i)\right]^2 + \frac{1}{l+k-h}} \tag{17.25}$$

erfüllt, wobei $\varepsilon_3(d,i)$ die Wurzel der Gleichung

$$d\left(\ln\frac{l+k-h}{d}+1\right) + \ln \Phi^3_{l-h_1^i,k-h_2^i}(\varepsilon) = \ln\frac{\eta}{2} - \ln\binom{l+k}{h} \tag{17.26}$$

ist und i von 1 bis $\binom{l+k}{h}$ läuft.

In den Ausdrücken (17.25) und (17.26) bedeuten die Bezeichnungen h_1^i bzw. h_2^i die Anzahl der Elemente der Lern- bzw. Teststichprobe, die aus (17.2) bzw. (17.3) bei der Bildung der i-ten Aufgabe ausgesondert wurde.

Wir multiplizieren jetzt jede der Ungleichungen (17.25) mit $(k-h_2^i)$. Als Resultat erhalten wir die Schätzung

$$m_i \leqq H(\varepsilon_3(d,i), l, k, h_1^i, h_2^i, P_e(\alpha_i^*))\,(k-h_2^i) \tag{17.27}$$

der Fehleranzahl für die Elemente der Teststichprobe; hierin wird mit $H(\cdot)$ die rechte Seite der Ungleichung (17.25) bezeichnet.

Falls die Anzahl der aus der Teststichprobe ausgeschlossenen Vektoren bei allen Aufgaben die gleiche ist, kann man als beste Klassifikation der $k-h_2$ Vektoren der Teststichprobe diejenige definieren, für die die rechte Seite der Ungleichung (17.27) — die eine Schätzung der Fehleranzahl für $k-h_2$ Elemente der Teststichprobe darstellt — minimal ist.

Die Anzahl der aus der Teststichprobe eliminierten Vektoren ist jedoch für verschiedene Aufgaben verschieden (nur die *Gesamtzahl* der aus der Lern- und Teststichprobe elminierten Vektoren wird festgehalten). Deshalb wird diejenige Lösung als „*beste*“ definiert, bei der die Anzahl richtiger Klassifikationen von Elementen der Teststichprobe maximal ist; d.h., diese Lösung ist durch das Minimum des Ausdrucks

$$H(\varepsilon_3(d,i), l, k, h_1^i, h_2^i, P_e(\alpha_i^*)) + h_2^i \tag{17.28}$$

definiert. Also ist unter der Bedingung, daß h Vektoren ausgesondert werden sollen, die beste Lösung in denjenigen Elementen S_d der Struktur (17.17) enthalten, in denen eine Entscheidungsregel liegt, die (17.28) minimiert.

Durch Variation von h wird dann die Anzahl der Vektoren bestimmt, die auszusondern sind, um dann das Minimum von (17.28) zu erreichen (d.h. das Maximum der Anzahl richtiger Klassifikationen der Elemente der Teststichprobe).

Das Problem der Minimierung des Funktionals (17.28) ist ziemlich kompliziert (Näheres über Algorithmen zur geordneten Minimierung summarischer Kosten siehe § 9).

Wir betrachteten bereits das Prinzip der Zuordnung linearer Entscheidungsregeln nach relativen Abständen. Nach diesem Prinzip werden die Vektoren der Teststichprobe so klassifiziert, daß der Abstand zwischen der konvexen Hülle der Vektoren der Lern- und Teststichprobe der ersten und zweiten Klasse maximal ist. Auf der Grundlage dieses

Abstands wurde eine garantierte Schätzung der Anzahl der Klassifizierungsfehler bestimmt. Des weiteren wurde eine Möglichkeit gefunden, diesen garantierten Schätzwert auf Kosten einer Erweiterung der Menge zulässiger Lösungen noch weiter zu verkleinern; und schließlich wurde versucht, die Anzahl richtiger Klassifikationen der Vektoren der Teststichprobe durch Elimination eines Teils der Lernstichprobe und eines Teils der Teststichprobe zu maximieren. Wir erhielten die Möglichkeit, die garantierte Anzahl der richtig klassifizerten Vektoren der Teststichprobe durch Verzicht auf die Klassifikation eines Teils der Vektoren der Teststichprobe zu vergrößern.

Jede Verschärfung des Lösungsansatzes führt zur Vergrößerung des Rechenaufwands, jedoch lassen sich diese Ideen auch unter Einsatz heuristischer Methoden realisieren.

§ 6. Geordnete Suche des Minimums der summarischen Kosten in der Klasse stückweise-linearer Entscheidungsregeln

Oben untersuchten wir für die Klasse der linearen Entscheidungsregeln verschiedene A-priori-Annahmen über die Struktur S. Wir betrachten jetzt die Klasse der stückweise-linearen Entscheidungsregeln, stellen in ihr eine Struktur auf, deren in der Halbordnung *erstes* Element die Klasse der linearen Entscheidungsregeln ist und wenden die Methode der geordneten Minimierung der summarischen Kosten an. Sei X die endliche Menge von Vektoren, der die volle Stichprobe (17.1) entnommen ist, und werde dieselbe so in p Teilmengen $X^1, \ldots, X^p$ zerlegt, daß

$$\bigcup_i X^i = X, \quad X^i \cap X^j = \varnothing \quad (i \neq j)$$

gilt. Dieser Zerlegung ordnen wir die Menge der stückweise-linearen Entscheidungsregeln so zu, daß jeder Teilmenge X^i eine lineare Entscheidungsregel entspricht.

Wir betrachten also die parametrische Menge von Entscheidungsregeln

$$k(\varphi(\boldsymbol{x}, \boldsymbol{\theta}_1), \ldots, \varphi(\boldsymbol{x}, \boldsymbol{\theta}_p)) = \begin{cases} \varphi(\boldsymbol{x}, \boldsymbol{\theta}_1, \text{ wenn } \boldsymbol{x} \in X^1, \\ \ldots\ldots\ldots\ldots\ldots\ldots\ldots \\ \varphi(\boldsymbol{x}, \boldsymbol{\theta}_p), \text{ wenn } \boldsymbol{x} \in X^p, \end{cases} \tag{17.29}$$

wobei $\varphi(\boldsymbol{x}, \boldsymbol{\theta}_i)$ eine lineare Entscheidungsregel ist. Die Wachstums*ordnung*[1]) einer solchen Entscheidungsregel ist

$$r = np,$$

und folglich ist eine Schätzung der Wachstums*funktion* der Klasse der stückweise linearen Entscheidungsregeln $k(\varphi(\boldsymbol{x}, \boldsymbol{\theta}_1), \ldots, \varphi(\boldsymbol{x}, \boldsymbol{\theta}_p))$ durch

$$m^s(l) = 1{,}5 \frac{l^{np}}{(np)!}$$

gegeben. Somit stellen wir fest, daß die vorgegebene Klasse von Entscheidungsregeln (17.29) wesentlich durch die Art der Aufteilung der vollen Stichprobe X in p Teilstichproben bestimmt ist.

[1]) Anm. d. Hrsg.: Mit dem Terminus „Wachstumsordnung“ ist hier die maximale Anzahl von Punkten [in allgemeiner Lage] im n-dimensionalen Raum bezeichnet, die sich mit Hilfe der angeführten, nichtlinearen Entscheidungsregeln K auf jede Art in zwei Klassen zerlegen lassen (d. h. für jede Zerlegung der Punktmenge gibt es eine Entscheidungsregel K, mit der sie realisiert wird).

Um die erforderliche Zerlegung der Menge X in p Teilmengen zu definieren, studieren wir ihre Geometrie unter dem Gesichtspunkt ihrer taxonomischen Struktur (Clusterstruktur).

Dazu konstruieren wir einen Baum (Abb. 30). Auf dem niedrigsten, p-ten Niveau bildet jedes Element $\boldsymbol{x}_i$ der Menge X eine Einermenge X_p^i; allgemein sind die Mengen des $(q-1)$-ten Niveaus Teilmengen von X, deren jede durch Vereinigung einiger Teilmengen des q-ten Niveaus entsteht. Dabei geht jede Teilmenge des q-ten Niveaus genau in eine der Teilmengen des $(q-1)$-ten Niveaus ein. Das in der Halbordnung letzte Element ist eine Teilmenge, die die Menge aller Vektoren der vollen Stichprobe vereinigt.

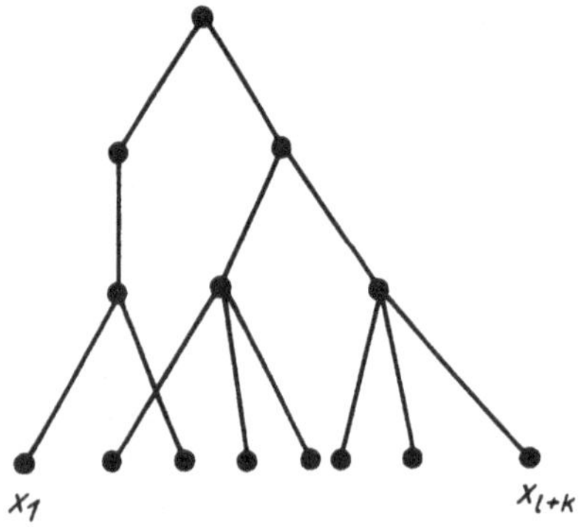

Abb. 30. Baum der hierarchischen Clusterung (Zerlegung) der Stichprobe X

Der Baum ist so gebaut, daß in jedem Niveau q die Beziehung

$$UX_q^i = X, \quad X_q^i \cap X_q^j = 0 \quad (i \neq j) \tag{17.30}$$

erfüllt ist. Wir ordnen jedem Niveau des Baums die Menge der stückweise-linearen Entscheidungsregeln $K(\varphi(\boldsymbol{x}, \boldsymbol{\theta}_1), \ldots, \varphi(\boldsymbol{x}, \boldsymbol{\theta}_q))$ nach (17.29) zu. Offenbar erzeugt ein solcher Baum eine ganz bestimmte Struktur

$$S_1 \subset \cdots \subset S_n \tag{17.31}$$

in der Klasse dieser stückweise-linearen Entscheidungsregeln.

In dieser Struktur kann dann die Methode der geordneten Suche des Minimums der summarischen Kosten realisiert werden. Dazu wird das Element der Struktur (17.31) bzw. das q-te Niveau des Baums gesucht, für das die Methode der Minimierung der empirischen Kosten den kleinsten garantierten Schätzwert

$$\hat{P}(\boldsymbol{\alpha}^*) \leqq P_e(\boldsymbol{\alpha}^*) + \frac{k}{2(l+k)} \varepsilon_3^2(p)$$
$$+ \varepsilon_3(p) \sqrt{P_e(\boldsymbol{\alpha}^*) + \left[\frac{k}{2(l+k)} \varepsilon(p)\right]^2 + \frac{1}{l+k}}$$

der summarischen Kosten liefert, wobei $\varepsilon(p)$ die Wurzel der Gleichung

$$pn\left(\ln \frac{l+k}{pn} + 1\right) + \ln \Phi_{l,k}^3(\varepsilon) = \ln \frac{\eta}{2}$$

ist und $P_e(\boldsymbol{\alpha}^*)$ die Fehler*häufigkeit* derjenigen Entscheidungsregel im Belehrungsmaterial bedeutet, welche die empirischen Kosten innerhalb der Gesamtheit der Regeln S_d

minimiert. Der Algorithmus der geordneten Kostenminimierung wird also durch Vorgabe eines Baumes für die Elemente der vollen Stichprobe festgelegt.

Oft besteht die volle Stichprobe aus einigen „isolierten" Gruppen von Vektoren (Cluster). In diesem Fall ist es naturgemäß, jede solche Gruppe mit ihrer eigenen Trennhyperebene zu klassifizieren.

Die Differenzierung der Vektormenge in q Gruppen, die bestimmte extremale Eigenschaften besitzen, ist ein Problem der Taxonomie (Clusteranalyse) — gelegentlich wird eine solche Aufgabenstellung auch „Belehrung ohne Lehrer" genannt. Für eine gegebene Anzahl von q Clustern hat ein solches Problem eine konstruktive Lösung. Im § 9 werden wir zur Aufstellung von Algorithmen für die geordnete Suche des Minimums der summarischen Kosten in der Klasse der stückweise-linearen Entscheidungsregeln einen Clusteralgorithmus einsetzen.

§ 7. „Lokale Algorithmen" zur Minimierung der summarischen Kosten

Oben brachten wir die Aufstellung von Algorithmen zur geordneten Minimierung der summarischen Kosten in der Klasse der stückweise-linearen Entscheidungsregeln mit der Struktur eines Baums von Clusterzerlegungen (hierarchische Clusterung) der Vektoren der vollen Stichprobe in Verbindung. Dabei mußte auf jedem Niveau des Baums die Bedingung (17.30) erfüllt sein. Zur Konstruktion der stückweise-linearen Entscheidungsregel wurden die Teilmengen eines bestimmten Niveaus benutzt.

In diesem Paragraphen wollen wir diese beiden Einschränkungen aufheben. Wir nehmen an, daß eine beliebige hierarchische Clusterung gegeben ist: Die tiefste, n-te Hierarchieebene umfasse $l + k$ „Einercluster", einen für jeden einzelnen Vektor der vollen Stichprobe; die obere Hierarchieebene bestehe aus einem einzigen Element der Menge X. Jedem Zweig entspricht eine Schachtelung von Mengen [um genau einen Vektor aus X] der Form

$$\{\boldsymbol{x}_j\}, \{\boldsymbol{x}_i, \boldsymbol{x}_{ij}\}, \ldots, \{\boldsymbol{x}_1, \boldsymbol{x}_2, \ldots, \boldsymbol{x}_{l+k}\}.$$

Auf diese Weise werden also $l + k$ Schachtelungen vorgegeben, für jeden Vektor der vollen Stichprobe genau eine:

$$1 \qquad \{\boldsymbol{x}_1\} \subset \{\boldsymbol{x}_1, \boldsymbol{x}_{i1}\} \subset \cdots \subset \{\boldsymbol{x}_1, \ldots, \boldsymbol{x}_{l+k}\}$$

....

$$l+k \qquad \{\boldsymbol{x}_{l+k}\} \subset \{\boldsymbol{x}_{l+k}, \boldsymbol{x}_{j_{l+k}}, \boldsymbol{x}_{i_{l+k}}\} \subset \cdots \subset \{\boldsymbol{x}, \ldots, \boldsymbol{x}_{l+k}\}.$$

Wir nehmen jetzt an, daß die volle Stichprobe in bestimmter Weise in Lern- und Teststichprobe aufgeteilt ist.

Wir betrachten einen beliebigen, den Punkt $\boldsymbol{x}_i$ enthaltenden Cluster $X^q(\boldsymbol{x}_i)$, der sowohl Elemente der Lernstichprobe als auch Elemente der Teststichprobe enthält. Für eine lineare Entscheidungsregel $F(\boldsymbol{x}, \boldsymbol{\alpha}^*)$, welche die empirischen Kosten bei der Klassifizierung derjenigen Elemente der Lernstichprobe, die diesem Cluster mit einer Wahrscheinlichkeit $1 - \eta$ angehören, minimiert, gilt die Ungleichung

$$\hat{P}(\boldsymbol{\alpha}^*) \leqq P_e(\boldsymbol{\alpha}^*) + \varepsilon_3^2 \frac{k_q}{2(l_q + k_q)} + \varepsilon_3 \sqrt{P_e(\boldsymbol{\alpha}^*) + \left[\frac{k_q}{2(l_q + k_q)} \varepsilon_3\right]^2 + \frac{1}{l_q + k_q}} \qquad (17.33)$$

wobei ε die Wurzel der Gleichung

$$n\left(\ln\frac{l_q + k_q}{n} + 1\right) + \Phi_{l_q,k_q}(\varepsilon) = \ln\frac{\eta}{2} \tag{17.34}$$

bedeutet.

In der Gl. (17.33) bezeichnen l_q bzw. k_q die Anzahlen der Elemente der Lern- bzw. Teststichprobe in dem Cluster $X^q(\boldsymbol{x}_i)$. Jetzt suchen wir denjenigen Cluster des Punktes $\boldsymbol{x}_i$, für den die rechte Seite der Ungleichung (17.33) ein Minimum wird. Dieses Minimum werde für den Cluster $X^q(\boldsymbol{x}_i)$ angenommen; die rechte Seite der Ungleichung (17.33) habe für den Cluster den Wert Γ_i; dabei soll die Klassifikation der Vektoren der Teststichprobe mit Hilfe der Entscheidungsregel $F(\boldsymbol{x}, \boldsymbol{\alpha}^*)$ — die die empirischen Kosten in $X^{q*}(\boldsymbol{x}_i)$ minimiert — durch $\omega_{i1}^*, \ldots, \omega_{it}^*$, gegeben sein.

Offensichtlich enthält diese Klassifikation mit der Wahrscheinlichkeit $1 - n\eta$ weniger als $m_i = \Gamma_i k_{q*}$ Fehler. Analog können diese Lösungen für Cluster aller Vektoren der vollen Stichprobe ermittelt werden. Im Resultat erhalten wir Tabelle 6.

Tabelle 6

Cluster der Punkte	Klassifikation der in dem Cluster enthaltenen Vektoren der Teststichprobe	Schätzung der Fehleranzahl der Klassifikation
$\boldsymbol{x}_1$	$\omega_{i1}^*, \ldots, \omega_{it}^*$	m_1
$\vdots$	$\vdots \quad \vdots$	$\vdots$
$\boldsymbol{x}_{l+k}$	$\omega_{j1}^*, \ldots, \omega_{jt}^*$	m_{l+k}

In der ersten Spalte der Tabelle sind die Vektoren angegeben, die den „Kern" einer hierarchischen Schachtelung von Clustern bilden, in der zweiten Spalte ist die beste Klassifikation innerhalb dieser Schachtelung um den Vektor $\boldsymbol{x}_i$ angegeben, und schließlich in der dritten Spalte die garantierte Schätzung der Fehleranzahl dieser Klassifikation. So können wir feststellen, daß ein und dieselben Vektoren der Teststichprobe Clustern zu verschiedenen Vektoren $\boldsymbol{x}_i$ und $\boldsymbol{x}_j$ angehören können, und daß die in der zweiten Spalte [in den Zeilen] angegebenen Klassifikationen desselben Vektors nicht übereinstimmen müssen.

Bezeichnet man mit $\hat{\omega}_1, \ldots, \hat{\omega}_k$ die wahren Indizes der Vektoren der Teststichprobe, dann kann der Inhalt der Tabelle durch die Ungleichungen

$$\begin{gathered} \sum_{X(x_1)}' |\hat{\omega}_i - \omega_i^*| < m_1 \\ \cdots\cdots\cdots\cdots\cdots\cdots\cdots\cdots \\ \sum_{X(x_{l+k})}' |\hat{\omega}_i - \omega_i^*| < m_{l+k} \end{gathered} \tag{17.35}$$

ausgedrückt werden. Hier bedeutet $\sum_{X(x_p)}'$, daß die Summierung nur über die Elemente des Clusters $X(x_p)$ läuft.

Jede einzelne der Ungleichungen (17.35) ist mit der Wahrscheinlichkeit $1 - n\eta$ erfüllt, folglich ist das System insgesamt (d.h. alle Ungleichungen gleichzeitig) mit einer Wahrscheinlichkeit größer als $1 - n(l + k)\eta$ erfüllt.

Wir betrachten die Menge Ω aller Vektoren $\overline{\omega} = (\omega_1, \ldots, \omega_k)$, die Lösungen dieses Systems von Ungleichungen sind. Im Prinzip kann als endgültiger Klassifikationsvektor ein beliebiger Vektor aus Ω ausgewählt werden. Es kann jedoch in solchen Fällen auch zweckmäßig sein, eine Lösung auszuwählen, die einige zusätzliche extremale Eigenschaften aufweist. Zeichnen wir unter den Vektoren von Ω die Minimaxlösung $\bar{\omega}_M$ aus, so geschieht das, indem wir vom entferntesten Vektor der zulässigen Menge den am wenigsten entfernten Vektor entsprechend der Formel

$$\max_{\bar{\omega} \subset \Omega} \|\bar{\omega} - \bar{\omega}_M\| = \min_{\bar{\omega}_M \subset \Omega} \max_{\bar{\omega} \subset \Omega} \|\bar{\omega} - \bar{\omega}_M\|$$

bestimmen. Diesen Vektor $\bar{\omega}_M$ sehen wir als Lösung des Problems der Klassifikation der Vektoren der Teststichprobe an.

Die Vorgabe einer hierarchischen Clusterung der Vektoren der vollen Stichprobe gestattet es also, für jeden Vektor einen optimalen Cluster zu definieren und die Klassifikation der Vektoren der Teststichprobe mit Hilfe eines solchen Systems optimaler Cluster zu erhalten. Derartige Algorithmen werden manchmal als lokale Algorithmen bezeichnet. In der Praxis sind verschiedene Prinzipien zur Gewinnung einer hierarchischen Clusterung möglich. So kann insbesondere der Cluster $X(\boldsymbol{x}_i)$ des Vektors $\boldsymbol{x}_i$ mit Hilfe eines metrischen Abstandsmaßes definiert werden (die Menge $X(\boldsymbol{x}_i)$ enthielte in diesem Falle alle diejenigen Vektoren $\boldsymbol{x}_j$ der vollen Stichprobe, für die $\|\boldsymbol{x}_j - \boldsymbol{x}_i\| \leqq C$ ist, wobei C eine Konstante ist und ein Satz entsprechender Konstanten $c_1, \ldots, c_p$ diejenige Schachtelung von Clustern mit dem „Kern" $\boldsymbol{x}_i$ bestimmen).

§ 8. Anwendung der Methode der geordneten Minimierung der summarischen Kosten

Es hat sich erwiesen, daß die Schätzung der Funktionswerte in vorgegebenen Punkten nach der Methode der geordneten Minimierung der summarischen Kosten in der Praxis für kleine Stichproben zu bedeutend besseren Resultaten führt als die klassische Methode — d.h. die Schätzung der funktionellen Abhängigkeit und die sich daran anschließende Berechnung der Funktionswerte in gegebenen Punkten. Die Charakteristik des Gewinns wird aus der Abb. 31 deutlich, die die Ergebnisse eines Experiments an medizinisch-differentialdiagnostischem Material widergibt. Es war gefordert, unter Ausnutzung der Information über die diagnostische Klassifikation von l Kranken [in eine von zwei diagnostischen Klassen (jeder Kranke wurde durch $n = 60$ Merkmale beschrieben)]

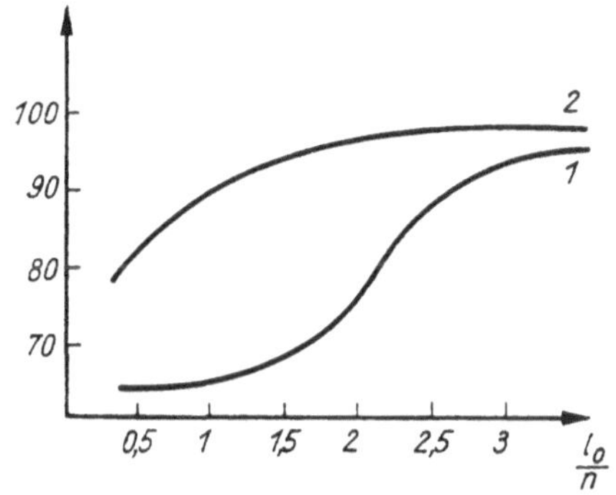

Abb. 31. Fehlerwahrscheinlichkeit nach der geordneten Minimierung der summarischen Kosten (Kurve 2) und nach der Methode des generalisierten Porträts (Kurve 1) bei medizinisch-differentialdiagnostischem Material in Abhängigkeit vom relativen Umfang der Teststichprobe

den Objekten einer anderen Gruppe, die ebenfalls aus l Kranken bestand, eine der beiden alternativen Diagnosen zuzuordnen.

Kurve 1 gibt die Genauigkeit der mit Hilfe des Algorithmus „generalisiertes Porträt“ gewonnenen Diagnosestellung in Abhängigkeit von den Umfängen der Lern- und Teststichprobe wieder. Der Stichprobenumfang ist in der Abbildung in Vielfachen von n angeschrieben. Die Abbildung zeigt, daß mit wachsendem Umfang der Lernstichprobe der Prozentsatz richtiger Klassifikationen wächst, Bei einem Stichprobenumfang von $3n$ nähert sich die Kurve der Asymptote.

Mit dem Algorithmus der geordneten Minimierung der summarischen Kosten wird die Asymptote schon bei einem Umfang der Lern- (und Test-)Stichprobe von n erreicht (Kurve 2).

Ein analoger Effekt wurde auch bei Experimenten mit geologischen Daten beobachtet (Abb. 32). Die Kurve 1 zeigt die Genauigkeit der durch Schätzung einer Funktion erhaltenen Klassifikation, während die Kurve 2 die Genauigkeit der mit der Methode der Minimierung der summarischen Kosten erhaltenen Klassifikation wiedergibt.

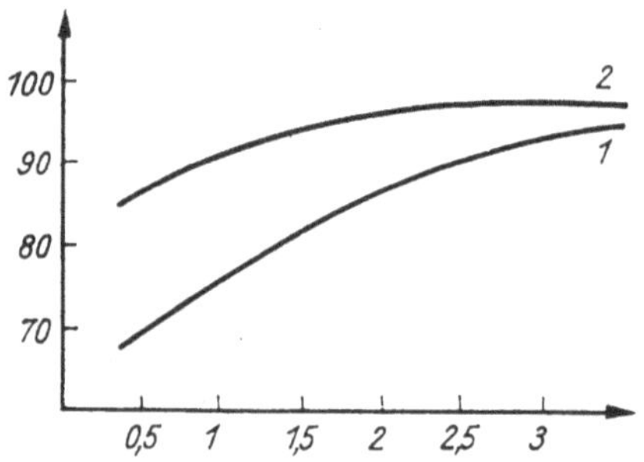

Abb. 32. Wie Abb. 31, jedoch für geologische Daten

In der Tabelle 7 sind konkrete Resultate eines Problems der medizinischen Diagnostik, die mit den Methoden des generalisierten Porträts sowie der geordneten Minimierung der summarischen Kosten erhalten wurden, zusammengestellt. In den einzelnen Spalten der Tabelle sind der Reihe nach der Umfang der Lernfolge, der Umfang der Teststichprobe, die Anzahl der bei Anwendung des generalisierten Porträts noch verbliebenen Klassifikationsfehler in der Teststichprobe und in der vierten Spalte die Anzahl der Klassifikationsfehler in der Teststichprobe bei Anwendung der Methode der geordneten Minimierung der summarischen Kosten aufgeführt.

Am interessantesten ist allerdings die Anwendung der Methode der geordneten Minimierung der summarischen Kosten unter der Bedingung, daß die Vektoren des Belehrungsmaterials und der Teststichprobe Objekte „unterschiedlicher Natur“ sind (d.h.,

Tabelle 7

N	l	l_T	m_0	m_S	N	l	l_T	m_0	m_S
1	12	21	6	3	6	49	35	13	9
2	24	21	5	2	7	42	35	10	6
3	23	10	3	1	8	52	35	12	8
4	27	14	6	3	9	65	44	14	8
5	29	28	9	3	10	33	57	18	5

daß die volle Stichprobe (17.1) nicht nur rein stochastisch in die Lern- und Teststichprobe zerlegt worden ist).

In diesem Falle geht die Ableitung der Klassifikation mit einer gewissen „*Adaptation*" an die Teststichprobe einher (siehe Abb. 15, Kapitel V).

Solche Probleme sind in der Praxis außerordentlich häufig anzutreffen. In drei der fünf in Kapitel VII angeführten Beispielen eröffnet die Möglichkeit einer Adaptation an die Elemente der Teststichprobe Wege, die Resultate der Theorie der lernabhängigen Erkennung auf völlig neue Art anzuwenden.

1. Bei geologischen Problemen (z.B. der Klassifikation wasserhaltiger und ölhaltiger Schichten aufgrund von Eigenschaften des Bohrkernes (siehe Kapitel IV, § 1) wird Belehrungsmaterial eines bestimmten Fundortes gesammelt. Bis das Material vollständig ist, kann der Fundort jedoch i.a. schon weitgehend ausgebeutet sein. Deshalb möchte man das gewonnene Belehrungsmaterial zur Klassifikation eines neuen, wenig erforschten Fundortes ausnutzen — von dem natürlich Bohrkernangaben vorliegen, aber noch keine bestätigte Interpretation dieser Werte. Offensichtlich können sich die statistischen Charakteristika am neuen Fundort von den alten in gewisser Weise unterscheiden, so daß die unmittelbare Anwendung der alten Entscheidungsregeln in der Mehrzahl der Fälle zu fehlerhaften Interpretationen führen wird. Mit der Methode der Minimierung der summarischen Kosten gelingt es jedoch, unter solchen Bedingungen die Anzahl fehlerhafter Klassifikationen wesentlich zu senken.

2. Bei der Ermittlung der individuellen Lebensdauer elektronischer Geräte aufgrund der Ergebnisse von Kurzzeittests (siehe Kapitel VI, § 3) wird aus einer bestimmten Charge eine Stichprobe von Geräten ausgewählt und dem Test unterworfen. Die Funktionsweise der getesteten Geräte wird, ggf. bis zum Ausfall der Funktion, überwacht. Auf diese Weise erhält man Aussagen über die individuelle Lebensdauer eines Gerätes.

Die Angaben des Kurzzeittests und auch die Aussagen über die Lebensdauer der untersuchten Geräte dienten im § 3 zur Aufstellung einer Entscheidungsregel, mit deren Hilfe aufgrund der Ergebnisse der Kurzzeittests alle übrigen Geräte der Charge klassifiziert wurden. Eine solche Verfahrensweise benötigt allerdings zu ihrer Realisierung einen entsprechend großen Zeitraum (bei einigen Problemen bis zu 5000 Stunden). Deshalb konnte die Klassifikationsregel oft erst mit Verspätung gewonnen werden.

Unter diesen Umständen möchte man mit einer Entscheidungsregel, die für eine bestimmte Charge von Geräten erhalten wurde, zur Klassifikation einer anderen Charge einsetzen. Unterschiedliche Chargen werden aber — weil es unmöglich ist, den technologischen Prozeß völlig stabil zu halten — unter verschiedenen Bedingungen hergestellt, und deshalb wird sich eine neue Stichprobe statistisch von der alten unterscheiden. Unter solchen Bedingungen kann die Auswertung der Angaben über die Geräte einer neuen Charge als Teststichprobe — im Sinne der hier diskutierten Verfahrensweise — eine wesentliche Verbesserung der Prognoseresultate erbringen.

3. In der medizinischen Differentialdiagnostik (siehe Kapitel VII, § 5) ist es günstig, das Belehrungsmaterial in zentralen medizinischen Institutionen zu erheben. Die Regeln aber möchte man auch in anderen medizinischen Einrichtungen anwenden können. Infolge der unterschiedlichen Zuständigkeiten (zentrale oder periphere) und Spezifiken der Einrichtungen sind die jeweils betreuten Populationen keine [zufälligen] Stichproben aus einer einheitlichen Grundgesamtheit. Hinzu kommt, daß die Beschreibung der Kranken zu einem großen Teil mit qualitativen Merkmalen erfolgt (z. B. „hochgradige Blässe", „leichte Blässe" usw.), deren „Werte" in den einzelnen Einrichtungen nicht genau gleich

definiert sind. Die Methode der geordneten Minimierung der summarischen Kosten schafft hier die Möglichkeit zur Anpassung [„fremder" Entscheidungsregeln] an eine gegebene Gruppe von Patienten.

Bei den erwähnten drei Aufgaben war der Effekt der „Adaptation" an eine Teststichprobe, deren statistische Parameter sich von den entsprechenden Parametern der Lernstichprobe *unterschieden*, wesentlich größer als bei der gewöhnlichen Adaptation an eine Teststichprobe mit *gleichen* statistischen Parametern.

§ 9. Fragen der Aufstellung von Algorithmen

1. Bei der Aufstellung von Algorithmen zur Minimierung der summarischen Kosten in der Klasse linearer Entscheidungsregeln ist die Aufstellung einer linearen Rangordnung in der Menge der Kombinationen das zentrale Problem.

Was damit gemeint ist, soll am Beispiel der Minimierung der summarischen Kosten in einer Klasse von Hyperebenen studiert werden, die zur fehlerlosen Trennung des Belehrungsmaterials geeignet ist. Aus dieser Menge muß eine Hyperebene gewählt werden, die folgende Anforderungen erfüllt:

a) Alle Vektoren der Lernstichprobe müssen fehlerlos getrennt werden.

b) In der Menge aller Hyperebenen, die die Bedingung a) erfüllen, ist diejenige Hyperebene zu suchen, die den Quotienten D/ϱ minimiert. Dabei bedeuten D den Durchmesser der vollen Stichprobe und ϱ den Abstand zwischen den konvexen Hüllen der Vektoren der vereinigten Lern- und Teststichproben der Klassen. (Da D nicht von der Lage der Trennhyperebene abhängt, besteht das Problem in der Maximierung von ϱ).

Im § 9 des Kapitels XIV wurde dieses Problem bereits betrachtet und unter der Bedingung, daß nur die Lernstichprobe gegeben ist, gelöst. Durch Aufstellen einer Rangordnung innerhalb der Gesamtheit aller Klassenbildungen in der Teststichprobe (d.h. der k-Tupel $\omega_{l+1}, \ldots, \omega_{l+k}$; $\omega_i \in \{0, 1\}$) kann unser Problem auf das frühere zurückgeführt werden, und zwar gilt:

a) für jede Klassenbildung der Teststichprobe wird eine Trennhyperebene konstruiert. Wenn eine fehlerlose Trennung unmöglich ist, wird $\varrho = 0$ gesetzt; ist aber die lineare Separierbarkeit gegeben, dann wird ϱ als Abstand der konvexen Hüllen der Klassen definiert.

b) aus der Gesamtheit der Klassenbildungen der Vektoren der Teststichprobe (k-Tupel) wird diejenige ausgewählt, bei der ϱ maximal ist.

Für sehr kurze Teststichproben (2 bis 4 Vektoren) ist dieser Weg gangbar. Bei einem größeren Umfang ($k = 10 \div 20$) der Teststichprobe gibt es [mit 2^k] zu viele voneinander verschiedene Klassifizierungen, so daß die direkte Realisierung unmöglich wird.

In diesem Falle muß man die Vielzahl der Kombinationen nach der „*Branch-and-Bound*"-Methode [32a] einengen.

Der Grundgedanke der „Branch-and-Bound"-Methode ist wie folgt: Eine Anordnung (Halbordnung) von Kombinationen läßt sich in Form eines Baums darstellen, dessen Endknoten Klassifizierungsvarianten (d.h. eine bestimmte k-stellige Kombination von Nullen und Einsen) und dessen Knoten (nicht Endknoten) Anfangsstücke von k-Tupeln sind. Setzt man den Zweig über den betreffenden Knoten hinaus fort, so werden diese Anfangsstücke zu k-Tupeln vervollständigt. So kann z.B. eine Menge von Kombinationen durch einen Baum nach Abb. 33 geordnet werden: In der Wurzel des Baums (dem ersten, höchsten Niveau) beginnt die Verzweigung in zwei Klassen von Kombinationen (Klassi-

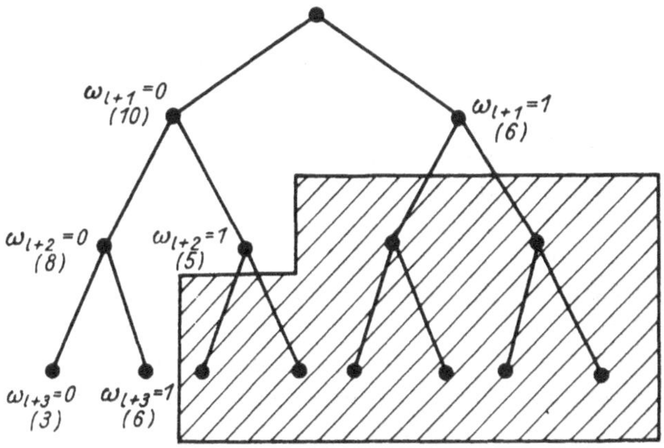

Abb. 33. Zur „Branch-and-Bound"-Methode

fizierungsvarianten), die durch $\omega_{l+1} = 0$ bzw. $\omega_{l+1} = 1$ gekennzeichnet sind. Allen Knoten, die in der ersten Verzweigung liegen, entsprechen Klassifizierungen, bei denen dem ersten Vektor der Teststichprobe der Wert $\omega_{l+1} = 0$ zugeordnet ist, und denen des zweiten Zweiges solche mit $\omega_{l+1} = 1$.

Im zweiten Niveau ist die Verzweigung durch die Klassifizierung des zweiten Vektors der Teststichprobe gegeben: $\omega_{l+2} = 0$ bzw. $\omega_{l+2} = 1$.

Es existiert nun ein funktionales Kriterium, durch dessen Maximierung eine Klassifizierungsvariante als beste ausgezeichnet werden kann. Die endgültige Bewertung einer Klassifizierungsvariante ist streng nur dann möglich, wenn man an dem ihr entsprechenden Endknoten angelangt ist. In einem Zwischenknoten kann man für alle von diesem Knoten ausgehenden Endknoten nur einen oberen Schätzwert dieses Kriteriums (Abschätzung dieses Kriteriums nach oben) erhalten (weiter unten werden wir zeigen, wie eine solche abgeleitet wird).

Die Strategie der „Branch-and-Bound"-Methode besteht nun in folgendem:

1. Der Baum wird, in der Wurzel beginnend, durchlaufen. Wenn ein Zwischenknoten erreicht ist, wird diejenige von dem Knoten ausgehende Verzweigung gewählt, in der der Schätzwert des oben genannten Kriteriums maximal ist.

2. Die Suche wird beendet, sobald ein Endknoten erreicht ist, in dem ϱ nicht kleiner ist als der Schätzwert des Kriteriums in allen verbliebenen Zweigen. Zum Beispiel ist für den Baum in Abb. 33 und für die Schätzwerte, die dort eingetragen sind, die Variante mit $\omega_{l+1} = 0$, $\omega_{l+2} = 0$, $\omega_{l+3} = 1$ optimal (für diese ist $\varrho = 6$). Die Knoten, die bei den hier realisierten Schätzwerten in den schraffierten Bereich fallen, können unberücksichtigt bleiben.

Die „Branch-and-Bound"-Methode funktioniert gut, wenn es gelingt, bereits am Anfang des Baums so viele Zweige wie möglich abzutrennen. Das kann man erreichen, wenn man an den Anfang der Teststichprobe Objekte rückt, deren Klassifizierung von den übrigen Objekten der Teststichprobe „*fast unabhängig*" ist. Diese Objekte kann man folgendermaßen finden: Für die Vektoren der Lernstichprobe wird die optimale Trennhyperebene konstruiert. Die Objekte der Teststichprobe, die von der Hyperebene weit entfernt liegen, bilden dann die gesuchte Objektmenge und müssen den Anfang der Teststichprobe bilden. Sei z. B. $\boldsymbol{x}_i$ ein solcher Punkt. Dann wird bei einem bestimmten festen Wert für ω_i (sagen wir $\omega_i = 0$) der Wert ϱ für eine beliebige Klassifizierung der Teststichprobe von diesem Punkt nicht oder wenig beeinflußt, d.h., bei Berücksichtigung dieses Punktes nimmt ϱ nicht ab (oder nur unbedeutend), und bei dem anderen Wert ($\omega_i = 1$) ist eine lineare Separierung schon unmöglich oder die Erniedrigung von ϱ so stark, daß der Zweig abgetrennt werden kann.

Es ist auch folgendes Verfahren anwendbar:

1. Die aufgrund des Materials der Lernstichprobe optimale Trennhyperebene wird aufgestellt.

2. Die Objekte der Teststichprobe werden mit Hilfe dieser Hyperebene klassifiziert.

3. Für die volle Stichprobe, bestehend aus der Lernstichprobe und der so klassifizierten Teststichprobe, wird die optimale Hyperebene konstruiert.

4. Die Objekte der Teststichprobe werden nach ihrem Abstand von dieser Hyperebene angeordnet — beginnend mit dem am weitesten entfernten Objekt. Bei dieser Variante wird also ganz am Anfang eine konkrete Klassifizierung der Teststichprobe und eine ihr entsprechende Größe ϱ_0 erhalten. Weiterhin können bei Abarbeitung der Methode „Branch-and-Bound" solche Zweige, deren Schätzwert $\varrho < \varrho_0$ ist, sofort und für immer abgetrennt werden.

In jedem Schritt des Verfahrens müssen die für die Trennung einer Menge von Objekten optimale Hyperebene konstruiert und die Abstände zwischen den konvexen Hüllen der abgetrennten Klassen (Objektmengen) ermittelt werden. Dabei genügt es in vielen Fällen nachzuweisen, daß dieser Abstand kleiner als eine vorgegebene Größe ϱ_0 ist.

Wenn zur Konstruktion der Hyperebene die Methode des generalisierten Porträts angewandt wird, braucht oft die Lage der Hyperebene nicht bis zu Ende optimiert zu werden, falls man sich schon nach den ersten Konstruktionsschritten davon überzeugen konnte, daß $\varrho < \varrho_0$ ist. Nach der Methode des generalisierten Porträts wird die Trennhyperebene durch Maximierung der Funktion $W(\boldsymbol{\alpha}, \boldsymbol{\beta})$ im positiven Quadranten gefunden. Im Maximumpunkt $(\boldsymbol{\alpha}_0, \boldsymbol{\beta}_0)$ gilt dann definitionsgemäß $1/\varrho_0 = W(\boldsymbol{\alpha}_0, \boldsymbol{\beta}_0)$. Für die aktuellen Parameterwerte $\alpha_i \geqq 0$, $\beta_i \geqq 0$ im Optimierungsprozeß gilt also

$$\varrho \leqq \frac{1}{W(\boldsymbol{\alpha}, \boldsymbol{\beta})},$$

so daß der zugeordnete Funktionswert $W(\boldsymbol{\alpha}, \boldsymbol{\beta})$ jederzeit eine Abschätzung der Größe ϱ nach oben darstellt. Folglich kann man den Optimierungsprozeß abbrechen, sobald $W(\boldsymbol{\alpha}, \boldsymbol{\beta})$ den Wert $\dfrac{1}{\varrho_0}$ überschritten hat.

Die „Branch-and-Bound"-Methode stellt eine exakte Suchmethode der optimalen Variante dar. Sie verkürzt wesentlich die Suchzeit; aber bei sehr langen Teststichproben benötigt auch diese Methode noch zu viel Zeit. Man kann dann eine noch schnellere Methode wählen, mit der jedoch nur ein lokales Maximum gefunden werden kann. Nehmen wir an, daß eine Klassifizierung $\omega_{l+1}, \ldots, \omega_{l+k}$ der Teststichprobe gegeben ist, für die der Abstand den Wert ϱ hat. Dann wird wie folgt verfahren:

1. Es werden der Reihe nach die Klassifizierungen der Objekte der Teststichprobe abgeändert und geprüft, ob sich ϱ dabei vergrößert.

2. Ist bei einem Objekt x_{l+p} eine Vergrößerung festgestellt worden, wird zu einer neuen Klassifizierung übergegangen, bei der der Wert ω_{l+p} entsprechend geändert ist, und wieder nach Punkt 1 verfahren. Sobald sich bei beliebigen Änderungen der Klassifizierung der Einzelobjekte der Teststichprobe der Abstand ϱ nicht mehr weiter vergrößern läßt, nehmen wir an, daß die optimale Klassifizierung gefunden ist.

Die „Branch-and-Bound"-Methode oder ihr verkürztes Analogon werden bei allen Verfahren der geordneten Minimierung der summarischen Kosten angewandt, bei denen eine große Anzahl Klassifizierungsvarianten der Teststichprobe zu durchmustern ist.

II. Oben wurde die Konstruktion stückweise-linearer Entscheidungsregeln mit der Clusterstruktur der Objektmenge in Verbindung gebracht. Eine solche Struktur kann mit Hilfe verschiedener Clusterungsalgorithmen erhalten werden, so z.B. mit dem folgenden einfachen Algorithmus, der durch Umnumerieren der Objekte (Elemente) der Ausgangsstichprobe wie folgt eine spezielle Folge von Vektoren der vollen Stichprobe herstellt:

1. Als erstes Element $\boldsymbol{x}$ der Folge wird ein beliebiges Objekt der Ausgangsstichprobe gewählt. Dieses Objekt wird dann aus der Ausgangsstichprobe herausgenommen.

2. Seien das Anfangsstück $\boldsymbol{x}_1, \ldots, \boldsymbol{x}_t$ der Folge schon gebildet und die betreffenden Objekte der Ausgangsfolge entnommen, dann wird aus dem Rest der Ausgangsfolge das Objekt mit kleinstem Abstand von den schon gewählten Objekten bestimmt, d.h. ein Punkt, für den

$$\varrho_{t+1}(\boldsymbol{x}) = \min_{\substack{\boldsymbol{x}_i \\ 1 \leqq i \leqq t}} \varrho(\boldsymbol{x}, \boldsymbol{x}_i)$$

ein Minimum erreicht (anstelle dieses Kriteriums kann man auch ein beliebiges, anderes Maß für den Abstand eines Punktes von einer Punktmenge einsetzen).

3. Dieses Objekt wird dem Anfangsstück [der gesuchten neuen Folge] angefügt und ebenfalls aus der Ausgangsfolge ausgesondert.

4. In dieser Weise wird weiter verfahren, bis die gesamte Folge umgeordnet ist.

Gleichzeitig mit der Aufstellung der neuen Folge erhalten wir die Folge der Zahlen

$$\varrho = \varrho_n(\boldsymbol{x}_n) \equiv \min_{\boldsymbol{x}_i (i \geqq n)} \min_{\boldsymbol{x}_j (j < n)} \varrho(\boldsymbol{x}_i, \boldsymbol{x}_j).$$

Diese Zahlen sind ihrer Definition nach die Mengenabstände der ersten $n - 1$ Glieder der neuen Folge von den restlichen Gliedern.

Wir verwenden eine durch eine Zahl c gegebene Definition eines Clusters dergestalt, daß zwei Punkte $\boldsymbol{x}_i$, $\boldsymbol{x}_j$ der Stichprobe genau dann demselben Cluster angehören sollen, wenn eine Folge $\boldsymbol{x}_i, \ldots, \boldsymbol{x}_p, \ldots, \boldsymbol{x}_t, \ldots, \boldsymbol{x}_j$ existiert, die aus Punkten der Ausgangsstichprobe besteht und in der der Abstand zwischen zwei aufeinanderfolgenden Gliedern der Folge die Schwelle c nicht überschreitet. Sodann werden mit Hilfe der so umgeordneten Stichprobe die Cluster folgendermaßen gefunden. Es werden Zahlen $n_1, \ldots, n_j$ gesucht, für die $\varrho_n > c$ ist. Damit bilden die Punkte der Folge

$$(\boldsymbol{x}_1, \ldots, \boldsymbol{x}_{n_1 - 1}), (\boldsymbol{x}_{n_1}, \ldots, \boldsymbol{x}_{n_2 - 1}), \ldots, (\boldsymbol{x}_{n_k}, \ldots, \boldsymbol{x}_{l+k})$$

zugleich die gesuchten Cluster.

Es ist unschwer zu erkennen, daß wir durch geeignete Wahl von c eine Clusterstruktur der im § 7 beschriebenen Art erhalten.

Bei der Aufstellung lokaler Algorithmen der geordneten Minimierung der summarischen Kosten ist die Suche der Minimaxlösung in der zulässigen Lösungsmenge das größte Problem.

In der Praxis besteht aber keine Notwendigkeit, dieses Problem zu lösen. Die Klassifikation eines jeden Vektors der Teststichprobe läßt sich als die unter den in Tabelle 6 enthaltenen Klassifikationen des betreffenden Vektors am häufigsten vertretene definieren.

KOMMENTARE[1])

Zu Kapitel I

Es wird davon ausgegangen, daß die erste Arbeit auf dem Gebiet der lernfähigen Erkennung die Veröffentlichung von F. Rosenblatt [61] ist. Der US-amerikanische Physiologe untersuchte ein Wahrnehmungsmodell, das an sich in der Physiologie nicht grundsätzlich neu war. Als erster aber konstruierte und untersuchte F. Rosenblatt eine technische Realisierung dieses Modells, die er als *Perzeptron* bezeichnete. Der ursprüngliche Algorithmus zur Einstellung der Gewichte der R-Elemente des Perzeptrons (in der Terminologie von F. Rosenblatt der sog. Bekräftigungsalgorithmus) unterschied sich jedoch von dem im Kapitel 1 beschriebenen Algorithmus zur Konstruktion einer Trennhyperebene. Sehr bald nach der Veröffentlichung des Vortrags über das Perzeptron erschien eine Reihe von Arbeiten über das Bekräftigungstheorem. Sie stützten sich in der Regel auf Quellennachweise für physiologische Phänomene. Erst mit der Formulierung des nach dem US-amerikanischen Mathematiker A. Novikoff [51] benannten Theorems fand der Algorithmus zur Konstruktion der Gewichte der R-Elemente eine geometrische Interpretation. Dieses Theorem erregte zu seiner Zeit unter den Wissenschaftlern großes Aufsehen. Es genügt zu bemerken, daß das Theorem von vielen Wissenschaftlern aufgegriffen wurde.

Das Theorem von Novikoff wurde zum Wendepunkt in der Erforschung des Wahrnehmungsphänomens. Es demonstrierte, daß man die Untersuchungen auf der Grundlage der Mathematik durchführen kann, und das war für den Stil und das Niveau der nachfolgenden Arbeiten von bestimmendem Einfluß. Was die Weiterentwicklung des Wahrnehmungsmodells selbst anbetraf, bildeten kompliziertere Verschaltungen des Perzeptrons ihre Grundlage. F. Rosenblatt konstruierte mehrschichtige Perzeptrons und Perzeptrons mit Kreuzverbindungen [62]. Die in diese Modelle gesetzten Erwartungen erfüllten sich jedoch i.a. nicht.

Weder gelang es mit ihnen, neue Eigenschaften der Wahrnehmung zu erklären, noch, neue theoretische Ergebnisse zu erzielen. Die Möglichkeiten und Grenzen des Perzeptrons sind in dem Buch „Perceptrons“ von M. Minsky und S. Papert eingehend untersucht [46].

Weitere Forschungen auf dem Gebiet der Wahrnehmungsphänomene wurden durch Modellierung auf Großrechnern unternommen. Bald nach dem Auftauchen des Perzeptrons in der Technik entstand ein Bedürfnis nach adaptiven Elementen. So wurden von K. Steinbuch [70] eine auf photochemischen Wirkprinzipien beruhende Lernmatrix und von B. Widrow [91, 92] das System ADALINE entwickelt. Diese Elemente fanden verschiedentlich in der Technik Anwendung.

---

[1]) Diese Kommentare spiegeln die Entwicklung auf dem Gebiet der Zeichenerkennung vom Standpunkt der Autoren wider und erheben in keiner Weise Anspruch auf bibliographische Vollständigkeit

Was das Bekräftigungsgesetz für die Einstellung der Gewichte der R-Elemente des Perzeptrons anbetrifft, so realisiert es, wie es sich jetzt darstellt, eine Relaxationsmethode zur Lösung eines Systems linearer Ungleichungen, wie sie bereits 1954 von T. Motzkin und J. Schoenberg angegeben worden ist [48].

Zum Kapitel II

Es wird jetzt wahrscheinlich schwer zu ermitteln sein, wer als erster vorschlug, das Problem der Zeichenerkennung als ein Minimierungsproblem für mittlere Kosten aufzufassen. Die Arbeiten dazu erschienen fast gleichzeitig Anfang der sechziger Jahre und hatten grundlegenden Charakter. Dabei waren schon von Anfang an unterschiedliche Ausgangspunkte erkennbar. Die eine Gruppe von Autoren [1, 1a, 4a, 57] schloß sich den klassischen Arbeiten der Diskriminanzanalyse an und betrachtete das Problem der Zeichenerkennung als Aufgabe der parametrischen Statistik, andere dagegen [3, 26, 26a, 27, 75, 95, 96] bevorzugten es, das Belehrungsproblem als Problem der Aufstellung von Algorithmen für die schrittweise Güteverbesserung der Entscheidungsregel (Iterationsalgorithmen) anzusehen, dritte wiederum verbanden die Algorithmen der Zeichenerkennung mit Methoden der Minimierung empirischer Kosten [25, 44, 44a, 78, 79, 81—89].

Mit anderen Worten, schon in der Aufgabenstellung wurde der Zusammenhang zwischen der Zeichenerkennung und allen drei Wegen der Kostenminimierung deutlich.

Interessant ist, daß bereits 1957 und 1958 prinzipielle Aufgabenstellungen zur Zeichenerkennung erschienen, formale dagegen erst in den Jahren 1962—1966. Diese fünf bis acht Jahre zwischen dem Bekanntwerden grundsätzlicher und formaler Aufgabenstellungen waren außergewöhnlich markant — es waren Jahre der „Erkennungsromantik". In dieser Zeit schien es so, als stände die Entdeckung des Zeichenerkennungsproblems am Anfang vollkommen neuer Ideen, die sich nicht auf alte Grundbegriffe stützen könnten. Man wollte neue Aufgabenstellungen finden und das Problem nicht auf bekannte mathematische Modelle zurückführen. Die Reduktion des Problems der Zeichenerkennung auf das Modell der Kostenminimierung brachte eine gewisse Enttäuschung. Es existieren natürlich Versuche, eine kompliziertere Aufgabenstellung zu formulieren [36]. Solche Arbeiten führten jedoch vorläufig noch außerordentlich selten zu praktisch anwendbaren Resultaten.

Gegenwärtig, etliche Jahre nach dem Ende der „Erkennungsromantik", fällt es schwer, eine Wertung der in der formalisierten Aufgabenstellung erzielten Ergebnisse vorzunehmen. Fast scheint es so, als ob das Streben nach einer präzisen Aufgabenstellung eine Einengung jener prinzipiellen Aufgabenstellung mit sich brachte, deren Lösung man Anfang der sechziger Jahre suchte.

Zum Kapitel III

Es ist wahrscheinlich schwierig zu bestimmen, wo die klassischen Methoden der Diskriminanzanalyse enden und das mit Methoden der parametrischen Statistik angegangene Problem der lernenden Zeichenerkennung beginnt. Laut Definition besteht die Aufgabe der Diskriminanzanalyse darin, ein Objekt einer von K Klassen, die durch Wahrscheinlichkeitsverteilungen gegeben sind, zuzuordnen. In der Praxis werden fast alle Untersuchungen für den Fall, daß die Wahrscheinlichkeitsdichten der Vektoren der einzelnen Klassen durch Normalverteilungen gegeben sind, durchgeführt. Die von der Diskriminanzanalyse aufgeworfenen Probleme konzentrierten sich wesentlich auf die Ermittlung einer linearen Diskriminantenfunktion. Eine derartige Aufgabenstellung wurde zuerst von FISHER [14] angegeben, der zur Lösung des Problems vorschlug, eine Funktion zu minimieren (FISHER-Funktion). T. W. ANDERSON und R. R. BAHADUR lösten im Jahre 1962 das Problem der Konstruktion linearer Diskriminantenfunktionen für Normalverteilungen [1a, 4].

Andere Untersuchungen führten zur Aufgabenstellung eines Funktionals, dessen Minimierung eine lineare Diskriminantenfunktion (nicht nur für Normalverteilungen) lieferte. Zuerst wurde als ein solches Funktional die FISHER-Funktion verwendet, doch später betrachtete man auch andere Funktionen [93]. Eine ausführliche Literaturübersicht über die Diskriminanzanalyse ist in [76] gegeben.

In der Diskriminanzanalyse wird auch der Fall statistisch unabhängig verteilter diskreter Merkmale behandelt. Einen in einem solchen Fall anwendbaren sog. Diskriminanzautomaten entwickelte A. M. UTTLEY [77] im Jahre 1952. Der Algorithmus, nach dem dieser Automat arbeitet, ordnet sich zwanglos in die Gesamtheit der Algorithmen ein, die unter der Voraussetzung statistischer Unabhängigkeit bei diskret Merkmalen angewendet werden.

Im allgemeinen unterscheiden sich die Arbeiten zur klassischen Diskriminanzanalyse von den parametrischen Lernmethoden der Zeichenerkennung darin, daß bei letzteren die Schätzung von Verteilungsparametern anhand einer Stichprobe *endlichen* Umfangs im Vordergrund steht.

Zu Kapitel IV

Das Grundprinzip der Methode der stochastischen Approximation ist offensichtlich schon längere Zeit bekannt; die Methode selbst wurde jedoch erst 1951 von H. ROBBINS und S. MONROE [59] formuliert. Sie gaben ein Iterationsverfahren an, mit dem die Wurzel einer Regressionsgleichung berechnet werden konnte. Im Jahre 1952 wandten E. KIEFER und J. WOLFOWITZ dieselbe Methode bei der Minimierung eines Funktionals an [29]. Daraufhin wurde die Untersuchung der Konvergenzbedingungen dieser Methode Gegenstand weiterer Arbeiten. Eine ausführliche Darlegung der Methode der stochastischen Approximation enthält der Übersichtsartikel [44]. J. S. ZYPKIN weist auf den Zusammenhang zwischen der Methode der stochastischen Approximation und dem iterativen Algorithmus der lernabhängigen Erkennung hin [95, 96]. Diese Arbeiten bildeten die Grundlage für theoretische Untersuchungen zur Methode der stochastischen Approximation selbst.

M. A. AISERMAN, E. M. BRAWERMAN und L. I. ROSONOER begannen im Jahre 1964 eine Theorie der Methode der Potentialfunktionen zu erarbeiten, die sich außerordentlich eng an die Theorie der stochastischen Approximation anlehnte. Daraus konnten hinreichend genaue Konvergenzbedingungen für das stochastische Approximationsverfahren gewonnen werden [3]. Weitere Verallgemeinerungen sind in den Veröffentlichungen von B. T. Poljakow und J. S. Zypkin enthalten [56]. Endlich-konvergierende iterative Algorithmen untersuchte W. A. Jakubowitsch [26, 26a, 27]. Seinen Arbeiten sind die verwendeten Termini entnommen.

Zum Kapitel V

Die Konstruktion von Lernalgorithmen für die Erkennung nach den Methoden der Kostenminimierung begannen sofort nach dem Erscheinen der ersten Arbeiten von R. Rosenblatt. Im Ausland sind es die Arbeiten von O. Selfridge [67a], das Programmsystem von G. S. Sebestyen [67], und in der UdSSR die Arbeiten [78, 79, 81—89]. Von W. Highleynan jedoch wurde die Idee der Kostenminimierung noch wesentlich präzisiert. Highleyman schlug verschiedene Algorithmen zur Konstruktion linearer Entscheidungsregeln vor, mit denen die Fehleranzahl minimiert werden kann. Er schätzte die Fehlerwahrscheinlichkeit mit Hilfe eines Tests auf der Grundlage der Fehlerhäufigkeit in der Belehrungsfolge ab und verwendete für die Ableitung eines effektiven kostenminimierenden Algorithmus eine geglättete *Straf*funktion. Eine Verallgemeinerung dieses Ansatzes auf beliebige Klassen von Entscheidungsregeln wurde in der Arbeit [44a] vorgenommen.

Der Gedanke des Zusammenhangs zwischen der gleichmäßigen Abweichung der Häufigkeiten von den Wahrscheinlichkeiten in einer Klasse von Ereignissen mit der Güte eines die empirischen Kosten minimierenden Algorithmus wurde zuerst in der Arbeit [86] formuliert. Jedoch wurde in dieser Arbeit nur der Fall einer endlichen Anzahl von Ereignissen behandelt. Danach gelang es, die Bedingungen der gleichmäßigen Konvergenz für den Fall abzuleiten, daß die Häufigkeiten gleich Null sind [87]. Und schließlich erhielt man die allgemeinen notwendigen und hinreichenden Bedingungen für die gleichmäßige Konvergenz der Auftrittshäufigkeiten von Ereignissen gegen ihre Wahrscheinlichkeiten [88].

Obwohl die genauen Bedingungen für die gleichmäßige Konvergenz der Häufigkeiten gegen ihre Wahrscheinlichkeiten noch unbekannt waren, wußten schon viele Autoren, daß der Umfang der Klasse von Entscheidungsregeln die Extrapolationsfähigkeit des Algorithmus beeinflußt. Diese Gedanken können bei M. M. Bongard [6] nachgelesen werden. N. Nilsson gibt in seiner Monographie [50] eine Schätzung der Anzahl linearer Entscheidungsregeln, mit denen l Vektoren im n-dimensionalen Raum separiert werden können.

Was nun die Ansätze zur Konstruktion von Lernalgorithmen der Erkennung anbetrifft, die durch die Minimierung empirischer Kosten erhalten werden, so gibt es viele Ansätze, die sich nur durch die jeweils angewandte Minimierungsmethode voneinander unterscheiden.

In jedem Fall gestatten die Methoden der empirischen Kostenminimierung eine effektive Suche der gewünschten Entscheidungsregeln nicht nur in der Klasse linearer oder stückweise linearer Entscheidungsregeln, sondern auch in anderen Klassen von Entscheidungsregeln, z. B. in der Klasse der logischen Funktionen einer bestimmten Gestalt durchzuführen [6, 78, 79].

Zum Kapitel VI

Als eine der wichtigsten Besonderheiten der Untersuchungen zur lernabhängigen Erkennung erweist sich das Bemühen, gegenüber den in der mathematischen Statistik zur Kostenminimierung üblichen Standardverfahren effektivere konstruktive Belehrungsalgorithmen zu entwickeln. Hier gibt es zwei mögliche Forschungsrichtungen, die erfolgversprechend sind.

Die erste Richtung ist wesentlich mit der Definition einer Klasse von Entscheidungsregeln verbunden, innerhalb der das, was gebraucht wird, gesucht werden soll. Die klassische Statistik ignoriert die Existenz eines solchen Problems mit der Bemerkung, daß es keine formalen Methoden gäbe, mit denen a priori definiert werden könnte, welche Klasse von Entscheidungsregeln zu bevorzugen sei, und deshalb betrachtet man die Definition einer Klasse von Entscheidungsregeln als ein äußeres Moment der Aufgabenstellung. In der Theorie der lernfähigen Erkennung sind dagegen auch nichtformale methodologische Betrachtungen legitim. Die zweite Richtung ist mit der Schaffung konstruktiver Quasi-BAYES-Prozeduren verbunden, die gewisse A-priori-Hypothesen über den Charakter der zu lösenden Aufgaben verwenden.

Die ersten Arbeiten zur Theorie der lernabhängigen Erkennung waren vorzugsweise der Untersuchung dieser zwei Betrachtungsweisen des Problems gewidmet. Gerade deshalb ist die Periode der „*Erkennungsromantik*“ so reich an Hypothesen über die Struktur sog. „*vernünftiger*“ Probleme. In diesem Zusammenhang ist wahrscheinlich die interessanteste Arbeit die Monografie von M. M. BONGARD [6]. Um Hypothesen über die Struktur „*vernünftiger*“ Aufgaben handelt es sich im wesentlichen auch bei den Algorithmen von BRAILOWSKI-LUNZ [8], bei den Prinzipien, die den diskriminatorischen Metriken von SEBESTYEN [67] und NEIMARK [49] zugrundeliegen und bei vielen anderen Algorithmen.

Schließlich muß auch die Arbeit von N. W. SAGORUIKO [64] erwähnt werden, in der auf dem Boden der algorithmischen Kompliziertheit ganz klar eine Hypothese über die Struktur „*vernünftiger*“ Probleme aufgestellt wird. In allen diesen Arbeiten war eine *Hypothese* über die Struktur „*vernünftiger*“ Probleme nötig, um schon a priori zu lösende Aufgaben in die Klasse der möglichen Aufgaben einordnen zu können und somit die Lösung nicht in der Klasse aller Aufgaben suchen zu müssen, sondern diese Suche auf eine gewisse Teilklasse beschränken zu können, d. h., es handelt sich im wesentlichen dabei um den Grundgedanken der geordneten Kostenminimierung.

Es muß bemerkt werden, daß der Gedanke der geordneten Kostenminimierung in der Mathematik nicht neu ist. Er tauchte jedesmal dann auf, wenn die Methode der Minimierung der empirischen Kosten zu absurden Resultaten führte. Zum ersten Mal war das wahrscheinlich bei dem Versuch einer Determinierung des Grades der polynomialen Regression der Fall. Bekanntlich ist die Methode der kleinsten Quadrate i. a. eine effektive Methode zur Ausführung einer polynomialen Regression mit vorgegebenem Grad [42]. Anders, wenn der Grad der polynomialen Regression im voraus unbekannt ist und das Problem so gestellt ist, daß auf der Grundlage einer Stichprobe fester Länge außer den Parametern der Regression auch deren Grad zu bestimmen ist. In diesem Fall ist von vornherein klar, daß die empirischen Kosten ihr Minimum erreichen, wenn der Grad des Polynoms mit der Länge der Stichprobe übereinstimmt. Eine solche Lösung ist jedoch absurd. Entsprechend einem von GAUSS angegebenen Ansatz sind deshalb nicht die empirischen Kosten $R_{\text{emp}}(\alpha)$ selbst, sondern $\frac{1}{l-n} R_{\text{emp}}(\alpha)$ zu minimieren, wobei l

den Stichprobenumfang und n den Grad des Polynoms bedeuten. Ihrer Form nach ist diese Prozedur der Ermittlung einer polynomialen Regression zweistufig. In der ersten Stufe werden, für die $l - 1$ Grade einzeln, nach der Methode der kleinsten Quadrate Regressionen (bzw. genauer, Schätzungen derselben) ausgeführt und dann in der zweiten Stufe die Lösung in Gestalt des Minimums der oben angeführten Größe ausgewählt. Seitdem wurden viele Verfahren der polynomialen Regression vorgeschlagen, alle diese betrafen jedoch nur das Auswahlkriterium der zweiten Stufe, während das zweistufige Schema der geordneten Kostenminimierung unverändert blieb.

Der Ansatz der geordneten Minimierung erhält auch in Verbindung mit der Lösung sog. nichtkorrekter Probleme der mathematischen Physik Bedeutung. Nach A. W. Tichonow [73] wird die Lösung der Gleichung

$$Ax = y$$

als korrekt bezeichnet, wenn sie eindeutig ist und einer kleinen Variation von y auch eine kleine Änderung von x entspricht. Schon bei sehr einfachen Problemen jedoch (wie der Lösung gewisser Typen linearer Integralgleichungen) ist diese Bedingung nicht erfüllt: einer hinreichend kleinen Änderung von y kann eine große Änderung von x entsprechen. Eine Instabilität solcher Art macht eine gezielte Lösungssuche unmöglich. Deshalb schlug A. N. Tichonow vor, die Lösung nicht durch Minimierung des Ausdrucks

$$I = |y - Ax|^2, \qquad (**)$$

sondern durch Minimierung des Funktionals

$$I_1 = |y - Ax|^2 + \alpha\, |x|^2 \qquad (*)$$

zu suchen, wobei α eine Konstante ist.

Letztere Methode wird als Tichonow-Regularisierung [74] bezeichnet. Wir bemerken dazu, daß die Regularisierung nach Tichonow schon als Form einer geordneten Minimierung anzusehen ist. Wir können dann die Prozedur so beschreiben, daß zuerst eine A-priori-Ordnung in der Klasse der möglichen Lösungen durch

$$|x| \leqq c_1, \ldots, |x| \leqq c_n \; (c_1 < c_2 < \ldots < c_n)$$

eingeführt und in der ersten Stufe in jeder Klasse die Lösung x ermittelt wird, bei der das bedingte Minimum von I vorliegt. Darauf wird aus den ermittelten Lösungen diejenige ausgewählt, die dem Auswahlkriterium der zweiten Stufe genügt. Eine derartige Prozedur der Lösungssuche entspricht der Minimierung des Funktionals I_1, wobei der Wert des Parameters α die Auswahlregel der zweiten Stufe definiert. Tatsächlich ist die Minimierung (*) unter der Bedingung $|x| \leqq c_i$ der Minimierung (**) äquivalent, wobei α der Lagrangesche Multiplikator ist.

Somit zeigt sich, daß der Grundgedanke der geordneten Kostenminimierung schon in der Mathematik anzutreffen ist. Für keines der Probleme, zu deren Lösung sie bisher herangezogen wurde, gelang es jedoch, endgültig die Frage zu beantworten, welche A-priori-Ordnung einzuführen ist und von welcher Art das Auswahlkriterium der zweiten Stufe sein soll.

In der lernfähigen Erkennung werden zwei Auswahlverfahren der zweiten Stufe betrachtet: die U-Methode [45] und die Verfahren, bei denen die Entscheidungsregel größter [durch Fehlerabschätzung mit Hilfe von Ungleichungen] garantierter Güte *ausgewählt* wird.

Wie sich zeigte, ist es in der lernabhängigen Erkennung durchaus nicht belanglos, welches Ordnungsprinzip in der ersten Stufe angewandt wird.

Zum Kapitel VII

Die Methoden der lernabhängigen Erkennung wurden bei Erscheinen der ersten einschlägigen Arbeiten auch schon praktisch eingesetzt. In der Gegenwart ist es zu einer guten Tradition geworden, jeden neu vorgeschlagenen Belehrungsalgorithmus sofort anhand praktischer Aufgaben zu überprüfen. Es entstanden auch spezifische Einsatzgebiete für Belehrungsmethoden zur Lösung praktischer Probleme.

Hier sind vor allem die Geologie, die Meteorologie, die Gütekontrolle, die Medizin und die Kriminalistik zu nennen. Es werden umfangreiche Arbeiten zur Entwicklung von Automaten durchgeführt, die Schriftzeichen erkennen und Sprache verstehen können.

Im Kapitel VII sind Resultate der praktischen Anwendung von Algorithmen nach der Methode des generalisierten Porträts dargelegt. Diese Ergebnisse sind den Arbeiten größerer Kollektive von Wissenschaftlern zu verdanken. So wurde das Problem der Unterscheidung wasserhaltiger von erdölhaltigen Schichten in Tiefbohrungen vom Moskauer Institut für Erdölchemie und Gasindustrie — unter der Leitung von Sch. A. Guberman — gestellt und erfolgreich von der Gruppe von M. M. Bongard gelöst, Arbeiten zur Kriminalistik wurden im Institut für Gerichtsgutachtung unter Leitung von L. G. Edshubow [65] ausgeführt. Aufgaben zur Gütekontrolle elektronischer Geräte von W. S. Morosow [47] bearbeitet, Arbeiten zur Anwendung der Methoden der lernabhängigen Erkennung in der Meteorologie werden im hydrometeorologischen Zentrum der UdSSR unter der Leitung von A. I. Snitkovski [5] und im WZSO der Akademie der Wissenschaften der UdSSR unter der Leitung von L. N. Romanow [60] durchgeführt; und schließlich werden Arbeiten zur Anwendung der Belehrungsmethoden in der Medizin im Institut für experimentelle und klinische Onkologie unter der Leitung von T. G. Glaskowa und K. N. Gurari [19] und im 1. Moskauer Medizinischen Institut unter Leitung von L. D. Lindenbraten ausgeführt. Diesen Kollektiven ist zu danken, daß Standardmethodiken der Anwendung von Algorithmen des generalisierten Porträts und optimale Algorithmenparameter erarbeitet werden konnten, d.h. mit einem Wort, es wurde alles getan, was notwendig ist, um die Algorithmen in ein Arbeitsinstrument zur Lösung praktischer Probleme zu verwandeln. Außer den genannten existiert noch eine große Zahl anderer Kollektive, die erfolgreich die modernen Methoden der lernfähigen Erkennung zur Lösung praktischer Probleme einsetzen. In Moskau sind es die Gruppen C. N. Braines und P. E. Kunin, die die Methoden der Belehrung in der Medizin anwenden [9, 38]; das von J. I. Shurawljow geleitete Kollektiv führt umfangreiche Arbeiten zur Anwendung der Erkennung in der Geologie durch [66]. In Leningrad führte das von W. A. Jakubowitsch geleitete Kollektiv bedeutende Untersuchungen zur Kriminalistik durch [35]. In Gorki wendet eine große Gruppe von Mitarbeitern unter Leitung von J. I. Neimark die Methoden der lernabhängigen Erkennung überaus erfolgreich in der Medizin an [49]. In Nowosibirsk wendet das von N. G. Sagoruiko [64] geleitete Kollektiv die Methoden der lernabhängigen Erkennung in der Soziologie an u. v. a. Gegenwärtig ist die Idee der praktischen Anwendung von Lernmethoden der Erkennung außerordentlich populär, so daß diese Methoden zur Lösung der verschiedensten Probleme der Praxis herangezogen werden.

Einen besonderen Platz in der praktischen Anwendung der Methoden der lernabhängigen Erkennung nehmen die Arbeiten zur Schaffung lesender und sprachverstehender Automaten ein. Diese Aufgaben waren zugleich die ursprünglichen Zielstellungen einer praktischen Anwendung von Methoden der lernfähigen Erkennung.

Doch ungeachtet dessen ist das Problem der Schaffung lesender und die Sprache verstehender Automaten zur Zeit noch weit von der Vollendung entfernt. Diese beiden Probleme stellen jetzt selbständige Forschungsrichtungen dar [64, 37].

Zum Kapitel VIII

Die Anwendung der Methoden der lernabhängigen Erkennung zur Lösung praktischer Probleme erbrachte unerwartete Ergebnisse: Vor allem zeigte sich, daß die mit verschiedenen lernenden Erkennungsalgorithmen bei ein und demselben Problem erhaltenen Resultate nicht sehr viel voneinander verschieden waren (natürlich bezieht sich diese Aussage nur auf *vernünftig* statistisch motivierte Belehrungsalgorithmen). Überraschend war dabei der Umstand, daß — wie es aufgrund der genannten Ergebnisse schien — die mit der Methode der Minimierung der empirischen Kosten in *unterschiedlichen* Klassen von Entscheidungsregeln gefundenen Entscheidungsregeln ungefähr die *gleiche* Güte hatten. Daß so etwas zutreffen soll, ist rein formal nicht zu verstehen, da man sich leicht zwei verschiedene Klassen von Entscheidungsregeln vorstellen kann derart, daß für gewisse Aufgaben nur in der ersten Klasse, nicht aber in der zweiten befriedigende Entscheidungsregeln existieren, während es für andere Aufgaben gerade umgekehrt ist.

Die Autoren lernender Erkennungsalgorithmen gingen gerade von einer solchen Situation aus. Demgegenüber hat die Erfahrung gelehrt, daß die Klasse der in der Praxis vorkommenden und die Klassen der angewandten Entscheidungsregeln so beschaffen sind, daß mit jedem der entwickelten Algorithmen ungefähr die gleiche Erkennungsgüte erreicht werden kann.

Diese Tatsache kann nicht ohne eine Hypothese erklärt werden, mit der wir versuchen, die sog. semiotische Struktur der Welt zu erkennen. Diese Hypothese ist vorläufig noch nicht formuliert, obwohl auf ihre Notwendigkeit Vertreter der verschiedensten Wissensbereiche, deren Ziel es war, die Naturgesetze zu erkennen, hingewiesen haben.

So legte Isaac Newton seine Auffassung von der semiotischen Weltstruktur in seinen „*Schlußregeln der Physik*" nieder, die im dritten Teil seines bekannten Werkes „*Principia mathematica Philosophiae Naturalis*" enthalten sind. Die erste Regel lautet sinngemäß: „In der Natur sollen nicht andere als *wahre* und zur Erklärung der Erscheinungen *hinreichende* Ursachen angenommen werden. Dieser Anschauung entspricht es, wenn die Philosophen meinen, daß die Natur nichts *Unnötiges* täte, und es wäre unnötig, Etwas durch *Vieles* zu vollbringen, was durch *Weniges* getan werden kann. Die Natur ist einfach und verschwendet nicht unnötig." Dieses Prinzip wurde vor etwa 300 Jahren formuliert. Seitdem wurden viele verschiedene Hypothesen über die Struktur der Welt aufgestellt, die alle irgendwie mit dem Begriff „*Kompliziertheit*" zusammenhängen.

In der letzten Zeit (besonders seit der Entwicklung der Rechentechnik) wurde der Begriff „Kompliziertheit" Gegenstand mathematischer Untersuchungen. Man wollte aus verschiedenen Gründen Kompliziertheitsmaße für verschiedene mathematische Objekte, speziell für Funktionen gewinnen. Es zeigte sich, daß der Begriff der *Einfachheit* oder auch der *Kompliziertheit* von Funktionen nicht so leicht faßbar ist, wie es auf den ersten Blick erscheinen mag. Jedenfalls ist es bis jetzt noch nicht gelungen, ein Kompliziertheitsmaß für Funktionen aufzustellen, das alle Forscher befriedigen könnte. Wo es gelang, ein natürliches Kompliziertheitsmaß aufzufinden, konnte man einige interessante Beobachtungen machen. So z.B., als der Begriff der Kompliziertheit zur Klassifizierung logischer Funktionen von n Veränderlichen eingeführt wurde, indem als Kompliziertheit die Anzahl der Basiselemente (z.B. Schwellenwertelemente) definiert wurde, mit der diese betreffende Funktion realisiert werden kann, so zeigte sich, daß unter den 2^{2^n} möglichen Funktionen die überwältigende Mehrheit eine fast maximale Kompliziertheit besitzt, d.h., die meisten Funktionen lassen sich nur mit Hilfe von $\approx 2^n$ Elementen realisieren, und nur ein geringfügiger Teil von Funktionen hat eine kleine Kompliziertheit — dabei ist die Anzahl der Funktionen, die durch ein einzelnes Schwellenelement realisiert werden kann, kleiner als 2^{n^2}. Das Bemerkenswerteste ist hier, daß es außerordentlich schwierig ist, eine komplizierte Funktion explizit darzustellen — z.B. einfach durch Tabellierung der Funktionswerte in allen 2^n Punkten — obwohl *fast alle* Funktionen *kompliziert* sind. Jedenfalls kann man schon für $n = 7$ kein Beispiel für eine komplizierte Funktion mehr (explizit) angeben.

Noch ein Beispiel: Man kann die natürliche Kompliziertheit einer Zahl so definieren, daß die algebraischen Zahlen einfacher als die transzendenten werden. Und wieder zeigt sich hier, daß die transzendenten Zahlen auf der Zahlenachse die überwältigende Mehrheit ausmachen, und trotzdem sind uns nur außerordentlich wenig transzendente Zahlen bekannt, denn die üblichen Methoden ihrer Darstellung liefern nur eine kleine Teilmenge aller existierenden transzendenten Zahlen.

Wenn so für jede beliebige „plausible" Definition der Kompliziertheit die komplizierten Funktionen in der Gesamtheit aller Funktionen weitaus überwiegen, dann ist offenbar die Hypothese, wonach die Welt einfach ist, eine außerordentlich inhaltsreiche Aussage. Fragen der Kompliziertheit mathematischer Objekte sind z.Z. sehr aktuell [32, 94].

Zum Kapitel IX

Gegenwärtig verfügt man über hinreichend *feine* Kriterien, mit denen man die Konvergenz, insbesondere solcher stochastischer Prozesse, beurteilen kann, die nach der Methode der stochastischen Approximation abgeleitet worden sind. In diesem Kapitel sind die Bedingungen aufgestellt, unter denen die Prozedur der stochastischen Approximation zur Minimierung des Funktionals

$$R(\alpha) = \int Q(z, \alpha)\, \mathrm{d}P(z)$$

angewendet wird, wobei $Q(z, \alpha)$ eine, in bezug auf α, im Vektorraum $\{\alpha\}$ — bei beliebigem festgehaltenenen z — *konvexe* Funktion ist. In diesem speziellen Fall können die Ergebnisse aus den allgemeinen Theoremen der [stochastischen] Prozesse der stochastischen Approximation gefolgert werden. Allerdings sind die Konvergenzbeweise für den Spezialfall der stochastischen Approximation unmittelbar in der Form angeführt, in der sie von B. M. Litwakow [43] abgeleitet wurden. Analoge Resultate wurden auch von Ju. M. Jermolew [28] erhalten. Allgemein ist über den betrachteten Spezialfall bekannt, daß, wenn $Q(z, \alpha)$ eine *unimodale* Funktion, d.h. eine Funktion mit nur *einem relativen* Minimum ist, die Prozedur der stochastischen Approximation unter definierten Bedingungen zum *globalen* Minimum führt, ist aber $Q(z, \alpha)$ eine Funktion mit *mehreren relativen* Minima, so garantiert die Prozedur der stochastischen Approximation das Erreichen nur *eines lokalen* Minimums.

Zu den Kapiteln X, XI, XII

Die Schätzung des Wahrscheinlichkeitsmaßes aufgrund empirischer Daten erweist sich als eines der Grundprobleme der Statistik. Die bekannten Lösungsmethoden dieses Problems lassen sich in *parametrische* und *nichtparametrische* Methoden untergliedern.

Bei den parametrischen Methoden wird eine bestimmte Form der Verteilungsfunktion vorausgesetzt, die selbst noch von einer endlichen Anzahl von Parametern abhängt. In diesem Fall ist die Schätzung der Verteilungsfunktion der Schätzung dieser Parameter auf der Grundlage empirischer Daten äquivalent. Den nichtparametrischen Methoden liegt keine bestimmte Annahme über die Form der Verteilungsfunktion zugrunde. Sie sind vielmehr Realisierung einer der beiden folgenden Ideen:

1. Schätzung der Verteilungsdichte unter der Hypothese, daß es sich um eine „*glatte*“ Funktion handelt.

2. Schätzung der Wahrscheinlichkeiten für die Elemente einer bestimmten, wohldefinierten Ereignismenge.

Methoden zur Schätzung der Funktion der Wahrscheinlichkeitsverteilungsdichte wurden von E. Parzen [52], N. N. Tschenzow [74], M. A. Aiserman, E. M. Brawerman, L. I. Rozonoer [1] vorgeschlagen. Letztere untersuchten dieses Problem in Verbindung mit der lernfähigen Erkennung in wahrscheinlichkeitstheoretischer Formulierung. Die Schätzung der Verteilungsdichte erfordert jedoch, besonders im mehrdimensionalen Fall, einen beträchtlichen Stichprobenumfang, wobei zur Schätzung der Verteilungsdichte oft eine Stichprobenlänge erforderlich ist, die um ein Vielfaches größer als 2^n ist; dabei bedeutet n die Raumdimension. Die zweite Idee betrifft die Schätzung der Wahrscheinlichkeiten einer Klasse von Ereignissen. Das Wahrscheinlichkeitsmaß wird geschätzt, indem simultan die Wahrscheinlichkeiten aller Ereignisse der gesamten σ-Algebra bestimmt werden. Wie im Buch gezeigt, ist das i.a. nicht durchführbar. Diese Methode wenden wir nur dann an, wenn die Wahrscheinlichkeiten einer definierten, verhältnismäßig engen Klasse von Ereignissen zu bestimmen sind.

Besteht die Klasse nur aus einem einzigen Ereignis, so ist die Frage nach der Konvergenz der Häufigkeiten gegen die Wahrscheinlichkeiten für ein festes Ereignis zu beantworten. Die Antwort auf diese Frage wurde schon im 18. Jahrhundert von Jacob Bernoulli gegeben (die fast sichere Konvergenz wurde durch E. Borel unter Einführung dieses Begriffes nachgewiesen).

Der Fall einer endlichen Anzahl von Ereignissen hat kein prinzipielles Interesse, da hier die gleichmäßige Konvergenz der Häufigkeiten gegen die Wahrscheinlichkeiten leicht aus dem Bernoullischen Gesetz folgt.

In den dreißiger Jahren wurde der gleichmäßigen Konvergenz empirischer Verteilungsfunktionen gegen die wahren Verteilungsfunktionen besondere Beachtung geschenkt. Im Jahre 1933 bewies W. I. Gliwenko [20], daß eine gleichmäßige Konvergenz der empirischen Verteilungsfunktion gegen die wahren Verteilungsfunktionen für jede beliebige Verteilungsfunktion besteht. Im gleichen Jahr stellte A. N. KOLMOGOROW für stetige Verteilungsfunktionen $F(x)$ die folgende asymptotische Schätzung auf [30]:

$$P\{\sqrt{l} \cdot \sup_x |F(x) - F_l(x)| < \varepsilon \underset{l \to \infty}{\longrightarrow} K(\varepsilon),$$

wobei $F_l(x) = \nu^l\{\xi : \xi < x\}$ die empirische Verteilungsfunktion bedeutet und $K(\varepsilon)$ durch

$$K(\varepsilon) = \sum_{-\infty}^{\infty} (-1)^m e^{-2\varepsilon^2 m^2}$$

gegeben ist.

Weitere Präzisierungen wurden von N. W. SMIRNOW [68] erhalten. Er untersuchte auch die Abweichung der empirischen Verteilungsfunktionen zweier unabhängiger Stichproben aus gleicher Verteilung voneinander. Wie im Haupttext ausgeführt, ist die Untersuchung der Abweichung der empirischen Verteilungsfunktionen von den wahren Verteilungsfunktionen der Untersuchung der gleichmäßigen Abweichung der Häufigkeiten von den Wahrscheinlichkeiten in einer Klasse von Ereignissen der Form

$$\{\xi : \xi < x\}$$

äquivalent. Es ist selbstverständlich, daß aus der gleichmäßigen Abweichung der empirischen Verteilungsfunktionen von den wahren Verteilungsfunktionen die gleichmäßige Abweichung der Häufigkeiten von den Wahrscheinlichkeiten auch in mächtigeren Ereignisklassen (jedoch nicht für alle Ereignisse schlechthin!) folgt.

Das Interesse an Untersuchungen zur gleichmäßigen Konvergenz beschränkte sich in den dreißiger und vierziger Jahren auf den eindimensionalen Fall, was anscheinend mit der Beschränktheit der Berechnungsmöglichkeiten dieser Zeit zusammenhing. Mit der Entwicklung schneller Rechenmaschinen wurden auch neue Verarbeitungsmethoden für statistische Daten möglich, wie sie z.B. in der lernabhängigen Erkennung angewandt [und benötigt] werden. In Verbindung damit ergab sich die Notwendigkeit, das GLIWENKO-Theorem soweit wie möglich zu verallgemeinern und zu klären, wie *weit* eine Ereignisklasse sein darf, wenn noch eine gleichmäßige Konvergenz der Häufigkeiten gegen die Wahrscheinlichkeiten bestehen soll, und wie sich die Geschwindigkeit dieser Konvergenz bei Erweiterung der Klasse ändert.

Antworten auf diese Fragen erhielten wir in den Arbeiten [88, 89], und sie waren Gegenstand der Kapitel X, XI und XII. Die gewonnenen Schätzungen sind nicht so genau, wie die von KOLMOGOROW-SMIRNOW für die Abweichung der empirischen von den wahren Verteilungsfunktionen erhaltenen Abschätzungen. Die Gewinnung asymptotisch exakter Schätzungen bleibt einstweilen noch offen.

Wir bemerken noch, daß ein Zusammenhang besteht zwischen den notwendigen *und* hinreichenden Bedingungen für die gleichmäßige Konvergenz der Häufigkeiten gegen die Wahrscheinlichkeiten und der im Text definierten *Entropie* einer Ereignisklasse — in bezug auf eine Stichprobe endlicher Länge. Diese Entropie hat vieles mit der in der Informationstheorie auftretenden SHANNON-Entropie gemeinsam.

Zum Kapitel XIII

Schon in den ersten Arbeiten zur Erkennung zeigte sich, daß eine effektive Belehrung nur dann möglich ist, wenn die Klasse der zu lösenden Aufgaben im voraus hinreichend stark eingeschränkt wurde (A-priori-Hypothese). Eine Schätzung der erforderlichen hinreichenden Länge der Lernfolge für eine gegebene Hypothese konnte jedoch noch nicht angegeben werden. Zu den ersten Abschätzungen dieser Art ist unbedingt die Novikoff-Schätzung für das Perzeptron zu zählen, obwohl ihre ursprüngliche Variante die Anzahl der Korrekturen und nicht die Länge der Belehrungsfolge betraf. Die Länge der Belehrungsfolge läßt sich jedoch leicht abschätzen, wenn das Novikoff-Theorem durch die Abbruchbedingung ergänzt wird.

In einer Reihe von Arbeiten wird die hinreichende Stichprobenlänge für die Hypothese normalverteilter Klassen geschätzt [58].

In der Arbeit [86] gehen wir von der Voraussetzung aus, daß die Klassen mit Gewißheit fehlerfrei durch eine von N vorgegebene Entscheidungsregel trennbar sind. Dabei zeigte sich, daß die hinreichende Länge der Lernstichprobe durch

$$l_{\text{hinr}} \leqq \frac{\ln N - \ln \eta}{-\ln (1 - \varepsilon)}$$

abgeschätzt wird, wobei $1 - \eta$ die Genauigkeit der Trennung und $1 - \varepsilon$ den Vertrauensgrad derselben bedeuten. Dieses Resultat wurde sofort auf das Problem der Ermittlung einer linearen Entscheidungsregel für endliche beschränkte Mengen angewandt.

Der Fall, daß sich die zu trennenden Mengen in ein Parallelopiped, dessen Kanten den Koordinatenachsen parallel sind, einschließen lassen, wurde von B. M. Kurilow betrachtet.

U. Highleyman [25] schlug zur Schätzung der hinreichenden Lernfolgenlänge für die Klasse linearer Entscheidungsregeln vor, mit einer gewöhnlichen binomischen Verteilung zu arbeiten. Dieser Weg ist jedoch falsch, weil dabei die Forderung nach gleichmäßiger Abweichung der Kostenschätzung von ihrem wahren Wert in der gesamten Klasse der betrachteten Entscheidungsregeln unberücksichtigt bleibt. Auf diesem Wege könnten Schätzungen auf der Grundlage von Lernfolgen endlicher Länge für Klassen von Entscheidungsregeln beliebiger Mächtigkeit abgeleitet werden, was nicht sein kann.

In der Arbeit [87] führten wir die Wachstumsfunktion ein und erhielten Abschätzungen der hinreichenden Länge einer Lernfolge für die deterministische Problemstellung der lernabhängigen Erkennung, und in dem Artikel [88] wandten wir die allgemeinen Resultate zur gleichmäßigen Konvergenz der Häufigkeiten von Ereignissen gegen ihre Wahrscheinlichkeiten auf das Erkennungsproblem an und erhielten so die Schätzungen auch für den allgemeinen Fall. In diesem Buch sind diese Schätzungen demgegenüber um einiges präzisiert. Wir bemerken noch, daß die hier angeführten Schätzungen der hinreichenden Länge einer Lernfolge überhöht [d. h. zu vorsichtig] sind, erstens, weil sie für den ungünstigsten Fall berechnet wurden, und zweitens, weil bei ihrer Ableitung eine Reihe von Ungenauigkeiten zugelassen wurde. Wesentlich ist aber, daß diese Abschätzungen dennoch gestatten, die qualitative Abhängigkeit der Länge der Lernfolge von den Parametern der betrachteten Klasse von Entscheidungsregeln zu erkennen und festzustellen, daß von der Verteilung unabhängige katastrophale Schätzungen nicht existieren.

Die Frage der gleichmäßigen Konvergenz der Mittelwerte gegen die mathematischen Erwartungen trat im Zusammenhang mit den Untersuchungen zur Effektivität von

Abschätzungen der maximalen Wahrscheinlichkeit auf. L. LeCAM [41] gewann sein Resultat auf der Grundlage der Gedanken von A. WALD [80a]. Die bei der Anwendung der Erkenntnisse über die gleichmäßige Konvergenz der Häufigkeiten gegen die Wahrscheinlichkeiten erzielten Resultate sind in [89] enthalten. Beide Bedingungen erweisen sich nur als *hinreichend* und überschneiden sich nicht. Notwendige *und* hinreichende Bedingungen für die gleichmäßige Konvergenz der Mittelwerte gegen die mathematischen Erwartungen sind bisher nicht bekannt.

Zum Kapitel XIV

Die Methode des generalisierten Porträts wurde 1963 in den Arbeiten [82—85] vorgestellt. In [87] wurde später gezeigt, daß die Konstruktion des generalisierten Porträts der Maximierung einer nicht positiv-definiten quadratischen Form im positiven Quadranten äquivalent ist, und daß sich die bekannten Konstruktionsalgorithmen für Trennhyperebenen nur durch die benutzte Minimierungsmethode *derselben* quadratischen Form im positiven Quadranten unterscheiden. In dieser Arbeit wurde auch vorgeschlagen, die Methode der konjugierten Gradienten anzuwenden.

Zum Kapitel XV

Die Programmbibliothek zur Methode des generalisierten Porträts wurde von A. A. SHURAWEL und T. G. GLASKOWA eingerichtet. Eine detaillierte Beschreibung dieser Bibliothek ist in den Arbeiten [84, 81] enthalten.

Die hier vorgestellten Programme unterscheiden sich etwas von denen, die in diesen Arbeiten dargelegt sind.

Zum Kapitel XVI

Die Methode der konjugierten Gradienten wurde 1952 zur Lösung eines Systems linearer algebraischer Gleichungen vorgeschlagen [24]. Mit dieser Methode gelingt es, die Lösung algebraischer Gleichungen — oder, was das gleiche ist, den Minimumpunkt des quadratischen Funktionals in einem Raum endlicher Dimension — nach einer beschränkten Anzahl von Schritten zu ermitteln. Später wurde die Methode auf den Fall nichtquadratischer Funktionale verallgemeinert [11]. Im Jahre 1969 schlug B. T. POLJAK eine Verallgemeinerung der Methode der konjugierten Gradienten vor, mit der die Lösung von Extremalaufgaben mit Nebenbedingungen gelang [55]. Die Effektivität dieser Methode zur Lösung verschiedener Aufgaben konnte anhand zahlreicher Beispiele demonstriert werden.

LITERATURVERZEICHNIS

[1] ABRAMSON, N., D. BRAVERMAN und G. SEBASTIAN: Pattern recognition and machine learning. IEEE Trans. Inform. Theory IT-9 (1963) 4.

[1a] ABRAMSON, N., und D. BRAVERMAN: Learning to recognize patterns in a random environment. Trans. IRE IT-8 (1962) 5.

[2] AHRENS, H., und J. LÄUTER: Mehrdimensionale Varianzanalyse, Akademie-Verlag, Berlin 1974.

[3] AISERMAN, M. A., E. M BRAWERMAN und L. I. ROSONOER (АЙЗЕРМАН, М. А., Э. М. БРАВЕРМАН и Л. И. РОЗОНОЕР): Метод потенциальных функций в теории обучения машин. Наука, Москва 1970.

[4] ANDERSON, T. W.: An introduction to multivariate statistical analysis. J. Wiley & Sons, New York 1966.

[4a] ANDERSON, T. W., und R. R. BAHADUR: Classification into two multivariate normal distributions with different covariance matrices. The Annals of Mathematical Statistics 133 (1962) 2.

[5] BAGROW, A. N., W. N. WAPNIK und A. I. SNITKOWSKI (БАГРОВ, А. Н., В. Н. ВАПНИК и А. И. СНИТКОВСКИЙ): К прогнозу опасных явлений погоды. Метеорология и гидрология (1974) 3.

[6] BONGARD, M. M. (БОНГАРД, М. М.): Проблема узнавания. Наука, Москва 1967.

[7] BRAILOWSKI, W. L., und A. L. LUNZ (БРАИЛОВСКИЙ, В. Л., и А. Л. ЛУНЦ): Программа классификации многопараметрических объектов, основанная на обторе статистически полезных признаков. В: Алгоритмы обучения распознаванию образов (Ред. В. Н. ВАПНИК). Советское радио, Москва 1973.

[8] BRAILOWSKI, W. L., und A. L. LUNZ (БРАИЛОВСКИЙ, В. Л., и А. Л. ЛУНЦ): Формулировка задачи распознавания объектов со многими параметрами и методы ее решения. Известия АН СССР, Техническая кибернетика (1969) 1.

[9] BRAINES, S. N. (БРАЙНЕС, С. Н.): Биологическая и медицинская кибернетика. Медицина, Москва 1971.

[10] CHINTSCHIN, A. JA.: Über grundlegende Sätze der Informationstheorie. In: GRELL, H. (Hrsg.): Arbeiten zur Informationstheorie I. Deutscher Verlag der Wissenschaften, Berlin 1957.

[11] DANIEL, J. W.: The conjugate gradient method for linear and nonlinear operator equation. SIAM Numer. Anal. 4 (1967) 1.

[12] DEWJATERIKOW, I. P., A. I. PROPOI und JA. S. ZYPKIN (ДЕВЯТЕРИКОВ, И. П., А. И. ПРОПОЙ и Я. З. ЦЫПКИН): О рекуррентных алгоритмов обучения распознавания образов. Автоматика и телемеханика (1967) 1.

[13] DVORETSKY, A.: On stochastic approximation. Proc. of the III. Berkeley Symp. on Math. Statistics and Probability. 1 (1956).

[13a] FELLER, W. (ФЕЛЛЕР, В.): Введение в теорию вероятностей и ее приложения. Мир, Москва 1964.

[14] FISHER, R. A.: Contributions to mathematical statistics. Wiley-Chapman, New York 1952.

[15] FIX, I. E., und J. L. HODGES: Discriminatory analysis; nonparametric discrimination; consistency properties. Report 4 of the USAF School of Aviation Medicine. Randolph Field (Texas) 1952.

[16] FOMIN, W. N. (ФОМИН, В. Н.): Математическая теория обучаемых опознающих систем. Издательство Ленинградского университета, Ленинград 1976.

[17] Franzus, A. G. (Француз, А. Г.): Некоторые вопросы статистической теории опознавани образов. В сборнике: Бионика. Наука, Москва 1966.

[18] Gladyschew, E. G. (Гладышев, Е. Г.): О стохастической аппроксимации. Теория вероятности и ее применения **10** (1965) 2.

[19] Glaskowa, T. G., K. N. Gurari und S. I. Danilenko (Глазкова, Т. Г., К. Н. Гурарий и С. И. Даниленко): Возможности применения ЭВМ для клинико-рентгенологической дифференциальной диагностика рака и доброкачественного поражения пищевода. Вестник радиологии и рентгенологии. (1971) 2.

[20] Glivenko, V. I.: Sulla determinatione empirica di probabilita. Giornale dell'Institute Italiano degli Attuari **4** (1933).

[21] Gnedenko, B. V.: Lehrbuch der Wahrscheinlichkeitsrechnung, Akademie-Verlag, Berlin 1970.

[22] Golowkin, B. A. (Головкин, Б. А.): Машинное распознавание и линейное программирование. Советское радио, Москва 1972.

[23] Guberman, Sch. A., M. L. Iswekowa und Ja. I. Churgin (Губерман, Ш. А., М. Л. Извекова и Я. И. Хургин): Применение методов распознавания образов при интерпретации геофизических данных. В: Самообучающиеся автоматические системы. Наука, Москва 1966.

[24] Hestenes, M. R., und E. Stiefel: Method of conjugate gradient's for solving linear systems. J. Res. Nat. Bur. Standards **49** (1952) 6.

[25] Highleyman, W. H.: Linear decision functions with applications to pattern recognition. Proc. IRE (1962) 1501–1514.

[26] Jakubowitsch, W. A. (Якубович, В. А.): Рекуррентные конечносходящиеся алгоритмы решения систем неравенств. ДАН СССР **166** (1966) 6, 1308–1312.

[26a] Jakubowitsch, W. A. (Якубович, В. А.): Некоторые общие теоретические принципы построения обучаемых опознающих систем. Сб. Вычислительня техника и вопросы программирования. ЛГУ, 1965.

[27] Jakubowitsch, W. A. (Якубович, В. А.): Метод рекуррентных целевых неравенств в теории адаптивных систем. Труды Ленинградского симп. по теории адаптивных систем. Изд-во АН СССР, Москва. 1974.

[28] Jermolew, Ju. M. (Ермолев, Ю. М.): Методы стохастического программирования. Наука, Москва. 1976.

[29] Kiefer, E., und J. Wolfowitz: Stochastic estimation of the maximum of a regression function. Ann. Math. Stat. **123** (1952) 3.

[30] Kolmogoroff, A. N.: Sulla determinatione empirica di una legge di distributione. Giornale dell'Istitute Italiano degli Attuari **4** (1933).

[31] Kolmogorov, A. N. (Колмогоров, А. Н.): Три подхода к определению понятия „количество информации". Проблемы передачи информации **1** (1965) 1.

[32] Kolmogorov, A. N., und S. V. Fomin: Reelle Funktionen und Funktionalanalysis. Deutscher Verlag der Wissenschaften, Berlin 1975.

[32a] Korbut, A. A., und Ju. Ju. Finkelschtein: Diskrete Optimierung. Kap. 10, Akademie-Verlag, Berlin 1971.

[33] Kosinez, B. N. (Козинец, Б. Н.): Об одном алгоритме обучения линейного персептрона. В: Вычислительная техника и вопросы программирования. ЛГУ 1964.

[34] Kosinez, B. N. (Козинец, Б. Н.): Рекуррентный алгоритм разделения двух множеств. В: Алгоритмы обучения распознавания образов (Ред. В. Н. Вапник). Советское радио, Москва 1973.

[35] Kosinez, B. N., R. M. Lanzman, B. M. Sokolov und W. A. Jakubowitsch (Козинец, Б. Н., Р. М. Ланцман, Б. М. Соколов и В. А. Якубович): Опознание и дифференциация почерков при помощи электронно-вычислительных машин. В: Самообучающиеся автоматические системы. Наука, Москва 1966.

[36] Kowalewski, W. A. (Ковалевский, В. А.): Современное состояние проблемы распознавания образов. Кибернетика Киев (1967) 5.

[37] Kowalewski, W. A. (Ковалевский, В. А.): Методы оптимальных решений в распознавании изображений. Наука, Москва 1976.

[38] Kunin, P. E., W. A. Bojadschan u.a. (Кунин, П. Е., В. А. Бояджан, и др.): Распознавание образов и дифференциальная диагностика. Вестник АМН СССР (1968) 5.

[39] Kurilow, B. M. (Курилов, Б. М.): Получение достаточных характеристик при рас-

познавании образов. Вычислительные системы. Сборник трудов ИМ СО АН СССР вып. (1966) 22.
[39a] LACHENBRUCH, P. A.: An almost unbiased method of obtaining confidence intervals for the probability of misclassification in discriminant analysis. Biometrics, **23** (1967) 4, 639–645.
[40] LECAM, L.: On some asymptotic properties of maximum likelihood estimates and related Bayes' estimates. Univ. Calif. Public. Statist. **1** (1953) 11, 277–329.
[41] LECAM, L.: On asymptotic theory of estimation and testing hypotheses. Proc. III. Berkeley Symp. on Math. Statistics and Probability **1** (1956).
[42] LINNIK, J. W.: Die Methode der kleinsten Quadrate in moderner Darstellung. Deutscher Verlag der Wissenschaften, Berlin 1961.
[43] LITWAKOW, B. M. (Литваков, Б. М.): О сходимости рекуррентных алгоритмов обучения распознаванию образов. Автоматика и телемеханика (1968) 1.
[44] LOGINOW, N. W. (Логинов, Н. В.): Метод стохастической аппроксимации. Автоматика и телемеханика (1966) 4.
[44a] LOGINOW, W. I., und JA. I. CHURGIN (Логинов, В. И., и Я. И. Хургин): Общий подход к проблеме распознавания образов. Сб. тр. МИНХ и ГП, «Недра», вып. 62. Москва 1966.
[45] LUNZ, A. L., und W. L. BRAILOWSKI (Лунц, А. Л., и В. Л. Брайловский): Об оценке признаков, полученных в статистических процедурах распознавания. Изв. АН СССР, Техн. кибернетика (1969) 3.
[46] MINSKY, M., und S. PAPERT: Perceptrons. MIT-Press, Cambridge (Mass.) 1969.
[47] MOROSOW, W. S., und W. A. MOROSOWA (Морозов, В. С., и В. А. Морозова): Прогнозирование индивидуального срока службы электронных выборов с помощью метода обобшенных портетов. Электронная техника, серия I. Электроника С.В.Ч., вып. 9 (1969).
[48] MOTZKIN, T., und I. SCHOENBERG: The relaxation method for linear inequalities. Canadian J. Math. **6** (1954) 3.
[49] NEIMARK, JU. I, S. S. BATALOWA u.a. (Неймарк, Ю. И., Баталова, З. С. и др.): Распознавание образов и медицинская диагностика. Наука, Москва 1972.
[50] NILSSON, N. J.: Learning machines. McGraw Hill, New York 1965.
[51] NOVIKOFF, A.: On convergence proofs for perceptrons. Proc. Symp. Math. Theory of Automata. Polytechn. Inst. Brooklyn **12** (1963).
[52] PARZEN, E.: Modern probability theory and its applications. J. Wiley & Sons, New York 1960.
[53] PATRICK, E. A.: Fundamentals of pattern recognition. Prentice Hall, Englewood Cliffs 1972.
[54] PERWOSWANSKI, A. A. (Первозванский, А. А.): Распознавание абстрактных образов, как задача линейного программирования. Изв. АН СССР, Техн. кибернетика (1965) 4.
[55] POLJAK, B. T. (Поляк, Б. Т.): Метод сопряженных градиентов в задачах на экстремум. Журнал вычисл. мат. и мат. физики **9** (1969) 4.
[56] POLJAK, B. T., und JA. S. ZYPKIN (Поляк, Б. Т., и Я. З. Цыпкин): Псевдоградиентные алгоритмы адаптации и обучения. Автоматика и телемеханика (1973) 1.
[57] PUGATSCHOW, W. S. (Пугачев, В. С.): Оптимальные алгоритмы обучения автоматических систем в случае неидеального учителя. ДАН НАН СССР **172** (1967) 4.
[58] RAUDIS, SCH. JU. (Раудис, Ш. Ю.): Об определения объема обучающей выборки линейного классификатора. Труды СО АН СССР, вып. 28, Новосибирск 1969.
[59] ROBBINS, H., und S. MONROE: A stochastic approximation method. Annals Math. Stat. **22** (1951) 1.
[60] ROMANOW, L. N., und T. R. DYMNIKOWA (Романов, Л. Н., и Т. Р. Дымникова): Построение линейных разделяющих функции для классификации синоптических ситуаций. В: Статистические методы в метеорологии, ч. I. 1969.
[61] ROSENBLATT, F.: The perceptron, a probability model for information storage and organisation in the brain. Psychol. Rev. **65** (1958).
[62] ROSENBLATT, F.: Principles of neurodynamics: Perceptrons and the theory of brain mechanisms. Spartan Books, Washington 1961.
[63] RYSCHIK, I. M., und I. S. GRADSCHTEIN: Summen-, Produkt- und Integraltafeln. Deutscher Verlag der Wissenschaften, Berlin 1963.
[64] SAGORUIKO, N. G. (Загоруйко, Н. Г.): Методы распознавания и их применения. Советское радио, Москва 1972.

[65] Shurawel, A. A., N. W. Troschko und L. G. Edshubow (Журавель, А. А., Н. В. Трошко и Л. Г. Эджубов): Использование алгоритма обобщенного портрета для опознавания образов с судебном почерковедении. В: Правовая кибернетика. Наука, Москва 1970.

[66] Shurawljow, Ju. I., A. N. Dmitriew und F. N. Krendelew (Журавлев, Ю. И., А. Н. Дмитриев и Ф. Н. Кренделев): О математических принципах классификации предметов и явлений. Дискретны анализ. Труды ИМ СО АН СССР № 7, Новосибирск 1966.

[67] Sebestyen, G. S. Decision making processes in pattern recognition. MacMillan, New York 1962.

[67a] Selfridge, O.: Pattern recognition and learning. Proc. of the Third London Symposium on Information Theory. New York 1956.

[68] Smirnow, N. W. (Смирнов, Н. В.): Теория вероятностей и математическая статистика (Избранные труды). Наука, Москва 1970.

[69] Stanke, G., und S. Unger: Eine sequentielle Methode der stückweise linearen Klassifikation unter Verwendung von Paaren paralleler Entscheidungsebenen. In Klix, F., u.a. (Hrsg.): Lernende Algorithmen und Systeme. Kybernetik-Forschung. Deutscher Verlag der Wissenschaften, Berlin 1976.

[70] Steinbuch, K., und U. Piske: Learning matrices and their application. IEEE Trans. on Electronic Comp. EC-**12** (1963).

[71] Steinhagen, H. E., und S. Fuchs: Objekterkennung. Verlag Technik, Berlin 1976.

[72] Tichonow, A. N. (Тихонов, А. Н.): О решении некорректно поставленных задач и методе регуляризации. ДАН СССР **151** (1963) 3.

[73] Tichonow, A. N. (Тихонов, А. Н.): О регуляризации некорректно поставленных задач. ДАН СССР **153** (1963) 1.

[74] Tschenzow, N. N. (Ченцов, Н. Н.): Оценка неизвестной плотности распределения по наблюдениям. ДАН СССР **147** (1962) 1.

[75] Unger, S., und G. Stanke: Eigenschaften einer erzeugenden Regressionsfunktion für Klassifizierungsalgorithmen nach dem Fehlerkorrekturprinzip. In: Klix, F., u.a. (Hrsg.): Erkennungs- und Klassifizierungsprozesse. Kybernetik-Forschung. Deutscher Verlag der Wissenschaften, Berlin 1974.

[76] Urbach, W. Ju. (Урбах, В. Ю.): Дискриминантный анализ: основные идеи и приложения. В: Статистические методы классификаци, вып. I. МГУ 1969.

[77] Uttley, A. M.: A theory of the mechanism of learning on the computation of conditional probabilities. Proc. I. Internal. Congress Cybernetics, Namur 1956.

[78] Wainzwaig, M. N. (Вайнцвайг, М. Н.): Алгоритм обучения распознаванию образов „Кора" В: Алгоритмы обучения распознаванию образов (Ред. В. Н. Вапник). Советское радио, Москва 1973.

[79] Wainzwaig, M. N. (Вайнцвайг, М. Н.): Об одном алгоритме распознавания образов двоичных кодов. Проблемы передачи информации, вып. 3, **2** (1966).

[80] Waerden, B. L. van der: Mathematische Statistik. Springer, Berlin 1971.

[80a] Wald, A.: Note on consistency of the likelihood estimate. Ann. Math. Stat. **20** (1949).

[81] Wapnik, W. N., T. G. Glaskowa und A. Ja. Tscherwonenkis (Вапник, В. Н., Т. Г. Глазкова и А. Я. Червоненкис): Алгоритмы обучения распознаванию образов, использующие методы обобщенных портретов. В: Алгоритмы обчучения распознаванию образов (Ред. В. Н. Вапник). Советское радио, Москва 1973.

[82] Wapnik, W. N., und A. Ja. Lerner (Вапник, В. Н. и А. Я. Лернер): Узнававние образов при помощи обобщенных портретов. Автоматика и телемеханика **24** (1963) 6.

[83] Wapnik, W. N., A. Ja. Lerner und A. Ja. Tscherwonenkis (Вапник, В. Н., А. Я. Лернер и А. Я. Червоненкис): Системы обучения распознаванию образов при помощи обобщенных портетов. Изв. АН СССР, Техн. кибернетика (1965) 1.

[84] Wapnik, W. N., A. A. Shurawel und A. Ja. Tscherwonenkis (Вапник, В. Н., А. А. Журавель и А. Я. Червоненкис): Алгоритмы обучения распознаванию образов, использующие метод обобщенных портретов. В: Алгоритмы обучения распознаванию образов (Ред. В. Н. Вапник). Советское радио, Москва 1973.

[85] Wapnik, W. N., und A. Ja. Tscherwonenkis (Вапник, В. Н. и А. Я. Червоненкис): Об одном классе перцептронов. Автоматика и тетемеханика **25** (1964) 1.

[86] Wapnik, W. N., und A. Ja. Tscherwonenkis (Вапник, В. Н., и А. Я. Червоненкис): Об одном классе алгоритмов обучения распознаванию образов. Авроматика и телемеханика **25** (1964) 6.
[87] Wapnik, W. N., und A. Ja. Tscherwonenkis (Вапник, В. Н. и А. Я. Червоненкис): Алгоритмы с польной памятью и рекуррентные алгоритмы обучения распознаванию образов. Автоматика и телемеханика **29** (1968) 4.
[88] Wapnik, W. N., und A. Ja. Tscherwonenkis (Вапник, В. Н., и А. Я. Червоненкис): О равномерной сходимости частот появления событий к их вероятностям. Теория вероятностей и ее применения **16** (1971) 2.
[89] Wapnik, W. N., und A. Ja. Tscherwonenkis (Вапник, В. Н. и А. Я. Червоненкис): Теория равномерной сходимости частот появлении событий к их вероятностям и задача поиска оптимального решения по эмпирическим данным. Автоматика и телемеханика (1971) 2.
[90] Wasan, M. T.: Stochastic approximation. University Press, Cambridge 1969.
[91] Widrow, B.: Generalization and information storage in networks of adaline neurons. Self-Organizing Systems. Washington 1962.
[92] Widrow, B.: Bootstrap learning in threshold logics. Proc. III. IFAC Congress, London 1966.
[93] Wilks, S. S.: Mathematical statistics. J. Wiley & Sons, New York 1963.
[94] Wituschkin, A. G. (Витушкин, А. Г.): Оценка сложности задачи табулирования. Физматгиз, Москва 1959.
[95] Zypkin, Ja. S.: Adaption und Lernen in kybernetischen Systemen. Verlag Technik, Berlin 1970.
[96] Zypkin, Ja. S.: Grundlagen der Theorie lernender Systeme. Verlag Technik, Berlin 1972.

SACHWORTVERZEICHNIS

Kolibri 360 GmbH
Ferdinand-Jühlke-Straße 7
99095 Erfurt, Deutschland
produktsicherheit@kolibri360.de